CALCUL
INTÉGRAL

CALCUL
INTÉGRAL

LUC AMYOTTE

Professeur de mathématiques
Cégep de Drummondville

ÉDITIONS DU RENOUVEAU PÉDAGOGIQUE INC.

5757, RUE CYPIHOT, SAINT-LAURENT (QUÉBEC) H4S 1R3

TÉLÉPHONE: (514) 334-2690

TÉLÉCOPIEUR: (514) 334-4720

erpidlm@erpi.com

w w w . e r p i . c o m

Développement de produits
Sylvain Giroux

Supervision éditoriale
Sylvain Bournival

Révision linguistique
François Morin

Correction des épreuves
Marie-Claude Rochon

Recherche iconographique
Chantal Bordeleau

Index
Monique Dumont

Direction artistique
Hélène Cousineau

Supervision de la production
Muriel Normand

Conception et réalisation de la couverture
Martin Tremblay

Illustrations techniques
Info GL et Bertrand Lachance

Infographie
Info GL

Dépôt légal – Bibliothèque et Archives nationales du Québec, 2008
Dépôt légal – Bibliothèque et Archives Canada, 2008

Imprimé au Canada
ISBN 978-2-7613-1782-5

1234567890   SO   0987
20365   ABCD   LHM10

À Carole, qui va toujours au bout de ses rêves.

Luc Amyotte

L'homme a donc appris à compter avant même que de savoir lire et écrire.
Il fut « mathématicien » avant d'être « littérateur ».

Jean Beaudet

Tout comme une symphonie, l'analyse mathématique est une œuvre complexe, comportant plusieurs mouvements, le premier étant le calcul différentiel et le second, le calcul intégral. Malheureusement, les étudiants n'en apprécient pas toujours toutes les subtilités mélodiques et perçoivent souvent le calcul comme une suite de recettes à suivre.

Devant un tel constat, j'ai décidé d'écrire ce nouvel ouvrage de calcul intégral dans le but avoué d'en rendre l'apprentissage plus stimulant par un habile dosage de formalisme et d'intuition, de façon à faciliter la compréhension des concepts tout en répondant aux exigences de la rigueur mathématique.

J'ai évidemment traité de tous les sujets habituellement couverts dans un cours de calcul intégral (somme de Riemann, théorème fondamental du calcul intégral, évaluation d'intégrales indéfinies, définies et impropres, applications de l'intégrale définie, résolution d'équations différentielles, règle de L'Hospital, suites et séries, etc.), mais en les inscrivant dans des contextes, en mettant l'accent sur le sens à donner aux calculs effectués et en insistant sur les stratégies de résolution de problèmes.

Dès le premier chapitre, j'ai abordé l'évaluation de sommes de Riemann dans différents contextes afin que les étudiantes et les étudiants puissent mieux saisir la pertinence du calcul intégral et mieux comprendre le rôle et l'importance du théorème fondamental. Cela m'a amené tout naturellement à traiter des techniques d'intégration au chapitre 2 et des applications de l'intégrale au chapitre 3. Soucieux d'offrir une grande flexibilité d'utilisation de l'ouvrage, j'ai écrit le quatrième chapitre consacré à l'étude des équations différentielles en ayant à l'esprit qu'il pourrait être vu avant le troisième. Au chapitre 5, j'ai abordé la règle de L'Hospital*au moment où celle-ci s'avère utile, soit juste avant l'étude des intégrales impropres, qui sont présentées dans des contextes variés (géométrie, mathématiques financières et théorie des probabilités). Enfin, j'ai terminé le livre par une présentation des suites et des séries.

DU MATÉRIEL COMPLÉMENTAIRE SUR LE COMPAGNON WEB

Le Compagnon Web propose du matériel complémentaire aux utilisateurs de *Calcul intégral*.

Matériel offert aux étudiants

- Des rappels des notions préalables présentés sous forme de modules, chacun traitant d'un sujet particulier : fonctions, stratégies pour résoudre différents types d'équations, pièges à éviter, etc.
- Un rappel du concept de différentielle.

---

* Les sections 5.1 à 5.3 consacrées à la règle de L'Hospital et les exercices récapitulatifs (1 à 12) qui les accompagnent ont été conçus pour être déplacés au besoin et peuvent donc servir de point de départ d'un cours de calcul intégral pour les professeurs qui utilisent cette règle notamment pour faire un rappel des formules de dérivation.

- Une chronologie de l'évolution du calcul différentiel et intégral.
- Des adresses de sites Internet qui traitent de mathématiques.

Matériel additionnel offert aux professeurs utilisateurs

- Un modèle de plan de cours en sciences humaines.
- Un modèle de plan de cours en sciences de la nature.
- Différentes séquences d'utilisation du manuel, dont une conçue spécifiquement pour les sciences humaines.
- Une série d'examens (et leurs corrigés) en sciences humaines.
- Trois séries d'examens (et leurs corrigés) en sciences de la nature.
- Des exercices supplémentaires pour chacun des chapitres.
- Un recueil des solutions détaillées de tous les exercices, exercices récapitulatifs, exercices supplémentaires et examens blancs.
- Des fichiers PDF et JPEG des figures du manuel.
- Des laboratoires qui illustrent l'utilisation du logiciel Maple (version 10) en calcul intégral.

QUELQUES CONSEILS AUX ÉTUDIANTS

Un bon manuel peut sans doute faciliter le travail des étudiants, mais il ne suffit pas. Personne, même ceux dont on dit qu'ils ont la «bosse des maths», ne peut réussir un cours de mathématiques sans efforts. Voici donc des conseils à propos des attitudes qui contribuent à augmenter sensiblement les chances de réussite :

- Se préparer avant chaque cours en faisant une lecture sommaire des sections qui y seront abordées.
- Être attentif en classe et essayer de comprendre les explications du professeur plutôt que de simplement retranscrire le texte qu'il écrit au tableau.
- En classe, éviter de se placer à côté d'une personne qui peut nous déranger, comme un ami ou une amie avec qui on aurait le goût de parler plutôt que d'écouter les explications du professeur : la classe n'est pas un lieu de socialisation, mais un lieu de travail.
- Poser des questions en classe, au centre d'aide ou au bureau du professeur dès qu'on éprouve une difficulté plutôt que d'attendre que celle-ci devienne insurmontable.
- Ne pas hésiter à faire appel à un ou à une camarade de classe qui a d'excellents résultats : les gens sont généralement flattés d'être reconnus pour leurs aptitudes et répondent avec empressement.
- Après chaque cours, relire attentivement ses notes avant même de tenter de faire les exercices. (Pourquoi prendre des notes si on ne les relit pas ?) Devant un exemple, lire l'énoncé, tenter de le refaire par soi-même plutôt que de simplement relire la solution présentée par le professeur, comparer sa solution avec celle du professeur, prendre note des passages qui posent problème et, s'il y a lieu, demander de l'aide.
- Refaire chaque exemple figurant dans le manuel jusqu'à pouvoir le reproduire par soi-même, sans aide, et être satisfait du résultat. Les étudiantes et les étudiants qui adoptent cette stratégie sont généralement agréablement surpris de constater que les exercices proposés par le professeur sont alors plus faciles à faire.
- Porter une grande attention aux définitions des termes mathématiques : on ne peut pas apprendre une langue comme les mathématiques sans connaître le sens des mots.

- Faire les exercices proposés par le professeur en ayant toujours l'aide-mémoire à portée de main. En cas de retard, faire un exercice sur deux, ou un sur trois, afin de rattraper le temps perdu. Il ne faut pas oublier qu'en règle générale, les questions d'examen sont des problèmes semblables à ceux qu'on trouve dans les exercices.

- Se préparer aux examens en faisant les examens blancs proposés après les exercices récapitulatifs.

- Après chaque examen, refaire les problèmes manqués parce que les questions d'examen couvrent généralement les points essentiels de la matière, ceux qui seront utiles pour le reste du cours ou pour les cours qui suivront.

REMERCIEMENTS

Dans un premier temps, je veux souligner l'encouragement que j'ai reçu de mes collègues du département de mathématiques du cégep de Drummondville : ils m'ont généreusement offert leurs conseils et ont toujours accepté de répondre avec empressement à mes questions.

L'éditeur et moi-même avons sollicité des professeurs du réseau collégial à plus d'un titre : relecture de l'ouvrage à différents stades de développement, participation à des groupes de discussion, essai du manuscrit en classe, etc. Nous leur en savons gré et nous tenons à les nommer tous en guise de reconnaissance :

Relecture de l'ouvrage à différents stades d'avancement :

Alain Trudel (collège Gérald-Godin)

Luc Morin (cégep de Trois-Rivières)

Yvonne Bolduc (collège François-Xavier-Garneau)

Monique Taschereau (cégep de Sainte-Foy)

Luc Vendal (collège Shawinigan)

Chantale Trudel (collège de Bois-de-Boulogne)

Josée Hamel (cégep de Drummondville, cégep de Saint-Hyacinthe)

Participation à des groupes de discussion :

Christian Contant (cégep régional de Lanaudière à Joliette)

Alain Trudel (collège Gérald-Godin)

Maude Lemay (cégep Limoulou)

Raymond Hamel (cégep Limoulou)

Suzanne Grenier (cégep de Sainte-Foy)

Mélanie Odiernas (collège Montmorency)

Christiane Lacroix (collège Lionel-Groulx)

Paulette Perreault (collège de Rosemont)

Marc Foisy (collège Mérici)

Christian Côté (cégep régional de Lanaudière à Terrebonne)

Hélène Morin (cégep régional de Lanaudière à Terrebonne)

Marie-Paule Dandurand (collège Gérald-Godin)

Alain Tranchida (collège de Maisonneuve)

Louis Bérubé (cégep de Sainte-Foy)

Frédéric Plourde (cégep de Lévis-Lauzon)

Essai du manuscrit en classe :

Monique Taschereau (cégep de Sainte-Foy)

Marc André-Desautels (cégep Saint-Jean-sur-Richelieu)

Johanne Paradis (cégep Saint-Jean-sur-Richelieu)

Dimitri Zuchowski (cégep de Saint-Laurent)

Yvon Boulanger (cégep de Drummondville)

Je veux aussi remercier Paul Lavoie du cégep de Sherbrooke, qui m'a autorisé à puiser dans la banque d'exercices qu'il avait construite du temps qu'il enseignait.

Je veux également signaler la qualité du travail de François Morin à la révision linguistique. Ses suggestions furent toujours à propos et ont rendu l'ouvrage beaucoup plus agréable à lire.

Je ne veux pas oublier mes deux Sylvain préférés, Sylvain Giroux et Sylvain Bournival des Éditions du Renouveau Pédagogique, qui m'ont prodigué de nombreux conseils et qui ont su répondre avec enthousiasme à toutes mes demandes tout en me rappelant les échéances incontournables à respecter.

Luc Amyotte

Conçu pour répondre à la fois aux exigences des enseignants et aux besoins des étudiants, ce manuel présente des caractéristiques pédagogiques novatrices qui facilitent le travail des professeurs et favorisent la réussite des étudiants.

CHAPITRE

2

TECHNIQUES D'INTÉGRATION

Au premier chapitre, nous avons établi que le calcul intégral s'avère utile pour résoudre une quantité impressionnante de problèmes sans liens apparents, comme l'évaluation de l'aire d'une surface dont la bordure est curviligne, l'évaluation du volume d'un solide de révolution ou le calcul du déplacement d'un mobile d'après sa vitesse. Toutefois, l'utilité du calcul intégral aurait été bien limitée n'eût été du théorème fondamental du calcul intégral, qui établit un lien étroit entre l'intégrale d'une fonction $f(x)$ et une de ses primitives $F(x)$, soit une fonction telle que $F'(x) = f(x)$. La solution de tous les problèmes que nous venons de mentionner, et de bien d'autres encore, repose donc sur notre capacité de trouver des primitives. Nous allons donc maintenant mettre au point des astuces, utiliser des techniques et déployer des stratégies permettant de trouver une primitive d'une fonction.

L'intégration n'est qu'un simple souvenir de la dérivation ... les différentes astuces utilisées en intégration sont des changements, non pas du connu vers l'inconnu, mais plutôt de formes pour lesquelles la mémoire nous fait défaut en des formes pour lesquelles elle nous sert.

Augustus De Morgan

Les chapitres commencent par une **introduction** qui établit un lien avec les chapitres précédents.

Objectifs

▶ Décrire les problèmes à l'origine du calcul différentiel et intégral (1.1).

▶ Exprimer une somme à l'aide de la notation sigma (1.2, 1.3 et 1.4).

▶ Développer et évaluer une expression où apparaît la notation sigma (1.2, 1.3 et 1.4).

▶ Démontrer les principales propriétés de la notation sigma (1.3).

▶ Approximer l'aire d'une surface délimitée par une figure curviligne ou le volume d'un solide de révolution (1.4).

▶ Former une partition d'un intervalle (1.5).

▶ Expliquer en ses mots ce qu'est une somme de Riemann, et en calculer une (1.5).

▶ Exprimer la limite d'une somme de Riemann sous la forme d'une intégrale définie (1.5).

▶ Utiliser les propriétés de l'intégrale définie (1.6).

▶ Définir le concept de primitive (1.7).

▶ Trouver une primitive d'une fonction simple, et formuler la relation qui existe entre deux primitives d'une même fonction (1.7 et 1.9).

▶ Donner une interprétation juste d'une intégrale définie (1.8).

▶ Vérifier qu'une fonction est une primitive d'une autre fonction (1.9).

▶ Évaluer une intégrale définie simple à l'aide du théorème fondamental du calcul intégral et des propriétés des intégrales définies (1.9).

▶ Représenter graphiquement une surface délimitée par une courbe, au-dessus d'un intervalle, et en évaluer l'aire en recourant au calcul intégral (1.9).

▶ Évaluer le volume d'un solide de révolution à l'aide d'une intégrale définie (1.9).

Sommaire

Un portrait de **Georg Friedrich Bernhard Riemann**

Chaque chapitre comporte un **sommaire** et une **liste d'objectifs** d'apprentissage mis en relation avec les sections correspondantes du chapitre.

Les **exemples** illustrant un concept sont généralement suivis d'**exercices** qui permettent à l'étudiant de vérifier son degré de compréhension et d'établir un lien durable entre une nouvelle notion et ses connaissances antérieures.

EXEMPLE 1.9

Si $\int_{2}^{5} f(x)dx = 4$, si $\int_{2}^{-1} f(x)dx = 3$ et si $\int_{-1}^{5} g(x)dx = 12$, on peut recourir aux propriétés de l'intégrale définie pour évaluer $\int_{-1}^{5} [4f(x) - 2g(x)]dx$. En effet, en vertu de la propriété 4 des intégrales définies,

$$\int_{-1}^{5} [4f(x) - 2g(x)]dx = 4\int_{-1}^{5} f(x)dx - 2\int_{-1}^{5} g(x)dx$$

De plus, en vertu de la propriété 3, $\int_{-1}^{2} f(x)dx = -\int_{2}^{-1} f(x)dx = -3$. Enfin, en vertu de la propriété 5, $\int_{-1}^{5} f(x)dx = \int_{-1}^{2} f(x)dx + \int_{2}^{5} f(x)dx = -3 + 4 = 1$. Par conséquent,

$$\int_{-1}^{5} [4f(x) - 2g(x)]dx = 4\int_{-1}^{5} f(x)dx - 2\int_{-1}^{5} g(x)dx = 4(1) - 2(12) = -20$$

EXERCICE 1.6

Si $f(x)$ et $g(x)$ sont des fonctions intégrables sur les intervalles donnés, et si $\int_{3}^{6} f(x)dx = 12$, $\int_{3}^{0} g(x)dx = -4$ et $\int_{0}^{6} g(x)dx = 15$, évaluez $\int_{3}^{6} [2f(x) + 4g(x)]dx$.

34. Deux jeunes chercheuses du département d'entomologie de l'Université d'Extrémie centrale auraient certes pu mériter un prix IgNobel[†] pour avoir créé un nouvel insecte nommé *Maximus cannibalis integralis*. Communément appelée « bibitte à intégrales », cette bestiole, comme la plupart des étudiants des sciences de la nature, bouffe des intégrales à un rythme incroyable. Le *Maximus cannibalis integralis* illustre bien l'adage selon lequel on est ce qu'on mange.

Les jeunes chercheuses ont estimé que la vitesse de croissance (dL/dt) de la longueur de cet insecte est proportionnelle à l'écart entre la longueur maximale L_M d'un insecte de cette espèce et la longueur [$L(t)$] de l'insecte t mois après sa naissance.

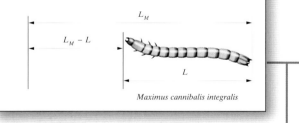

Maximus cannibalis integralis

Des **graphiques** en couleur et de nombreuses **illustrations** enrichissent l'exposé et le rendent plus dynamique et visuellement plus attirant.

3.3.3 **MÉTHODE DES DISQUES TROUÉS**

La méthode des disques peut être généralisée au cas où l'axe de rotation ne délimite pas la frontière de la surface en rotation ; on parle alors de méthode des disques troués. Soit une surface S délimitée par deux fonctions $f(x)$ et $g(x)$ telles que $f(x) \geq g(x)$ (figure 3.29). On veut évaluer le volume V du solide engendré par la rotation de S autour de l'axe des abscisses. Comme d'habitude, on trace une bande rectangulaire étroite découpant la surface de manière perpendiculaire à l'axe de rotation. En tournant autour de l'axe des abscisses, cette bande rectangulaire forme un cylindre creux mince (un disque troué) (figure 3.29).

FIGURE 3.29

Solide de révolution

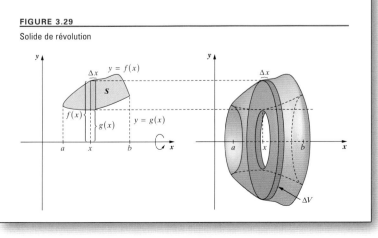

Les **définitions des termes clés** (en gras dans le texte) sont bien mises en évidence dans les marges et sont reprises dans un **glossaire** à la fin du livre.

DÉFINITION

TORE

Un tore est un solide de révolution engendré par un disque en rotation autour d'une droite de son plan, droite qui ne touche pas le disque.

EXEMPLE 3.19

Un **tore** est un solide de révolution obtenu par la rotation d'un disque autour d'une droite qui ne lui touche pas (figure 3.32). Ce solide de révolution a la forme d'un beigne. Calculons le volume du tore obtenu par la rotation autour de l'axe des ordonnées du disque centré au point $(2, 0)$ et de rayon 1. L'équation du cercle délimitant ce disque est alors $(x - 2)^2 + y^2 = 1$. Traçons le graphique de ce disque dans le plan cartésien.

FIGURE 3.32

Tore

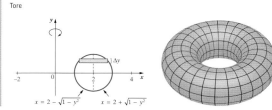

$$x = 2 - \sqrt{1 - y^2} \qquad x = 2 + \sqrt{1 - y^2}$$

GLOSSAIRE

BORNE INFÉRIEURE DE SOMMATION (p. 7)

La borne inférieure de sommation est la valeur minimale de l'indice de sommation dans la notation sigma. Ainsi, dans l'expression $\sum_{k=m}^{n} a_k$, la borne inférieure de sommation est m.

BORNE INFÉRIEURE D'INTÉGRATION (p. 31)

La borne inférieure d'intégration de l'intégrale définie $\int_a^b f(x)dx$ est a.

BORNE INFÉRIEURE D'UNE SUITE (p. 273)

Une borne inférieure d'une suite $\{a_n\}$ est tout nombre b tel que $a_n \geq b$ pour tout entier $n \geq 1$.

BORNE SUPÉRIEURE DE SOMMATION (p. 8)

La borne supérieure de sommation est la valeur maximale (ou ∞) de l'indice de sommation dans la notation sigma. Ainsi, dans l'expression $\sum_{k=m}^{n} a_k$, la borne supérieure de sommation est n.

BORNE SUPÉRIEURE D'INTÉGRATION (p. 31)

La borne supérieure d'intégration de l'intégrale définie $\int_a^b f(x)dx$ est b.

BORNE SUPÉRIEURE D'UNE SUITE (p. 273)

Une borne supérieure d'une suite $\{a_n\}$ est tout nombre B tel que $a_n \leq B$ pour tout entier $n \geq 1$.

CHANGEMENT DE VARIABLE (p. 68)

Le changement de variable est la technique d'intégration qui consiste à ramener une intégrale indéfinie (ou définie) à une intégrale plus simple en remplaçant une expression dans l'intégrande par une nouvelle variable. Lorsqu'on effectue un changement de variable, il ne faut pas oublier de changer l'élément différentiel et, s'il y a lieu, les bornes d'intégration.

COEFFICIENTS D'UNE SÉRIE ENTIÈRE (p. 307)

Les coefficients d'une série entière $\sum_{n=0}^{\infty} a_n(x - a)^n$ sont des constantes réelles a_n.

COMPLÉTION DU CARRÉ (p. 80)

La complétion du carré est l'opération mathématique qui consiste à transformer une forme quadratique $ax^2 + bx + c$ en une somme ou une différence de deux carrés:

$$ax^2 + bx + c =$$
$$a\left[\left(x + \frac{b}{2a}\right)^2 + \left(\frac{c}{a} - \frac{b^2}{4a^2}\right)\right]$$

CONDITIONS AUX LIMITES (p. 198)

Dans une équation différentielle, les conditions aux limites sont des conditions qui donnent la valeur de la variable dépendante ou de ses dérivées en différentes valeurs de la variable indépendante, et qui permettent d'évaluer les constantes arbitraires de la solution générale de l'équation différentielle.

CONDITIONS INITIALES (p. 198)

Dans une équation différentielle, les conditions initiales sont des conditions qui donnent la valeur de la variable dépendante ou de ses dérivées pour une même valeur de la variable indépendante, et qui permettent d'évaluer les constantes arbitraires de la solution générale de l'équation différentielle.

CONSTANTE D'INTÉGRATION (p. 60)

En intégrale indéfinie, la constante d'intégration est la constante arbitraire C qu'on ajoute à une primitive $F(x)$ d'une fonction $f(x)$ pour obtenir la famille de toutes les primitives de cette fonction. On écrit alors

$$\int f(x)dx = F(x) + C$$

COR DE GABRIEL (OU TROMPETTE DE TORRICELLI) (p. 247)

Le cor de Gabriel est le solide obtenu par la rotation, autour de l'axe des abscisses, de la surface d'aire infinie sous l'hyperbole $y = \frac{1}{x}$ au-dessus de l'intervalle $[1, \infty[$. Le volume de ce solide est fini et vaut π. ... latérale est infinie. Le cor de Gabri... nom de trompette de Torricelli, en l'... italien qui s'y intéressa.

COURBE DE LORENZ (p. 145)

Une courbe de Lorenz est une courb... partition des revenus dans une popula...

Les **théorèmes** sont numérotés et faciles à repérer.

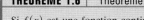

THÉORÈME 1.6 | Théorème de Rolle

Si $f(x)$ est une fonction continue sur l'intervalle $[a, b]$, si $f(x)$ est dérivable pour tout $x \in]a, b[$ et si $f(a) = f(b)$, alors il existe au moins une valeur de $c \in]a, b[$ telle que $f'(c) = 0$.

PREUVE

Comme la fonction $f(x)$ est continue sur $[a, b]$, alors, en vertu du théorème des valeurs extrêmes (théorème 1.4), elle atteint sa valeur minimale m et sa valeur maximale M sur cet intervalle. Or, il est clair que $m \leq M$. Si $m = M$, la fonction doit être constante et valoir m (ou M), de sorte que $f'(c) = 0$ pour tout $c \in]a, b[$, et le théorème est ainsi démontré.

Par contre, si $m < M$, alors une des valeurs extrêmes (le maximum ou le minimum) de la fonction ne peut pas être atteinte aux extrémités de $[a, b]$, puisque $f(a) = f(b)$. Par conséquent, un des extremums, le minimum ou le maximum, est atteint en une valeur $c \in]a, b[$. Comme la fonction est dérivable sur $]a, b[$, les hypothèses du théorème 1.5 sont satisfaites et, par conséquent, $f'(c) = 0$, et le théorème est ainsi démontré. ∎

■■■ RÉSUMÉ

Le théorème fondamental du calcul intégral nous apprend qu'on peut calculer l'intégrale définie d'une fonction continue sur un intervalle $[a, b]$ en soustrayant la valeur d'une **primitive** de la fonction en a de la valeur de cette même primitive en b.

$f(x)$ étant l'i...
intégrale défi...
recherche d'u...

On défi...
comme la fa...
Ainsi, si $F(x...

propriétés de la dérivée et de formules de dérivation connues.

Pour intégrer des expressions plus complexes que celles présentées dans le tableau 2.1, on peut utiliser

■■■ MOTS CLÉS

Changement de variable, p. 68
Complétion du carré, p. 80
Constante d'i...
Décomposit...
p. 104
Fonction imp...

Fonction paire, p. 77
Fonction rationnelle, p. 67
Formule de réduction, p. 85

Intégrande, p. 60
Intégration par parties, p. 82
Linéarité, p. 63

■■■ RÉSEAU DE CONCEPTS

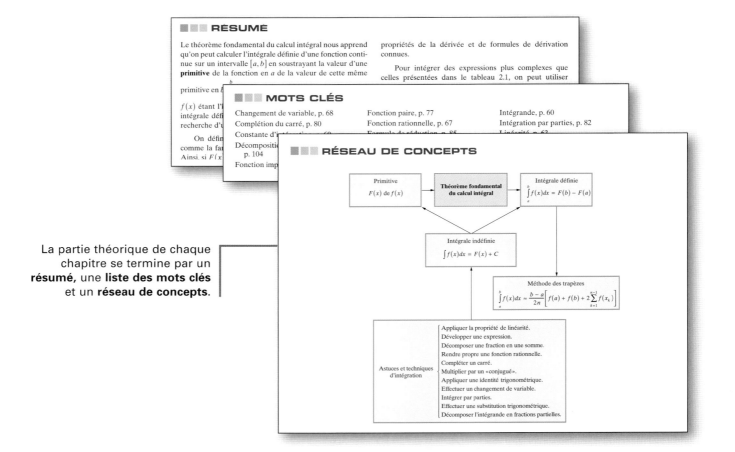

La partie théorique de chaque chapitre se termine par un **résumé**, une **liste des mots clés** et un **réseau de concepts**.

Un portrait de
Sonya Kovalevsky

Avant le XIXe siècle, les femmes n'avaient pas véritablement accès aux études supérieures en sciences. Ainsi, il a fallu attendre la deuxième moitié du XIXe siècle pour qu'une femme, Sonya Kovalevsky (1850–1891), obtienne un doctorat en mathématiques et occupe un poste de professeur dans une université. Issue d'une famille aristocratique, fille du général russe Vasily Korvin Krukovsky, Sonya s'intéressa très tôt aux mathématiques, et cela dans des circonstances un peu particulières. Alors que les murs des chambres des jeunes filles étaient généralement tapissés de papier peint à motifs floraux, ceux de Sonya étaient couverts des pages du cours de calcul d'Ostrogradsky (1801–1861). Elle passa de nombreuses heures dans sa chambre à déchiffrer ces pages remplies de symboles bizarres et y réussit tellement bien qu'à 15 ans, lors de ses premières leçons particulières en calcul différentiel et intégral, son professeur était convaincu qu'elle avait déjà étudié le sujet.

Comme les universités russes n'admettaient pas les femmes, Sonya épousa Vladimir Kovalevsky en 1868, dans le but de l'accompagner en Allemagne pour y étudier. Après maintes démarches, Sonya fut autorisée à assister, à titre non officiel, aux cours de Helmholtz (1821–1894) et de Kirchhoff (1824–1887) à l'Université d'Heidelberg. En 1871, la famille Kovalevsky s'installa à Berlin. Là encore, Sonya dut se battre pour tenter de s'inscrire à l'université locale, mais rien n'y fit. Heureusement, Karl Weierstrass (1815–1897), un des plus grands mathématiciens de l'époque, qui enseignait à Berlin, très impressionné par les talents mathématiques de la jeune femme, accepta de lui donner des leçons particulières. Ce fut le début d'une longue et fructueuse amitié entre le maître et l'élève.

Les **rubriques historiques** ajoutent une dimension culturelle importante au contenu théorique.

Des mots et des symboles

Le mot *intégrale* dérive du terme latin *integer*, qui veut dire « entier », dans le sens de « totalité d'une quantité ». À l'origine, le but du calcul intégral était d'évaluer une aire, c'est-à-dire de passer de l'équation d'une courbe, soit le contour d'une surface, à la mesure de la surface *entière*. Le mot *intégrale* apparaît pour la première fois dans une publication de Jacques Bernoulli (1654–1705), *Acta eruditorum*, parue en 1690, bien que Jean Bernoulli (1667–1748), le frère de Jacques, ait prétendu que le terme est de lui. Voici ce qu'a écrit F. Cajori à ce sujet :

Dans leur correspondance, Leibniz et Jean Bernoulli n'échangé longuement tant sur le nom que sur le symbole fondamental du calcul intégral. Leibniz préférait le nom *calculus summatorius* et la lettre allongée ∫. Bernoulli avait plutôt un penchant pour *calculus integralis* et pour l'utilisation de la lettre majuscule *I* pour désigner une intégrale. Le mot *intégral* avait déjà été utilisé dans un texte écrit par Jacques Bernoulli, mais son frère Jean en réclamait la paternité. Leibniz et Jean Bernoulli en arrivèrent à un heureux compromis en adoptant le nom *calcul intégral* pour désigner cette nouvelle science et le symbole d'intégration proposé par Leibniz.

Un peu d'histoire

Le mot *quadrature* désigne l'évaluation de l'aire d'une surface donnée. Toutefois, il est surtout passé dans la langue courante à cause de l'expression « C'est la quadrature du cercle », employée pour désigner un problème impossible à résoudre. On peut pourtant facilement évaluer l'aire A d'un cercle de rayon r donné : $A = \pi r^2$. Pourquoi alors cette expression est-elle ainsi associée à une impossibilité ? La réponse vient du fait que, à l'origine, il fallait satisfaire à certaines conditions pour obtenir la quadrature du cercle. Les géomètres de la Grèce antique considéraient que seules les constructions faites avec une règle (pour

tracer des segments de droite) et un compas (pour tracer des cercles ou reporter des longueurs) étaient valides. Rapidement, toutefois, ils se heurtent à trois problèmes qui allaient hanter de nombreuses générations de mathématiciens : celui de la duplication du cube (construire géométriquement, avec une règle et un compas, un segment de droite dont la longueur correspond à $\sqrt[3]{2}$; celui de la trisection d'un angle (partager tout angle donné en trois angles égaux en utilisant seulement une règle et un compas) ; et celui, enfin, de la quadrature du cercle (construire géométriquement, avec une règle et un compas, un carré

dont l'aire est de π unités carrées). Les mathématiciens ont montré que ces trois problèmes n'ont pas de solution si on se limite à la règle et au compas. Dans le cas particulier de la quadrature du cercle, l'impossibilité a été révélée en 1882 lorsque Carl Louis Ferdinand von Lindemann (1852–1939) démontra que le nombre π est un nombre dit transcendant et que, par conséquent, il n'est pas constructible (avec une règle et un compas). Le résultat de Lindemann donnait ainsi une réponse à un problème vieux de plus de 25 siècles. Voilà donc pourquoi on associe à une impossibilité l'expression : « C'est la quadrature du cercle. »

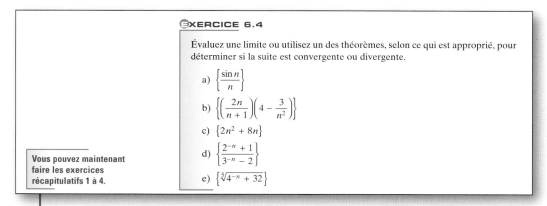

EXERCICE 6.4

Évaluez une limite ou utilisez un des théorèmes, selon ce qui est approprié, pour déterminer si la suite est convergente ou divergente.

a) $\left\{ \dfrac{\sin n}{n} \right\}$

b) $\left\{ \left(\dfrac{2n}{n+1} \right)\left(4 - \dfrac{3}{n^2} \right) \right\}$

c) $\left\{ 2n^2 + 8n \right\}$

d) $\left\{ \dfrac{2^{-n} + 1}{3^{-n} - 2} \right\}$

e) $\left\{ \sqrt[5]{4^{-n} + 32} \right\}$

Vous pouvez maintenant faire les exercices récapitulatifs 1 à 4.

Les **exercices récapitulatifs** que les étudiants peuvent faire après chaque section sont clairement signalés aux endroits opportuns.

Icônes représentant les applications et les démonstrations dans les exercices

Chimie

Physique et ingénierie

Sciences de la vie

Administration et économie

Sciences humaines

Démonstrations

Les **exercices récapitulatifs** à la fin de chaque chapitre sont nombreux, variés et gradués selon leur degré de difficulté (un triangle vert (▲) indique un exercice facile, un carré jaune (■) indique un exercice un peu plus difficile et un pentagone rouge (⬟) signale un exercice plus difficile encore).

Les exercices récapitulatifs sont associés aux sections du manuel qui en traitent.

En plus des exercices de calcul, les exercices récapitulatifs illustrent l'utilisation du calcul différentiel tant en sciences humaines qu'en sciences de la nature, chaque domaine d'application étant désigné par une icône évocatrice.

EXERCICES RÉCAPITULATIFS

Section 4.1

▲ **1.** En tout point de la courbe décrite par la fonction $y = f(x)$, la pente de la tangente à la courbe est proportionnelle au produit de l'abscisse et de l'ordonnée. Formulez l'équation différentielle décrivant cette situation.

▲ **2.** Des chercheurs en communication ont émis l'hypothèse qu'une rumeur se propage dans une population à un rythme (le taux de variation instantané du nombre de personnes connaissant la rumeur par rapport au temps) proportionnel au nombre de personnes non informées de la rumeur. Dans une ville de 40 000 habitants, une rumeur commence à circuler concernant des gestes déplacés du maire à l'endroit d'une employée de la municipalité. Écrivez l'équation différentielle décrivant le phénomène de propagation de cette rumeur dans la ville et indiquez si la constante de proportionnalité est positive ou négative.

▲ **3.** En vertu de la loi de Newton sur le refroidissement des corps, le taux de variation de la température θ d'un objet est proportionnel à l'écart de température entre l'objet et celle du milieu ambiant. Après avoir cueilli des haricots dans son potager, Céline les place au réfrigérateur où la température est maintenue à 4 °C. Formulez

l'équation différentielle décrivant la variation de la température des haricots en fonction du temps et indiquez si la constante de proportionnalité est positive ou négative.

▲ **4.** Le taux de croissance du volume V des ventes d'un nouveau produit par rapport au temps est proportionnel au temps t (en mois) écoulé depuis le lancement, mais inversement proportionnel au volume des ventes. Formulez l'équation différentielle qui décrit la progression des ventes du nouveau produit et qui permettrait d'établir le volume des ventes $V(t)$ en fonction du temps t depuis la mise en marché du produit.

■ **5.** Des toxines présentes dans un environnement détruisent un certain type de bactéries à un rythme proportionnel au produit du nombre N de bactéries présentes et de la quantité Q de toxines. En l'absence de ces toxines, une colonie de ce type de bactéries croît à un rythme proportionnel à sa taille, c'est-à-dire à un rythme proportionnel au nombre de bactéries présentes. Si la quantité de toxines est proportionnelle au temps écoulé depuis leur introduction dans la colonie, à quel rythme la taille de la colonie de bactéries change-t-elle ?

■ **6.** La concentration C d'un élément nutritif dans une cellule varie à un rythme proportionnel à l'écart entre la concentration de cet élément dans la cellule et sa concentration E (qu'on suppose constante) dans l'environnement de la cellule.

⊟XAMEN BLANC°

1. Encerclez la lettre qui correspond à la bonne réponse.

a) Quel est le surplus des consommateurs lorsque l'équation de la courbe de la demande est $p = D(q) = (q - 5)^2$ et que celle de l'offre est $p = O(q) = q^2 + q + 3$ où $0 \le q \le 5$?

A. $\frac{44}{3}$ E. $\frac{26}{3}$

B. 9   F. 6

C. 2   G. $\frac{28}{3}$

D. $\frac{22}{3}$ H. Aucune de ces réponses.

f) Quelle est la solution générale de l'équation différentielle $\dfrac{d^2 y}{dt^2} = \sin 2t$?

A. $-\frac{1}{2} \sin t \cos t + At + B$

B. $\frac{1}{4} \cos 2t + At + B$

C. $A \sin 2t + Bt$

D. $-\frac{1}{2} \cos 2t + A$

E. $-4 \sin 2t + At + B$

F. $2 \cos 2t + A$

G. Aucune de ces réponses.

Les **examens blancs** qui suivent les exercices récapitulatifs des chapitres 2, 4 et 6 permettent aux étudiants de se placer dans un contexte d'évaluation et de repérer leurs faiblesses de manière précise.

RÉPONSES DES EXERCICES RÉCAPITULATIFS

Les **réponses** de tous les exercices récapitulatifs se trouvent à la fin du manuel. Certaines sont détaillées.

Chapitre 1

1. a) $\displaystyle\sum_{i=0}^{6} k\,i^3 = 0 + k + 8k + 27k + 64k + 125k + 216k = 441k$

b) $\displaystyle\sum_{i=1}^{7} i(i+1) = 1(2) + 2(3) + 3(4) + 4(5) + 5(6) + 6(7) + 7(8) = 168$

c) $\displaystyle\sum_{k=6}^{12} \frac{k^2}{k-1} = \frac{36}{5} + \frac{49}{6} + \frac{64}{7} + \frac{81}{8} + \frac{100}{9} + \frac{121}{10} + \frac{144}{11} = \frac{1\,966\,361}{27\,720} \approx 71,0$

d) $\displaystyle\sum_{k=1}^{8} \sin\left(\frac{k\pi}{2}\right) = \sin\frac{\pi}{2} + \sin\pi + \sin\frac{3\pi}{2} + \sin 2\pi + \sin\frac{5\pi}{2} + \sin 3\pi + \sin\frac{7\pi}{2} + \sin 4\pi$

$= 1 + 0 - 1 + 0 + 1 + 0 - 1 + 0 = 0$

e) $\displaystyle\sum_{k=1}^{6} k\cos(k\pi) = \cos\pi + 2\cos 2\pi + 3\cos 3\pi + 4\cos 4\pi + 5\cos 5\pi + 6\cos 6\pi$

$= -1 + 2 - 3 + 4 - 5 + 6 = 3$

f) $\displaystyle\sum_{j=1}^{6} (-2)^j = -2 + 4 - 8 + 16 - 32 + 64 = 42$

g) $\displaystyle\sum_{j=1}^{100} \frac{1}{10^j} = \frac{1}{10} + \frac{1}{10^2} + \frac{1}{10^3} + \cdots + \frac{1}{10^{100}} = 0,\underbrace{11111\ldots11}_{100 \text{ décimales}}$

CALCUL INTÉGRAL

AIDE-MÉMOIRE

LUC AMYOTTE

ERPI

L'**aide-mémoire** qui accompagne le manuel présente une synthèse des notions préalables, expose les concepts clés du calcul différentiel et propose des stratégies pour résoudre des problèmes.

L'AUTEUR

Luc Amyotte est professeur de mathématiques au cégep de Drummondville depuis 1977. En plus d'un brevet d'enseignement, il possède un baccalauréat en mathématiques, un baccalauréat en administration des affaires, un baccalauréat en sciences économiques, une maîtrise en mathématiques et une maîtrise en didactique des mathématiques. Il est l'auteur de plusieurs ouvrages :

- *Méthodes quantitatives – Applications à la recherche en sciences humaines* (ERPI, 2002).

- *Méthodes quantitatives – Formation complémentaire* (ERPI, 1998). Mention au concours des prix du ministre de l'Éducation (1999) et prix Adrien-Pouliot de l'Association mathématique du Québec (AMQ) (1999).

- *Introduction à l'algèbre linéaire et à ses applications* (ERPI, 2003). Prix du ministre de l'Éducation – Notes de cours (1999).

- *Introduction au calcul avancé et à ses applications en sciences* (ERPI, 2004). Prix Frère-Robert de l'AMQ (2002) et prix du ministre de l'Éducation (2003).

- *Calcul différentiel* (ERPI, 2007) (avec Josée Hamel). Prix Adrien-Pouliot de l'Association mathématique du Québec (AMQ) (2007).

- *Calcul intégral* (ERPI, 2008). Mention (notes de cours) au concours des prix du ministre de l'Éducation, du Loisir et du Sport (2005) et prix Frère-Robert de l'AMQ (2006).

En 2004, le cégep de Drummondville l'honorait en lui décernant le prix Roch-Nappert pour la qualité de son enseignement. En 2005, l'Association québécoise de pédagogie collégiale lui décernait une mention d'honneur pour souligner l'excellence et le professionnalisme de son travail dans l'enseignement collégial.

TABLE DES MATIÈRES

CHAPITRE **3**

APPLICATIONS DE L'INTÉGRALE DÉFINIE 128

CHAPITRE **4**

ÉQUATIONS DIFFÉRENTIELLES 190

CHAPITRE **5**

RÈGLE DE L'HOSPITAL ET INTÉGRALES IMPROPRES . . 222

CHAPITRE **6**

SUITES ET SÉRIES 262

L'INTÉGRALE DÉFINIE

Depuis l'Antiquité, l'être humain a cherché à évaluer l'aire de surfaces planes et le volume de solides. Il lui fut assez aisé d'évaluer l'aire d'un rectangle, d'un triangle ou même de toute surface délimitée par un polygone, mais beaucoup plus difficile de trouver celle d'une surface délimitée par une figure curviligne : cercle, ellipse ou surface comprise entre deux paraboles. De même, il a pu assez facilement produire une formule pour trouver le volume d'un cube, mais cela lui fut beaucoup plus difficile pour le volume d'un solide délimité par une sphère ou un ellipsoïde. Il a également cherché à établir une façon de trouver la distance parcourue par un mobile dont la vitesse ou l'accélération est connue, ou encore à prédire la taille d'une population à partir de son taux de croissance. Toutes ces questions sans liens apparents peuvent être résolues au moyen du calcul intégral. Définie comme la limite d'une somme comportant un nombre infini de termes, l'intégrale définie peut généralement être évaluée à l'aide du théorème fondamental du calcul intégral, qui rend indissociables le calcul différentiel et le calcul intégral.

Une idée qu'on peut appliquer dans un seul contexte est un truc. Si on peut l'appliquer dans plusieurs contextes, elle devient une méthode.

G. Polya et S. Szego

Objectifs

▸ Décrire les problèmes à l'origine du calcul différentiel et intégral (1.1).

▸ Exprimer une somme à l'aide de la notation sigma (1.2, 1.3 et 1.4).

▸ Développer et évaluer une expression où apparaît la notation sigma (1.2, 1.3 et 1.4).

▸ Démontrer les principales propriétés de la notation sigma (1.3).

▸ Approximer l'aire d'une surface délimitée par une figure curviligne ou le volume d'un solide de révolution (1.4).

▸ Former une partition d'un intervalle (1.5).

▸ Expliquer en ses mots ce qu'est une somme de Riemann, et en calculer une (1.5).

▸ Exprimer la limite d'une somme de Riemann sous la forme d'une intégrale définie (1.5).

▸ Utiliser les propriétés de l'intégrale définie (1.6).

▸ Définir le concept de primitive (1.7).

▸ Trouver une primitive d'une fonction simple, et formuler la relation qui existe entre deux primitives d'une même fonction (1.7 et 1.9).

▸ Donner une interprétation juste d'une intégrale définie (1.8).

▸ Vérifier qu'une fonction est une primitive d'une autre fonction (1.9).

▸ Évaluer une intégrale définie simple à l'aide du théorème fondamental du calcul intégral et des propriétés des intégrales définies (1.9).

▸ Représenter graphiquement une surface délimitée par une courbe, au-dessus d'un intervalle, et en évaluer l'aire en recourant au calcul intégral (1.9).

▸ Évaluer le volume d'un solide de révolution à l'aide d'une intégrale définie (1.9).

Sommaire

Un portrait de

Georg Friedrich Bernhard Riemann

Georg Friedrich Bernhard Riemann est né à Breselenz près de Hanovre en 1826. Il fut d'abord l'élève de son père avant d'entreprendre des études plus officielles dans des lycées et des gymnases. Riemann était très studieux et manifestait un intérêt marqué pour les mathématiques. Ainsi, il lut, en neuf jours, le livre de 900 pages d'Adrien-Marie Legendre (1752–1833) en théorie des nombres que le directeur du *Johanneum Gymnasium* lui avait prêté. En 1846, pour plaire à son père, un pasteur luthérien, Riemann s'inscrivit en théologie à l'Université de Göttingen, mais sa passion pour les mathématiques le fit changer d'orientation. Il demanda et obtint la permission de poursuivre des études en mathématiques avec le célèbre mathématicien Carl Friedrich Gauss (1777–1855). En 1847, il continua sa formation à l'Université de Berlin, où il entra en contact avec Peter Gustav Lejeune-Dirichlet (1805–1859), Carl Gustav Jacob Jacobi (1804–1851) et Ferdinand Gotthold Max Eisenstein (1823–1852), trois autres mathématiciens exceptionnels qui, comme Riemann, moururent dans la force de l'âge. En 1849, Riemann revint à Göttingen et, en 1851, y soumit sa thèse de doctorat en analyse complexe sous la direction de Gauss. Ce dernier, qui avait pourtant la réputation d'être avare d'éloges, souligna la créativité remarquable de son élève. En fait, la thèse de Riemann, dans laquelle il établit les équations différentielles dites de Cauchy-Riemann ainsi que le concept de surface de Riemann, est considérée comme un des plus extraordinaires ouvrages de mathématiques de tous les temps à cause de l'originalité, de la qualité et de l'importance des idées qui s'y trouvent.

Gauss recommanda que Riemann soit engagé comme professeur à l'Université de Göttingen. Pour obtenir le titre de *Privatdozent*, Riemann dut préparer un essai de probation (l'habilitation) et donner une conférence. En 1854, dans son mémoire d'habilitation, il fit une étude de la représentation de fonctions en séries trigonométriques, ce qui l'amena à préciser le concept de fonction intégrable et à le généraliser. Il affirma alors qu'une fonction bornée sur un intervalle $[a, b]$ est intégrable si les sommes qui lui sont attachées, dites aujourd'hui sommes de Riemann, convergent lorsque le nombre de termes de la somme tend vers l'infini et que la largeur du plus grand sous-intervalle de la partition de $[a, b]$ tend vers 0.

Pour sa conférence d'habilitation, Riemann proposa trois sujets, soit deux en électricité et un autre en géométrie. Normalement, le premier des trois sujets était retenu. Cependant, contre toute attente, Gauss choisit le thème de la géométrie, le troisième sujet de Riemann. C'est ainsi que, le 10 juin 1854, Riemann prononça une conférence intitulée *Über die Hypothesen welche der Geometrie zu Grunde liegen* (Sur les hypothèses qui servent de base à la géométrie). Le contenu de cette conférence, un classique des mathématiques, était tellement en avance sur son temps que seul Gauss l'apprécia à sa juste valeur. La portée de cette conférence sera considérable : 50 ans plus tard, Einstein s'y référera pour jeter les fondements de la théorie de la relativité.

La carrière de Riemann est parsemée d'articles savants qui firent époque. Ainsi, en 1857, il publia un article sur les fonctions abéliennes dans lequel il développa le concept de surface de Riemann qu'il avait déjà abordé dans sa thèse de doctorat.

En 1859, dans un autre article célèbre, il émit une conjecture audacieuse sur les zéros de la fonction zêta (ζ). L'étude de cette conjecture fit l'objet du 8e des 23 problèmes soumis par David Hilbert (1862–1943) au deuxième Congrès international des Mathématiciens, tenu en 1900 à Paris. Ce problème n'a pas encore été résolu. En mai 2000, la Clay Mathematics Institute a offert un prix de 1 000 000 $ à quiconque pourrait le résoudre.

Signalons enfin que Riemann a réalisé des travaux sur les théories de la chaleur, de la lumière, du magnétisme, de la dynamique des fluides et de l'acoustique. Le manque de rigueur occasionnellement reproché à Riemann dans ses travaux mathématiques trouve peut-être son explication dans l'intérêt marqué qu'il portait à la physique et à la géométrie, domaines où l'intuition joue un rôle primordial et permet d'obtenir des résultats généralement convaincants. D'une certaine façon, cet intérêt constituait un avantage, puisque les idées que Riemann mettait de l'avant apparaissaient ainsi plus clairement que si elles avaient été présentées dans un cadre trop formel. Les notes de cours de Riemann portant sur les équations différentielles appliquées à la physique étaient d'ailleurs tellement appréciées des physiciens qu'elles furent réimprimées jusqu'en 1938, soit 80 ans après les premiers cours donnés par Riemann sur le sujet.

Plusieurs concepts portent aujourd'hui le nom de Riemann en l'honneur de ce grand mathématicien mort de la tuberculose le 20 juillet 1866, à l'âge de 39 ans, à Selasca en Italie : hypothèse de Riemann, fonction zêta (ζ) de Riemann, formule de Riemann, sphère de Riemann, théorèmes de Riemann, série de Riemann, somme de Riemann, intégrale de Riemann et plusieurs autres encore. De ces concepts, les trois derniers sont généralement étudiés dans un cours de calcul intégral.

PROBLÈMES À L'ORIGINE DU CALCUL DIFFÉRENTIEL ET INTÉGRAL

Dans cette section : *quadrature – cubature – rectification.*

Deux problèmes de géométrie sont généralement considérés comme étant à l'origine du calcul : la recherche de la pente de la tangente à une courbe en un point donné et la recherche d'une méthode pour évaluer l'aire d'une surface délimitée par une figure curviligne.

Le premier de ces problèmes est à l'origine du calcul différentiel. En effet, vous avez déjà vu que la dérivée d'une fonction peut être interprétée comme la pente de la tangente à une courbe. Vous avez également appris que le concept de dérivée était éminemment plus riche. Ainsi, on applique ce concept pour évaluer des taux de variation particuliers, comme une vitesse $\left(\dfrac{ds}{dt}\right)$, une accélération $\left(\dfrac{dv}{dt}\right)$, un taux de croissance démographique $\left(\dfrac{dP}{dt}\right)$, un coût marginal $[C'(x)]$, un revenu marginal $[R'(x)]$, un profit marginal $[\pi'(x)]$, etc. Vous vous souvenez aussi sans doute de l'importance du concept de dérivée pour trouver les extremums d'une fonction. Bref, même si la dérivée tire son origine d'un problème de géométrie, elle trouve de nombreuses applications dans d'autres domaines.

Le deuxième problème, celui de la **quadrature**[*], qui consiste à trouver l'aire d'une surface délimitée par une figure curviligne, est à l'origine du calcul intégral. Toutefois, comme dans le cas du concept clé de dérivée, le concept d'intégrale, que nous allons aborder sous peu, ne sert pas qu'à évaluer l'aire de certaines surfaces. Ainsi, on utilisera l'intégrale pour évaluer le volume de certains solides, l'aire de la surface latérale délimitant ces solides, la longueur d'un arc[†], etc. On recourra également à l'intégrale pour résoudre certaines équations différentielles, notamment pour déterminer la taille d'une population à partir de son taux de croissance, le déplacement d'un objet dont la vitesse est variable, le coût de production à partir du coût marginal, etc.

Comme on le verra plus loin, tous ces problèmes (évaluer l'aire d'une surface – plane ou de l'espace –, le volume d'un solide, la longueur d'un arc, le déplacement d'un objet dont la vitesse est variable, etc.) ont un point commun : on peut les

---

> DÉFINITION
>
> **QUADRATURE**
>
> La quadrature est l'opération qui consiste à évaluer l'aire d'une surface.

> DÉFINITIONS
>
> **CUBATURE**
>
> La cubature est l'opération qui consiste à évaluer le volume d'un solide.
>
> **RECTIFICATION**
>
> La rectification est l'opération qui consiste à évaluer la longueur d'un arc curviligne.

---

[*] Voici ce qu'on trouve à l'article « quadrature » dans la fameuse *Encyclopédie* (ou *Dictionnaire raisonné des sciences, des arts et des métiers*) de Diderot et d'Alembert (version mise en ligne par la Bibliothèque nationale de France sur le site gallica.bnf.fr) :

> Quadrature, s.f. terme de Géométrie ; maniere de *quarrer* ou de réduire une figure en un quarré, ou de trouver un quarré égal à une figure proposée.
>
> Ainsi, la quadrature d'un cercle, d'une parabole, d'une ellipse, d'un triangle, ou autre figure semblable, consiste à faire un quarré égal en surface à l'une ou l'autre de ces figures.
>
> La quadrature des figures rectilignes est du ressort de la Géométrie élémentaire ; il ne s'agit que de trouver leurs airs ou superficie, & de la transformer en parallelogramme rectangle.
>
> Il est facile ensuite d'avoir un quarré égal à ce rectangle, puisqu'il ne faut pour cela que trouver une moyenne proportionnelle entre les deux côtés du rectangle.
>
> La quadrature des courbes, c'est-à-dire la maniere de mesurer leur surface, ou de trouver un espace rectiligne égal à un espace curviligne, est une matiere d'une spéculation plus profonde, & qui fait partie de la Géométrie sublime. Archimede paroît être le premier qui ait donne la quadrature d'un espace curviligne, en trouvant la quadrature de la parabole.

[†] Le problème de l'évaluation du volume d'un solide porte le nom de **cubature**, et celui de l'évaluation de la longueur d'un arc curviligne porte le nom de **rectification**.

Un peu d'histoire

Le mot *quadrature* désigne l'évaluation de l'aire d'une surface donnée. Toutefois, il est surtout passé dans la langue courante à cause de l'expression « C'est la quadrature du cercle », employée pour désigner un problème impossible à résoudre. On peut pourtant facilement évaluer l'aire A d'un cercle de rayon r donné : $A = \pi r^2$. Pourquoi alors cette expression est-elle ainsi associée à une impossibilité ? La réponse vient du fait que, à l'origine, il fallait satisfaire à certaines conditions pour obtenir la quadrature du cercle. Les géomètres de la Grèce antique considéraient que seules les constructions faites avec une règle (pour tracer des segments de droite) et un compas (pour tracer des cercles ou reporter des longueurs) étaient valides. Rapidement, toutefois, ils se heurtèrent à trois problèmes qui allaient hanter de nombreuses générations de mathématiciens : celui de la duplication du cube (construire géométriquement, avec une règle et un compas, un segment de droite dont la longueur correspond à $\sqrt[3]{2}$) ; celui de la trisection d'un angle (partager tout angle donné en trois angles égaux en utilisant seulement une règle et un compas) ; et celui, enfin, de la quadrature du cercle (construire géométriquement, avec une règle et un compas, un carré dont l'aire est de π unités carrées). Les mathématiciens ont montré que ces trois problèmes n'ont pas de solution si on se limite à la règle et au compas. Dans le cas particulier de la quadrature du cercle, l'impossibilité a été révélée en 1882 lorsque Carl Louis Ferdinand von Lindemann (1852–1939) démontra que le nombre π est un nombre dit transcendant et que, par conséquent, il n'est pas constructible (avec une règle et un compas). Le résultat de Lindemann donnait ainsi une réponse à un problème vieux de plus de 25 siècles. Voilà donc pourquoi on associe à une impossibilité l'expression : « C'est la quadrature du cercle. »

résoudre, ou du moins leur trouver une réponse approximative, à l'aide d'une somme. Voilà pourquoi il convient d'aborder ici une notation fort utile en mathématiques : la notation sigma.

1.2 NOTATION SIGMA

Dans cette section: *notation sigma – indice de sommation – borne inférieure de sommation – borne supérieure de sommation – indice muet – mutificateur – variable muette.*

Lorsqu'on veut abréger ou simplifier l'expression de la somme de plusieurs termes liés entre eux, on peut recourir à une notation spéciale, dite **notation sigma** (Σ). Le symbole Σ est la lettre majuscule sigma de l'alphabet grec, laquelle correspond à S, la première lettre du mot «somme». L'expression $\displaystyle\sum_{k=m}^{n} a_k$ signifie «effectuer la somme des a_k en laissant l'**indice (de sommation)** k prendre les valeurs entières de m jusqu'à n», de sorte que $\displaystyle\sum_{k=m}^{n} a_k = a_m + a_{m+1} + \cdots + a_n$. Les valeurs m et n sont appelées respectivement **borne inférieure** et **borne supérieure de sommation**. Notez que le terme a_k varie en fonction de l'entier k, de sorte que cette notation (a_k) n'est qu'une façon commode de représenter une fonction définie seulement sur les entiers, soit $a_k = f(k)$.

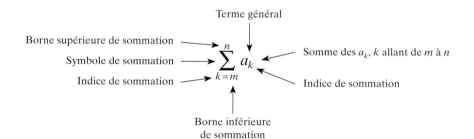

NOTATION SIGMA

La notation sigma est la notation qui permet d'abréger l'écriture de la somme d'une suite dont les termes sont liés entre eux. On utilise la lettre grecque majuscule sigma (Σ) pour la désigner.

INDICE DE SOMMATION

Dans la notation sigma, l'indice de sommation est le paramètre qui sert à indiquer la portée de la sommation, c'est-à-dire l'intervalle de valeurs entières sur lequel la somme se réalise. Ainsi, dans l'expression $\displaystyle\sum_{k=m}^{n} a_k$, l'indice de sommation est k.

BORNE INFÉRIEURE DE SOMMATION

La borne inférieure de sommation est la valeur minimale de l'indice de sommation dans la notation sigma. Ainsi, dans l'expression $\displaystyle\sum_{k=m}^{n} a_k$, la borne inférieure de sommation est m.

BORNE SUPÉRIEURE DE SOMMATION

La borne supérieure de sommation est la valeur maximale (ou ∞) de l'indice de sommation dans la notation sigma. Ainsi, dans l'expression $\sum_{k=m}^{n} a_k$, la borne supérieure de sommation est n.

INDICE MUET

Un indice est muet si un changement de nom de l'indice ne change pas la valeur de l'expression dans laquelle il se trouve. Ainsi, dans l'assemblage $\sum_{k=m}^{n} a_k$, l'indice de sommation k est muet, puisqu'en changeant k par i, on obtient $\sum_{k=m}^{n} a_k = \sum_{i=m}^{n} a_i$.

Il peut arriver que la somme se prolonge à l'infini, auquel cas on écrit $\sum_{k=m}^{\infty} a_k$.

Le nom qu'on donne à l'indice de sommation n'a pas d'importance: on aurait pu utiliser i ou j à la place de k sans pour autant changer la valeur de l'expression. C'est pourquoi on dit que l'indice de sommation est un **indice muet**[*].

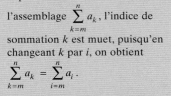

Des mots et des symboles[†]

Le mot *somme* a été introduit dans l'usage par N. Chuquet (1445–1500) en 1484 (*Triparty en la science des nombres*). Ce mot vient du latin *summus*, qui se traduit par « qui est au point le plus haut ». À l'époque, les Romains comptaient de bas en haut, de sorte que le résultat d'une addition, la somme, se trouvait sur la ligne supérieure (le sommet) d'une colonne de chiffres.

L'emploi de la majuscule grecque Σ pour désigner une somme est due à L. Euler (1707–1783). Dans *Institutiones calculi differentialis* (1755), il écrit « summam indicabimus signo Σ », ce qui se traduit par « nous indiquons une somme par le symbole Σ ». Quant au symbole ∞ pour désigner l'infini, il est dû au Britannique John Wallis (1616–1703). Dans *De sectionibus conicis* (1655), il écrivit: « ∞ nota numeri infiniti » (∞ désigne un nombre infini). Comme Wallis était érudit, certains ont émis l'hypothèse qu'il avait créé ce symbole à partir de l'ancien signe romain ⊂⊃, ressemblant à deux zéros joints et désignant la valeur 1 000 (un grand nombre dans la Rome antique), ou encore de ω, la dernière lettre de l'alphabet grec.

EXEMPLE 1.1

On abrège l'écriture de $3^1 + 3^2 + 3^3 + 3^4 + 3^5 + 3^6 + 3^7 + 3^8$ au moyen de l'expression $\sum_{i=1}^{8} 3^i$, alors que $2 + 4 + 6 + 8 + 10 + \cdots + 98 + 100 = \sum_{i=1}^{50} 2i$. Notez ici que l'indice i est un indice muet. En effet, on aurait tout aussi bien pu utiliser la lettre k comme indice sans pour autant changer la valeur de l'expression. Ainsi, $\sum_{i=1}^{50} 2i = \sum_{k=1}^{50} 2k$. Inversement, pour développer l'expression $\sum_{i=4}^{9} (2i + 1)a_i$, on écrit la somme de tous les termes de la forme $(2i + 1)a_i$ en donnant à i les valeurs entières allant de 4 à 9:

$$\sum_{i=4}^{9} (2i + 1)a_i = 9a_4 + 11a_5 + 13a_6 + 15a_7 + 17a_8 + 19a_9$$

[*] Le langage mathématique emploie des assemblages où figurent des lettres pouvant représenter des variables, des indices, des paramètres, des constantes, etc. Une lettre (indice ou variable) figurant dans un assemblage est dite muette si elle ne figure pas nécessairement dans une autre écriture de l'assemblage. Par exemple, l'assemblage $\sum_{k=1}^{5} k$ admet une autre écriture, soit 15 (puisque $\sum_{k=1}^{5} k = 15$), dans laquelle l'indice k n'apparaît plus. De même, comme on le verra plus loin, la variable x est muette dans l'assemblage $\int_{a}^{b} f(x)\, dx$, puisqu'on aurait pu utiliser un autre nom pour la variable (par exemple, t ou s) sans changer la valeur de l'expression. Les symboles tels que Σ, $\int_{a}^{b}$, $\forall$ et $\exists$, qui rendent muettes certaines lettres d'un assemblage, sont appelés des **mutificateurs**.

[†] La plupart des informations réunies dans la rubrique « Des mots et des symboles » proviennent de F. Cajori, *A History of Mathematical Notations*, New York, Dover, 1993 (réimpression de l'édition de 1928–1929), de B. Hauchecorne, *Les mots & les maths. Dictionnaire historique et étymologique du vocabulaire mathématique*, Paris, Ellipses, 2003, ainsi que des sites Internet http://members.aol.com/jeff570/mathsym.html et http://members.aol.com/jeff570/mathword.html.

MUTIFICATEUR

Un mutificateur est un symbole mathématique qui rend muets des variables ou des indices dans un assemblage. Les expressions symboliques Σ, $\int_{a}^{b}$, $\forall$ et $\exists$ sont des exemples de mutificateurs.

De même, $\sum_{i=2}^{5} x^i = x^2 + x^3 + x^4 + x^5$. Notez ici que la **variable** x n'est pas **muette**, alors que l'indice i l'est. En effet, l'expression demeure inchangée si on remplace la lettre i par la lettre k: $\sum_{i=2}^{5} x^i = \sum_{k=2}^{5} x^k$. Par contre, l'expression n'est plus la même si on substitue y à x: $\sum_{i=2}^{5} x^i \neq \sum_{i=2}^{5} y^i$.

Par ailleurs, on a

$$\sum_{k=0}^{\infty} \left(\tfrac{1}{2}\right)^k = \left(\tfrac{1}{2}\right)^0 + \left(\tfrac{1}{2}\right)^1 + \left(\tfrac{1}{2}\right)^2 + \left(\tfrac{1}{2}\right)^3 + \cdots$$

$$= 1 + \tfrac{1}{2} + \tfrac{1}{4} + \tfrac{1}{8} + \cdots$$

EXERCICES 1.1

1. Développez et évaluez l'expression $\sum_{k=1}^{8} 5$.

2. Développez et évaluez l'expression $\sum_{i=4}^{7} (i^2 + 1)$.

3. Écrivez la somme $3 + 5 + 7 + \cdots + 35$ au moyen de la notation sigma.

4. Développez et évaluez $\sum_{i=1}^{n} (2^i - 2^{i-1})$.

5. Développez l'expression $\sum_{k=1}^{n} f(x_k)\Delta x_k$.

Vous pouvez maintenant faire les exercices récapitulatifs 1 et 2.

1.3 PROPRIÉTÉS DE LA NOTATION SIGMA

La notation sigma possède des propriétés intéressantes. Nous ferons appel à certaines de ces propriétés lorsque nous aborderons l'approximation de l'aire de certaines surfaces ou du volume de certains solides.

Propriétés de la notation sigma	
Si C est une constante et si r est une constante différente de 1, alors:	
1. $\sum_{i=1}^{n} a_i = \sum_{j=1}^{n} a_j = \sum_{k=1}^{n} a_k = \sum_{l=1}^{n} a_l = \cdots$	Possibilité de renommer un indice de sommation.
2. $\sum_{k=m}^{n} a_k = \sum_{k=1}^{n-m+1} a_{k+m-1}$	Déphasage de l'indice de sommation.
3. $\sum_{k=m}^{n} a_k = \left(\sum_{k=1}^{n} a_k\right) - \left(\sum_{k=1}^{m-1} a_k\right)$	
4. $\sum_{k=1}^{n} C = nC$	Addition de n termes égaux à C.
5. $\sum_{k=m}^{n} C = (n - m + 1)C$	Addition de $n - m + 1$ termes égaux à C.

6. $\displaystyle\sum_{k=1}^{n} Ca_k = C\sum_{k=1}^{n} a_k$ Mise en évidence de la constante C.

7. $\displaystyle\sum_{k=1}^{n} (a_k + b_k) = \left(\sum_{k=1}^{n} a_k\right) + \left(\sum_{k=1}^{n} b_k\right)$ Commutativité et associativité de l'addition.

8. $\displaystyle\sum_{k=1}^{n} (a_k - a_{k-1}) = a_n - a_0$ Somme télescopique.

9. $\displaystyle\sum_{k=1}^{n} k = \frac{n(n+1)}{2}$ Somme des n premiers entiers positifs.

10. $\displaystyle\sum_{k=1}^{n} k^2 = \frac{n(n+1)(2n+1)}{6}$ Somme des carrés des n premiers entiers positifs.

11. $\displaystyle\sum_{k=1}^{n} k^3 = \frac{n^2(n+1)^2}{4}$ Somme des cubes des n premiers entiers positifs.

12. $\displaystyle\sum_{k=1}^{n} r^k = \frac{r^{n+1} - r}{r - 1}$ Somme de n termes en progression géométrique.

Prouvons ces propriétés de la notation sigma.

PROPRIÉTÉ 1

$$\sum_{i=1}^{n} a_i = \sum_{j=1}^{n} a_j = \sum_{k=1}^{n} a_k = \sum_{l=1}^{n} a_l = \cdots$$

PREUVE

$$\sum_{i=1}^{n} a_i = a_1 + a_2 + \cdots + a_n$$

$$\sum_{j=1}^{n} a_j = a_1 + a_2 + \cdots + a_n$$

$$\sum_{k=1}^{n} a_k = a_1 + a_2 + \cdots + a_n$$

$$\sum_{l=1}^{n} a_l = a_1 + a_2 + \cdots + a_n$$

Comme les membres de gauche de chacune des quatre équations sont égaux à la même quantité, ils sont égaux entre eux. Par conséquent,

$$\sum_{i=1}^{n} a_i = \sum_{j=1}^{n} a_j = \sum_{k=1}^{n} a_k = \sum_{l=1}^{n} a_l = \cdots$$

∎

PROPRIÉTÉ 2

$$\sum_{k=m}^{n} a_k = \sum_{k=1}^{n-m+1} a_{k+m-1}$$

PREUVE

Si on effectue le changement de variable $k = i + m - 1$ dans le membre de gauche de l'égalité et qu'on applique, par la suite, la première propriété de la notation sigma, on obtient

$$\sum_{k=m}^{n} a_k = \sum_{i+m-1=m}^{i+m-1=n} a_{i+m-1}$$

$$= \sum_{i=1}^{i=n-m+1} a_{i+m-1}$$

$$= \sum_{k=1}^{n-m+1} a_{k+m-1}$$

On aurait également pu obtenir le même résultat en développant chacun des deux membres de l'égalité :

$$\sum_{k=m}^{n} a_k = a_m + a_{m+1} + \cdots + a_n$$

et

$$\sum_{k=1}^{n-m+1} a_{k+m-1} = a_{1+m-1} + a_{2+m-1} + \cdots + a_{(n-m+1)+m-1}$$

$$= a_m + a_{m+1} + \cdots + a_n$$

Comme les membres de gauche des deux équations sont égaux à la même quantité, ils sont égaux entre eux. Par conséquent, $\sum_{k=m}^{n} a_k = \sum_{k=1}^{n-m+1} a_{k+m-1}$. ∎

PROPRIÉTÉ 3

$$\sum_{k=m}^{n} a_k = \left(\sum_{k=1}^{n} a_k \right) - \left(\sum_{k=1}^{m-1} a_k \right)$$

PREUVE

$$\left(\sum_{k=1}^{n} a_k \right) - \left(\sum_{k=1}^{m-1} a_k \right) = (a_1 + a_2 + \cdots + a_{m-1} + a_m + a_{m+1} + \cdots + a_n)$$

$$- (a_1 + a_2 + \cdots + a_{m-1})$$

$$= a_m + a_{m+1} + \cdots + a_n$$

$$= \sum_{k=m}^{n} a_k$$

∎

PROPRIÉTÉ 4

$$\sum_{k=1}^{n} C = nC$$

PREUVE

$$\sum_{k=1}^{n} C = \underbrace{C + C + \cdots + C}_{n \text{ termes}}$$

$$= nC \qquad \blacksquare$$

PROPRIÉTÉ 5

$$\sum_{k=m}^{n} C = (n - m + 1)C$$

Voici deux preuves différentes de cette propriété. La première fait appel aux propriétés 2 et 4 de la notation sigma ; la seconde, aux propriétés 3 et 4.

PREUVE 1

$$\sum_{k=m}^{n} C = \sum_{k=1}^{n-m+1} C$$

$$= (n - m + 1)C \qquad \blacksquare$$

PREUVE 2

$$\sum_{k=m}^{n} C = \sum_{k=1}^{n} C - \sum_{k=1}^{m-1} C$$

$$= nC - (m - 1)C$$

$$= (n - m + 1)C \qquad \blacksquare$$

PROPRIÉTÉ 6

$$\sum_{k=1}^{n} Ca_k = C \sum_{k=1}^{n} a_k$$

PREUVE

$$\sum_{k=1}^{n} Ca_k = Ca_1 + Ca_2 + \cdots + Ca_n$$

$$= C(a_1 + a_2 + \cdots + a_n)$$

$$= C \sum_{k=1}^{n} a_k \qquad \blacksquare$$

PROPRIÉTÉ 7

$$\sum_{k=1}^{n} (a_k + b_k) = \left(\sum_{k=1}^{n} a_k \right) + \left(\sum_{k=1}^{n} b_k \right)$$

PREUVE

$$\sum_{k=1}^{n} (a_k + b_k) = (a_1 + b_1) + (a_2 + b_2) + \cdots + (a_n + b_n)$$

$$= (a_1 + a_2 + \cdots + a_n) + (b_1 + b_2 + \cdots + b_n)$$

$$= \left(\sum_{k=1}^{n} a_k \right) + \left(\sum_{k=1}^{n} b_k \right)$$ ∎

PROPRIÉTÉ 8

$$\sum_{k=1}^{n} (a_k - a_{k-1}) = a_n - a_0$$

PREUVE

$$\sum_{k=1}^{n} (a_k - a_{k-1}) = (a_1 - a_0) + (a_2 - a_1) + \cdots + (a_{n-1} - a_{n-2}) + (a_n - a_{n-1})$$

$$= (a_1 + a_2 + a_3 + \cdots + a_{n-1} + a_n) - (a_0 + a_1 + a_2 + \cdots + a_{n-1})$$

$$= a_n - a_0$$ ∎

PROPRIÉTÉ 9

$$\sum_{k=1}^{n} k = \frac{n(n+1)}{2}$$

PREUVE

Si $S = \sum_{k=1}^{n} k$, alors

$$S = 1 + 2 + 3 + \cdots + (n-2) + (n-1) + n$$
$$S = n + (n-1) + (n-2) + \cdots + 3 + 2 + 1$$

Si on additionne les membres de gauche et de droite de la première égalité aux membres correspondants de la seconde, on obtient

$$2S = \underbrace{(n+1) + (n+1) + (n+1) + \cdots + (n+1)}_{n \text{ termes}}$$

$$= n(n+1)$$

de sorte que $S = \dfrac{n(n+1)}{2}$. Par conséquent, $\displaystyle\sum_{k=1}^{n} k = \dfrac{n(n+1)}{2}$.

On aurait également pu obtenir ce résultat d'une autre façon.

D'une part, en vertu de la propriété 8 de la notation sigma sur les sommes télescopiques, on a $\sum\limits_{k=1}^{n}\left[k^2 - (k-1)^2\right] = n^2 - 0^2 = n^2$.

D'autre part, en vertu des propriétés 4, 6 et 7 de la notation sigma, on a

$$\sum_{k=1}^{n}\left[k^2 - (k-1)^2\right] = \sum_{k=1}^{n}\left[k^2 - \left(k^2 - 2k + 1\right)\right]$$

$$= \sum_{k=1}^{n}(2k - 1)$$

$$= 2\left(\sum_{k=1}^{n} k\right) - \left(\sum_{k=1}^{n} 1\right)$$

$$= 2\left(\sum_{k=1}^{n} k\right) - n$$

Par conséquent,

$$2\left(\sum_{k=1}^{n} k\right) - n = n^2$$

$$2\left(\sum_{k=1}^{n} k\right) = n^2 + n = n(n + 1)$$

$$\sum_{k=1}^{n} k = \frac{n(n + 1)}{2}$$

∎

PROPRIÉTÉ 10

$$\sum_{k=1}^{n} k^2 = \frac{n(n + 1)(2n + 1)}{6}$$

PREUVE

D'une part, en vertu de la propriété 8 de la notation sigma sur les sommes télescopiques, on a

$$\sum_{k=1}^{n}\left[k^3 - (k-1)^3\right] = n^3 - 0^3$$

$$= n^3$$

D'autre part, en vertu des propriétés 4, 6, 7 et 9 de la notation sigma, on a

$$\sum_{k=1}^{n}\left[k^3 - (k-1)^3\right] = \sum_{k=1}^{n}\left[k^3 - \left(k^3 - 3k^2 + 3k - 1\right)\right]$$

$$= \sum_{k=1}^{n}\left(3k^2 - 3k + 1\right)$$

$$= 3\left(\sum_{k=1}^{n} k^2\right) - 3\left(\sum_{k=1}^{n} k\right) + \left(\sum_{k=1}^{n} 1\right)$$

$$= 3\left(\sum_{k=1}^{n} k^2\right) - 3\frac{n(n + 1)}{2} + n$$

On en déduit que $3\left(\displaystyle\sum_{k=1}^{n} k^2\right) - 3\dfrac{n(n+1)}{2} + n = n^3$, d'où

$$\sum_{k=1}^{n} k^2 = \frac{1}{3}\left[n^3 + 3\frac{n(n+1)}{2} - n\right]$$

$$= \frac{n}{6}\left[2n^2 + 3(n+1) - 2\right]$$

$$= \frac{n}{6}\left(2n^2 + 3n + 1\right)$$

$$= \frac{n(n+1)(2n+1)}{6}$$

$\blacksquare$

Un peu d'histoire

Les Grecs de l'Antiquité étaient des géomètres exceptionnels. Chaque fois qu'ils le pouvaient, ils donnaient une interprétation géométrique aux concepts qu'ils étudiaient. Ainsi, ils ont qualifié certains nombres de polygonaux parce qu'ils pouvaient en faire une représentation ayant la forme d'un polygone. Ainsi, les nombres 1, 4, 9, 16, 25, etc., ont été appelés nombres carrés parce qu'ils pouvaient être représentés sous la forme de carrés (figure 1.1).

Notez que le nombre de points formant le carré correspond au produit du nombre de points d'un côté du carré et du nombre de points de l'autre côté. De plus, cette représentation géométrique des nombres carrés nous permet de constater un résultat fascinant, soit le fait que la somme des n premiers nombres impairs vaut n^2 : $\displaystyle\sum_{k=1}^{n}(2k-1) = n^2$. La représentation géométrique sert donc à représenter les nombres, et également à illustrer des propriétés de ces nombres.

De même, les nombres 1, 3, 6, 10, 15, etc., portent le nom de nombres triangulaires puisqu'ils peuvent être représentés sous la forme de triangles (figure 1.2).

Comme dans le cas des nombres carrés, on peut déduire un résultat intéressant de ces représentations : le $n^{\text{ième}}$ nombre triangulaire correspond à la somme des n premiers entiers positifs. Mais on peut même faire mieux, c'est-à-dire trouver l'expression du $n^{\text{ième}}$ nombre triangulaire. Il suffit de juxtaposer deux triangles représentant le $n^{\text{ième}}$ nombre triangulaire (figure 1.3)

En vertu de ce qui a été établi dans le cas des nombres carrés, le nombre de points dans le rectangle, formé des deux triangles, correspond au produit du nombre de points formant les côtés du rectangle, soit $n(n+1)$. Le nombre de points dans le triangle correspond donc à la moitié de ce nombre, soit à $\frac{1}{2}n(n+1)$. Comme le $n^{\text{ième}}$ nombre triangulaire correspond à la somme des n entiers positifs, on en déduit la propriété 9 de la notation sigma, soit $\displaystyle\sum_{k=1}^{n} k = \frac{n(n+1)}{2}$.

FIGURE 1.1

Nombres carrés

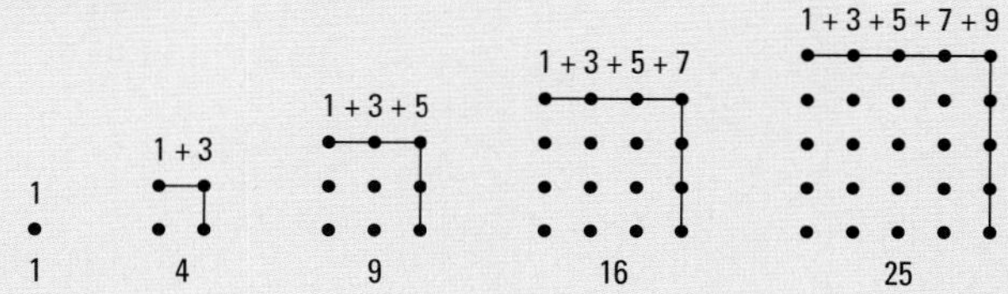

| 1 | 1+3 | 1+3+5 | 1+3+5+7 | 1+3+5+7+9 |
| 1 | 4 | 9 | 16 | 25 |

FIGURE 1.2

Nombres triangulaires

1   3   6   10   15

1+2   1+2+3   1+2+3+4   1+2+3+4+5

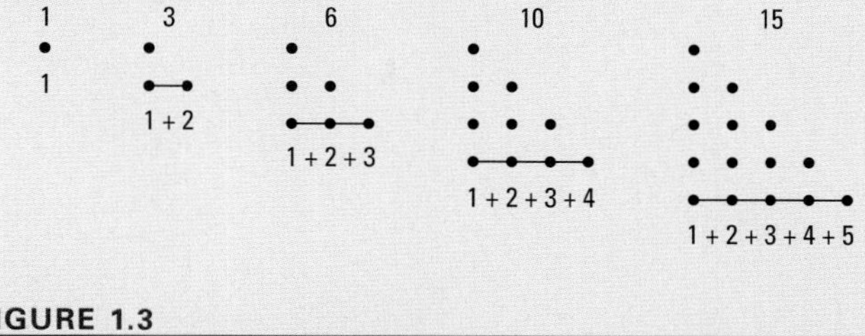

FIGURE 1.3

Somme de nombres triangulaires

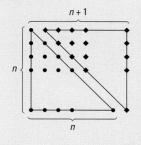

Des mots et des symboles

Vous avez sans doute remarqué que nous avons indiqué la fin des preuves par le symbole ▪. L'utilisation d'une icône pour marquer la fin d'une démonstration vient du mathématicien américain d'origine hongroise Paul R. Halmos, (1916–2006) qui l'introduisit dans son livre *Measure Theory*. Il utilisa le symbole ▌, qui servait à marquer la fin d'un article dans les revues populaires, plutôt que le QED (*Quod erat demonstrandum*) traditionnel, qui signifie « Ce qu'il fallait démontrer ». En français, on utilisa longtemps le sigle CQFD (Ce qu'il fallait démontrer), que certaines mauvaises langues ont associé à « Ce qui fait dormir » ou, mieux encore, à « Ce que le frère disait ». Aujourd'hui, on emploie plutôt une icône. Halmos créa également l'abréviation *iff* pour « if and only if », qui a pour équivalent français *ssi*, « si et seulement si ».

⊜XERCICES 1.2

1. Évaluez l'expression.

a) $\displaystyle\sum_{k=1}^{25} 4k$

b) $\displaystyle\sum_{k=20}^{100} \frac{k}{4}$ (Indice : Utilisez les propriétés 3, 6 et 9 de la notation sigma.)

c) $\displaystyle\sum_{k=8}^{20} 2k^2$

2. Si A et C sont des constantes, prouvez que $\displaystyle\sum_{k=1}^{n} (A + Ck) = n\big[A + \tfrac{1}{2}C(n+1)\big]$ (somme de termes en progression arithmétique).

3. Prouvez que $\displaystyle\sum_{k=1}^{n} k^3 = \frac{n^2(n+1)^2}{4}$ [somme des cubes des n premiers entiers positifs (propriété 11)]. (Indice : Évaluez $\displaystyle\sum_{k=1}^{n} \big[k^4 - (k-1)^4\big]$ de deux façons différentes.)

PROPRIÉTÉ 12

Si $r \neq 1$, alors $\displaystyle\sum_{k=1}^{n} r^k = \frac{r^{n+1} - r}{r - 1}$.

PREUVE

Si $S = \displaystyle\sum_{k=1}^{n} r^k$, alors

$$S = r + r^2 + r^3 + \cdots + r^{n-2} + r^{n-1} + r^n$$
$$rS = r^2 + r^3 + r^4 + \cdots + r^{n-1} + r^n + r^{n+1}$$

Si on soustrait les membres de gauche et de droite de la première égalité des membres correspondants de la deuxième égalité, on obtient

$$rS - S = r^{n+1} - r$$

$$S(r - 1) = r^{n+1} - r$$

$$S = \frac{r^{n+1} - r}{r - 1} \quad \text{Puisque } r \neq 1.$$

Par conséquent, $\displaystyle\sum_{k=1}^{n} r^k = \frac{r^{n+1} - r}{r - 1}$. ▪

EXERCICES 1.3

1. Évaluez $\displaystyle\sum_{k=1}^{25}\left[\frac{1}{2}+5\left(\frac{1}{4}\right)^{k}\right]$.

2. On définit $\displaystyle\sum_{k=1}^{\infty}a_{k}$ comme étant $\displaystyle\lim_{n\to\infty}\sum_{k=1}^{n}a_{k}$, si cette limite existe. Évaluez $\displaystyle\sum_{k=1}^{\infty}\left(\frac{1}{3}\right)^{k}$.

Vous pouvez maintenant faire les exercices récapitulatifs 3 à 8.

1.4 APPROXIMATION À L'AIDE D'UNE SOMME

On peut utiliser des sommes pour approximer certains résultats.

EXEMPLE 1.2

Calcul de l'aire de la surface sous une courbe

On obtient l'aire d'un rectangle en multipliant sa base par sa hauteur. Il s'agit simplement d'appliquer une formule élémentaire de géométrie :

$$\text{Aire d'un rectangle} = \text{base} \times \text{hauteur} = b \times h$$

Mais comment faire pour évaluer l'aire A d'une surface dont la frontière est curviligne, comme celle délimitée par la fonction $f(x)$, l'axe des abscisses et les droites $x = a$ et $x = b$ ou, si on préfère, l'aire de la surface sous la courbe $y = f(x)$ au-dessus de l'intervalle $[a, b]$ (figure 1.4) ?

On peut estimer cette aire en divisant l'intervalle $[a, b]$ en plusieurs parties, c'est-à-dire en effectuant une partition de l'intervalle, et en dressant, sur chacun des sous-intervalles obtenus, un rectangle dont la hauteur correspond à la valeur de la fonction en un point du sous-intervalle (figure 1.5).

On constate aisément que l'aire recherchée peut donc être approximée par la somme des aires des différents rectangles obtenus.

En partitionnant, à l'aide de l'ensemble des valeurs $\{a = x_0, x_1, x_2, ..., x_n = b\}$, l'intervalle $[a, b]$ en n sous-intervalles dont les largeurs sont respectivement notées Δx_k, on obtient donc la représentation graphique de la figure 1.6.

FIGURE 1.4

Aire de la surface sous une courbe

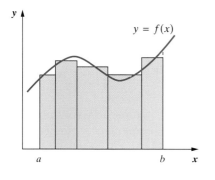

FIGURE 1.5

Approximation de l'aire de la surface sous une courbe

FIGURE 1.6

Partition d'un intervalle et approximation d'une aire

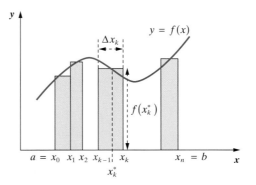

La hauteur du rectangle dressé sur un intervalle $[x_{k-1}, x_k]$ correspond à la valeur de la fonction évaluée en $x_k^* \in [x_{k-1}, x_k]$, alors que sa base correspond à la largeur de l'intervalle, soit $\Delta x_k = x_k - x_{k-1}$. Comme l'aire d'un rectangle correspond à $f(x_k^*)\Delta x_k$, l'aire A de la surface sous la courbe $y = f(x)$ peut être approximée par la somme des aires des rectangles, ce qui se traduit par l'expression mathématique $A \approx \sum_{k=1}^{n} f(x_k^*)\Delta x_k$.

Comme la figure 1.7 l'illustre bien, l'approximation sera meilleure (c'est-à-dire qu'il y aura un écart plus faible entre l'aire recherchée et l'approximation obtenue par la somme des aires des rectangles) si le nombre de rectangles utilisés est grand et que la largeur de chacun des rectangles est petite. On peut penser qu'en augmentant le nombre de rectangles à l'infini et en laissant la largeur des rectangles tendre vers 0, l'approximation sera parfaite, de sorte que $A = \lim_{\substack{n \to \infty \\ \|\Delta x_k\| \to 0}} \sum_{k=1}^{n} f(x_k^*)\Delta x_k$, où $\|\Delta x_k\|$ représente la valeur maximale des Δx_k, soit celle de la largeur des sous-intervalles. En d'autres mots, $\sum_{k=1}^{n} f(x_k^*)\Delta x_k$ devient aussi proche que l'on veut de A pourvu que le nombre de rectangles d'approximation soit suffisamment élevé et que la largeur des rectangles soit suffisamment petite.

FIGURE 1.7

Effet du raffinement d'une partition sur l'approximation d'une aire

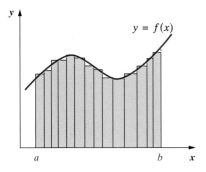

EXEMPLE 1.3

Calcul du volume d'un solide de révolution

La stratégie que nous avons utilisée dans l'exemple 1.2 peut être adaptée pour approximer le volume V d'un solide de révolution, soit le solide délimité par la surface résultant de la rotation d'une courbe autour d'un axe. Ainsi, en faisant tourner la surface délimitée par la courbe $y = f(x)$ autour de l'axe des abscisses, on obtient le solide décrit sur la figure 1.8.

FIGURE 1.8

Stratégie d'approximation du volume d'un solide de révolution

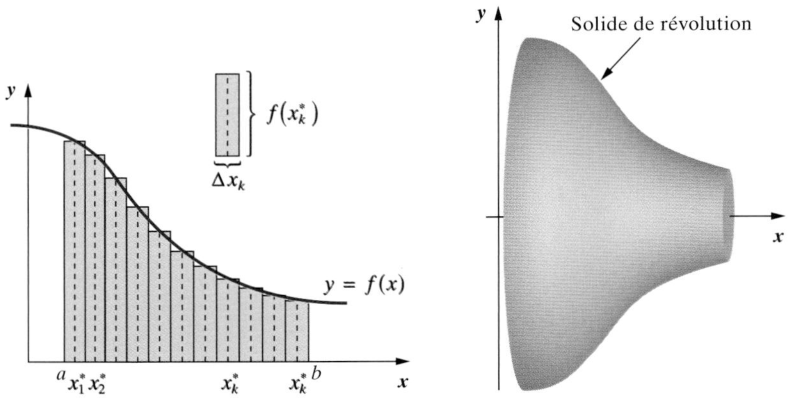

Le volume du solide peut être approximé par la somme des volumes des cylindres minces résultant de la rotation des bandes rectangulaires dressées sur des sous-intervalles de $[a, b]$. Comme précédemment, le point utilisé dans le $k^{\text{ième}}$ sous-intervalle est noté x_k^*, alors que la largeur de cet intervalle est notée Δx_k.

Chaque bande rectangulaire de base Δx_k engendre un cylindre de hauteur Δx_k et dont le rayon correspond à la valeur de la fonction évaluée au point choisi dans chaque sous-intervalle, soit $f\left(x_k^*\right)$ (figure 1.9).

FIGURE 1.9

Approximation du volume d'un solide de révolution

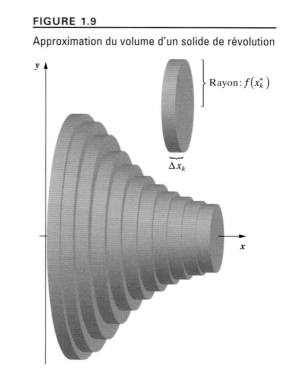

La formule du volume d'un cylindre est $\pi r^2 h$, où r représente le rayon de la base du cylindre, et h, sa hauteur. Le volume du $k^{\text{ième}}$ des cylindres servant à approximer le volume du solide de révolution vaut donc $\pi\left[f\left(x_k^*\right)\right]^2 \Delta x_k$. Par conséquent, le volume V du solide de révolution peut être approximé par la somme des volumes des cylindres engendrés par les différentes bandes rectangulaires, ce qui se traduit par l'expression mathématique $V \approx \sum\limits_{k=1}^{n} \pi\left[f\left(x_k^*\right)\right]^2 \Delta x_k$.

L'approximation sera meilleure (c'est-à-dire qu'il y aura un écart plus faible entre le volume recherché et l'approximation obtenue par la somme des volumes des cylindres) si le nombre de rectangles utilisés pour engendrer les cylindres est grand et que la largeur de chacun des rectangles est petite. On peut penser qu'en augmentant le nombre de rectangles à l'infini et en laissant la largeur des rectangles tendre vers 0 $\left(\|\Delta x_k\| \to 0\right)$, l'approximation sera parfaite, de sorte que

$$V = \lim_{\substack{n \to \infty \\ \|\Delta x_k\| \to 0}} \sum_{k=1}^{n} \pi\left[f\left(x_k^*\right)\right]^2 \Delta x_k$$

Remarquez la forme de la dernière expression : elle est similaire à celle obtenue précédemment. En effet, en posant $g\left(x_k^*\right) = \pi\left[f\left(x_k^*\right)\right]^2$, on obtient une expression dont la forme est identique à celle obtenue pour le calcul de l'aire sous une courbe. Peut-être commencez-vous à découvrir une méthode dans ce qui, à première vue, ne semblait être qu'un truc.

Calcul de la longueur d'un arc

On peut utiliser des arguments semblables à ceux exploités dans les exemples 1.2 et 1.3 pour évaluer la longueur L d'un arc curviligne décrit par une fonction $y = f(x)$ pour des valeurs d'abscisses comprises entre a et b. Comme on l'a fait précédemment, on partitionne l'intervalle $[a, b]$: $(a = x_0, x_1, ..., x_{k-1}, x_k, ..., x_n = b)$. On place sur la courbe les points $P_0, P_1, ..., P_{k-1}, P_k, ..., P_n$, dont la première coordonnée correspond aux abscisses de la partition. On joint ensuite ces points (figure 1.10).

FIGURE 1.10

Approximation de la longueur d'un arc

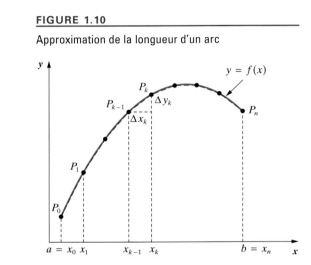

Pour estimer la longueur de la figure curviligne, on approxime les contours de la courbe par des segments de droite et on additionne leurs longueurs. Pour évaluer la longueur d'un des segments, on peut recourir au théorème de Pythagore:

$$\overline{P_{k-1}P_k} = \sqrt{\Delta x_k^2 + \Delta y_k^2}$$

$$= \left(\sqrt{1 + \frac{\Delta y_k^2}{\Delta x_k^2}} \right) \Delta x_k$$

$$= \left(\sqrt{1 + \left(\frac{\Delta y_k}{\Delta x_k} \right)^2} \right) \Delta x_k$$

Par ailleurs, on sait que $f'(x) = \dfrac{dy}{dx} = \lim\limits_{\Delta x \to 0} \dfrac{\Delta y}{\Delta x}$, de sorte que si Δx_k est petit, on peut utiliser $f'(x_k^*)$ pour approximer $\dfrac{\Delta y_k}{\Delta x_k}$, où $x_k^* \in [x_{k-1}, x_k]$. Par conséquent, la longueur L de la courbe entre $x = a$ et $x = b$ est voisine de $\sum\limits_{k=1}^{n} \left(\sqrt{1 + [f'(x_k^*)]^2} \right) \Delta x_k$. En raffinant la partition, c'est-à-dire en laissant $\|\Delta x_k\| \to 0$ et $n \to \infty$, on obtient que la longueur L de l'arc est donnée par

$$L = \lim_{\substack{n \to \infty \\ \|\Delta x_k\| \to 0}} \sum_{k=1}^{n} \left(\sqrt{1 + [f'(x_k^*)]^2} \right) \Delta x_k$$

Remarquez la forme de la dernière expression : elle est similaire à celle obtenue précédemment. En effet, en posant $g\left(x_k^*\right) = \sqrt{1 + \left[f'\left(x_k^*\right)\right]^2}$, on obtient une expression de la même forme que celles obtenues dans les deux derniers exemples.

Calcul de la croissance d'une population

Si une population croît à un rythme constant de 6 unités/minute, alors, en 20 s, soit en $\frac{1}{3}$ min, cette population aura augmenté de 2 unités, soit $6 \times \frac{1}{3}$. On obtient donc la croissance en multipliant le taux de croissance par la durée, exprimée dans les unités appropriées. Mais qu'arrive-t-il si le taux de croissance est variable ? Soit une population dont le taux de croissance est $f(t) = P'(t) = \dfrac{dP}{dt}$, où $P(t)$ représente la taille de la population au temps t. Comment peut-on alors déterminer la croissance totale de cette population entre les temps $t = a$ et $t = b$, soit $P(b) - P(a)$, dans le cas général où $P'(t) = \dfrac{dP}{dt}$ n'est pas nécessairement constant, mais est toutefois une fonction continue ?

En calcul différentiel, vous avez sans doute associé une fonction continue à un graphique qu'on peut tracer sans soulever la pointe de son crayon. Or, on peut traduire cette interprétation géométrique de manière plus analytique : une fonction $f(x)$ est continue en $x = x_0$ si la valeur de cette fonction change peu à la suite d'une petite variation de la variable indépendante autour de x_0. Par conséquent, dans le cas d'une fonction continue sur un intervalle de très faible amplitude autour de x_0, on peut considérer que la fonction $f(x)$ est presque constante.

Ainsi, pour revenir à notre exemple, dans un intervalle de temps $\left[t_{k-1}, t_k\right]$ de faible amplitude notée Δt_k, nous pouvons considérer que le taux de croissance (supposé continu) est presque constant, de sorte que la population croît d'environ $P'\left(t_k^*\right)\Delta t_k$, où $t_k^* \in \left[t_{k-1}, t_k\right]$, dans cet intervalle de temps. On estime l'augmentation totale de la population en effectuant la somme des augmentations (ou des diminutions, s'il y a une décroissance de la population sur un sous-intervalle) survenues sur chacun des courts intervalles de temps Δt_k, de sorte que la variation de la taille de la population est voisine de $\displaystyle\sum_{k=1}^{n} P'\left(t_k^*\right)\Delta t_k$. Évidemment, si $\left\|\Delta t_k\right\| \to 0$ et $n \to \infty$, on obtient la valeur exacte de l'augmentation de la population, soit $P(b) - P(a) = \displaystyle\lim_{\substack{n \to \infty \\ \|\Delta x_k\| \to 0}} \sum_{k=1}^{n} P'\left(t_k^*\right)\Delta t_k$. N'est-ce pas là une expression dont la forme est semblable à celles déjà obtenues dans les trois exemples précédents ? En effet, il suffit de poser $f\left(t_k^*\right) = P'\left(t_k^*\right)$ pour constater l'équivalence des deux expressions.

Appliquons maintenant la stratégie mise en œuvre dans l'exemple 1.2 pour évaluer l'aire de diverses surfaces.

On veut évaluer l'aire A de la surface S comprise entre la parabole $y = x^2$, l'axe des abscisses et les droites $x = 0$ et $x = 3$ (figure 1.11). L'aire de la surface S s'exprime en unités carrées (u^2), lesquelles pourraient, selon l'unité de mesure d'aire utilisée, se traduire par des centimètres carrés, des mètres carrés, etc.

Dressons d'abord des rectangles sur l'axe des abscisses, comme cela est indiqué sur la figure 1.12. On a utilisé respectivement 5, 10, 20 et 40 rectangles de même largeur. Du côté gauche de la figure, les rectangles sont complètement inscrits dans la surface dont on cherche l'aire, alors que, du côté droit, les rectangles circonscrivent cette surface.

Notons $\underline{S_n}$ la somme des aires de n rectangles qui sont inscrits dans la surface et $\overline{S_n}$ la somme des aires des rectangles qui circonscrivent la surface. On constate aisément que $\underline{S_n}$ sous-estime A et que $\overline{S_n}$ surestime A, de sorte que $\underline{S_n} < A < \overline{S_n}$. De plus, si le nombre de rectangles augmente et que la base de ceux-ci diminue, alors l'erreur d'estimation diminue.

Si on divise l'intervalle $[0, 3]$ en 5 parties égales, la largeur de chacun des sous-intervalles ainsi formés est de $\frac{3}{5}$, ce qui correspond à la largeur de la base des rectangles servant à estimer l'aire de la surface S. On obtient ce nombre en divisant la largeur totale de l'intervalle (3) par le nombre de sous-intervalles utilisés (5). Dans le premier graphique du côté gauche de la figure 1.12, les hauteurs des rectangles correspondent à la valeur de la fonction évaluée aux points 0, $\frac{3}{5}$, $\frac{6}{5}$, $\frac{9}{5}$ et $\frac{12}{5}$. Par conséquent, comme $f(x) = x^2$, on obtient une première approximation de l'aire A à l'aide de $\underline{S_5}$:

$$\underline{S_5} = \tfrac{3}{5} f(0) + \tfrac{3}{5} f\left(\tfrac{3}{5}\right) + \tfrac{3}{5} f\left(\tfrac{6}{5}\right) + \tfrac{3}{5} f\left(\tfrac{9}{5}\right) + \tfrac{3}{5} f\left(\tfrac{12}{5}\right)$$

$$= \tfrac{3}{5} (0)^2 + \tfrac{3}{5}\left(\tfrac{3}{5}\right)^2 + \tfrac{3}{5}\left(\tfrac{6}{5}\right)^2 + \tfrac{3}{5}\left(\tfrac{9}{5}\right)^2 + \tfrac{3}{5}\left(\tfrac{12}{5}\right)^2$$

$$= \left(\tfrac{3}{5}\right)^3 (1) + \left(\tfrac{3}{5}\right)^3 (4) + \left(\tfrac{3}{5}\right)^3 (9) + \left(\tfrac{3}{5}\right)^3 (16)$$

$$= \left(\tfrac{3}{5}\right)^3 (1 + 4 + 9 + 16)$$

$$= \left(\tfrac{3}{5}\right)^3 \sum_{k=1}^{4} k^2$$

$$= \left(\tfrac{3}{5}\right)^3 \left[\frac{4(5)(9)}{6}\right]$$

$$= \frac{162}{25} \text{ unités carrées}$$

$$= 6{,}48 \text{ u}^2$$

On sait donc que $A > \underline{S_5} = {}^{162}\!/_{25} = 6{,}48 \text{ u}^2$.

On peut également obtenir une surestimation de A en évaluant $\overline{S_5}$:

$$\overline{S_5} = \tfrac{3}{5} f\left(\tfrac{3}{5}\right) + \tfrac{3}{5} f\left(\tfrac{6}{5}\right) + \tfrac{3}{5} f\left(\tfrac{9}{5}\right) + \tfrac{3}{5} f\left(\tfrac{12}{5}\right) + \tfrac{3}{5} f\left(\tfrac{15}{5}\right)$$

$$= \tfrac{3}{5} \left(\tfrac{3}{5}\right)^2 + \tfrac{3}{5}\left(\tfrac{6}{5}\right)^2 + \tfrac{3}{5}\left(\tfrac{9}{5}\right)^2 + \tfrac{3}{5}\left(\tfrac{12}{5}\right)^2 + \tfrac{3}{5}\left(\tfrac{15}{5}\right)^2$$

$$= \left(\tfrac{3}{5}\right)^3 (1) + \left(\tfrac{3}{5}\right)^3 (4) + \left(\tfrac{3}{5}\right)^3 (9) + \left(\tfrac{3}{5}\right)^3 (16) + \left(\tfrac{3}{5}\right)^3 (25)$$

$$= \left(\tfrac{3}{5}\right)^3 (1 + 4 + 9 + 16 + 25)$$

FIGURE 1.11

Aire de la surface sous la courbe décrite par $f(x) = x^2$

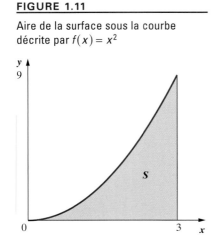

$$= \left(\tfrac{3}{5}\right)^3 \sum_{k=1}^{5} k^2$$

$$= \left(\tfrac{3}{5}\right)^3 \left[\frac{5\,(6)\,(11)}{6}\right]$$

$$= \frac{297}{25}$$

$$= 11,88 \ \text{u}^2$$

Par conséquent, $6,48 = \underline{S_5} < A < \overline{S_5} = 11,88$.

On peut améliorer cette estimation en augmentant le nombre de rectangles comme on l'a fait sur la figure 1.12, soit en utilisant 10, 20 ou 40 rectangles.

FIGURE 1.12

Approximation de l'aire sous une courbe selon différentes partitions

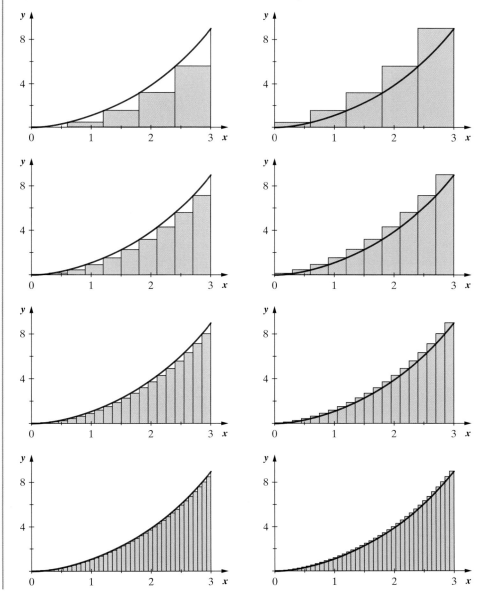

De manière plus générale, on peut utiliser n rectangles de même largeur $\frac{3}{n}$. Les bornes des intervalles sur lesquels les rectangles sont dressés valent alors $\frac{0}{n}, \frac{3}{n}, \frac{6}{n}, \frac{9}{n}, \ldots, \frac{3n}{n}$, de sorte que les hauteurs des rectangles correspondent à la valeur de la fonction à ces bornes. En généralisant la formule obtenue plus haut à n rectangles, on obtient les expressions suivantes pour $\underline{S_n}$ et $\overline{S_n}$:

$$\underline{S_n} = \tfrac{3}{n}f(0) + \tfrac{3}{n}f\left(\tfrac{3}{n}\right) + \tfrac{3}{n}f\left(\tfrac{6}{n}\right) + \cdots + \tfrac{3}{n}f\left(\tfrac{3(n-2)}{n}\right) + \tfrac{3}{n}f\left(\tfrac{3(n-1)}{n}\right)$$

$$= \tfrac{3}{n}(0) + \tfrac{3}{n}\left(\tfrac{3}{n}\right)^2 + \tfrac{3}{n}\left(\tfrac{6}{n}\right)^2 + \cdots + \tfrac{3}{n}\left(\tfrac{3(n-2)}{n}\right)^2 + \tfrac{3}{n}\left(\tfrac{3(n-1)}{n}\right)^2$$

$$= \left(\tfrac{3}{n}\right)^3(1) + \left(\tfrac{3}{n}\right)^3(4) + \cdots + \left(\tfrac{3}{n}\right)^3(n-2)^2 + \left(\tfrac{3}{n}\right)^3(n-1)^2$$

$$= \left(\tfrac{3}{n}\right)^3\left[1 + 4 + \cdots + (n-2)^2 + (n-1)^2\right]$$

$$= \left(\tfrac{3}{n}\right)^3\sum_{k=1}^{n-1}k^2$$

$$= \frac{27}{n^3}\left[\frac{(n-1)n(2n-1)}{6}\right]\mathrm{u}^2$$

et

$$\overline{S_n} = \tfrac{3}{n}f\left(\tfrac{3}{n}\right) + \tfrac{3}{n}f\left(\tfrac{6}{n}\right) + \tfrac{3}{n}f\left(\tfrac{9}{n}\right) + \cdots + \tfrac{3}{n}f\left(\tfrac{3(n-1)}{n}\right) + \tfrac{3}{n}f\left(\tfrac{3n}{n}\right)$$

$$= \tfrac{3}{n}\left(\tfrac{3}{n}\right)^2 + \tfrac{3}{n}\left(\tfrac{6}{n}\right)^2 + \tfrac{3}{n}\left(\tfrac{9}{n}\right)^2 + \cdots + \tfrac{3}{n}\left(\tfrac{3(n-1)}{n}\right)^2 + \tfrac{3}{n}\left(\tfrac{3n}{n}\right)^2$$

$$= \left(\tfrac{3}{n}\right)^3(1) + \left(\tfrac{3}{n}\right)^3(4) + \left(\tfrac{3}{n}\right)^3(9) + \cdots + \left(\tfrac{3}{n}\right)^3(n-1)^2 + \left(\tfrac{3}{n}\right)^3(n)^2$$

$$= \left(\tfrac{3}{n}\right)^3\left[1 + 4 + 9 + \cdots + (n-1)^2 + (n)^2\right]$$

$$= \left(\tfrac{3}{n}\right)^3\sum_{k=1}^{n}k^2$$

$$= \frac{27}{n^3}\left[\frac{n(n+1)(2n+1)}{6}\right]\mathrm{u}^2$$

Par conséquent,

$$\frac{27}{n^3}\left[\frac{(n-1)n(2n-1)}{6}\right] = \underline{S_n} < A < \overline{S_n} = \frac{27}{n^3}\left[\frac{n(n+1)(2n+1)}{6}\right]$$

Si on laisse augmenter le nombre de rectangles à l'infini, on obtient que

$$\lim_{n\to\infty}\underline{S_n} = \lim_{n\to\infty}\frac{27}{n^3}\left[\frac{(n-1)n(2n-1)}{6}\right]$$

$$= \lim_{n\to\infty}\frac{27}{n^3}\left[\frac{n^3\left(1 - \tfrac{1}{n}\right)(1)\left(2 - \tfrac{1}{n}\right)}{6}\right]$$

$$= 9\,\mathrm{u}^2$$

et que

$$\lim_{n\to\infty}\overline{S_n} = \lim_{n\to\infty}\frac{27}{n^3}\left[\frac{n(n+1)(2n+1)}{6}\right]$$

$$= \lim_{n\to\infty}\frac{27}{n^3}\left[\frac{n^3(1)\left(1 + \tfrac{1}{n}\right)\left(2 + \tfrac{1}{n}\right)}{6}\right]$$

$$= 9\,\mathrm{u}^2$$

Comme A est pris « en sandwich » entre $\underline{S_n}$ et $\overline{S_n}$, et que ces deux valeurs tendent toutes deux vers 9 lorsque $n \to \infty$, on en conclut que $A = 9\,\mathrm{u}^2$.

Illustrons à nouveau cette démarche par un autre exemple où nous adopterons, dès le départ, une approche un peu plus générale et où nous ferons un plus grand usage de la notation sigma. On veut évaluer l'aire A de la surface délimitée par la parabole d'équation $f(x) = 1 + \frac{1}{2}x^2$ au-dessus de l'intervalle $[1, 3]$ (figure 1.13).

Subdivisons l'intervalle en n sous-intervalles de même longueur Δx, soit de longueur $\Delta x = \dfrac{3-1}{n} = \dfrac{2}{n}$. Les bornes de ces sous-intervalles sont alors données par $x_k = 1 + k\left(\dfrac{2}{n}\right)$, où $k = 0, 1, 2, \ldots, n$.

Si on approxime l'aire de S par une somme d'aires de rectangles inscrits dans la surface, la hauteur de chaque rectangle correspond alors à la valeur de la fonction à la borne inférieure du sous-intervalle au-dessus duquel il se dresse, soit $f(x_k) = 1 + \frac{1}{2}(x_k)^2 = 1 + \dfrac{1}{2}\left(1 + \dfrac{2k}{n}\right)^2$, où $k = 0, 1, 2, \ldots, n-1$.

On a alors que

$$
\begin{aligned}
\underline{S_n} &= \sum_{k=0}^{n-1} f(x_k)\Delta x \\[2mm]
&= \sum_{k=0}^{n-1}\left[1 + \frac{1}{2}\left(1 + \frac{2k}{n}\right)^2\right]\left(\frac{2}{n}\right) \\[2mm]
&= \frac{2}{n}\sum_{k=0}^{n-1}\left[1 + \frac{1}{2}\left(1 + \frac{2k}{n}\right)^2\right] \\[2mm]
&= \frac{2}{n}\sum_{k=0}^{n-1}\left[1 + \frac{1}{2}\left(1 + \frac{4k}{n} + \frac{4k^2}{n^2}\right)\right] \\[2mm]
&= \frac{2}{n}\sum_{k=0}^{n-1}\left(\frac{3}{2} + \frac{2k}{n} + \frac{2k^2}{n^2}\right) \\[2mm]
&= \frac{3}{n}\left(\sum_{k=0}^{n-1} 1\right) + \left(\frac{4}{n^2}\sum_{k=0}^{n-1} k\right) + \left(\frac{4}{n^3}\sum_{k=0}^{n-1} k^2\right) \\[2mm]
&= \frac{3}{n}\underbrace{\left(\sum_{k=1}^{n} 1\right)}_{\substack{\text{Propriété 2 de la}\\\text{notation sigma.}}} + \underbrace{\left(\frac{4}{n^2}\sum_{k=1}^{n-1} k\right) + \left(\frac{4}{n^3}\sum_{k=1}^{n-1} k^2\right)}_{\substack{\text{Le premier terme des sommes de}\\\text{l'égalité précédente est nul.}}} \\[2mm]
&= \frac{3}{n}(n) + \left(\frac{4}{n^2}\right)\left[\frac{(n-1)(n)}{2}\right] + \left(\frac{4}{n^3}\right)\left[\frac{(n-1)(n)(2n-1)}{6}\right] \\[2mm]
&= \left(\frac{19}{3} - \frac{4}{n} + \frac{2}{3n^2}\right)u^2
\end{aligned}
$$

Par ailleurs, si on approxime l'aire de S par une somme d'aires de rectangles qui circonscrivent la surface, la hauteur de chaque rectangle correspond alors à la valeur de la fonction à la borne supérieure du sous-intervalle au-dessus duquel il se dresse, soit $f(x_k) = 1 + \frac{1}{2}(x_k)^2 = 1 + \dfrac{1}{2}\left(1 + \dfrac{2k}{n}\right)^2$, où $k = 1, 2, \ldots, n$.

FIGURE 1.13

Aire de la surface sous la courbe décrite par $f(x) = 1 + \frac{1}{2}x^2$

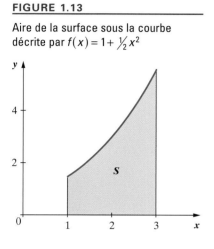

On a alors que

$$\overline{S_n} = \sum_{k=1}^{n} f(x_k)\Delta x$$

$$= \sum_{k=1}^{n} \left[1 + \frac{1}{2}\left(1 + \frac{2k}{n} \right)^2 \right]\left(\frac{2}{n} \right)$$

$$= \frac{2}{n} \sum_{k=1}^{n} \left[1 + \frac{1}{2}\left(1 + \frac{2k}{n} \right)^2 \right]$$

$$= \frac{2}{n} \sum_{k=1}^{n} \left[1 + \frac{1}{2}\left(1 + \frac{4k}{n} + \frac{4k^2}{n^2} \right) \right]$$

$$= \frac{2}{n} \sum_{k=1}^{n} \left(\frac{3}{2} + \frac{2k}{n} + \frac{2k^2}{n^2} \right)$$

$$= \left(\frac{3}{n}\sum_{k=1}^{n} 1 \right) + \left(\frac{4}{n^2}\sum_{k=1}^{n} k \right) + \left(\frac{4}{n^3}\sum_{k=1}^{n} k^2 \right)$$

$$= \frac{3}{n}(n) + \left(\frac{4}{n^2} \right)\left[\frac{(n)(n+1)}{2} \right] + \left(\frac{4}{n^3} \right)\left[\frac{(n)(n+1)(2n+1)}{6} \right]$$

$$= \left(\frac{19}{3} + \frac{4}{n} + \frac{2}{3n^2} \right)\mathrm{u}^2$$

Le passage à la limite lorsque n tend vers l'infini donne

$$\lim_{n\to\infty} \underline{S_n} = \lim_{n\to\infty} \left(\frac{19}{3} - \frac{4}{n} + \frac{2}{3n^2} \right) = \frac{19}{3}$$

et

$$\lim_{n\to\infty} \overline{S_n} = \lim_{n\to\infty} \left(\frac{19}{3} + \frac{4}{n} + \frac{2}{3n^2} \right) = \frac{19}{3}$$

Par conséquent, comme $\underline{S_n} < A < \overline{S_n}$, on a

$$\frac{19}{3} = \lim_{n\to\infty} \underline{S_n} \leq A \leq \lim_{n\to\infty} \overline{S_n} = \frac{19}{3}$$

de sorte que, en vertu du théorème du sandwich, $A = \dfrac{19}{3}\,\mathrm{u}^2$.

EXEMPLE 1.8

Voyons un dernier exemple avec une fonction décroissante. Évaluons l'aire sous la parabole d'équation $f(x) = 9 - x^2$ au-dessus de l'intervalle $[0, 1]$ (figure 1.14).

Subdivisons l'intervalle en n sous-intervalles de même longueur Δx, soit de longueur $\Delta x = \dfrac{1 - 0}{n} = \dfrac{1}{n}$. Les bornes de ces sous-intervalles sont alors données par $x_k = \dfrac{k}{n}$, où $k = 0, 1, 2, \ldots, n$. Notez qu'en général, sur l'intervalle $[a, b]$, de longueur $b - a$, on a que $\Delta x = \dfrac{b - a}{n}$ et que $x_k = a + k\Delta x$, où $k = 0, 1, 2, \ldots, n$.

Si on approxime l'aire de S par $\underline{S_n}$, c'est-à-dire par une somme d'aires de rectangles inscrits dans la surface, la hauteur de chaque rectangle correspond

FIGURE 1.14

Aire de la surface sous la courbe décrite par $f(x) = 9 - x^2$

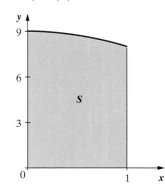

alors à la valeur de la fonction à la borne supérieure du sous-intervalle au-dessus duquel il se dresse, soit $f(x_k) = 9 - (x_k)^2 = 9 - \left(\dfrac{k}{n}\right)^2$, où $k = 1, 2, ..., n$. On doit utiliser la borne supérieure de chaque sous-intervalle, puisque la fonction est décroissante. On a alors que

$$\underline{S_n} = \sum_{k=1}^{n} f(x_k)\Delta x$$

$$= \sum_{k=1}^{n} \left[9 - \left(\frac{k}{n}\right)^2 \right]\left(\frac{1}{n}\right)$$

$$= \frac{1}{n}\left(\sum_{k=1}^{n} 9\right) - \frac{1}{n^3}\left(\sum_{k=1}^{n} k^2\right)$$

$$= 9 - \frac{1}{n^3}\left[\frac{n(n+1)(2n+1)}{6}\right]$$

$$= \left[9 - \frac{(n+1)(2n+1)}{6n^2} \right]\text{u}^2$$

Par ailleurs, si on approxime l'aire de S par $\overline{S_n}$, c'est-à-dire par une somme d'aires de rectangles qui circonscrivent la surface, la hauteur de chaque rectangle correspond alors à la valeur de la fonction à la borne inférieure du sous-intervalle au-dessus duquel il se dresse, soit $f(x_k) = 9 - (x_k)^2 = 9 - \left(\dfrac{k}{n}\right)^2$, où $k = 0, 1, 2, ..., n - 1$. On a alors que

$$\overline{S_n} = \sum_{k=0}^{n-1} f(x_k)\Delta x$$

$$= \sum_{k=0}^{n-1} \left[9 - \left(\frac{k}{n}\right)^2 \right]\left(\frac{1}{n}\right)$$

$$= \frac{1}{n}\left(\sum_{k=0}^{n-1} 9\right) - \frac{1}{n^3}\left(\sum_{k=0}^{n-1} k^2\right)$$

$$= \frac{1}{n}\left(\sum_{k=1}^{n} 9\right) - \frac{1}{n^3}\left(\sum_{k=1}^{n-1} k^2\right)$$

$$= 9 - \frac{1}{n^3}\left[\frac{(n-1)(n)(2n-1)}{6}\right]$$

$$= \left[9 - \frac{(n-1)(2n-1)}{6n^2} \right]\text{u}^2$$

Le passage à la limite lorsque n tend vers l'infini donne $\displaystyle\lim_{n\to\infty} \underline{S_n} = \frac{26}{3}$ unités carrées et, de manière similaire, $\displaystyle\lim_{n\to\infty} \overline{S_n} = \frac{26}{3}$. Par conséquent, comme $\underline{S_n} < A < \overline{S_n}$, alors, en vertu du théorème du sandwich, on a

$$\frac{26}{3} = \lim_{n\to\infty} \underline{S_n} \leq A \leq \lim_{n\to\infty} \overline{S_n} = \frac{26}{3}$$

de sorte que $A = \dfrac{26}{3}\text{u}^2$.

Un peu d'histoire

On ne sait pas depuis quand les géomètres s'intéressent à l'évaluation de l'aire d'une surface dont la frontière est curviligne. Toutefois, le 50ᵉ des 85 problèmes du *Papyrus de Rhind* transcrit par le scribe Ahmes vers 1650 av. J.-C. énonce que l'aire d'un champ circulaire d'un diamètre de 9 unités est la même que celle d'un carré de 8 unités de côté, d'où on peut déduire l'approximation $\pi \approx 3{,}16$.

Vers l'an 225 avant notre ère, Archimède (environ 287–212 av. J.-C.) chercha à calculer l'aire comprise entre un arc de parabole et une corde qui sous-tend l'arc. Faisant preuve d'une grande ingéniosité, il décomposa la surface recherchée en une suite infinie de triangles dont les aires forment une progression géométrique de raison $\frac{1}{4}$. Il montra de la sorte que l'aire recherchée vaut $\frac{4}{3}A$, où A représente l'aire d'un triangle ayant pour base la corde de la parabole et ayant pour sommet un point de l'arc.

À l'aide de la méthode d'exhaustion qu'il inventa, Archimède put également trouver une approximation de π. Il obtint que $3 + \frac{10}{71} < \pi < 3 + \frac{1}{7}$ en circonscrivant autour d'un cercle et en inscrivant dans ce même cercle deux polygones réguliers de 96 côtés. Grâce à cette méthode, Archimède put déduire les formules de la circonférence du cercle et de l'aire du disque. Il s'agit là d'un des premiers exemples de quadrature et de rectification. Poussant plus loin son étude, Archimède réussit aussi à établir l'aire d'une surface elliptique, l'aire latérale d'une sphère et celle d'un cône, ainsi que le volume de certains solides de révolution.

⊜XERCICE 1.4

Soit S, la surface délimité par la courbe $y = x^3$ au-dessus de l'intervalle $[0, 1]$.

a) Représentez graphiquement la surface S.

b) Estimez l'aire de la surface S à l'aide de la somme $\underline{S_{10}}$ des aires de dix rectangles (le premier étant de hauteur 0) inscrits et à l'aide de la somme $\overline{S_{10}}$ des aires de dix rectangles circonscrits.

c) Quelle est l'expression de $\underline{S_n}$, la somme des aires de n rectangles inscrits, qui permet d'estimer l'aire de la surface S ?

d) Quelle est l'expression de $\overline{S_n}$, la somme des aires de n rectangles circonscrits, qui permet d'estimer l'aire de la surface S ?

e) Évaluez l'aire de la surface S en recourant à un processus de limite.

> **Vous pouvez maintenant faire les exercices récapitulatifs 9 à 14.**

1.5   SOMME DE RIEMANN ET INTÉGRALE DÉFINIE

Dans cette section: *partition – partition régulière – norme de la partition – somme de Riemann – fonction intégrable au sens de Riemann – intégrale définie – borne supérieure d'intégration – borne inférieure d'intégration – intégrande.*

Formalisons maintenant la démarche que nous avons suivie à la section précédente. Ainsi que l'indique la figure 1.15, on considère une fonction $f(x)$ définie sur un intervalle fermé $[a, b]$ dont on tire une **partition**, c'est-à-dire les nombres x_i tels que $a = x_0 < x_1 < x_2 < x_3 < \ldots < x_{k-1} < x_k < \ldots < x_{n-1} < x_n = b$, qui permet de former n sous-intervalles : $[x_0, x_1], [x_1, x_2], [x_2, x_3], \ldots, [x_{k-1}, x_k], \ldots, [x_{n-1}, x_n]$. Si les n sous-intervalles sont tous de même largeur, soit de largeur $\dfrac{b-a}{n}$, on dit de la **partition** qu'elle est **régulière**, ce qui n'est pas le cas sur la figure 1.15, mais qui l'était sur la figure 1.12. Soit Δx_k la largeur du $k^{\text{ième}}$ sous-intervalle, c'est-à-dire que $\Delta x_k = x_k - x_{k-1}$. Ainsi,

$$\Delta x_1 = x_1 - x_0, \Delta x_2 = x_2 - x_1, \Delta x_3 = x_3 - x_2, \ldots, \Delta x_n = x_n - x_{n-1}$$

DÉFINITION

PARTITION

Une partition d'un intervalle $[a, b]$ est une suite de nombres x_i, tels que

$$a = x_0 < x_1 < \ldots < x_{k-1}$$
$$< x_k < \ldots < x_{n-1} < x_n = b$$

qui permet de former n sous-intervalles :

$$[x_0, x_1], [x_1, x_2], [x_2, x_3], \ldots,$$
$$[x_{k-1}, x_k], \ldots, [x_{n-1}, x_n]$$

DÉFINITIONS

PARTITION RÉGULIÈRE

Une partition est dite régulière si les sous-intervalles de l'intervalle $[a, b]$ qu'elle permet de former sont tous de même largeur

$$\Delta x_k = \Delta x = x_k - x_{k-1} = \frac{b - a}{n}$$

NORME D'UNE PARTITION

Soit $x_0, x_1, x_2, ..., x_n$ une partition d'un intervalle $[a, b]$. La norme de la partition, notée $\|\Delta x_k\|$, correspond alors à la valeur maximale des $\Delta x_k = x_k - x_{k-1}$, soit la largeur maximale des sous-intervalles créés par cette partition.

Comme il n'est pas nécessaire que les sous-intervalles aient la même largeur, on dit que la **norme d'une partition**, notée $\|\Delta x_k\|$, correspond à la valeur maximale des $\Delta x_k = x_k - x_{k-1}$. Dans le cas d'une partition régulière, $\Delta x_k = \Delta x = \dfrac{b - a}{n}$, pour $k = 1, 2, ..., n$. Enfin, pour chaque sous-intervalle formé par la partition, on choisit un point $x_k^* \in [x_{k-1}, x_k]$. Dans le cas d'une partition régulière où les points choisis correspondent aux bornes des sous-intervalles, on a

$$x_k = a + k\Delta x_k = a + k\Delta x = a + k\left(\frac{b - a}{n}\right), \text{ pour } k = 0, 1, 2, ..., n$$

de sorte que, dans le cas particulier d'une partition régulière, on a

$$f\left(x_k^*\right) = f\left(x_k\right) = f\left[a + k\left(\frac{b - a}{n}\right)\right]$$

FIGURE 1.15

Représentation graphique d'une somme de Riemann

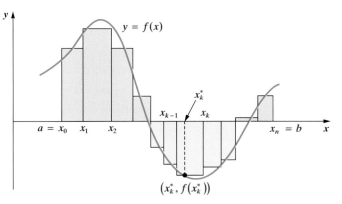

Pour chaque sous-intervalle, on forme le produit $f\left(x_k^*\right)\Delta x_k$. Ce produit peut être positif, négatif ou nul, et sa valeur absolue mesure l'aire du rectangle ayant pour base le sous-intervalle $[x_{k-1}, x_k]$ et pour hauteur $\left|f\left(x_k^*\right)\right|$. Toute expression de la forme $\displaystyle\sum_{k=1}^{n} f\left(x_k^*\right)\Delta x_k$ porte le nom de **somme de Riemann** de la fonction $f(x)$ sur l'intervalle $[a, b]$. Une somme de Riemann dépend non seulement de la partition utilisée, mais également des nombres x_k^* choisis dans les sous-intervalles formés par la partition. Notez la ressemblance entre cette expression et celles qu'on trouve dans les exemples 1.2 à 1.5 de la section 1.4. Dans ces exemples, nous avons donc fait usage des sommes de Riemann sans le dire. De même, nous avons utilisé des sommes de Riemann lors de l'estimation de l'aire sous la courbe $y = x^2$ au-dessus de l'intervalle $[0, 3]$ en évaluant $S_5, \overline{S_5}, S_n$ et $\overline{S_n}$. Dans tous ces exemples, nous avons ensuite procédé à l'évaluation d'une limite. C'est ce qui nous amène au concept d'intégrale définie.

DÉFINITIONS

SOMME DE RIEMANN

Soit $x_0, x_1, x_2, ..., x_n$ une partition d'un intervalle $[a, b]$. Toute expression de la forme

$$\sum_{k=1}^{n} f\left(x_k^*\right)\Delta x_k$$

où $x_k^* \in [x_{k-1}, x_k]$ et $\Delta x_k = x_k - x_{k-1}$, porte alors le nom de somme de Riemann de la fonction $f(x)$ sur cet intervalle.

FONCTION INTÉGRABLE AU SENS DE RIEMANN

Une fonction $f(x)$ est intégrable au sens de Riemann sur un intervalle $[a, b]$ si $\displaystyle\lim_{\substack{n \to \infty \\ \|\Delta x_k\| \to 0}} \sum_{k=1}^{n} f\left(x_k^*\right)\Delta x_k$ prend une valeur réelle, finie et unique quelle que soit la partition $x_0, x_1, x_2, ..., x_n$, de norme $\|\Delta x_k\|$, et quelles que soient les valeurs $x_k^* \in [x_{k-1}, x_k]$. On écrit alors que

$$\int_a^b f(x)dx = \lim_{\substack{n \to \infty \\ \|\Delta x_k\| \to 0}} \sum_{k=1}^{n} f\left(x_k^*\right)\Delta x_k.$$

Si $f(x)$ est une fonction définie sur un intervalle $[a, b]$ et que cette fonction est telle que $\displaystyle\lim_{\substack{n \to \infty \\ \|\Delta x_k\| \to 0}} \sum_{k=1}^{n} f\left(x_k^*\right)\Delta x_k$ existe, c'est-à-dire que la dernière expression prend une valeur réelle, finie et unique, quelles que soient la partition de l'intervalle utilisée et les valeurs x_k^* choisies, alors on dit que la **fonction** est **intégrable au sens de Riemann**, ou plus simplement que la fonction est intégrable. On utilise alors la

DÉFINITION

INTÉGRALE DÉFINIE

Soit $f(x)$ une fonction intégrable au sens de Riemann sur un intervalle $[a, b]$. L'intégrale définie de cette fonction sur l'intervalle est alors notée $\int_a^b f(x)dx$ et correspond à la valeur unique de

$$\lim_{\substack{n \to \infty \\ \|\Delta x_k\| \to 0}} \sum_{k=1}^n f(x_k^*)\Delta x_k$$

quelle soit la partition $x_0, x_1, x_2, ..., x_n$, de norme $\|\Delta x_k\|$, et quelles que soient les valeurs $x_k^* \in [x_{k-1}, x_k]$.

notation $\int_a^b f(x)dx$, qu'on nomme l'**intégrale définie** de la fonction $f(x)$ sur l'intervalle $[a, b]$, pour désigner la valeur unique de $\lim\limits_{\substack{n \to \infty \\ \|\Delta x_k\| \to 0}} \sum\limits_{k=1}^n f(x_k^*)\Delta x_k$, de sorte que

$$\int_a^b f(x)dx = \lim_{\substack{n \to \infty \\ \|\Delta x_k\| \to 0}} \sum_{k=1}^n f(x_k^*)\Delta x_k.$$

De plus, dans le cas où la fonction est telle que $f(x) \geq 0$ sur $[a, b]$, on peut interpréter géométriquement l'expression $\int_a^b f(x)dx$ comme l'aire de la surface sous la courbe décrite par la fonction $f(x)$ au-dessus de l'intervalle $[a, b]$. Les exemples abordés depuis le début du chapitre montrent également qu'on peut interpréter l'intégrale définie de bien d'autres façons: volume d'un solide, longueur d'un arc, croissance d'une population, etc.

En mathématiques, le choix d'une bonne notation* est crucial. Or, $\int_a^b f(x)dx$ constitue un exemple d'une excellente notation, puisqu'elle est très explicite.

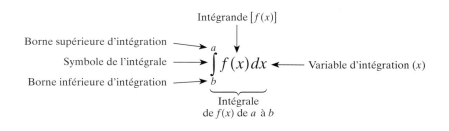

* Nombre de personnes n'apportent pas beaucoup de soin à la notation qu'ils utilisent. Pourtant, comme le disait le grand mathématicien Pierre Simon de Laplace (1749–1827): « Tel est l'avantage d'une langue bien construite que sa notation simplifiée est souvent à l'origine de théories profondes. » Dans son *Abrégé d'histoire des mathématiques*, Jean Dieudonné (1906–1992) est plus explicite lorsqu'il écrit en page 15:

> Un phénomène fréquent est qu'une branche des mathématiques reste bloquée faute de notations appropriées qui permettent d'en saisir la véritable nature. L'exemple typique est l'Algèbre: il a fallu 13 siècles d'efforts, de Diophante à Viète et Leibniz, pour pouvoir écrire une équation algébrique générale $a_0 x^n + a_1 x^{n-1} + \cdots + a_n = 0$, et on comprend donc aisément pourquoi les Grecs n'ont jamais connu l'Algèbre proprement dite. Si le Calcul infinitésimal a mis un siècle à acquérir sa forme définitive, c'est en grande partie parce qu'avant Newton et Leibniz, aucune notation commode n'avait été proposée pour les nouvelles notions de dérivée et d'intégrale, et de ce fait ces notions elles-mêmes n'avaient été qu'imparfaitement dégagées.

> En outre, une bonne notation s'accompagne d'ordinaire d'*algorithmes* qui en facilitent l'usage. On entend par là des calculs ou des raisonnements stéréotypés une fois pour toutes, de sorte qu'on les applique de façon quasi mécanique sans avoir à les refaire à chaque fois, abrégeant ainsi de façon très appréciable le discours mathématique, ce qui permet de concentrer l'attention sur les points essentiels de la démonstration. On estimera sans peine l'intérêt de ces acquisitions quand on constate qu'au seizième siècle, le livre d'Algèbre de M. Stifel nécessite 200 pages pour traiter de l'équation du second degré, ou que I. Barrow (le maître de Newton) a besoin de 100 pages et d'autant de figures pour résoudre des problèmes de tangentes ou d'aires qui occupent 10 fois moins de place dans les manuels élémentaires dont se servent de nos jours les débutants en Calcul infinitésimal.

DÉFINITIONS

BORNE SUPÉRIEURE D'INTÉGRATION

La borne supérieure d'intégration de l'intégrale définie $\int_a^b f(x)dx$ est b.

BORNE INFÉRIEURE D'INTÉGRATION

La borne inférieure d'intégration de l'intégrale définie $\int_a^b f(x)dx$ est a.

INTÉGRANDE

L'intégrande dans l'expression $\int_a^b f(x)dx$ est la fonction $f(x)$.

D'abord, on y trouve les bornes de l'intervalle sur lequel la fonction est définie, bornes qui dans le contexte portent alors le nom de **borne supérieure** et de **borne inférieure d'intégration**. Le symbole $\int$, utilisé dans l'intégrale définie, est un s allongé, première lettre du mot latin *summa*, qui veut dire somme, ce qu'est essentiellement une intégrale définie. La fonction $f(x)$ porte le nom d'**intégrande**, c'est la fonction dont on veut trouver l'intégrale définie. Comme $n \to \infty$ et que $\|\Delta x_k\| \to 0$, on peut concevoir que la partition de l'intervalle $[a, b]$ est en fait une représentation de tous les points x de la fonction, d'où le remplacement de $f(x_k^*)$ par $f(x)$ dans l'expression de l'intégrale définie, ainsi que le remplacement de Δx_k par l'élément infinitésimal (la différentielle) dx. Le produit $f(x)dx$ rappelle donc que l'intégrale définie est avant tout la somme de produits de la forme $f(x_k^*)\Delta x_k$, mais que ce produit est « effectué sur tous les x de l'intervalle $[a, b]$ ».

⊝XERCICE 1.5

Si A est une constante, évaluez $\int_a^b A\, dx$ en appliquant la définition de l'intégrale.

On peut maintenant se demander quelles fonctions sont intégrables. Le théorème 1.1 donne un début de réponse à cette question. Comme la démonstration de ce théorème dépasse largement le niveau de notre exposé, nous l'omettrons.

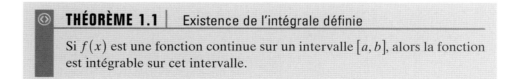

THÉORÈME 1.1 | Existence de l'intégrale définie

Si $f(x)$ est une fonction continue sur un intervalle $[a, b]$, alors la fonction est intégrable sur cet intervalle.

Ce théorème nous indique donc que, dans le cas de fonctions continues sur un intervalle $[a, b]$, $\displaystyle\lim_{\substack{n\to\infty \\ \|\Delta x_k\|\to 0}} \sum_{k=1}^{n} f(x_k^*)\Delta x_k$ existe, et que cette limite est indépendante de la partition utilisée et du choix des valeurs x_k^* dans chacun des sous-intervalles. Par conséquent, lorsque nous avons établi, à l'exemple 1.6, que l'aire de la surface sous la courbe $f(x) = x^2$ au-dessus de l'intervalle $[0, 3]$ valait $9\ \mathrm{u}^2$, nous avons essentiellement dit que $\int_0^3 x^2\, dx = 9$. L'exemple 1.7 nous permet de déduire que $\int_1^3 \left(1 + \frac{1}{2} x^2\right)dx = \frac{19}{3}$. De même, en vertu du résultat obtenu à l'exercice 1.4, on déduit que $\int_0^1 x^3\, dx = \frac{1}{4}$.

1.6 PROPRIÉTÉS DES INTÉGRALES DÉFINIES

Dans cette section : *linéarité.*

L'intégrale définie a des propriétés intéressantes auxquelles on fera appel pour évaluer des intégrales définies.

Propriétés des intégrales définies	
Soit $f(x)$ et $g(x)$ des fonctions intégrables sur les intervalles considérés, et soit k_1 et k_2 deux constantes.	
1. $\displaystyle\int_a^b f(x)dx = \int_a^b f(t)dt = \int_a^b f(u)du = \cdots$	La variable d'intégration est muette en en matière d'intégrale définie.
2. $\displaystyle\int_a^a f(x)dx = 0$	Intégration sur un intervalle de longueur nulle.
3. $\displaystyle\int_a^b f(x)dx = -\int_b^a f(x)dx$	Inversion des bornes d'intégration.
4. $\displaystyle\int_a^b \big[k_1 f(x) + k_2 g(x)\big]dx = k_1 \int_a^b f(x)dx + k_2 \int_a^b g(x)dx$	Intégration d'une combinaison linéaire de deux fonctions intégrables : propriété de **linéarité**.
5. $\displaystyle\int_a^b f(x)dx + \int_b^c f(x)dx = \int_a^c f(x)dx$	Additivité d'un intervalle d'intégration.

DÉFINITION

LINÉARITÉ

On dit que l'intégrale définie possède la propriété de linéarité, puisque l'intégrale d'une combinaison linéaire de fonctions intégrables correspond à la combinaison linéaire des intégrales des fonctions. Cette propriété se traduit par l'équation

$$\int_a^b \big[k_1 f(x) + k_2 g(x)\big]dx =$$
$$k_1 \int_a^b f(x)dx + k_2 \int_a^b g(x)dx$$

où k_1 et k_2 sont deux constantes, et où $f(x)$ et $g(x)$ sont des fonctions intégrables sur l'intervalle $[a,b]$.

La propriété 1 nous apprend qu'en matière d'intégrale définie, la variable d'intégration est muette, c'est-à-dire que le nom utilisé pour la variable n'a pas d'effet sur le résultat de l'opération. Les propriétés 2 et 3 sont essentiellement des définitions prolongeant logiquement l'idée d'intégrale définie.

En effet, l'intégrale définie s'effectue sur un intervalle $[a,b]$, c'est-à-dire un intervalle pour lequel $a < b$. Or, si l'intervalle est de longueur nulle $(a = b)$, on peut considérer que Δx_k vaut 0, de sorte que $\displaystyle\lim_{\substack{n\to\infty \\ \|\Delta x_k\|\to 0}} \sum_{k=1}^n f(x_k^*)\Delta x_k = 0$.

L'interprétation géométrique (l'aire de la surface sous une courbe au-dessus d'un intervalle) qu'on a fait de l'intégrale définie dans le cas d'une fonction positive nous conduit également à la même conclusion : l'aire au-dessus d'un seul point est nulle, puisque la surface est alors inexistante (figure 1.16).

De même, si $a > b$, on peut concevoir l'expression $\displaystyle\lim_{\substack{n\to\infty \\ \|\Delta x_k\|\to 0}} \sum_{k=1}^n f(x_k^*)\Delta x_k$ comme ayant des Δx_k négatifs, de sorte qu'il faudrait changer le signe de l'expression, d'où $\displaystyle\int_a^b f(x)dx = -\int_b^a f(x)dx$.

La propriété 4 découle des propriétés de la notation sigma et de celles des limites.

FIGURE 1.16

Deuxième propriété des intégrales définies

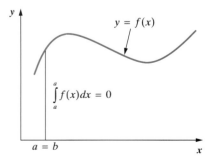

PROPRIÉTÉ 4

$$\int_a^b [k_1 f(x) + k_2 g(x)]dx = k_1 \int_a^b f(x)dx + k_2 \int_a^b g(x)dx$$

PREUVE

Soit une partition $x_0, x_1, x_2, x_3, ..., x_{k-1}, x_k, ..., x_{n-1}, x_n$ (où $a = x_0$ et $b = x_n$) de l'intervalle $[a, b]$. Alors,

$$\int_a^b [k_1 f(x) + k_2 g(x)]dx = \lim_{\substack{n \to \infty \\ \|\Delta x_k\| \to 0}} \sum_{k=1}^n [k_1 f(x_k^*) + k_2 g(x_k^*)]\Delta x_k$$

$$= \lim_{\substack{n \to \infty \\ \|\Delta x_k\| \to 0}} \sum_{k=1}^n [k_1 f(x_k^*)\Delta x_k + k_2 g(x_k^*)\Delta x_k]$$

$$= \lim_{\substack{n \to \infty \\ \|\Delta x_k\| \to 0}} \left\{ \sum_{k=1}^n [k_1 f(x_k^*)\Delta x_k] + \sum_{k=1}^n [k_2 g(x_k^*)\Delta x_k] \right\}$$

$$= \lim_{\substack{n \to \infty \\ \|\Delta x_k\| \to 0}} \left\{ k_1 \sum_{k=1}^n [f(x_k^*)\Delta x_k] + k_2 \sum_{k=1}^n [g(x_k^*)\Delta x_k] \right\}$$

$$= \lim_{\substack{n \to \infty \\ \|\Delta x_k\| \to 0}} k_1 \sum_{k=1}^n [f(x_k^*)\Delta x_k] + \lim_{\substack{n \to \infty \\ \|\Delta x_k\| \to 0}} k_2 \sum_{k=1}^n [g(x_k^*)\Delta x_k]$$

$$= k_1 \lim_{\substack{n \to \infty \\ \|\Delta x_k\| \to 0}} \sum_{k=1}^n [f(x_k^*)\Delta x_k] + k_2 \lim_{\substack{n \to \infty \\ \|\Delta x_k\| \to 0}} \sum_{k=1}^n [g(x_k^*)\Delta x_k]$$

$$= k_1 \int_a^b f(x)dx + k_2 \int_a^b g(x)dx \qquad \blacksquare$$

On déduit aisément deux cas particuliers intéressants de la propriété 4, soit que si k est une constante, alors $\int_a^b kf(x)dx = k\int_a^b f(x)dx$ et

$$\int_a^b [f(x) \pm g(x)]dx = \int_a^b f(x)dx \pm \int_a^b g(x)dx$$

PROPRIÉTÉ 5

$$\int_a^b f(x)dx + \int_b^c f(x)dx = \int_a^c f(x)dx$$

PREUVE

Soit une partition $x_0, x_1, x_2, x_3, ..., x_{k-1}, x_k, ..., x_{n-1}, x_n$ (où $a = x_0$ et $c = x_n$) de l'intervalle $[a, c]$ telle qu'un point de cette partition, x_i, correspond au point b. Ce choix n'a pas d'effet sur l'évaluation de l'intégrale définie, dans la mesure où la valeur d'une intégrale définie est indépendante de la partition utilisée. Par conséquent,

$$\int\limits_a^c f(x)dx = \lim_{\substack{n \to \infty \\ \|\Delta x_k\| \to 0}} \sum_{k=1}^n f(x_k^*)\Delta x_k$$

$$= \lim_{\substack{n \to \infty \\ \|\Delta x_k\| \to 0}} \left[\sum_{k=1}^i f(x_k^*)\Delta x_k + \sum_{k=i+1}^n f(x_k^*)\Delta x_k \right] \quad \text{Séparation en deux sommes: l'une de } a \text{ jusqu'à } b, \text{ l'autre de } b \text{ jusqu'à } c.$$

$$= \lim_{\substack{i \to \infty \\ \|\Delta x_k\| \to 0}} \sum_{k=1}^i f(x_k^*)\Delta x_k + \lim_{\substack{n \to \infty \\ \|\Delta x_k\| \to 0}} \sum_{k=i+1}^n f(x_k^*)\Delta x_k$$

$$= \lim_{\substack{i \to \infty \\ \|\Delta x_k\| \to 0}} \sum_{k=1}^i f(x_k^*)\Delta x_k + \lim_{\substack{m \to \infty \\ \|\Delta t_k\| \to 0}} \sum_{k=1}^m f(t_k^*)\Delta t_k \quad \text{Après avoir renommé les points de la partition.}$$

$$= \int\limits_a^b f(x)dx + \int\limits_b^c f(t)dt$$

$$= \int\limits_a^b f(x)dx + \int\limits_b^c f(x)dx \quad \text{Puisque la variable d'intégration est muette.}$$

La propriété 5 s'illustre à l'aide de l'interprétation graphique (aire de la surface sous une courbe au-dessus d'un intervalle) de la figure 1.17.

FIGURE 1.17

Cinquième propriété des intégrales définies

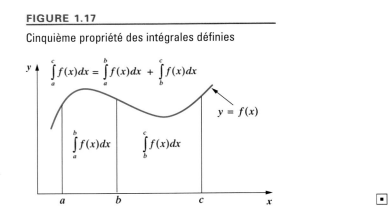

■

EXEMPLE 1.9

Si $\int\limits_2^5 f(x)dx = 4$, si $\int\limits_2^{-1} f(x)dx = 3$ et si $\int\limits_{-1}^5 g(x)dx = 12$, on peut recourir aux propriétés de l'intégrale définie pour évaluer $\int\limits_{-1}^5 [4f(x) - 2g(x)]dx$. En effet, en vertu de la propriété 4 des intégrales définies,

$$\int\limits_{-1}^5 [4f(x) - 2g(x)]dx = 4\int\limits_{-1}^5 f(x)dx - 2\int\limits_{-1}^5 g(x)dx$$

De plus, en vertu de la propriété 3, $\int\limits_{-1}^{2} f(x)\,dx = -\int\limits_{2}^{-1} f(x)\,dx = -3$. Enfin,

en vertu de la propriété 5, $\int\limits_{-1}^{5} f(x)\,dx = \int\limits_{-1}^{2} f(x)\,dx + \int\limits_{2}^{5} f(x)\,dx = -3 + 4 = 1$.

Par conséquent,

$$\int\limits_{-1}^{5} \left[4 f(x) - 2 g(x)\right] dx = 4\int\limits_{-1}^{5} f(x)\,dx - 2\int\limits_{-1}^{5} g(x)\,dx = 4(1) - 2(12) = -20$$

EXERCICE 1.6

Vous pouvez maintenant faire les exercices récapitulatifs 15 et 16.

Si $f(x)$ et $g(x)$ sont des fonctions intégrables sur les intervalles donnés, et si $\int\limits_{3}^{6} f(x)\,dx = 12$, $\int\limits_{3}^{0} g(x)\,dx = -4$ et $\int\limits_{0}^{6} g(x)\,dx = 15$, évaluez $\int\limits_{3}^{6} \left[2 f(x) + 4 g(x)\right] dx$.

1.7 THÉORÈME FONDAMENTAL DU CALCUL INTÉGRAL

Dans cette section : *théorème fondamental du calcul intégral – primitive.*

Si utiles que soient les propriétés énoncées à la section précédente, l'évaluation d'intégrales définies à partir de la définition s'avère un processus laborieux, comme vous avez été à même de le constater à la section 1.4, même lorsque la fonction à intégrer est aussi simple qu'un polynôme. Imaginez ce que ce serait pour des fonctions plus compliquées, comme les fonctions rationnelles, trigonométriques ou exponentielles. Heureusement, il n'est pas nécessaire de recourir à la définition pour évaluer des intégrales définies. On peut recourir à un théorème qui a constitué une percée majeure dans le développement des sciences. Ce théorème, découvert de manière indépendante par Newton et Leibniz, porte le nom de théorème fondamental du calcul intégral. Il établit un lien entre deux concepts qui, en apparence, ne sont pas liés, soit les concepts de dérivée et d'intégrale. On en tire une procédure simple pour évaluer des intégrales définies courantes. Avant d'énoncer ce théorème, reprenons un exemple qui nous a déjà servi et présentons-le sous un nouveau jour pour illustrer le principe qui sous-tend le théorème fondamental du calcul intégral.

EXEMPLE 1.10

Soit une population dont le taux de croissance est la fonction continue $f(t) = P'(t) = \dfrac{dP}{dt}$, où $P(t)$ représente la taille de la population au temps t. On cherche à déterminer la croissance totale de cette population entre les temps $t = a$ et $t = b$, soit $P(b) - P(a)$. Or, dans un intervalle de temps $\left[t_{k-1}, t_k\right]$ de faible amplitude notée Δt_k, comme la fonction $f(t) = P'(t)$ est continue, on peut considérer que le taux de croissance est presque constant, de sorte que la population croît d'environ $f(t_k^*)\,\Delta t_k$, où $t_k^* \in \left[t_{k-1}, t_k\right]$ dans cet intervalle de temps. On estime l'augmentation totale de la population en effectuant la somme des augmentations (ou des diminutions, s'il y a une décroissance de la population sur un sous-intervalle) survenues dans chacun des courts intervalles de temps Δt_k, de sorte que la variation totale de la taille de la population est voisine de $\sum_{k=1}^{n} f(t_k^*)\Delta t_k$, ce qui correspond à une somme de Riemann. Évidemment, si $\|\Delta t_k\| \to 0$ et $n \to \infty$, on obtient la valeur exacte de l'augmentation de la population, soit $\lim\limits_{\substack{n\to\infty \\ \|\Delta x_k\|\to 0}} \sum_{k=1}^{n} f(t_k^*)\Delta t_k$. Cette dernière expression correspond à l'intégrale de Riemann, d'où $\lim\limits_{\substack{n\to\infty \\ \|\Delta x_k\|\to 0}} \sum_{k=1}^{n} f(t_k^*)\Delta t_k = \int_{a}^{b} f(t)dt$.

Mais il y a plus ! En effet, comme $\lim\limits_{\substack{n\to\infty \\ \|\Delta x_k\|\to 0}} \sum_{k=1}^{n} f(t_k^*)\Delta t_k$ représente la variation (augmentation ou diminution) totale de la population entre les temps $t = a$ et $t = b$, on a que $P(b) - P(a) = \lim\limits_{\substack{n\to\infty \\ \|\Delta x_k\|\to 0}} \sum_{k=1}^{n} f(t_k^*)\Delta t_k = \int_{a}^{b} f(t)dt$, où, ne l'oublions pas, $f(t)$ est en fait $P'(t)$, soit la dérivée de la fonction $P(t)$ donnant la taille de la population en tout temps t.

Le résultat de l'exemple 1.10 est très général, il ne dépend pas du contexte particulier d'un taux de croissance : il ne sert que de support à la compréhension du concept. On peut donc en tirer une méthode pour évaluer une expression de la forme $\lim\limits_{\substack{n\to\infty \\ \|\Delta x_k\|\to 0}} \sum_{k=1}^{n} f(x_k^*)\Delta x_k$, où la fonction $f(x)$ est une fonction continue sur un intervalle $[a, b]$ (et donc intégrable sur cet intervalle). Si on transpose le résultat obtenu dans l'exemple précédent à une fonction $f(x)$ continue sur $[a, b]$, on obtient que $\int_{a}^{b} f(x)dx = F(b) - F(a)$, où $F'(x) = f(x)$. Cet important résultat porte le nom de **théorème fondamental du calcul intégral**. Dans ce contexte, une fonction $F(x)$ telle que $F'(x) = f(x)$ est appelée une **primitive** de $f(x)$. Il existe plusieurs primitives d'une même fonction. Ainsi, à titre d'exemples, $2x^2$ et $2x^2 + 5$ sont deux primitives de $4x$. En effet, $\dfrac{d}{dx}(2x^2) = 4x$ et $\dfrac{d}{dx}(2x^2 + 5) = 4x$. En fait, en vertu du théorème 1.2, que nous ne démontrerons pas à ce stade-ci de notre propos, deux primitives d'une fonction $f(x)$ ne diffèrent que par une constante.

THÉORÈME FONDAMENTAL DU CALCUL INTÉGRAL

Le théorème fondamental du calcul intégral est le théorème qui établit la relation réciproque entre une dérivée et une intégrale. En vertu de ce théorème, si $\int_{a}^{b} f(x)dx$ existe et si $F(x)$ est une primitive de $f(x)$, c'est-à-dire si $F'(x) = f(x)$, alors $\int_{a}^{b} f(x)dx = F(b) - F(a)$.

PRIMITIVE

Une primitive d'une fonction $f(x)$ est une fonction dérivable $F(x)$ telle que $F'(x) = f(x)$.

◈ THÉORÈME 1.2

Si $F(x)$ et $G(x)$ sont des fonctions continues sur un intervalle $[a, b]$ et si $F'(x) = G'(x)$ pour tout $x \in]a, b[$, alors $F(x) = G(x) + C$, où C est une constante, pour tout $x \in [a, b]$.

Formulons maintenant le théorème fondamental du calcul intégral (théorème 1.3).

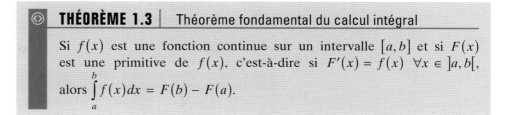

> ◎ **THÉORÈME 1.3** | Théorème fondamental du calcul intégral
>
> Si $f(x)$ est une fonction continue sur un intervalle $[a,b]$ et si $F(x)$ est une primitive de $f(x)$, c'est-à-dire si $F'(x) = f(x)$ $\forall x \in\ ]a, b[$, alors $\int\limits_{a}^{b} f(x)dx = F(b) - F(a)$.

Nous ne chercherons pas à ce stade-ci une preuve rigoureuse de ce théorème, mais nous nous intéresserons toutefois à un argument informel traitant du cas où la fonction $f(x)$ est non négative au-dessus d'un intervalle $[a, b]$. Cet argument devrait vous convaincre de la validité du théorème 1.3.

Considérons une fonction $A(x)$ qui donne l'aire sous la courbe $f(t)$ au-dessus de l'intervalle $[a, x]$ (figure 1.18). En vertu de la démarche présentée dans l'exemple 1.2 et de la définition de l'intégrale définie, on a que $A(x) = \int\limits_{a}^{x} f(t)dt$. De plus, si on laisse t varier de x à $x + \Delta x$, l'aire augmente d'une quantité $\Delta A(x) \approx f(x)\Delta x$, de sorte que $\dfrac{\Delta A}{\Delta x} \approx f(x)$. En passant à la limite, on obtient une égalité : $\lim\limits_{\Delta x \to 0} \dfrac{\Delta A}{\Delta x} = \dfrac{dA}{dx} = A'(x) = f(x)$.

FIGURE 1.18

Illustration géométrique du théorème fondamental du calcul intégral

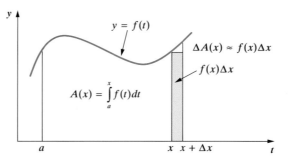

Par conséquent, $A(x)$ est une primitive de $f(x)$. En vertu du théorème 1.2, si $F(x)$ est une autre primitive de $f(x)$, alors $A(x) = F(x) + C$. Or, clairement, $A(a) = 0$, puisque la région ainsi déterminée a une aire nulle. Par conséquent, $A(a) = 0 = F(a) + C$, d'où $C = -F(a)$. Enfin, en substituant la valeur b à celle de x, on obtient $\int\limits_{a}^{b} f(t)dt = A(b) = F(b) + C = F(b) - F(a)$. La variable t étant une variable muette, on peut réécrire ce résultat sous la forme souhaitée, soit $\int\limits_{a}^{b} f(x)dx = F(b) - F(a)$, où $F(x)$ est une primitive de $f(x)$. On utilise habituellement la notation $F(x)\big|_{a}^{b}$ pour désigner l'expression $F(b) - F(a)$, de sorte qu'on peut écrire $\int\limits_{a}^{b} f(x)dx = F(x)\big|_{a}^{b}$.

Ceci nous amène à énoncer formellement deux autres propriétés des intégrales définies, propriétés qui découlent respectivement du théorème fondamental et du concept de somme de Riemann.

Propriétés des intégrales définies

6. Si la fonction dérivée $F'(x)$ de $F(x)$ est une fonction continue sur l'intervalle $[a, b]$, alors
$$\int_a^b F'(x)dx = F(b) - F(a).$$

7. Si $f(x)$ est une fonction continue sur l'intervalle $[a, b]$ et si $f(x) \geq 0 \; \forall x \in [a, b]$, alors $\int_a^b f(x)dx$ représente l'aire de la surface sous la courbe décrite par la fonction $f(x)$ au-dessus de l'intervalle $[a, b]$.

ⒺXERCICES 1.7

1. Nous avons dit que les propriétés 2 et 3 des intégrales définies constituent un prolongement logique de la définition de l'intégrale définie. Utilisez le théorème fondamental du calcul intégral pour vérifier la conformité de ces propriétés.

2. Encerclez la lettre qui correspond à la bonne réponse, puis expliquez votre choix.

Si $F(x)$ est une fonction strictement décroissante, continue et dérivable sur l'intervalle $[a, b]$ et si $F'(x)$ est aussi continue sur cet intervalle, alors $\int_a^b |F'(x)|dx$ vaut :

a) $|F(b)| - |F(a)|$ c) $F(b) - F(a)$ e) $F(-b)w - F(-a)$

b) $F(a) - F(b)$ d) $|F(a)| - |F(b)|$ f) $|F(b) - F(a)|$

𝒟es mots et des symboles

Le mot *intégrale* dérive du terme latin *integer*, qui veut dire « entier », dans le sens de « totalité d'une quantité ». À l'origine, le but du calcul intégral était d'évaluer une aire, c'est-à-dire de passer de l'équation d'une courbe, soit le contour d'une surface, à la mesure de la surface *entière*. Le mot *intégrale* apparaît pour la première fois dans une publication de Jacques Bernoulli (1654–1705), *Acta eruditorum*, parue en 1690, bien que Jean Bernoulli (1667–1748), le frère de Jacques, ait prétendu que le terme était de lui. Voici ce qu'a écrit F. Cajori à ce sujet :

> Dans leur correspondance, Leibniz et Jean Bernoulli ont échangé longuement tant sur le nom que sur le symbole fondamental du calcul intégral. Leibniz préférait le nom *calculus summatorius* et la lettre allongée ∫. Bernoulli avait plutôt un penchant pour *calculus integralis* et pour l'utilisation de la lettre majuscule *I* pour désigner une intégrale. Le mot *intégral* avait déjà été utilisé dans un texte écrit par Jacques Bernoulli, mais son frère Jean en réclamait la paternité. Leibniz et Jean Bernoulli en arrivèrent à un heureux compromis en adoptant le nom *calcul intégral* pour désigner cette nouvelle science et le symbole d'intégration proposé par Leibniz[*].

---

[*] F. Cajori, *A History of Mathematical Notations*, deux volumes reliés en un, New York, Dover Publications, Inc., 1993, p. 182 du deuxième volume.

Leibniz (1646–1716) a employé le symbole $\int$ pour la première fois dans un manuscrit du 29 octobre 1675. Toutefois, ce n'est que onze ans plus tard que le signe d'intégration apparaîtra dans un imprimé. Ce symbole est un *s* allongé. Son choix est judicieux, puisque *s* est la première lettre du mot *somme*, ce qu'est essentiellement une intégrale. En effet, lorsqu'on effectue une intégrale, on dissèque essentiellement une quantité (une population, une surface, un solide, etc.) en petites parties, puis on mesure ces composantes pour ensuite les additionner et ainsi obtenir la mesure entière (la totalité) de la quantité.

La notation moderne $\int_a^b$, qui indique les bornes d'intégration, est apparue beaucoup plus tard, dans un ouvrage classique (*La théorie analytique de la chaleur*) de Jean-Baptiste Joseph Fourier (1768–1830): « Nous désignons en général par le signe $\int_a^b$ l'intégrale qui commence lorsque la variable équivaut à *a*, et qui est complète lorsque la variable équivaut à *b* [...]. »

Enfin, c'est à Pierre Frédéric Sarrus (1798–1861) qu'on doit la notation $F(x)\big|_a^b$ qui désigne l'expression $F(b) - F(a)$ dans l'évaluation d'une intégrale définie.

1.8   RETOUR SUR LA NOTATION DE L'INTÉGRALE

Nous avons déjà signalé l'importance d'une notation qui facilite la compréhension et qui permet de mieux saisir le sens d'un concept. À cet égard, la notation $\int_a^b f(x)\,dx$ est exemplaire. Elle est particulièrement heureuse, parce qu'elle nous rappelle qu'une intégrale est avant tout une somme (le signe $\int$ est un *s* allongé, la première lettre du mot *somme*), celle du produit d'une fonction $f(x)$ par un élément différentiel (infinitésimal) dx. Mais il y a plus ! Si on tient compte des unités de mesure, le produit $f(x)\,dx$ révèle la nature du résultat de l'intégrale.

Par exemple, si $f(t)$ représente la vitesse d'un mobile, soit la variation d'espace par unité de temps (en m/s, par exemple), alors le produit $f(t)\,dt$ représente une vitesse multipliée par une faible variation de temps, soit une distance $[(\text{m/s}) \times \text{s} = \text{m}$, par exemple] dans un court intervalle de temps. L'expression $\int_a^b f(t)\,dt$ représente alors la somme des déplacements dans l'intervalle de temps $[a, b]$, soit le déplacement total effectué entre les temps $t = a$ et $t = b$.

De même, si $f(t)$ représente le taux de croissance d'une population, soit la variation de la taille d'une population par unité de temps, alors $f(t)\,dt$ représente la variation (augmentation ou diminution) de la taille de cette population durant le court laps de temps dt. L'expression $\int_a^b f(t)\,dt$ représente alors la somme des variations de population dans l'intervalle de temps $[a, b]$, soit la variation (augmentation ou diminution) totale de la taille de la population entre les temps $t = a$ et $t = b$.

Lorsqu'on trace une fonction positive $f(x)$ dans un plan cartésien dont les axes sont gradués dans les mêmes unités (des centimètres, par exemple), alors $f(x)\,dx$ représente une hauteur (en centimètres) multipliée par une faible largeur (en centimètres), soit l'aire (en centimètres carrés) d'un rectangle de base infiniment étroite. L'expression $\int_a^b f(x)\,dx$ représente alors la somme des aires de ces rectangles, soit l'aire totale de la surface sous la courbe $f(x)$ au-dessus de l'intervalle $[a, b]$, aire qui s'exprime en centimètres carrés.

Le coût marginal d'un bien de consommation représente le coût requis pour produire une unité additionnelle ou encore le coût de la dernière unité produite. Comme le coût marginal représente une variation de coût par unité de bien, on le désigne par la dérivée $C'(x)$ de la fonction de coût $C(x)$, qui dépend du niveau x de production. Les unités du coût marginal sont donc en dollars/unité de bien. L'expression $C'(x)dx$ représente donc le coût de production d'une petite quantité (dx) additionnelle de bien lorsque le niveau de production est de x, de sorte que $C'(x)dx$ s'exprime en dollars [soit (dollars/unité de bien) × unité de bien]. Par conséquent, $\int_0^b C'(x)dx$ représente la somme des coûts de production d'une quantité b du bien, soit le coût total de production pour produire b unités du bien.

Ces quatre illustrations (vitesse, population, aire et coût) devraient vous avoir convaincu de la pertinence de la notation employée pour désigner une intégrale et vous avoir fait comprendre comment cette notation respecte les unités de mesure.

Si la notation $\int_a^b f(x)dx$ permet de donner un sens à l'unité de mesure du résultat de l'intégrale, le théorème fondamental du calcul intégral permet d'interpréter le résultat de cette intégrale. En effet, en vertu de ce théorème $\left[\int_a^b f(x)dx = F(b) - F(a)\right]$, la connaissance du taux de variation $[F'(x) = f(x)]$ d'une fonction $[F(x)]$ permet d'évaluer la variation totale de cette fonction sur un intervalle $[a \leq x \leq b]$.

EXEMPLE 1.11

Un réservoir est rempli de mazout. Le mazout est consommé à un rythme de $f(t) = (10 - \sqrt{t})$ L/jour, où le temps t est mesuré en jours écoulés depuis le plein. Le rythme de consommation est un taux de variation (L/jour). Si on note $Q(t)$ la quantité totale consommée t jours après le plein, alors $Q'(t) = f(t)$. La quantité consommée entre $t = 4$ et $t = 9$ est de $Q(9) - Q(4)$, ce qui, en vertu du théorème fondamental du calcul intégral, correspond à $\int_4^9 f(t)dt$. Il faut donc trouver une façon simple d'évaluer cette intégrale. C'est ce que nous ferons à la section suivante.

EXERCICE 1.8

Un objet se déplace à une vitesse $v = \dfrac{ds}{dt} = t^2$ m/s. En utilisant un argument similaire à celui de l'exemple 1.10, calculez le déplacement total de cet objet entre les temps $t = 0$ et $t = 10$, le temps étant mesuré en secondes. (Indice : $\dfrac{t^3}{3}$ est une primitive de t^2.)

1.9 **PRIMITIVES ÉLÉMENTAIRES**

Le théorème fondamental du calcul intégral présente donc une stratégie pour évaluer l'intégrale définie d'une fonction continue $f(x)$ sur un intervalle $[a, b]$ sans faire appel à une somme. Ainsi, pour évaluer $\int_a^b f(x)dx$, il suffit de trouver une primitive $F(x)$ de la fonction $f(x)$, c'est-à-dire une fonction $F(x)$ telle que

$F'(x) = f(x)$, et d'effectuer ensuite la différence $F(b) - F(a)$. L'évaluation d'une intégrale définie d'une fonction $f(x)$ passe donc essentiellement de l'évaluation d'une somme complexe à la recherche d'une primitive de cette fonction. Il faut donc tenter d'inverser le processus de dérivation.

EXEMPLE 1.12

En calcul différentiel, vous avez appris que si $k \neq 0$, alors $\dfrac{d}{dx}\left(x^k\right) = kx^{k-1}$, de sorte que $\dfrac{d}{dx}\left(\dfrac{x^k}{k}\right) = x^{k-1}$. En posant $n = k - 1$, on obtient que $\dfrac{d}{dx}\left(\dfrac{x^{n+1}}{n+1}\right) = x^n$.

Par conséquent, lorsque $n \neq -1$, $\dfrac{x^{n+1}}{n+1}$ est une primitive de x^n, puisque $\dfrac{d}{dx}\left(\dfrac{x^{n+1}}{n+1}\right) = x^n$. Ainsi, lorsque $n \neq -1$, $\displaystyle\int_a^b x^n\,dx = \dfrac{x^{n+1}}{n+1}\bigg|_a^b = \dfrac{b^{n+1}}{n+1} - \dfrac{a^{n+1}}{n+1}$.

En mettant à profit ce résultat, on parvient beaucoup plus facilement à évaluer l'aire de la surface sous la courbe $f(x) = x^2$ au-dessus de l'intervalle $[0, 3]$, aire que nous avions évaluée laborieusement à l'exemple 1.6:

$$\text{Aire} = \int_0^3 x^2\,dx$$

$$= \frac{x^{2+1}}{2+1}\bigg|_0^3$$

$$= \frac{x^3}{3}\bigg|_0^3$$

$$= \frac{3^3}{3} - \frac{0^3}{3}$$

$$= 9\,\text{u}^2$$

Le théorème fondamental étant à ce point général, son intérêt devient évident. Ainsi, pour évaluer l'aire de la surface S sous la courbe $f(x) = \sqrt{x}$ au-dessus de l'intervalle $[4, 9]$, il suffit d'appliquer le théorème fondamental:

$$\text{Aire} = \int_4^9 \sqrt{x}\,dx$$

$$= \int_4^9 x^{1/2}\,dx$$

$$= \frac{x^{1/2+1}}{1/2 + 1}\bigg|_4^9$$

$$= \frac{x^{3/2}}{3/2}\bigg|_4^9$$

$$= \frac{2x^{3/2}}{3}\bigg|_4^9$$

$$= \frac{2\left(9^{3/2}\right)}{3} - \frac{2\left(4^{3/2}\right)}{3}$$

$$= \frac{38}{3}\,\text{u}^2$$

Signalons ici que l'interprétation géométrique de l'intégrale (calcul de l'aire d'une surface sous une courbe au-dessus d'un intervalle) ne vaut que pour des fonctions non négatives sur un intervalle.

On pourrait également évaluer le volume du solide engendré par la rotation de la surface S autour de l'axe des abscisses en se fondant sur la démarche illustrée par l'exemple 1.3 :

$$\text{Volume} = \int_{4}^{9} \pi\left(\sqrt{x}\right)^{2} dx$$

$$= \pi \int_{4}^{9} x\, dx$$

$$= \left.\frac{\pi x^{2}}{2}\right|_{4}^{9}$$

$$= \frac{\pi}{2}\left(9^{2} - 4^{2}\right)$$

$$= \frac{65\pi}{2}\, \text{u}^{3}$$

Les exemples et les exercices qui précèdent devraient vous avoir convaincu de l'importance de l'intégrale définie et de la nécessité d'être capable de trouver la primitive d'une fonction pour être en mesure d'évaluer une intégrale.

Les différentes techniques servant à trouver les primitives de nombreuses fonctions feront l'objet du prochain chapitre. Établissons tout de même ici quelques primitives de fonctions élémentaires (tableau 1.1). N'oubliez pas qu'une fonction comporte plus d'une primitive. Le tableau qui suit n'en donne qu'une seule, ce qui suffira pour évaluer des intégrales définies.

TABLEAU 1.1

Primitives de fonctions élémentaires

Fonction	Primitive
1. 1	1. x
2. x^{n}, où $n \neq -1$	2. $\dfrac{x^{n+1}}{n+1}$
3. $\sin kx$, où $k \neq 0$	3. $-\dfrac{\cos kx}{k}$
4. $\cos kx$, où $k \neq 0$	4. $\dfrac{\sin kx}{k}$
5. $\sec^{2} kx$, où $k \neq 0$	5. $\dfrac{\operatorname{tg} kx}{k}$
6. $\operatorname{cosec}^{2} kx$, où $k \neq 0$	6. $-\dfrac{\operatorname{cotg} kx}{k}$
7. $\sec kx \operatorname{tg} kx$, où $k \neq 0$	7. $\dfrac{\sec kx}{k}$
8. $\operatorname{cosec} kx \operatorname{cotg} kx$, où $k \neq 0$	8. $-\dfrac{\operatorname{cosec} kx}{k}$
9. e^{kx}, où $k \neq 0$	9. $\dfrac{e^{kx}}{k}$

EXEMPLE 1.13

Pour vérifier que $\dfrac{e^{kx}}{k}$ (où $k \neq 0$) est une primitive de e^{kx}, il suffit de vérifier que la dérivée de la première fonction donne la seconde. Or,

$$\frac{d}{dx}\left(\frac{e^{kx}}{k}\right) = \frac{1}{k}\frac{d}{dx}\left(e^{kx}\right)$$

$$= \frac{1}{k}e^{kx}\frac{d}{dx}(kx)$$

$$= \frac{1}{k}e^{kx}(k)$$

$$= e^{kx}$$

Par conséquent, $\dfrac{e^{kx}}{k}$ est une primitive de e^{kx}. En vertu du théorème 1.2, comme deux primitives d'une fonction ne diffèrent que par une constante, on en déduit que les primitives de la fonction e^{kx} sont de la forme $\dfrac{e^{kx}}{k} + C$, où C est une constante arbitraire.

EXEMPLE 1.14

On veut évaluer $\displaystyle\int_{0}^{4}(r-1)^2\,dr$. Comme le tableau 1.1 ne donne pas directement la primitive de la fonction $(r-1)^2$, il faut faire preuve d'un peu d'ingéniosité et utiliser les propriétés de l'intégrale définie :

$$\int_{0}^{4}(r-1)^2\,dr = \int_{0}^{4}\left(r^2 - 2r + 1\right)dr$$

$$= \int_{0}^{4}r^2\,dr - 2\int_{0}^{4}r\,dr + \int_{0}^{4}1\,dr$$

$$= \frac{r^3}{3}\bigg|_{0}^{4} - \frac{2r^2}{2}\bigg|_{0}^{4} + r\big|_{0}^{4}$$

$$= \left(\frac{4^3}{3} - \frac{0^3}{3}\right) - \left(4^2 - 0^2\right) + (4 - 0)$$

$$= \frac{28}{3}$$

EXERCICES 1.9

1. Vérifiez que $-\dfrac{\cos kx}{k}$ est une primitive de $\sin kx$, où $k \neq 0$.

2. Vérifiez que $\dfrac{\sin kx}{k}$ est une primitive de $\cos kx$, où $k \neq 0$.

3. Vérifiez que $\dfrac{\operatorname{tg} kt}{k}$ est une primitive de $f(t) = \sec^2 kt$, où $k \neq 0$.

4. Évaluez l'aire de la surface sous la courbe $f(x) = \sin x$ au-dessus de l'intervalle $[0, \pi]$.

5. On remplit un réservoir de mazout. Le mazout est consommé à un rythme de $\left(10 - \sqrt{t}\right)$ L/jour, où le temps t est mesuré en jours écoulés depuis le plein. Utilisez le théorème fondamental du calcul intégral pour évaluer la quantité de mazout consommée entre $t = 4$ et $t = 9$.

6. Évaluez le volume du solide engendré par la rotation autour de l'axe des abscisses de la surface délimitée par la courbe $f(x) = \sin x$ au-dessus de l'intervalle $[0, \pi]$. (Indice : Utilisez l'identité trigonométrique $\sin^2 x = \frac{1}{2}(1 - \cos 2x)$, les résultats consignés au tableau 1.1 et les propriétés de l'intégrale définie.)

Vous pouvez maintenant faire les exercices récapitulatifs 17 à 25.

1.10 APPROCHE PLUS FORMELLE DU THÉORÈME FONDAMENTAL À L'AIDE DES THÉORÈMES CLASSIQUES DE L'ANALYSE MATHÉMATIQUE

Dans cette section : *théorème des valeurs extrêmes – théorème de Rolle – théorème de Lagrange.*

Nous avons délibérément adopté une approche intuitive dans la présentation du théorème fondamental. Comme c'est souvent le cas en mathématiques, une approche trop formelle masque les idées maîtresses qui sont à l'origine d'un théorème. Dans l'histoire des mathématiques, on ne saurait compter le nombre de fois où la démonstration d'une intuition s'est fait attendre pendant de nombreuses années. On ne peut pas pour autant se limiter à l'intuition. Passons donc maintenant à une démarche plus formelle à partir de théorèmes importants d'analyse mathématique.

Le premier de ces théorèmes a été énoncé en calcul différentiel. Il nous apprend que toute fonction continue sur un intervalle fermé atteint nécessairement ses valeurs extrêmes (minimum et maximum) à certaines valeurs de l'intervalle. La démonstration de ce théorème n'apparaît que dans les manuels d'analyse avancée.

> ◇ **THÉORÈME 1.4** | Théorème des valeurs extrêmes
>
> Si $f(x)$ est une fonction continue sur un intervalle $[a, b]$, alors la fonction $f(x)$ atteint sa valeur maximale et sa valeur minimale sur cet intervalle.

DÉFINITION

THÉORÈME DES VALEURS EXTRÊMES

Le théorème des valeurs extrêmes est le théorème d'analyse mathématique en vertu duquel une fonction continue sur un intervalle fermé atteint nécessairement une valeur maximale et une valeur minimale sur cet intervalle : si $f(x)$ est une fonction continue sur un intervalle $[a, b]$, alors la fonction $f(x)$ atteint sa valeur maximale et sa valeur minimale sur cet intervalle.

Ainsi, en vertu du **théorème des valeurs extrêmes**, si $f(x)$ est une fonction continue sur $[a, b]$, alors il existe une valeur $c \in [a, b]$ telle que $f(x) \leq f(c)$ $\forall\, x \in [a, b]$. De même, il existe une valeur $d \in [a, b]$ telle que $f(x) \geq f(d)$ $\forall\, x \in [a, b]$.

Dans le cas où la fonction continue $f(x)$ admet une dérivée en tout point de l'intervalle $]a, b[$, on peut aisément déterminer les valeurs de l'intervalle ouvert susceptibles de produire l'extremum, comme cela est indiqué dans le théorème 1.5 déjà énoncé en calcul différentiel. En vertu de ce théorème, les valeurs susceptibles de produire un extremum local (une valeur c de x pour laquelle la fonction, pour des valeurs de x près de c, prend sa plus grande ou sa plus petite valeur) pour une fonction continue et dérivable sont celles qui annulent la fonction dérivée.

◈ THÉORÈME 1.5

Soit $f(x)$ une fonction continue sur un intervalle $[a, b]$ et dérivable pour tout $x \in \;]a, b[$. Si la fonction $f(x)$ passe par un extremum (maximum ou minimum) local en $x = c \in \;]a, b[$, alors $f'(c) = 0$.

PREUVE

Soit $f(x)$ une fonction continue sur $[a, b]$, dérivable sur $]a, b[$ et telle qu'elle passe par un extremum en $x = c$. La dérivée de la fonction en $x = c$, soit $f'(c)$, existe et doit satisfaire à une des trois conditions: $f'(c) < 0$, $f'(c) > 0$ ou $f'(c) = 0$. Vérifions que les deux premières situations sont impossibles.

Supposons que la fonction passe par un maximum en $x = c$, le cas où la fonction admet un minimum en $x = c$ se vérifiant de manière similaire.

Si $f'(c) > 0$, alors, en vertu de la définition de la dérivée en un point et des propriétés des limites, on a que

$$f'(c) = \lim_{x \to c} \frac{f(x) - f(c)}{x - c}$$
$$= \lim_{x \to c^+} \frac{f(x) - f(c)}{x - c}$$
$$> 0$$

Or, si x s'approche de c par la droite, le dénominateur est positif. Par conséquent, pour que l'inégalité soit vérifiée, il faut que le numérateur soit aussi positif, ce qui veut dire que $f(x) - f(c) > 0$, soit que $f(x) > f(c)$ pour des valeurs de x suffisamment proches de c, mais supérieures à c. Cette exigence contredit donc le fait que la fonction admet un maximum en $x = c$.

De même, si $f'(c) < 0$, alors, en vertu de la définition de la dérivée en un point et des propriétés des limites, on a que

$$f'(c) = \lim_{x \to c} \frac{f(x) - f(c)}{x - c}$$
$$= \lim_{x \to c^-} \frac{f(x) - f(c)}{x - c}$$
$$< 0$$

Or, si x s'approche de c par la gauche, le dénominateur est négatif. Par conséquent, pour que l'inégalité soit vérifiée, il faut que le numérateur soit positif, ce qui veut dire que $f(x) - f(c) > 0$, soit que $f(x) > f(c)$ pour des valeurs de x proches de c, mais inférieures à c. Encore une fois, cette exigence contredit le fait que la fonction admet un maximum en $x = c$.

Par conséquent, comme $f'(c) > 0$ et $f'(c) < 0$ produisent des contradictions, il faut bien que $f'(c) = 0$. ∎

DÉFINITION

THÉORÈME DE ROLLE

Le théorème de Rolle est le théorème d'analyse mathématique en vertu duquel la courbe décrite par une fonction continue, dérivable et prenant la même valeur aux extrémités d'un intervalle admet une pente nulle en une valeur c comprise à l'intérieur de cet intervalle : si $f(x)$ est une fonction continue sur l'intervalle $[a, b]$, si $f(x)$ est dérivable pour tout $x \in]a, b[$ et si $f(a) = f(b)$, alors il existe au moins une valeur de $c \in]a, b[$ telle que $f'(c) = 0$.

Le théorème 1.5 est utile notamment pour prouver un des plus célèbres théorèmes d'analyse mathématique, soit le **théorème de Rolle**[*].

THÉORÈME 1.6 | Théorème de Rolle

Si $f(x)$ est une fonction continue sur l'intervalle $[a, b]$, si $f(x)$ est dérivable pour tout $x \in]a, b[$ et si $f(a) = f(b)$, alors il existe au moins une valeur de $c \in]a, b[$ telle que $f'(c) = 0$.

PREUVE

Comme la fonction $f(x)$ est continue sur $[a, b]$, alors, en vertu du théorème des valeurs extrêmes (théorème 1.4), elle atteint sa valeur minimale m et sa valeur maximale M sur cet intervalle. Or, il est clair que $m \leq M$. Si $m = M$, la fonction doit être constante et valoir m (ou M), de sorte que $f'(c) = 0$ pour tout $c \in]a, b[$, et le théorème est ainsi démontré.

Par contre, si $m < M$, alors une des valeurs extrêmes (le maximum ou le minimum) de la fonction ne peut pas être atteinte aux extrémités de $[a, b]$, puisque $f(a) = f(b)$. Par conséquent, un des extremums, le minimum ou le maximum, est atteint en une valeur $c \in]a, b[$. Comme la fonction est dérivable sur $]a, b[$, les hypothèses du théorème 1.5 sont satisfaites et, par conséquent, $f'(c) = 0$, et le théorème est ainsi démontré. ∎

On peut interpréter ce théorème d'une autre façon qui va permettre de le généraliser. Comme $f(a) = f(b)$, la pente de la droite joignant les points $(a, f(a))$ et $(b, f(b))$ est nulle. La conclusion du théorème de Rolle stipule donc qu'il existe une valeur $c \in]a, b[$ telle que la pente de la tangente à la courbe décrite par cette fonction en cette valeur, soit $f'(c)$, correspond à la pente de la droite joignant les points $(a, f(a))$ et $(b, f(b))$. Si on interprète le théorème de Rolle de cette manière, on peut produire un autre théorème fort important appelé **théorème de Lagrange**[†], ou *théorème des accroissements finis*, ou encore *théorème de la moyenne*. En vertu de ce théorème, toute fonction continue sur l'intervalle $[a, b]$ et dérivable sur $]a, b[$ admet une tangente en une valeur $c \in]a, b[$ parallèle à la droite joignant les points $(a, f(a))$ et $(b, f(b))$, soit une tangente de même pente que celle de la sécante joignant les points $(a, f(a))$ et $(b, f(b))$.

DÉFINITION

THÉORÈME DE LAGRANGE

Le théorème de Lagrange est un théorème d'analyse mathématique généralisant le théorème de Rolle. En vertu du théorème de Lagrange, tout arc de courbe décrit par une fonction dérivable sur un intervalle admet au moins une droite tangente parallèle à la sécante joignant les extrémités de l'arc : si $f(x)$ est une fonction continue sur l'intervalle $[a, b]$ et si $f(x)$ est dérivable pour tout $x \in]a, b[$, alors il existe au moins une valeur de $c \in]a, b[$ telle que $f'(c) = \dfrac{f(b) - f(a)}{b - a}$.

---

[*] Michel Rolle (1652–1719) est un mathématicien français compétent qui s'opposa d'abord farouchement au calcul infinitésimal en lui reprochant de manquer de rigueur (ce qui était vrai pour l'état où en était le calcul à l'époque de Rolle) et de produire des résultats erronés (ce qui ne s'est pas avéré totalement juste). Les problèmes qu'il souleva forcèrent ses contemporains à raffiner leurs méthodes et à apporter plus de soin à l'exposition de leurs idées. Après plusieurs années de débat, Rolle accepta finalement les réponses proposées par ses contemporains et le débat portant sur la validité de l'analyse infinitésimale s'apaisa graduellement. Rolle formula en 1691 une version du théorème qui porte son nom, mais il n'en donna pas de démonstration.

[†] Le mathématicien Joseph-Louis Lagrange (1736–1813) est né à Turin, en Italie. Il occupa des postes de professeur de mathématiques à Turin et à Berlin avant d'accepter un poste similaire à l'École polytechnique. Inventeur du calcul des variations, auteur de nombreux traités, dont le plus célèbre est *Mécanique analytique*, président influent de la commission qui mit au point le système métrique, Lagrange est considéré comme le plus grand mathématicien de son époque et l'un des plus grands de toute l'histoire des mathématiques.

THÉORÈME 1.7 | Théorème de Lagrange

Si $f(x)$ est une fonction continue sur l'intervalle $[a, b]$ et si $f(x)$ est dérivable pour tout $x \in \,]a, b[$, alors il existe au moins une valeur de $c \in \,]a, b[$ telle que $f'(c) = \dfrac{f(b) - f(a)}{b - a}$.

PREUVE

Pour prouver le théorème de Lagrange, on crée une fonction intermédiaire $h(x)$ remplissant les conditions du théorème de Rolle à partir de la fonction $f(x)$.

On définit la fonction $h(x)$ comme étant la différence entre la fonction $f(x)$ et la droite $g(x)$ joignant les points $(a, f(a))$ et $(b, f(b))$ (figure 1.19).

FIGURE 1.19

Illustration géométrique du théorème de Lagrange

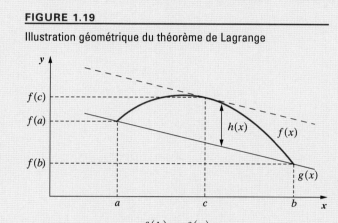

Cette droite a pour pente $\dfrac{f(b) - f(a)}{b - a}$, de sorte que son équation est donnée par $g(x) = \dfrac{f(b) - f(a)}{b - a}(x - a) + f(a)$.

On a donc que $h(x) = f(x) - \left[\dfrac{f(b) - f(a)}{b - a}(x - a) + f(a) \right]$. On peut aisément vérifier que $h(a) = h(b) = 0$, puisque les fonctions $f(x)$ et $g(x)$ sont égales en $x = a$ et en $x = b$ et que $h(x)$ représente la différence entre ces deux fonctions.

De plus, $h(x)$ est continue sur l'intervalle $[a, b]$ et dérivable pour tout $x \in \,]a, b[$, puisque les fonctions $f(x)$ et $g(x)$ le sont également. Par conséquent, $h(x)$ remplit les conditions du théorème de Rolle. Il existe donc une valeur $c \in \,]a, b[$ telle que $h'(c) = 0$. Or, $h'(x) = f'(x) - \left[\dfrac{f(b) - f(a)}{b - a} \right]$, de sorte que si $h'(c) = 0$, alors $f'(c) - \left[\dfrac{f(b) - f(a)}{b - a} \right] = 0$. Par conséquent, il existe une valeur de $c \in \,]a, b[$ telle que $f'(c) = \dfrac{f(b) - f(a)}{b - a}$, c'est-à-dire une valeur c telle que la pente de la tangente à la courbe décrite par la fonction $f(x)$ en $x = c$ est égale à la pente de la sécante joignant les points $(a, f(a))$ et $(b, f(b))$. ∎

Nous sommes maintenant en mesure de prouver les théorèmes 1.2 et 1.3 (théorème fondamental du calcul intégral) énoncés précédemment.

◈ THÉORÈME 1.2

Si $F(x)$ et $G(x)$ sont des fonctions continues sur un intervalle $[a, b]$ et si $F'(x) = G'(x)$ pour tout $x \in \,]a, b[$, alors $F(x) = G(x) + C$, où C est une constante, pour tout $x \in [a, b]$.

PREUVE

Si $H(x) = F(x) - G(x)$, alors $H'(x) = F'(x) - G'(x) = 0$ pour tout $x \in \,]a, b[$. Soit x_1 et x_2 deux valeurs distinctes appartenant à $]a, b[$ telles que $x_1 < x_2$. Comme la différence de deux fonctions continues et dérivables est continue et dérivable, la fonction $H(x)$ satisfait aux conditions du théorème de Lagrange, de sorte qu'il existe une valeur $c \in \,]x_1, x_2[$ telle que $H'(c) = \dfrac{H(x_2) - H(x_1)}{x_2 - x_1} = 0$, puisque $c \in \,]a, b[$. De plus, comme $x_1 < x_2$ et $H'(c) = 0$, on en déduit que $H(x_2) - H(x_1) = 0$, c'est-à-dire que $H(x_1) = H(x_2)$, et cela pour tout x_1 et x_2 appartenant à $]a, b[$, de sorte que la fonction $H(x) = F(x) - G(x)$ est constante sur $[a, b]$. Par conséquent, il existe une constante C telle que $F(x) = G(x) + C$. ∎

La preuve du théorème fondamental que nous allons maintenant présenter repose sur le théorème 1.1 énoncé précédemment et que nous avons accepté sans démonstration. En vertu de ce théorème, toute fonction continue sur un intervalle $[a, b]$ est intégrable sur cet intervalle et $\displaystyle\int_a^b f(x)\,dx = \lim_{\substack{n \to \infty \\ \|\Delta x_k\| \to 0}} \sum_{k=1}^{n} f(x_k^*)\Delta x_k$, où la limite existe et est indépendante de la partition utilisée et du choix des valeurs x_k^* dans chacun des sous-intervalles.

◈ THÉORÈME 1.3 | Théorème fondamental du calcul intégral

Si $f(x)$ est une fonction continue sur un intervalle $[a, b]$ et si $F(x)$ est une primitive de $f(x)$, c'est-à-dire si $F'(x) = f(x) \;\; \forall x \in [a, b]$, alors $\displaystyle\int_a^b f(x)\,dx = F(b) - F(a)$.

PREUVE

Comme la fonction $f(x)$ est continue sur l'intervalle $[a, b]$, on a que $\displaystyle\int_a^b f(x)\,dx$ existe. De plus, on a que $\displaystyle\int_a^b f(x)\,dx = \lim_{\substack{n \to \infty \\ \|\Delta x_k\| \to 0}} \sum_{k=1}^{n} f(x_k^*)\Delta x_k$, où $x_k^* \in [x_{k-1}, x_k]$, pour $k = 0, 1, 2, \ldots, n$, et où les x_k forment une partition de $[a, b]$. Enfin, la fonction $F(x)$ satisfait aux conditions du théorème de

➔

Lagrange, puisqu'elle est dérivable [sa dérivée est $F'(x) = f(x)$] et est donc continue. La limite définissant l'intégrale existe, est unique et est indépendante de la partition utilisée et des x_k^* choisis. En vertu du théorème de Lagrange, sur chaque intervalle $[x_{k-1}, x_k]$, on peut donc choisir un x_k^* tel que

$$F'(x_k^*) = \frac{F(x_k) - F(x_{k-1})}{x_k - x_{k-1}}$$

$$= \frac{F(x_k) - F(x_{k-1})}{\Delta x_k}$$

Comme $F'(x) = f(x)$, on obtient alors que, pour chaque intervalle $[x_{k-1}, x_k]$, il existe des valeurs $x_k^* \in [x_{k-1}, x_k]$ telles que $f(x_k^*)\Delta x_k = F(x_k) - F(x_{k-1})$. Par conséquent,

$$\int_a^b f(x)dx = \lim_{\substack{n \to \infty \\ \|\Delta x_k\| \to 0}} \sum_{k=1}^n f(x_k^*)\Delta x_k$$

$$= \lim_{\substack{n \to \infty \\ \|\Delta x_k\| \to 0}} \sum_{k=1}^n \left[F(x_k) - F(x_{k-1}) \right]$$

$$= \lim_{\substack{n \to \infty \\ \|\Delta x_k\| \to 0}} \left[F(x_n) - F(x_0) \right] \quad \text{Somme télescopique.}$$

$$= F(b) - F(a) \qquad \blacksquare$$

■■■ RÉSUMÉ

Deux problèmes classiques, celui de la recherche de la tangente à une courbe et celui de la quadrature, sont respectivement à l'origine du calcul différentiel et du calcul intégral. La **quadrature** d'une surface délimitée par une figure curviligne consiste à évaluer l'aire de cette surface. En particulier, dans le cas d'une fonction $f(x)$, continue et positive sur un intervalle $[a, b]$, on peut estimer l'aire de la surface sous la courbe $y = f(x)$ au-dessus de cet intervalle en effectuant une somme d'aires de rectangles au moyen de la procédure suivante :

- former une partition de l'intervalle pour créer n sous-intervalles de $[a, b]$;

- sur chaque sous-intervalle formé, dresser un rectangle dont la hauteur correspond à la valeur de la fonction en un point du sous-intervalle ;

- effectuer la somme des aires des rectangles formés pour approximer l'aire : Aire $\approx \sum_{k=1}^n f(x_k^*)\Delta x_k$.

De telles sommes portent le nom de **sommes de Riemann**. Si on laisse le nombre de sous-intervalles tendre vers l'infini et la largeur de ceux-ci tendre vers 0, l'approximation devient parfaite. On donne alors le nom

d'**intégrale définie** à l'expression de cette somme, lorsqu'elle existe. On écrit $\lim\limits_{\|\Delta x_k\| \to 0} \sum\limits_{k=1}^n f(x_k^*)\Delta x_k = \int_a^b f(x)dx$ et on dit que la **fonction** $f(x)$, l'**intégrande**, est **intégrable au sens de Riemann**. Intégrer, c'est donc passer de l'infiniment petit au fini.

Cette idée de somme comportant une infinité de termes infinitésimaux, et donc d'intégrale définie, peut également servir à évaluer le volume d'un solide de révolution, à calculer la longueur d'un arc curviligne et à bien d'autres fins. La grande diversité des applications de l'intégrale définie contribue certes à expliquer l'importance et la richesse du concept.

Même si de nombreuses générations de mathématiciennes et de mathématiciens ont tenté de résoudre des problèmes de **quadrature**, de **cubature** et de **rectification**, il a fallu attendre Newton et Leibniz pour trouver une réponse satisfaisante à bon nombre d'entre eux. Cette réponse, consignée dans le **théorème fondamental du calcul intégral**, établit un lien, *a priori* surprenant, entre le calcul différentiel et le calcul intégral. Grâce à ce théorème, il n'est plus nécessaire d'élaborer des trucs particuliers pour évaluer des intégrales définies, et il suffit d'appliquer un algorithme généralement simple :

Si $f(x)$ est une fonction continue sur un intervalle $[a, b]$ et si $F(x)$ est une primitive de $f(x)$, c'est-à-dire que si $F(x)$ est une fonction telle que $F'(x) = f(x)$, alors $\int_a^b f(x)dx = F(b) - F(a)$.

Nous avons fait valoir plusieurs arguments intuitifs pour justifier ce théorème important. Pour le prouver de manière plus formelle, il a fallu recourir à des théorèmes d'analyse extrêmement puissants dont le **théorème des valeurs extrêmes**, le **théorème de Rolle** et le **théorème de Lagrange**.

Le théorème fondamental du calcul intégral transforme ainsi l'évaluation d'une certaine somme d'une infinité de termes infinitésimaux en l'évaluation d'une **primitive**. En vertu de ce théorème, la variation totale d'une quantité sur un intervalle $[a, b]$ peut s'obtenir à partir du taux de variation de cette quantité.

Le théorème fondamental du calcul intégral constitue une percée majeure dans l'histoire des sciences et de l'humanité. Pour tirer profit de ce théorème important, on peut utiliser certaines propriétés de l'intégrale définie, dont la **linéarité**, mais il faut surtout se doter de techniques éprouvées pour trouver une primitive d'une fonction donnée. Tel est le programme qui nous attend au chapitre 2.

■■■ MOTS CLÉS

■■■ RÉSEAU DE CONCEPTS

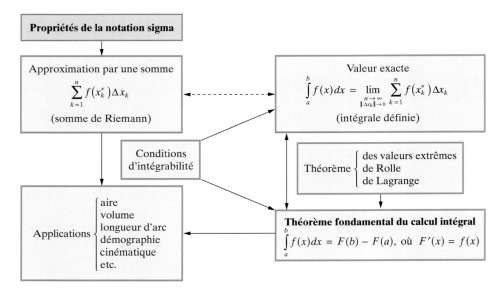

⊜XERCICES RÉCAPITULATIFS

▲ **1.** Développez et évaluez l'expression.

a) $\displaystyle\sum_{i=0}^{6} k i^3$ e) $\displaystyle\sum_{k=1}^{6} k \cos(k\pi)$

b) $\displaystyle\sum_{i=1}^{7} i(i+1)$ f) $\displaystyle\sum_{j=1}^{6} (-2)^j$

c) $\displaystyle\sum_{k=6}^{12} \frac{k^2}{k-1}$ g) $\displaystyle\sum_{j=1}^{100} \frac{1}{10^j}$

d) $\displaystyle\sum_{k=1}^{8} \sin\left(\frac{k\pi}{2}\right)$

▲ **2.** Écrivez la somme au moyen de la notation sigma.

a) $1 + 5 + 9 + 13 + 17 + 21 + 25$

b) $-1 + 3 - 9 + 27 - 81 + 243$

c) $1 + t^3 + t^6 + t^9 + t^{12} + t^{15} + t^{18} + t^{21} + t^{24}$

d) $5\left(\dfrac{1}{20}\right)^3 + 5\left(\dfrac{2}{20}\right)^3 + 5\left(\dfrac{3}{20}\right)^3 + \cdots + 5\left(\dfrac{20}{20}\right)^3$

e) $\dfrac{1}{2} + \dfrac{2}{3} + \dfrac{3}{4} + \cdots + \dfrac{n}{n+1}$

f) $a_0 + a_1 x + a_2 x^2 + \cdots + a_n x^n$

g) $\sin x - \sin 2x + \sin 3x - \cdots + (-1)^{m+1}\sin mx$

▲ **3.** Utilisez les propriétés de la notation sigma pour évaluer la somme.

a) $\displaystyle\sum_{k=20}^{30} 8$

b) $1 + 2 + 3 + 4 + 5 + \cdots + 50$

c) $3^3 + 4^3 + 5^3 + 6^3 + \cdots + 20^3$

d) $\left(\displaystyle\sum_{k=5}^{8} k^2\right)^4$

e) $\displaystyle\sum_{k=1}^{20} 2^k$

f) $\displaystyle\sum_{k=1}^{10} k(k-1)(k+1)$

g) $1 + x + x^2 + x^3 + \cdots + x^{12}$, où $x \neq 1$

h) $\displaystyle\sum_{k=1}^{\infty} \left(-\tfrac{2}{3}\right)^k$

i) $\displaystyle\sum_{k=10}^{\infty} \left(\tfrac{1}{2}\right)^{k+3}$

▢ **4.** Exprimez la somme en fonction de n. Supposez que la borne supérieure de sommation est plus grande que la borne inférieure.

a) $\displaystyle\sum_{k=1}^{n} (5k+2)$

b) $\displaystyle\sum_{k=6}^{n-1} k^2$

c) $\displaystyle\sum_{k=1}^{n-1} \frac{k^3}{n^2}$

d) $\displaystyle\sum_{k=1}^{n} \frac{1}{k(k+1)}$ $\left(\text{Indice}: \dfrac{1}{k(k+1)} = \dfrac{1}{k} - \dfrac{1}{k+1}.\right)$

e) $\displaystyle\sum_{k=1}^{n} k(k-2)^2$

f) $\displaystyle\sum_{k=1}^{2n} \left(-\tfrac{1}{3}\right)^k$

▢ **5.** À l'aide des propriétés de la notation sigma, démontrez que la somme des n premiers entiers impairs vaut n^2. (Indice : Le $n^{\text{ième}}$ entier impair est de la forme $2n - 1$.)

▢ **6.** Une annuité de remboursement est un flux financier d'un montant constant R versé à la fin de chaque période (par exemple, une semaine, un mois ou une année) notamment, mais pas exclusivement, pour le remboursement une dette.

Soit i le taux d'intérêt périodique exigé. La valeur actuelle, notée A, d'une annuité de remboursement correspond à la valeur de l'emprunt remboursé en n versements, alors que la valeur future S de cette annuité représente le montant que l'emprunteur aurait dû débourser s'il n'avait fait qu'un seul versement à l'échéance de l'emprunt. On peut montrer que

$$A = R\left[\frac{1}{1+i} + \frac{1}{(1+i)^2} + \frac{1}{(1+i)^3} + \cdots + \frac{1}{(1+i)^n}\right]$$

et que

$$S = R\left[(1+i)^{n-1} + (1+i)^{n-2} + (1+i)^{n-3} + \cdots + (1+i) + 1\right]$$

a) Vérifiez que $A = \dfrac{R\left[1 - (1+i)^{-n}\right]}{i}$.

b) Vérifiez que $S = \dfrac{R\left[(1+i)^n - 1\right]}{i}$.

c) Quelle est la valeur actuelle d'un emprunt qui est remboursé à raison de 249 \$/mois pendant 48 mois si le taux d'intérêt est de 0,5 %/mois ?

d) Quel serait le versement mensuel exigé si l'échéance de l'emprunt décrit en c était ramenée à 36 mois ?

e) Quelle est la valeur future de l'annuité décrite en c ?

▢ **7.** À la naissance de leur fille, Pavel et Jasmine ont décidé qu'à chaque anniversaire de leur enfant ils déposeraient 2 000 \$ dans un compte d'épargne-études. Si le taux d'intérêt annuel est de 4 %, combien d'argent auront-ils accumulé dans le compte d'épargne-études lorsque leur fille aura 16 ans ? (Indice : Utilisez une des formules établies à l'exercice 6.)

8. Une perpétuité est un flux financier d'un montant constant R versé à la fin de chaque période (par exemple, une semaine, un mois ou une année) sur une durée infinie. Soit i le taux d'intérêt périodique exigé. La valeur actuelle, notée P, d'une perpétuité correspond à la valeur qu'il faudrait emprunter pour pouvoir bénéficier indéfiniment du flux financier. On peut montrer que

$$P = R\left[\frac{1}{1+i} + \frac{1}{(1+i)^2} + \frac{1}{(1+i)^3} + \frac{1}{(1+i)^4} + \cdots\right]$$

a) Vérifiez que $P = \dfrac{R}{i}$.

b) Une entreprise doit décider s'il est rentable d'investir 1 000 000 $ dans l'achat d'un nouvel équipement. Après avoir rencontré l'ingénieure responsable du dossier, le comptable de l'entreprise estime que ce nouvel équipement produira un flux financier constant perpétuel de 20 000 $/an à compter de la fin de l'année suivant l'investissement. De plus, il estime que le taux d'intérêt moyen à long terme est de 5 %/an. Sur la base de l'évaluation du comptable, est-il rentable pour l'entreprise d'investir dans l'achat de l'équipement ?

c) À quel taux d'intérêt l'entreprise aurait-elle été indifférente entre les deux options, à savoir investir dans l'achat d'équipement ou ne pas y investir ?

Section 1.4

9. Soit la courbe définie par la fonction $f(x) = \dfrac{1}{x}$.

a) Représentez graphiquement la surface S que délimite la courbe décrite par la fonction $f(x)$, au-dessus de l'intervalle $[1, 2]$.

b) Si on subdivise l'intervalle $[1, 2]$ en dix sous-intervalles d'égale largeur, quelle est la largeur de chaque sous-intervalle ?

c) On veut estimer l'aire de la surface S à l'aide de la somme $\overline{S_{10}}$ des aires de dix rectangles circonscrits. Vérifiez que les hauteurs des rectangles utilisés sont respectivement $1, \frac{10}{11}, \frac{10}{12}, \ldots, \frac{10}{19}$.

d) Évaluez $\overline{S_{10}}$, la somme des aires de dix rectangles de même largeur qui circonscrivent la surface S.

e) Évaluez $\underline{S_{10}}$, la somme des aires de dix rectangles de même largeur qui sont inscrits dans la surface S.

10. Soit la courbe définie par la fonction $f(x) = 2 + 2x^2$.

a) Représentez graphiquement la surface S que délimite la courbe décrite par la fonction $f(x)$, au-dessus de l'intervalle $[0, 2]$.

b) Si on subdivise l'intervalle $[0, 2]$ en dix sous-intervalles d'égale largeur, quelle est la largeur de chaque sous-intervalle ?

c) Estimez l'aire de la surface S à l'aide de la somme $\overline{S_{10}}$ des aires de dix rectangles circonscrits et à l'aide de la somme $\underline{S_{10}}$ des aires de dix rectangles inscrits.

d) Si la subdivision de l'intervalle $[0, 2]$ avait été faite de n sous-intervalles de largeur identique, quelle aurait été la largeur de chaque sous-intervalle ?

e) À partir de la subdivision formulée en d, trouvez l'expression de $\overline{S_n}$, soit la somme des aires de n rectangles circonscrits permettant d'estimer l'aire de la surface S.

f) À partir de la subdivision formulée en d, trouvez l'expression de $\underline{S_n}$, soit la somme des aires de n rectangles inscrits permettant d'estimer l'aire de la surface S.

g) Évaluez l'aire de la surface S en recourant à un processus de limite.

11. Soit la courbe définie par la fonction $f(x) = 4 - x^2$.

a) Représentez graphiquement la surface S que délimite la courbe décrite par la fonction $f(x)$, au-dessus de l'intervalle $[0, 2]$.

b) Si on subdivise l'intervalle $[0, 2]$ en n sous-intervalles de largeur identique, quelle est la largeur de chaque sous-intervalle ?

c) À partir de la subdivision formulée en b, trouvez l'expression de $\overline{S_n}$, soit la somme des aires de n rectangles circonscrits permettant d'estimer l'aire de la surface S.

d) À partir de la subdivision formulée en b, trouvez l'expression de $\underline{S_n}$, soit la somme des aires de n rectangles inscrits permettant d'estimer l'aire de la surface S.

e) Évaluez l'aire de la surface S en recourant à un processus de limite.

12. Soit la courbe définie par la fonction $f(x) = x^2$.

a) Représentez graphiquement la surface S que délimite la courbe décrite par la fonction $f(x)$, au-dessus de l'intervalle $[1, 2]$.

b) Si on subdivise l'intervalle $[1, 2]$ en n sous-intervalles de largeur identique, quelle est la largeur de chaque sous-intervalle ?

c) Vérifiez que les bornes des sous-intervalles définis en b sont du type $1 + \dfrac{k}{n}$, où $k = 0, 1, 2, \ldots, n$.

d) Vérifiez que la valeur de la fonction $f(x)$ en $x_k = 1 + \dfrac{k}{n}$ est $f(x_k) = 1 + \dfrac{2k}{n} + \dfrac{k^2}{n^2}$.

e) À partir de la subdivision formulée en b, trouvez l'expression de $\overline{S_n}$, soit la somme des aires de n rectangles circonscrits permettant d'estimer l'aire de la surface S.

f) À partir de la subdivision formulée en b, trouvez l'expression de $\underline{S_n}$, soit la somme des aires de n rectangles inscrits permettant d'estimer l'aire de la surface S.

g) Évaluez l'aire de la surface S en recourant à un processus de limite.

13. Soit la fonction $f(x) = \sqrt{1 - x^2}$. Soit également S la surface que délimite la courbe décrite par cette fonction dans le premier quadrant. Comme la surface S est délimitée par le quart d'un cercle unitaire centré à l'origine, la rotation de cette surface autour de l'axe des abscisses engendre une demi-sphère dont on veut estimer le volume.

a) Représentez graphiquement la surface S.

b) Si vous subdivisez l'intervalle $[0, 1]$ en n sous-intervalles tous de même largeur, quelle est la largeur Δx de chacun des sous-intervalles ?

c) Vérifiez que les bornes des sous-intervalles définis en b sont de la forme $x_k = \dfrac{k}{n}$, où $k = 0, 1, 2, …, n$.

d) Si on dresse un rectangle inscrit dans la surface S au-dessus de chacun des sous-intervalles, quelle est la hauteur (en fonction de n et de k) de celui dressé au-dessus du sous-intervalle dont la borne supérieure est x_k ?

e) Si on fait tourner un des rectangles dressés en d autour de l'axe des abscisses, quelle figure géométrique obtient-on ?

f) Sachant que le volume d'un cylindre circulaire de hauteur h et de base circulaire de rayon r est $\pi r^2 h$, exprimez (en fonction de n et de k) le volume du solide engendré par la rotation du rectangle dressé en d.

g) Soit V_n la somme des volumes de tous les cylindres (inscrits dans la demi-sphère) obtenus par la rotation des n rectangles construits en d. Déterminez l'expression de $\underline{V_n}$ (en fonction de n), puis évaluez $\lim\limits_{n \to \infty} \underline{V_n}$.

h) Soit $\overline{V_n}$ la somme des volumes des n cylindres circonscrivant la demi-sphère. Déterminez l'expression de $\overline{V_n}$ (en fonction de n), puis évaluez $\lim\limits_{n \to \infty} \overline{V_n}$.

i) À partir des résultats obtenus en g et en h, déterminez le volume V d'une demi-sphère de rayon 1.

14. Soit la fonction $f(x) = \sqrt{x}$ définissant la portion d'une parabole centrée sur l'axe des abscisses au-dessus de cet axe. Soit S la surface délimitée par cette courbe au-dessus de l'intervalle $[0, 4]$. Déterminez le volume V du solide (un paraboloïde) engendré par la rotation de la surface S autour de l'axe des abscisses. Approximez ce volume par la somme $\left(\underline{V_n}\right)$ des volumes de n cylindres inscrits et également par la somme $\left(\overline{V_n}\right)$ des volumes de n cylindres circonscrits obtenus par la rotation, autour de l'axe des abscisses, de n rectangles,

respectivement inscrits et circonscrits, de même largeur dressés sur n sous-intervalles de l'intervalle $[0, 4]$.

Sections 1.5 et 1.6

15. Exprimez la limite sous la forme d'une intégrale définie.

a) $\lim\limits_{\substack{n \to \infty \\ \|\Delta x_k\| \to 0}} \sum\limits_{k=1}^{n} \frac{1}{2}\left(x_k^*\right)^3 \Delta x_k$ pour une partition de l'intervalle $[-1, 3]$

b) $\lim\limits_{\substack{n \to \infty \\ \|\Delta x_k\| \to 0}} \sum\limits_{k=1}^{n} \left[2\left(x_k^*\right)^2 - 4\left(x_k^*\right) + 8\right] \Delta x_k$ pour une partition de l'intervalle $[-8, -6]$

c) $\lim\limits_{\substack{n \to \infty \\ \|\Delta x_k\| \to 0}} \sum\limits_{k=1}^{n} \cos\left(x_k^*\right) \Delta x_k$ pour une partition de l'intervalle $[0, \pi]$

d) $\lim\limits_{\substack{n \to \infty \\ \|\Delta x_k\| \to 0}} \sum\limits_{k=1}^{n} \sqrt{1 - \left(x_k^*\right)^2}\, \Delta x_k$ pour une partition de l'intervalle $\left[0, \frac{1}{2}\right]$

16. Soit $f(x)$ et $g(x)$ deux fonctions continues telles que $\displaystyle\int_{-1}^{3} f(x)\,dx = 8, \int_{3}^{8} f(x)\,dx = 6, \int_{8}^{14} f(x)\,dx = 12, \int_{-1}^{3} g(x)\,dx = 1,$ $\displaystyle\int_{3}^{6} g(x)\,dx = 6$ et $\displaystyle\int_{3}^{8} g(x)\,dx = 14$. Utilisez les propriétés de l'intégrale définie pour évaluer l'intégrale demandée.

a) $\displaystyle\int_{-1}^{8} 3f(x)\,dx$

f) $\displaystyle\int_{8}^{3} \frac{1}{2} g(x)\,dx$

b) $\displaystyle\int_{-1}^{14} \frac{1}{3} f(x)\,dx$

g) $\displaystyle\int_{-1}^{3} 2f(t)\,dt$

c) $\displaystyle\int_{14}^{3} \frac{f(x)}{5}\,dx$

h) $\displaystyle\int_{8}^{6} 2g(v)\,dv$

d) $\displaystyle\int_{2}^{2} \left[5f(x) + 2g(x)\right] dx$

i) $\displaystyle\int_{-1}^{8} \left[2f(x) + 3g(x)\right] dx$

e) $\displaystyle\int_{3}^{8} \left[4f(x) - g(x)\right] dx$

Sections 1.7 à 1.9

17. Soit $F(x)$ une primitive de $f(x)$.

a) Écrivez une équation mettant en relation les deux fonctions.

b) Vérifiez que $\frac{1}{2} F(2x)$ est une primitive de $f(2x)$. (Indice : Utilisez la règle de dérivation en chaîne.)

c) Si k est une constante non nulle, trouvez une primitive de $f(kx)$, puis vérifiez votre assertion.

18. Soit k une constante non nulle. Vérifiez que la fonction $F(x)$ est une primitive de la fonction $f(x)$ et évaluez l'intégrale définie demandée en utilisant le théorème fondamental du calcul intégral.

a) $F(x) = \arcsin\left(\dfrac{x}{5}\right)$, $f(x) = \dfrac{1}{\sqrt{25 - x^2}}$, $\displaystyle\int_0^3 \dfrac{1}{\sqrt{25 - x^2}}\,dx$

b) $F(x) = \dfrac{\sin 4x}{16} - \dfrac{x\cos 4x}{4}$, $f(x) = x\sin 4x$, $\displaystyle\int_0^{\pi/2} x\sin 4x\,dx$

c) $F(x) = x(\ln x) - x$, $f(x) = \ln x$, $\displaystyle\int_1^{e^2} \ln x\,dx$

d) $F(x) = \dfrac{\sec kx}{k}$, $f(x) = \sec kx\,\operatorname{tg} kx$, $\displaystyle\int_0^{\pi/(4k)} \sec kx\,\operatorname{tg} kx\,dx$

e) $F(x) = \dfrac{x}{2} + \dfrac{\sin 2kx}{4k}$, $f(x) = \cos^2 kx$, $\displaystyle\int_0^{\pi} \cos^2 kx\,dx$, où k est un entier non nul

f) $F(x) = \sqrt{x^2 + k^2}$, $f(x) = \dfrac{x}{\sqrt{x^2 + k^2}}$, $\displaystyle\int_0^k \dfrac{x}{\sqrt{x^2 + k^2}}\,dx$, où k est une constante positive

19. Soit $f(x)$ une fonction continue sur l'intervalle $[a, b]$ admettant une primitive $F(x)$. Utilisez le théorème fondamental du calcul intégral pour montrer que $\dfrac{d}{dx}\left(\displaystyle\int_a^x f(t)\,dt\right) = f(x)$ pour $x \in [a, b]$.

20. Jean-Pierre et Sylvie suivent un cours de calcul intégral donné par un professeur de mathématiques facétieux. Les notes que les élèves reçoivent sur leur copie d'examen sont exprimées sous la forme d'une intégrale définie. Ainsi, Jean-Pierre s'est vu attribuer la note $\displaystyle\int_4^5 3x^2\,dx$, alors que Sylvie a obtenu $\displaystyle\int_3^6 (x^2 + x)\,dx$. Lequel des deux élèves a obtenu le meilleur résultat ?

21. Un bien se déprécie au rythme de $20\,000e^{-0,4t}$ \$/année, où t représente le temps écoulé depuis l'acquisition de ce bien. Quelle perte de valeur ce bien a-t-il subie au cours de la période de cinq ans qui a débuté deux ans après l'acquisition du bien ?

22. Soit S la surface sous la courbe décrite par la fonction $f(x) = x^2$ au-dessus de l'intervalle $[-2, 2]$.

a) Représentez graphiquement la surface S.

b) À l'aide d'une intégrale appropriée, évaluez l'aire de la surface S.

c) À l'aide d'une intégrale appropriée, évaluez le volume du solide engendré par la rotation de la surface S autour de l'axe des abscisses.

23. Soit S la surface sous la courbe décrite par la fonction $f(x) = \operatorname{tg} x$ au-dessus de l'intervalle $[0, \pi/4]$.

a) Vérifiez que $\ln|\sec x|$ est une primitive de $\operatorname{tg} x$.

b) À l'aide d'une intégrale appropriée, évaluez l'aire de la surface S.

c) À l'aide d'une intégrale appropriée, évaluez le volume du solide engendré par la rotation de la surface S autour de l'axe des abscisses. (Indice: Utilisez les propriétés de l'intégrale définie et l'identité trigonométrique $\operatorname{tg}^2 x = \sec^2 x - 1$.)

24. Évaluez la limite en l'interprétant comme l'expression d'une intégrale définie sur un intervalle $[a, b]$. (Indice: Envisagez une partition régulière d'un intervalle où les x_k^* correspondent aux éléments (x_k) de la partition, utilisez les formules présentées sous la figure 1.15 pour déterminer les bornes d'intégration et la fonction $f(x)$, puis évaluez l'intégrale définie ainsi obtenue.)

a) $\displaystyle\lim_{n\to\infty} \sum_{k=1}^n \left(\dfrac{3k}{n}\right)^3\left(\dfrac{3}{n}\right)$

b) $\displaystyle\lim_{n\to\infty} \sum_{k=1}^n \left[\sin\left(\dfrac{\pi k}{2n}\right)\right]\left(\dfrac{\pi}{2n}\right)$

c) $\displaystyle\lim_{n\to\infty} \sum_{k=1}^n \left(\sqrt{1 + \dfrac{k}{n}}\right)\left(\dfrac{1}{n}\right)$

25. Dites si l'énoncé est vrai ou faux. Justifiez votre réponse.

a) $\displaystyle\sum_{k=1}^n (a_k + a_{k-1}) = a_0 + a_n + 2\sum_{k=1}^{n-1} a_k$

b) Si $f(x)$ est une fonction intégrable qui admet une primitive $F(x)$, alors $\displaystyle\int_0^b f(x)\,dx = F(b)$.

c) Si $f(x) = 5\ \forall x \in [3, 10]$, alors toute somme de Riemann de la fonction sur l'intervalle vaut 35.

d) $\displaystyle\int_0^3 \cos x\,dx = \lim_{n\to\infty} \sum_{k=1}^n \cos\left(\dfrac{3k}{n}\right)\left(\dfrac{3}{n}\right)$

e) $\displaystyle\int_1^5 \cos^3 x\,dx = \int_1^7 \cos^3 x\,dx + \int_5^7 \cos^3 x\,dx$

2

TECHNIQUES D'INTÉGRATION

Au premier chapitre, nous avons établi que le calcul intégral s'avère utile pour résoudre une quantité impressionnante de problèmes sans liens apparents, comme l'évaluation de l'aire d'une surface dont la bordure est curviligne, l'évaluation du volume d'un solide de révolution ou le calcul du déplacement d'un mobile d'après sa vitesse. Toutefois, l'utilité du calcul intégral aurait été bien limitée n'eût été du théorème fondamental du calcul intégral, qui établit un lien étroit entre l'intégrale d'une fonction $f(x)$ et une de ses primitives $F(x)$, soit une fonction telle que $F'(x) = f(x)$. La solution de tous les problèmes que nous venons de mentionner, et de bien d'autres encore, repose donc sur notre capacité de trouver des primitives. Nous allons donc maintenant mettre au point des astuces, utiliser des techniques et déployer des stratégies permettant de trouver une primitive d'une fonction.

L'intégration n'est qu'un simple souvenir de la dérivation ... les différentes astuces utilisées en intégration sont des changements, non pas du connu vers l'inconnu, mais plutôt de formes pour lesquelles la mémoire nous fait défaut en des formes pour lesquelles elle nous sert.

Augustus De Morgan

▸ Définir les concepts de primitive et d'intégrale indéfinie d'une fonction (2.1).

▸ Justifier l'emploi de la constante d'intégration dans une intégrale indéfinie (2.1).

▸ Vérifier ou démontrer des formules d'intégration (2.2).

▸ Évaluer des intégrales définies et indéfinies en faisant appel aux formules d'intégration de base (2.2), aux propriétés de l'intégrale (2.2) et aux différentes techniques d'intégration [par transformation d'un intégrande (2.3), par changement de variable (2.3), par parties (2.4), par utilisation d'identités trigonométriques (2.5), par substitution trigonométrique (2.6), par complétion du carré (2.3 et 2.7), par décomposition en fractions partielles (2.8)].

▸ Approximer la valeur d'une intégrale définie par la méthode des trapèzes et, s'il y a lieu, déterminer une borne supérieure à l'erreur d'approximation (2.9).

Un portrait de
Gottfried Wilhelm Leibniz

L e mathématicien, philosophe et diplomate allemand Gottfried Wilhelm Leibniz est né à Leipzig le 1er juillet 1646. Son père, un professeur de philosophie, possédait une bibliothèque bien garnie où Leibniz passa de longues heures à lire des ouvrages portant sur des sujets très variés. Leibniz fut admis dès l'âge de 15 ans à l'Université de Leipzig, où il étudia le droit et la philosophie. Après avoir reçu son diplôme de baccalauréat, il passa un été à l'Université d'Iéna. C'est là qu'Erhard Weigel (1625–1699), un professeur de mathématiques qui était aussi philosophe, lui enseigna l'importance de la rigueur mathématique dans le raisonnement. Leibniz revint ensuite à l'Université de Leipzig, où il obtint un diplôme de maîtrise en philosophie. Plus tard, pour des raisons obscures, cette université refusa de lui décerner un diplôme de doctorat. Leibniz se tourna donc vers l'Université d'Altdorf, qui lui remit un doctorat en droit en 1667 pour sa thèse intitulée *De casibus perplexis in jure* (À propos des causes complexes en droit). En vertu de sa formation, on comprend que Leibniz se soit beaucoup intéressé à la philosophie. C'est ce qui explique qu'il soit connu, hors du champ des mathématiques, pour ses écrits philosophiques, qui ont notamment inspiré le discours rationaliste du xviiie siècle. Toutefois, bien que la philosophie et le droit aient été les principaux domaines d'études de Leibniz, ce dernier s'intéressait aussi à la science. Ainsi, il avait lu les principaux textes scientifiques de son époque, dont ceux de Galileo Galilei (dit Galilée) (1564–1642), de Johannes Kepler (1571–1630) et de René Descartes (1596–1650).

Après avoir achevé ses études, Leibniz commença une carrière de haut fonctionnaire auprès de l'électeur de Mayence. Il devait codifier des lois, rédiger des projets de loi et représenter son employeur à l'étranger, à titre d'avocat et de diplomate. C'est au cours de ses voyages diplomatiques qu'il côtoya de nombreux savants, dont Christiaan Huygens (1629–1695), qui l'encouragea à parfaire ses connaissances scientifiques. Par ailleurs, alors qu'il était au service de l'électeur de Mayence, Leibniz inventa une machine à calculer plus performante que celle de Blaise Pascal (1623–1662), dans la mesure où elle pouvait servir à effectuer non seulement des additions et des soustractions, mais également des multiplications, des divisions et des extractions de racines.

Le décès de l'électeur de Mayence en 1673 laissa Leibniz sans emploi. Il en profita pour se rendre à Londres où il rencontra de nombreux mathématiciens et prit connaissance des travaux d'Isaac Barrow (1630–1677) et d'Isaac Newton (1642–1727). Il commença alors à s'intéresser à des questions qui le menèrent à la découverte du calcul différentiel et intégral de manière indépendante de Newton.

Comme le faisait remarquer le mathématicien C. H. Edwards, Leibniz, contrairement à Newton, prit grand soin d'utiliser une notation efficace en calcul, à tel point que cette dernière devint indissociable du sujet:

> L'attachement que Leibniz portait à l'utilisation d'une bonne notation était tel qu'on peut se demander s'il inventa le calcul infinitésimal ou s'il créa simplement une notation particulièrement heureuse. En fait, il fit les deux; la notation qu'il conçut en calcul en a tellement bien saisi l'essence qu'elle devint indissociable des concepts de dérivée et d'intégrale. Par contre, Newton ne manifesta jamais d'intérêt en matière de notation; il lui importait peu que sa notation soit uniforme ou évocatrice[*].

---

[*] C. H. Edwards, *The Historical Development of the Calculus*, New York, Springer-Verlag, 1979, p. 265.

Ainsi, dans ses premiers manuscrits en calcul intégral, il utilisa la notation « omn. », une abréviation de l'expression latine *omnia*, signifiant « somme », pour désigner une intégrale. Le 29 octobre 1675, il écrivit qu'il serait utile d'employer $\int l$ plutôt que « omn. l ». Plus tard, dans un manuscrit daté du 21 novembre 1675, il fut le premier à inscrire une différentielle dans une intégrale lorsqu'il écrivit $\int [\ ] dx$. Cette notation est celle qui est encore utilisée de nos jours. C'est d'ailleurs en appliquant cette dernière notation que Jacques Bernoulli mit au point la méthode de séparation des variables pour résoudre des équations différentielles. Leibniz publia les détails de ses découvertes en calcul dans la revue *Acta erudito-rum*, qu'il avait contribué à fonder en 1682. Un premier article de 1684, « Nova methodus pro maximis et minimis, itemque tangentibus, quae nec fractas nec irrationales quantitates moratur, et singulare pro illis calculi genus[*] », présente ses découvertes en calcul différentiel. Puis, un second, en 1686, « De geometria recondita et analysi indivisibilium atque infinitarum[†] » présente ses résultats en calcul intégral. Une grande polémique commença alors pour déterminer qui, de Newton ou de Leibniz, avait inventé le calcul différentiel et intégral. Il est aujourd'hui généralement admis que leurs découvertes furent indépendantes. Soulignons cependant que ces deux illustres mathématiciens se sont largement inspirés des travaux de leurs prédécesseurs et que les idées maîtresses du calcul différentiel et intégral étaient déjà présentes chez bon nombre de leurs contemporains. La paternité du calcul leur est attribuée pour quatre raisons : ils ont éla-boré deux concepts généraux (la dérivée et l'intégrale) associés aux problèmes du calcul, soit l'optimisation et la quadrature ; ils ont conçu des notations et des algorithmes efficaces pour résoudre ces problèmes ; ils ont établi un lien entre ces deux concepts (le théorème fondamental du calcul intégral) ; et, enfin, ils ont pu résoudre des problèmes difficiles en appliquant ces concepts.

En plus de ses découvertes en calcul, Leibniz apporta de nombreuses contri-butions scientifiques en optique, en mécanique, en probabilité, en statistique et en logique. On lui doit notamment la conception du système binaire, qui s'avère indispensable en informatique. Il fut également un créateur de notations effi-caces : d pour une différence, $\dfrac{dy}{dx}$ pour une dérivée, $\int$ pour une intégrale, le point ($\cdot$) pour une multiplication, etc. Il est également le premier à avoir utilisé le mot *fonction*. Leibniz mourut le 14 novembre 1716, à Hanovre, sans avoir obtenu la reconnaissance qu'il méritait, bon nombre de ses travaux n'ayant pas été publiés.

---

[*] « Une nouvelle méthode pour les maxima et minima, aussi bien que pour les tangentes, laquelle peut aussi être appliquée aux quantités fractionnaires et irrationnelles, et un calcul ingénieux s'y rappor-tant ».

[†] « Sur une géométrie hautement cachée et l'analyse des indivisibles et infinis ».

2.1 PRIMITIVE ET INTÉGRALE INDÉFINIE

Dans cette section: *primitive – intégrale indéfinie – intégrande – constante d'intégration.*

Comme nous l'avons vu dans le premier chapitre, le théorème fondamental du calcul intégral permet d'évaluer l'intégrale définie d'une fonction continue sur un intervalle $[a, b]$ en soustrayant la valeur d'une **primitive** de la fonction calculée en a de la valeur de cette même primitive calculée en b: $\int_a^b f(x)dx = F(b) - F(a)$, où $F'(x) = f(x)$. Le problème de l'évaluation d'une intégrale définie est donc transformé en un problème de recherche d'une primitive d'une fonction; pour intégrer, il faut essentiellement être en mesure de faire une «antidifférentiation», soit une sorte de *reverse engineering*: trouver une fonction $F(x)$ dont on connaît la fonction dérivée $f(x)$.

DÉFINITIONS

PRIMITIVE

Une primitive d'une fonction $f(x)$ est une fonction dérivable $F(x)$ telle que $F'(x) = f(x)$.

INTÉGRALE INDÉFINIE

Notée $\int f(x)dx$, l'intégrale indéfinie d'une fonction $f(x)$ est la famille de toutes les primitives de cette fonction. Si $F(x)$ est une primitive de $f(x)$, c'est-à-dire si $F'(x) = f(x)$, alors $\int f(x)dx = F(x) + C$, où C est une constante arbitraire, dite constante d'intégration.

INTÉGRANDE

L'intégrande dans l'expression $\int_a^b f(x)dx$ ou dans l'expression $\int f(x)dx$ est la fonction $f(x)$.

CONSTANTE D'INTÉGRATION

En intégrale indéfinie, la constante d'intégration est la constante arbitraire C qu'on ajoute à une primitive $F(x)$ d'une fonction $f(x)$ pour obtenir la famille de toutes les primitives de cette fonction. On écrit alors $\int f(x)dx = F(x) + C$.

Des mots et des symboles

C'est à Joseph Louis Lagrange (1736–1813) qu'on doit l'introduction du mot *primitive* dans le langage mathématique. À l'époque de Lagrange, dans la langue courante, le mot *primitif* désignait ce qui n'est dérivé de rien, alors que le mot *dérivé* désignait ce qui provient d'une autre chose. On comprend alors aisément que les deux mots se soient retrouvés dans le vocabulaire mathématique: la primitive $F(x)$ est la fonction d'où provient la dérivée $F'(x) = f(x)$. Bien que son initiateur ait été un des plus grands mathématiciens de l'histoire, le mot *primitive* ne s'imposera qu'au début du XXe siècle, le terme *intégrale*, proposé par Bernoulli, ayant eu la préférence jusqu'à cette période.

Nous avons déjà signalé qu'une fonction continue présente plusieurs primitives qui ne diffèrent que par une constante. On donnera le nom d'**intégrale indéfinie** à la famille de toutes les primitives d'une fonction. Si $F(x)$ est une primitive de la fonction $f(x)$, alors l'intégrale indéfinie de cette fonction sera $F(x) + C$, ce qu'on notera par l'expression $\int f(x)dx = F(x) + C$, où C est une constante arbitraire et où $f(x)$ porte comme précédemment le nom d'**intégrande**. Notez que dans le cas d'une intégrale indéfinie, le signe d'intégration ne contient pas de bornes; de plus, il faut ajouter dans l'évaluation de l'intégrale une constante arbitraire, dite **constante d'intégration**.

L'intégrale indéfinie représente une famille de courbes parallèles. En effet, si $F(x)$ et $G(x)$ sont deux primitives d'une même fonction $f(x)$, alors $F(x) = G(x) + C$ et $F'(x) = f(x) = G'(x)$. En tout point de même abscisse, les fonctions $F(x)$ et $G(x)$ ont donc des pentes identiques, et représentent des courbes parallèles séparées d'une distance verticale constante correspondant à l'écart C entre les deux primitives. La figure 2.1 illustre le cas des primitives $x^3 - 4$, $x^3 - 2$, x^3, $x^3 + 2$, $x^3 + 4$ et $x^3 + 6$ de la fonction $f(x) = 3x^2$.

À cette étape du calcul intégral, il faut voir l'intégration comme un jeu intellectuel: trouver une fonction $F(x)$ dont la dérivée est $f(x)$. Pour pouvoir espérer gagner à ce jeu, il est nécessaire de s'y préparer adéquatement en révisant les principales formules de dérivation vues en calcul différentiel: nul ne peut intégrer s'il ne sait d'abord dériver.

FIGURE 2.1

Primitives de $f(x) = 3x^2$

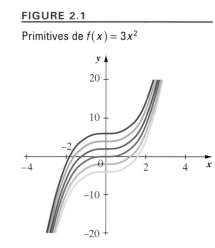

Malheureusement, on ne gagne pas toujours à ce jeu : il existe des fonctions relativement simples pour lesquelles on ne connaît pas la forme analytique d'une primitive. Ainsi, on ne connaît pas de primitives pour les fonctions suivantes : e^{x^2}, $\sin x^2$ et $\dfrac{\cos x}{x}$. Cela ne devrait toutefois pas vous décourager : les techniques d'intégration exposées dans les prochaines sections s'appliquent dans la plupart des situations. Dans le cas de fonctions pour lesquelles on ne peut pas trouver une primitive, le théorème fondamental du calcul intégral s'avère inutile pour évaluer une intégrale définie, et il faudra alors procéder d'une autre manière.

2.2 FORMULES D'INTÉGRATION DE BASE

Dans cette section : *linéarité.*

Pour nous aider dans le jeu de l'intégration, établissons d'abord des formules de base[*] consignées dans le tableau 2.1. Nous vérifierons bon nombre de ces formules en constatant que l'intégrande correspond au résultat d'une dérivée. Signalons encore une fois que, pour être en mesure de constater que l'intégrande correspond à la dérivée d'une fonction, il faut d'abord connaître l'expression du résultat de la dérivée des fonctions usuelles (fonction puissance, fonction exponentielle, fonction trigonométrique et fonction trigonométrique inverse).

Ainsi, la plupart des formules du tableau 2.1 se déduisent aisément des formules de dérivation abordées en calcul différentiel. Toutefois, les formules 9 à 12 ne sont pas aussi évidentes. Ainsi, en calcul différentiel, vous avez appris que $\dfrac{d}{dx}\sin x = \cos x$, de sorte que $\sin x$ est une primitive de $\cos x$, et que, par conséquent, $\int \cos x\, dx = \sin x + C$. Par contre, la formule $\dfrac{d}{dx}\ln|\sec x + \operatorname{tg} x| = \sec x$ ne faisait sûrement pas partie des formules de dérivation que vous avez apprises. Vous vous demandez sans doute comment quelqu'un a pu « deviner » ce résultat, en déduire que $\ln|\sec x + \operatorname{tg} x|$ est une primitive de $\sec x$ et conclure que $\int \sec x\, dx = \ln|\sec x + \operatorname{tg} x| + C$. Ainsi, même si cette formule se vérifie relativement aisément, elle n'est pas évidente à établir. En fait, on peut raisonnablement penser que la personne qui a obtenu ce résultat a dû peiner longtemps ; nous verrons sous peu comment on peut produire cette formule grâce à des techniques d'intégration.

Notez qu'on aurait pu utiliser une autre variable que x dans les formules[†] du tableau 2.1. Ainsi, $\int t^n\, dt = \dfrac{t^{n+1}}{n+1} + C$, $\int u^{-1}\, du = \ln|u| + C$ et $\int \sin \theta\, d\theta = -\cos \theta + C$. Il suffit donc de respecter la forme prescrite dans la formule.

Notez également que l'élément différentiel dans l'intégrale indique la variable par rapport à laquelle on intègre. Ainsi, dans l'expression $\int [\ \ ]\, dx$, on intègre par rapport à la variable x, alors que, dans l'expression $\int [\ \ ]\, dy$, on intègre par rapport

---

[*] Dans l'aide-mémoire qui accompagne cet ouvrage, vous trouverez une table d'intégration plus détaillée. Il existe également des tables de mathématiques fort utiles qui contiennent des centaines de formules d'intégration. À cause de son bon rapport qualité-prix, nous vous recommandons particulièrement celle de Murray R. Spiegel et John Liu (*Mathematical Handbook of Formulas and Tables*, 2e éd., New York, McGraw-Hill, Schaum's Outline, 1998, 278 p.).

[†] La variable utilisée dans une intégrale indéfinie n'est toutefois pas muette, puisqu'elle apparaît dans le résultat de l'intégrale. Ainsi, $\int x\, dx = \frac{1}{2}x^2 + C_1 \neq \frac{1}{2}y^2 + C_2 = \int y\, dy$.

à la variable y. Dans le premier cas, tout ce qui ne contient pas des x est considéré comme constant, alors que, dans le second, c'est tout ce qui ne contient pas des y qui est considéré comme constant.

Vérifions maintenant quelques-unes de ces formules d'intégrales indéfinies, en vous laissant le soin de vérifier les autres. Il faut se rappeler qu'en vertu de la définition de l'intégrale indéfinie, $\int f(x)dx = F(x) + C$ si et seulement si $F(x)$ est une primitive de $f(x)$, c'est-à-dire si et seulement si $F'(x) = f(x)$. Pour vérifier les formules d'intégrales indéfinies, il suffit donc de constater que la dérivée du membre de droite de l'équation correspond à l'intégrande. Toutefois, cette constatation ne nous révèle pas comment certaines de ces formules ont été obtenues.

TABLEAU 2.1

Formules d'intégration de base[*]

1. $\int k\,dx = kx + C$

2. $\int [k_1 f(x) + k_2 g(x)]dx = k_1 \int f(x)dx + k_2 \int g(x)dx$

3. $\int x^n\,dx = \dfrac{x^{n+1}}{n+1} + C$ (lorsque $n \neq -1$)

4. $\int \dfrac{1}{x}dx = \int x^{-1}\,dx = \ln|x| + C$

5. $\int e^x\,dx = e^x + C$

6. $\int a^x\,dx = \dfrac{a^x}{\ln a} + C$ (lorsque $a > 0$ et $a \neq 1$)

7. $\int \sin x\,dx = -\cos x + C$

8. $\int \cos x\,dx = \sin x + C$

9. $\int \sec x\,dx = \ln|\sec x + \operatorname{tg} x| + C$

10. $\int \operatorname{cosec} x\,dx = \ln|\operatorname{cosec} x - \operatorname{cotg} x| + C$

    ou $\int \operatorname{cosec} x\,dx = -\ln|\operatorname{cosec} x + \operatorname{cotg} x| + C$

11. $\int \operatorname{tg} x\,dx = \ln|\sec x| + C$

12. $\int \operatorname{cotg} x\,dx = \ln|\sin x| + C$

13. $\int \sec^2 x\,dx = \operatorname{tg} x + C$

14. $\int \operatorname{cosec}^2 x\,dx = -\operatorname{cotg} x + C$

15. $\int \sec x \operatorname{tg} x\,dx = \sec x + C$

16. $\int \operatorname{cosec} x \operatorname{cotg} x\,dx = -\operatorname{cosec} x + C$

17. $\int \dfrac{1}{\sqrt{1 - x^2}}dx = \arcsin x + C$

18. $\int \dfrac{1}{x\sqrt{x^2 - 1}}dx = \operatorname{arcsec}|x| + C$

19. $\int \dfrac{1}{1 + x^2}dx = \operatorname{arctg} x + C$

---

[*] Dans ce tableau, $f(x)$ et $g(x)$ sont des fonctions de x ; a, k, k_1, k_2 et n sont des constantes ; et C est une constante d'intégration. Les restrictions habituelles au domaine des fonctions et aux branches principales des fonctions s'appliquent à toutes ces formules.

$$\int k\,dx = kx + C$$

Preuve

En vertu de la définition de l'intégrale indéfinie, il suffit de vérifier que kx est une primitive de k. Or, on a effectivement

$$\frac{d}{dx}(kx) = k$$

Par conséquent, kx est une primitive de k, et $\int k\,dx = kx + C$. ∎

$$\int \left[k_1\,f(x) + k_2\,g(x) \right] dx = k_1 \int f(x)\,dx + k_2 \int g(x)\,dx$$

Preuve

Si $F(x)$ est une primitive de $f(x)$ et si $G(x)$ est une primitive de $g(x)$ [soit $F'(x) = f(x)$ et $G'(x) = g(x)$], alors $\int f(x)\,dx = F(x) + C_1$ et $\int g(x)\,dx = G(x) + C_2$.

En vertu des propriétés de la dérivée,

$$\frac{d}{dx}\left[k_1\,F(x) + k_2 G(x) \right] = k_1 \frac{d}{dx}\left[F(x) \right] + k_2 \frac{d}{dx}\left[G(x) \right]$$
$$= k_1\,F'(x) + k_2 G'(x)$$
$$= k_1\,f(x) + k_2\,g(x)$$

Par conséquent, $k_1\,F(x) + k_2 G(x)$ est une primitive de $k_1\,f(x) + k_2\,g(x)$. En vertu de la définition de l'intégrale indéfinie,

$$\int \left[k_1\,f(x) + k_2\,g(x) \right] dx = k_1\,F(x) + k_2\,G(x) + C$$
$$= k_1 \left[F(x) + C_1 \right] + k_2 \left[G(x) + C_2 \right] \quad \text{Où } C = k_1 C_1 + k_2 C_2.$$
$$= k_1 \int f(x)\,dx + k_2 \int g(x)\,dx$$

Cette formule d'intégration décrit la propriété de **linéarité** des intégrales indéfinies. ∎

Si $n \neq -1$, alors $\int x^n\,dx = \dfrac{x^{n+1}}{n+1} + C$.

Preuve

Soit $n \neq -1$. En vertu de la définition de l'intégrale indéfinie, il suffit de vérifier que $\dfrac{x^{n+1}}{n+1}$ est une primitive de x^n. Or, on a effectivement

$$\frac{d}{dx}\left(\frac{x^{n+1}}{n+1} \right) = \frac{1}{n+1} \frac{d}{dx}\left(x^{n+1} \right)$$
$$= \frac{1}{n+1}(n+1)\left(x^{n+1-1} \right)$$
$$= x^n$$

DÉFINITION

Linéarité

On dit que l'intégrale définie possède la propriété de linéarité puisque l'intégrale d'une combinaison linéaire de fonctions intégrables correspond à la combinaison linéaire des intégrales des fonctions. Cette propriété se traduit par l'équation

$$\int_a^b \left[k_1\,f(x) + k_2\,g(x) \right] dx =$$
$$k_1 \int_a^b f(x)\,dx + k_2 \int_a^b g(x)\,dx$$

où k_1 et k_2 sont deux constantes, et où $f(x)$ et $g(x)$ sont des fonctions intégrables sur l'intervalle $[a, b]$.

La propriété de linéarité s'applique également aux intégrales indéfinies :

$$\int \left[k_1\,f(x) + k_2\,g(x) \right] dx =$$
$$k_1 \int f(x)\,dx + k_2 \int g(x)\,dx$$

Par conséquent, $\dfrac{x^{n+1}}{n+1}$ est une primitive de x^n, et $\displaystyle\int x^n\,dx = \dfrac{x^{n+1}}{n+1} + C$. ∎

La formule 4 comble l'exception mentionnée dans la formule 3.

FORMULE 4

$$\int \frac{1}{x}\,dx = \int x^{-1}\,dx = \ln|x| + C$$

PREUVE

En vertu de la définition de l'intégrale indéfinie, il suffit de vérifier que $\ln|x|$ est une primitive de $\dfrac{1}{x}$. Or, si $x > 0$, alors $\dfrac{d}{dx}[\ln|x|] = \dfrac{d}{dx}[\ln(x)] = \dfrac{1}{x}$. De même, si $x < 0$, alors

$$\frac{d}{dx}[\ln|x|] = \frac{d}{dx}[\ln(-x)]$$

$$= \frac{1}{-x}\frac{d}{dx}(-x)$$

$$= \frac{1}{-x}(-1)$$

$$= \frac{1}{x}$$

Par conséquent, $\ln|x|$ est une primitive de $\dfrac{1}{x}$, et

$$\int \frac{1}{x}\,dx = \int x^{-1}\,dx = \ln|x| + C$$

∎

ⒺXERCICES 2.1

1. Vérifiez les formules 5, 6, 9, 15 et 17 du tableau 2.1.

2. Si n est un entier positif, évaluez $\displaystyle\int_0^1 x^n\,dx$, puis déterminez si la valeur de l'intégrale augmente ou diminue lorsque n augmente, et enfin donnez une interprétation géométrique à votre réponse.

Les formules de base d'intégration permettent d'évaluer des intégrales indéfinies et définies élémentaires.

EXEMPLE 2.1

Pour évaluer $\displaystyle\int \left(5\sqrt[3]{x^2} - 2e^x + \sin x\right)dx$, on recourt aux propriétés de l'intégrale indéfinie et aux différentes formules d'intégration:

$$\int \left(5\sqrt[3]{x^2} - 2e^x + \sin x\right)dx = 5\int x^{2/3}\,dx - 2\int e^x\,dx + \int \sin x\,dx$$

$$= 5\left(\frac{x^{(2/3)+1}}{2/3 + 1} + C_1\right) - 2\left(e^x + C_2\right) - \cos x + C_3$$

$$= 3x^{5/3} - 2e^x - \cos x + C \quad \text{Où } C = 5C_1 - 2C_2 + C_3.$$

On peut vérifier que le résultat est bon en le dérivant et en constatant qu'il est égal à l'intégrande :

$$\frac{d}{dx}\left(3x^{5/3} - 2e^x - \cos x + C\right) = 3\frac{d}{dx}\left(x^{5/3}\right) - 2\frac{d}{dx}\left(e^x\right) - \frac{d}{dx}\left(\cos x\right) + \frac{d}{dx}\left(C\right)$$

$$= 3\left(\tfrac{5}{3}\right)x^{2/3} - 2e^x - \left(-\sin x\right)$$

$$= 5x^{2/3} - 2e^x + \sin x$$

$$= 5\sqrt[3]{x^2} - 2e^x + \sin x$$

Comme vous pouvez le constater dans ce premier exemple, on peut réunir toutes les constantes d'intégration en une seule. Par conséquent, il n'est pas nécessaire d'écrire une constante d'intégration pour chaque intégrale indéfinie ; il suffit d'en écrire une seule une fois que toutes les intégrales ont été effectuées.

EXEMPLE 2.2

On veut évaluer $\int (2x - 3)^2 \, dx$ et $\int_{1}^{2} (2x - 3)^2 \, dx$. Peut-être serait-on tenté d'utiliser la formule 3 du tableau 2.1. Toutefois, dans la forme actuelle de l'intégrale, cette formule n'est pas applicable, puisqu'on ne retrouve pas la forme exacte $\int x^n dx$; en effet, on a plutôt la forme $\int (2x - 3)^n \, dx$. Nous verrons sous peu qu'on pourrait effectuer un changement de variable pour corriger cette situation, mais, pour l'instant, développons l'expression $(2x - 3)^2$ et appliquons les formules d'intégration :

$$\int (2x - 3)^2 \, dx = \int \left(4x^2 - 12x + 9\right) dx$$

$$= 4\int x^2 dx - 12\int x \, dx + \int 9 dx$$

$$= \tfrac{4}{3} x^3 - 6x^2 + 9x + C$$

De ce résultat, on déduit que $\tfrac{4}{3} x^3 - 6x^2 + 9x$ est une primitive de $(2x - 3)^2$. Par conséquent, en vertu du théorème fondamental du calcul intégral, on obtient que

$$\int_{1}^{2} (2x - 3)^2 \, dx = \left(\tfrac{4}{3} x^3 - 6x^2 + 9x\right)\Big|_{1}^{2}$$

$$= \tfrac{4}{3}(2)^3 - 6(2)^2 + 9(2) - \left[\tfrac{4}{3}(1)^3 - 6(1)^2 + 9(1)\right]$$

$$= \tfrac{1}{3}$$

Remarquez que, dans le cas d'une intégrale définie, contrairement à une intégrale indéfinie, la variable est muette, le résultat dépendant des bornes d'intégration et non pas du nom de la variable. Ainsi, dans cet exemple,

$$\int_{1}^{2} (2x - 3)^2 \, dx = \int_{1}^{2} (2t - 3)^2 \, dt = \int_{1}^{2} (2v - 3)^2 \, dv = \cdots = \tfrac{1}{3}$$

EXEMPLE 2.3

Décomposons la fraction représentant l'intégrande pour évaluer $\int \dfrac{x^3 + 5}{3x}\, dx$:

$$\int \dfrac{x^3 + 5}{3x}\, dx = \tfrac{1}{3} \int \dfrac{x^3 + 5}{x}\, dx$$

$$= \tfrac{1}{3} \int \left(\dfrac{x^3}{x} + \dfrac{5}{x} \right) dx$$

$$= \tfrac{1}{3} \int \left(x^2 + \dfrac{5}{x} \right) dx$$

$$= \tfrac{1}{3} \left[\int x^2\, dx + 5 \int \dfrac{1}{x}\, dx \right]$$

$$= \tfrac{1}{9} x^3 + \tfrac{5}{3} \ln|x| + C$$

EXEMPLE 2.4

On peut également utiliser les propriétés de l'intégrale définie et les formules d'intégration pour évaluer une intégrale définie. Ainsi,

$$\int_1^4 \left(5e^x + \dfrac{1}{\sqrt{x}} \right) dx = 5 \int_1^4 e^x\, dx + \int_1^4 x^{-\frac{1}{2}}\, dx$$

$$= 5 e^x \Big|_1^4 + \dfrac{x^{-\frac{1}{2}+1}}{-\frac{1}{2} + 1} \Big|_1^4$$

$$= 5 e^x \Big|_1^4 + 2 x^{\frac{1}{2}} \Big|_1^4$$

$$= 5\left(e^4 - e\right) + 2\left(4^{\frac{1}{2}}\right) - 2\left(1^{\frac{1}{2}}\right)$$

$$= 5\left(e^4 - e\right) + 2$$

Dans un tel cas, comme vous pouvez le constater, on peut utiliser 0 comme constante d'intégration, puisqu'en vertu du théorème fondamental, il suffit d'utiliser une primitive et non pas la famille de toutes les primitives lorsqu'on évalue une intégrale définie. Cela équivaut à ne pas tenir compte de la constante d'intégration lorsqu'on effectue une intégrale définie.

EXERCICE 2.2

Évaluez l'intégrale définie ou indéfinie.

a) $\int_2^6 du$

b) $\int \left(\dfrac{3}{\sqrt[3]{x}} + 2\sqrt{x} + \sqrt[5]{x^2} \right) dx$

c) $\int (3x - 2)^2 \sqrt{x}\, dx$

d) $\int \left(\sqrt{x} - \dfrac{1}{x} \right)^2 dx$

e) $\int \dfrac{1}{\cos^2 \theta}\, d\theta$

f) $\displaystyle\int_0^3 (x+1)^2\, dx$

g) $\displaystyle\int_{\ln 2}^{\ln 5} e^{x+3}\, dx$

h) $\displaystyle\int \frac{\cos u}{\sin^2 u}\, du$

i) $\displaystyle\int_{-2}^{3} 2|x-2|\, dx$ $\left(\text{Indice : N'oubliez pas que } |A| = \begin{cases} -A \text{ si } A < 0 \\ A \text{ si } A \geq 0 \end{cases}.\right)$

2.3 CHANGEMENT DE VARIABLE ET AUTRES ASTUCES

Dans cette section : *fonction rationnelle – fraction propre – fraction impropre – changement de variable – fonction paire – fonction impaire – complétion du carré.*

Développer une expression, appliquer la propriété de linéarité, décomposer une fraction sont des astuces que nous avons explorées dans la section précédente pour ramener un intégrande à une des formes du tableau 2.1. Il existe d'autres astuces simples qu'on peut utiliser pour évaluer une intégrale, la plus fondamentale étant sans doute le changement de variable. Vous devez concevoir les procédés qui suivent comme autant d'outils à explorer et à utiliser pour évaluer une intégrale. Si une façon de faire ne fonctionne pas, ne vous découragez pas, soyez audacieux et essayez-en une autre ! Par ailleurs, dans de nombreux cas, vous devrez faire appel successivement à plusieurs stratégies. Illustrons donc différentes tactiques utiles pour évaluer une intégrale définie ou indéfinie à l'aide de quelques exemples.

2.3.1 INTÉGRATION D'UNE FONCTION RATIONNELLE IMPROPRE

Une **fonction rationnelle** est une fonction de la forme $\dfrac{P(x)}{Q(x)}$ où $P(x)$ et $Q(x)$ sont des polynômes, c'est-à-dire une fonction qui se présente sous la forme d'une fraction dont le numérateur et le dénominateur sont des polynômes. On dit que cette **fraction** est **propre** si le degré du numérateur est inférieur au degré du dénominateur, sinon on dit de la **fraction** qu'elle est **impropre**. Pour intégrer une fonction rationnelle qui est une fraction impropre, il faut d'abord effectuer la division des deux polynômes.

DÉFINITIONS

FONCTION RATIONNELLE

Une fonction rationnelle est un quotient de deux polynômes, soit une fonction de la forme $\dfrac{P(x)}{Q(x)}$, où $P(x)$ et $Q(x)$ sont des polynômes.

FRACTION PROPRE

Une fonction rationnelle $\dfrac{P(x)}{Q(x)}$ est une fraction propre (ou une *fonction rationnelle propre*) lorsque le degré du numérateur est inférieur au degré du dénominateur.

FRACTION IMPROPRE

Une fonction rationnelle $\dfrac{P(x)}{Q(x)}$ est une fraction impropre (ou une *fonction rationnelle impropre*) lorsque le degré du numérateur est supérieur ou égal au degré du dénominateur. Une division de polynômes permet de transformer une fonction rationnelle impropre en une somme d'un polynôme et d'une fonction rationnelle propre.

EXEMPLE 2.5

On veut évaluer $\displaystyle\int \frac{4x^3 + 2x^2 + 4x}{x^2 + 1}\, dx$. L'intégrande, $\dfrac{4x^3 + 2x^2 + 4x}{x^2 + 1}$, est une fonction rationnelle qui n'est pas exprimée sous la forme d'une fraction propre. Il faut donc diviser le numérateur de l'intégrande par son dénominateur pour obtenir un polynôme et une fraction propre qui seront plus facilement intégrables :

$$
\begin{array}{r|l}
4x^3 + 2x^2 + 4x & \underline{x^2 + 1} \\
\underline{-(4x^3 \qquad\ + 4x)} & 4x + 2 \\
2x^2 & \\
\underline{-(2x^2 + 2)} & \\
-2 &
\end{array}
$$

d'où

$$\frac{4x^3 + 2x^2 + 4x}{x^2 + 1} = 4x + 2 - \frac{2}{x^2 + 1}$$

On a donc

$$\int \frac{4x^3 + 2x^2 + 4x}{x^2 + 1} \, dx = \int \left(4x + 2 - \frac{2}{x^2 + 1} \right) dx$$

$$= 2x^2 + 2x - 2 \operatorname{arctg} x + C$$

EXERCICE 2.3

Évaluez $\displaystyle\int_{1}^{2} \frac{x^3 + 5x + 4}{x^3} \, dx$.

> **Vous pouvez maintenant faire les exercices récapitulatifs 1 et 2.**

2.3.2 CHANGEMENT DE VARIABLE DANS UNE INTÉGRALE

Jusqu'à présent, nous avons vu comment intégrer des expressions formées d'un produit (ou d'un quotient) de fonctions en développant (ou en décomposant) l'intégrande en une somme ou une différence de fonctions facilement intégrables. Toutefois, le processus peut s'avérer pénible, voire impraticable. Ainsi, même si on peut évaluer $\int (2x + 3)^{35} \, dx$ en développant l'intégrande, la tâche se révélerait particulièrement désagréable. Par ailleurs, s'il avait fallu évaluer $\int (2x + 3)^{3/4} \, dx$, il aurait été impossible de développer l'intégrande en une somme ou une différence de fonctions facilement intégrables. Que faire alors ?

On peut tirer avantage du fait que la dérivation d'une fonction composée (la dérivation en chaîne) provoque la formation d'un produit de fonctions. Ainsi, pour trouver $\dfrac{dy}{dx}$ lorsque $y = (2x^2 - 3)^4$, on pose $u = (2x^2 - 3)$ de sorte que $y = u^4$ et on applique ensuite la règle de dérivation en chaîne pour obtenir un produit de fonctions :

$$\frac{dy}{dx} = \frac{dy}{du} \frac{du}{dx}$$

$$= 4(u)^3 (4x)$$

$$= 4(2x^2 - 3)^3 (4x)$$

Comme nous venons de l'illustrer, pour appliquer la règle de dérivation en chaîne, on crée une fonction artificielle de façon à pouvoir utiliser les règles de dérivation élémentaires. L'intégration étant une forme d'inversion de la dérivation, on peut envisager d'inverser la règle de dérivation en chaîne en créant aussi une fonction artificielle, de façon à produire une fonction facilement intégrable à l'aide des formules d'intégration de base. Cette stratégie qui consiste à effectuer un **changement de variable** (une *substitution de variable*) constitue l'une des stratégies les plus profitables en intégration. Parmi les nombreux changements de variable possibles, signalons les deux suivants :

- Lorsqu'on trouve une forme linéaire, soit une forme $ax + b$, comme dans une expression du type $(ax + b)^n$ dans un intégrande, on peut essayer le changement $u = ax + b$. Il ne faut pas oublier de changer également la

> **DÉFINITION**
>
> **CHANGEMENT DE VARIABLE**
>
> Le changement de variable est la technique d'intégration qui consiste à ramener une intégrale indéfinie (ou définie) à une intégrale plus simple en remplaçant une expression dans l'intégrande par une nouvelle variable. Lorsqu'on effectue un changement de variable, il ne faut pas oublier de changer l'élément différentiel et, s'il y a lieu, les bornes d'intégration.

différentielle: si $u = ax + b$, alors $du = adx$, de sorte que $dx = \dfrac{1}{a}du$. De plus, dans un tel cas, il est possible qu'on doive aussi exprimer x en fonction de u: $x = \dfrac{u - b}{a}$.

■ Lorsque l'intégrande est constitué d'une fonction $f(x)$ et de sa dérivée (à un facteur constant près), on pose $u = f(x)$. Encore une fois, il ne faut pas oublier d'exprimer la différentielle dx en fonction de du.

Choisir un changement de variable approprié est un art qu'on peut maîtriser à force de le mettre en pratique. Il ne faut pas avoir peur de se tromper: le changement de variable ressemble parfois à une méthode par tâtonnement, par «essai et erreur». N'oubliez pas que le succès peut venir après plusieurs essais infructueux. Osez et ne vous découragez pas. Rappelez-vous que l'objectif poursuivi par le changement de variable est de simplifier l'expression à intégrer.

EXEMPLE 2.6

Nous avons déjà évalué $\int (2x - 3)^2 \, dx$ en développant l'intégrande. Toutefois, l'opération s'est avérée laborieuse. Cette intégrale aurait été beaucoup plus simple si elle avait été de la forme $\int u^2 du$; nous aurions pu alors utiliser directement la formule 3 du tableau 2.1. Effectuons donc un changement de variable: $u = 2x - 3$. Il faut aussi remplacer dx: $u = 2x - 3$, d'où $du = 2dx$, de sorte que $dx = \frac{1}{2}\, du$. On obtient alors

$$
\int \overbrace{(\underbrace{2x - 3}_{u})^2}^{u^2} \overbrace{dx}^{\frac{1}{2}du} = \tfrac{1}{2}\int u^2 du
$$

$$
= \tfrac{1}{2}\left(\tfrac{1}{3}u^3 + C_1\right)
$$

$$
= \tfrac{1}{6}u^3 + C
$$

$$
= \tfrac{1}{6}(2x - 3)^3 + C
$$

Remarquez qu'après l'intégration, nous avons exprimé la réponse en fonction de la variable originale, soit x. Cette réponse peut vous sembler différente de celle obtenue précédemment (exemple 2.2), soit $\tfrac{4}{3}x^3 - 6x^2 + 9x + C$. Il suffirait de développer $\tfrac{1}{6}(2x - 3)^3 + C$ pour constater que les deux expressions sont égales à une constante près, ce qui est normal dans le cas d'une intégrale indéfinie.

EXEMPLE 2.7

On veut évaluer $\int x^2 (2x^3 + 4)^3 \, dx$. Aucune des formules d'intégration de base ne correspond à une intégrale de ce type. On pourrait évaluer cette intégrale en développant l'intégrande, mais cela exigerait de longs calculs. Heureusement, on constate que l'intégrande est formé d'une fonction et de sa dérivée (à un facteur constant près). En effet, $\dfrac{d}{dx}(2x^3 + 4) = 6x^2$, de sorte que $d(2x^3 + 4) = 6x^2 dx$. Le changement de variable $u = 2x^3 + 4$ serait donc approprié. On a donc que

$$
\int x^2 (2x^3 + 4)^3 \, dx = \frac{1}{6}\int u^3 du \quad \text{Où } u = 2x^3 + 4 \Rightarrow du = 6x^2 dx.
$$

$$
= \tfrac{1}{24}u^4 + C
$$

$$
= \tfrac{1}{24}(2x^3 + 4)^4 + C
$$

EXEMPLE 2.8

On peut également évaluer une intégrale définie en effectuant un changement de variable. On peut alors procéder de deux façons. Ainsi, on peut effectuer le changement de variable, trouver l'intégrale indéfinie correspondante dont le résultat sera exprimé en fonction de la variable initiale et évaluer le résultat aux bornes d'intégration originales. Nous avons établi dans l'exemple 2.6 que $\int (2x-3)^2\, dx = \frac{1}{6}(2x-3)^3 + C$, de sorte que

$$\int_1^2 (2x-3)^2\, dx = \frac{1}{6}(2x-3)^3 \Big|_1^2$$

$$= \frac{1}{6}[2(2)-3]^3 - \frac{1}{6}[2(1)-3]^3$$

$$= \frac{1}{3}$$

On peut également changer les bornes d'intégration en même temps qu'on effectue le changement de variable. Ainsi, dans le cas présent, nous avons posé $u = 2x - 3$, de sorte que, lorsque x varie de 1 jusqu'à 2, alors u varie de −1 [soit $u = 2x - 3 = 2(1) - 3 = -1$ lorsque x vaut 1] à 1 [soit $u = 2x - 3 = 2(2) - 3 = 1$ lorsque x vaut 2]. Par conséquent, on a

$$\int_1^2 (\overbrace{2x-3}^{u})^2 \overbrace{dx}^{\frac{1}{2}du} = \frac{1}{2}\int_{-1}^1 u^2\, du$$

$$= \frac{u^3}{6}\Big|_{-1}^1$$

$$= \frac{1^3}{6} - \frac{(-1)^3}{6}$$

$$= \frac{1}{3}$$

Vous devez maîtriser les deux façons de faire, la première étant plus simple à appliquer dans certains cas, la seconde dans d'autres.

EXEMPLE 2.9

On veut évaluer $\int e^x \sin(e^x)\, dx$. Il n'y a pas de formule correspondant à cette intégrale. Toutefois, l'intégrande contient une fonction (e^x) et sa dérivée (e^x). Il est donc tentant d'effectuer le changement de variable $u = e^x$, d'où $du = e^x dx$. Substituant ces valeurs dans l'intégrale, on obtient :

$$\int e^x \sin(e^x)\, dx = \int \sin(\overbrace{e^x}^{u})\overbrace{e^x dx}^{du}$$

$$= \int \sin u\, du$$

$$= -\cos u + C$$

$$= -\cos(e^x) + C$$

On peut évidemment confirmer ce résultat en vérifiant que $-\cos(e^x) + C$ est bien une primitive de $e^x \sin(e^x)$, c'est-à-dire en vérifiant que $\frac{d}{dx}[-\cos(e^x) + C]$ donne $e^x \sin(e^x)$. Or, tel est le cas, puisque

$$\frac{d}{dx}\left[-\cos\left(e^x\right) + C\right] = -\frac{d}{dx}\left[\cos\left(e^x\right)\right]$$

$$= -\left[-\sin\left(e^x\right)\right]\frac{d}{dx}\left(e^x\right)$$

$$= \left[\sin\left(e^x\right)\right]e^x$$

$$= e^x \sin\left(e^x\right)$$

EXEMPLE 2.10

On veut évaluer $\int x\sqrt{4x + 1}\, dx$. Effectuons le changement de variable $u = 4x + 1$, d'où $du = 4dx$, soit $\frac{1}{4}du = dx$. De plus, on a $x = \frac{u-1}{4}$. Par conséquent,

$$\int x\sqrt{4x + 1}\, dx = \int\left(\frac{u-1}{4}\right)\sqrt{u}\left(\frac{1}{4}\right)du$$

$$= \frac{1}{16}\int\left(u^{3/2} - u^{1/2}\right)du$$

$$= \frac{1}{16}\left(\frac{u^{5/2}}{5/2} - \frac{u^{3/2}}{3/2} + C_1\right)$$

$$= \frac{u^{5/2}}{40} - \frac{u^{3/2}}{24} + C$$

$$= \frac{\left(4x + 1\right)^{5/2}}{40} - \frac{\left(4x + 1\right)^{3/2}}{24} + C$$

EXEMPLE 2.11

On veut évaluer $\int_1^2 \frac{5t^2}{\left(t^3 + 1\right)^2}\, dt$. Il est clair qu'on ne trouve pas de formule correspondant exactement à cette intégrale dans le tableau 2.1. Par contre, on constate qu'en posant $u = t^3 + 1$, on obtient $du = 3t^2 dt$, soit le numérateur de l'intégrande à un facteur constant près : $du = 3t^2 dt$, d'où $\frac{5}{3}du = 5t^2 dt$. Ce changement de variable s'avère donc un bon choix. Lorsque t vaut 1, u vaut $2\left[\text{soit } u = t^3 + 1 = \left(1\right)^3 + 1 = 2\right]$, et lorsque t vaut 2, u vaut $9\left[\text{soit } u = t^3 + 1 = \left(2\right)^3 + 1 = 9\right]$. Par conséquent,

$$\int_1^2 \frac{5t^2}{\left(t^3 + 1\right)^2}\, dt = \int_2^9 \frac{5/3}{u^2}\, du$$

$$= \frac{5}{3}\int_2^9 u^{-2}\, du$$

$$= \frac{5}{3}\frac{u^{-1}}{\left(-1\right)}\Bigg|_2^9$$

$$= -\frac{5}{3u}\Bigg|_2^9$$

$$= -\frac{5}{27} - \left(-\frac{5}{6}\right)$$

$$= \frac{35}{54}$$

EXEMPLE 2.12

On veut évaluer $\int_0^{\sqrt{3}} y^3 \sqrt{y^2 + 1}\, dy$. Cette intégrale ne peut pas être évaluée directement. La difficulté de cette intégrale réside essentiellement dans le fait que l'expression sous le radical est une somme. En effet, si on avait $\sqrt{u}$ plutôt que $\sqrt{y^2 + 1}$, l'expression serait peut-être plus simple à intégrer. Essayons donc le changement de variable $u = y^2 + 1$, d'où $du = 2y\,dy$, de sorte que $\frac{1}{2}\,du = y\,dy$, et d'où $u - 1 = y^2$. Lorsque y vaut 0, u vaut 1 $\left[\text{soit } u = y^2 + 1 = (0)^2 + 1 = 1\right]$, et lorsque y vaut $\sqrt{3}$, u vaut 4. Par conséquent,

$$\int_0^{\sqrt{3}} y^3 \sqrt{y^2 + 1}\, dy = \int_0^{\sqrt{3}} \overbrace{y^2}^{u-1} \overbrace{\sqrt{y^2 + 1}}^{\sqrt{u}} \overbrace{(y\,dy)}^{\frac{1}{2}du}$$

$$= \int_1^4 \frac{1}{2}\left(u^{3/2} - u^{1/2}\right)du$$

$$= \left.\left(\frac{1}{5}u^{5/2} - \frac{1}{3}u^{3/2}\right)\right|_1^4$$

$$= \frac{1}{5}(4)^{5/2} - \frac{1}{3}(4)^{3/2} - \left[\frac{1}{5}(1)^{5/2} - \frac{1}{3}(1)^{3/2}\right]$$

$$= \frac{58}{15}$$

EXEMPLE 2.13

La formule $\int \sec x\, dx = \ln|\sec x + \mathrm{tg}\, x| + C$ peut s'obtenir de la façon suivante :

$$\int \sec x\, dx = \int \sec x \frac{\sec x + \mathrm{tg}\, x}{\sec x + \mathrm{tg}\, x}\, dx \quad \text{Multiplication par une expression valant 1.}$$

$$= \int \frac{\sec^2 x + \sec x\,\mathrm{tg}\, x}{\sec x + \mathrm{tg}\, x}\, dx$$

$$= \int \frac{1}{u}\, du \quad \text{Où } u = \sec x + \mathrm{tg}\, x \Rightarrow du = (\sec x\,\mathrm{tg}\, x + \sec^2 x)dx.$$

$$= \ln|u| + C$$

$$= \ln|\sec x + \mathrm{tg}\, x| + C$$

Nous avons déjà signalé que cette formule d'intégration n'était pas facile à obtenir. La plupart des manuels de calcul présentent le résultat comme nous venons de le faire. Toutefois, cela n'est pas entièrement satisfaisant, puisqu'il n'est vraiment pas évident de penser à multiplier l'intégrande par $\dfrac{\sec x + \mathrm{tg}\, x}{\sec x + \mathrm{tg}\, x}$.

Nous verrons sous peu une manière plus limpide d'obtenir cette formule. Notez toutefois que multiplier judicieusement un intégrande par une expression valant 1 constitue une astuce additionnelle à ajouter à votre arsenal pour évaluer des intégrales « récalcitrantes ».

EXEMPLE 2.14

Procédons de deux façons différentes pour évaluer $\int \sin x \cos x \, dx$. Dans une première solution, utilisons le changement de variable $u = \sin x$:

$$\int \sin x \cos x \, dx = \int u \, du \quad \text{Où } u = \sin x \Rightarrow du = \cos x \, dx.$$

$$= \tfrac{1}{2} u^2 + C_1$$

$$= \tfrac{1}{2} \sin^2 x + C_1$$

On aurait également pu utiliser le changement de variable $u = \cos x$. On aurait alors procédé comme suit :

$$\int \sin x \cos x \, dx = -\int u \, du \quad \text{Où } u = \cos x \Rightarrow du = -\sin x \, dx.$$

$$= -\tfrac{1}{2} u^2 + C_2$$

$$= -\tfrac{1}{2} \cos^2 x + C_2$$

On obtient ainsi deux réponses différentes. Comment peut-on expliquer ce résultat pour le moins surprenant ? Il faut se souvenir que deux primitives diffèrent d'une constante. Un ajustement dans une des deux constantes d'intégration permet de montrer l'équivalence des deux solutions :

$$\int \sin x \cos x \, dx = -\tfrac{1}{2} \cos^2 x + C_2$$

$$= -\tfrac{1}{2} \cos^2 x + \tfrac{1}{2} + C_1$$

$$= \tfrac{1}{2} \left(1 - \cos^2 x \right) + C_1$$

$$= \tfrac{1}{2} \sin^2 x + C_1$$

EXEMPLE 2.15

On veut trouver une formule générale pour $\int \operatorname{tg} ax \, dx$, où a est une constante non nulle. Effectuons d'abord le changement de variable $u = ax$, d'où $du = a \, dx$, de sorte que $\frac{1}{a} du = dx$. On a alors $\int \operatorname{tg} ax \, dx = \frac{1}{a} \int \operatorname{tg} u \, du$. Exprimons la fonction $\operatorname{tg} u$ sous la forme des fonctions $\sin u$ et $\cos u$ et effectuons un nouveau changement de variable $t = \cos u$, d'où $dt = -\sin u \, du$, de sorte que $-dt = \sin u \, du$. On a alors

$$\int \operatorname{tg} ax \, dx = \frac{1}{a} \int \operatorname{tg} u \, du \quad \text{Où } u = ax \Rightarrow \tfrac{1}{a} du = dx.$$

$$= \frac{1}{a} \int \frac{\sin u}{\cos u} \, du$$

$$= -\frac{1}{a} \int \frac{1}{t} \, dt \quad \text{Où } t = \cos u \Rightarrow -dt = \sin u \, du.$$

$$= -\frac{1}{a} \left(\ln|t| + C_1 \right)$$

$$= \frac{1}{a} \ln\left| t^{-1} \right| + C \quad \text{Propriété des logarithmes.}$$

$$= \frac{1}{a} \ln\left| (\cos u)^{-1} \right| + C$$

$$= \frac{1}{a} \ln\left| \sec u \right| + C$$

$$= \frac{1}{a} \ln\left| \sec ax \right| + C$$

La substitution $u = ax$ (où $a \neq 0$) que nous venons d'illustrer dans le dernier exemple permet d'obtenir des résultats plus généraux que ceux formulés dans le tableau 2.1. Ainsi, en appliquant cette substitution, on obtient que :

- $\int e^{ax}\, dx = \dfrac{e^{ax}}{a} + C$

- $\int \sin ax\, dx = -\dfrac{\cos ax}{a} + C$

- $\int \cos ax\, dx = \dfrac{\sin ax}{a} + C$

- $\int \operatorname{tg} ax\, dx = \dfrac{1}{a}\ln|\sec ax| + C$

- $\int \operatorname{cotg} ax\, dx = \dfrac{1}{a}\ln|\sin ax| + C$

- $\int \sec ax\, dx = \dfrac{1}{a}\ln|\sec ax + \operatorname{tg} ax| + C$

- $\int \operatorname{cosec} ax\, dx = \dfrac{1}{a}\ln|\operatorname{cosec} ax - \operatorname{cotg} ax| + C$

  ou $\int \operatorname{cosec} ax\, dx = -\dfrac{1}{a}\ln|\operatorname{cosec} ax + \operatorname{cotg} ax| + C$

- $\int \sec^2 ax\, dx = \dfrac{1}{a}\operatorname{tg} ax + C$

- $\int \operatorname{cosec}^2 ax\, dx = -\dfrac{1}{a}\operatorname{cotg} ax + C$

- $\int \sec ax\, \operatorname{tg} ax\, dx = \dfrac{1}{a}\sec ax + C$

- $\int \operatorname{cosec} ax\, \operatorname{cotg} ax\, dx = -\dfrac{1}{a}\operatorname{cosec} ax + C$

Ces résultats sont faciles à vérifier, et vous les trouverez dans l'aide-mémoire accompagnant le présent manuel (« Formules d'intégration avancées »). Illustrons maintenant le changement de variable à l'aide de deux autres exemples.

EXEMPLE 2.16

On veut évaluer $\int \dfrac{1}{\sqrt{9 - 16x^2}}\, dx$. Cette intégrale est similaire à $\int \dfrac{1}{\sqrt{1 - x^2}}\, dx$ dont on connaît le résultat (tableau 2.1). Dans un premier temps, effectuons une mise en évidence pour nous rapprocher encore plus de la forme souhaitée :

$$\int \frac{1}{\sqrt{9 - 16x^2}}\, dx = \int \frac{1}{\sqrt{9\left(1 - \tfrac{16}{9}x^2\right)}}\, dx$$

$$= \frac{1}{3}\int \frac{1}{\sqrt{1 - \tfrac{16}{9}x^2}}\, dx$$

$$= \frac{1}{3}\int \frac{1}{\sqrt{1 - \left(\tfrac{4}{3}x\right)^2}}\, dx$$

Posons maintenant $u = \tfrac{4}{3}x$, d'où $du = \tfrac{4}{3}dx$. On obtient alors :

$$\int \frac{1}{\sqrt{9 - 16x^2}}\, dx = \frac{1}{3}\int \frac{1}{\sqrt{1 - \left(\tfrac{4}{3}x\right)^2}}\, dx$$

$$= \frac{1}{3}\int \frac{1}{\sqrt{1 - u^2}}\left(\tfrac{3}{4}du\right) \quad \text{Où } u = \tfrac{4}{3}x \;\Rightarrow\; \tfrac{3}{4}du = dx.$$

$$= \frac{1}{4} \int \frac{1}{\sqrt{1 - u^2}} \, du$$

$$= \frac{1}{4} \left(\arcsin u + C_1 \right)$$

$$= \frac{1}{4} \arcsin \left(\tfrac{4}{3} x \right) + C$$

EXEMPLE 2.17

Recourons à la stratégie utilisée dans l'exemple précédent pour généraliser la formule 18 du tableau 2.1. On veut évaluer $\int \frac{1}{x\sqrt{x^2 - a^2}} \, dx$, où $|x| > a > 0$:

$$\int \frac{1}{x\sqrt{x^2 - a^2}} \, dx = \int \frac{1}{x\sqrt{a^2 \left[\left(\frac{x}{a} \right)^2 - 1 \right]}} \, dx$$

$$= \int \frac{1}{ax\sqrt{\left(\frac{x}{a} \right)^2 - 1}} \, dx$$

$$= \frac{1}{a} \int \frac{1}{x\sqrt{\left(\frac{x}{a} \right)^2 - 1}} \, dx$$

Posons maintenant $u = \frac{x}{a}$, d'où $du = \frac{1}{a} dx$, de sorte que $a\,du = dx$. On obtient alors :

$$\int \frac{1}{x\sqrt{x^2 - a^2}} \, dx = \frac{1}{a} \int \frac{1}{x\sqrt{\left(\frac{x}{a} \right)^2 - 1}} \, dx$$

$$= \frac{1}{a} \int \frac{1}{au\sqrt{u^2 - 1}} \, a\,du \quad \text{Où } u = \tfrac{x}{a} \Rightarrow a\,du = dx.$$

$$= \frac{1}{a} \int \frac{1}{u\sqrt{u^2 - 1}} \, du$$

$$= \frac{1}{a} \left(\operatorname{arcsec} |u| + C_1 \right)$$

$$= \frac{1}{a} \operatorname{arcsec} \left| \frac{x}{a} \right| + C$$

Signalons ici qu'il n'y a pas qu'une seule façon de procéder pour évaluer une intégrale. Ainsi, nous aurions pu évaluer les intégrales des exemples 2.16 et 2.17 en recourant à une autre technique d'intégration, soit la substitution trigonométrique, qui nous aurait donné le même résultat, mais de manière plus rapide. Nous examinerons la stratégie des substitutions trigonométriques à la section 2.6.

De façon générale, lorsqu'on veut évaluer une intégrale de la forme $\int f(g(x))g'(x)\,dx$, on peut utiliser un changement de variable : $u = g(x)$. En effet, si $F(x)$ est une primitive de $f(x)$, c'est-à-dire si $F'(x) = f(x)$, alors, en vertu de la règle de dérivation d'une fonction composée (dérivation en chaîne), on a

$$\frac{d}{dx}F(g(x)) = F'(g(x))\frac{d}{dx}g(x)$$
$$= F'(g(x))g'(x)$$

La fonction $F(g(x))$ est donc une primitive de $F'(g(x))g'(x)$, soit de $f(g(x))g'(x)$, et, en vertu de la définition de l'intégrale indéfinie,

$$\int f(g(x))g'(x)dx = F(g(x)) + C$$

De cet argument, on déduit le théorème 2.1.

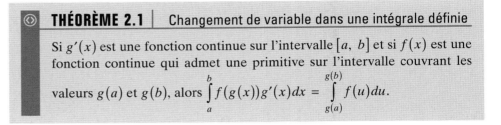

> ◎ **THÉORÈME 2.1** | Changement de variable dans une intégrale définie
>
> Si $g'(x)$ est une fonction continue sur l'intervalle $[a, b]$ et si $f(x)$ est une fonction continue qui admet une primitive sur l'intervalle couvrant les valeurs $g(a)$ et $g(b)$, alors $\displaystyle\int_a^b f(g(x))g'(x)dx = \int_{g(a)}^{g(b)} f(u)du$.

Lorsqu'on veut effectuer un changement de variable pour évaluer une intégrale indéfinie, on procède de la façon suivante :

1. Repérer dans l'intégrande le changement de variable à effectuer, c'est-à-dire déterminer une fonction $u = g(x)$ telle que l'expression $\dfrac{du}{dx} = g'(x)$ est un facteur de l'intégrande.

2. Effectuer les substitutions $u = g(x)$ et $dx = \dfrac{du}{g'(x)}$, et remplacer tout autre terme contenant des x par une forme équivalente en u de façon telle que l'expression à intégrer ne comporte que des u et un du.

3. Évaluer l'intégrale exprimée en fonction de u.

4. Remplacer u par sa valeur en x dans le résultat obtenu en 3.

Dans le cas d'une intégrale définie, on peut d'abord évaluer l'intégrale indéfinie qui lui est associée selon la marche à suivre décrite plus haut et évaluer la primitive obtenue à l'étape 4 aux bornes d'intégration initiales. On peut également effectuer, en même temps que le changement de variable, le changement des bornes d'intégration de façon que ces dernières reflètent l'intervalle d'intégration de la nouvelle variable u. Comme nous l'avons vu précédemment, ce choix dépend du problème qu'on tente de résoudre ou encore de préférences personnelles.

⊜XERCICE 2.4

Évaluez l'intégrale définie ou indéfinie.

a) $\displaystyle\int_0^{\ln 2} \frac{e^{3x}}{e^{3x}+1}dx$

c) $\displaystyle\int \cot g\, ax\, dx$ (où a est une constante non nulle)

b) $\displaystyle\int \frac{x+3}{\sqrt{x-1}}dx$

d) $\displaystyle\int_1^9 \frac{1}{t+\sqrt{t}}\, dt$

Vous pouvez maintenant faire les exercices récapitulatifs 3 à 8.

e) $\displaystyle\int_0^1 \frac{8y - 2}{4y^2 + 1}\, dy$

g) $\displaystyle\int \frac{2x^2}{x^2 + 4}\, dx$

f) $\displaystyle\int \frac{3x^3 + 5x^2 + 3x}{x^2 + 1}\, dx$

h) $\displaystyle\int \frac{1}{a^2 + x^2}\, dx$ (où $a > 0$)

2.3.3 INTÉGRATION DE FONCTIONS PAIRES ET DE FONCTIONS IMPAIRES

Penchons-nous maintenant sur deux types particuliers de fonctions : les fonctions paires et les fonctions impaires. On peut démontrer deux propriétés particulièrement intéressantes de ces fonctions en effectuant un changement de variable.

Une **fonction** $f(x)$ est dite **paire** si elle est telle que $f(-x) = f(x)$ pour tout $x \in \mathrm{Dom}_f$. Comme on peut le constater sur la figure 2.2, de telles fonctions sont symétriques par rapport à l'axe des ordonnées (l'axe des y). Les fonctions $f(x) = k$ où k est une constante, $f(x) = x^2$, $f(x) = x^4$, $f(x) = x^6$ et $f(x) = \cos x$ sont des exemples de fonctions paires.

Par ailleurs, une **fonction** $f(x)$ est dite **impaire** si elle est telle que $f(-x) = -f(x)$ pour tout $x \in \mathrm{Dom}_f$. Comme on peut le constater sur la figure 2.2, de telles fonctions sont symétriques par rapport à l'origine. Les fonctions $f(x) = x$, $f(x) = x^3$, $f(x) = x^5$, $f(x) = x^7$ et $f(x) = \sin x$ sont des exemples de fonctions impaires.

DÉFINITIONS

FONCTION PAIRE

Une fonction paire $f(x)$ est une fonction telle que $f(-x) = f(x)$ pour toute valeur x appartenant au domaine de la fonction. La courbe décrite par une fonction paire est symétrique par rapport à l'axe des ordonnées.

FONCTION IMPAIRE

Une fonction impaire $f(x)$ est une fonction telle que $f(-x) = -f(x)$ pour toute valeur x appartenant au domaine de la fonction. La courbe décrite par une fonction impaire est symétrique par rapport à l'origine.

FIGURE 2.2

Caractéristiques graphiques des fonctions paires et impaires

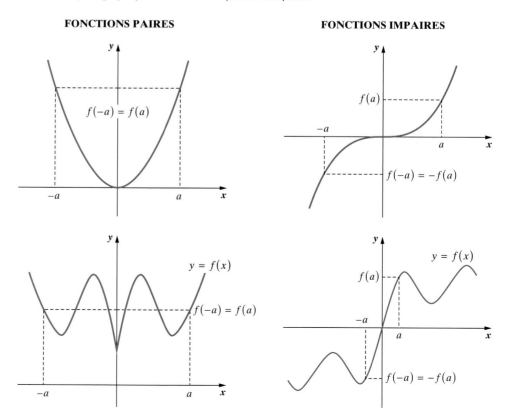

L'utilisation des mots *paire* et *impaire* pour désigner des fonctions qui présentent les caractéristiques énumérées précédemment est judicieuse. En effet, on peut vérifier que toute puissance paire de *x* est une fonction paire, et que toute puissance impaire de *x* est une fonction impaire.

EXEMPLE 2.18

La fonction $f(x) = x^{2n}$, où n est un entier positif, est paire. En effet,

$$f(-x) = (-x)^{2n}$$
$$= \left[(-x)^2\right]^n$$
$$= (x^2)^n$$
$$= x^{2n}$$
$$= f(x)$$

EXEMPLE 2.19

La fonction $f(x) = \sin x$ est impaire. En effet, en vertu d'une identité trigonométrique, $f(-x) = \sin(-x) = -\sin x = -f(x)$.

Les fonctions paires et impaires présentent des propriétés intéressantes qu'on a regroupées dans le théorème 2.2.

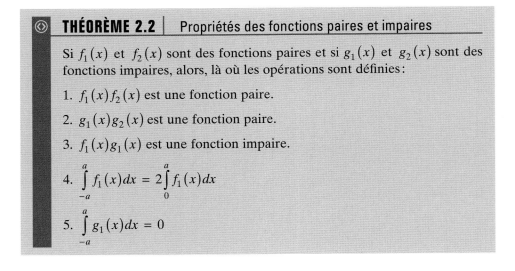

THÉORÈME 2.2 | Propriétés des fonctions paires et impaires

Si $f_1(x)$ et $f_2(x)$ sont des fonctions paires et si $g_1(x)$ et $g_2(x)$ sont des fonctions impaires, alors, là où les opérations sont définies :

1. $f_1(x)f_2(x)$ est une fonction paire.

2. $g_1(x)g_2(x)$ est une fonction paire.

3. $f_1(x)g_1(x)$ est une fonction impaire.

4. $\displaystyle\int_{-a}^{a} f_1(x)\,dx = 2\int_{0}^{a} f_1(x)\,dx$

5. $\displaystyle\int_{-a}^{a} g_1(x)\,dx = 0$

Nous allons prouver les propriétés 1 et 5 ; les autres preuves vous sont laissées à titre d'exercices.

Si $f_1(x)$ et $f_2(x)$ sont des fonctions paires, alors $f_1(x)f_2(x)$ est une fonction paire.

PREUVE

Soit $f_1(x)$ et $f_2(x)$ des fonctions paires, et soit $h(x) = f_1(x)f_2(x)$. On a alors $h(-x) = f_1(-x)f_2(-x) = f_1(x)f_2(x) = h(x)$. Par conséquent, $h(x) = f_1(x)f_2(x)$ est une fonction paire. $\blacksquare$

Si $g_1(x)$ est une fonction impaire, alors $\displaystyle\int_{-a}^{a} g_1(x)dx = 0$.

PREUVE

Soit $g_1(x)$ une fonction impaire.

$$\int_{-a}^{a} g_1(x)dx = \int_{-a}^{0} g_1(x)dx + \int_{0}^{a} g_1(x)dx \quad \text{Propriété des intégrales définies.}$$

$$= \int_{a}^{0} -g_1(-u)du + \int_{0}^{a} g_1(x)dx \quad \text{Où } u = -x \Rightarrow -du = dx.$$

$$= \int_{a}^{0} -(-g_1(u))du + \int_{0}^{a} g_1(x)dx \quad g_1(x) \text{ est une fonction impaire}$$

$$= \int_{a}^{0} g_1(u)du + \int_{0}^{a} g_1(x)dx$$

$$= -\int_{0}^{a} g_1(u)du + \int_{0}^{a} g_1(x)dx \quad \text{Propriété des intégrales définies.}$$

$$= -\int_{0}^{a} g_1(x)dx + \int_{0}^{a} g_1(x)dx \quad \text{Propriété des intégrales définies.}$$

$$= 0 \qquad\qquad \blacksquare$$

On peut donner une interprétation géométrique à ce résultat. Rappelez-vous que, si $f(x)$ est une fonction positive sur un intervalle $[a, b]$, alors $\displaystyle\int_{a}^{b} f(x)dx$ peut être interprétée comme étant l'aire de la surface comprise entre la courbe décrite par la fonction et l'axe des abscisses au-dessus de l'intervalle. Mais qu'en serait-il d'une fonction qui serait négative ? On pourrait en faire une interprétation similaire en la considérant comme l'aire « algébrique » de la surface comprise entre la courbe décrite par la fonction et l'axe des abscisses sous l'intervalle. Toutefois, puisque l'intégrale serait alors négative, on peut imaginer que cette aire « algébrique » serait « mesurée de manière négative ».

La figure 2.3 présente un graphique typique d'une fonction impaire, $f(x)$, c'est-à-dire une fonction symétrique par rapport à l'origine. De cette représentation, il est aisé de constater que, dans ce cas, les aires algébriques des surfaces à gauche et à droite de l'axe des ordonnées ont la même mesure, mais sont de signes contraires.

FIGURE 2.3

Interprétation graphique de l'intégrale d'une fonction impaire

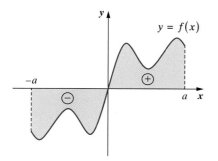

Par conséquent, en évaluant $\int_{-a}^{a} f(x)dx$, on additionne deux aires algébriques ayant la même mesure, mais étant de signes contraires, ce qui donne une somme nulle, d'où le résultat $\int_{-a}^{a} f(x)dx = 0$.

EXERCICES 2.5

1. Démontrez les propriétés 2 et 3 du théorème 2.2.

2. Démontrez la propriété 4 du théorème 2.2 et donnez-en une justification graphique.

2.3.4 COMPLÉTION DU CARRÉ

DÉFINITION

COMPLÉTION DU CARRÉ

La complétion du carré est l'opération mathématique qui consiste à transformer une forme quadratique $ax^2 + bx + c$ en une somme ou une différence de deux carrés :

$ax^2 + bx + c =$

$a\left[\left(x + \dfrac{b}{2a}\right)^2 + \left(\dfrac{c}{a} - \dfrac{b^2}{4a^2}\right)\right]$

Une autre stratégie d'intégration qui peut s'avérer fructueuse consiste à compléter le carré lorsqu'on trouve une expression du type $ax^2 + bx + c$ sous un radical ou au dénominateur d'une fraction. La **complétion du carré** consiste à transformer $ax^2 + bx + c$ de la façon suivante :

$$ax^2 + bx + c = a\left(x^2 + \frac{b}{a}x + \frac{c}{a}\right)$$

$$= a\left(x^2 + \frac{b}{a}x + \frac{b^2}{4a^2} + \frac{c}{a} - \frac{b^2}{4a^2}\right)$$

$$= a\left[\left(x + \frac{b}{2a}\right)^2 + \left(\frac{c}{a} - \frac{b^2}{4a^2}\right)\right]$$

Après cette transformation, si elle s'avère appropriée, on peut généralement effectuer un changement de variable qui simplifie l'expression à intégrer.

EXEMPLE 2.20

On veut évaluer $\int \dfrac{1}{\sqrt{4x - x^2}}\,dx$. Comme on a une expression de la forme $ax^2 + bx + c$ sous un radical, on peut penser à transformer l'intégrande en complétant le carré :

$$\int \frac{1}{\sqrt{4x - x^2}}\,dx = \int \frac{1}{\sqrt{-x^2 + 4x}}\,dx$$

$$= \int \frac{1}{\sqrt{-\left(x^2 - 4x + 4\right) + 4}}\,dx$$

$$= \int \frac{1}{\sqrt{-\left(x - 2\right)^2 + 4}}\,dx$$

$$= \int \frac{1}{\sqrt{4 - \left(x - 2\right)^2}}\,dx$$

$$= \int \frac{1}{\sqrt{4\left[1 - \frac{1}{4}(x - 2)^2\right]}}\,dx$$

$$= \int \frac{1}{2\sqrt{\left[1 - \left(\dfrac{x-2}{2}\right)^2\right]}}\, dx$$

$$= \frac{1}{2}\int \frac{1}{\sqrt{\left[1 - \left(\dfrac{x-2}{2}\right)^2\right]}}\, dx$$

Comme la dernière intégrale présente une forme similaire à celle de la formule 17 du tableau 2.1, on peut envisager d'effectuer le changement de variable $u = \dfrac{x-2}{2}$, de sorte que $du = \tfrac{1}{2}\, dx$. L'intégrale devient alors

$$\int \frac{1}{\sqrt{4x - x^2}}\, dx = \frac{1}{2}\int \frac{1}{\sqrt{\left[1 - \left(\dfrac{x-2}{2}\right)^2\right]}}\, dx$$

$$= \int \frac{1}{\sqrt{1 - u^2}}\, du$$

$$= \arcsin u + C$$

$$= \arcsin\left(\frac{x-2}{2}\right) + C$$

EXEMPLE 2.21

On veut évaluer $\displaystyle\int \frac{x+5}{\sqrt{5 - 4x - x^2}}\, dx$. Comme on a une expression de la forme $ax^2 + bx + c$ sous un radical, on peut penser à transformer l'intégrande en complétant le carré :

$$\int \frac{x+5}{\sqrt{5 - 4x - x^2}}\, dx = \int \frac{x+5}{\sqrt{-x^2 - 4x + 5}}\, dx$$

$$= \int \frac{x+5}{\sqrt{-\left(x^2 + 4x + 4\right) + 4 + 5}}\, dx$$

$$= \int \frac{x+5}{\sqrt{9 - (x+2)^2}}\, dx$$

$$= \int \frac{x+5}{3\sqrt{\left[1 - \left(\dfrac{x+2}{3}\right)^2\right]}}\, dx$$

$$= \int \frac{(3u - 2) + 5}{\sqrt{1 - u^2}}\, du \quad \text{Où } u = \tfrac{x+2}{3} \ \Rightarrow\ x = 3u - 2 \text{ et } dx = 3du.$$

$$= 3\int \frac{u}{\sqrt{1 - u^2}}\, du + \int \frac{3}{\sqrt{1 - u^2}}\, du$$

$$= -\frac{3}{2}\int \frac{1}{\sqrt{v}}\, dv + \left(3\arcsin u + C_1\right) \quad \text{Où } v = 1 - u^2 \ \Rightarrow\ -\tfrac{1}{2}\, dv = u\, du.$$

$$= -3\sqrt{v} + C_2 + 3\arcsin u + C_1$$

$$= -3\sqrt{1 - u^2} + 3\arcsin u + C$$

$$= -3\sqrt{1 - \left(\frac{x+2}{3}\right)^2} + 3\arcsin \frac{x+2}{3} + C$$

$$= -\sqrt{5 - 4x - x^2} + 3\arcsin \frac{x+2}{3} + C$$

Vous pouvez maintenant faire les exercices récapitulatifs 9 et 10.

ⒺXERCICE 2.6

Évaluez l'intégrale indéfinie.

a) $\displaystyle\int \frac{x+1}{x^2 - 6x + 13}\,dx$

b) $\displaystyle\int \frac{1}{\sqrt{27 - 6t - t^2}}\,dt$

2.4 INTÉGRATION PAR PARTIES

Dans cette section: *intégration par parties – formule de réduction.*

La différentielle d'un produit de fonctions, u et v, nous apprend que $d(uv) = u\,dv + v\,du$, ce qu'on peut aussi écrire sous la forme $u\,dv = d(uv) - v\,du$. Si on intègre des deux côtés de cette dernière égalité, on obtient la formule $\int u\,dv = \int d(uv) - \int v\,du = uv - \int v\,du$, dite d'**intégration par parties**. Lorsqu'on ne réussit pas à trouver un changement de variable qui permette de simplifier une intégrale, on peut recourir à l'intégration par parties pour intégrer une expression constituée du produit de deux facteurs, le premier étant u, et le second, dv. On peut tenter d'appliquer cette technique notamment lorsque les deux facteurs sont des fonctions de nature différente, par exemple une fonction polynomiale et une fonction trigonométrique, ou une fonction exponentielle et une fonction trigonométrique, ou encore une fonction polynomiale et une fonction exponentielle (ou logarithmique). Pour appliquer cette technique, il faut que le facteur dv soit aisément intégrable, de façon à pouvoir trouver l'expression de v, une primitive de dv. De plus, il faut que l'expression $\int v\,du$ ne soit pas plus complexe que l'intégrale d'origine, $\int u\,dv$, l'objectif étant de remplacer cette intégrale par une intégrale au moins aussi simple. Évidemment, la formule d'intégration par parties est valable pour les intégrales définies : $\displaystyle\int_a^b u\,dv = uv\Big|_a^b - \int_a^b v\,du$. Soulignons enfin qu'on peut utiliser l'intégration par parties à plusieurs reprises pour évaluer une intégrale. Rien de tel que quelques exemples pour illustrer cette technique d'intégration ingénieuse.

DÉFINITION

INTÉGRATION PAR PARTIES

L'intégration par parties est la technique d'intégration obtenue à partir de la formule de la différentielle d'un produit :

$d(uv) = u\,dv + v\,du$

$\Rightarrow u\,dv = d(uv) - v\,du$

$\Rightarrow \int u\,dv = uv - \int v\,du$

La formule de l'intégration par parties s'applique également aux intégrales définies :

$\displaystyle\int_a^b u\,dv = uv\Big|_a^b - \int_a^b v\,du$

Cette technique d'intégration est normalement utilisée pour évaluer une intégrale comportant un produit de deux fonctions qui sont de nature différente (une fonction polynomiale et une fonction exponentielle, une fonction polynomiale et une fonction logarithmique, une fonction exponentielle et une fonction trigonométrique), ou encore pour évaluer l'intégrale d'une fonction trigonométrique inverse.

EXEMPLE 2.22

On veut évaluer $\int x \cos x\,dx$. L'intégrande comporte deux facteurs de nature différente, soit un polynôme et une fonction trigonométrique. On peut donc recourir à l'intégration par parties. On doit associer un des facteurs à u et l'autre à dv. Si on choisit $dv = x\,dx$, alors, par une simple intégration des deux côtés de l'équation, on obtient $v = \frac{1}{2}x^2 + C_1$. Par ailleurs, si $u = \cos x$, alors $du = -\sin x\,dx$. L'expression de $\int v\,du$ sera alors $-\int \left(\frac{1}{2}x^2 + C_1\right)\sin x\,dx$, ce qui est plus complexe que l'intégrale initiale. On aura ainsi fait un mauvais choix pour u et dv. Essayons donc autre chose pour évaluer $\int \underset{u}{x}\,\underset{dv}{\cos x\,dx}$:

$$u = x \qquad dv = \cos x\,dx$$
$$du = dx \qquad v = \int \cos x\,dx = \sin x + C_2$$

En vertu de la technique d'intégration par parties, on obtient

$$\int x \cos x \, dx = x(\sin x + C_2) - \int (\sin x + C_2) \, dx$$

$$= x \sin x + C_2 x + \cos x - C_2 x + C$$

$$= x \sin x + \cos x + C$$

Vous avez sans doute remarqué que la constante C_2 provenant de $\int dv$ n'a pas eu d'effet sur le résultat de l'intégrale d'origine. Cela est toujours le cas en intégration par parties. L'ajout de cette constante d'intégration est inutile, d'où son omission dans l'évaluation d'une primitive v de dv. Par conséquent, lorsqu'on évalue une intégrale indéfinie par parties, on n'ajoute qu'une seule constante d'intégration, et cela à la toute fin du problème.

EXEMPLE 2.23

On veut évaluer $\int_1^{\sqrt{e}} \ln x \, dx$. Aucun changement de variable ne semble approprié pour évaluer cette intégrale. Essayons donc l'intégration par parties: $\int_1^{\sqrt{e}} \underbrace{\ln x}_{u} \underbrace{dx}_{dv}$.

Posons

$$u = \ln x \qquad dv = dx$$

$$du = \frac{1}{x} dx \quad v = x$$

On a fait ce choix puisqu'il est facile de trouver v à partir de dv et que $\int v \, du = \int x \left(\frac{1}{x} \right) dx = \int dx$ est plus simple que $\int u \, dv = \int \ln x \, dx$. En vertu de la technique d'intégration par parties, on obtient

$$\int_1^{\sqrt{e}} \ln x \, dx = x \ln x \Big|_1^{\sqrt{e}} - \int_1^{\sqrt{e}} x \left(\frac{1}{x} \right) dx$$

$$= x \ln x \Big|_1^{\sqrt{e}} - x \Big|_1^{\sqrt{e}}$$

$$= \left(x \ln x - x \right) \Big|_1^{\sqrt{e}}$$

$$= \sqrt{e} \ln \sqrt{e} - \sqrt{e} - \left[1 \ln(1) - 1 \right]$$

$$= \sqrt{e} \left(\ln e^{1/2} - 1 \right) + 1$$

$$= \sqrt{e} \left(\tfrac{1}{2} - 1 \right) + 1$$

$$= -\tfrac{1}{2} \sqrt{e} + 1$$

EXEMPLE 2.24

On veut évaluer $\int x^2 e^x \, dx$. La forme de l'intégrande suggère une intégration par parties (produit d'une fonction polynomiale et d'une fonction exponentielle). Posons

$$u = x^2 \qquad dv = e^x \, dx$$

$$du = 2x \, dx \quad v = e^x$$

En vertu de la technique d'intégration par parties, on obtient

$$\int x^2 e^x dx = x^2 e^x - \int 2x e^x dx$$

L'intégrale $\int 2x e^x dx$ présente une forme plus simple que l'intégrale initiale. On peut donc continuer en effectuant à nouveau une intégration par parties en posant

$$u = 2x \qquad dv = e^x dx$$
$$du = 2dx \qquad v = e^x$$

On obtient alors

$$\int x^2 e^x dx = x^2 e^x - \int 2x e^x dx$$
$$= x^2 e^x - \left(2x e^x - \int 2e^x dx\right)$$
$$= x^2 e^x - 2x e^x + 2e^x + C$$
$$= e^x\left(x^2 - 2x + 2\right) + C$$

EXEMPLE 2.25

On veut évaluer $\int e^x \sin x \, dx$. Intégrons par parties en posant

$$u = e^x \qquad dv = \sin x \, dx$$
$$du = e^x dx \qquad v = -\cos x$$

En vertu de la technique d'intégration par parties, on obtient

$$\int e^x \sin x \, dx = -e^x \cos x - \int -\left(e^x \cos x\right) dx$$
$$= -e^x \cos x + \int e^x \cos x \, dx$$

L'intégrale $\int e^x \cos x \, dx$ présente une forme qui n'est pas plus compliquée que l'intégrale initiale, mais qui n'est pas plus simple non plus. On pourrait penser que l'intégration par parties n'est donc pas appropriée dans ce cas. Il ne faut toutefois pas abandonner de sitôt. Effectuons à nouveau une intégration par parties en posant

$$u = e^x \qquad dv = \cos x \, dx$$
$$du = e^x dx \qquad v = \sin x$$

On obtient alors

$$\int e^x \sin x \, dx = -e^x \cos x + \int e^x \cos x \, dx$$
$$= -e^x \cos x + e^x \sin x - \int e^x \sin x \, dx$$

On peut penser qu'on tourne ainsi en rond, puisqu'on retrouve l'intégrale initiale du côté droit de l'égalité. Cependant, cette intégrale est de signe contraire à celle qui figure du côté gauche. En isolant l'intégrale du côté gauche de l'équation, on obtient

$$2\int e^x \sin x \, dx = -e^x \cos x + e^x \sin x + C_1$$

Par conséquent, $\int e^x \sin x \, dx = \frac{1}{2} e^x\left(\sin x - \cos x\right) + C$. Remarquez que nous avons ajouté une constante d'intégration, comme c'est la coutume dans une intégrale indéfinie.

Notez que, lors de la deuxième intégration par parties, nous aurions pu être tentés de poser $u = \cos x$ et $dv = e^x \, dx$. Vous pouvez vérifier que ce choix aurait été inapproprié, puisqu'il nous aurait menés à une équation improductive, soit $\int e^x \sin x \, dx = \int e^x \sin x \, dx$.

EXEMPLE 2.26

On veut évaluer $\int \dfrac{e^x(x-1)}{x^2}dx$. Appliquons la propriété de linéarité et simplifions l'intégrande : $\int \dfrac{e^x(x-1)}{x^2}dx = \int \dfrac{e^x}{x}dx - \int \dfrac{e^x}{x^2}dx$. Évaluons la première de ces deux intégrales au moyen d'une intégration par parties en posant

$$u = \frac{1}{x} \qquad\qquad dv = e^x dx$$

$$du = -\frac{1}{x^2}dx \quad v = e^x$$

On obtient alors que

$$\int \frac{e^x(x-1)}{x^2}dx = \int \frac{e^x}{x}dx - \int \frac{e^x}{x^2}dx$$

$$= \frac{e^x}{x} - \int \left(-\frac{e^x}{x^2}\right)dx - \int \frac{e^x}{x^2}dx$$

$$= \frac{e^x}{x} + C$$

EXERCICE 2.7

Évaluez l'intégrale définie ou indéfinie.

a) $\int e^x \cos x\, dx$ (Indice : Posez $u = \cos x$ et $dv = e^x dx$.)

b) $\int_0^1 x\, e^{3x}dx$

c) $\int x^2 \ln x\, dx$

d) $\int \arcsin x\, dx$ (Indice : Posez $u = \arcsin x$ et $dv = dx$.)

e) $\int \sin(\ln x)\, dx$

f) $\int_0^{\sqrt{\pi/2}} t^3 \sin t^2 dt$

DÉFINITION

FORMULE DE RÉDUCTION

En intégration, une formule de réduction exprime généralement une intégrale comportant une puissance entière d'une fonction comme la somme d'une deuxième fonction et d'une intégrale plus simple comportant une puissance plus faible de la première fonction. Les formules de réduction s'obtiennent habituellement au moyen d'une intégration par parties.

Il existe des formules, dites **formules de réduction**, qui permettent d'écrire une intégrale comme une somme de fonctions et d'une intégrale plus simple. Elles expriment généralement une intégrale comportant une puissance entière n d'une fonction comme une intégrale comportant une puissance plus faible de cette même fonction. On obtient généralement une telle formule après une intégration par parties. Si on applique une telle formule à répétition, on réduit de façon systématique l'exposant et on aboutit finalement à une intégrale simple à évaluer.

EXEMPLE 2.27

Démontrons la formule de réduction

$$\int \sin^n x\, dx = -\frac{1}{n}\sin^{n-1} x \cos x + \frac{n-1}{n}\int \sin^{n-2} x\, dx$$

lorsque n est un entier supérieur à 1.

PREUVE

Utilisons l'intégration par parties :

$$\int \sin^n x\, dx = \int \underbrace{\sin^{n-1} x}_{u}\, \underbrace{\sin x\, dx}_{dv}$$

$$= \underbrace{\sin^{n-1} x(-\cos x)}_{uv} - \int \underbrace{(-\cos x)}_{v}\, \underbrace{(n-1)\sin^{n-2} x(\cos x)dx}_{du}$$

$$= -\sin^{n-1} x \cos x + (n-1)\int \sin^{n-2} x(\cos^2 x) dx$$

$$= -\sin^{n-1} x \cos x + (n-1)\int \sin^{n-2} x(1-\sin^2 x) dx$$

$$= -\sin^{n-1} x \cos x + (n-1)\int \sin^{n-2} x\, dx - (n-1)\int \sin^n x\, dx$$

Si on isole $\int \sin^n x\, dx$ dans le membre de gauche de l'équation, on déduit que $n\int \sin^n x\, dx = -\sin^{n-1} x \cos x + (n-1)\int \sin^{n-2} x\, dx$, de sorte que

$$\int \sin^n x\, dx = -\frac{1}{n}\sin^{n-1} x \cos x + \frac{n-1}{n}\int \sin^{n-2} x\, dx$$

En particulier, on obtient une formule de réduction pour les puissances entières paires, soit

$$\int \sin^{2n} x\, dx = -\frac{1}{2n}\sin^{2n-1} x \cos x + \frac{2n-1}{2n}\int \sin^{2n-2} x\, dx$$

et une autre pour les puissances impaires, soit

$$\int \sin^{2n+1} x\, dx = -\frac{1}{2n+1}\sin^{2n} x \cos x + \frac{2n}{2n+1}\int \sin^{2n-1} x\, dx \qquad \blacksquare$$

Illustrons maintenant l'application de la formule de réduction prouvée à l'exemple 2.27.

EXEMPLE 2.28

On a $\displaystyle\int_0^{\pi/2} \sin x\, dx = -\cos x\Big|_0^{\pi/2} = -\cos(\pi/2) + \cos 0 = 1$. Connaissant ce résultat, il est aisé d'obtenir $\displaystyle\int_0^{\pi/2} \sin^{2n} x\, dx$ pour $n = 1, 2, 3, 4, \ldots$ à partir de la formule de réduction pour les puissances paires :

Ainsi,

$$\int \sin^2 x\, dx = -\frac{1}{2}\sin x \cos x + \frac{1}{2}\int dx$$

$$= \frac{-\sin x \cos x}{2} + \frac{x}{2} + C$$

de sorte que

$$\int_0^{\pi/2} \sin^2 x\, dx = \frac{-\sin x \cos x + x}{2}\bigg|_0^{\pi/2} = \frac{1}{2}\frac{\pi}{2}$$

De même,

$$\int \sin^4 x\, dx = -\frac{1}{4}\sin^3 x \cos x + \frac{3}{4}\int \sin^2 x\, dx$$

$$= -\frac{1}{4}\sin^3 x \cos x + \frac{3}{4}\left(\frac{-\sin x \cos x}{2} + \frac{x}{2}\right) + C$$

de sorte que

$$\int_0^{\pi/2} \sin^4 x\, dx = \left[-\frac{1}{4}\sin^3 x \cos x + \frac{3}{4}\left(\frac{-\sin x \cos x}{2} + \frac{x}{2} \right) \right]_0^{\pi/2}$$

$$= \frac{3}{4}\frac{1}{2}\frac{\pi}{2}$$

En poursuivant de la sorte, on obtient aisément que

$$\int_0^{\pi/2} \sin^{2n} x\, dx = \frac{1\cdot 3\cdot 5\cdots(2n-1)}{2\cdot 4\cdot 6\cdots 2n}\frac{\pi}{2}$$

Un peu d'histoire

Les intégrales du type $W_n = \int_0^{\pi/2} \sin^n x\, dx$, où n est un entier positif, portent le nom d'intégrales de Wallis d'indice n. Elles ont été nommées ainsi en l'honneur du mathématicien britannique John Wallis (1616–1703), qui fut célèbre à son époque. Les travaux de Wallis en calcul infinitésimal, ainsi que ceux d'Isaac Barrow (1630–1677), eurent une influence considérable sur Newton (1642–1727). En plus d'enseigner les mathématiques à Oxford, Wallis fut l'un des fondateurs de la prestigieuse Royal Society. Il fut un des premiers à traiter les coniques de manière algébrique (comme des équations du second degré) plutôt que de manière géométrique (comme des sections d'un cône). De plus, il fut le premier à donner un sens aux exposants négatifs, fractionnaires et nul, et probablement le premier à donner une représentation géométrique des nombres complexes, différente toutefois de la représentation actuelle. En calcul infinitésimal, il obtint essentiellement des résultats qu'on traduit en termes modernes sous la forme d'une intégrale définie.

Il a notamment établi que $\int_0^1 x^n dx = \frac{1}{n+1}$ lorsque $n \neq -1$. Il parvint également à exprimer le nombre π comme un produit infini de facteurs:
$\frac{\pi}{2} = \lim_{n\to\infty} \frac{2\cdot 2\cdot 4\cdot 4\cdot 6\cdot 6\cdots 2n\cdot 2n}{3\cdot 3\cdot 5\cdot 5\cdots(2n-1)\cdot(2n-1)\cdot(2n+1)}$. Cette équation porte le nom de formule de Wallis. On peut obtenir ce résultat en recourant aux intégrales de Wallis. Ainsi, dans l'exemple précédent, on a établi que $W_{2n} = \int_0^{\pi/2} \sin^{2n} x\, dx = \frac{1\cdot 3\cdot 5\cdots(2n-1)}{2\cdot 4\cdot 6\cdots 2n}\frac{\pi}{2}$. De manière similaire, on obtient que

$$W_{2n+1} = \int_0^{\pi/2} \sin^{2n+1} x\, dx = \frac{2\cdot 4\cdot 6\cdots 2n}{3\cdot 5\cdot 7\cdots(2n+1)}$$

On en déduit que $\frac{\pi}{2} = (2n+1)W_{2n+1}\cdot W_{2n} = 2n\cdot W_{2n-1}\cdot W_{2n}$, d'où $W_{2n+1} = \frac{\pi}{2(2n+1)W_{2n}}$ et $W_{2n-1} = \frac{\pi}{2(2n)W_{2n}}$.

Par ailleurs, si $1 \le k \le m$ et si $x \in [0, \pi/2]$, on a $0 \le \sin x \le 1$, de sorte que $0 \le \sin^m x \le \sin^k x \le 1$. Par conséquent, $W_m \le W_k$,

d'où $W_{2n+1} \le W_{2n} \le W_{2n-1}$. Si on remplace W_{2n+1} et W_{2n-1} par leur expression respective en fonction de W_{2n}, on a

$$W_{2n+1} = \frac{\pi}{2(2n+1)W_{2n}} \le W_{2n} \le \frac{\pi}{2(2n)W_{2n}} = W_{2n-1}$$

$$\Rightarrow x\frac{\pi}{2(2n+1)} \le (W_{2n})^2 \le \frac{\pi}{2(2n)}$$

Substituant $W_{2n} = \int_0^{\pi/2} \sin^{2n} x\, dx = \frac{1\cdot 3\cdot 5\cdots(2n-1)}{2\cdot 4\cdot 6\cdots 2n}\frac{\pi}{2}$ dans la dernière inégalité, on obtient

$$\frac{\pi}{2(2n+1)} \le \left[\frac{1\cdot 3\cdot 5\cdots(2n-1)}{2\cdot 4\cdot 6\cdots 2n}\frac{\pi}{2} \right]^2 \le \frac{\pi}{2(2n)}$$

d'où $\frac{2(2n)}{\pi} \le \left[\frac{2\cdot 4\cdot 6\cdots 2n}{1\cdot 3\cdot 5\cdots(2n-1)}\frac{2}{\pi} \right]^2 \le \frac{2(2n+1)}{\pi}$. Si on multiplie chaque partie de cette inégalité par $\frac{\pi^2}{4(2n+1)}$, on obtient

$\frac{n\pi}{(2n+1)} \le \left[\frac{2\cdot 4\cdot 6\cdots 2n}{1\cdot 3\cdot 5\cdots(2n-1)} \right]^2 \frac{1}{2n+1} \le \frac{\pi}{2}$. Évaluons la limite lorsque $n \to \infty$. On a

$$\lim_{n\to\infty} \frac{n\pi}{(2n+1)} = \lim_{n\to\infty} \frac{n\pi}{n\left(2 + \frac{1}{n}\right)}$$

$$= \lim_{n\to\infty} \frac{\pi}{\left(2 + \frac{1}{n}\right)}$$

$$= \frac{\pi}{2}$$

et $\lim_{n\to\infty} \frac{\pi}{2} = \frac{\pi}{2}$, de sorte que le terme central de l'inégalité est pris « en sandwich » entre $\frac{\pi}{2}$ et $\frac{\pi}{2}$. Par conséquent, ce terme central doit valoir $\frac{\pi}{2}$. On a donc

$$\frac{\pi}{2} = \lim_{n\to\infty} \frac{2\cdot 2\cdot 4\cdot 4\cdot 6\cdot 6\cdots 2n\cdot 2n}{3\cdot 3\cdot 5\cdot 5\cdots(2n-1)\cdot(2n-1)\cdot(2n+1)}$$

Vous pouvez maintenant faire les exercices récapitulatifs 11 à 13.

EXERCICE 2.8

Si n est un entier positif et si a est une constante non nulle, utilisez l'intégration par parties pour obtenir la formule de réduction

$$\int x^n \sin ax \, dx = -\frac{1}{a} x^n \cos ax + \frac{n}{a} \int x^{n-1} \cos ax \, dx$$

2.5 INTÉGRATION DE FONCTIONS TRIGONOMÉTRIQUES

Certaines intégrales comportant des fonctions trigonométriques résistent aux stratégies déployées jusqu'à maintenant, comme la décomposition d'une fraction, le changement de variable et l'intégration par parties. Dans une telle éventualité, lorsqu'on veut évaluer une intégrale qui contient une ou plusieurs fonctions trigonométriques, on peut envisager de simplifier cette dernière en recourant à des identités trigonométriques. Les principales identités trigonométriques alors utilisées sont consignées dans le tableau 2.2 ; vous en trouverez d'autres dans l'aide-mémoire et dans toute bonne table de mathématiques.

TABLEAU 2.2

Principales identités trigonométriques

1. $\sin^2 x + \cos^2 x = 1$
2. $1 + \operatorname{tg}^2 x = \sec^2 x$
3. $1 + \operatorname{cotg}^2 x = \operatorname{cosec}^2 x$
4. $\cos x \cos y = \frac{1}{2}[\cos(x - y) + \cos(x + y)]$
5. $\sin x \sin y = \frac{1}{2}[\cos(x - y) - \cos(x + y)]$
6. $\sin x \cos y = \frac{1}{2}[\sin(x - y) + \sin(x + y)]$
7. $\sin 2x = 2 \sin x \cos x$
8. $\sin^2 x = \frac{1}{2}(1 - \cos 2x)$
9. $\cos^2 x = \frac{1}{2}(1 + \cos 2x)$

Illustrons l'emploi de ces identités dans l'intégration de fonctions trigonométriques.

EXEMPLE 2.29

On peut utiliser l'identité $\sin 2x = 2 \sin x \cos x$ pour évaluer $\int \sin x \cos x \, dx$:

$$\int \sin x \cos x \, dx = \frac{1}{2} \int \sin 2x \, dx$$
$$= \frac{1}{2}\left(-\frac{1}{2} \cos 2x + C_1\right)$$
$$= -\frac{1}{4} \cos 2x + C$$

EXEMPLE 2.30

On veut évaluer $\int \frac{1}{1 + \sin t} \, dt$. L'intégrande pose problème, puisqu'il comporte une somme au dénominateur. Or, si le dénominateur était $1 - \sin^2 t$, on pourrait le remplacer par $\cos^2 t$. L'intégrale serait alors simple à évaluer :

$$\int \frac{1}{1 - \sin^2 t} \, dt = \int \frac{1}{\cos^2 t} \, dt$$
$$= \int \sec^2 t \, dt$$
$$= \operatorname{tg} t + C$$

Que faire alors ? On peut recourir à une astuce déjà connue qui peut s'avérer utile en intégration, soit multiplier le numérateur et le dénominateur par un « conjugué » :

$$\int \frac{1}{1 + \sin t} dt = \int \frac{1}{1 + \sin t} \frac{1 - \sin t}{1 - \sin t} dt$$

$$= \int \frac{1 - \sin t}{1 - \sin^2 t} dt$$

$$= \int \frac{1 - \sin t}{\cos^2 t} dt$$

$$= \int \frac{1}{\cos^2 t} dt - \int \frac{\sin t}{\cos^2 t} dt$$

$$= \int \sec^2 t \, dt - \int \sec t \operatorname{tg} t \, dt$$

$$= \operatorname{tg} t - \sec t + C$$

EXEMPLE 2.31

Pour évaluer $\int_0^{\pi/4} \sqrt{1 - \cos x} \, dx$, nous allons utiliser l'identité trigonométrique $\sin^2 u = \frac{1}{2}(1 - \cos 2u)$ afin d'éliminer le radical dans l'intégrande :

$$\int_0^{\pi/4} \sqrt{1 - \cos x} \, dx = \int_0^{\pi/4} \sqrt{2 \sin^2 \frac{x}{2}} \, dx$$

$$= \int_0^{\pi/4} \sqrt{2} \sin \frac{x}{2} \, dx$$

$$= \sqrt{2} \int_0^{\pi/4} \sin \frac{x}{2} \, dx$$

$$= \sqrt{2} \left(\frac{1}{\frac{1}{2}}\right)\left(-\cos \frac{x}{2}\right)\Big|_0^{\pi/4}$$

$$= 2\sqrt{2}\left[-\cos \frac{\pi}{8} - (-\cos 0)\right]$$

$$= 2\sqrt{2}\left(1 - \cos \frac{\pi}{8}\right)$$

$$\approx 0,22$$

EXERCICE 2.9

a) Évaluez $\int \frac{1}{1 - \cos x} dx$.

Utilisez l'identité trigonométrique $\sin^2 u = \frac{1}{2}(1 - \cos 2u)$.

b) Évaluez $\int \frac{1}{1 - \cos x} dx$. Multipliez le numérateur et le dénominateur de l'intégrande par le conjugué du dénominateur.

c) Vérifiez que les réponses obtenues en *a* et en *b* sont équivalentes.

d) Évaluez $\int_{\pi/4}^{\pi/2} \frac{1}{1 - \cos x} dx$.

2.5.1 INTÉGRALES DU TYPE $\int \cos mx \cos nx \, dx$, $\int \sin mx \sin nx \, dx$ OU $\int \sin mx \cos nx \, dx$

Les trois derniers exemples ont montré qu'on peut utiliser des identités trigonométriques en intégration pour transformer l'intégrande en une expression qu'on sait intégrer. Toutefois, ces exemples n'illustrent pas une stratégie générale; nous les avons examinés comme des cas singuliers que nous avons traités à l'aide d'une tactique particulière à chaque exemple. Pourtant, il existe des stratégies générales qui s'appliquent à l'évaluation de certains types d'intégrales. C'est notamment le cas avec les intégrales d'une des formes suivantes : $\int \cos mx \cos nx \, dx$, $\int \sin mx \sin nx \, dx$ et $\int \sin mx \cos nx \, dx$, lesquelles sont souvent employées en mathématiques, notamment pour évaluer des coefficients dits de Fourier. On peut utiliser, selon le cas correspondant, les identités trigonométriques 4, 5 et 6 consignées dans le tableau 2.2 pour évaluer ces intégrales. On remplace alors un produit de fonctions pour lequel on n'a pas de formule de base d'intégration par une somme ou une différence de deux fonctions qu'on sait comment intégrer.

EXEMPLE 2.32

Pour évaluer $\int \cos 3x \cos x \, dx$, on utilise l'identité trigonométrique

$$\cos x \cos y = \tfrac{1}{2}[\cos(x - y) + \cos(x + y)]$$

afin de transformer un produit de cosinus en une somme de cosinus :

$$\int \cos 3x \cos x \, dx = \tfrac{1}{2} \int (\cos 2x + \cos 4x) \, dx$$
$$= \tfrac{1}{2}(\tfrac{1}{2} \sin 2x + \tfrac{1}{4} \sin 4x + C_1)$$
$$= \tfrac{1}{4} \sin 2x + \tfrac{1}{8} \sin 4x + C$$

EXERCICES 2.10

1. Évaluez $\displaystyle\int_0^1 \cos 2\pi x \sin 3\pi x \, dx$.

2. Si m et n sont des entiers positifs et si L est un réel non nul, montrez que
$$\int_{-L}^{L} \cos\left(\frac{m\pi x}{L}\right) \sin\left(\frac{n\pi x}{L}\right) dx = 0.$$ (Indice : Quelle est la « parité » de l'intégrande ?)

3. Si m et n sont des entiers positifs et si L est un réel non nul, montrez que
$$\int_{-L}^{L} \cos\left(\frac{m\pi x}{L}\right) \cos\left(\frac{n\pi x}{L}\right) dx = \begin{cases} L & \text{si } m = n \\ 0 & \text{si } m \neq n \end{cases}$$

2.5.2 INTÉGRALES DU TYPE $\int \sin^m x \cos^n x \, dx$

On peut aussi utiliser des identités trigonométriques pour évaluer certaines intégrales du type $\int \sin^m x \cos^n x \, dx$. La nature des constantes m et n dicte la stratégie à utiliser.

Cas 1 : Une des deux constantes, m ou n, est un entier impair.

Dans ce cas, si m est impair, soit $m = 2k + 1$, alors

$$\sin^m x = \sin^{2k+1} x = \left(\sin^2 x\right)^k \sin x = \left(1 - \cos^2 x\right)^k \sin x$$

de sorte que $\int \sin^m x \cos^n x \, dx = \int \left(1 - \cos^2 x\right)^k \cos^n x \sin x \, dx$. Si on pose $u = \cos x$, on obtient alors $du = -\sin x \, dx$, d'où $-du = \sin x \, dx$, de sorte que

$$\int \sin^m x \cos^n x \, dx = -\int \left(1 - u^2\right)^k u^n \, du$$

qui est une forme d'intégrale facile à évaluer après le développement de l'intégrande.

De manière similaire, si n est impair, soit $n = 2k + 1$, on utilise l'identité $\cos^2 x = 1 - \sin^2 x$ et la substitution $u = \sin x$ pour obtenir

$$\int \sin^m x \cos^n x \, dx = \int \sin^m x \left(1 - \sin^2 x\right)^k \cos x \, dx$$

$$= \int u^m \left(1 - u^2\right)^k \, du$$

L'utilisation de l'identité $\sin^2 x + \cos^2 x = 1$ ne se limite évidemment pas à ces seules situations.

EXEMPLE 2.33

On évalue $\int \sin^2 t \cos^3 t \, dt$ de la façon suivante :

$$\int \sin^2 t \cos^3 t \, dt = \int \sin^2 t \left(\cos^2 t\right) \cos t \, dt$$

$$= \int \sin^2 t \left(1 - \sin^2 t\right) \cos t \, dt$$

$$= \int u^2 \left(1 - u^2\right) du \quad \text{Où } u = \sin t \Rightarrow du = \cos t \, dt.$$

$$= \int \left(u^2 - u^4\right) du$$

$$= \tfrac{1}{3} u^3 - \tfrac{1}{5} u^5 + C$$

$$= \tfrac{1}{3} \sin^3 t - \tfrac{1}{5} \sin^5 t + C$$

EXEMPLE 2.34

On évalue $\int \dfrac{\sin^3 x}{\cos^2 x} \, dx$ de la façon suivante :

$$\int \frac{\sin^3 x}{\cos^2 x} \, dx = \int \frac{\sin x \left(\sin^2 x\right)}{\cos^2 x} \, dx$$

$$= \int \frac{\sin x \left(1 - \cos^2 x\right)}{\cos^2 x} \, dx$$

$$= -\int \frac{\left(1 - u^2\right)}{u^2} \, du \quad \text{Où } u = \cos x \Rightarrow du = -\sin x \, dx.$$

$$= \int \left(1 - u^{-2}\right) du$$

$$= u + u^{-1} + C$$

$$= \cos x + \frac{1}{\cos x} + C$$

$$= \cos x + \sec x + C$$

⊖XERCICE 2.11

Évaluez l'intégrale indéfinie.

a) $\int \cos^5 t\, dt$ 　　　b) $\int \dfrac{\sin^3 x}{\sqrt{\cos x}}\, dx$ 　　　c) $\int \dfrac{\cos^3 t}{2 + \sin t}\, dt$

CAS 2 : Les deux constantes m et n sont des entiers non négatifs pairs.

Dans ce cas, on utilise les identités $\sin^2 x = \frac{1}{2}(1 - \cos 2x)$ et $\cos^2 x = \frac{1}{2}(1 + \cos 2x)$ pour exprimer l'intégrande par une somme de puissances de la fonction cosinus. Les puissances impaires s'intègrent selon la stratégie exposée plus haut. Quant aux puissances paires, on les intègre en réutilisant l'identité $\cos^2 x = \frac{1}{2}(1 + \cos 2x)$ jusqu'à ce qu'il ne reste plus que des puissances impaires. Dans certaines circonstances, on peut aussi utiliser l'identité $\sin 2x = 2\sin x \cos x$. Illustrons ces deux façons de faire par les exemples suivants.

EXEMPLE 2.35

On veut évaluer $\int \cos^2 x\, dx$. On a alors

$$\int \cos^2 x\, dx = \frac{1}{2}\int (1 + \cos 2x)\, dx$$

$$= \frac{1}{2}\left(x + \frac{\sin 2x}{2}\right) + C$$

$$= \frac{x}{2} + \frac{\sin 2x}{4} + C$$

EXEMPLE 2.36

On veut évaluer $\displaystyle\int_{0}^{\pi/2} \sin^2 x \cos^2 x\, dx$. Voici une première façon de faire :

$$\int_{0}^{\pi/2} \sin^2 x \cos^2 x\, dx = \int_{0}^{\pi/2} \left(\sin x \cos x\right)^2 dx$$

$$= \int_{0}^{\pi/2} \left(\tfrac{1}{2}\sin 2x\right)^2 dx$$

$$= \tfrac{1}{4} \int_{0}^{\pi/2} \sin^2 2x\, dx$$

$$= \tfrac{1}{4} \int_{0}^{\pi/2} \tfrac{1}{2}(1 - \cos 4x)\, dx$$

$$= \frac{1}{8}\left(x - \frac{\sin 4x}{4}\right)\Bigg|_{0}^{\pi/2}$$

$$= \frac{1}{8}\left(\frac{\pi}{2} - \frac{\sin[4(\pi/2)]}{4}\right) - \frac{1}{8}\left(0 - \frac{\sin[4(0)]}{4}\right)$$

$$= \frac{\pi}{16}$$

On aurait également pu procéder d'une façon légèrement différente :

$$\int_0^{\pi/2} \sin^2 x \cos^2 x\, dx = \int_0^{\pi/2} \tfrac{1}{2}(1 - \cos 2x)\left[\tfrac{1}{2}(1 + \cos 2x)\right] dx$$

$$= \tfrac{1}{4} \int_0^{\pi/2} \left(1 - \cos^2 2x\right) dx$$

$$= \tfrac{1}{4} \int_0^{\pi/2} \left[1 - \tfrac{1}{2}(1 + \cos 4x)\right] dx$$

$$= \tfrac{1}{4} \int_0^{\pi/2} \tfrac{1}{2}(1 - \cos 4x)\, dx$$

$$= \frac{1}{8}\left(x - \frac{\sin 4x}{4}\right)\Bigg|_0^{\pi/2}$$

$$= \frac{1}{8}\left(\frac{\pi}{2} - \frac{\sin[4(\pi/2)]}{4}\right) - \frac{1}{8}\left(0 - \frac{\sin[4(0)]}{4}\right)$$

$$= \frac{\pi}{16}$$

2.5.3 INTÉGRALES COMPORTANT DES SÉCANTES, DES COSÉCANTES, DES TANGENTES OU DES COTANGENTES

Lorsqu'on veut évaluer une intégrale comportant des sécantes et des tangentes (ou encore des cosécantes et des cotangentes), on peut essayer d'exprimer toutes ces fonctions sous la forme de sinus et de cosinus.

Si cette stratégie ne s'avère pas concluante, on peut alors essayer d'exprimer l'intégrande en fonction d'une combinaison de sécantes et de tangentes qui soit facilement intégrable. Ainsi, comme $d\sec x = \sec x \operatorname{tg} x\, dx$, on a que si $n \neq 0$, alors, en vertu du changement de variable $u = \sec x$,

$$\int \sec^n x \operatorname{tg} x\, dx = \int \left(\sec^{n-1} x\right) \sec x \operatorname{tg} x\, dx$$

$$= \frac{\sec^n x}{n} + C$$

De même, comme $d\operatorname{tg} x = \sec^2 x\, dx$, on a que si $n \neq -1$, alors, en vertu du changement de variable $u = \operatorname{tg} x$,

$$\int \operatorname{tg}^n x \sec^2 x\, dx = \frac{\operatorname{tg}^{n+1} x}{n+1} + C$$

L'identité $\sec^2 x = 1 + \operatorname{tg}^2 x$ peut aussi s'avérer fort utile pour transformer une intégrale en l'une des deux formes mentionnées précédemment.

Le cas d'une intégrale comportant des cosécantes et des cotangentes est traité de manière analogue. L'identité $\operatorname{cosec}^2 x = 1 + \operatorname{cotg}^2 x$ pourrait alors s'avérer fort utile.

EXEMPLE 2.37

$$\int \frac{\text{tg}^4\, 3t}{\sec^5 3t}\, dt = \int \frac{\sin^4 3t \cos^5 3t}{\cos^4 3t}\, dt$$

$$= \int \sin^4 3t \cos 3t\, dt$$

$$= \tfrac{1}{3} \int u^4\, du \quad \text{Où } u = \sin 3t \Rightarrow \tfrac{1}{3}\, du = \cos 3t\, dt.$$

$$= \tfrac{1}{15} u^5 + C$$

$$= \tfrac{1}{15} \left(\sin^5 3t \right) + C$$

EXEMPLE 2.38

$$\int \text{tg}^3\, x\, dx = \int \text{tg}\, x\, \text{tg}^2\, x\, dx$$

$$= \int \text{tg}\, x \left(\sec^2 x - 1 \right) dx$$

$$= \int \left(\text{tg}\, x \sec^2 x - \text{tg}\, x \right) dx$$

$$= \int \text{tg}\, x \sec^2 x\, dx - \int \text{tg}\, x\, dx$$

Si, dans la première intégrale du membre de droite, on pose $u = \text{tg}\, x$, on obtient alors que $du = \sec^2 x\, dx$, de sorte que

$$\int \text{tg}^3\, x\, dx = \int u\, du - \int \text{tg}\, x\, dx$$

$$= \tfrac{1}{2} u^2 - \ln\left| \sec x \right| + C$$

$$= \tfrac{1}{2} \text{tg}^2\, x + \ln\left| \cos x \right| + C$$

EXEMPLE 2.39

$$\int \sec^4 t\, dt = \int \sec^2 t \sec^2 t\, dt$$

$$= \int \sec^2 t \left(1 + \text{tg}^2\, t \right) dt$$

$$= \int \sec^2 t\, dt + \int \sec^2 t\, \text{tg}^2\, t\, dt$$

Si, dans la deuxième intégrale du membre de droite, on pose $u = \text{tg}\, t$, on obtient alors $du = \sec^2 t\, dt$, de sorte que

$$\int \sec^4 t\, dt = \int \sec^2 t\, dt + \int u^2\, du$$

$$= \text{tg}\, t + \tfrac{1}{3} u^3 + C$$

$$= \text{tg}\, t + \tfrac{1}{3} \text{tg}^3\, t + C$$

EXEMPLE 2.40

$$\int \text{tg}\, x \sec^5 x\, dx = \int \sec^4 x \sec x \text{tg}\, x\, dx$$

$$= \int u^4\, du \quad \text{Où } u = \sec x \Rightarrow du = \sec x\, \text{tg}\, x\, dx.$$

$$= \tfrac{1}{5} u^5 + C$$

$$= \tfrac{1}{5} \sec^5 x + C$$

2.5.4 COMBINAISON DE STRATÉGIES

Il n'en demeure pas moins que l'utilisation seule d'identités trigonométriques ne permet pas toujours d'évaluer certaines intégrales comportant des fonctions trigonométriques. Il faut les combiner à d'autres techniques, par exemple l'intégration par parties.

EXEMPLE 2.41

On veut évaluer $\int \sec^3 x\, dx$. Notons d'abord que $\int \sec^3 x\, dx = \int \sec x \sec^2 x\, dx$. Effectuons ensuite une intégration par parties en posant

$$u = \sec x \qquad\qquad dv = \sec^2 x\, dx$$
$$du = \sec x \operatorname{tg} x\, dx \qquad v = \operatorname{tg} x$$

On a alors

$$\int \sec^3 x\, dx = \int \sec x \sec^2 x\, dx$$
$$= \sec x \operatorname{tg} x - \int \sec x \operatorname{tg}^2 x\, dx$$
$$= \sec x \operatorname{tg} x - \int \sec x \left(\sec^2 x - 1 \right) dx$$
$$= \sec x \operatorname{tg} x - \int \sec^3 x\, dx + \int \sec x\, dx$$
$$= \sec x \operatorname{tg} x - \int \sec^3 x\, dx + \ln|\sec x + \operatorname{tg} x| + C_1$$

Si on isole $\int \sec^3 x\, dx$ du côté gauche de l'égalité, on obtient

$$2\int \sec^3 x\, dx = \sec x \operatorname{tg} x + \ln|\sec x + \operatorname{tg} x| + C_1$$

d'où on déduit que $\int \sec^3 x\, dx = \tfrac{1}{2}\left(\sec x \operatorname{tg} x + \ln|\sec x + \operatorname{tg} x| \right) + C$.

EXERCICE 2.12

Évaluez l'intégrale indéfinie.

a) $\int (1 + \sec x)^2\, dx$ c) $\int \operatorname{tg}^2 x\, dx$ e) $\int \dfrac{\sec^4 x}{\operatorname{tg}^2 x}\, dx$

b) $\int \dfrac{1}{\sec^2 x \operatorname{tg} x}\, dx$ d) $\int \operatorname{tg}^3 t \sec^3 t\, dt$

Vous pouvez maintenant faire les exercices récapitulatifs 14 à 17.

2.6 INTÉGRATION PAR SUBSTITUTION TRIGONOMÉTRIQUE

Dans cette section: *substitution trigonométrique.*

L'étude des caractéristiques physiques ou géométriques de surfaces ou de solides issus de cercles, d'ellipses ou d'hyperboles conduit souvent à des intégrales comportant des expressions, sous un radical ou au dénominateur d'une fraction, d'un des types suivants: $a^2 - x^2$, $a^2 + x^2$ ou $x^2 - a^2$, a étant une constante positive. Une intégrale comportant une somme (ou une différence) sous un radical (ou au dénominateur d'une fraction) présente une difficulté qu'on tente généralement d'éliminer en remplaçant la somme par un seul terme. Bien sûr, les changements de variable $u = a^2 - x^2$, $u = a^2 + x^2$ ou $u = x^2 - a^2$ peuvent s'avérer efficaces à l'occasion, comme nous l'avons vu dans les sections précédentes. Toutefois, lorsque ces substitutions ne fonctionnent pas, on peut recourir à des identités trigonométriques pour remplacer une somme ou une différence de carrés par un seul terme. Les identités $\sin^2 \theta + \cos^2 \theta = 1$ et $1 + \operatorname{tg}^2 \theta = \sec^2 \theta$ peuvent servir à cette fin.

Avant de donner les principes généraux d'une substitution trigonométrique, illustrons à l'aide d'un exemple simple la façon dont cette stratégie permet d'évaluer une intégrale comportant une somme ou une différence de carrés sous un radical ou au dénominateur d'une fraction.

EXEMPLE 2.42

On veut évaluer $\int \sqrt{9 - x^2}\, dx$, où $x^2 < 9$. Cette intégrale ne semble pas se prêter à un changement de variable ou à une intégration par parties. À cause de la forme $a^2 - x^2$ sous le radical, on est amené à utiliser une substitution trigonométrique pour que cette différence de carrés se transforme en un seul terme. On pose donc $x = 3\sin\theta$ pour obtenir

$$\sqrt{9 - x^2} = \sqrt{9 - 9\sin^2 \theta}$$
$$= \sqrt{9\left(1 - \sin^2 \theta\right)}$$
$$= 3\sqrt{\cos^2 \theta}$$
$$= 3\cos\theta$$

Comme dans toute substitution, il faut également évaluer l'élément différentiel: $dx = d\left(3\sin\theta\right) = 3\cos\theta\, d\theta$. Par conséquent,

$$\int \sqrt{9 - x^2}\, dx = \int \sqrt{9 - 9\sin^2 \theta}\, 3\cos\theta\, d\theta \quad \text{Où } x = 3\sin\theta \Rightarrow dx = 3\cos d\theta.$$
$$= \int \left(3\cos\theta\right)\left(3\cos\theta\right) d\theta$$
$$= 9 \int \cos^2 \theta\, d\theta$$
$$= \tfrac{9}{2} \int \left(1 + \cos 2\theta\right) d\theta$$
$$= \tfrac{9}{2}\left(\theta + \tfrac{1}{2}\sin 2\theta\right) + C$$
$$= \tfrac{9}{2}\left(\theta + \sin\theta\cos\theta\right) + C$$

On pourrait croire que le problème est résolu! Pas tout à fait. En effet, comme l'intégrande est une fonction de x, on s'attend à ce que l'intégrale indéfinie soit également une fonction de x. Or, ce n'est pas le cas. Il faut donc être en mesure d'inverser la substitution trigonométrique, de la même façon qu'il avait fallu inverser la substitution opérée lors d'un changement de variable.

Cette inversion est relativement simple à effectuer à partir d'un triangle rectangle associé à la substitution. Les côtés du triangle s'obtiennent à partir de la définition de la fonction trigonométrique utilisée dans la substitution et du théorème de Pythagore. Dans le cas qui nous intéresse, nous avons effectué la substitution $x = 3\sin\theta$, de sorte que $\sin\theta = \dfrac{x}{3}$ et $\theta = \arcsin\dfrac{x}{3}$. Or, dans un triangle rectangle, on a que $\sin\theta = \dfrac{\text{côté opposé à } \theta}{\text{hypoténuse}}$, de sorte que dans le cas qui nous intéresse, on a $\sin\theta = \dfrac{\text{côté opposé à } \theta}{\text{hypoténuse}} = \dfrac{x}{3}$. On doit donc construire un triangle rectangle dont l'hypoténuse mesure 3 et dont le côté opposé à l'angle θ

mesure x. Les mesures des côtés de ce triangle, obtenues en vertu du théorème de Pythagore et de la définition de la fonction sinus, sont inscrites sur la figure 2.4.

À partir des mesures inscrites dans le triangle de référence, il serait possible d'exprimer chacune des fonctions trigonométriques et l'angle θ en fonction de la variable x :

$$\sin\theta = \frac{\text{côté opposé à } \theta}{\text{hypoténuse}} = \frac{x}{3}$$

$$\theta = \arcsin\frac{x}{3}$$

$$\cos\theta = \frac{\text{côté adjacent à } \theta}{\text{hypoténuse}} = \frac{\sqrt{9-x^2}}{3}$$

$$\text{tg}\,\theta = \frac{\text{côté opposé à } \theta}{\text{côté adjacent à } \theta} = \frac{x}{\sqrt{9-x^2}}$$

$$\text{cotg}\,\theta = \frac{\text{côté adjacent à } \theta}{\text{côté opposé à } \theta} = \frac{\sqrt{9-x^2}}{x}$$

$$\sec\theta = \frac{\text{hypoténuse}}{\text{côté adjacent à } \theta} = \frac{3}{\sqrt{9-x^2}}$$

$$\text{cosec}\,\theta = \frac{\text{hypoténuse}}{\text{côté opposé à } \theta} = \frac{3}{x}$$

Nous sommes maintenant en mesure de poursuivre l'évaluation de l'intégrale formulée au début de cet exemple. Nous avions obtenu que $\int \sqrt{9-x^2}\,dx = \frac{9}{2}(\theta + \sin\theta\cos\theta) + C$. Si nous utilisons les résultats tirés du triangle de référence, nous obtenons

$$\int \sqrt{9-x^2}\,dx = \frac{9}{2}(\theta + \sin\theta\cos\theta) + C$$

$$= \frac{9}{2}\left[\arcsin\frac{x}{3} + \left(\frac{x}{3}\right)\left(\frac{\sqrt{9-x^2}}{3}\right)\right] + C$$

$$= \frac{9}{2}\left(\arcsin\frac{x}{3}\right) + \frac{x\sqrt{9-x^2}}{2} + C$$

On peut adapter la démarche suivie dans l'exemple 2.42 pour évaluer des intégrales comportant une somme ou une différence de carrés sous un radical ou au dénominateur d'une fraction et qui résistent à un changement de variable ou à une intégration par parties. Voici une description sommaire de la procédure à suivre selon que l'expression problématique est de la forme $a^2 - x^2$, $a^2 + x^2$ ou $x^2 - a^2$.

L'identité $\cos^2\theta = 1 - \sin^2\theta$ nous invite à appliquer la substitution $x = a\sin\theta$, où $-\frac{\pi}{2} \le \theta \le \frac{\pi}{2}$, pour simplifier l'expression $a^2 - x^2$. En effet, par suite de cette substitution,

$$a^2 - x^2 = a^2 - a^2\sin^2\theta$$

$$= a^2\cos^2\theta$$

FIGURE 2.4

Triangle de référence de la substitution $x = 3\sin\theta$

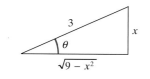

La restriction sur θ s'explique du fait qu'en intégrale définie, il faut pouvoir exprimer les bornes d'intégration en fonction de θ, ou encore pouvoir inverser la substitution après l'intégration, c'est-à-dire exprimer θ en fonction de x: $\theta = \arcsin\dfrac{x}{a}$. Or, pour que cette expression soit une fonction, on doit restreindre les valeurs de θ. Il est avantageux de restreindre les valeurs de θ aux valeurs de la branche principale de la fonction arcsinus, soit $-\dfrac{\pi}{2} \le \theta \le \dfrac{\pi}{2}$. En vertu de cette limitation, on obtient que

$$
\begin{aligned}
\sqrt{a^2 - x^2} &= \sqrt{a^2 - a^2 \sin^2\theta} \\
&= \sqrt{a^2 \cos^2\theta} \\
&= a|\cos\theta| \\
&= a\cos\theta
\end{aligned}
$$

puisque $\cos\theta \ge 0$ lorsque $-\dfrac{\pi}{2} \le \theta \le \dfrac{\pi}{2}$. Comme pour toute substitution, il ne faut pas oublier de changer la différentielle: $dx = a\cos\theta\, d\theta$.

De même, l'identité $1 + \operatorname{tg}^2\theta = \sec^2\theta$ nous invite à recourir à la substitution $x = a\operatorname{tg}\theta$ pour simplifier l'expression $a^2 + x^2$. En effet, par suite de cette substitution,

$$
\begin{aligned}
a^2 + x^2 &= a^2 + a^2 \operatorname{tg}^2\theta \\
&= a^2\left(1 + \operatorname{tg}^2\theta\right) \\
&= a^2 \sec^2\theta
\end{aligned}
$$

Encore une fois, il faut restreindre les valeurs de θ à la branche principale de la fonction $\theta = \operatorname{arctg}\dfrac{x}{a}$, soit $-\dfrac{\pi}{2} < \theta < \dfrac{\pi}{2}$. Ainsi,

$$
\begin{aligned}
\sqrt{a^2 + x^2} &= \sqrt{a^2 + a^2 \operatorname{tg}^2\theta} \\
&= \sqrt{a^2 \sec^2\theta} \\
&= a|\sec\theta| \\
&= a\sec\theta
\end{aligned}
$$

puisque $\sec\theta > 0$ lorsque $-\dfrac{\pi}{2} < \theta < \dfrac{\pi}{2}$. Comme pour toute substitution, il ne faut pas oublier de changer la différentielle: $dx = a\sec^2\theta\, d\theta$.

De même, l'identité $\sec^2\theta - 1 = \operatorname{tg}^2\theta$ nous invite à utiliser la substitution $x = a\sec\theta$ pour simplifier l'expression $x^2 - a^2$. En effet, par suite de cette substitution, $x^2 - a^2 = a^2 \sec^2\theta - a^2 = a^2\left(\sec^2\theta - 1\right) = a^2 \operatorname{tg}^2\theta$. Encore une fois, il est nécessaire de restreindre les valeurs de θ à la branche principale de la fonction $\theta = \operatorname{arcsec}\dfrac{x}{a}$, soit $0 \le \theta \le \pi$ à l'exclusion de $\theta = \dfrac{\pi}{2}$. En fait, si $x \ge a$, alors $0 \le \theta < \dfrac{\pi}{2}$, et si $x \le -a$, alors $\dfrac{\pi}{2} < \theta \le \pi$. Comme la fonction tangente n'est pas toujours positive pour ces valeurs de θ, il faut utiliser une valeur absolue dans la substitution suivante: $\sqrt{x^2 - a^2} = \sqrt{a^2 \sec^2\theta - a^2} = \sqrt{a^2 \operatorname{tg}^2\theta} = a|\operatorname{tg}\theta|$. Comme pour toute substitution, il ne faut pas oublier de changer la différentielle: $dx = a\sec\theta\operatorname{tg}\theta\, d\theta$.

Le tableau 2.3 présente les trois principales **substitutions trigonométriques** accompagnées de leurs effets.

TABLEAU 2.3

Choix d'une substitution trigonométrique

Forme	Substitution suggérée	Restriction	Résultat de la substitution	Triangle de référence de la substitution
$a^2 - x^2$	$x = a\sin\theta$ d'où $dx = a\cos\theta\, d\theta$	$\theta \in \left[-\dfrac{\pi}{2}, \dfrac{\pi}{2}\right]$	$a^2 - x^2 = a^2 - a^2\sin^2\theta$ $= a^2\cos^2\theta$	
$a^2 + x^2$	$x = a\,\text{tg}\,\theta$ d'où $dx = a\sec^2\theta\, d\theta$	$\theta \in \left]-\dfrac{\pi}{2}, \dfrac{\pi}{2}\right[$	$a^2 + x^2 = a^2 + a^2\,\text{tg}^2\,\theta$ $= a^2\sec^2\theta$	
$x^2 - a^2$	$x = a\sec\theta$ d'où $dx = a\sec\theta\,\text{tg}\,\theta\, d\theta$	$\theta \in \left[0, \dfrac{\pi}{2}\right[$ pour $x \geq a$ et $\theta \in \left]\dfrac{\pi}{2}, \pi\right]$ pour $x \leq -a$.	$x^2 - a^2 = a^2\sec^2\theta - a^2$ $= a^2\,\text{tg}^2\,\theta$	

DÉFINITION

SUBSTITUTION TRIGONOMÉTRIQUE

La substitution trigonométrique est la technique d'intégration employée notamment lorsque l'intégrande comporte une somme ou une différence de carrés $\left(a^2 - x^2, a^2 + x^2 \text{ ou } x^2 - a^2\right)$ et qu'on veut remplacer cette somme ou cette différence par un terme unique grâce aux identités trigonométriques associées au théorème de Pythagore. Ainsi, la substitution $x = a\sin\theta$ transforme $a^2 - x^2$ en $a^2 - a^2\sin^2\theta = a^2\cos^2\theta$; de même, la substitution $x = a\,\text{tg}\,\theta$ transforme $a^2 + x^2$ en $a^2 + a^2\,\text{tg}^2\,\theta = a^2\sec^2\theta$; enfin, la substitution $x = a\sec\theta$ transforme $x^2 - a^2$ en $a^2\sec^2\theta - a^2 = a^2\,\text{tg}^2\,\theta$.

Après avoir intégré à l'aide d'une substitution trigonométrique, il faut exprimer le résultat en fonction de la variable d'origine. Les triangles rectangles du tableau 2.3 facilitent cette transformation. Ces triangles sont construits à partir de la définition de la fonction trigonométrique utilisée dans la substitution :

■ $x = a\sin\theta \Rightarrow \sin\theta = \dfrac{\text{côté opposé à } \theta}{\text{hypoténuse}} = \dfrac{x}{a}$, on associe donc x au côté opposé à l'angle θ, et a à l'hypoténuse.

■ $x = a\,\text{tg}\,\theta \Rightarrow \text{tg}\,\theta = \dfrac{\text{côté opposé à } \theta}{\text{côté adjacent à } \theta} = \dfrac{x}{a}$, on associe donc x au côté opposé à l'angle θ, et a au côté adjacent à l'angle θ.

■ $x = a\sec\theta \Rightarrow \sec\theta = \dfrac{\text{hypoténuse}}{\text{côté adjacent à } \theta} = \dfrac{x}{a}$, on associe donc x à l'hypoténuse, et a au côté adjacent à l'angle θ.

Illustrons la méthode des substitutions trigonométriques avec quelques autres exemples.

EXEMPLE 2.43

On veut évaluer $\displaystyle\int \dfrac{x^3}{\sqrt{4 - x^2}}\, dx$, où $x^2 < 4$. À cause de la forme $a^2 - x^2$ sous un radical au dénominateur de l'intégrande, on est amené à utiliser une substitution trigonométrique. On pose $x = 2\sin\theta$, d'où $dx = 2\cos\theta\, d\theta$.

On obtient alors

$$\int \frac{x^3}{\sqrt{4-x^2}}\,dx = \int \frac{8\sin^3\theta}{\sqrt{4-4\sin^2\theta}}(2\cos\theta)\,d\theta$$

$$= 8\int \frac{\sin^3\theta}{2\cos\theta}(2\cos\theta)\,d\theta$$

$$= 8\int \sin^3\theta\,d\theta$$

$$= 8\int \sin\theta\sin^2\theta\,d\theta$$

$$= 8\int \sin\theta(1-\cos^2\theta)\,d\theta$$

$$= 8\Big[\int \sin\theta\,d\theta - \int \sin\theta\cos^2\theta\,d\theta\Big]$$

$$= 8(-\cos\theta + C_1) + 8\int u^2\,du \quad \text{Où } u = \cos\theta \;\Rightarrow\; du = -\sin\theta\,d\theta.$$

$$= 8(-\cos\theta + C_1) + 8\big(\tfrac{1}{3}u^3 + C_2\big)$$

$$= 8\big(\tfrac{1}{3}\cos^3\theta - \cos\theta\big) + C$$

En posant $a = 2$, le triangle de référence de la substitution est celui de la figure 2.5, de sorte que $\cos\theta = \dfrac{\text{côté adjacent}}{\text{hypoténuse}} = \dfrac{\sqrt{4-x^2}}{2}$.

Par conséquent,

$$\int \frac{x^3}{\sqrt{4-x^2}}\,dx = 8\big(\tfrac{1}{24}(4-x^2)^{3/2} - \tfrac{1}{2}\sqrt{4-x^2}\big) + C$$

$$= \tfrac{1}{3}(4-x^2)^{3/2} - 4\sqrt{4-x^2} + C$$

Une étude plus attentive de l'intégrande nous aurait permis d'obtenir ce résultat plus simplement et plus rapidement en effectuant un changement de variable :

$$\int \frac{x^3}{\sqrt{4-x^2}}\,dx = \int \frac{x^2\,(x)}{\sqrt{4-x^2}}\,dx$$

$$= -\tfrac{1}{2}\int \frac{4-u}{\sqrt{u}}\,du \quad \text{Où } u = 4 - x^2 \;\Rightarrow\; du = -2x\,dx.$$

$$= \tfrac{1}{2}\int \big(u^{1/2} - 4u^{-1/2}\big)\,du$$

$$= \tfrac{1}{3}u^{3/2} - 4\sqrt{u} + C$$

$$= \tfrac{1}{3}(4-x^2)^{3/2} - 4\sqrt{4-x^2} + C$$

L'utilisation d'une substitution trigonométrique dans l'évaluation d'une intégrale peut produire un résultat correct mais d'une manière inefficace. La substitution trigonométrique étant une stratégie complexe à mettre en œuvre, il est préférable, avant d'y recourir, de regarder attentivement si un simple changement de variable permettrait de produire un résultat de manière plus efficiente.

FIGURE 2.5

Triangle de référence de la substitution
$x = 2\sin\theta$

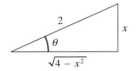

EXEMPLE 2.44

On veut évaluer $\displaystyle\int_0^1 \sqrt{u^2 + 1}\,du$. À cause de la forme $u^2 + a^2$ sous un radical dans l'intégrande, on est amené à utiliser une substitution trigonométrique. On pose $u = \mathrm{tg}\,\theta$, d'où $du = \sec^2\theta\,d\theta$. De plus,

$$u = 0 \;\Rightarrow\; \mathrm{tg}\,\theta = 0 \;\Rightarrow\; \theta = \mathrm{arctg}\,0 = 0$$

$$u = 1 \;\Rightarrow\; \mathrm{tg}\,\theta = 1 \;\Rightarrow\; \theta = \mathrm{arctg}\,1 = \frac{\pi}{4}$$

Par conséquent,

$$\int_0^1 \sqrt{u^2 + 1}\,du = \int_0^{\pi/4} \sqrt{\operatorname{tg}^2 \theta + 1}\,\sec^2 \theta\,d\theta \quad \text{Où } u = \operatorname{tg}\theta \Rightarrow du = \sec^2 \theta d\theta.$$

$$= \int_0^{\pi/4} \sqrt{\sec^2 \theta}\,\sec^2 \theta\,d\theta$$

$$= \int_0^{\pi/4} \sec^3 \theta\,d\theta \quad \text{Puisque } \sec\theta > 0 \text{ pour } 0 \le \theta \le \frac{\pi}{4}.$$

$$= \tfrac{1}{2}\big(\sec\theta\operatorname{tg}\theta + \ln|\sec\theta + \operatorname{tg}\theta|\big)\Big|_0^{\pi/4} \quad \text{Voir l'exemple 2.41.}$$

$$= \tfrac{1}{2}\Big(\sec\frac{\pi}{4}\operatorname{tg}\frac{\pi}{4} + \ln\Big|\sec\frac{\pi}{4} + \operatorname{tg}\frac{\pi}{4}\Big|\Big) - \tfrac{1}{2}\big(\sec 0\operatorname{tg} 0 + \ln|\sec 0 + \operatorname{tg} 0|\big)$$

$$= \tfrac{1}{2}\big[\sqrt{2}(1) + \ln|\sqrt{2} + 1|\big] - \tfrac{1}{2}\big[1(0) + \ln|1 + 0|\big]$$

$$= \tfrac{1}{2}\big(\sqrt{2} + \ln|\sqrt{2} + 1|\big)$$

$$\approx 1{,}15$$

EXEMPLE 2.45

On veut évaluer $\displaystyle\int \frac{1}{\sqrt{x^2 - 9}}\,dx$, où $x > 3$. À cause de la forme $x^2 - a^2$ sous un radical au dénominateur de l'intégrande, on est amené à utiliser une substitution trigonométrique. On pose $x = 3\sec\theta$, d'où $dx = 3\sec\theta\operatorname{tg}\theta\,d\theta$. De plus, comme $x > 3$, on a que $0 < \theta < \dfrac{\pi}{2}$, d'où $\operatorname{tg}\theta > 0$. On obtient alors

$$\int \frac{1}{\sqrt{x^2 - 9}}\,dx = \int \frac{1}{\sqrt{9\sec^2 \theta - 9}}\big(3\sec\theta\operatorname{tg}\theta\big)d\theta \quad \text{Où } x = 3\sec\theta \Rightarrow dx = 3\sec\theta\operatorname{tg}\theta d\theta.$$

$$= \int \frac{3\sec\theta\operatorname{tg}\theta}{\sqrt{9\operatorname{tg}^2 \theta}}\,d\theta$$

$$= \int \frac{3\sec\theta\operatorname{tg}\theta}{3\operatorname{tg}\theta}\,d\theta$$

$$= \int \sec\theta\,d\theta$$

$$= \ln|\sec\theta + \operatorname{tg}\theta| + C_1$$

Lorsqu'on pose $a = 3$, le triangle de référence de la substitution est celui de la figure 2.6, de sorte que $\operatorname{tg}\theta = \dfrac{\text{côté opposé}}{\text{côté adjacent}} = \dfrac{\sqrt{x^2 - 9}}{3}$.

Par conséquent,

$$\int \frac{1}{\sqrt{x^2 - 9}}\,dx = \ln\left|\frac{x}{3} + \frac{\sqrt{x^2 - 9}}{3}\right| + C_1$$

$$= \ln\left|\tfrac{1}{3}\big(x + \sqrt{x^2 - 9}\big)\right| + C_1$$

$$= \ln\left|x + \sqrt{x^2 - 9}\right| + \ln\left|\tfrac{1}{3}\right| + C_1$$

$$= \ln\left|x + \sqrt{x^2 - 9}\right| + C \quad \text{Puisque } \ln\big(\tfrac{1}{3}\big) \text{ est une constante.}$$

FIGURE 2.6

Triangle de référence de la substitution $x = 3\sec\theta$

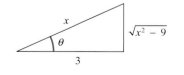

EXERCICE 2.13

Évaluez l'intégrale définie ou indéfinie.

a) $\int \sqrt{16 - x^2} \, dx$

b) $\int \dfrac{x^2}{\sqrt{x^2 - 9}} \, dx$

c) $\int \dfrac{1}{25 - x^2} \, dx$

d) $\displaystyle\int_{4}^{3\sqrt{3}} \dfrac{1}{x^2 \sqrt{x^2 + 9}} \, dx$

e) $\int \dfrac{1}{\left(x^2 - 16\right)\sqrt{x^2 - 16}} \, dx$

f) $\int \dfrac{e^x}{9 + e^{2x}} \, dx$ (Indice : Effectuez d'abord un changement de variable.)

2.7 INTÉGRATION D'EXPRESSIONS COMPORTANT DES FONCTIONS QUADRATIQUES

Ainsi que nous l'avons vu, les substitutions trigonométriques peuvent s'avérer utiles pour évaluer certaines intégrales comportant une somme ou une différence de carrés. Par contre, que faire pour intégrer une fonction formée d'une expression contenant un polynôme quadratique $ax^2 + bx + c$ sous un radical ou au dénominateur d'une fraction ? Si un changement de variable seul ne suffit pas, on peut envisager de combiner une ou plusieurs substitutions trigonométriques à d'autres astuces (comme compléter un carré ou effectuer un changement de variable) pour évaluer de telles intégrales.

EXEMPLE 2.46

Pour évaluer $\int \dfrac{t}{\sqrt{9t^2 + 18t + 13}} \, dt$, nous allons recourir à plusieurs des astuces dont nous avons pris connaissance depuis le début de ce chapitre.

Complétons d'abord un carré pour remplacer $9t^2 + 18t + 13$ par une somme de carrés. On a

$$9t^2 + 18t + 13 = 9\left(t^2 + 2t + 1\right) - 9 + 13$$

$$= 9(t + 1)^2 + 4$$

$$= \left[3(t + 1)\right]^2 + 4$$

de sorte que

$$\int \dfrac{t}{\sqrt{9t^2 + 18t + 13}} \, dt = \int \dfrac{t}{\sqrt{\left[3(t + 1)\right]^2 + 4}} \, dt$$

$$= \tfrac{1}{3} \int \dfrac{\tfrac{1}{3}u - 1}{\sqrt{u^2 + 4}} \, du \quad \text{Où } u = 3(t+1) \Rightarrow t = \tfrac{1}{3}u - 1 \text{ et } dt = \tfrac{1}{3}\,du.$$

$$= \tfrac{1}{3} \int \dfrac{\left(\tfrac{2}{3}\operatorname{tg}\theta - 1\right)\left(2\sec^2\theta\right)}{\sqrt{4\operatorname{tg}^2\theta + 4}} \, d\theta \quad \text{Où } u = 2\operatorname{tg}\theta \Rightarrow du = 2\sec^2\theta\,d\theta.$$

FIGURE 2.7

Triangle de référence de la substitution
$u = 2\,\mathrm{tg}\,\theta$

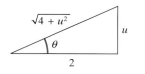

$$= \tfrac{1}{3} \int \frac{\left(\tfrac{2}{3}\,\mathrm{tg}\,\theta - 1\right)\left(2\sec^2\theta\right)}{2\sec\theta}\,d\theta$$

$$= \tfrac{1}{3} \int \left(\tfrac{2}{3}\sec\theta\,\mathrm{tg}\,\theta - \sec\theta\right)d\theta$$

$$= \tfrac{2}{9}\sec\theta - \tfrac{1}{3}\ln|\sec\theta + \mathrm{tg}\,\theta| + C_1$$

Lorsqu'on pose $a = 2$, le triangle de référence de la substitution est celui de la figure 2.7, de sorte que $\sec\theta = \dfrac{\text{hypoténuse}}{\text{côté adjacent}} = \dfrac{\sqrt{4 + u^2}}{2} = \dfrac{\sqrt{4 + [3(t+1)]^2}}{2}$ et $\mathrm{tg}\,\theta = \dfrac{u}{2} = \dfrac{3(t+1)}{2}$.

Par conséquent,

$$\int \frac{t}{\sqrt{9t^2 + 18t + 13}}\,dt = \tfrac{2}{9}\frac{\sqrt{4 + [3(t+1)]^2}}{2} - \tfrac{1}{3}\ln\left|\frac{\sqrt{4 + [3(t+1)]^2}}{2} + \frac{3(t+1)}{2}\right| + C_1$$

$$= \frac{\sqrt{9t^2 + 18t + 13}}{9} - \frac{1}{3}\ln\left|\frac{\sqrt{9t^2 + 18t + 13} + 3(t+1)}{2}\right| + C_1$$

$$= \frac{\sqrt{9t^2 + 18t + 13}}{9} - \frac{\ln\left|\sqrt{9t^2 + 18t + 13} + 3(t+1)\right|}{3} + \frac{\ln 2}{3} + C_1$$

$$= \frac{\sqrt{9t^2 + 18t + 13}}{9} - \frac{\ln\left|\sqrt{9t^2 + 18t + 13} + 3(t+1)\right|}{3} + C$$

⊜XERCICE 2.14

Évaluez l'intégrale indéfinie.

a) $\displaystyle \int \sqrt{x^2 - 6x}\,dx$

b) $\displaystyle \int \frac{1}{\sqrt{x^2 - 4x}}\,dx$

c) $\displaystyle \int \frac{1}{\left(12 - 4t - t^2\right)^{3/2}}\,dt$

Vous pouvez maintenant faire les exercices récapitulatifs 18 à 20.

2.8

INTÉGRATION D'UNE FONCTION RATIONNELLE PAR DÉCOMPOSITION EN FRACTIONS PARTIELLES

Dans cette section: *décomposition en fractions partielles.*

Pour simplifier l'expression $\dfrac{1}{x-2} - \dfrac{1}{x+2}$, il est d'usage de la mettre au même dénominateur

$$\frac{1}{x-2} - \frac{1}{x+2} = \frac{(x+2) - (x-2)}{(x-2)(x+2)} = \frac{4}{x^2 - 4}$$

Bien qu'il soit relativement facile d'intégrer $\dfrac{4}{x^2 - 4}$ en effectuant une substitution trigonométrique, il est encore plus simple d'intégrer son équivalent $\dfrac{1}{x-2} - \dfrac{1}{x+2}$.

DÉFINITION

DÉCOMPOSITION EN FRAC-TIONS PARTIELLES

La décomposition en fractions partielles d'une fonction rationnelle propre est l'opération mathématique qui permet de transformer cette fonction en une somme de fractions (partielles) du type

$$\frac{A}{(ax+b)^m} \text{ et } \frac{Ax+B}{(ax^2+bx+c)^n}$$

où $ax + b$ et $ax^2 + bx + c$ sont respectivement des facteurs linéaires et quadratiques irréductibles du dénominateur de la fonction rationnelle.

On peut, de façon générale, inverser l'opération qui consistait à mettre au même dénominateur, soit effectuer une **décomposition** dite **en fractions partielles** et ainsi remplacer une expression complexe à intégrer par une somme d'expressions plus simples à intégrer, notamment remplacer une fonction rationnelle par une somme de fonctions rationnelles simples à intégrer.

Voici la marche à suivre pour intégrer une fonction rationnelle, soit une fonction du type $\frac{P(x)}{Q(x)}$, où $P(x)$ et $Q(x)$ sont des fonctions polynomiales.

Si le degré de $P(x)$ est inférieur au degré de $Q(x)$, on dit que la fonction rationnelle est propre, sinon on la dit impropre.

Pour intégrer une fonction rationnelle impropre, on effectue d'abord la division de $P(x)$ par $Q(x)$ pour obtenir la somme d'un polynôme et d'une fonction rationnelle propre.

Pour intégrer une fonction rationnelle propre $\frac{P(x)}{Q(x)}$, on la décompose en une somme de fractions partielles obtenues au moyen de la procédure suivante :

1. Trouver la représentation du dénominateur $Q(x)$ de la fonction rationnelle propre sous la forme d'un produit de facteurs linéaires (soit des facteurs de la forme $ax + b$) et de facteurs quadratiques irréductibles[*] (soit des facteurs de la forme $ax^2 + bx + c$, où $b^2 - 4ac < 0$).

2. Associer à *chaque* facteur linéaire de multiplicité m [m étant le plus grand exposant entier positif tel que $(ax + b)^m$ est un facteur de $Q(x)$] sa décomposition en fractions partielles formée des m fractions partielles suivantes :

$$\frac{A_1}{ax+b} + \frac{A_2}{(ax+b)^2} + \frac{A_3}{(ax+b)^3} + \cdots + \frac{A_m}{(ax+b)^m}$$

3. Associer à *chaque* facteur quadratique irréductible de multiplicité n [n étant le plus grand exposant entier positif tel que $(ax^2 + bx + c)^n$ est un facteur de $Q(x)$] sa décomposition en fractions partielles formée des n fractions partielles suivantes :

$$\frac{B_1 + C_1 x}{(ax^2+bx+c)} + \frac{B_2 + C_2 x}{(ax^2+bx+c)^2} + \frac{B_3 + C_3 x}{(ax^2+bx+c)^3} + \cdots + \frac{B_n + C_n x}{(ax^2+bx+c)^n}$$

4. Exprimer la fonction rationnelle propre $\frac{P(x)}{Q(x)}$ comme la somme des fractions partielles établies aux deux étapes précédentes.

5. Mettre la somme des fractions partielles au même dénominateur [qui sera le même que $Q(x)$, c'est-à-dire le dénominateur de la fonction rationnelle propre] et comparer les numérateurs pour évaluer les différentes constantes (A_i, B_i et C_i) des fractions partielles.

6. Écrire l'intégrale comme une somme d'intégrales de la forme $\int \frac{A_i}{(ax+b)^i} dx$ ou $\int \frac{B_i + C_i x}{(ax^2+bx+c)^i} dx$.

---

[*] La décomposition en fractions partielles repose entièrement sur la capacité de factoriser un polynôme en un produit de facteurs linéaires et quadratiques irréductibles. En vertu du théorème fondamental de l'algèbre, sujet de la thèse de doctorat soumise en 1799 par l'illustre C. F. Gauss (1777–1855), tout polynôme à coefficients réels peut être décomposé en un produit de facteurs linéaires et quadratiques irréductibles. Toutefois, il n'est pas toujours facile, ni possible, de trouver l'expression exacte de cette factorisation, ce qui limite un peu la portée de cette stratégie d'intégration.

Avant d'appliquer cette décomposition en intégration, illustrons, à l'aide de quelques exemples, la décomposition d'une fonction rationnelle en fractions partielles.

EXEMPLE 2.47

On veut décomposer $\dfrac{x^2 + 3x - 5}{x^3 + 2x^2 - x - 2}$ en fractions partielles. Comme il s'agit d'une fonction rationnelle propre, il faut factoriser le dénominateur en un produit de facteurs linéaires et de facteurs quadratiques irréductibles. Or,

$$x^3 + 2x^2 - x - 2 = x^2(x + 2) - (x + 2)$$
$$= (x^2 - 1)(x + 2)$$
$$= (x - 1)(x + 1)(x + 2)$$

de sorte que $\dfrac{x^2 + 3x - 5}{x^3 + 2x^2 - x - 2} = \dfrac{x^2 + 3x - 5}{(x - 1)(x + 1)(x + 2)}$.

Comme tous les facteurs du dernier dénominateur sont linéaires et distincts, la décomposition en fractions partielles de $\dfrac{x^2 + 3x - 5}{x^3 + 2x^2 - x - 2}$ est

$$\frac{x^2 + 3x - 5}{x^3 + 2x^2 - x - 2} = \frac{x^2 + 3x - 5}{(x - 1)(x + 1)(x + 2)}$$
$$= \frac{A}{x - 1} + \frac{B}{x + 1} + \frac{C}{x + 2}$$

Mettons le membre de droite de l'équation au même dénominateur. On obtient ainsi

$$\frac{x^2 + 3x - 5}{(x - 1)(x + 1)(x + 2)} = \frac{A(x + 1)(x + 2) + B(x - 1)(x + 2) + C(x - 1)(x + 1)}{(x - 1)(x + 1)(x + 2)}$$

Les dénominateurs des deux expressions étant identiques, leurs numérateurs doivent être égaux. On a donc

$$x^2 + 3x - 5 = A(x + 1)(x + 2) + B(x - 1)(x + 2) + C(x - 1)(x + 1)$$

Pour trouver les valeurs des constantes A, B et C, on peut procéder de deux façons. Ainsi, on peut développer le membre de droite de l'équation, comparer les coefficients des mêmes puissances de la variable x des deux côtés de l'égalité et résoudre le système d'équations qui en découle :

$$x^2 + 3x - 5 = A(x + 1)(x + 2) + B(x - 1)(x + 2) + C(x - 1)(x + 1)$$
$$= A(x^2 + 3x + 2) + B(x^2 + x - 2) + C(x^2 - 1)$$
$$= (A + B + C)x^2 + (3A + B)x + (2A - 2B - C)$$

de sorte que

$$\begin{array}{rrrrll} A & + & B & + & C & = & 1 & \text{Coefficients de } x^2. \\ 3A & + & B & & & = & 3 & \text{Coefficients de } x^1. \\ 2A & - & 2B & - & C & = & -5 & \text{Coefficients de } x^0. \end{array}$$

La solution de ce système d'équations est $A = -\frac{1}{6}$, $B = \frac{7}{2}$ et $C = -\frac{7}{3}$. Par conséquent,

$$\frac{x^2 + 3x - 5}{x^3 + 2x^2 - x - 2} = \frac{-\frac{1}{6}}{x - 1} + \frac{\frac{7}{2}}{x + 1} + \frac{-\frac{7}{3}}{x + 2}$$
$$= -\frac{1}{6}\left(\frac{1}{x - 1}\right) + \frac{7}{2}\left(\frac{1}{x + 1}\right) - \frac{7}{3}\left(\frac{1}{x + 2}\right)$$

On aurait également pu obtenir ce résultat un peu plus rapidement. Comme

$$x^2 + 3x - 5 = A(x + 1)(x + 2) + B(x - 1)(x + 2) + C(x - 1)(x + 1)$$

et que cette égalité est valable quelles que soient les valeurs de x, donnons à x des valeurs qui annulent, à tour de rôle, les facteurs linéaires des constantes A, B et C. Ainsi, en posant $x = -1$, on obtient que

$$(-1)^2 + 3(-1) - 5 = A(-1 + 1)(-1 + 2) + B(-1 - 1)(-1 + 2) + C(-1 - 1)(-1 + 1)$$

de sorte que $-7 = -2B \Rightarrow B = \frac{7}{2}$. De même, en posant $x = -2$, on obtient $C = -\frac{7}{3}$. Enfin, en posant $x = 1$, on obtient $A = -\frac{1}{6}$.

EXEMPLE 2.48

On veut décomposer $\dfrac{3x^2 + 4x + 2}{x^3 + 2x^2 + x}$ en fractions partielles. Comme il s'agit d'une fonction rationnelle propre, il faut factoriser le dénominateur en un produit de facteurs linéaires et de facteurs quadratiques irréductibles. Or,

$$x^3 + 2x^2 + x = x(x^2 + 2x + 1)$$

$$= x(x + 1)^2$$

de sorte que $\dfrac{3x^2 + 4x + 2}{x^3 + 2x^2 + x} = \dfrac{3x^2 + 4x + 2}{x(x + 1)^2}$.

Comme le dénominateur comporte deux facteurs linéaires distincts, dont l'un est de multiplicité 2, la décomposition en fractions partielles de $\dfrac{3x^2 + 4x + 2}{x^3 + 2x^2 + x}$ est

$$\frac{3x^2 + 4x + 2}{x^3 + 2x^2 + x} = \frac{3x^2 + 4x + 2}{x(x + 1)^2}$$

$$= \frac{A}{x} + \frac{B}{x + 1} + \frac{C}{(x + 1)^2}$$

Mettons le membre de droite de l'équation au même dénominateur. On obtient ainsi

$$\frac{3x^2 + 4x + 2}{x(x + 1)^2} = \frac{A(x + 1)^2 + Bx(x + 1) + Cx}{x(x + 1)^2}$$

Les dénominateurs des deux expressions étant identiques, leurs numérateurs doivent être égaux. On a donc

$$3x^2 + 4x + 2 = A(x + 1)^2 + Bx(x + 1) + Cx$$

En choisissant judicieusement des valeurs pour la variable x, soit les valeurs qui annulent les facteurs linéaires, on peut trouver rapidement la valeur de certaines des constantes. Ainsi, en posant $x = 0$, on obtient aisément que $A = 2$. De même, en posant $x = -1$, on obtient que $C = -1$. Ayant trouvé la valeur de ces deux constantes, on peut trouver la valeur de B en posant, par exemple, $x = 2$. On obtient alors que $B = 1$. Par conséquent,

$$\frac{3x^2 + 4x + 2}{x^3 + 2x^2 + x} = \frac{2}{x} + \frac{1}{x + 1} + \frac{-1}{(x + 1)^2}$$

$$= \frac{2}{x} + \frac{1}{x + 1} - \frac{1}{(x + 1)^2}$$

On aurait également pu obtenir ce résultat en résolvant le système d'équations obtenu par comparaison des mêmes puissances des coefficients de la variable x des deux côtés de l'équation $3x^2 + 4x + 2 = A(x+1)^2 + Bx(x+1) + Cx$. On aurait alors obtenu le système d'équations

$$
\begin{array}{rcrcrcl}
A & + & B & & & = & 3 \quad \text{Coefficients de } x^2. \\
2A & + & B & + & C & = & 4 \quad \text{Coefficients de } x^1. \\
A & & & & & = & 2 \quad \text{Coefficients de } x^0.
\end{array}
$$

dont la solution est évidemment $A = 2$, $B = 1$ et $C = -1$.

EXEMPLE 2.49

On veut décomposer $\dfrac{x^3 - 8}{(2x+1)(2x-1)^3(x^2+x+1)(2x^2+1)^2}$ en fractions partielles. Comme le dénominateur comporte deux facteurs linéaires distincts, dont l'un est de multiplicité 3, et deux facteurs quadratiques irréductibles distincts, dont l'un est de multiplicité 2, la décomposition en fractions partielles de

$$
\frac{x^3 - 8}{(2x+1)(2x-1)^3(x^2+x+1)(2x^2+1)^2}
$$

est

$$
\frac{A}{2x+1} + \frac{B}{2x-1} + \frac{C}{(2x-1)^2} + \frac{D}{(2x-1)^3} + \frac{Ex+F}{(x^2+x+1)} + \frac{Gx+H}{(2x^2+1)} + \frac{Jx+K}{(2x^2+1)^2}
$$

Pour trouver la valeur de toutes les constantes (A, B, ..., K), il faut mettre cette dernière équation sous un même dénominateur, soit

$$
(2x-1)^3(2x+1)(2x^2+1)^2(x^2+x+1)
$$

regrouper les termes du numérateur selon les différentes puissances de x, comparer les coefficients obtenus avec ceux de $x^3 - 8$ et résoudre le système d'équations qui en résulte. Toutefois, nous nous dispenserons de le faire, car cet exemple ne se voulait qu'une illustration additionnelle de la marche à suivre pour effectuer une décomposition en fractions partielles.

Une fois qu'une fonction rationnelle propre est décomposée en fractions partielles, on peut en évaluer l'intégrale aisément.

EXEMPLE 2.50

On veut évaluer $\displaystyle\int \frac{x^2 + 3x - 5}{x^3 + 2x^2 - x - 2}\, dx$. L'intégrande est une fonction rationnelle propre. Sa décomposition en fractions partielles a déjà été obtenue (exemple 2.47):

$$
\frac{x^2 + 3x - 5}{x^3 + 2x^2 - x - 2} = -\frac{1}{6}\left(\frac{1}{x-1}\right) + \frac{7}{2}\left(\frac{1}{x+1}\right) - \frac{7}{3}\left(\frac{1}{x+2}\right)
$$

Par conséquent, après des changements de variables élémentaires,

$$
\int \frac{x^2 + 3x - 5}{x^3 + 2x^2 - x - 2}\, dx = \int \left[-\frac{1}{6}\left(\frac{1}{x-1}\right) + \frac{7}{2}\left(\frac{1}{x+1}\right) - \frac{7}{3}\left(\frac{1}{x+2}\right) \right] dx
$$

$$
= -\tfrac{1}{6}\ln|x-1| + \tfrac{7}{2}\ln|x+1| - \tfrac{7}{3}\ln|x+2| + C
$$

On veut évaluer $\int \dfrac{3x^2 + 4x + 2}{x^3 + 2x^2 + x} dx$. L'intégrande est une fonction rationnelle propre. Sa décomposition en fractions partielles a déjà été obtenue (exemple 2.48) :

$$\frac{3x^2 + 4x + 2}{x^3 + 2x^2 + x} = \frac{2}{x} + \frac{1}{x + 1} - \frac{1}{(x + 1)^2}$$

Par conséquent, après des changements de variables élémentaires et l'application des propriétés des logarithmes,

$$\int \frac{3x^2 + 4x + 2}{x^3 + 2x^2 + x} dx = \int \left[\frac{2}{x} + \frac{1}{x + 1} - \frac{1}{(x + 1)^2} \right] dx$$

$$= 2\ln|x| + \ln|x + 1| + \frac{1}{x + 1} + C$$

$$= \ln\left|x^2(x + 1)\right| + \frac{1}{x + 1} + C$$

On veut évaluer $\int\limits_{-1}^{0} \dfrac{2x^3 - 8x^2 + 9x - 1}{x^2 - 4x + 3} dx$. Comme l'expression à intégrer est une fonction rationnelle, on est tenté d'effectuer une décomposition en fractions partielles de l'intégrande. Toutefois, comme cette fonction rationnelle est impropre, il faut d'abord effectuer une division de polynômes :

$$\begin{array}{l} 2x^3 - 8x^2 + 9x - 1 \quad \underline{\left| x^2 - 4x + 3 \right.} \\ \underline{-\left(2x^3 - 8x^2 + 6x\right)} \quad 2x \\ \qquad\qquad\qquad 3x - 1 \end{array}$$

On a donc

$$\int\limits_{-1}^{0} \frac{2x^3 - 8x^2 + 9x - 1}{x^2 - 4x + 3} dx = \int\limits_{-1}^{0} \left(2x + \frac{3x - 1}{x^2 - 4x + 3} \right) dx$$

$$= \int\limits_{-1}^{0} \left[2x + \frac{3x - 1}{(x - 1)(x - 3)} \right] dx$$

$$= \int\limits_{-1}^{0} 2x\, dx + \int\limits_{-1}^{0} \frac{3x - 1}{(x - 1)(x - 3)} dx$$

Décomposons $\dfrac{3x - 1}{(x - 1)(x - 3)}$ en fractions partielles :

$$\frac{3x - 1}{(x - 1)(x - 3)} = \frac{A}{x - 1} + \frac{B}{x - 3}$$

$$= \frac{A(x - 3) + B(x - 1)}{(x - 1)(x - 3)}$$

On en déduit que $3x - 1 = A(x - 3) + B(x - 1)$. En posant $x = 1$, on obtient que $A = -1$. En posant $x = 3$, on obtient que $B = 4$. Par conséquent,

$$\frac{3x - 1}{(x - 1)(x - 3)} = -\frac{1}{x - 1} + \frac{4}{x - 3}$$

Si on utilise ce résultat, on obtient que

$$\int_{-1}^{0} \frac{2x^3 - 8x^2 + 9x - 1}{x^2 - 4x + 3} dx = \int_{-1}^{0} 2x \, dx + \int_{-1}^{0} \frac{3x - 1}{(x - 1)(x - 3)} dx$$

$$= \int_{-1}^{0} 2x \, dx - \int_{-1}^{0} \frac{1}{x - 1} dx + \int_{-1}^{0} \frac{4}{x - 3} dx$$

$$= \left(x^2 - \ln|x - 1| + 4\ln|x - 3| \right)\Big|_{-1}^{0}$$

$$= 4\ln 3 - (1 - \ln 2 + 4\ln 4)$$

$$= -1 + \ln \frac{2(3^4)}{4^4}$$

$$= -1 + \ln \frac{81}{128}$$

$$\approx -1,5$$

EXEMPLE 2.53

On veut évaluer $\int \frac{t^2 + 4t + 1}{(t + 1)(t^2 + 2t + 2)} dt$. Comme l'expression à intégrer est une fonction rationnelle propre, il faut d'abord en trouver la décomposition en fractions partielles :

$$\frac{t^2 + 4t + 1}{(t + 1)(t^2 + 2t + 2)} = \frac{A}{t + 1} + \frac{Bt + C}{t^2 + 2t + 2}$$

$$= \frac{A(t^2 + 2t + 2) + (Bt + C)(t + 1)}{(t + 1)(t^2 + 2t + 2)}$$

On en déduit que

$$t^2 + 4t + 1 = A(t^2 + 2t + 2) + (Bt + C)(t + 1)$$

$$= (A + B)t^2 + (2A + B + C)t + 2A + C$$

ce qui nous conduit au système d'équations linéaires

$$\begin{array}{rcrcrcl} A & + & B & & & = & 1 \\ 2A & + & B & + & C & = & 4 \\ 2A & & & + & C & = & 1 \end{array}$$

dont la solution est $A = -2$, $B = 3$ et $C = 5$.

Par conséquent,

$$\frac{t^2 + 4t + 1}{(t + 1)(t^2 + 2t + 2)} = -\frac{2}{t + 1} + \frac{3t + 5}{t^2 + 2t + 2}$$

Si on utilise ce résultat, on obtient que

$$\int \frac{t^2 + 4t + 1}{(t + 1)(t^2 + 2t + 2)}\,dt = -\int \frac{2}{t + 1}\,dt + \int \frac{3t + 5}{t^2 + 2t + 2}\,dt$$

$$= -\int \frac{2}{t + 1}\,dt + \int \frac{3t + 5}{t^2 + 2t + 1 + 1}\,dt$$

$$= -\int \frac{2}{t + 1}\,dt + \int \frac{3t + 5}{(t + 1)^2 + 1}\,dt$$

$$= -\int \frac{2}{u}\,du + \int \frac{3(u - 1) + 5}{u^2 + 1}\,du \quad \text{Où } u = t + 1 \Rightarrow du = dt.$$

$$= -\int \frac{2}{u}\,du + 3\int \frac{u}{u^2 + 1}\,du + 2\int \frac{1}{u^2 + 1}\,du$$

$$= -\int \frac{2}{u}\,du + \tfrac{3}{2}\int \frac{1}{v}\,dv + 2\int \frac{1}{u^2 + 1}\,du$$
$$\text{Où } v = u^2 + 1 \Rightarrow dv = 2u\,du.$$

$$= -2\ln|u| + \tfrac{3}{2}\ln|v| + 2\,\text{arctg}(u) + C$$

$$= -2\ln|u| + \tfrac{3}{2}\ln|u^2 + 1| + 2\,\text{arctg}(u) + C$$

$$= -2\ln|t + 1| + \tfrac{3}{2}\ln|t^2 + 2t + 2| + 2\,\text{arctg}(t + 1) + C$$

EXEMPLE 2.54

On peut évidemment combiner plusieurs techniques, dont la décomposition par fractions partielles, pour évaluer certaines intégrales :

$$\int \frac{1}{e^{2x} - 4e^x}\,dx = \int \frac{1}{u^2 - 4u}\frac{1}{u}\,du \quad \text{Où } u = e^x \Rightarrow du = e^x dx = u\,dx \Rightarrow \tfrac{1}{u}\,du = dx.$$

$$= \int \frac{1}{u^2(u - 4)}\,du$$

Décomposons $\dfrac{1}{u^2(u - 4)}$ en fractions partielles :

$$\frac{1}{u^2(u - 4)} = \frac{A}{u} + \frac{B}{u^2} + \frac{C}{u - 4}$$

$$= \frac{Au(u - 4) + B(u - 4) + Cu^2}{u^2(u - 4)}$$

On en déduit que $Au(u - 4) + B(u - 4) + Cu^2 = 1$. En posant $u = 0$, on obtient que $B = -\tfrac{1}{4}$. En posant $u = 4$, on obtient que $C = \tfrac{1}{16}$. En posant $u = 1$, on obtient que $A = -\tfrac{1}{16}$. Par conséquent,

$$\frac{1}{u^2(u - 4)} = -\tfrac{1}{16}\frac{1}{u} - \tfrac{1}{4}\frac{1}{u^2} + \tfrac{1}{16}\frac{1}{u - 4}$$

Si on utilise ce résultat, on obtient que

$$\int \frac{1}{e^{2x} - 4e^x}\,dx = \int \frac{1}{u^2 - 4u}\frac{1}{u}\,du \quad \text{Où } u = e^x.$$

$$= \int \frac{1}{u^2(u - 4)}\,du$$

$$= \int \left(-\tfrac{1}{16}\frac{1}{u} - \tfrac{1}{4}\frac{1}{u^2} + \tfrac{1}{16}\frac{1}{u - 4}\right)du$$

$$= -\tfrac{1}{16}\ln|u| + \tfrac{1}{4}u^{-1} + \tfrac{1}{16}\ln|u - 4| + C$$

$$= -\tfrac{1}{16}\ln|e^x| + \tfrac{1}{4}e^{-x} + \tfrac{1}{16}\ln|e^x - 4| + C$$

$$= -\tfrac{1}{16}x + \tfrac{1}{4}e^{-x} + \tfrac{1}{16}\ln|e^x - 4| + C$$

EXEMPLE 2.55

On veut évaluer $\displaystyle\int \frac{1}{t\sqrt{1 + t}}\,dt$. Essayons le changement de variable $u = \sqrt{1 + t}$. On en déduit que $t = u^2 - 1$ et $dt = 2u\,du$. Par conséquent,

$$\int \frac{1}{t\sqrt{1 + t}}\,dt = \int \frac{2u}{(u^2 - 1)u}\,du \quad \text{Où } u^2 = 1 + t \Rightarrow t = u^2 - 1 \text{ et } dt = 2u\,du.$$

$$= \int \frac{2}{u^2 - 1}\,du$$

$$= \int \frac{1}{u - 1}\,du - \int \frac{1}{u + 1}\,du$$

$$= \ln|u - 1| - \ln|u + 1| + C$$

$$= \ln\left|\frac{u - 1}{u + 1}\right| + C$$

$$= \ln\left|\frac{1 - u}{1 + u}\right| + C$$

$$= \ln\left|\frac{1 - \sqrt{1 + t}}{1 + \sqrt{1 + t}}\right| + C$$

En général, la substitution $u = \sqrt[n]{ax + b}$ peut s'avérer utile lorsque l'intégrande comporte une expression du type $\sqrt[n]{ax + b}$. On déduit de cette substitution que $x = \dfrac{1}{a}(u^n - b)$, de sorte que $dx = \dfrac{n}{a}u^{n-1}\,du$.

EXERCICE 2.15

Évaluez l'intégrale définie ou indéfinie.

a) $\displaystyle\int_{3}^{6} \frac{1}{4x^2 - 1}\,dx$

b) $\displaystyle\int \frac{3t^2 - 4t + 1}{(t - 2)(t^2 + 1)}\,dt$

c) $\displaystyle\int \frac{x^3 + 3x + 2}{x^5 + 2x^3 + x}\,dx$

d) $\displaystyle\int_{2}^{3} \frac{2x - 3}{x^3 - x^2}\,dx$

e) $\displaystyle\int \frac{x^4 + 16}{x^4 - 16}\,dx$

f) $\displaystyle\int \frac{\sin\theta\cos\theta}{\cos^2\theta + \cos\theta - 6}\,d\theta$ (Indice : Effectuez d'abord un changement de variable.)

g) $\displaystyle\int \frac{2 + \ln x}{x(\ln x)(2 + 3\ln x)^2}\,dx$ (Indice : Effectuez d'abord un changement de variable.)

Nous avons déjà établi que $\int \sec x\, dx = \ln|\sec x + \operatorname{tg} x| + C$. Toutefois, ce résultat a été obtenu de deux manières un peu artificielles. Le prochain exemple montre comment parvenir à cette formule d'une façon plus «naturelle» en utilisant une décomposition en fractions partielles. Cette façon de procéder vous semblera plus longue que les précédentes, mais vous n'aurez pas l'impression qu'elle comporte une astuce impossible à découvrir par vous-même.

EXEMPLE 2.56

$$\int \sec x\, dx = \ln|\sec x + \operatorname{tg} x| + C$$

PREUVE

$$\int \sec x\, dx = \int \frac{1}{\cos x}\, dx$$

$$= \int \frac{1}{\cos x}\frac{\cos x}{\cos x}\, dx$$

$$= \int \frac{\cos x}{\cos^2 x}\, dx$$

$$= \int \frac{\cos x}{1 - \sin^2 x}\, dx$$

$$= \int \frac{1}{1 - u^2}\, du \quad \text{Où } u = \sin x \Rightarrow du = \cos x\, dx.$$

Décomposons $\dfrac{1}{1 - u^2}$ en fractions partielles:

$$\frac{1}{1 - u^2} = \frac{1}{(1 - u)(1 + u)}$$

$$= \frac{A}{1 - u} + \frac{B}{1 + u}$$

$$= \frac{A + B + (A - B)u}{1 - u^2}$$

Par conséquent, $A + B = 1$ et $A - B = 0$, d'où $A = B = \frac{1}{2}$. On a donc

$$\int \sec x\, dx = \int \frac{1}{1 - u^2}\, du \quad \text{Où } u = \sin x.$$

$$= \int \left(\frac{\frac{1}{2}}{1 - u} + \frac{\frac{1}{2}}{1 + u} \right) du$$

$$= \frac{1}{2} \int \frac{1}{1 - u}\, du + \frac{1}{2} \int \frac{1}{1 + u}\, du$$

$$= -\frac{1}{2} \ln|1 - u| + \frac{1}{2} \ln|1 + u| + C$$

$$= \frac{1}{2} \ln \left| \frac{1 + u}{1 - u} \right| + C$$

$$= \frac{1}{2} \ln \left| \frac{1 + \sin x}{1 - \sin x} \right| + C$$

$$= \frac{1}{2} \ln \left| \frac{1 + \sin x}{1 - \sin x}\frac{1 + \sin x}{1 + \sin x} \right| + C$$

$$= \frac{1}{2} \ln \left| \frac{(1 + \sin x)^2}{1 - \sin^2 x} \right| + C$$

$$= \frac{1}{2} \ln \left| \frac{(1 + \sin x)^2}{\cos^2 x} \right| + C$$

$$= \ln \left| \frac{1 + \sin x}{\cos x} \right| + C$$

$$= \ln \left| \frac{1}{\cos x} + \frac{\sin x}{\cos x} \right| + C$$

$$= \ln |\sec x + \operatorname{tg} x| + C \qquad \blacksquare$$

EXERCICE 2.16

En procédant d'une manière analogue à celle de l'exemple précédent, démontrez que $\int \operatorname{cosec} x \, dx = \ln |\operatorname{cosec} x - \operatorname{cotg} x| + C$.

2.9 INTÉGRATION NUMÉRIQUE

Dans cette section: *méthode des trapèzes.*

Nous avons déjà vu que toute fonction continue sur un intervalle fermé est intégrable sur cet intervalle, et nous savons comment évaluer cette intégrale lorsqu'on peut trouver une primitive de cette fonction. Malheureusement, certaines fonctions n'admettent pas de primitives. C'est notamment le cas des fonctions $\dfrac{\cos x}{x}, \sqrt{1 + x^4}$ et e^{-x^2}. Cette absence de primitives ne constitue toutefois pas une difficulté insurmontable, puisqu'il est généralement suffisant d'avoir une bonne approximation de la valeur de l'intégrale définie sur un intervalle $[a, b]$. À cet égard, nous avons vu dans le premier chapitre comment les sommes de Riemann permettent d'évaluer une intégrale. Il existe également d'autres méthodes, dont la méthode des trapèzes, pour trouver une approximation numérique satisfaisante d'une intégrale définie.

DÉFINITION

MÉTHODE DES TRAPÈZES

La méthode des trapèzes est une méthode d'approximation de l'intégrale définie d'une fonction $f(x)$ sur un intervalle qui consiste à estimer $\int_a^b f(x)dx$ à l'aide d'une somme d'aires de trapèzes dressés sur les différents sous-intervalles d'une partition régulière de $[a, b]$. En vertu de cette méthode, on obtient que

$$\int_a^b f(x)dx \approx$$
$$\frac{b - a}{2n} \left[f(a) + f(b) + 2 \sum_{k=1}^{n-1} f(x_k) \right]$$

Dans le cas d'une fonction qui admet une dérivée seconde continue, on peut trouver une borne supérieure à l'erreur commise lors de l'approximation effectuée par la méthode des trapèzes.

2.9.1 MÉTHODE DES TRAPÈZES

Lorsqu'on veut approximer une intégrale définie sur un intervalle $[a, b]$ à l'aide d'une somme de Riemann, on dresse des rectangles sur les sous-intervalles délimités par les éléments d'une partition de l'intervalle. Si la partition de l'intervalle est donnée par les nombres x_i tels que $a = x_0 < x_1 < x_2 < x_3 < ... < x_{k-1} < x_k < ... < x_{n-1} < x_n = b$, on crée n sous-intervalles du type $[x_{k-1}, x_k]$ qui ont pour largeur $\Delta x_k = x_k - x_{k-1}$. On obtient alors que $\int_a^b f(x)dx \approx \sum_{k=1}^{n} f(x_k^*)\Delta x_k$, où $x_k^* \in [x_{k-1}, x_k]$, de sorte que $\left| f(x_k^*)\Delta x_k \right|$ représente l'aire du rectangle dressé sur le sous-intervalle. L'approximation obtenue par les sommes de Riemann est d'autant meilleure que le nombre de sous-intervalles est grand et que leur largeur est petite.

Comme son nom l'indique, la **méthode des trapèzes** servant à approximer une intégrale définie consiste à former une somme dont les termes sont des aires de trapèzes plutôt que des aires de rectangles comme dans le cas d'une somme de Riemann. Examinons cette méthode. Soit la courbe décrite par la fonction

$y = f(x)$, intégrable sur l'intervalle $[a,b]$. Formons une partition régulière $a = x_0 < x_1 < x_2 < x_3 < ... < x_{k-1} < x_k < ... < x_{n-1} < x_n = b$ de l'intervalle $[a,b]$ délimitant n sous-intervalles de même largeur $\Delta x = \dfrac{b-a}{n}$. Sur chaque sous-intervalle $[x_{k-1}, x_k]$, construisons un trapèze qui a pour base le sous-intervalle et pour côté opposé le segment de droite joignant les points $(x_{k-1}, f(x_{k-1}))$ et $(x_k, f(x_k))$, comme l'indique la figure 2.8.

FIGURE 2.8

Méthode des trapèzes

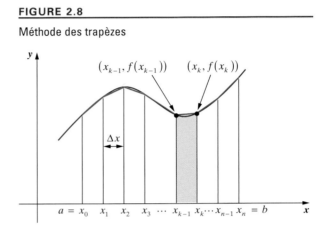

Or, chaque trapèze de la figure 2.8 peut être conçu comme un rectangle surmonté d'un triangle, de sorte que l'aire du trapèze correspond à la somme de l'aire du rectangle et de celle du triangle. Dans le cas du trapèze dressé sur l'intervalle $[x_{k-1}, x_k]$, on a que l'aire du rectangle correspond à $f(x_{k-1})\Delta x$ et que celle du triangle correspond à $\dfrac{[f(x_k) - f(x_{k-1})]\Delta x}{2}$, de sorte que l'aire du trapèze est de

$$f(x_{k-1})\Delta x + \tfrac{1}{2}[f(x_k) - f(x_{k-1})]\Delta x = \tfrac{1}{2}[f(x_k) + f(x_{k-1})]\Delta x$$

$$= \tfrac{1}{2}[f(x_k) + f(x_{k-1})]\left(\dfrac{b-a}{n}\right)$$

$$= \dfrac{[f(x_k) + f(x_{k-1})](b-a)}{2n}$$

Cette dernière expression vaut pour tous les trapèzes dressés sur les sous-intervalles de $[a,b]$, de sorte que $\displaystyle\int_a^b f(x)dx \approx \sum_{k=1}^{n} \dfrac{[f(x_k) + f(x_{k-1})](b-a)}{2n}$. Si on développe la somme des aires des trapèzes, on obtient une expression équivalente, soit

$$\int_a^b f(x)dx \approx \dfrac{b-a}{2n}\left[f(x_0) + f(x_n) + 2\sum_{k=1}^{n-1} f(x_k)\right]$$

$$\approx \dfrac{b-a}{2n}\left[f(a) + f(b) + 2\sum_{k=1}^{n-1} f(x_k)\right]$$

C'est cette dernière expression que nous allons utiliser pour approximer la valeur d'une intégrale définie avec la méthode des trapèzes.

EXEMPLE 2.57

Utilisons la méthode des trapèzes avec quatre trapèzes pour approximer la valeur de $\int_1^2 x^2 dx$. On a $n = 4$, de sorte que $\dfrac{b-a}{n} = \dfrac{2-1}{4} = \dfrac{1}{4}$. Comme dans le cas d'une somme de Riemann calculée sur une partition régulière, on a $x_k = a + k\Delta x$, de sorte que $x_k = 1 + k\left(\frac{1}{4}\right)$:

$$x_0 = 1, \ x_1 = \tfrac{5}{4}, \ x_2 = \tfrac{3}{2}, \ x_3 = \tfrac{7}{4}, \ x_4 = 2$$

Par conséquent, si on applique la formule d'approximation

$$\int_a^b f(x)dx \approx \frac{b-a}{2n}\left[f(a) + f(b) + 2\sum_{k=1}^{n-1} f(x_k)\right]$$

on obtient

$$\int_1^2 x^2 dx \approx \frac{2-1}{2(4)}\left\{f(1) + f(2) + 2\left[f\left(\tfrac{5}{4}\right) + f\left(\tfrac{3}{2}\right) + f\left(\tfrac{7}{4}\right)\right]\right\}$$

$$\approx \frac{1}{8}\left\{(1)^2 + (2)^2 + 2\left[\left(\tfrac{5}{4}\right)^2 + \left(\tfrac{3}{2}\right)^2 + \left(\tfrac{7}{4}\right)^2\right]\right\}$$

$$\approx \frac{18,75}{8}$$

$$\approx 2,343\,75$$

ce qui constitue une bonne approximation de $\int_1^2 x^2 dx$ puisque

$$\int_1^2 x^2 dx = \tfrac{1}{3} x^3 \Big|_1^2 = \tfrac{7}{3} = 2,\overline{3}$$

2.9.2 ERREUR MAXIMALE D'APPROXIMATION AVEC LA MÉTHODE DES TRAPÈZES

Comme nous avons pu le constater dans l'exemple précédent, l'approximation obtenue avec la méthode des trapèzes est relativement précise. En vertu d'un théorème d'analyse numérique, on peut même trouver par cette méthode des trapèzes une borne supérieure à l'erreur d'estimation d'une intégrale définie.

◈ **THÉORÈME 2.3** | Erreur d'approximation de la méthode des trapèzes

Soit $|E|$ l'erreur commise dans l'approximation de $\int_a^b f(x)dx$ par la méthode des trapèzes avec n trapèzes:

$$|E| = \left|\int_a^b f(x)dx - \frac{b-a}{2n}\left[f(a) + f(b) + 2\sum_{k=1}^{n-1} f(x_k)\right]\right|$$

Si $f''(x)$ est continue sur $[a, b]$, alors $|E| \leq \dfrac{M(b-a)^3}{12n^2}$, où M est la valeur maximale de $|f''(x)|$ sur $[a, b]$.

EXEMPLE 2.58

Utilisons le théorème 2.3 pour évaluer à l'aide de la méthode des trapèzes l'erreur maximale commise lors de l'estimation de $\int_1^2 x^2 dx$. On a que $f(x) = x^2$, de sorte que $|f''(x)| = |2| = 2$. Par conséquent,

$$|E| \leq \frac{M(b-a)^3}{12n^2}$$

$$\leq \frac{2(2-1)^3}{12(4)^2}$$

$$\leq \frac{1}{96}$$

Dans le cas illustré par cet exemple,

$$|E| = \left| \frac{18,75}{8} - \frac{7}{3} \right| = \frac{1}{96}$$

de sorte que l'erreur d'approximation respecte l'inégalité énoncée dans le théorème 2.3.

EXERCICE 2.17

Utilisez la méthode des trapèzes pour approximer $\int_1^4 \frac{1}{x} dx$ avec 6 trapèzes et trouvez une borne supérieure à l'erreur commise lors de cette estimation.

Vous pouvez maintenant faire les exercices récapitulatifs 21 à 24.

■■■ RÉSUMÉ

Le théorème fondamental du calcul intégral nous apprend qu'on peut calculer l'intégrale définie d'une fonction continue sur un intervalle $[a, b]$ en soustrayant la valeur d'une **primitive** de la fonction en a de la valeur de cette même primitive en b : $\int_a^b f(x)dx = F(b) - F(a)$, où $F'(x) = f(x)$, $f(x)$ étant l'**intégrande**. Le problème d'évaluation d'une intégrale définie est donc transformé en un problème de recherche d'une primitive d'une fonction.

On définit l'**intégrale indéfinie** d'une fonction $f(x)$ comme la famille de toutes les primitives de la fonction. Ainsi, si $F(x)$ est une primitive de la fonction $f(x)$, l'intégrale indéfinie de cette fonction sera $F(x) + C$, ce qu'on notera par l'expression $\int f(x)dx = F(x) + C$, où C est une constante arbitraire, dite **constante d'intégration**.

Comme l'intégrale indéfinie correspond à une anti-différentiation (une sorte de *reverse engineering*), on peut, dans un premier temps, établir quelques formules d'intégration de base (tableau 2.1) à partir de certaines propriétés de la dérivée et de formules de dérivation connues.

Pour intégrer des expressions plus complexes que celles présentées dans le tableau 2.1, on peut utiliser quelques astuces élémentaires pour remplacer une intégrale donnée par d'autres intégrales simples à évaluer. Voici quelques-unes de ces astuces illustrées par les nombreux exemples du présent chapitre :

- décomposer une intégrale en une somme d'intégrales (propriété de **linéarité**) ;
- développer une expression ;
- décomposer une fraction en deux ou plusieurs autres fractions ;
- réduire une fonction rationnelle impropre en effectuant une division de polynômes ;
- **compléter un carré** ;
- multiplier par une expression « conjuguée » ;
- appliquer une identité trigonométrique.

D'autres astuces sont tellement plus générales qu'on leur donne le nom plus noble de techniques ou de méthodes d'intégration. On pense ici au **changement de variable**, à l'**intégration par parties**, à la substitution trigonométrique et à l'intégration consécutive à une décomposition de l'intégrande en fractions partielles.

À cet effet, voici quelques changements de variable qui peuvent s'avérer utiles :

- Si l'intégrande comporte une expression du type $(ax + b)^n$, on peut essayer le changement de variable $u = ax + b$, d'où $x = \dfrac{u - b}{a}$ et $dx = \dfrac{1}{a} du$.

- Si l'intégrande comporte une expression du type $\sqrt[n]{ax + b}$, on peut essayer le changement de variable $u = \sqrt[n]{ax + b}$, d'où $x = \dfrac{1}{a}(u^n - b)$ et $dx = \dfrac{n}{a} u^{n-1} du$.

- Si l'intégrande est constitué d'une fonction $f(x)$ et de sa dérivée (à un facteur constant près), on pose $u = f(x)$. Encore une fois, il ne faut pas oublier d'exprimer la différentielle dx en fonction de du.

Lorsque aucun changement de variable ne s'avère productif, on peut envisager d'utiliser d'autres stratégies, comme l'intégration par parties, l'utilisation d'une substitution trigonométrique ou encore la décomposition de l'intégrande en fractions partielles.

La formule d'**intégration par parties** $\int u\,dv = uv - \int v\,du$ peut généralement être utilisée lorsque la fonction à intégrer est le produit de deux facteurs, le premier étant u, et le second, dv. On fait appel à cette stratégie notamment lorsque l'intégrande est le produit de deux fonctions de nature différente : une fonction polynomiale et une fonction transcendante (exponentielle, logarithmique ou trigonométrique), une fonction exponentielle et une fonction trigonométrique, etc. Pour appliquer cette technique, il faut que le facteur dv soit aisément intégrable, de façon à pouvoir trouver l'expression de v (soit une primitive de dv). De plus, $\int v\,du$ ne doit pas être plus complexe que $\int u\,dv$. L'intégration par parties peut également être utilisée lorsqu'on évalue une intégrale définie :

$$\int_a^b u\,dv = uv\Big|_a^b - \int_a^b v\,du$$

L'intégrale indéfinie d'une fonction qui contient un terme de la forme $\sqrt{a^2 - b^2 x^2}$ (ou $a^2 - b^2 x^2$), $\sqrt{a^2 + b^2 x^2}$ (ou $a^2 + b^2 x^2$) ou $\sqrt{b^2 x^2 - a^2}$ (ou $b^2 x^2 - a^2$) s'obtient souvent par une **substitution trigonométrique**. Le tableau 2.3 présente les différentes substitutions trigonométriques et leurs conditions d'application.

La technique d'intégration par **décomposition en fractions partielles** s'emploie généralement lorsque l'intégrande est une **fonction rationnelle**, soit une fonction de la forme $\dfrac{P(x)}{Q(x)}$, où $P(x)$ et $Q(x)$ sont des fonctions polynomiales. Si le degré de $P(x)$ est inférieur au degré de $Q(x)$, on dit que la fonction rationnelle est propre, sinon on la dit impropre.

Pour intégrer une **fraction impropre** (fonction rationnelle impropre), on effectue d'abord la division de $P(x)$ par $Q(x)$ pour obtenir une somme d'un polynôme et d'une fraction rationnelle propre.

Pour intégrer une **fraction propre** (fonction rationnelle propre) $\dfrac{P(x)}{Q(x)}$, on la décompose en une somme de fractions dites fractions partielles, qu'on obtient en appliquant la procédure décrite dans la section 2.8.

Il existe bien d'autres astuces pour évaluer des intégrales indéfinies. Toutefois, l'existence de tables d'intégrales et de logiciels de calcul symbolique a considérablement réduit la nécessité de les étudier.

Malheureusement, le théorème fondamental n'est utile que dans la mesure où l'on peut trouver une primitive de la fonction à intégrer. Or, on ne sait pas comment, ou on ne peut pas, trouver une primitive de nombreuses fonctions relativement simples comme $\cos(x^2)$, $\dfrac{\cos x}{x}$ et e^{x^2}. À défaut de pouvoir utiliser le théorème fondamental, on peut faire appel à une **méthode** numérique comme celle **des trapèzes** pour trouver des approximations satisfaisantes d'une intégrale définie. Ainsi, si $a = x_0, x_1, \ldots, x_{k-1}, x_k, \ldots, x_n = b$ forme une partition régulière de l'intervalle $[a, b]$ sur lequel la fonction $f(x)$ est continue, alors $\int_a^b f(x)\,dx \approx \dfrac{b - a}{2n}\left[f(a) + f(b) + 2\sum_{k=1}^{n-1} f(x_k)\right]$, l'approximation s'améliorant à mesure que la partition s'affine, soit lorsque son nombre de termes augmente et que sa norme diminue. De plus, si la fonction $f(x)$ est telle que sa dérivée seconde est continue sur $[a, b]$, alors l'erreur d'évaluation $|E|$ commise lors de l'approximation est inférieure ou égale à $\dfrac{M(b - a)^3}{12n^2}$, où M est la valeur maximale de $|f''(x)|$ sur $[a, b]$ et n représente le nombre de trapèzes utilisés.

▨▨▨ MOTS CLÉS

Changement de variable, p. 68

Complétion du carré, p. 80

Constante d'intégration, p. 60

Décomposition en fractions partielles, p. 104

Fonction impaire, p. 77

Fonction paire, p. 77

Fonction rationnelle, p. 67

Formule de réduction, p. 85

Fraction impropre, p. 67

Fraction propre, p. 67

Intégrale indéfinie, p. 60

Intégrande, p. 60

Intégration par parties, p. 82

Linéarité, p. 63

Méthode des trapèzes, p. 113

Primitive, p. 60

Substitution trigonométrique, p. 99

▨▨▨ RÉSEAU DE CONCEPTS

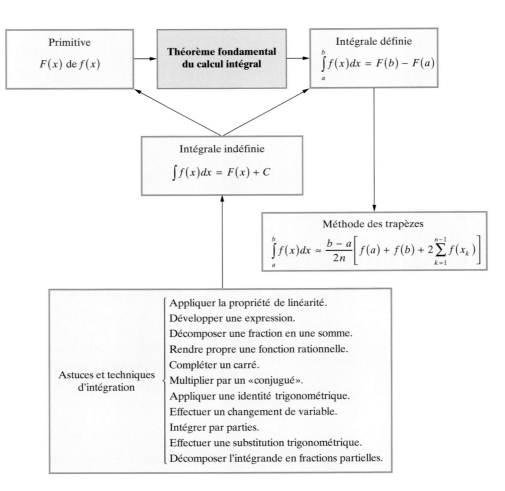

EXERCICES RÉCAPITULATIFS

Sections 2.1 à 2.3.1

▲ **1.** Évaluez l'intégrale indéfinie.

a) $\displaystyle\int \frac{2x + 5x^2 + xe^x - 2x\cos x + 1}{x}\,dx$

b) $\displaystyle\int \frac{\sin\theta + \cos\theta + 1}{\sin\theta}\,d\theta$

c) $\displaystyle\int t^2\left(\sqrt{t} + 2\right)^2 dt$

d) $\displaystyle\int \frac{1 + t^2}{t}\,dt$

e) $\displaystyle\int \frac{2 + 3\sqrt{x^2 - 1}}{x\sqrt{x^2 - 1}}\,dx$

f) $\displaystyle\int \frac{(z + 2)(2z + 4)}{z}\,dz$

g) $\displaystyle\int \frac{\left(x^{-1} + x\right)^2}{x^2}\,dx$

h) $\displaystyle\int \frac{\left(z^2 + 2\right)^2}{\sqrt[3]{z^2}}\,dz$

i) $\displaystyle\int \frac{x^4}{x^2 + 1}\,dx$

j) $\displaystyle\int \frac{x^3 + 3x^2 + x + 5}{4x^2 + 4}\,dx$

k) $\displaystyle\int 5^{3t}\,dt$

l) $\displaystyle\int \left(e^t + 1\right)^2 dt$

m) $\displaystyle\int \frac{1}{\cos t}\,dt$

n) $\displaystyle\int \frac{5}{\sec\theta}\,d\theta$

o) $\displaystyle\int \frac{1}{\sin^2 t}\,dt$

p) $\displaystyle\int \frac{3}{1 - \sin^2 u}\,du$

q) $\displaystyle\int \frac{\sin t}{\cos^2 t}\,dt$

r) $\displaystyle\int \text{tg}^2\,\theta\,d\theta$ (Indice : Utilisez une identité trigonométrique.)

s) $\displaystyle\int \frac{1}{1 - \sin t}\,dt$ (Indice : Multipliez le numérateur et le dénominateur par $1 + \sin t$.)

▲ **2.** Évaluez l'intégrale définie.

a) $\displaystyle\int_0^1 (3x - 2)^2\,dx$

b) $\displaystyle\int_1^2 \left(x^3 + 1\right)dx$

c) $\displaystyle\int_1^4 \left(u^2 - \frac{1}{u^4}\right)du$

d) $\displaystyle\int_{-2}^2 x^{75}\,dx$

e) $\displaystyle\int_{-1}^1 u^{42}\,du$

f) $\displaystyle\int_0^{32} \sqrt[5]{x^3}\,dx$

g) $\displaystyle\int_{16}^4 \left(\sqrt{x} - \frac{1}{\sqrt{x}}\right)^2 dx$

h) $\displaystyle\int_1^4 \frac{3x + 2}{\sqrt{x}}\,dx$

i) $\displaystyle\int_{\pi/4}^{\pi/3} \frac{\cot g\,\theta + \sin\theta + 1}{\cos\theta}\,d\theta$

j) $\displaystyle\int_0^6 |2x - 3|\,dx$

k) $\displaystyle\int_{-2}^3 |x^2 - 1|\,dx$

l) $\displaystyle\int_0^1 e^{2x+3}\,dx$

m) $\displaystyle\int_0^{\pi/2} \sin^2\left(\frac{x}{2}\right)dx$ [Indice : Utilisez l'identité trigonométrique $\sin^2 A = \frac{1}{2}(1 - \cos 2A)$.]

Section 2.3.2

▨ **3.** Démontrez la formule d'intégration en effectuant un changement de variable approprié et en utilisant les formules consignées au tableau 2.1.

a) $\displaystyle\int \sec^2 ax\,dx = \frac{1}{a}\text{tg}\,ax + C$ (où $a \neq 0$)

b) $\displaystyle\int \cot g\,ax\,dx = \frac{1}{a}\ln|\sin ax| + C$ (où $a \neq 0$)

c) $\displaystyle\int \frac{x}{\sqrt{a^2 - x^2}}\,dx = -\sqrt{a^2 - x^2} + C$ (où $a > |x|$)

d) $\displaystyle\int \frac{x}{a^2 + x^2}\,dx = \frac{1}{2}\ln\left(a^2 + x^2\right) + C$ (où $a \neq 0$)

e) $\displaystyle\int \frac{1}{\sqrt{a^2 - x^2}}\,dx = \arcsin\left(\frac{x}{a}\right) + C$ (où $a > |x|$)

▨ **4.** Évaluez l'intégrale indéfinie. Lorsque cela est utile, effectuez un changement de variable.

a) $\displaystyle\int \frac{x^2 + 2}{2x + 1}\,dx$

b) $\displaystyle\int \frac{3}{(4x + 5)^{1/4}}\,dx$

c) $\int \dfrac{2}{1 + (4t + 3)^2} \, dt$

d) $\int 12x(3x^2 + 4)^{15} \, dx$

e) $\int \sin(4x + 3) \, dx$

f) $\int \operatorname{tg}\left(\dfrac{t}{5}\right) dt$

g) $\int \dfrac{2x}{\sqrt{3x^2 + 1}} \, dx$

h) $\int \dfrac{3 + x}{\sqrt{1 - x^2}} \, dx$

i) $\int \dfrac{5x + 1}{1 + 4x^2} \, dx$

j) $\int x^2 \cos x^3 \, dx$

k) $\int \dfrac{1}{16x^2 + 4} \, dx$

l) $\int x e^{-x^2} \, dx$

m) $\int t^4 e^{3t^5} \, dt$

n) $\int \dfrac{2x + 3}{2x^2 + 6x + 1} \, dx$

o) $\int \dfrac{1 + 2x}{1 + 16x^2} \, dx$

p) $\int \dfrac{\sin \sqrt{x}}{\sqrt{x}} \, dx$

q) $\int \dfrac{3x}{4x - 3} \, dx$

r) $\int x\sqrt{2x + 3} \, dx$

s) $\int \dfrac{2}{x\sqrt{4x^2 - 9}} \, dx$

t) $\int x^7 (3x^4 + 2)^{15} \, dx$

u) $\int \dfrac{1}{2 + \sqrt{t}} \, dt$

v) $\int \dfrac{1}{\sqrt{x}\left(1 + \sqrt{x}\right)^3} \, dx$

w) $\int \dfrac{1 - \sqrt{x}}{1 + \sqrt{x}} \, dx$

x) $\int \dfrac{1}{\sqrt{1 - 4x^2}} \, dx$

y) $\int \dfrac{4x + 3}{x^2 + 1} \, dx$

z) $\int \dfrac{\sqrt{1 + \sqrt{x}}}{\sqrt{x}} \, dx$

b) $\int \dfrac{e^x}{\left(1 + e^x\right)^3} \, dx$

c) $\int \dfrac{e^x}{e^x + e^{-x}} \, dx \left(\text{Indice}: \dfrac{e^x}{e^x + \dfrac{1}{e^x}} = \dfrac{e^{2x}}{e^{2x} + 1}. \right)$

d) $\int \dfrac{1}{x + \sqrt{x}} \, dx$

e) $\int \dfrac{(\ln y)^2}{y} \, dy \ \ (\text{où } y > 0)$

f) $\int \dfrac{\ln\left(y^2\right)}{y} \, dy \ \ (\text{où } y > 0)$

g) $\int \dfrac{\sin(3 + 2\ln x)}{x} \, dx$

h) $\int \dfrac{\cos 3t}{1 + \sin 3t} \, dt$

i) $\int \cos^5 x \sin x \, dx$

j) $\int \operatorname{tg}^5 \theta \sec^2 \theta \, d\theta$

k) $\int \dfrac{\sec^2 4x}{2 + 5\operatorname{tg} 4x} \, dx$

l) $\int \dfrac{1}{x\sqrt{1 - 9(\ln x)^2}} \, dx$

m) $\int \operatorname{tg} \theta \sec^5 \theta \, d\theta \left(\text{Indice}: \operatorname{tg}\theta \sec^5 \theta = \sec\theta \operatorname{tg}\theta \sec^4 \theta. \right)$

n) $\int \dfrac{3^x}{\sqrt{1 - 9^x}} \, dx \left[\text{Indice}: 9^x = \left(3^x\right)^2. \right]$

o) $\int \dfrac{x^2}{\sqrt{1 - x^6}} \, dx \left[\text{Indice}: x^6 = \left(x^3\right)^2. \right]$

p) $\int \dfrac{e^x}{e^{2x} + 9} \, dx$

q) $\int \dfrac{e^{2x}}{1 + e^{2x}} \, dx$

r) $\int \dfrac{1}{\sqrt{e^{2t} - 1}} \, dt$

s) $\int \dfrac{1}{u\left[(\ln u)^2 + 4\right]} \, du$

t) $\int \dfrac{\sec \theta \operatorname{tg} \theta}{(4 + \sec \theta)^2} \, d\theta$

u) $\int \dfrac{\operatorname{tg} \sqrt{x} \sec \sqrt{x}}{\sqrt{x}} \, dx$

v) $\int \dfrac{x \arcsin\left(x^2\right)}{\sqrt{1 - x^4}} \, dx$

w) $\int x^{-2} e^{1/x} \, dx$

x) $\int \dfrac{1}{x^2} \sqrt{1 + \dfrac{1}{x}} \, dx$

5. Évaluez l'intégrale indéfinie. Lorsque cela est utile, effectuez un changement de variable.

a) $\int e^{2\operatorname{tg}\theta} \sec^2 \theta \, d\theta$

6. Évaluez l'intégrale définie.

a) $\displaystyle\int_0^7 \sqrt{3x + 4} \, dx$

b) $\displaystyle\int_0^1 \frac{2x}{x^2 - 5}\,dx$

c) $\displaystyle\int_0^1 \frac{t}{\sqrt{4 - t^2}}\,dt$

d) $\displaystyle\int_0^1 \frac{t^3 + t^2 + 2}{t^2 + 4}\,dt$

e) $\displaystyle\int_0^{1/2} \frac{4x^3}{2x^2 - 1}\,dx$

f) $\displaystyle\int_{e^{\pi/4}}^{e^{\pi/3}} \frac{1}{t\cos(\ln t)}\,dt$

g) $\displaystyle\int_{\pi/4}^{\pi/2} \frac{1 + \cos t}{\sin^2 t}\,dt$

h) $\displaystyle\int_0^2 (4t + 2)e^{t^2 + t}\,dt$

i) $\displaystyle\int_1^9 \frac{e^{\sqrt{x}}}{\sqrt{x}}\,dx$

j) $\displaystyle\int_0^{\pi/4} \frac{\cos 2x}{1 + \sin 2x}\,dx$

k) $\displaystyle\int_0^{\pi/2} e^{\cos x}\sin x\,dx$

l) $\displaystyle\int_{\sqrt{2}}^3 t\sqrt{t^2 + 7}\,dt$

m) $\displaystyle\int_0^{1/2} \frac{\operatorname{arctg} 2x}{1 + 4x^2}\,dx$

n) $\displaystyle\int_0^8 (x - 3)\sqrt{x + 1}\,dx$

o) $\displaystyle\int_2^5 \frac{t^2}{\sqrt{t - 1}}\,dt$

p) $\displaystyle\int_0^{\sqrt{8}} t^3\sqrt{1 + t^2}\,dt$

q) $\displaystyle\int_0^1 \frac{x + \operatorname{arctg} x}{1 + x^2}\,dx$

r) $\displaystyle\int_0^4 \frac{x^3}{\sqrt{25 - x^2}}\,dx$

s) $\displaystyle\int_0^{\pi/3} \frac{(1 + \sin\theta)^2}{\cos\theta}\,d\theta$ (Indice : L'identité $\sin^2\theta = 1 - \cos^2\theta$ pourrait vous être utile.)

t) $\displaystyle\int_{\pi^2}^{\pi^2/4} \frac{\sin\sqrt{t}\cos\sqrt{t}}{\sqrt{t}}\,dt$

u) $\displaystyle\int_1^2 \sqrt{4x^4 + 8x^2}\,dx$ (Indice : Factorisez $4x^2$ et sortez-le du radical.)

v) $\displaystyle\int_{-a}^a x^3\sqrt{a^2 + x^2}\,dx$ (où a est une constante positive)

⬠ **7.** Soit $f(x)$ une fonction telle que $\displaystyle\int_0^3 f(x)\,dx = 2$, $\displaystyle\int_3^8 f(x)\,dx = 15$ et $\displaystyle\int_6^8 f(x)\,dx = 8$.

a) Que vaut $\displaystyle\int_1^2 f(3x)\,dx$?

b) Que vaut $\displaystyle\int_0^2 f(3x)\,dx$?

⬠ **8.** Évaluez l'intégrale indéfinie.

a) $\displaystyle\int \frac{x}{\sqrt{a^2 + x^2}}\,dx$ (où a est une constante positive)

b) $\displaystyle\int \frac{1}{\sqrt{a^2 - x^2}}\,dx$ (où a est une constante telle que $a > |x|$)

c) $\displaystyle\int \frac{1}{a^2 + b^2 x^2}\,dx$ (où a et b sont des constantes non nulles)

d) $\displaystyle\int \frac{x^3}{x^2 + a^2}\,dx$ (où a est une constante non nulle)

Sections 2.3.3 à 2.3.4

▲ **9.** Évaluez l'intégrale définie. (Indice : Vérifiez la parité de la fonction avant d'intégrer.)

a) $\displaystyle\int_{-5}^5 x^n\,dx$ (où n est un entier impair positif)

b) $\displaystyle\int_{-3}^3 \frac{x^9 - x^3 + x}{2x^6 + 5x^2 + 9}\,dx$

c) $\displaystyle\int_{-\pi/4}^{\pi/4} \left[2\operatorname{tg} x + \frac{\sqrt[5]{x^3 - x}}{(3 + x^2)^8} - x^{16}\sin x\right]dx$

d) $\displaystyle\int_{-1}^1 \left(3x^2 + x^{15}\cos x + x\sqrt[7]{1 + x^4}\right)dx$

e) $\displaystyle\int_{-2}^2 x^n\,dx$ (où n est un entier pair positif)

▧ **10.** Évaluez l'intégrale définie ou indéfinie.

a) $\displaystyle\int \frac{1}{\sqrt{2x - x^2}}\,dx$

b) $\displaystyle\int_0^1 \frac{1}{\sqrt{7 + 6x - x^2}}\,dx$

c) $\displaystyle\int \frac{1}{4x^2 + 12x + 13}\,dx$

d) $\displaystyle\int \frac{2t + 3}{9t^2 - 12t + 8}\,dt$

e) $\displaystyle\int_0^2 \frac{x+4}{x^2+6x+10}\,dx$

f) $\displaystyle\int \frac{1}{(x-1)\sqrt{x^2-2x}}\,dx$

g) $\displaystyle\int_0^1 \frac{1}{(x+2)\sqrt{x^2+4x+3}}\,dx$

h) $\displaystyle\int \frac{2x}{\sqrt{-x^4+4x^2-3}}\,dx$

Section 2.4

11. Évaluez l'intégrale indéfinie.

a) $\displaystyle\int x^2 e^{4x}\,dx$

b) $\displaystyle\int x\ln(2x)\,dx$

c) $\displaystyle\int x^3\ln x\,dx$

d) $\displaystyle\int \sqrt{x}\ln x\,dx$

e) $\displaystyle\int \frac{\sin x}{e^x}\,dx$

f) $\displaystyle\int x^2\cos x\,dx$

g) $\displaystyle\int \ln\left[(x+1)^3\right]dx$

h) $\displaystyle\int \cos(\ln x)\,dx$

i) $\displaystyle\int x^{-3/2}\ln x\,dx$

j) $\displaystyle\int \operatorname{arctg}\sqrt{x}\,dx$ (Indice : Effectuez d'abord le changement de variable $t=\sqrt{x}$.)

k) $\displaystyle\int \operatorname{cosec} x\sec^2 x\,dx$

l) $\displaystyle\int e^{\sqrt{t}}\,dt$

m) $\displaystyle\int 3t^5\sin\left(t^3\right)dt$ (Indice : Posez $x=t^3$.)

n) $\displaystyle\int e^{ax}\cos bx\,dx$ (où a et b sont des constantes non nulles)

o) $\displaystyle\int x^2\sin ax\,dx$ (où a est une constante non nulle)

p) $\displaystyle\int x^n\ln x\,dx$ (où n est un entier positif)

q) $\displaystyle\int x^n\ln\left(x^m\right)dx$ (où m et n sont des entiers positifs et $x>0$)

12. Évaluez l'intégrale définie.

a) $\displaystyle\int_0^1 xe^{-2x}\,dx$

b) $\displaystyle\int_1^2 (\ln x)^2\,dx$

c) $\displaystyle\int_0^{\pi/2} x\sin x\,dx$

d) $\displaystyle\int_1^9 x^{1/2}\ln x\,dx$

e) $\displaystyle\int_0^{\sqrt{\pi/2}} 2x^3\cos x^2\,dx$

f) $\displaystyle\int_0^{1/4} \operatorname{arctg} 4x\,dx$

g) $\displaystyle\int_0^{\pi/3} x\sec^2 x\,dx$

h) $\displaystyle\int_{\sqrt{3}/2}^{\sqrt{2}/2} \arccos x\,dx$

i) $\displaystyle\int_0^1 6t^5 e^{t^3}\,dt$

13. Si a, m et n sont des constantes telles que $a\neq 0$, $m\neq -1$ et n est un entier positif, utilisez l'intégration par parties pour obtenir la formule de réduction.

a) $\displaystyle\int x^n e^{ax}\,dx = \frac{1}{a}x^n e^{ax} - \frac{n}{a}\int x^{n-1}e^{ax}\,dx$

b) $\displaystyle\int x^n\cos ax\,dx = \frac{1}{a}x^n\sin ax - \frac{n}{a}\int x^{n-1}\sin ax\,dx$

c) $\displaystyle\int (\ln x)^n\,dx = x(\ln x)^n - n\int(\ln x)^{n-1}\,dx$

d) $\displaystyle\int x^m(\ln x)^n\,dx = \frac{x^{m+1}}{m+1}(\ln x)^n - \frac{n}{m+1}\int x^m(\ln x)^{n-1}\,dx$

Section 2.5

14. Évaluez l'intégrale définie ou indéfinie.

a) $\displaystyle\int \sin 3x\sin 2x\,dx$

b) $\displaystyle\int \cos 4x\cos 7x\,dx$

c) $\displaystyle\int_0^{\pi/2} \sin 3x\cos x\,dx$

d) $\displaystyle\int \sin 3x\cos 5x\sin 7x\,dx$

e) $\displaystyle\int \sin^4 x\cos^3 x\,dx$

f) $\displaystyle\int \sin^4 3x\cos^4 3x\,dx$

g) $\displaystyle\int_0^{\pi/2} \sin^5 x\,dx$

h) $\displaystyle\int_0^{\pi/4} \sin^4 t\,dt$

i) $\displaystyle\int \cos^3 x\sqrt{\sin x}\,dx$

j) $\displaystyle\int_0^{\pi/3} \frac{\sin^3 t}{(\cos t)^{5/2}}\,dt$

k) $\displaystyle\int \frac{1}{\sin^4 x}\,dx$

l) $\displaystyle\int_{-\pi/4}^{\pi/4} \frac{\sin^2 t}{\cos^4 t}\,dt$

m) $\displaystyle\int_{-\pi/3}^{\pi/3} \sin^{15} x \cos^{12} x \, dx$

n) $\displaystyle\int \frac{\sin x}{1 + \sin x} \, dx$

o) $\displaystyle\int \frac{\sec^2 x}{\left(1 + \text{tg}\, x\right)^2} \, dx$

p) $\displaystyle\int \frac{\text{tg}\, x + \sin x}{\sec x} \, dx$

q) $\displaystyle\int \text{tg}^5\left(\frac{x}{2}\right) dx$

r) $\displaystyle\int_0^{\pi/8} \sec^3 2x \, \text{tg}\, 2x \, dx$

s) $\displaystyle\int_0^{\pi/4} \sec^4 x \, \text{tg}^4 x \, dx$

t) $\displaystyle\int \frac{\text{tg}^3 x}{\sec^5 x} \, dx$

u) $\displaystyle\int \text{cotg}^3 x \, \text{cosec}^2 x \, dx$

v) $\displaystyle\int \sin 2x \cos^3 x \, dx$

w) $\displaystyle\int \left(\text{tg}^3 t\right)\left(\sec t\right)^{3/2} dt$

x) $\displaystyle\int \frac{\cos x}{\sin^2 x - 2 \sin x + 2} \, dx$

y) $\displaystyle\int \frac{\sin 2x}{\sin^4 x + \cos^4 x} \, dx$

🔷 **15.** On dit des fonctions $f_1(x)$, $f_2(x)$, $f_3(x)$, $f_4(x)$, ... qu'elles sont orthonormales sur un intervalle $[a, b]$ si

$$\int_a^b f_n(x) f_m(x) = \begin{cases} 0 & \text{si } m \neq n \\ 1 & \text{si } m = n \end{cases}$$

Vérifiez que les fonctions $\dfrac{1}{\sqrt{2\pi}}$, $\dfrac{1}{\sqrt{\pi}} \sin x$, $\dfrac{1}{\sqrt{\pi}} \cos x$, $\dfrac{1}{\sqrt{\pi}} \sin 2x$, $\dfrac{1}{\sqrt{\pi}} \cos 2x$, $\dfrac{1}{\sqrt{\pi}} \sin 3x$, $\dfrac{1}{\sqrt{\pi}} \cos 3x$, ... sont orthonormales sur l'intervalle $[0, 2\pi]$.

🔷 **16.** Si n est un entier supérieur à 1 et si a est une constante positive, démontrez la formule de réduction.

a) $\displaystyle\int \cos^n ax \, dx = \frac{\sin ax \cos^{n-1} ax}{na} + \frac{n-1}{n} \int \cos^{n-2} ax \, dx$

b) $\displaystyle\int \text{tg}^n ax \, dx = \frac{\text{tg}^{n-1} ax}{(n-1)a} - \int \text{tg}^{n-2} ax \, dx$

c) $\displaystyle\int \sec^n ax \, dx = \frac{\sec^{n-2} ax \, \text{tg}\, ax}{(n-1)a} + \frac{n-2}{n-1} \int \sec^{n-2} ax \, dx$

17. Faites appel aux formules de réduction développées à l'exercice 2.8 et aux numéros 13 et 16 des exercices récapitulatifs pour évaluer l'intégrale définie ou indéfinie.

a) $\displaystyle\int_0^{\pi/2} \cos^6 x \, dx$

b) $\displaystyle\int x^3 e^{2x} dx$

c) $\displaystyle\int_0^{\pi/4} x^3 \cos 2x \, dx$

d) $\displaystyle\int_{\pi/3}^{\pi/4} \sec^5 x \, dx$

Sections 2.6 à 2.7

18. Évaluez l'intégrale définie ou indéfinie.

a) $\displaystyle\int \frac{1}{\left(9x^2 + 4\right)^2} \, dx$

b) $\displaystyle\int \frac{1}{x\sqrt{9 - x^2}} \, dx$

c) $\displaystyle\int_{\sqrt{10}}^5 \frac{t + 5}{\sqrt{t^2 - 9}} \, dt$

d) $\displaystyle\int \frac{1}{x\left(x^2 + 1\right)} \, dx$

e) $\displaystyle\int \frac{\left(x^2 - 1\right)^{3/2}}{x} \, dx \ (\text{où } x > 1)$

f) $\displaystyle\int \frac{x^2}{\sqrt{25 - x^2}} \, dx$

g) $\displaystyle\int_0^3 \frac{x^3}{x^2 + 4} \, dx$

h) $\displaystyle\int \frac{x^2}{\sqrt{25 + x^2}} \, dx$

i) $\displaystyle\int_0^1 \frac{x^2 + 1}{\sqrt{4 - x^2}} \, dx$

j) $\displaystyle\int \frac{1}{x^2 \sqrt{16x^2 - 25}} \, dx \ (\text{où } x > \tfrac{5}{4})$

k) $\displaystyle\int_0^6 \frac{3x - 1}{\sqrt{100 - x^2}} \, dx$

l) $\displaystyle\int_0^2 \frac{1}{\sqrt{4x^2 + 9}} \, dx$

m) $\displaystyle\int \frac{x^3}{\sqrt{x^2 - 9}} \, dx \ (\text{où } x > 3)$

n) $\displaystyle\int_{\ln\sqrt{2}}^{\ln 2} \sqrt{2e^{2x} - 4} \, dx$

o) $\displaystyle\int_{\sqrt[6]{2}}^{\sqrt[3]{2}} \frac{1}{t\sqrt{t^6 - 1}} \, dt$

19. Évaluez l'intégrale définie ou indéfinie.

a) $\displaystyle\int_{-1}^0 \frac{1}{\sqrt{x^2 + 2x + 2}} \, dx$

b) $\displaystyle\int \frac{1}{(x - 1)\sqrt{x^2 - 2x + 5}} \, dx$

c) $\displaystyle\int \frac{1}{\left(t^2 + 2t + 10\right)^{5/2}}\,dt$

d) $\displaystyle\int_{1}^{4} \frac{1}{\left(x + 4\sqrt{x} + 5\right)}\,dx$

e) $\displaystyle\int \frac{\sqrt{x^2 - 6x + 13}}{x - 3}\,dx$

f) $\displaystyle\int \frac{1}{16 + 6x - x^2}\,dx$

g) $\displaystyle\int \frac{1}{4x^2 + 4x - 3}\,dx$

h) $\displaystyle\int \sqrt{5 + 4x - x^2}\,dx$

i) $\displaystyle\int \sqrt{3 + 8x + 4x^2}\,dx$

j) $\displaystyle\int_{0}^{a/2} \sqrt{a^2 - x^2}\,dx$ (où a est une constante positive)

20. Si a est une constante, démontrez la formule d'intégration en effectuant une substitution trigonométrique appropriée.

a) $\displaystyle\int \frac{x^2}{\sqrt{a^2 - x^2}}\,dx = -\frac{x\sqrt{a^2 - x^2}}{2} + \frac{a^2}{2}\arcsin\frac{x}{a} + C$

(où $a > |x|$)

b) $\displaystyle\int \frac{1}{\sqrt{a^2 + x^2}}\,dx = \ln\left|x + \sqrt{a^2 + x^2}\right| + C$ (où $a > 0$)

c) $\displaystyle\int \frac{1}{x^2 - a^2}\,dx = \frac{1}{2a}\ln\left|\frac{x - a}{x + a}\right| + C$ (où $a > 0$)

Sections 2.8 à 2.9

21. Évaluez l'intégrale définie ou indéfinie.

a) $\displaystyle\int \frac{x^2 + 1}{x^2 - 1}\,dx$

b) $\displaystyle\int_{0}^{1} \frac{2x^3 + x^2}{x^2 - 4}\,dx$

c) $\displaystyle\int \frac{x^3}{\left(x - 1\right)^2\left(x + 1\right)}\,dx$

d) $\displaystyle\int \frac{x}{x^2 - 6x + 8}\,dx$

e) $\displaystyle\int \frac{2x^2 - 3x - 2}{x^3 + x^2 - 2x}\,dx$

f) $\displaystyle\int \frac{x}{\left(x - 4\right)^3}\,dx$

g) $\displaystyle\int \frac{1}{x^2\left(x + 1\right)^2}\,dx$

h) $\displaystyle\int \frac{1}{x^3 + x}\,dx$

i) $\displaystyle\int_{0}^{3} \frac{x^2 - 1}{x^2 + 1}\,dx$

j) $\displaystyle\int \frac{4x^2 + 3x}{\left(x + 2\right)\left(x^2 + 1\right)}\,dx$

k) $\displaystyle\int \frac{x^4}{x^2 + 4}\,dx$

l) $\displaystyle\int \frac{x^2 - 4}{x^3 - 1}\,dx$

m) $\displaystyle\int \frac{x^2 + 2x + 7}{x^3 + x^2 - 2}\,dx$

n) $\displaystyle\int \frac{x^3 - 3x^2 + 2x - 3}{\left(x^2 + 1\right)^2}\,dx$

o) $\displaystyle\int \frac{4x}{x^4 + 6x^2 + 5}\,dx$

p) $\displaystyle\int \frac{1}{x\left(x^2 + 1\right)^2}\,dx$

q) $\displaystyle\int \frac{e^x - 1}{e^x + 1}\,dx$

r) $\displaystyle\int_{0}^{\pi/2} \frac{\sin^2 x \cos x}{1 + \sin^2 x}\,dx$

s) $\displaystyle\int \frac{1}{e^{2x} - 3e^x - 4}\,dx$

t) $\displaystyle\int \frac{8\left(x^2 - 2x\right)}{\left(x - 1\right)^2\left(x^2 + 1\right)^2}\,dx$

22. Évaluez l'intégrale définie ou indéfinie.

a) $\displaystyle\int_{\pi/4}^{\pi/2} \cos x \cos 3x\,dx$

b) $\displaystyle\int \ln\left(x\sqrt[3]{x^2}\right)dx$

c) $\displaystyle\int \frac{2e^x + 3}{e^{2x} - 3e^x}\,dx$

d) $\displaystyle\int_{1}^{9} \frac{x^2 - 3x + 2}{\sqrt{x}}\,dx$

e) $\displaystyle\int \frac{3x^2 - x + 1}{x^2 - x^3}\,dx$

f) $\displaystyle\int \frac{1}{\sqrt{28 - 12x - x^2}}\,dx$

g) $\displaystyle\int \cos\sqrt{x}\,dx$

h) $\displaystyle\int \frac{\operatorname{tg} x}{1 - \sin x}\,dx$

i) $\displaystyle\int \frac{16x^3 - 8x + 1}{4x^2 + 1}\,dx$

j) $\displaystyle\int_{0}^{1} x\operatorname{arctg} x\,dx$

k) $\displaystyle\int \frac{1}{\left(a^2 + x^2\right)^{3/2}}\,dx$ (où $a > 0$)

l) $\displaystyle\int_{2}^{5} \sqrt{x - 1}\,dx$

m) $\int \dfrac{3x}{x^3-1}\,dx$

n) $\int \sin^2 3x \cos^2 3x\,dx$

o) $\displaystyle\int_{3}^{3\sqrt{2}} \dfrac{\sqrt{x^2-9}}{x}\,dx$

p) $\displaystyle\int_{1}^{9} \dfrac{e^{\sqrt{x}}}{\sqrt{x}}\,dx$

q) $\int \dfrac{x^2}{(x-1)^2}\,dx$

r) $\int \sec^4(1+3x)\,dx$

s) $\int 2\big(x+\sqrt{x}\big)^2\,dx$

t) $\int \dfrac{1}{x^2\sqrt{25-9x^2}}\,dx$

u) $\int \sin^5 x \sec^2 x\,dx$

v) $\displaystyle\int_{1}^{2} \dfrac{5x^2-3x+18}{9x-x^3}\,dx$

w) $\int \sin 3x \cos^2 2x\,dx$

x) $\int \dfrac{3x^3+x^2+22x+4}{x^4+13x^2+36}\,dx$

y) $\int \dfrac{x}{x^2-a^2}\,dx$ (où $a>0$)

23. Dites si l'énoncé est vrai ou faux. Justifiez votre réponse.

a) Si $\displaystyle\int_{a}^{b} f(x)\,dx = 0$, alors $f(x)=0 \; \forall\, x \in [a,b]$.

b) $\displaystyle\int_{\pi/2}^{-\pi/2} \sin^{19} x \cos^{14} x\,dx = 0$

c) $\displaystyle\int_{0}^{2\pi} |\cos x|\,dx = 4 \int_{0}^{\pi/2} \cos x\,dx$

d) $\int \big[f(x)g'(x)+g(x)f'(x)\big]\,dx = f(x)g(x)+C$

e) $\int f'(x)\,dx = f(x)$

f) La décomposition en fractions partielles de

$$\dfrac{3x^4+2x^2+x-3}{x^3(x+3)\big(x^2+1\big)^2}$$

est de la forme

$$\dfrac{3x^4+2x^2+x-3}{x^3(x+3)\big(x^2+1\big)^2} =$$

$$\dfrac{A}{x}+\dfrac{B}{x^2}+\dfrac{C}{x^3}+\dfrac{D}{x+3}+\dfrac{E}{x^2+1}+\dfrac{F}{\big(x^2+1\big)^2}$$

g) La formule d'intégration par parties s'obtient à partir de la formule de la différentielle d'un produit de fonctions.

24. Utilisez la méthode des trapèzes pour approximer l'intégrale demandée avec le nombre n de trapèzes indiqué et trouvez une borne supérieure à l'erreur commise lors de cette estimation.

a) $\displaystyle\int_{0}^{3} x^3\,dx$, $n=6$

b) $\displaystyle\int_{2}^{10} \ln x\,dx$, $n=8$

c) $\displaystyle\int_{2}^{8} \dfrac{1}{1+x}\,dx$, $n=6$

d) $\displaystyle\int_{0}^{1} e^{-x^2}\,dx$, $n=5$

⊜XAMEN BLANC*

1. Complétez les phrases du texte par des mots ou des expressions mathématiques.

Si elle existe, l'expression $\int f(x)dx$ s'appelle intégrale _____. Dans ce contexte, $f(x)$ porte le nom d'_____. De plus, si $F(x)$ est une primitive de $f(x)$, c'est-à-dire si ____ $= f(x)$, alors $\int f(x)dx = F(x) + C$, où C est appelée _____.

Par ailleurs, l'expression $\int_{a}^{b} f(x)dx$ porte le nom d'intégrale _____, où les constantes a et b sont les _____.

On définit $\int_{a}^{b} f(x)dx$ comme étant $\lim\limits_{\substack{n \to \infty \\ \|\Delta x_k\| \to 0}} \sum\limits_{k=1}^{n} f(x_k^*)\Delta x_k$, lorsque cette limite existe. Dans ce contexte, $\sum\limits_{k=1}^{n} f(x_k^*)\Delta x_k$ porte le nom de _____ et elle s'effectue sur une partition de l'intervalle $[a, b]$, où $\|\Delta x_k\|$ porte le nom de _____ de la partition. Si la partition de l'intervalle permet de former n sous-intervalles de même longueur, on dira que la partition est _____, et alors $\|\Delta x_k\| =$ _____.

En vertu du théorème fondamental du calcul intégral, si $f(x)$ est une fonction intégrable sur l'intervalle $[a, b]$ et si $F(x)$ est une primitive de $f(x)$, alors $\int_{a}^{b} f(x)dx =$ _____.

Enfin, si $f(x)$ est une fonction continue telle que $f(x) \geq 0$ sur l'intervalle $[a, b]$, on peut donner une interprétation géométrique à $\int_{a}^{b} f(x)dx$, c'est-à-dire que $\int_{a}^{b} f(x)dx$ représente _____.

2. Dites si l'énoncé est vrai ou faux. Il n'est pas nécessaire de justifier votre réponse.

a) Si $f(x)$ et $g(x)$ sont deux fonctions intégrables sur l'intervalle $[a, b]$, alors
$$\int_{a}^{b} f(x)g(x)dx = \left(\int_{a}^{b} f(x)dx\right)\left(\int_{a}^{b} g(x)dx\right)$$

b) Si $f(x)$ est une fonction intégrable sur l'intervalle $[-a, a]$, alors $\int_{-a}^{a} f(x)dx = 0$.

c) Si $f(x)$ est une fonction telle que $f(-x) = f(x)$ pour tout $x \in \text{Dom}_f$, alors $f(x)$ est une fonction paire.

---

* Cet examen blanc est un exemple d'examen d'une durée de trois heures portant sur les chapitres 1 et 2. Il peut servir d'outil de révision. Il s'agit d'un examen conçu par l'auteur et il ne doit pas être considéré comme un modèle de celui élaboré par votre professeur. Deux jours avant l'examen, après avoir terminé votre étude, isolez-vous pendant une période de trois heures, essayez de faire l'examen blanc puis consultez votre professeur pour les questions auxquelles vous n'avez pas été en mesure de répondre.

d) Après le changement de variable $u = x^2 + 1$, l'expression $\int_{2}^{6} \dfrac{x}{x^2 + 1}dx$ devient $\frac{1}{2}\int_{2}^{6} \dfrac{1}{u}du$.

e) $\sum\limits_{k=2}^{7} 2^{k-1} = 126$

f) La substitution trigonométrique à utiliser pour évaluer $\int \dfrac{1}{x^2\left(a^2 + x^2\right)^{3/2}}dx$ est $x = a\sin\theta$.

g) $\int_{a}^{b} |f(x)|dx = \left|\int_{a}^{b} f(x)dx\right|$

h) Si $f(x)$ est une fonction dérivable sur $[0, 1]$ telle que $f(1) = -1$ et telle que $\int_{0}^{1} f(x)dx = 2$, alors
$$\int_{0}^{1} xf'(x)dx = -3$$
(Indice: Effectuez une intégration par parties.)

i) $\int_{-a}^{a} f(x)dx = 2\int_{0}^{a} f(x)dx$

j) $\int \dfrac{1}{\sin x}dx = \ln|\sin x| + C$

k) $\int_{a}^{b} [f(x)]^2 dx = \left[\int_{a}^{b} f(x)dx\right]^2$

l) Si $F(x)$ est une primitive de $f(x)$, alors $F(x) + 1$ est une primitive de $f(x) + 1$.

3. À partir de l'équation ou du graphique, déterminez si la fonction est paire, impaire ou ni paire ni impaire.

FONCTION OU GRAPHIQUE	PARITÉ

a) $f(x) = \sin(4x)$

b) $f(x) = \sin^2 x$

c)

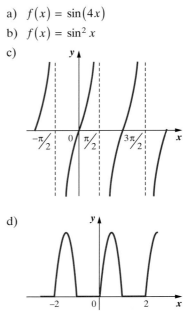

d)

4. Encerclez la lettre qui correspond à la bonne réponse.

a) Que vaut $\int_{1}^{4} 3x^2\,dx$?

   A. 189

   B. 65

   C. 192

   D. 47

   E. 66

   F. 195

   G. 64

   H. Aucune de ces réponses.

b) Quelle est l'aire de la surface $\left(\text{en } u^2\right)$ sous la courbe $y = \sin x$ au-dessus de l'intervalle $[0, \pi/4]$?

   A. 1

   B. $\frac{1}{2}$

   C. $\frac{1}{2}\sqrt{2}$

   D. $1 - \frac{1}{2}\sqrt{2}$

   E. $\sqrt{2}$

   F. 2

   G. $\frac{1}{2}\sqrt{2} - 1$

   H. Aucune de ces réponses.

c) Si $\int_{2}^{6} f(x)\,dx = 12$, $\int_{0}^{6} g(x)\,dx = 3$ et $\int_{0}^{2} g(x)\,dx = 4$, que vaut $\int_{6}^{2} [2f(x) - g(x)]\,dx$?

   A. 21

   B. −25

   C. 20

   D. −20

   E. 25

   F. −21

   G. 17

   H. Aucune de ces réponses.

d) Que vaut $\int_{0}^{2} \dfrac{2x}{x^2 - 5}\,dx$?

   A. $\ln 2$

   B. $\ln 5$

   C. $-\ln 5$

   D. $-\ln 2$

   E. 0

   F. $\ln 5 - 1$

   G. $1 - \ln 2$

   H. Aucune de ces réponses.

e) Comment l'expression $-1 + \frac{1}{2} - \frac{1}{4} + \frac{1}{8} - \frac{1}{16} + \cdots + \frac{1}{512}$ s'écrit-elle en notation sigma ?

   A. $\displaystyle\sum_{k=1}^{9} \frac{1}{2^k}$

   B. $\displaystyle\sum_{k=0}^{9} \frac{1}{2^k}$

   C. $\displaystyle\sum_{k=0}^{9} \left(-\frac{1}{2}\right)^{k}$

   D. $\displaystyle\sum_{k=0}^{9} \left(-\frac{1}{2}\right)^{k+1}$

   E. $\displaystyle\sum_{k=0}^{9} (-1)^{k+1} \left(\frac{1}{2}\right)^{k}$

   F. $\displaystyle\sum_{k=1}^{9} (-1)^{k+1} \left(\frac{1}{2}\right)^{k}$

   G. $\displaystyle\sum_{k=0}^{9} (-1)^{k} \left(\frac{1}{2}\right)^{k+1}$

   H. Aucune de ces réponses.

f) Laquelle des fonctions suivantes est une primitive de $\sec^2(2x)$?

   A. $\operatorname{tg}(2x)$

   B. $\frac{1}{6}\sec^3(2x)$

   C. $\frac{1}{3}\sec^3(2x)$

   D. $4\sec 2x$

   E. $\frac{1}{2}\operatorname{tg}(2x) + 10$

   F. Aucune de ces réponses.

g) Que vaut $\displaystyle\sum_{k=2}^{\infty} \left(\frac{1}{3}\right)^{k}$?

   A. $\frac{1}{6}$

   B. $\frac{1}{9}$

   C. $\frac{1}{18}$

   D. $\frac{1}{3}$

   E. $\frac{1}{2}$

   F. Aucune de ces réponses.

h) Si $\int_{-6}^{4} f(x)\,dx = 5$, si $\int_{2}^{4} f(x)\,dx = 3$, si $\int_{-6}^{0} g(x)\,dx = -8$ et si $\int_{0}^{1} g(2x)\,dx = -4$, que vaut $\int_{-6}^{2} [3f(x) - 2g(x)]\,dx$?

   A. 4

   B. 26

   C. 32

   D. 38

   E. 40

   F. Aucune de ces réponses.

5. a) Tracez la surface S délimitée par la courbe $y = \frac{1}{4}x^2$ au-dessus de l'intervalle $[0, 10]$.

b) Partitionnez l'intervalle $[0, 10]$ en 10 sous-intervalles de même largeur et estimez l'aire de la surface S comme une somme $\overline{S_{10}}$ de 10 rectangles circonscrits.

c) Estimez l'aire de la surface S par la méthode des trapèzes avec 5 trapèzes et donnez une borne supérieure à l'erreur commise lors de l'approximation effectuée avec cette méthode.

d) Si la partition de l'intervalle $[0, 10]$ avait été faite de n sous-intervalles de même largeur, quelle aurait été la largeur de chaque sous-intervalle ?

e) À partir de la partition formulée en d, trouvez l'expression de la somme $\overline{S_n}$ de n rectangles circonscrits qui permet d'estimer l'aire de la surface S.

f) À partir de la réponse obtenue en e, évaluez l'aire exacte de la surface S par un processus de limite.

g) Vérifiez que $\frac{1}{12}x^3$ est une primitive de $\frac{1}{4}x^2$.

h) Utilisez le théorème fondamental du calcul intégral pour confirmer le résultat obtenu en f.

6. Évaluez l'intégrale définie ou indéfinie.

a) $\displaystyle\int_{0}^{8} \left(\sqrt{2x} + \sqrt[3]{x}\right)\,dx$

b) $\displaystyle\int \frac{t+3}{\sqrt{4-t}}\,dt$

c) $\displaystyle\int_{0}^{\pi/2} \sin^3 x \cos^2 x\,dx$

d) $\displaystyle\int x\,\operatorname{arctg} x\,dx$

e) $\displaystyle\int \frac{1}{(x+1)\sqrt{x^2 + 2x}}\,dx$

f) $\displaystyle\int \frac{x^3 + 7x^2 + 19x + 18}{x^2 + 4x + 5}\,dx$

g) $\displaystyle\int_{a/2}^{a\sqrt{2}/2} \frac{1}{x^2\sqrt{a^2 - x^2}}\,dx$ (où $a > 0$)

h) $\displaystyle\int \frac{x^4 + 1}{x^3 - x}\,dx$

CHAPITRE 3

APPLICATIONS DE L'INTÉGRALE DÉFINIE

Au premier chapitre, nous avons approximé des aires et des volumes en effectuant des sommes de Riemann, ce qui ne s'est pas avéré très efficace. Heureusement, le théorème fondamental du calcul intégral permet généralement d'éviter l'utilisation des sommes de Riemann dans l'évaluation d'une intégrale. En vertu de ce théorème, l'intégrale d'une fonction correspond à la différence entre la valeur d'une primitive à la borne supérieure d'intégration et celle de cette même primitive à la borne inférieure d'intégration. Le théorème fondamental du calcul intégral est si puissant et si efficace qu'on risque d'oublier que derrière chaque intégrale définie se cache une somme qui permet d'évaluer non seulement des aires de surfaces planes et de révolution, des volumes de solides et des longueurs d'arc, mais également des indicateurs économiques, comme le surplus des consommateurs, le surplus des producteurs et l'indice de Gini, de même que des quantités physiques, comme le travail.

Le calcul différentiel et intégral est la première histoire que l'Occident s'est racontée à lui-même à l'aube des temps modernes.

David Bernlinski

Objectifs

▸ Dans un plan cartésien, tracer des courbes décrites par des fonctions ou des relations (3.1, 3.3, 3.4 et 3.5).

▸ Trouver l'intersection de deux courbes (3.1).

▸ Calculer l'aire d'une surface plane délimitée par des courbes définies en coordonnées cartésiennes (3.1).

▸ Utiliser l'intégrale définie pour calculer un indice de Gini, un surplus des consommateurs et un surplus des producteurs (3.1).

▸ Calculer la valeur moyenne d'une fonction (3.2).

▸ Utiliser l'intégrale définie pour résoudre des problèmes liés à la physique (travail, centre de gravité, etc.) (exercices récapitulatifs).

▸ Calculer le volume d'un solide de section connue par la méthode des tranches (3.3).

▸ Calculer le volume d'un solide de révolution par la méthode des disques (3.3).

▸ Calculer le volume d'un solide de révolution par la méthode des tubes (coquilles cylindriques) (3.3).

▸ Calculer la longueur d'un arc d'une courbe plane (3.4).

▸ Calculer l'aire d'une surface de révolution (3.5).

Un portrait de

Isaac Newton

Isaac Newton est né le jour de Noël* 1642 au manoir de Woolsthorpe dans le Lincolnshire, en Angleterre. Orphelin de père dès sa naissance, Newton fut élevé principalement par sa grand-mère. Son enfance ne fut pas très heureuse. À 19 ans, il avoua même avoir pensé à brûler ses parents et leur demeure. Bien qu'il fut un élève médiocre à l'école du village de Grantham, un de ses oncles vit à ce qu'il pût poursuivre ses études et accéder au Trinity College de l'Université de Cambridge. Ainsi, le 5 juin 1661, à l'âge de 18 ans, Newton fut admis à l'université. Il était inscrit en droit, mais selon le mathématicien français Abraham de Moivre (1667–1754) qui l'avait bien connu, il s'était découvert un intérêt pour les mathématiques en 1663 après avoir acheté un livre d'astrologie rempli de formules mathématiques qu'il ne comprenait pas. Newton se mit alors à l'étude des grands ouvrages mathématiques, comme les *Éléments* d'Euclide (environ 330–275 av. J.-C.), *La Géométrie* de Descartes (1596–1650), le traité d'algèbre de Wallis (1616–1703), les œuvres de Viète (1504–1603), etc. Il reçut son diplôme de baccalauréat en 1665, juste avant que l'université ne renvoie les étudiants chez eux à cause d'une épidémie de peste bubonique. Newton se retira alors dans le domaine familial. C'est à cet endroit que les trois plus grandes réalisations de la carrière scientifique de Newton furent conçues : l'invention du calcul différentiel et intégral, la formulation d'une théorie sur la nature physique de la lumière et des couleurs et l'élaboration de la théorie de la gravitation. Se référant à ces deux années, Newton a écrit :

> Au début de 1665, je découvris une méthode d'approximation des suites et une règle permettant de réduire à une suite n'importe quelle puissance d'un binôme [théorème du binôme]. En mai de la même année, je découvris également la méthode des tangentes de Gregory et Sulzius, après quoi, en novembre, je mis au point la méthode directe des fluxions [calcul différentiel]. En janvier 1666, j'élaborai la théorie des couleurs [théorie de la lumière] et en mai j'établis la méthode inverse des fluxions [calcul intégral]. Toujours dans la même année, j'entrepris d'étudier la gravité en l'appliquant à l'orbite de la Lune [...] et [...] je comparai la force requise pour garder la Lune sur son orbite avec la force de gravité s'exerçant à la surface de la Terre. [...] Si j'ai pu accomplir tout cela au cours des deux années 1665 et 1666, c'est parce que je me trouvais alors dans la prime jeunesse de mon élan créateur et que les mathématiques et la philosophie m'occupaient l'esprit plus qu'elles ne l'ont jamais fait par la suite†.

Newton élabora son calcul différentiel et intégral pour répondre à des questions de physique, plus particulièrement de cinématique, alors que Leibniz (1646–1716) y arriva plutôt en voulant répondre à des questions de géométrie. Pour Newton, les *fluentes* – qui correspondent au concept de primitive – sont des quantités variant en fonction du temps, et les *fluxions* – qui correspondent au concept de dérivée – sont la vitesse de variation de ces quantités. Il consigna ses résultats, dont le fait que l'intégration et la dérivation sont des opérations réciproques, dans *De methodis serierum et fluxionum*, écrit en 1671, mais publié seulement en 1736, dans une traduction anglaise. En prenant pour assises le calcul différentiel,

---

* En fait, il s'agit du 25 décembre selon le calendrier julien en vigueur en Angleterre à cette époque, le calendrier grégorien n'y ayant été adopté qu'en 1752. Selon le calendrier moderne, Newton serait né le 4 janvier 1643.

† Écrit par Newton, vers 1716, dans ses cahiers de notes. Cité dans D. Millar *et al., The Cambridge Dictionary of Scientists,* Cambridge, Cambridge University Press, 1996, p. 242.

Newton produisit une méthode simple pour résoudre des problèmes (quadrature, rectification, optimisation, etc.) apparemment sans rapports, alors que ses prédécesseurs utilisaient des techniques disparates pour traiter ces divers types de problèmes.

Les professeurs de Newton, dont Isaac Barrow (1630–1677), se rendirent compte du talent de leur élève. Barrow, le premier à occuper la chaire lucasienne de mathématique de Cambridge, céda sa place à Newton en 1669; ce dernier n'avait alors que 26 ans et n'avait obtenu son diplôme de maîtrise que l'année précédente. Dès janvier 1670, Newton donna une série de cours en optique dans lesquels il exposa sa théorie des couleurs et de la lumière, théorie qu'il avait imaginée en utilisant les mauvais télescopes de son époque. Il avait été ainsi amené à concevoir et à construire le premier télescope (à réflexion) à miroirs, beaucoup plus performant que les lunettes à lentilles (télescopes à réfraction) dont s'étaient servis ses prédécesseurs et qui provoquaient des aberrations chromatiques.

En 1672, après avoir fait don de son télescope à la Société royale, Newton fut nommé *Fellow* de ladite société, qu'il présida d'ailleurs de 1703 jusqu'à sa mort en 1727. L'année de sa nomination, il publia son premier article scientifique en optique. Bien que cet article ait été généralement bien accueilli par la communauté scientifique, Hooke (1635–1703) et Huygens (1629–1695) le critiquèrent sévèrement. On y trouve sans doute l'explication de la réticence que Newton avait à publier : il abhorrait la controverse et la critique bien plus qu'il n'aimait les honneurs. Malgré tout, et fort heureusement d'ailleurs, sur l'insistance de l'astronome Halley, Newton se remit à l'écriture. Il lui fallut moins de 18 mois pour achever son œuvre maîtresse, le fameux *Philosophiæ naturalis principia mathematica*, considéré, à juste titre, comme le plus important traité scientifique de tous les temps. La Société royale devait faire publier l'ouvrage, mais elle en abandonna le projet à cause de contraintes budgétaires. C'est donc l'astronome Halley (1656–1742) qui paya pour la publication, en 1687, des *Principia*, nom sous lequel fut connu l'ouvrage. Les *Principia* proposent une théorie expliquant des phénomènes considérés comme isolés à l'époque. Newton y décrit notamment comment déduire les lois de Kepler (1571–1630). Même si Newton connaissait alors fort bien le calcul différentiel et intégral, il ne l'utilisa pas dans les *Principia*. Tous les résultats qu'il y consigna furent démontrés géométriquement. On peut penser que Newton n'utilisa pas le calcul infinitésimal dans son ouvrage parce qu'il ne voulait pas soulever de controverse en recourant à un nouvel outil encore mal compris de ses contemporains. En démontrant l'efficacité des mathématiques dans la compréhension de l'univers, les *Principia* consacrèrent la position de Newton comme le plus grand scientifique de son temps.

Malheureusement, la santé mentale de Newton était fragile. Il avait subi une première dépression en 1678; il en subit une autre en 1693; à compter de ce moment, il ne fit plus d'autres recherches scientifiques importantes, bien qu'il publiât son célèbre *Opticks* en 1704 et qu'il relevât nombre de défis mathématiques (comme le problème du brachistochrone) soumis par des mathématiciens européens.

En 1696, Newton devint fonctionnaire à la Monnaie royale d'Angleterre, organisme qu'il dirigea à compter de 1699. Encore là, il apporta son génie à la mise en place de mesures ingénieuses, comme l'ajout de cannelures sur les pièces, pour prévenir la contrefaçon. Étonnement, il fut ennobli en 1705 non pas pour ses contributions scientifiques, mais pour la réforme monétaire qu'il avait menée de main de maître.

Newton mourut à Londres le 20 mars (31 mars, dans le calendrier grégorien) 1727 des suites d'une longue maladie. Il fut enterré à l'abbaye de Westminster avec les plus grands honneurs ; Voltaire déclara même que Newton avait eu des funérailles dignes d'un roi.

Nous ne pouvons pas ici passer sous silence un des travers de la personnalité de Newton : il était très vindicatif. Sa dispute avec Leibniz au sujet de la paternité du calcul infinitésimal aurait pu faire l'objet d'un merveilleux téléroman rempli d'accusations malveillantes, de rebondissements surprenants, de jeux de coulisses et d'intrigues. Ainsi, c'est Newton lui-même qui forma le comité de la Société royale chargé de déterminer l'inventeur du calcul ; il y nomma ses amis et il rédigea lui-même le rapport « impartial » du comité (bien sûr, sans mentionner qu'il en était l'auteur) qui fut publié par la Société royale. On peut penser que la conclusion de l'enquête de la Société royale était donc rendue avant même le début des travaux. Mais ce n'est pas tout, Newton écrivit un commentaire de ce rapport et le fit publier de manière anonyme dans *Philosophical Transactions of the Royal Society*.

Newton a réalisé une synthèse brillante des connaissances de ses prédécesseurs, innové dans plusieurs domaines et montré que les principes scientifiques d'observation, d'expérimentation et de modélisation mathématique s'appliquent de manière universelle. Pour célébrer le 350e anniversaire de la naissance de l'illustre scientifique et du réformateur du système monétaire britannique, la banque d'Angleterre a émis un billet de 1 £ portant l'effigie de Newton. On le voit entouré d'objets qui ont marqué sa carrière et contribué à sa renommée : un prisme, un télescope et un exemplaire de ses *Principia*.

CALCUL DE L'AIRE D'UNE SURFACE PLANE

Dans cette section : *lunule – offre – demande – prix d'équilibre – quantité d'équilibre – surplus des consommateurs – surplus des producteurs – indice de Gini – courbe de Lorenz.*

Nous avons déjà vu qu'on pouvait évaluer l'aire sous une courbe décrite par une fonction $f(x)$ continue et non négative au-dessus d'un intervalle $[a, b]$ en effectuant $\int_a^b f(x)dx$. Il s'agit là d'un cas particulier de l'aire d'une surface comprise entre deux courbes décrites par des fonctions continues $f(x)$ et $g(x)$.

3.1.1 AIRE DE LA SURFACE COMPRISE ENTRE DEUX COURBES

Pour évaluer l'aire entre deux courbes, il suffit de procéder comme on l'a fait précédemment, c'est-à-dire d'approximer cette aire par la somme des aires d'un très grand nombre de rectangles minces dont on laisse la base tendre vers 0.

Ainsi, comme le montre la figure 3.1, on peut estimer l'aire de la région ombrée par une somme d'aires de rectangles minces. La région ombrée est délimitée par les valeurs de x telles que $f(x) \geq g(x)$, c'est-à-dire pour lesquelles $x \in [a, b]$. Partitionnons cet intervalle $(a = x_0, x_1, x_2, ..., x_n = b)$ de façon à former n sous-intervalles dont les largeurs respectives sont $\Delta x_k = x_k - x_{k-1}$. On peut alors approximer l'aire qu'on cherche par une somme d'aires de rectangles de largeur Δx_k et de hauteur $f(x_k^*) - g(x_k^*)$, où $x_k^* \in [x_{k-1}, x_k]$, de sorte que

$$\text{Aire} \approx \sum_{k=1}^{n} [f(x_k^*) - g(x_k^*)]\Delta x_k$$

FIGURE 3.1

Aire de la surface comprise entre deux courbes

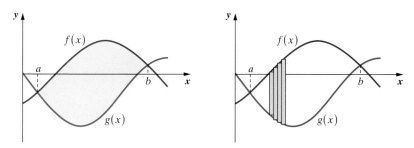

En laissant la largeur des sous-intervalles tendre vers 0 et leur nombre tendre vers l'infini, on obtient $\lim\limits_{\substack{n \to \infty \\ \|\Delta x_k\| \to 0}} \sum_{k=1}^{n} [f(x_k^*) - g(x_k^*)]\Delta x_k$. Or, comme les fonctions $f(x)$ et $g(x)$ sont continues, leur différence l'est aussi, de sorte que cette limite existe, correspond à $\int_a^b [f(x) - g(x)]dx$ et donne la valeur exacte de l'aire cherchée, qui s'exprime en unités carrées (u^2), c'est-à-dire en centimètres carrés, en mètres carrés ou en toute autre mesure d'aire appropriée.

Pour évaluer l'aire de la surface comprise entre deux courbes, il est donc conseillé :

1. d'esquisser les courbes de façon à déterminer la fonction $f(x)$ décrivant la courbe supérieure et la fonction $g(x)$ décrivant la courbe inférieure ;

2. de tracer un rectangle représentatif de largeur Δx et de hauteur $f(x) - g(x)$;

3. de trouver, s'il y a lieu, les points d'intersection des deux courbes afin de déterminer les bornes d'intégration ;

4. d'évaluer $\int_{a}^{b}[f(x) - g(x)]dx$ donnant la valeur de l'aire cherchée.

EXEMPLE 3.1

On veut évaluer l'aire de la surface comprise entre les courbes décrites par les fonctions $f(x) = e^x$ et $g(x) = -x^2$ pour les valeurs de x comprises dans l'intervalle $[-1, 2]$. Esquissons les courbes décrites par ces deux fonctions dans un même plan cartésien (figure 3.2).

FIGURE 3.2

Surface comprise entre $f(x) = e^x$ et $g(x) = -x^2$

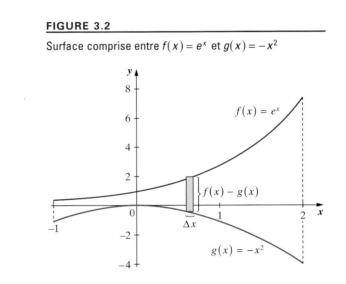

On a que

$$\int_{-1}^{2}[e^x - (-x^2)]dx = \left(e^x + \tfrac{1}{3}x^3\right)\Big|_{-1}^{2}$$

$$= e^2 + \tfrac{8}{3} - \left(e^{-1} - \tfrac{1}{3}\right)$$

$$= e^2 - e^{-1} + 3$$

$$\approx 10,0$$

Par conséquent, l'aire de la surface est de $\left(e^2 - e^{-1} + 3\right)$u², soit d'environ 10,0 u².

EXEMPLE 3.2

On veut évaluer l'aire de la surface comprise entre les courbes décrites par les fonctions $f(x) = -x^2 + 4x$ et $g(x) = -2x + 5$. Esquissons les courbes décrites par ces deux fonctions dans un même plan cartésien (figure 3.3).

FIGURE 3.3

Surface comprise entre $f(x) = -x^2 + 4x$ et $g(x) = -2x + 5$

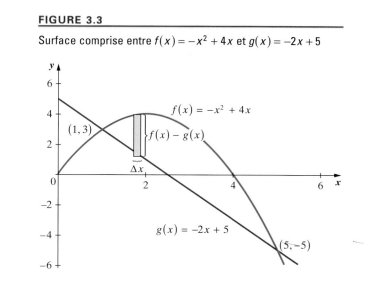

Les points d'intersection des deux courbes sont situés là où les deux fonctions sont égales, c'est-à-dire lorsque $f(x) = g(x)$. Or,

$$-x^2 + 4x = -2x + 5 \Rightarrow x^2 - 6x + 5 = 0$$
$$\Rightarrow (x - 5)(x - 1) = 0$$
$$\Rightarrow x = 1 \text{ ou } x = 5$$

On a que

$$\int_1^5 \left[-x^2 + 4x - (-2x + 5) \right] dx = \int_1^5 \left(-x^2 + 6x - 5 \right) dx$$
$$= \left(-\tfrac{1}{3}x^3 + 3x^2 - 5x \right) \Big|_1^5$$
$$= -\tfrac{125}{3} + 75 - 25 - \left(-\tfrac{1}{3} + 3 - 5 \right)$$
$$= \tfrac{32}{3}$$

Par conséquent, l'aire de la surface comprise entre les courbes définies par $f(x) = -x^2 + 4x$ et $g(x) = -2x + 5$ est de $\tfrac{32}{3}$ u^2, soit de $10,\overline{6}$ u^2.

EXEMPLE 3.3

On veut évaluer l'aire de la surface comprise entre les courbes décrites par les fonctions $f(x) = x^4 + 1$ et $g(x) = 2x^2$. Esquissons les courbes décrites par ces deux fonctions dans un même plan cartésien (figure 3.4).

FIGURE 3.4

Surface comprise entre $f(x) = x^4 + 1$ et $g(x) = 2x^2$

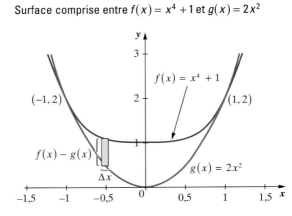

Les points d'intersection des deux courbes se trouvent là où les deux fonctions sont égales, c'est-à-dire lorsque $f(x) = g(x)$. Or,

$$x^4 + 1 = 2x^2 \Rightarrow x^4 - 2x^2 + 1 = 0$$

$$\Rightarrow (x^2 - 1)^2 = 0$$

$$\Rightarrow x = 1 \text{ ou } x = -1$$

On a que

$$\int_{-1}^{1} (x^4 + 1 - 2x^2)dx = \left(\tfrac{1}{5}x^5 + x - \tfrac{2}{3}x^3\right)\Big|_{-1}^{1}$$

$$= \tfrac{1}{5} + 1 - \tfrac{2}{3} - \left(-\tfrac{1}{5} - 1 + \tfrac{2}{3}\right)$$

$$= \tfrac{16}{15}$$

Par conséquent, l'aire de la surface comprise entre les courbes définies par $f(x) = x^4 + 1$ et $g(x) = 2x^2$ est de $\tfrac{16}{15}$ u², soit de $1{,}0\overline{6}$ u².

EXEMPLE 3.4

Établissons la formule de l'aire d'un disque délimité par un cercle de rayon r (figure 3.5). L'équation cartésienne d'un cercle centré à l'origine et de rayon r est donnée par $x^2 + y^2 = r^2$, de sorte que la portion du disque dans le premier quadrant est délimitée par un quart de cercle, dont l'équation est $y = \sqrt{r^2 - x^2}$. L'aire totale du disque correspond donc à quatre fois l'aire de la surface S sous la courbe décrite par $y = \sqrt{r^2 - x^2}$ au-dessus de l'intervalle $[0, r]$.

FIGURE 3.5

Disque de rayon r

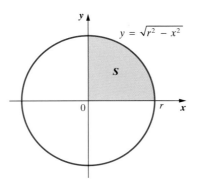

On a que

$$4\int_{0}^{r} \sqrt{r^2 - x^2}\, dx = 4\int_{0}^{\pi/2} \sqrt{r^2 - r^2\sin^2\theta}\,(r\cos\theta)d\theta \quad \text{Où } x = r\sin\theta \Rightarrow dx = r\cos\theta\, d\theta.$$

$$= 4r^2 \int_{0}^{\pi/2} \cos^2\theta\, d\theta$$

$$= 4r^2 \int_{0}^{\pi/2} \tfrac{1}{2}(1 + \cos 2\theta)d\theta$$

$$= 2r^2 \left(\theta + \tfrac{1}{2}\sin 2\theta\right)\Big|_{0}^{\pi/2}$$

$$= \pi r^2$$

Par conséquent, l'aire d'un disque de rayon r est de πr^2 u². Cette formule correspond évidemment à la formule que vous connaissez bien.

⊜XERCICES 3.1

1. Évaluez l'aire de la surface comprise entre les courbes décrites par les fonctions $f(x) = \sin x$ et $g(x) = -x^2$ pour des valeurs de x comprises dans l'intervalle $\left[0, \dfrac{\pi}{4}\right]$.

2. Évaluez l'aire de la surface comprise entre les courbes décrites par les fonctions $f(x) = x^2$ et $g(x) = 2 - x$.

3. Évaluez l'aire de la surface comprise entre les courbes décrites par les fonctions $f(x) = x^2$ et $g(x) = 2 - x^2$.

Dans les exemples précédents, nous avons supposé qu'une des deux fonctions est toujours supérieure à l'autre. Cependant, il peut arriver que les courbes décrites par des fonctions se croisent. Pour évaluer l'aire, il faut alors évaluer $\displaystyle\int_a^b |f(x) - g(x)|\,dx$ et décomposer cette intégrale en plusieurs intégrales selon les changements de signes de $f(x) - g(x)$.

EXEMPLE 3.5

On veut évaluer l'aire de la surface que délimitent les courbes décrites par les fonctions $f(x) = x^2$ et $g(x) = x^3 - 2x^2 + x$ entre les trois points d'intersection des deux courbes. Esquissons les graphiques des deux courbes dans un plan cartésien (figure 3.6).

FIGURE 3.6

Surface délimitée par $f(x) = x^2$ et $g(x) = x^3 - 2x^2 + x$

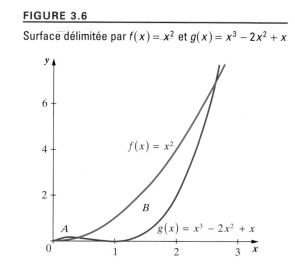

Les points d'intersection des deux courbes se trouvent là où les deux fonctions sont égales, c'est-à-dire lorsque $f(x) = g(x)$. Or,

$$x^2 = x^3 - 2x^2 + x \Rightarrow x^3 - 3x^2 + x = 0$$

$$\Rightarrow x(x^2 - 3x + 1) = 0$$

$$\Rightarrow x = 0,\ x = \frac{3 - \sqrt{5}}{2} \text{ ou } x = \frac{3 + \sqrt{5}}{2}$$

Sur l'intervalle $\left[0, \dfrac{3 - \sqrt{5}}{2} \right]$, la fonction $g(x) = x^3 - 2x^2 + x$ domine, alors que sur l'intervalle $\left[\dfrac{3 - \sqrt{5}}{2}, \dfrac{3 + \sqrt{5}}{2} \right]$, c'est la fonction $f(x) = x^2$ qui domine.

Par conséquent, on obtient l'aire cherchée en additionnant les aires des surfaces A et B. On a ainsi

$$
\int_{0}^{\frac{3+\sqrt{5}}{2}} |f(x) - g(x)|\, dx = \int_{0}^{\frac{3-\sqrt{5}}{2}} (x^3 - 2x^2 + x - x^2)\, dx + \int_{\frac{3-\sqrt{5}}{2}}^{\frac{3+\sqrt{5}}{2}} (x^2 - x^3 + 2x^2 - x)\, dx
$$

$$
= \int_{0}^{\frac{3-\sqrt{5}}{2}} (x^3 - 3x^2 + x)\, dx + \int_{\frac{3-\sqrt{5}}{2}}^{\frac{3+\sqrt{5}}{2}} (-x^3 + 3x^2 - x)\, dx
$$

$$
= \left(\tfrac{1}{4}x^4 - x^3 + \tfrac{1}{2}x^2 \right)\Big|_{0}^{\frac{3-\sqrt{5}}{2}} + \left(-\tfrac{1}{4}x^4 + x^3 - \tfrac{1}{2}x^2 \right)\Big|_{\frac{3-\sqrt{5}}{2}}^{\frac{3+\sqrt{5}}{2}}
$$

$$
= \frac{1}{2}\left(\frac{3 - \sqrt{5}}{2} \right)^4 - 2\left(\frac{3 - \sqrt{5}}{2} \right)^3 + \left(\frac{3 - \sqrt{5}}{2} \right)^2
$$

$$
\quad - \frac{1}{4}\left(\frac{3 + \sqrt{5}}{2} \right)^4 + \left(\frac{3 + \sqrt{5}}{2} \right)^3 - \frac{1}{2}\left(\frac{3 + \sqrt{5}}{2} \right)^2
$$

$$
\approx 2,82
$$

Par conséquent, l'aire cherchée est d'environ $2,82 \text{ u}^2$.

⊖XERCICE 3.2

Soit la surface S (les trois parties ombrées) que délimitent les courbes décrites par les fonctions $f(x) = \cos x$ et $g(x) = \sin x$ (figure 3.7).

FIGURE 3.7

Surface S délimitée par $f(x) = \cos x$ et $g(x) = \sin x$

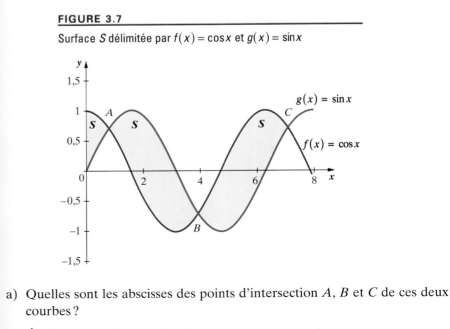

a) Quelles sont les abscisses des points d'intersection A, B et C de ces deux courbes ?

b) Évaluez l'aire de la surface S.

Jusqu'à maintenant, nous avons découpé la surface dont on cherchait l'aire en rectangles verticaux minces de base Δx. Comme on peut le constater dans l'exemple 3.6 qui suit, il est avantageux, dans certaines circonstances, d'utiliser des rectangles horizontaux minces de base Δy, plutôt que des rectangles verticaux. Ainsi, si $f(y)$ et $g(y)$ sont des fonctions continues de y telles que $f(y) \geq g(y)$ lorsque $y \in [c, d]$, c'est-à-dire lorsque la courbe décrite par la fonction $f(y)$ se trouve à droite de celle décrite par $g(y)$, alors l'aire de la surface délimitée par ces courbes et les droites horizontales $y = c$ et $y = d$ est donnée par $\int_c^d [f(y) - g(y)]\,dy$.

EXEMPLE 3.6

On veut évaluer l'aire de la surface que délimitent les courbes décrites par les fonctions de y, $x = 6 - y^2$ et $x = y$. Si on isole y dans la première fonction, on obtient deux fonctions de x, soit $y = \sqrt{6 - x}$ et $y = -\sqrt{6 - x}$. Représentons de manière graphique la surface considérée (figure 3.8).

FIGURE 3.8

Surface délimitée par $x = 6 - y^2$ et $x = y$

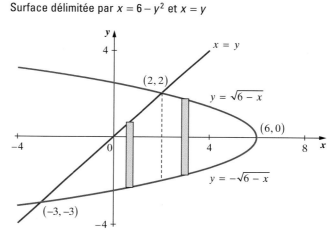

On obtient les points d'intersection des deux courbes en résolvant simultanément les équations qui les décrivent :

$$x = 6 - y^2 \text{ et } x = y \Rightarrow y = 6 - y^2$$
$$\Rightarrow y^2 + y - 6 = 0$$
$$\Rightarrow (y - 2)(y + 3) = 0$$
$$\Rightarrow y = -3 \text{ ou } y = 2$$

Substituant ces valeurs dans les fonctions pour trouver les abscisses, on obtient les points d'intersection, soit $(-3, -3)$ et $(2, 2)$. De plus, le point d'intersection de la fonction $x = 6 - y^2$ avec l'axe des abscisses est $(6, 0)$.

Si on utilise des rectangles verticaux pour estimer l'aire, on constate aisément qu'il faut considérer deux surfaces, soit celle à gauche de la droite $x = 2$ et celle à droite de cette dernière, puisque la fonction dominante change d'expression à cette valeur de x. En effet, à gauche de $x = 2$, on a que la frontière supérieure de la surface correspond à la droite $y = x$, alors qu'à droite de $x = 2$, la frontière supérieure de la surface est donnée par la fonction $y = \sqrt{6-x}$. Pour évaluer l'aire de la surface, il faudrait donc effectuer deux intégrales :

$$\text{Aire} = \int_{-3}^{2}\left[x - \left(-\sqrt{6-x}\right)\right]dx + \int_{2}^{6}\left[\sqrt{6-x} - \left(-\sqrt{6-x}\right)\right]dx$$

$$= \int_{-3}^{2}\left(x + \sqrt{6-x}\right)dx + \int_{2}^{6}2\sqrt{6-x}\,dx$$

$$= \left[\tfrac{1}{2}x^2 - \tfrac{2}{3}(6-x)^{\frac{3}{2}}\right]_{-3}^{2} - \left[\tfrac{4}{3}(6-x)^{\frac{3}{2}}\Big|_{2}^{6}\right]$$

$$= \tfrac{1}{2}2^2 - \tfrac{2}{3}(6-2)^{\frac{3}{2}} - \left\{\tfrac{1}{2}(-3)^2 - \tfrac{2}{3}\left[6-(-3)\right]^{\frac{3}{2}}\right\}$$

$$\qquad - \tfrac{4}{3}(6-6)^{\frac{3}{2}} + \tfrac{4}{3}(6-2)^{\frac{3}{2}}$$

$$= \tfrac{125}{6}\,\text{u}^2$$

Bien que cette façon d'évaluer l'aire cherchée soit correcte, elle n'est pas efficace. On aurait pu obtenir le même résultat en utilisant des rectangles horizontaux et en intégrant par rapport à y (figure 3.9).

FIGURE 3.9

Surface délimitée par $x = 6 - y^2$ et $x = y$

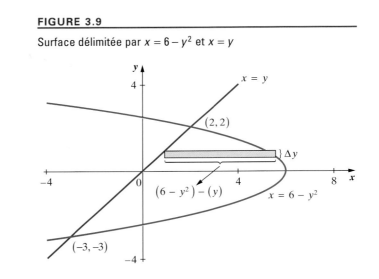

Les bornes d'intégration ne sont évidemment pas les mêmes, l'ordonnée variant entre -3 et 2. En procédant de la sorte, il n'est pas nécessaire d'effectuer deux intégrales :

$$\text{Aire} = \int_{-3}^{2}\left(6 - y^2 - y\right)dy$$

$$= \left(6y - \tfrac{1}{3}y^3 - \tfrac{1}{2}y^2\right)\Big|_{-3}^{2}$$

$$= 6(2) - \tfrac{1}{3}2^3 - \tfrac{1}{2}2^2 - \left[6(-3) - \tfrac{1}{3}(-3)^3 - \tfrac{1}{2}(-3)^2\right]$$

$$= \tfrac{125}{6}\,\text{u}^2$$

FIGURE 3.10

Surface S délimitée par $f(x) = x^2$
et $y = 4$

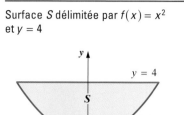

1. Soit S la surface sous la droite $y = 4$ et au-dessus de la courbe décrite par la fonction $f(x) = x^2$ (figure 3.10).

a) Exprimez l'aire de la surface S à l'aide d'une intégrale ou d'une somme d'intégrales (rectangles horizontaux). Vous n'avez pas à évaluer l'intégrale.

b) Exprimez l'aire de la surface S à l'aide d'une intégrale ou d'une somme d'intégrales (rectangles verticaux). Vous n'avez pas à évaluer l'intégrale.

c) Laquelle des deux façons d'évaluer l'aire vous semble la plus efficace ?

2. Soit S la surface délimitée par l'axe des abscisses et par les courbes que décrivent les fonctions $f(x) = x - 2$ et $g(x) = \sqrt{x}$ (figure 3.11).

a) Exprimez l'aire de la surface S à l'aide d'une intégrale ou d'une somme d'intégrales (rectangles horizontaux). Vous n'avez pas à évaluer l'intégrale.

b) Exprimez l'aire de la surface S à l'aide d'une intégrale ou d'une somme d'intégrales (rectangles verticaux). Vous n'avez pas à évaluer l'intégrale.

c) Laquelle des deux façons d'évaluer l'aire vous semble la plus efficace ?

FIGURE 3.11

Surface S délimitée par $f(x) = x - 2$
et $g(x) = \sqrt{x}$

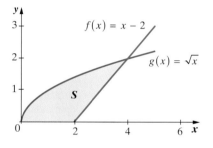

3. Soit S la surface délimitée par les axes de coordonnées, la droite $y = 2$ et la courbe que décrit la fonction $f(x) = \ln x$ (figure 3.12).

FIGURE 3.12

Surface S délimitée par $f(x) = \ln(x)$, $x = 0$, $y = 0$ et $y = 2$

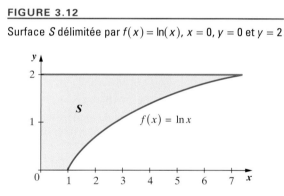

a) Exprimez l'aire de la surface S à l'aide d'une intégrale ou d'une somme d'intégrales (rectangles horizontaux). Vous n'avez pas à évaluer l'intégrale.

b) Exprimez l'aire de la surface S à l'aide d'une intégrale ou d'une somme d'intégrales (rectangles verticaux). Vous n'avez pas à évaluer l'intégrale.

c) Laquelle des deux façons d'évaluer l'aire vous semble la plus efficace ?

4. Représentez la surface S dans un graphique cartésien et évaluez-en l'aire.

a) S est la surface comprise entre les droites $y = 0$ et $y = 1$, et bornée latéralement par les courbes que décrivent les fonctions $y = \sqrt{x}$ et $y = x + 1$.

b) S est la surface délimitée par les courbes que décrivent les équations $y^2 = -9x$ et $x^2 = -9y$.

Un peu d'histoire

Les problèmes de quadrature, c'est-à-dire les problèmes d'évaluation d'aires, ne sont pas tous restés insolubles jusqu'à l'avènement du calcul intégral. Déjà les Grecs de l'Antiquité avaient résolu certains problèmes particuliers de quadrature. Les techniques qu'ils avaient mises au point n'étaient toutefois pas très générales; elles permettaient de résoudre un problème particulier ou ceux de nature très similaire. Ainsi, le « premier exemple d'un espace curviligne démontré égal à un espace rectiligne, imité pour d'autres quadratures plus recherchées et plus difficiles, à mesure que la géométrie s'est perfectionnée[*] » fut celui de l'évaluation de l'aire de lunules par Hippocrate de Chios (milieu du Ve siècle avant J.-C.). Ce dernier s'est appuyé sur le théorème de Pythagore et sur le principe selon lequel le quotient des aires de deux disques est égal au quotient des carrés de leurs diamètres.

Ainsi, Hippocrate a pu déterminer l'aire de la surface hachurée, une **lunule** (figure 3.13), comprise à l'intérieur du disque 1 centré en C et de rayon AC, mais à l'extérieur du disque 2 centré en O et de rayon OB, tel que ce dernier est l'hypoténuse du triangle rectangle isocèle OCB. En vertu du théorème de Pythagore, on obtient $\overline{OB}^2 = \overline{OC}^2 + \overline{CB}^2 = 2\overline{OC}^2$.

En vertu du principe énoncé précédemment, le rapport des aires des deux disques est égal au quotient des carrés des diamètres :

$$\frac{\text{Aire du disque 2}}{\text{Aire du disque 1}} = \frac{\overline{OB}^2}{\overline{OC}^2} = 2 \text{ (figure 3.13)}.$$

---

[*] Charles Bossut, dans Jean-Paul Pier, *Histoire de l'intégration. Vingt-cinq siècles de mathématiques*, Paris, Masson, p. 3.

FIGURE 3.13

Lunule d'Hippocrate

Par conséquent, l'aire du disque 2 correspond à deux fois celle du disque 1, de sorte que l'aire du demi-disque 1 est égale à celle du quart de disque 2. Comme la région $ACBE$ est commune à ces deux surfaces, on conclut que les aires des parties résiduelles doivent être égales, c'est-à-dire que l'aire de la lunule est égale au double de celle du triangle rectangle isocèle OCB. Or, l'aire de ce triangle est donnée par

$$\text{Aire du triangle } OCB = \tfrac{1}{2}\overline{BC} \times \overline{OC}$$
$$= \tfrac{1}{2}\overline{OC} \times \overline{OC}$$
$$= \tfrac{1}{2}\overline{OC}^2$$

De sorte que l'aire de la lunule vaut donc

$$2\left(\tfrac{1}{2}\overline{OC}^2\right) = \overline{OC}^2 = \tfrac{1}{2}\overline{OB}^2 \text{ u}^2.$$

Vous pouvez maintenant faire les exercices récapitulatifs 1 à 13.

3.1.2 SURPLUS DES CONSOMMATEURS ET SURPLUS DES PRODUCTEURS

En économie, une courbe d'offre est une représentation graphique de la relation entre la quantité d'un bien, offerte par les producteurs, et le prix de ce bien. La courbe d'offre mesure donc la quantité offerte à chaque niveau de prix. Comme la quantité du bien offerte par les producteurs augmente avec les prix, la courbe d'offre, ou plus simplement l'**offre**, présente une pente positive. La fonction décrivant la courbe d'offre s'exprime généralement sous la forme $p = O(q)$. De même, la courbe de demande exprime la relation entre la quantité d'un bien que les consommateurs sont prêts à acheter et le prix de ce bien. La courbe de demande mesure donc la quantité demandée à chaque niveau de prix. Comme les quantités

DEMANDE

La demande est l'expression de la relation entre le prix d'un bien et la quantité demandée de ce bien. Cette relation est généralement représentée par une courbe de pente négative dans un plan cartésien ayant la variable quantité pour abscisse et la variable prix pour ordonnée.

PRIX D'ÉQUILIBRE

Le prix d'équilibre d'un bien est le prix, noté $\bar{p}$, pour lequel la quantité offerte du bien correspond à la quantité demandée du bien. Il correspond à l'ordonnée du point d'intersection des courbes d'offre et de demande.

QUANTITÉ D'ÉQUILIBRE

La quantité d'équilibre d'un bien est la quantité, notée $\bar{q}$, telle que la quantité offerte du bien correspond à la quantité demandée du bien. Elle correspond à l'abscisse du point d'intersection des courbes d'offre et de demande.

SURPLUS DES CONSOMMATEURS

Le surplus des consommateurs représente le gain total théorique que les consommateurs réalisent en achetant un bien au prix d'équilibre plutôt qu'au prix supérieur qu'ils auraient été prêts à payer pour ce bien. Le surplus des consommateurs s'interprète géométriquement comme l'aire d'une surface dont la valeur est $\int\limits_{0}^{\bar{q}}[D(q) - \bar{p}]dq$, où $D(q)$ représente l'équation de la demande et $(\bar{q}, \bar{p})$ représente le point d'intersection des courbes d'offre et de demande, dont les coordonnées sont respectivement la quantité d'équilibre et le prix d'équilibre.

SURPLUS DES PRODUCTEURS

Le surplus des producteurs représente l'écart entre le revenu que les producteurs ont reçu pour la production et la vente d'un bien et le revenu dont ils se seraient contentés pour produire une quantité donnée de ce bien. Le surplus des producteurs s'interprète géométriquement comme l'aire d'une surface dont la valeur est $\int\limits_{0}^{\bar{q}}[\bar{p} - O(q)]dq$, où $O(q)$ représente l'équation de l'offre et $(\bar{q}, \bar{p})$ représente le point d'intersection des courbes d'offre et de demande, dont les coordonnées sont respectivement la quantité d'équilibre et le prix d'équilibre.

demandées d'un bien varient en sens contraire des prix, la courbe de demande, ou plus simplement la **demande**, présente une pente négative. La fonction décrivant la courbe de demande s'exprime généralement sous la forme $p = D(q)$.

Les économistes représentent généralement l'offre et la demande dans un même plan cartésien. Par convention, les prix sont placés en ordonnée et les quantités en abscisse. Cette représentation graphique permet de trouver le **prix d'équilibre**, noté $\bar{p}$, et la **quantité d'équilibre**, notée $\bar{q}$, sur un marché concurrentiel, c'est-à-dire le prix et la quantité satisfaisant simultanément l'offre et la demande. Ainsi, à ce prix, les quantités offertes par les producteurs correspondent exactement aux quantités demandées par les consommateurs. Sur un marché concurrentiel, le prix d'équilibre est donc le prix qui s'impose à tous les producteurs et à tous les acheteurs.

Toutefois, certains consommateurs auraient été prêts à payer plus que le prix d'équilibre pour se procurer un bien, et font donc une bonne affaire en le payant au prix d'équilibre. On qualifie de **surplus des consommateurs** l'écart entre la dépense (soit une quantité multipliée par un prix unitaire) au prix supérieur que les consommateurs auraient accepté de payer et la dépense au prix d'équilibre. De même, certains producteurs sont prêts à produire à des prix plus faibles que le prix d'équilibre, et réalisent donc un revenu supérieur à celui qu'ils escomptaient. On qualifie de **surplus des producteurs** l'écart entre ces deux revenus, celui réalisé au prix d'équilibre et celui escompté. Notez que, à l'instar d'une dépense, un revenu correspond à une quantité multipliée par un prix unitaire.

Trouvons maintenant l'expression du surplus des consommateurs à partir d'une courbe de demande (figure 3.14).

FIGURE 3.14

Surplus des consommateurs

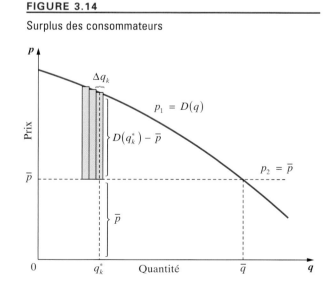

Soit $\bar{q}$ la quantité d'équilibre produite d'un bien, vendue au prix d'équilibre $\bar{p}$. Soit $D(q)$ la fonction de demande des consommateurs. Formons une partition régulière $0 = q_0, q_1, q_2, ..., q_n = \bar{q}$ de l'intervalle $[0, \bar{q}]$, de façon à former n sous-intervalles de largeur $\dfrac{\bar{q}}{n}$. Le surplus réalisé par les consommateurs au-dessus du $k^{\text{ième}}$ sous-intervalle $[q_{k-1}, q_k]$ de largeur Δq_k est approximé par l'expression $[D(q_k^*) - \bar{p}]\Delta q_k$, qui correspond à l'aire du rectangle de hauteur $D(q_k^*) - \bar{p}$ et de largeur Δq_k. Le surplus total est donc approximé par la somme de tous les surplus (la somme des aires de tous les rectangles). Comme nous l'avons déjà vu à plusieurs reprises, le passage à la limite donne la valeur exacte de l'expression cherchée :

$$\text{Surplus des consommateurs} = \lim_{\substack{n \to \infty \\ \|\Delta q_k\| \to 0}} \sum_{k=1}^{n} \big[D(q_k^*) - \overline{p} \big] \Delta q_k$$

$$= \int_0^{\overline{q}} \big[D(q) - \overline{p} \big] dq$$

Le surplus des consommateurs correspond donc à l'aire de la surface entre deux courbes [soit $p_1 = D(q)$ et $p_2 = \overline{p}$], au-dessus de l'intervalle $[0, \overline{q}]$.

Par analogie, le surplus des producteurs correspond à l'aire de la surface entre deux courbes, soit celle du prix d'équilibre $(p_2 = \overline{p})$ et celle de l'offre $[p_3 = O(q)]$, au-dessus de l'intervalle $[0, \overline{q}]$. Le surplus des producteurs peut s'évaluer à l'aide d'une intégrale :

$$\text{Surplus des producteurs} = \int_0^{\overline{q}} \big[\overline{p} - O(q) \big] dq$$

Ces deux surplus sont représentés sur la figure 3.15, le prix et la quantité d'équilibre se trouvant à l'intersection des courbes d'offre et de demande.

FIGURE 3.15

Surplus des consommateurs et surplus des producteurs

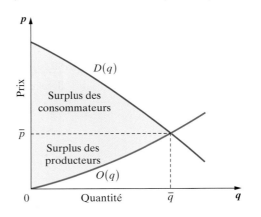

EXEMPLE 3.7

Les fonctions de demande et d'offre d'un bien de consommation sont respectivement $p_1(q) = D(q) = 3\,200 - 80q - q^2$ et $p_2(q) = O(q) = q^2 + 40q$, où q s'exprime en unités du bien, et p en dollars. On veut évaluer le surplus des consommateurs et le surplus des producteurs. Il faut d'abord déterminer le prix et la quantité d'équilibre de ce bien, soit le point d'intersection des courbes d'offre et de demande. Or,

$$q^2 + 40q = 3\,200 - 80q - q^2 \Rightarrow 2(q^2 + 60q - 1\,600) = 0$$

$$\Rightarrow q = 20 \text{ ou } q = -80$$

Comme q représente une quantité, soit un nombre positif, on obtient que la quantité d'équilibre est $\overline{q} = 20$ unités du bien. Substituant cette valeur dans l'équation de l'offre (ou de la demande), on obtient que $\bar{p} = 1\,200$ \$. Par conséquent, le surplus des consommateurs est

$$\int_0^{\bar{q}} [D(q) - \bar{p}]\,dq = \int_0^{20} (3\,200 - 80q - q^2 - 1\,200)\,dq$$

$$= \left(2\,000q - 40q^2 - \tfrac{1}{3}q^3\right)\Big|_0^{20}$$

$$= 2\,000(20) - 40(20)^2 - \tfrac{1}{3}(20^3) - 0$$

$$\approx 21\,333 \text{ \$}$$

⊜XERCICES 3.4

1. Déterminez le surplus des producteurs pour les fonctions d'offre et de demande tirées de l'exemple 3.7.

2. La fonction d'offre d'un certain bien est $O(q) = e^{0,004\,7q} - 1$.

   a) Quel est le prix d'équilibre de ce bien, si ce prix est atteint lorsqu'on en vend 982 unités ? Arrondissez votre réponse à l'entier.

   b) Calculez le surplus des producteurs.

3. Les fonctions de demande et d'offre d'un certain bien sont respectivement $D(q) = 10\,000 - 70q - q^2$ et $O(q) = q^2 + 30q$.

   a) Dans un plan cartésien, esquissez la courbe d'offre et la courbe de demande, indiquez le prix et la quantité d'équilibre et représentez les surfaces associées au surplus des producteurs et au surplus des consommateurs.

   b) Déterminez le prix d'équilibre ainsi que la quantité d'équilibre.

   c) Calculez le surplus des producteurs et le surplus des consommateurs.

3.1.3 **COURBE DE LORENZ ET INDICE DE GINI**

Les économistes ont mis au point plusieurs mesures pour quantifier l'inégalité des revenus dans une société. Une des mesures les plus utilisées est l'**indice** (ou le *coefficient*) **de Gini**[*]. Cet indice se calcule à partir d'une **courbe de Lorenz**[†], laquelle constitue une forme de représentation graphique de la répartition de l'ensemble des revenus d'une population. La fonction $f(x)$, décrivant une courbe de Lorenz, donne la proportion des revenus détenus par la fraction décimale x des individus qui en possèdent le moins. Ainsi, l'égalité $f(0,8) = 0,6$ nous apprend que 60 % des revenus sont détenus par 80 % des individus les plus pauvres d'une population. Une fonction $f(x)$ représentée par une courbe de Lorenz possède les caractéristiques suivantes :

- le domaine de la fonction $f(x)$ est $[0,1]$;
- l'image de la fonction $f(x)$ est $[0,1]$;
- $f(x) \leq x \ \forall \ x \in [0,1]$;
- la fonction $f(x)$ est croissante sur $[0,1]$.

---

* En l'honneur du statisticien et démographe italien Corrodo Gini (1884–1965), qui établit ce coefficient dans un livre paru en 1912 sous le titre *Variabilita e mutabilita*, qui contribua aux fondements de la sociologie moderne.

† En l'honneur du statisticien américain Max Otto Lorenz (1880–1962).

DÉFINITIONS

INDICE DE GINI

L'indice de Gini (ou le *coefficient de Gini*) est une mesure de l'inégalité de la distribution des revenus. L'indice de Gini s'obtient à partir de l'aire de la surface comprise entre la droite représentant une répartition parfaitement égalitaire des revenus, soit $y = x$, et la courbe de Lorenz représentant la répartition observée des revenus dans une population. Si l'équation de la courbe de Lorenz est $f(x)$, alors l'indice de Gini vaut $2\int_0^1 [x - f(x)]\,dx$. L'indice de Gini est toujours compris entre 0 et 1. Plus sa valeur est élevée, plus la répartition des revenus est inégalitaire ; plus elle est faible, plus la répartition des revenus est égalitaire.

COURBE DE LORENZ

Une courbe de Lorenz est une courbe qui représente la répartition des revenus dans une population. L'interprétation d'un point (x, y) de cette courbe est la suivante : une fraction y de l'ensemble des revenus est détenue par la fraction x qui en détient le moins parmi l'ensemble des individus. Une courbe de Lorenz est représentée graphiquement par une fonction croissante, dont le domaine et l'image sont l'intervalle $[0,1]$, et qui est toujours sous la droite $y = x$.

La figure 3.16 illustre une courbe de Lorenz typique. On y a également tracé la droite $y = x$ qui représente une distribution parfaitement égalitaire des revenus, dans le sens où les $100x$ % des individus les plus pauvres gagnent exactement $100x$ % du revenu total.

FIGURE 3.16

Courbe de Lorenz et indice de Gini

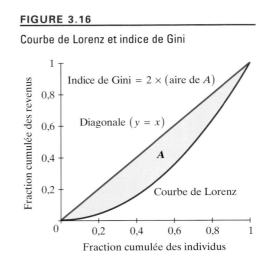

Plus la courbe de Lorenz s'éloigne de la diagonale $(y = x)$, plus la répartition des revenus est inégalitaire. L'indice de Gini est donné par le quotient de l'aire de la région ombrée sur l'aire du triangle sous la diagonale, cette dernière aire valant $\frac{1}{2}$.

Par conséquent, l'indice de Gini correspond à $\dfrac{\text{aire de } A}{\frac{1}{2}}$, soit à deux fois l'aire de la surface A. L'indice de Gini est un nombre compris entre 0 et 1. Un indice de Gini de 0 indique une répartition uniforme (égalitaire) des revenus, puisque la courbe de Lorenz se confond alors avec la droite diagonale. Par ailleurs, un indice de Gini de 1 indique une répartition totalement inégalitaire des revenus : une seule personne détient alors l'ensemble des revenus. Par conséquent, on considère généralement que plus un indice de Gini est voisin de 0, plus la répartition des revenus est égalitaire, et que plus il est voisin de 1, plus la répartition des revenus est inégalitaire.

Si on connaît la fonction $f(x)$ d'une courbe de Lorenz, on peut recourir au calcul intégral pour calculer l'indice de Gini : indice de Gini $= 2\int\limits_{0}^{1}[x - f(x)]\,dx$.

EXEMPLE 3.8

FIGURE 3.17

Courbe de Lorenz

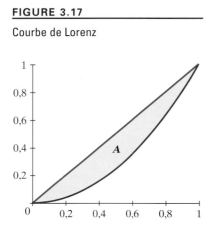

La fonction $f(x) = x^2$, définie sur $[0,1]$, satisfait aux conditions à remplir pour être une courbe de Lorenz (figure 3.17).

En effet,

- le domaine de la fonction $f(x)$ est $[0,1]$;
- l'image de la fonction $f(x)$ est $[0,1]$. Effectivement, si $k \in [0,1]$, alors $\sqrt{k} \in [0,1] = $ domaine de $f(x)$ et $f(\sqrt{k}) = k$; de plus, si $x \in [0,1]$, alors $f(x) = x^2 \in [0,1]$;
- $x^2 \leq x \ \forall \, x \in [0,1]$, puisque

$$0 \leq x \leq 1 \Rightarrow x \cdot 0 \leq x \cdot x \leq x \cdot 1$$
$$\Rightarrow 0 \leq x^2 \leq x$$

- la fonction $f(x)$ est croissante sur $[0,1]$, puisque sa dérivée première est positive sur $]0,1[: f'(x) = 2x > 0$.

On obtient l'indice de Gini en comparant l'aire de la surface A à l'aire du triangle rectangle d'hypoténuse $y = x$. L'indice de Gini vaut deux fois l'aire de la surface A :

$$\text{Indice de Gini} = 2\int_0^1 [x - f(x)]dx$$

$$= 2\int_0^1 (x - x^2)dx$$

$$= 2\left(\tfrac{1}{2}x^2 - \tfrac{1}{3}x^3\right)\Big|_0^1$$

$$= \tfrac{1}{3}$$

⊜XERCICES 3.5

1. Les revenus de deux professions, A et B, se répartissent selon des courbes de Lorenz dont les équations sont respectivement $f_A(x) = 0{,}9x^2 + 0{,}1x$ et $f_B(x) = \dfrac{e^x - 1}{e - 1}$. Laquelle des deux professions présente la répartition des revenus la plus inéquitable ?

2. a) Vérifiez que la fonction $f(x) = x^3$, définie sur $[0, 1]$, satisfait aux conditions à remplir pour que son graphique soit une courbe de Lorenz.

   b) Esquissez la courbe de Lorenz de $f(x) = x^3$.

   c) Calculez le pourcentage du revenu total gagné par les 30 % de la population dont les revenus sont les plus faibles.

   d) Calculez l'indice de Gini de la fonction définie en a.

CALCUL DE LA VALEUR MOYENNE D'UNE FONCTION

Dans cette section: *valeur moyenne d'une fonction.*

La valeur moyenne $\bar{a}$ d'un ensemble fini de n nombres $a_1, a_2, a_3, \ldots, a_n$ s'obtient à l'aide de la formule

$$\bar{a} = \frac{a_1 + a_2 + a_3 + \cdots + a_n}{n} = \frac{\displaystyle\sum_{k=1}^n a_k}{n}$$

On veut généraliser ce concept et calculer la valeur moyenne d'une fonction continue $f(x)$ sur l'intervalle $[a, b]$. Soit une partition régulière,

$$x_0, x_1, x_2, x_3, \ldots, x_{k-1}, x_k, \ldots, x_{n-1}, x_n$$

de cet intervalle dont la norme est $\Delta x = \dfrac{b - a}{n}$; soit la suite des nombres $f(x_1^*), f(x_2^*), f(x_3^*), \ldots, f(x_n^*)$ représentant les valeurs de la fonction $f(x)$ aux points $x_k^* \in [x_{k-1}, x_k]$. La valeur moyenne de ces n valeurs de $f(x)$ est alors donnée par l'expression

$$\frac{f(x_1^*) + f(x_2^*) + f(x_3^*) + \cdots + f(x_n^*)}{n} = \frac{1}{b - a}\left[f(x_1^*) + f(x_2^*) + f(x_3^*) + \cdots + f(x_n^*)\right]\frac{b - a}{n}$$

$$= \frac{1}{b - a}\left[\sum_{k=1}^n f(x_k^*)\Delta x\right]$$

En raffinant la partition, c'est-à-dire en augmentant la valeur de n et en diminuant la norme de la partition, on prend de plus en plus de valeurs de la fonction $f(x)$ et on peut se faire une meilleure idée de la valeur moyenne de la fonction. Pour effectuer la somme sur toutes les valeurs de la fonction, il faut passer à la limite. On définit donc la valeur moyenne $\overline{f}$ de la fonction $f(x)$ sur l'intervalle $[a, b]$ de la façon suivante :

$$\overline{f} = \lim_{\substack{n \to \infty \\ \Delta x \to 0}} \frac{1}{b-a} \left[\sum_{k=1}^{n} f(x_k^*) \Delta x \right]$$

$$= \frac{1}{b-a} \lim_{\substack{n \to \infty \\ \Delta x \to 0}} \left[\sum_{k=1}^{n} f(x_k^*) \Delta x \right]$$

Or, comme la fonction est continue sur l'intervalle $[a, b]$, et donc intégrable au sens de Riemann sur cet intervalle, on en déduit que la **valeur moyenne d'une fonction** $f(x)$ continue sur l'intervalle $[a, b]$ est $\overline{f} = \dfrac{1}{b-a} \displaystyle\int_{a}^{b} f(x)\,dx$.

Dans le cas où la fonction $f(x)$ est non négative, on peut donner une interprétation géométrique à la valeur moyenne d'une fonction (figure 3.18).

En effet, dans le cas d'une fonction non négative, $\displaystyle\int_{a}^{b} f(x)\,dx$ représente l'aire sous la courbe décrite par la fonction $f(x)$, au-dessus de l'intervalle $[a, b]$. De plus, $\overline{f} \times (b-a)$ représente l'aire du rectangle, de hauteur $\overline{f}$, dressé sur l'intervalle $[a, b]$. Comme $\overline{f} \times (b-a) = \displaystyle\int_{a}^{b} f(x)\,dx$, on conclut que $\overline{f}$ représente la hauteur du rectangle, dressé sur l'intervalle $[a, b]$, qui aurait la même aire que celle de la surface sous la courbe décrite par la fonction $f(x)$ au-dessus de l'intervalle $[a, b]$.

FIGURE 3.18

Interprétation géométrique de la valeur moyenne d'une fonction

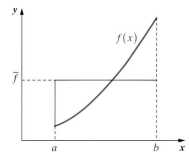

EXEMPLE 3.9

On veut évaluer la valeur moyenne de la fonction $f(x) = 3x^2$ sur l'intervalle $[1, 5]$. En vertu de la définition de la valeur moyenne d'une fonction, on a

$$\overline{f} = \frac{1}{b-a} \int_{a}^{b} f(x)\,dx$$

$$= \frac{1}{5-1} \int_{1}^{5} 3x^2\,dx$$

$$= \tfrac{1}{4} x^3 \Big|_{1}^{5}$$

$$= 31$$

EXEMPLE 3.10

Au cours d'un intervalle de 3 h, la température extérieure (en °C) dans une certaine municipalité est donnée par la fonction $T(t) = 20 + 2t - \tfrac{1}{3}t^2$, où le temps t est mesuré en heures à compter du début $(t = 0)$ de la période considérée. La température moyenne au cours de cette période de 3 h est

$$\overline{T} = \frac{1}{b - a} \int_a^b T(t)\,dt$$

$$= \tfrac{1}{3} \int_0^3 \left(20 + 2t - \tfrac{1}{3}t^2\right) dt$$

$$= \tfrac{1}{3}\left(20t + t^2 - \tfrac{1}{9}t^3\right)\Big|_0^3$$

$$= 22\ ^\circ\text{C}$$

EXERCICES 3.6

1. Quelle est la valeur moyenne de la fonction $f(x) = \sin^2 x$ sur l'intervalle $[0, \pi]$?

2. Au cours d'un intervalle de 3 s, un mobile se déplace à une vitesse $v(t) = \tfrac{1}{8}t^2$ m/s. Quelle est la vitesse moyenne de ce mobile au cours de cet intervalle de temps ?

Vous pouvez maintenant faire les exercices récapitulatifs 14 à 25.

3.3 CALCUL DU VOLUME D'UN SOLIDE

Dans cette section : *cylindre droit – solide de section connue – méthode des tranches – solide de révolution – méthode des disques – paraboloïde de révolution – méthode des disques troués – tore – méthode des tubes.*

Comme nous l'avons vu précédemment, le calcul intégral permet d'évaluer l'aire de diverses surfaces, ce qui n'est pas étonnant, puisque cet outil mathématique a notamment été conçu à cet effet. Le calcul intégral n'en comporte pas moins de nombreuses autres applications. On peut généralement recourir au calcul intégral lorsqu'on veut mesurer une quantité qu'on peut concevoir comme étant le résultat du découpage d'un ensemble en des composantes élémentaires qu'on peut ensuite réunir en les sommant lorsque la taille des composantes devient de plus en plus petite, et leur nombre, de plus en plus grand. Dans cette optique, l'intégrale représente la somme des contributions élémentaires d'un nombre infini de composantes infinitésimales.

Ainsi, on peut utiliser le calcul intégral pour évaluer des volumes de solides, puisqu'on peut généralement découper un solide en un très grand nombre de petites composantes de volume connu. On pourra alors additionner les volumes des différentes composantes élémentaires du solide et ainsi obtenir le volume du solide par l'évaluation de la limite d'une somme, c'est-à-dire par l'évaluation d'une intégrale.

Nous allons examiner quatre stratégies pour évaluer le volume d'un solide. Dans le cas d'un solide de section connue, on peut utiliser la méthode des tranches (3.3.1) ; dans le cas d'un solide de révolution, on peut utiliser, selon le contexte, la méthode des disques (3.3.2), celle des disques troués (3.3.3) ou celle des tubes (3.3.4).

3.3.1 MÉTHODE DES TRANCHES

Avant de décrire la méthode des tranches pour évaluer le volume d'un solide, il faut d'abord définir le concept de cylindre droit. Un **cylindre droit** est un solide qu'on obtient en déplaçant une surface S, appelée base du cylindre, d'une distance h, appelée la hauteur du cylindre, dans une direction perpendiculaire à cette surface (figure 3.19). Le volume d'un cylindre droit s'obtient à l'aide de la formule $V = Ah$, où A représente l'aire de la base S, et h, la hauteur du cylindre droit.

> **DÉFINITION**
>
> **CYLINDRE DROIT**
>
> Un cylindre droit est le solide qu'on obtient en déplaçant une surface S, appelée base du cylindre, d'une distance h, appelée hauteur du cylindre, dans une direction perpendiculaire à cette surface.

FIGURE 3.19

Quelques cylindres droits

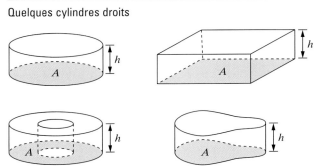

Lorsque nous avons voulu évaluer l'aire d'une surface plane, nous avons procédé à une suite d'approximations successives pour en arriver ensuite, par l'évaluation d'une limite, à une intégrale définie. Voici en bref les étapes suivies :

1. Partitionner l'intervalle $[a, b]$ servant à délimiter la surface.
2. Approximer l'aire de la surface en la découpant en bandes rectangulaires minces dressées sur les sous-intervalles définis par la partition de l'intervalle $[a, b]$.
3. Évaluer l'aire des rectangles obtenus.
4. Trouver une expression pour la somme des aires des rectangles.
5. Laisser le nombre de rectangles tendre vers l'infini et leur largeur tendre vers 0.
6. Évaluer l'intégrale définie associée à cette limite.

On peut appliquer une stratégie similaire pour évaluer le volume d'un **solide de section connue**, soit un solide tel que des coupes transversales (un découpage du solide en tranches minces perpendiculaires à un axe, par exemple l'axe des abscisses) donnent des surfaces d'aire $A(x)$, où $A(x)$ est une fonction continue sur l'intervalle $[a, b]$ (figure 3.20) ; on évalue alors le volume du solide selon la **méthode des tranches**.

> **DÉFINITIONS**
>
> **SOLIDE DE SECTION CONNUE**
>
> Un solide de section connue est un solide tel que des coupes transversales (un découpage du solide en tranches minces perpendiculaires à un axe, par exemple l'axe des abscisses) donnent des surfaces dont on connaît l'expression de l'aire en fonction de la position de la coupe.
>
> **MÉTHODE DES TRANCHES**
>
> La méthode des tranches est la méthode utilisée pour évaluer le volume d'un solide de section connue. Elle consiste à découper le solide en tranches minces (essentiellement des cylindres minces), puis à additionner (et finalement à intégrer) les volumes de ces tranches pour obtenir le volume total du solide. La formule utilisée pour évaluer le volume d'un solide de section connue par la méthode des tranches est :
>
> Volume du solide =
> $$\int_a^b A(x)dx \quad \text{ou} \quad \int_c^d A(y)dy$$

FIGURE 3.20

Découpage d'un solide en tranches minces

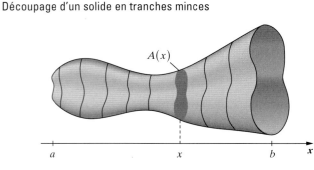

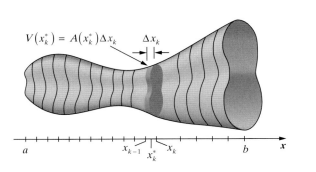

On peut adapter la procédure servant à évaluer l'aire d'une surface plane pour obtenir une formule simple de l'évaluation du volume d'un solide de section connue :

1. Partitionner l'intervalle $[a, b]$ servant à délimiter le solide :

$$a = x_0, x_1, x_2, ..., x_n = b$$

2. Approximer le volume du solide en le découpant en tranches minces, d'épaisseur $\Delta x_k = x_k - x_{k-1}$, sur les sous-intervalles définis par la partition de l'intervalle $[a, b]$.

3. Évaluer le volume des tranches minces, chaque tranche mince correspondant essentiellement à un cylindre droit dont l'aire de la base est $A\left(x_k^*\right)$, où $x_k^* \in [x_{k-1}, x_k]$, de sorte que le volume $\Delta V\left(x_k^*\right)$ de cette tranche mince est $\Delta V\left(x_k^*\right) = A\left(x_k^*\right)\Delta x_k$.

4. Trouver une expression pour la somme des volumes des tranches minces :

$$\text{Volume du solide} \approx \sum_{k=1}^{n} \Delta V\left(x_k^*\right) = \sum_{k=1}^{n} A\left(x_k^*\right)\Delta x_k$$

5. Laisser le nombre de tranches tendre vers l'infini et leur largeur tendre vers 0 :

$$\text{Volume du solide} = \lim_{\substack{n \to \infty \\ \|\Delta x_k\| \to 0}} \sum_{k=1}^{n} A\left(x_k^*\right)\Delta x_k$$

6. Évaluer une intégrale définie : Volume du solide $= \displaystyle\int_a^b A(x)dx$.

Il ne sera pas utile dans chaque problème de reproduire toute la procédure décrite plus haut, il suffira généralement d'évaluer la formule consignée à la dernière étape : si un solide de l'espace est délimité par deux plans parallèles $x = a$ et $x = b$, et si une coupe transversale du solide selon le plan $x = k$, où $a \leq k \leq b$, donne des surfaces d'aire $A(x)$, une fonction continue sur l'intervalle $[a, b]$, alors le volume V du solide est donné par $V = \displaystyle\int_a^b A(x)dx$. De même, si le solide est délimité par deux plans parallèles $y = c$ et $y = d$, et si une coupe transversale du solide selon le plan $y = k$, où $c \leq k \leq d$, donne des surfaces d'aire $A(y)$, une fonction continue sur l'intervalle $[c, d]$, alors le volume V du solide est donné par $V = \displaystyle\int_c^d A(y)dy$.

Quelle que soit la formule utilisée, le volume s'exprime en unités cubes $\left(\text{u}^3\right)$, c'est-à-dire en centimètres cubes, en mètres cubes ou en toute autre unité de volume appropriée.

EXEMPLE 3.11

On veut évaluer le volume du solide (figure 3.21) dont la base est délimitée par le cercle d'équation $x^2 + y^2 = 9$, sachant que la coupe transversale selon le plan $x = k$, où $-3 \leq k \leq 3$, forme un triangle équilatéral. Dans un premier temps, traçons la base de ce solide (le cercle d'équation $x^2 + y^2 = 9$) et la coupe transversale du solide (le triangle équilatéral).

FIGURE 3.21

Solide de l'espace

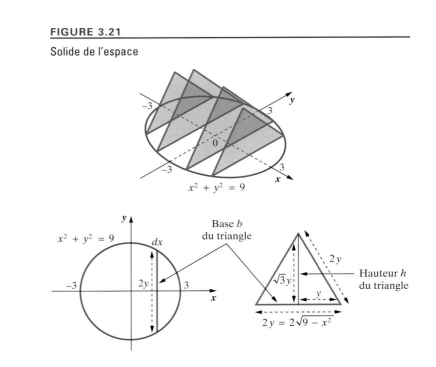

La trace laissée par une coupe transversale perpendiculaire à l'axe des abscisses est une surface délimitée par un triangle équilatéral dressé verticalement sur sa base de longueur $2y$, ce qui permet de former un solide mince d'épaisseur dx, soit un cylindre droit de base triangulaire et d'épaisseur dx. Pour trouver l'aire du triangle, on doit en connaître la base b et la hauteur h. Comme on peut le constater sur la figure 3.21, la base du triangle équilatéral mesure $2y$. Or, comme $x^2 + y^2 = 9$, on a que $b = 2y = 2\sqrt{9 - x^2}$. De plus, en vertu du fait que la hauteur d'un triangle équilatéral correspond à sa médiatrice et en vertu du théorème de Pythagore, la hauteur h du triangle est de $\sqrt{3}y = \sqrt{3}\sqrt{9 - x^2}$. L'aire $A(x)$ du triangle équilatéral est donc de

$$A(x) = \tfrac{1}{2}bh$$
$$= \tfrac{1}{2}\left(2\sqrt{9 - x^2}\right)\left(\sqrt{3}\sqrt{9 - x^2}\right)$$
$$= \sqrt{3}\left(9 - x^2\right)$$

Le volume V du solide est donc de

$$V = \int_a^b A(x)\,dx$$
$$= \int_{-3}^{3} \sqrt{3}\left(9 - x^2\right)dx$$
$$= \sqrt{3}\left(9x - \tfrac{1}{3}x^3\right)\Big|_{-3}^{3}$$
$$= 36\sqrt{3}\ \text{u}^3$$

Notez ici que l'aire de la surface doit être exprimée en fonction de la variable utilisée dans la différentielle. Ainsi, comme l'épaisseur des tranches triangulaires est dx, il faut écrire l'intégrande (l'aire) comme une fonction de x, même si, dans un premier temps, les paramètres servant à calculer l'aire se formulaient plus aisément en fonction de la variable y.

EXEMPLE 3.12

On découpe une cale dans un cylindre de rayon 2, comme l'indique la figure 3.22.

FIGURE 3.22

Cale cylindrique

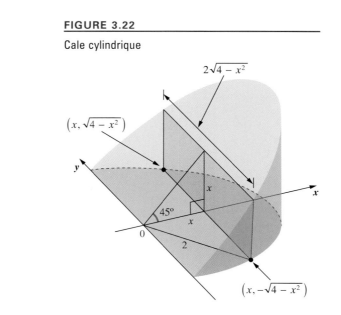

La coupe transversale selon le plan $x = k$, où $0 \leq k \leq 2$, forme un rectangle dont la longueur est $2y$, soit de $2\sqrt{4 - x^2}$. De plus, comme l'angle formé par la cale est de 45°, le triangle dressé sur l'axe des abscisses est rectangle isocèle, d'où il résulte que les deux côtés de l'angle droit mesurent x, de sorte que la largeur du rectangle est également de x. L'aire $A(x)$ d'une tranche de la cale (soit un rectangle) est donc de

$$A(x) = \left(2\sqrt{4 - x^2}\right)x$$
$$= 2x\sqrt{4 - x^2}$$

de sorte que le volume V du solide est de

$$V = \int_a^b A(x)\,dx$$

$$= \int_0^2 2x\sqrt{4 - x^2}\,dx$$

$$= -\int_4^0 \sqrt{t}\,dt \quad \text{Où } t = 4 - x^2 \implies dt = -2x\,dx.$$

$$= \int_0^4 \sqrt{t}\,dt$$

$$= \tfrac{2}{3} t^{3/2}\Big|_0^4$$

$$= \tfrac{16}{3}\,\text{u}^3$$

FIGURE 3.23

Pyramide à base rectangulaire

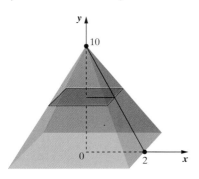

FIGURE 3.24

Comparaison de triangles semblables

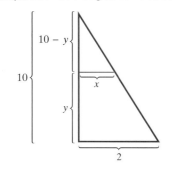

EXEMPLE 3.13

On veut évaluer le volume d'une pyramide (figure 3.23) de hauteur 10 et de base carrée de coté 4.

Une coupe transversale de cette pyramide selon le plan $y = k$, où $0 \leq k \leq 10$, forme un carré. La longueur du côté du carré s'obtient par une comparaison de triangles semblables (figure 3.24) ou par la détermination de l'équation de la droite passant par les points $(0, 10)$ et $(2, 0)$.

On a

$$\frac{x}{10 - y} = \frac{2}{10} = \frac{1}{5} \Rightarrow x = 2 - \frac{y}{5}$$

de sorte que le côté du carré découpé par le plan mesure $2x = 4 - \frac{2}{5}y$ et que l'aire $A(y)$ d'une tranche de la pyramide est de $A(y) = \left(4 - \frac{2}{5}y\right)^2$. Le volume V de la pyramide est donc de

$$V = \int_c^d A(y)\,dy$$

$$= \int_0^{10} \left(4 - \frac{2}{5}y\right)^2 dy$$

$$= \int_0^{10} \left(16 - \frac{16}{5}y + \frac{4}{25}y^2\right)dy$$

$$= \left(16y - \frac{8}{5}y^2 + \frac{4}{75}y^3\right)\Big|_0^{10}$$

$$= \frac{160}{3}\,u^3$$

Bien que les deux derniers exemples soient intéressants, ils ne sont pas représentatifs des exercices récapitulatifs qui vous sont proposés à la fin du chapitre, contrairement à l'exemple 3.11, qui est plus typique. Dans le cas d'un solide ayant une construction semblable à celle du solide de l'exemple 3.11, nous vous conseillons de respecter la marche à suivre que voici:

1. Tracer la base du solide dans un plan cartésien et y consigner les informations pertinentes: équation de la courbe délimitant la base du solide, trait indiquant la trace que laisse la coupe transversale dans la base, longueur du trait, épaisseur du trait (dx ou dy), etc.

2. Esquisser la surface d'aire $A(x)$ ou $A(y)$ laissée par la coupe transversale du solide et y consigner les informations nécessaires à l'évaluation de l'aire de cette surface. Selon les circonstances, il peut s'agir d'un rayon, de la base et de la hauteur d'un triangle, des côtés d'un rectangle ou d'un carré, etc.

3. Formuler et évaluer l'intégrale définie appropriée, soit $\int_a^b A(x)\,dx$ ou $\int_c^d A(y)\,dy$. Notez que l'aire de la surface doit être exprimée en fonction de la variable utilisée dans la différentielle. Ainsi, on ne peut pas évaluer $\int_a^b A(y)\,dx$, ni $\int_c^d A(x)\,dy$.

Vous pouvez maintenant faire les exercices récapitulatifs 26 à 31.

EXERCICE 3.7

Évaluez le volume du solide dont la base est la surface délimitée par l'axe des abscisses, la droite $x = 20$ et la parabole $y = \frac{1}{2}x^2$, et dont la coupe transversale selon le plan $x = k$, où $0 \le k \le 20$, est un carré.

3.3.2 MÉTHODE DES DISQUES

DÉFINITION

SOLIDE DE RÉVOLUTION

Un solide de révolution est le solide obtenu par la rotation d'une surface autour d'une droite située dans le même plan que cette surface.

Au chapitre 1, nous avons souligné que l'intégrale définie pouvait servir à évaluer le volume V d'un solide obtenu par la rotation d'une surface S autour d'un axe. Un tel solide porte le nom de **solide de révolution**. Ainsi, en faisant tourner la surface S, délimitée par la courbe $y = f(x)$, autour de l'axe des abscisses, on obtient le solide apparaissant sur la figure 3.25. Remarquez ici que la surface génératrice, celle qui sert à former le solide, est fixée à l'axe de rotation ; ce dernier délimite donc la frontière de la surface qu'on fait tourner.

On peut approximer le volume de ce solide en faisant la somme des volumes des cylindres minces obtenus par la rotation des bandes rectangulaires étroites de largeur $\Delta h = \Delta x$ et de rayon $r = f(x)$, chacune de ces bandes rectangulaires engendrant un cylindre mince (figure 3.25) de volume

$$\Delta V = \pi r^2 \Delta h$$
$$= \pi \left[f(x) \right]^2 \Delta x$$

FIGURE 3.25

Solide de révolution

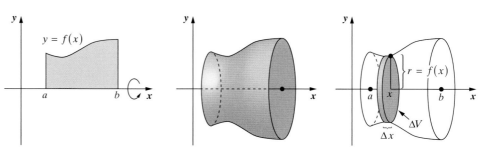

DÉFINITION

MÉTHODE DES DISQUES

La méthode des disques est une méthode utilisée pour évaluer le volume d'un solide de révolution obtenu par la rotation, autour d'une droite, d'une surface S délimitée par deux droites parallèles qui sont perpendiculaires à l'axe de rotation, ce dernier délimitant un troisième côté de la surface. En vertu de cette méthode, le volume du solide s'obtient à l'aide d'un découpage du solide en tranches minces qui ont la forme de cylindres circulaires plats. Ces cylindres s'obtiennent par une décomposition de la surface S en bandes rectangulaires étroites et perpendiculaires à l'axe de rotation. La formule utilisée pour évaluer le volume d'un solide de révolution par la méthode des disques est

$$\text{Volume du solide} = \int_a^b \pi r^2 \, dh$$

En augmentant le nombre de ces bandes rectangulaires et en laissant leur largeur devenir de plus en plus petite, on obtient une meilleure approximation. Dans le cas d'une fonction continue $f(x)$, lorsque la largeur de ces bandes tend vers 0 et que leur nombre tend vers l'infini, la somme devient une intégrale, de sorte que le volume V du solide de révolution est

$$V = \int_a^b \pi \left[f(x) \right]^2 \, dx$$

Le résultat de cette intégrale s'exprime évidemment en unités cubes (u^3), c'est-à-dire en centimètres cubes, en mètres cubes, etc. On désigne sous le nom de **méthode des disques** cette méthode d'évaluation du volume d'un solide de révolution, puisque des coupes transversales du solide par des plans perpendiculaires à l'axe de rotation laissent des traces ayant la forme de disques (soit des surfaces délimitées par des cercles). La méthode des disques constitue un cas particulier de la méthode des tranches. En effet, en vertu de la méthode des tranches, on a que le volume est donné par $\int_a^b A(x)dx$, où $A(x)$ représente l'aire de la section obtenue par une coupe transversale du solide. Dans le cas d'un solide de révolution, l'aire de la section correspond à celle d'un disque de rayon $r = f(x)$, d'où $A(x) = \pi r^2 = \pi[f(x)]^2$, de sorte que le volume V du solide de révolution est de $V = \int_a^b \pi[f(x)]^2 dx$, comme nous l'avions vu plus haut.

EXEMPLE 3.14

Soit la surface S délimitée par la courbe $y = \sqrt{x}$ et l'axe des abscisses, entre $x = 1$ et $x = 4$. On veut déterminer le volume du solide engendré par la rotation de cette surface autour de l'axe des abscisses (figure 3.26).

FIGURE 3.26

Solide de révolution

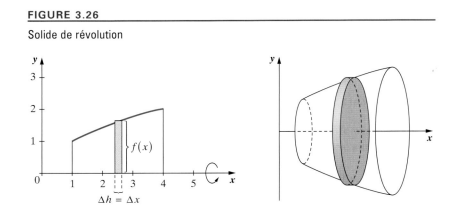

On peut approximer ce volume en faisant la somme des volumes de cylindres minces formés par la rotation de bandes rectangulaires étroites autour de l'axe des abscisses. Comme le volume d'un cylindre de rayon r et de hauteur Δh est $\pi r^2 \Delta h$, le volume d'un cylindre mince engendré par la rotation d'une bande rectangulaire étroite sera

$$\Delta V = \pi r^2 \Delta h$$
$$= \pi[f(x)]^2 \Delta x$$
$$= \pi(\sqrt{x})^2 \Delta x$$
$$= \pi x \Delta x$$

Le volume du solide peut être approximé par la somme des volumes de ces cylindres. En laissant Δx tendre vers 0, cette somme devient une intégrale et donne la mesure exacte du volume V cherché :

$$V = \int_1^4 \pi(\sqrt{x})^2 dx$$
$$= \int_1^4 \pi x \, dx$$
$$= \frac{\pi x^2}{2} \Big|_1^4$$
$$= \frac{15\pi}{2} \, u^3$$

Il n'est pas nécessaire que l'axe de rotation soit l'axe des abscisses. Ainsi, il pourrait également être l'axe des ordonnées, la droite $x = x_1$ ou la droite $y = y_1$. Il faudra alors toutefois adapter la formule que nous avons établie plus haut, en exprimant correctement le rayon, c'est-à-dire la distance entre la courbe délimitant la surface en rotation et l'axe de rotation, et en intégrant par rapport à la variable appropriée. Afin de faciliter l'évaluation avec la méthode des disques du volume du solide de révolution obtenu par la rotation d'une surface S autour d'un axe, nous vous conseillons de respecter la marche à suivre que voici :

1. Tracer la surface S dans un plan cartésien.

2. Marquer l'axe de rotation avec une flèche incurvée.

3. Tracer une bande rectangulaire étroite, perpendiculaire à l'axe de rotation, allant de la courbe délimitant la surface S à l'axe de rotation.

4. Établir la hauteur Δh (soit Δx ou Δy) du cylindre formé par la rotation de la bande de rayon r.

5. Donner l'expression du rayon r de rotation (longueur de la bande rectangulaire) en fonction de la variable (soit x ou y) appropriée.

6. Trouver les bornes d'intégration, c'est-à-dire les valeurs entre lesquelles la variable h varie.

7. Évaluer $\int_a^b \pi r^2 \, dh$.

Illustrons cette marche à suivre à l'aide de quelques exemples.

EXEMPLE 3.15

Soit la surface S délimitée à droite par la courbe $y = x^2$ et à gauche par l'axe des ordonnées, entre $y = 0$ et $y = 4$. On veut déterminer le volume du solide (un **paraboloïde de révolution**) engendré par la rotation de cette surface autour de l'axe des ordonnées.

Esquissons le graphique de la surface S et déterminons les différents éléments (r et Δh) utiles à l'évaluation du volume cherché (figure 3.27).

FIGURE 3.27

Paraboloïde de révolution

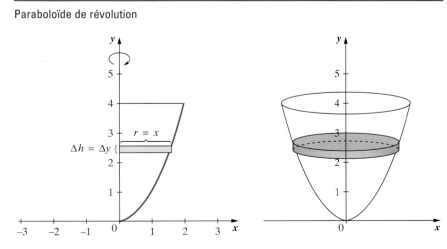

Le volume V de ce solide est

$$V = \int_a^b \pi r^2 dh$$

$$= \int_0^4 \pi \left(x\right)^2 dy$$

$$= \int_0^4 \pi y\, dy$$

$$= \left. \frac{\pi y^2}{2} \right|_0^4$$

$$= 8\pi\ \text{u}^3$$

EXEMPLE 3.16

Soit la surface S délimitée par la courbe $y = x^2$ entre $y = 0$ et $y = 4$. On veut déterminer le volume du solide engendré par la rotation de cette surface autour de la droite $y = 4$ (figure 3.28).

FIGURE 3.28

Surface S délimitée par $y = x^2$, $y = 0$ et $y = 4$

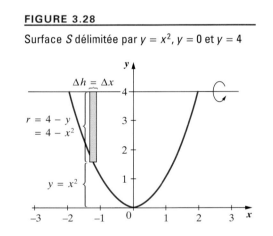

Il faut d'abord trouver les bornes d'intégration, soit les valeurs de la variable x au point d'intersection de l'axe de rotation et de la courbe : $x^2 = 4$, d'où $x = 2$ ou $x = -2$. De plus, la longueur des bandes rectangulaires en rotation correspond à la distance entre l'axe de rotation et la courbe délimitant la surface, soit à la différence entre $y = 4$ et $y = x^2$. Cette distance, $4 - x^2$, représente donc le rayon du cylindre obtenu par la rotation de la bande rectangulaire autour de l'axe de rotation. Par conséquent, le volume V de ce solide est

$$V = \int_a^b \pi r^2 dh$$

$$= \int_{-2}^2 \pi \left(4 - x^2\right)^2 dx$$

$$= \int_{-2}^2 \pi \left(16 - 8x^2 + x^4\right) dx$$

$$= \pi \left. \left(16x - \tfrac{8}{3}x^3 + \tfrac{1}{5}x^5\right) \right|_{-2}^2$$

$$= \tfrac{512}{15}\pi\ \text{u}^3$$

E̲XERCICE 3.8

Évaluez le volume du solide.

a) Le solide obtenu par la rotation, autour de l'axe des ordonnées, de la surface S délimitée par les droites $y = 1$, $y = 5$, $x = 0$ et la courbe $y = \dfrac{1}{x}$.

b) Le solide obtenu par la rotation, autour de la droite $x = 1$, de la surface S (à droite de $x = 1$) délimitée par les droites $x = 1$, $y = 9$ et la courbe $y = x^2$.

c) La sphère obtenue par la rotation, autour de l'axe des abscisses, de la surface S délimitée par le demi-cercle de rayon 3 centré à l'origine, d'équation $y = \sqrt{9 - x^2}$.

Vous pouvez maintenant faire l'exercice récapitulatif 32.

3.3.3 MÉTHODE DES DISQUES TROUÉS

La méthode des disques peut être généralisée au cas où l'axe de rotation ne délimite pas la frontière de la surface en rotation ; on parle alors de méthode des disques troués. Soit une surface S délimitée par deux fonctions $f(x)$ et $g(x)$ telles que $f(x) \geq g(x)$ (figure 3.29). On veut évaluer le volume V du solide engendré par la rotation de S autour de l'axe des abscisses. Comme d'habitude, on trace une bande rectangulaire étroite découpant la surface de manière perpendiculaire à l'axe de rotation. En tournant autour de l'axe des abscisses, cette bande rectangulaire forme un cylindre creux mince (un disque troué) (figure 3.29).

FIGURE 3.29

Solide de révolution

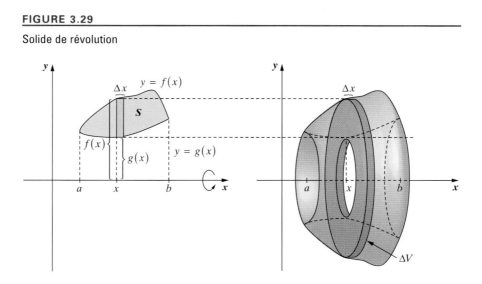

Le volume ΔV d'un de ces cylindres creux correspond au volume du cylindre plein, c'est-à-dire celui engendré par la fonction $f(x)$, moins le volume du trou, également de forme cylindrique, engendré par la fonction $g(x)$. Ces deux cylindres ont la même hauteur $\Delta h = \Delta x$. Par conséquent,

$$\Delta V = \pi [f(x)]^2 \Delta x - \pi [g(x)]^2 \Delta x$$

$$= \pi \left\{ [f(x)]^2 - [g(x)]^2 \right\} \Delta x$$

Le volume V du solide de révolution peut donc être approximé par la somme des volumes des cylindres creux minces. Si on laisse la hauteur de ces cylindres tendre vers 0 et leur nombre tendre vers l'infini, la somme devient une intégrale et on obtient alors précisément la valeur du volume du solide, de sorte que :

$$V = \int_a^b \pi \left\{ [f(x)]^2 - [g(x)]^2 \right\} dx$$

On désigne sous le nom de **méthode des disques troués** cette méthode d'évaluation du volume d'un solide de révolution, puisque des coupes transversales du solide par des plans perpendiculaires à l'axe de rotation laissent des traces ayant la forme de disques troués.

Évidemment, il n'est pas nécessaire que l'axe de rotation soit l'axe des abscisses. En général, on note R la distance entre la courbe extérieure délimitant la surface de rotation [la fonction $f(x)$ sur la figure 3.29] et l'axe de rotation, et r la distance entre cet axe et la courbe intérieure délimitant la surface de rotation [la fonction $g(x)$ sur la figure 3.29]. Il s'agit alors d'adapter la formule que nous avons établie plus haut, en exprimant correctement les rayons R et r et en intégrant par rapport à la variable appropriée. Afin de faciliter, par la méthode des disques troués, l'évaluation du volume V du solide de révolution obtenu par la rotation d'une surface S autour d'un axe, nous vous conseillons de respecter la marche à suivre que voici :

1. Tracer la surface S dans un plan cartésien.

2. Marquer l'axe de rotation avec une flèche incurvée.

3. Tracer une bande rectangulaire étroite, perpendiculaire à l'axe de rotation, qui va de la courbe extérieure délimitant la surface S à la courbe intérieure délimitant S.

4. Déterminer la hauteur Δh (soit Δx ou Δy) du cylindre creux formé par la rotation de la bande rectangulaire.

5. Donner l'expression des rayons R (la distance entre l'axe de rotation et la frontière extérieure de S) et r (la distance entre l'axe de rotation et la frontière intérieure de S) en fonction de la variable appropriée (x ou y).

6. Trouver les bornes d'intégration, c'est-à-dire les valeurs entre lesquelles la variable h varie.

7. Évaluer $V = \int_a^b \pi \left(R^2 - r^2 \right) dh$.

Illustrons la méthode des disques troués à l'aide de quelques exemples.

EXEMPLE 3.17

Soit la surface S délimitée par les courbes $f(x) = x^2$ et $g(x) = 2 - x$ (figure 3.30). On veut déterminer le volume du solide engendré par la rotation de cette surface autour de l'axe des abscisses. Esquissons le graphique de la surface S et déterminons les différents éléments (r, R et Δh) utiles à l'évaluation du volume cherché.

DÉFINITION

MÉTHODE DES DISQUES TROUÉS

La méthode des disques troués est une méthode utilisée pour évaluer le volume d'un solide de révolution obtenu par la rotation d'une surface S autour d'une droite. En vertu de cette méthode, le volume du solide s'obtient à l'aide d'un découpage du solide en tranches minces qui ont la forme de cylindres circulaires plats troués. Ces cylindres troués s'obtiennent par une décomposition de la surface S en bandes rectangulaires étroites et perpendiculaires à l'axe de rotation. La formule utilisée pour évaluer le volume d'un solide de révolution par la méthode des disques troués est

$$\text{Volume du solide} = \int_a^b \pi \left(R^2 - r^2 \right) dh$$

FIGURE 3.30

Surface S délimitée par $f(x) = x^2$ et $g(x) = 2 - x$

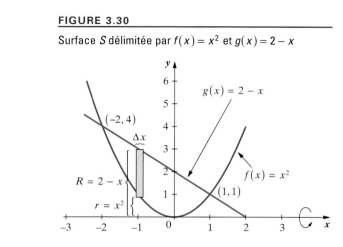

On obtient les bornes d'intégration en trouvant les abscisses des points d'intersection des deux courbes: $2 - x = x^2$, d'où $x^2 + x - 2 = 0$, de sorte que $x = -2$ ou $x = 1$.

Le volume V de ce solide est donc

$$V = \int_a^b \pi\left(R^2 - r^2\right)dh$$

$$= \pi \int_{-2}^{1}\left[(2 - x)^2 - \left(x^2\right)^2\right]dx$$

$$= \pi \int_{-2}^{1}\left(4 - 4x + x^2 - x^4\right)dx$$

$$= \pi\left(4x - 2x^2 + \frac{x^3}{3} - \frac{x^5}{5}\right)\Bigg|_{-2}^{1}$$

$$= \frac{72\pi}{5}\,\text{u}^3$$

EXEMPLE 3.18

Soit la surface S délimitée par les courbes $f(x) = x^2$ et $g(x) = 2x$ (figure 3.31). On veut déterminer le volume du solide engendré par la rotation de cette surface autour de la droite $x = 3$.

FIGURE 3.31

Surface S délimitée par $f(x) = x^2$ et $g(x) = 2x$

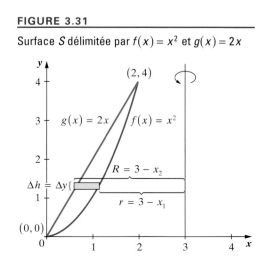

Esquissons le graphique de la surface S et déterminons les différents éléments (r, R et Δh) utiles à l'évaluation du volume cherché. Les bandes rectangulaires étroites formant les cylindres minces sont perpendiculaires à l'axe de rotation. L'épaisseur des bandes rectangulaires représente la hauteur des cylindres, d'où $\Delta h = \Delta y$, de sorte que l'intégration s'effectuera par rapport à la variable y. Il faut donc trouver les bornes d'intégration par rapport à y, soit les valeurs de cette variable au point d'intersection des courbes $f(x) = x^2$ et $g(x) = 2x$. Or, si $x^2 = 2x$, alors $x^2 - 2x = 0$, de sorte que $x = 0$ ou $x = 2$. Pour ces valeurs de x, $y = 0$ et $y = 4$.

Il faut également exprimer la distance R de l'axe de rotation à la frontière extérieure de la surface S en fonction de y. On cherche donc à isoler la valeur de y dans l'expression de la fonction: $y = 2x$, d'où $x = \dfrac{y}{2}$. De même, $y = x^2$, de sorte que $x = \sqrt{y}$.

Par conséquent, on a que $R = 3 - x_2 = 3 - \left(\dfrac{y}{2}\right) = \dfrac{6-y}{2}$. De même, on a que $r = 3 - x_1 = 3 - \sqrt{y}$.

Le volume V du solide de révolution est donc

$$V = \int_a^b \pi\left(R^2 - r^2\right)dh$$

$$= \int_0^4 \pi\left[\left(\frac{6-y}{2}\right)^2 - \left(3 - \sqrt{y}\right)^2\right]dy$$

$$= \pi\int_0^4 \left(\tfrac{1}{4}y^2 - 4y + 6\sqrt{y}\right)dy$$

$$= \pi\left(\tfrac{1}{12}y^3 - 2y^2 + 4y^{3/2}\right)\Big|_0^4$$

$$= \frac{16\pi}{3}\,\text{u}^3$$

EXEMPLE 3.19

Un **tore** est un solide de révolution obtenu par la rotation d'un disque autour d'une droite qui ne lui touche pas (figure 3.32). Ce solide de révolution a la forme d'un beigne. Calculons le volume du tore obtenu par la rotation autour de l'axe des ordonnées du disque centré au point $(2, 0)$ et de rayon 1. L'équation du cercle délimitant ce disque est alors $(x - 2)^2 + y^2 = 1$. Traçons le graphique de ce disque dans le plan cartésien.

FIGURE 3.32

Tore

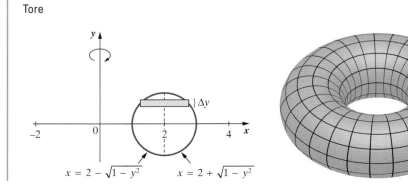

$x = 2 - \sqrt{1 - y^2}$ $\qquad$ $x = 2 + \sqrt{1 - y^2}$

Si on isole x dans l'équation du cercle, on obtient deux fonctions de y qui nous permettront de trouver les valeurs de r et de R dans la formule d'évaluation du volume d'un solide de révolution par la méthode des disques troués: $x = 2 - \sqrt{1 - y^2}$ et $x = 2 + \sqrt{1 - y^2}$. Par conséquent, on a que $r = 2 - \sqrt{1 - y^2}$ et que $R = 2 + \sqrt{1 - y^2}$, de sorte que le volume V de ce tore est

$$V = \int_a^b \pi (R^2 - r^2)\,dh$$

$$= \int_{-1}^1 \pi \left[\left(2 + \sqrt{1 - y^2}\right)^2 - \left(2 - \sqrt{1 - y^2}\right)^2 \right] dy$$

$$= \pi \int_{-1}^1 \left[\left(4 + 4\sqrt{1 - y^2} + 1 - y^2\right) - \left(4 - 4\sqrt{1 - y^2} + 1 - y^2\right)\right] dy$$

$$= \pi \int_{-1}^1 8\sqrt{1 - y^2}\,dy$$

$$= 16\pi \int_0^1 \sqrt{1 - y^2}\,dy \qquad \text{L'intégrande est une fonction paire.}$$

$$= 16\pi \int_0^{\pi/2} \sqrt{1 - \sin^2 \theta}\,\cos\theta\,d\theta \qquad \text{Où } y = \sin\theta \Rightarrow dy = \cos\theta\,d\theta.$$

$$= 16\pi \int_0^{\pi/2} \cos^2 \theta\,d\theta$$

$$= 16\pi \int_0^{\pi/2} \tfrac{1}{2}(1 + \cos 2\theta)\,d\theta$$

$$= 8\pi \left(\theta + \tfrac{1}{2}\sin 2\theta\right)\Big|_0^{\pi/2}$$

$$= 4\pi^2 \; \text{u}^3$$

DÉFINITION

MÉTHODE DES TUBES

La méthode des tubes (ou *des coquilles cylindriques*) est une méthode utilisée pour évaluer le volume d'un solide de révolution obtenu par la rotation d'une surface S autour d'une droite. Pour appliquer cette méthode, on découpe la surface en rotation en bandes rectangulaires étroites parallèles à l'axe de rotation. La rotation d'une bande rectangulaire étroite engendre un cylindre creux, un tube, dont la paroi est mince. Le volume du solide de révolution est alors approximé par la somme des volumes de ces tubes à parois minces, tubes qui sont emboîtés les uns dans les autres. La formule utilisée pour évaluer le volume d'un solide de révolution par la méthode des tubes est

$$\text{Volume du solide} = \int_a^b 2\pi r h\,dr$$

Vous pouvez maintenant faire les exercices récapitulatifs 33 et 34.

EXERCICE 3.9

Évaluez le volume du solide.

a) Le solide obtenu par la rotation, autour de l'axe des abscisses, de la surface S délimitée par les courbes $f(x) = 1 - x^2$ et $g(x) = 4 - 4x^2$.

b) Le solide obtenu par la rotation, autour de la droite $x = 2$, de la surface S délimitée par les courbes $y^2 = x$ et $x = 1$.

3.3.4 MÉTHODE DES TUBES (OU MÉTHODE DES COQUILLES CYLINDRIQUES)

Il arrive que l'évaluation du volume d'un solide de révolution par la méthode des disques s'avère ardue, voire inapplicable. On peut alors essayer une autre méthode, appelée **méthode des tubes** (ou *méthode des coquilles cylindriques*), pour évaluer le volume d'un solide de révolution. Pour appliquer cette méthode, on découpe la surface en rotation en bandes rectangulaires étroites parallèles à l'axe de rotation plutôt que perpendiculaires à l'axe de rotation (figure 3.33).

FIGURE 3.33

Comparaison des méthodes des disques et des tubes

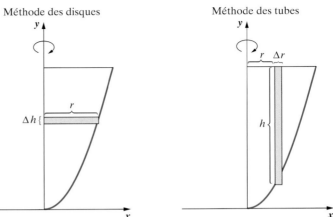

Dans la méthode des tubes, la rotation d'une bande rectangulaire étroite engendre un cylindre creux, un tube, dont la paroi est mince (figure 3.34). Le volume du solide de révolution pourra être approximé par la somme des volumes de ces tubes à parois minces, tubes qui sont emboîtés les uns dans les autres comme des poupées russes. Comme d'habitude, si on laisse le nombre de ces tubes tendre vers l'infini, et l'épaisseur des parois de ceux-ci tendre vers 0, on obtiendra la valeur exacte du volume cherché, la somme devenant alors une intégrale.

FIGURE 3.34

Évaluation du volume de révolution par la méthode des tubes

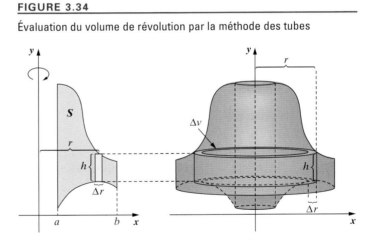

Le volume d'un de ces tubes à paroi mince est $\Delta V = 2\pi rh\Delta r$ (figure 3.35), où r représente la distance entre une bande rectangulaire et l'axe de rotation (soit le rayon d'un cercle), h représente la hauteur d'une bande rectangulaire (soit la hauteur du tube engendré par la rotation de cette bande) et Δr représente la largeur de la bande (soit l'épaisseur de la paroi du tube). En effet, si on coupe un tube à paroi mince et qu'on le déroule, on obtient essentiellement un parallélépipède de largeur $2\pi r$, de hauteur h et d'épaisseur Δr. Le volume du tube est donc le même que celui du parallélépipède, soit $\Delta V = 2\pi rh\Delta r$.

Par conséquent, le volume du solide de révolution estimé par la méthode des tubes est

$$V = \int_a^b 2\pi rh\, dr$$

FIGURE 3.35

Volume d'un cylindre creux
à paroi mince

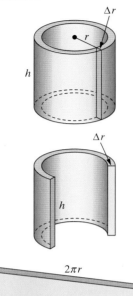

Il faut adapter cette formule selon le contexte, c'est-à-dire exprimer le rayon r et la hauteur h en fonction de la variable appropriée.

Afin de faciliter, par la méthode des tubes, l'évaluation du volume V du solide de révolution obtenu par la rotation d'une surface S autour d'un axe, nous vous conseillons de respecter la marche à suivre que voici :

1. Tracer la surface S dans un plan cartésien.

2. Marquer l'axe de rotation avec une flèche incurvée.

3. Tracer une bande rectangulaire étroite parallèle à l'axe de rotation.

4. Donner l'expression du rayon r (la distance entre l'axe de rotation et la bande rectangulaire) en fonction de la variable appropriée (x ou y).

5. Déterminer la hauteur h de la bande rectangulaire et l'exprimer en fonction de la variable appropriée.

6. Trouver les bornes d'intégration, c'est-à-dire les valeurs entre lesquelles la variable r varie.

7. Évaluer $V = \displaystyle\int_a^b 2\pi r h \, dr$.

Illustrons la méthode des tubes à l'aide de quelques exemples.

EXEMPLE 3.20

Soit la surface S délimitée par les courbes $f(x) = x^2$ et $g(x) = 2x$ (figure 3.36). On veut déterminer le volume du solide engendré par la rotation de cette surface autour de la droite $x = 3$. Esquissons le graphique de la surface S et déterminons les différents éléments (r, h et Δr) utiles à l'évaluation du volume cherché.

FIGURE 3.36

Surface S délimitée par $f(x) = x^2$ et $g(x) = 2x$

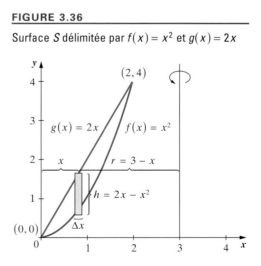

La bande rectangulaire étroite en rotation forme un tube à paroi mince ; elle est parallèle à l'axe de rotation. L'épaisseur de la bande rectangulaire représente l'épaisseur du tube, d'où $\Delta r = \Delta x$, de sorte que l'intégration s'effectuera par rapport à la variable x. Il faut donc trouver les bornes d'intégration par rapport à x, soit les valeurs de cette variable au point d'intersection des courbes $f(x) = x^2$ et $g(x) = 2x$. Or, si $x^2 = 2x$, alors $x^2 - 2x = 0$, de sorte que $x = 0$ ou $x = 2$.

Il faut également exprimer la distance r entre l'axe de rotation et la bande rectangulaire : $r = 3 - x$. La hauteur du tube correspond à l'écart entre la courbe supérieure et la courbe inférieure, soit $g(x) - f(x) = 2x - x^2$.

Le volume V du solide de révolution est donc

$$V = \int_a^b 2\pi r h \, dr$$

$$= \int_0^2 2\pi (3 - x)(2x - x^2) \, dx$$

$$= 2\pi \int_0^2 (6x - 5x^2 + x^3) \, dx$$

$$= 2\pi \left(3x^2 - \tfrac{5}{3} x^3 + \tfrac{1}{4} x^4 \right) \Big|_0^2$$

$$= \frac{16\pi}{3} \, u^3$$

Remarquez que nous avons déjà obtenu ce résultat à l'exemple 3.18 en appliquant la méthode des disques. Les deux méthodes sont aussi efficaces l'une que l'autre. Toutefois, le problème décrit dans le prochain exemple se résout plus aisément par la méthode des tubes.

EXEMPLE 3.21

Soit la surface S délimitée par les courbes $f(x) = x^2$ et $g(x) = 8 - x^2$ (figure 3.37). On veut déterminer le volume du solide engendré par la rotation de cette surface autour de la droite $x = 4$. Esquissons le graphique de la surface S. Les différents éléments nécessaires à l'évaluation, par la méthode des tubes, du volume du solide de révolution ont été indiqués sur la figure 3.37. On obtient les points d'intersection en comparant les équations des deux courbes : si $x^2 = 8 - x^2$, alors $x^2 = 4$, de sorte que $x = -2$ ou $x = 2$.

FIGURE 3.37

Surface S délimitée par $f(x) = x^2$
et $g(x) = 8 - x^2$

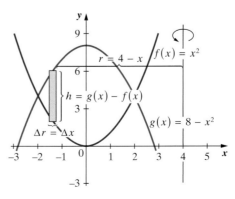

Par conséquent, les points d'intersection sont $(-2, 4)$ et $(2, 4)$. Le volume V du solide de révolution est donc

$$V = \int_a^b 2\pi r h \, dr$$

$$= \int_{-2}^{2} 2\pi(4 - x)[8 - x^2 - (x^2)] \, dx$$

$$= 4\pi \int_{-2}^{2} (16 - 4x - 4x^2 + x^3) \, dx$$

$$= 4\pi \left(16x - 2x^2 - \tfrac{4}{3} x^3 + \tfrac{1}{4} x^4\right)\Big|_{-2}^{2}$$

$$= \frac{512\,\pi}{3}\, u^3$$

⊜XERCICE 3.10

Évaluez le volume du solide.

a) Le solide obtenu par la rotation, autour de l'axe des abscisses, de la surface S délimitée par les courbes $f(x) = 2x$ et $g(x) = x^2$. Utilisez la méthode des disques troués et celle des tubes.

b) Le solide obtenu par la rotation, autour de la droite $y = 2$, de la surface S, dans le premier quadrant, délimitée par les courbes $y = \ln x$, $x = 0$, $y = 0$ et $y = 1$. Utilisez la méthode qui vous paraît la plus appropriée.

c) Utilisez la méthode des tubes pour déterminer le volume d'un tore obtenu par la rotation autour de l'axe des ordonnées du disque délimité par le cercle d'équation $(x - c)^2 + y^2 = k^2$, où $c > k > 0$.

Vous pouvez maintenant faire les exercices récapitulatifs 35 à 37.

3.4

CALCUL DE LA LONGUEUR D'UN ARC D'UNE COURBE PLANE

Dans cette section : *parabole de Neile.*

Comme nous l'avions vu au chapitre 1, on peut également utiliser le calcul intégral pour résoudre des problèmes de rectification, c'est-à-dire pour évaluer la longueur d'un arc de courbe plane (figure 3.38). On peut recourir à des arguments similaires à ceux invoqués dans les sections précédentes pour évaluer la longueur L d'un arc curviligne décrit par une fonction $y = f(x)$ pour des valeurs d'abscisses comprises entre a et b.

FIGURE 3.38

Approximation de la longueur d'un arc par une somme de cordes

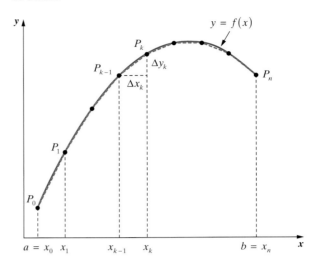

Comme nous l'avons fait précédemment, on partitionne l'intervalle $[a, b]$: $(a = x_0, x_1, ..., x_{k-1}, x_k, ..., x_n = b)$. On place les points $P_0, P_1, ..., P_{k-1}, P_k, ..., P_n$ sur la courbe, points dont la première coordonnée correspond aux abscisses de la partition. On joint ensuite ces points pour former des cordes d'arc. Pour estimer la longueur de la figure curviligne, on approxime les contours de la courbe par des segments de droite (les cordes) et on additionne leurs longueurs. Pour évaluer la longueur d'un des segments, on peut utiliser le théorème de Pythagore :

$$\overline{P_{k-1}P_k} = \sqrt{\Delta x_k^2 + \Delta y_k^2}$$

$$= \left(\sqrt{1 + \frac{\Delta y_k^2}{\Delta x_k^2}}\right)\Delta x_k$$

$$= \left[\sqrt{1 + \left(\frac{\Delta y_k}{\Delta x_k}\right)^2}\right]\Delta x_k$$

Par ailleurs, on sait que $f'(x) = \dfrac{dy}{dx} = \lim\limits_{\Delta x \to 0}\dfrac{\Delta y}{\Delta x}$, de sorte que si Δx_k est petit et si la fonction $f'(x)$ est continue, on peut utiliser $f'(x_k^*)$ pour approximer $\dfrac{\Delta y_k}{\Delta x_k}$, où $x_k^* \in [x_{k-1}, x_k]$. Par conséquent, la longueur L de la courbe entre $x = a$ et $x = b$ est voisine de $\sum\limits_{k=1}^{n}\left(\sqrt{1 + [f'(x_k^*)]^2}\right)\Delta x_k$. En raffinant la partition, c'est-à-dire en laissant $\|\Delta x_k\| \to 0$ et $n \to \infty$, on obtient que la longueur L de l'arc sera donnée par $L = \lim\limits_{\substack{n \to \infty \\ \|\Delta x_k\| \to 0}}\sum\limits_{k=1}^{n}\left(\sqrt{1 + [f'(x_k^*)]^2}\right)\Delta x_k$.

Dans la mesure où la fonction $f'(x)$ est continue, cette limite existe et correspond à une intégrale, de sorte que la longueur de l'arc est $\int_a^b \sqrt{1 + \left(\dfrac{dy}{dx}\right)^2}\,dx$. Il peut arriver que cette intégrale soit difficile à évaluer. En employant un argument

similaire, on pourrait également déduire que la longueur d'un arc correspond à
$\int_c^d \sqrt{1 + \left(\dfrac{dx}{dy}\right)^2}\, dy$. Ainsi, lorsque $\int_a^b \sqrt{1 + \left(\dfrac{dy}{dx}\right)^2}\, dx$ s'avère difficile à évaluer, on peut

essayer d'évaluer $\int_c^d \sqrt{1 + \left(\dfrac{dx}{dy}\right)^2}\, dy$ à la place. Toutefois, à cause de la présence d'un

radical dans l'intégrande, le théorème fondamental du calcul intégral peut s'avérer
inutilisable ; vous ne devriez donc pas être surpris de ne pas pouvoir évaluer certaines
longueurs d'arc de courbe, à moins, bien sûr, de recourir à l'intégration numérique
ou à un logiciel de calcul symbolique.

Notez que la longueur d'un arc s'exprime en unités (u), c'est-à-dire en centimètres, en mètres ou en toute autre mesure de longueur appropriée.

EXEMPLE 3.22

La longueur L de l'arc de la parabole semi-cubique* $f(x) = x^{3/2}$ pour $x \in [0,1]$
est donnée par

$$L = \int_a^b \sqrt{1 + \left(\frac{dy}{dx}\right)^2}\, dx$$

$$= \int_0^1 \sqrt{1 + \left(\tfrac{3}{2}\sqrt{x}\right)^2}\, dx$$

$$= \int_0^1 \sqrt{1 + \tfrac{9}{4}x}\, dx$$

$$= \tfrac{4}{9} \int_1^{13/4} \sqrt{u}\, du \quad \text{Où } u = 1 + \tfrac{9}{4}x \Rightarrow du = \tfrac{9}{4}\, dx.$$

$$= \tfrac{8}{27} u^{3/2} \Big|_1^{13/4}$$

$$= \tfrac{1}{27}\left(\sqrt{2\,197} - 8\right)$$

$$\approx 1,44 \text{ u}$$

EXEMPLE 3.23

On veut évaluer la longueur L de l'arc de la courbe décrite par $y = \sqrt{2x}$ pour
$x \in [0,2]$. On serait tenté d'appliquer la formule

$$L = \int_a^b \sqrt{1 + \left(\frac{dy}{dx}\right)^2}\, dx$$

$$= \int_0^2 \sqrt{1 + \left[(2x)^{-1/2}\right]^2}\, dx$$

DÉFINITION

PARABOLE DE NEILE

La parabole de Neile est la courbe dont l'équation générale est $y^2 = ax^3$, où a est une constante réelle non nulle. Cette courbe est une des premières de l'histoire à avoir été rectifiée (en 1657, par le mathématicien anglais W. Neile).

* Jusqu'au milieu du XVIIe siècle, personne ne croyait qu'on pourrait un jour trouver des méthodes pour rectifier des courbes, c'est-à-dire pour trouver une expression de leur longueur. Dans *La Géométrie*, Descartes affirme même que la relation entre un arc d'une courbe et un segment de droite n'est et ne sera jamais connu. Pourtant, en 1657, à partir d'une suggestion de John Wallis (1616–1703), le jeune William Neile (1637–1670) fut le premier à rectifier une courbe, soit la parabole semi-cubique $y^2 = ax^3$, où a est une constante non nulle. Cette courbe porte aujourd'hui le nom de **parabole de Neile** (ou Neil), en l'honneur du mathématicien anglais.

Or, on ne le peut pas, puisque la fonction $f'(x) = y' = (2x)^{-\frac{1}{2}}$ n'est pas définie en $x = 0$, et n'est donc pas continue en ce point. Il faut donc procéder autrement. Si $x \in [0, 2]$, alors, comme $y = \sqrt{2x}$, on a $x = \frac{1}{2}y^2$, de sorte que $\dfrac{dx}{dy} = y$, une fonction continue de y sur l'ensemble des réels. De plus, comme $x \in [0, 2]$, on a $y \in [0, 2]$. Par conséquent, la longueur de l'arc de la courbe $y = \sqrt{2x}$ est donnée par

$$L = \int_c^d \sqrt{1 + \left(\frac{dx}{dy}\right)^2}\, dy$$

$$= \int_0^2 \sqrt{1 + y^2}\, dy$$

Évaluons d'abord l'intégrale indéfinie ; on a

$$\int \sqrt{1 + y^2}\, dy = \int \sqrt{1 + \text{tg}^2\,\theta}\, \sec^2\theta\, d\theta \quad \text{Où } y = \text{tg}\,\theta \Rightarrow dy = \sec^2\theta\, d\theta.$$

$$= \int \sec^3\theta\, d\theta$$

$$= \frac{1}{2}\left(\sec\theta\,\text{tg}\,\theta + \ln|\sec\theta + \text{tg}\,\theta|\right) + C \quad \text{Voir l'exemple 2.41.}$$

Si on pose $a = 1$, le triangle de référence de la substitution sera celui de la figure 3.39, de sorte que $\text{tg}\,\theta = y$ et $\sec\theta = \dfrac{\text{hypoténuse}}{\text{côté adjacent}} = \sqrt{1 + y^2}$. Par conséquent,

$$\int \sqrt{1 + y^2}\, dy = \frac{1}{2}\left(y\sqrt{1 + y^2} + \ln\left|y + \sqrt{1 + y^2}\right|\right) + C$$

La longueur L de l'arc est donc

$$L = \int_0^2 \sqrt{1 + y^2}\, dy$$

$$= \frac{1}{2}\left(y\sqrt{1 + y^2} + \ln\left|y + \sqrt{1 + y^2}\right|\right)\Big|_0^2$$

$$= \sqrt{5} + \frac{1}{2}\ln\left(2 + \sqrt{5}\right)$$

$$\approx 2,96\,\text{u}$$

FIGURE 3.39

Triangle de référence de la substitution $y = \text{tg}\,\theta$

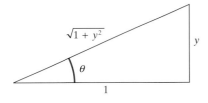

EXEMPLE 3.24

La longueur L de l'arc de la courbe décrite par $y = \dfrac{x^4}{4} + \dfrac{1}{8x^2}$ pour $x \in [1, 2]$ est donnée par

$$L = \int_a^b \sqrt{1 + \left(\frac{dy}{dx}\right)^2}\, dx$$

$$= \int_1^2 \sqrt{1 + \left(x^3 - \frac{1}{4x^3}\right)^2}\, dx$$

$$= \int_1^2 \sqrt{1 + x^6 - \frac{1}{2} + \frac{1}{16x^6}}\, dx$$

$$= \int_1^2 \sqrt{x^6 + \frac{1}{2} + \frac{1}{16x^6}}\, dx$$

$$= \int_1^2 \sqrt{\left(x^3 + \frac{1}{4x^3}\right)^2}\, dx$$

$$= \int_1^2 \left(x^3 + \frac{1}{4x^3}\right) dx$$

$$= \left(\frac{x^4}{4} - \frac{1}{8x^2}\right)\Bigg|_1^2$$

$$= \left(4 - \frac{1}{32}\right) - \left(\frac{1}{4} - \frac{1}{8}\right)$$

$$= \frac{123}{32}\, \text{u}$$

EXERCICE 3.11

Évaluez la longueur de l'arc de la courbe donnée sur l'intervalle indiqué.

a) La courbe d'équation $y = \ln x$ pour $x \in \left[\dfrac{\sqrt{3}}{3}, 1\right]$.

b) La courbe d'équation $y = x^{2/3}$ pour $x \in [0, 8]$.

Vous pouvez maintenant faire les exercices récapitulatifs 38 à 41.

3.5 CALCUL DE L'AIRE D'UNE SURFACE DE RÉVOLUTION

Dans cette section : *surface de révolution.*

DÉFINITION

SURFACE DE RÉVOLUTION

Une surface de révolution est la surface obtenue par la rotation d'une courbe du plan autour d'une droite située dans le même plan que cette courbe.

La rotation d'une courbe autour d'un axe situé dans le même plan que celui de la courbe engendre une surface dite **surface de révolution** (figure 3.40).

FIGURE 3.40

Formation d'une surface de révolution

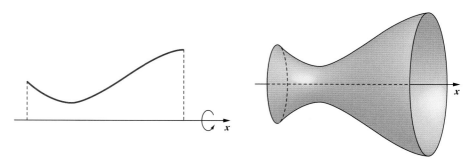

On peut généralement exprimer l'aire de cette surface à l'aide d'une intégrale. Les formules donnant l'aire d'une surface de révolution s'obtiennent essentiellement de la même manière que celles que nous avons utilisées jusqu'à maintenant, soit par des approximations de plus en plus fines de la figure géométrique, suivies d'un passage à la limite. Illustrons la marche à suivre pour trouver la formule qui donne l'aire d'une surface de révolution obtenue par la rotation, autour de l'axe des abscisses, de l'arc de la courbe décrite par une fonction non négative $f(x)$ qui, comme sa dérivée $f'(x)$, est continue sur l'intervalle $[a, b]$. À l'aide d'une partition $a = x_0, x_1, x_2, \ldots, x_{n-1}, x_n = b$ de l'intervalle $[a, b]$, formons la trajectoire polygonale joignant la suite des points consécutifs $P_k(x_k, f(x_k))$, où $k = 0, 1, \ldots, n$. On forme ainsi une suite de cordes des sous-arcs définis par la partition.

Comme on peut le constater sur la figure 3.41, la rotation des cordes engendre une surface qui approxime la surface obtenue par la rotation de l'arc de courbe décrit par la fonction $f(x)$. Cette approximation devient meilleure à mesure qu'on raffine la partition, c'est-à-dire à mesure que la norme de celle-ci rapetisse et que le nombre (n) d'éléments qu'elle comporte augmente. Chaque corde engendre le tronc d'un cône (figure 3.42) dont l'apothème $\Delta \ell_k$ [soit la hauteur latérale (ou oblique) du tronc du cône] correspond à la longueur de la corde.

FIGURE 3.41

Approximation de l'aire d'une surface de révolution

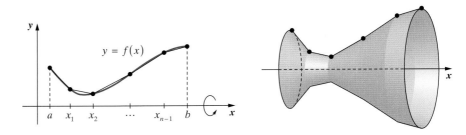

FIGURE 3.42

Aire de la surface du tronc de cône

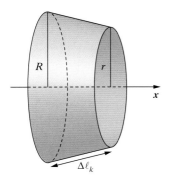

On peut donc penser que l'aire de la surface de révolution sera approximée par la somme des aires des surfaces de tous les troncs de cônes engendrés par les différentes cordes. Or, l'aire d'un tronc de cône d'apothème $\Delta \ell_k$ et dont les rayons des bases circulaires sont respectivement r et R est de $\pi(R + r)\Delta \ell_k$ (figure 3.42).

Si on adapte cette formule au tronc du cône formé par la rotation de la corde joignant les points $P_{k-1}(x_{k-1}, f(x_{k-1}))$ et $P_k(x_k, f(x_k))$ (figure 3.43), on obtient que l'aire A_k de ce tronc est de $A_k = \pi[f(x_{k-1}) + f(x_k)]\Delta \ell_k$, où $\Delta \ell_k$ représente la longueur de la corde joignant les points P_{k-1} et P_k.

Or, à la section précédente, en vertu du théorème de Pythagore, nous avons établi que

$$\begin{aligned}
\Delta \ell_k &= \overline{P_{k-1}P_k} \\
&= \sqrt{\Delta x_k^2 + \Delta y_k^2} \\
&= \left(\sqrt{1 + \frac{\Delta y_k^2}{\Delta x_k^2}} \right)\Delta x_k \\
&= \left[\sqrt{1 + \left(\frac{\Delta y_k}{\Delta x_k} \right)^2} \right]\Delta x_k
\end{aligned}$$

FIGURE 3.43

Aire de la surface du tronc de cône

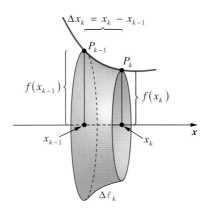

de sorte que

$$A_k = \pi[f(x_{k-1}) + f(x_k)]\left[\sqrt{1 + \left(\frac{\Delta y_k}{\Delta x_k} \right)^2} \right]\Delta x_k$$

L'aire de la surface de révolution peut donc être approximée par

$$\sum_{k=1}^{n} A_k = \sum_{k=1}^{n} \pi \left[f(x_{k-1}) + f(x_k) \right] \left[\sqrt{1 + \left(\frac{\Delta y_k}{\Delta x_k} \right)^2} \right] \Delta x_k$$

En laissant le nombre de termes dans la partition tendre vers l'infini et la norme de celle-ci tendre vers 0, on obtient que la valeur exacte de l'aire cherchée correspond à

$$\int_{a}^{b} 2\pi f(x) \left(\sqrt{1 + \left(\frac{dy}{dx} \right)^2} \right) dx$$

puisqu'à la limite, l'expression $\left(\dfrac{\Delta y_k}{\Delta x_k} \right)$ devient $\dfrac{dy}{dx}$ et que $f(x_{k-1}) + f(x_k)$ devient $f(x) + f(x) = 2f(x)$, les valeurs de x_{k-1} et de x_k se confondant essentiellement lorsque $\Delta x_k = x_k - x_{k-1} \to 0$.

De manière plus générale, la formule de l'aire d'une surface de révolution peut s'écrire sous la forme $\displaystyle\int_{m}^{n} 2\pi r \, d\ell$, où r représente l'expression du rayon de rotation, et $d\ell$, l'expression de la longueur d'un sous-arc court, soit la différentielle de la longueur d'un sous-arc. Cette formule se retient aisément puisque l'expression $2\pi r \Delta \ell$ représente l'aire latérale d'un cylindre circulaire droit de rayon r et de hauteur $\Delta \ell$, ce à quoi ressemble un tronc de cône lorsque l'apothème est petit (figure 3.44). Toutefois, il s'agit ici simplement d'un moyen mnémotechnique pour se souvenir de la formule, car, bien sûr, un tronc de cône n'est pas un cylindre circulaire droit.

FIGURE 3.44

Aire de la surface d'un tronc de cône

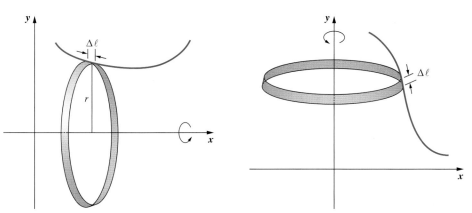

L'aire d'une surface de révolution s'exprime en unités carrées (u^2), c'est-à-dire en centimètres carrés, en mètres carrés ou en toute autre mesure appropriée.

À partir de la formule $\displaystyle\int_{m}^{n} 2\pi r \, d\ell$, on peut déduire que l'expression de l'aire d'une surface de révolution peut prendre différentes formes selon que l'axe de rotation est l'axe des abscisses ou l'axe des ordonnées, et selon la manière dont la courbe est décrite (tableau 3.1).

TABLEAU 3.1

Expression de l'aire d'une surface de révolution

		Axe de rotation	
		Rotation autour de l'axe des abscisses	Rotation autour de l'axe des ordonnées
Description de la courbe	$y = f(x)$ $x \in [a, b]$	$\int\limits_a^b 2\pi f(x)\sqrt{1 + \left(\dfrac{dy}{dx}\right)^2}\,dx$	$\int\limits_a^b 2\pi x\sqrt{1 + \left(\dfrac{dy}{dx}\right)^2}\,dx$
	$x = g(y)$ $y \in [c, d]$	$\int\limits_c^d 2\pi y\sqrt{1 + \left(\dfrac{dx}{dy}\right)^2}\,dy$	$\int\limits_c^d 2\pi g(y)\sqrt{1 + \left(\dfrac{dx}{dy}\right)^2}\,dy$

FIGURE 3.45

Courbe décrite par $f(x) = 2\sqrt{x}$

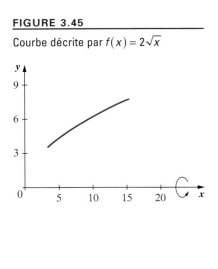

EXEMPLE 3.25

On veut évaluer l'aire de la surface de révolution obtenue par la rotation, autour de l'axe des abscisses, de la courbe $f(x) = 2\sqrt{x}$ pour $x \in [3, 15]$. Esquissons d'abord le graphique de la courbe (figure 3.45), puis évaluons l'aire demandée.

$$
\begin{aligned}
\text{Aire} &= \int\limits_m^n 2\pi r\, d\ell \\[2mm]
&= 2\pi \int\limits_a^b f(x)\sqrt{1 + \left(\frac{dy}{dx}\right)^2}\,dx \\[2mm]
&= 2\pi \int\limits_3^{15} 2\sqrt{x}\sqrt{1 + \left(\frac{1}{\sqrt{x}}\right)^2}\,dx \\[2mm]
&= 4\pi \int\limits_3^{15} \sqrt{x}\sqrt{\frac{x+1}{x}}\,dx \\[2mm]
&= 4\pi \int\limits_3^{15} \sqrt{x+1}\,dx \\[2mm]
&= 4\pi \int\limits_4^{16} \sqrt{u}\,du \quad \text{Où } u = x + 1 \Rightarrow du = dx. \\[2mm]
&= \tfrac{8}{3}\pi u^{3/2}\Big|_4^{16} \\[2mm]
&= \tfrac{448}{3}\pi \\[2mm]
&\approx 469{,}14\ \text{u}^2
\end{aligned}
$$

EXEMPLE 3.26

On veut évaluer l'aire de la surface de révolution obtenue par la rotation, autour de l'axe des ordonnées, de la courbe $f(x) = \tfrac{1}{2}x^2$ pour $x \in [0, \sqrt{3}]$. Esquissons d'abord le graphique de la courbe, puis évaluons l'aire demandée (figure 3.46).

FIGURE 3.46

Courbe décrite par $f(x) = \frac{1}{2}x^2$

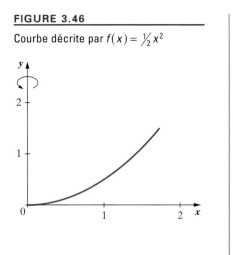

$$\text{Aire} = \int_m^n 2\pi r\, d\ell$$

$$= 2\pi \int_0^{\sqrt{3}} x\sqrt{1 + \left(\frac{dy}{dx}\right)^2}\, dx$$

$$= 2\pi \int_0^{\sqrt{3}} x\sqrt{1 + x^2}\, dx$$

$$= \pi \int_1^4 \sqrt{u}\, du \quad \text{Où } u = 1 + x^2 \;\Rightarrow\; du = 2x\,dx.$$

$$= \frac{2}{3}\pi u^{3/2}\Big|_1^4$$

$$= \frac{14}{3}\pi$$

$$\approx 14{,}66\; \text{u}^2$$

EXEMPLE 3.27

On veut évaluer l'aire de la surface de révolution obtenue par la rotation, autour de l'axe des ordonnées, de la courbe $x = \frac{1}{3}y^3$ pour $y \in [0, 1]$. Esquissons d'abord le graphique de la courbe, puis évaluons l'aire demandée (figure 3.47).

FIGURE 3.47

Courbe décrite par $x = \frac{1}{3}y^3$

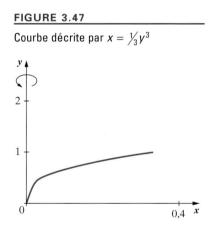

$$\text{Aire} = \int_m^n 2\pi r\, d\ell$$

$$= 2\pi \int_0^1 x\sqrt{1 + \left(\frac{dx}{dy}\right)^2}\, dy$$

$$= \frac{2}{3}\pi \int_0^1 y^3\sqrt{1 + \left(y^2\right)^2}\, dy$$

$$= \frac{2}{3}\pi \int_0^1 y^3\sqrt{1 + y^4}\, dy$$

$$= \frac{1}{6}\pi \int_1^2 \sqrt{u}\, du \quad \text{Où } u = 1 + y^4 \;\Rightarrow\; du = 4y^3\,dy.$$

$$= \frac{1}{9}\pi u^{3/2}\Big|_1^2$$

$$= \frac{1}{9}\pi\left(2^{3/2} - 1\right)$$

$$\approx 0{,}64\; \text{u}^2$$

EXERCICE 3.12

Soit $A(a)$, l'aire de la surface de révolution obtenue par la rotation, autour de l'axe des abscisses, de la courbe $y = \sqrt{r^2 - x^2}$ pour $x \in [-a, a]$ où $0 < a < r$.

a) Évaluez $A(a)$.

b) Que vaut $A(r) = \lim\limits_{a \to r^-} A(a)$? Ce résultat concorde-t-il avec une formule de géométrie bien connue?

c) Pourquoi n'a-t-on pas pu utiliser la formule $\int_{-r}^r 2\pi y\sqrt{1 + \left(\frac{dy}{dx}\right)^2}\, dx$ pour évaluer $A(r)$?

Vous pouvez maintenant faire les exercices récapitulatifs 42 à 51.

▰▰▰ RÉSUMÉ

À la question « À quoi servent les intégrales ? », vous devriez maintenant être en mesure de répondre qu'elles servent notamment à évaluer l'aire d'une surface plane ou d'une **surface de révolution**, le volume d'un **solide de révolution**, le **surplus des producteurs** et le **surplus des consommateurs** ainsi que l'**indice de Gini**. Le calcul intégral se prête donc à toutes ces applications et à bien d'autres encore.

Ainsi, on peut utiliser le calcul intégral pour évaluer l'aire d'une surface comprise entre deux courbes. Selon la nature des règles de correspondance définissant les courbes (figure 3.48), on peut utiliser des rectangles verticaux pour approximer l'aire d'une surface (on intègre alors par rapport à x) ou des rectangles horizontaux (on intègre alors par rapport à y).

FIGURE 3.48

Évaluation de l'aire d'une surface comprise entre deux courbes

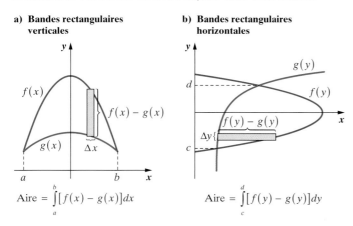

a) Bandes rectangulaires verticales

b) Bandes rectangulaires horizontales

$$\text{Aire} = \int_a^b [f(x) - g(x)]dx$$

$$\text{Aire} = \int_c^d [f(y) - g(y)]dy$$

L'évaluation de l'aire de la surface comprise entre deux courbes permet notamment de calculer le **surplus des producteurs** et le **surplus des consommateurs** (figure 3.15), ainsi que l'indice de Gini (figure 3.16).

L'intégrale définie sert aussi à évaluer la **valeur moyenne $\overline{f}$ d'une fonction** $f(x)$ continue sur un intervalle $[a, b]$: $\overline{f} = \dfrac{1}{b - a}\int_a^b f(x)dx$. On se sert de cette dernière formule pour calculer une température moyenne, une vitesse moyenne, une quantité moyenne, etc.

L'intégrale définie sert également à évaluer le volume de certains solides de l'espace. Ainsi, on obtient le volume d'un **solide de section connue** en évaluant $\int_a^b A(x)dx$

$\left[\text{ou} \int_c^d A(y)dy\right]$, où $A(x)$ [ou $A(y)$] donne l'expression de l'aire de la surface obtenue par une coupe transversale du solide. De même, on peut évaluer le volume d'un **solide de révolution**, soit le solide engendré par la rotation d'une surface plane autour d'un axe, à l'aide de l'intégrale définie. Pour évaluer le volume d'un solide de révolution, on peut utiliser, selon les circonstances, la **méthode des disques**, la **méthode des disques troués** ou la **méthode des tubes** (figure 3.49).

FIGURE 3.49

Méthodes d'évaluation du volume V d'un solide de révolution

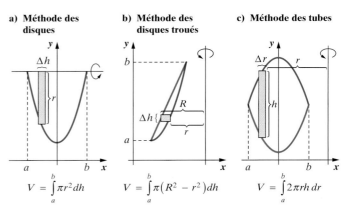

a) Méthode des disques

b) Méthode des disques troués

c) Méthode des tubes

$$V = \int_a^b \pi r^2\, dh$$

$$V = \int_a^b \pi(R^2 - r^2)\, dh$$

$$V = \int_a^b 2\pi rh\, dr$$

On peut aussi utiliser l'intégrale définie pour rectifier une courbe, c'est-à-dire pour mesurer la longueur L d'un arc. Selon la nature de la fonction, on pourra utiliser l'une ou l'autre des formules suivantes : $L = \int_a^b \sqrt{1 + \left(\dfrac{dy}{dx}\right)^2}\, dx$ ou $L = \int_c^d \sqrt{1 + \left(\dfrac{dx}{dy}\right)^2}\, dy$. Dans la première de ces formules, les bornes d'intégration sont évaluées selon l'axe des abscisses et, dans la deuxième, selon l'axe des ordonnées.

L'intégrale définie sert également à évaluer l'aire d'une **surface de révolution**, soit l'aire de la surface obtenue par la rotation d'une courbe lisse autour d'un axe :

$$\text{Aire} = \int_m^n 2\pi r\, d\ell$$

Selon le cas particulier à l'étude, on utilise une des formules présentées dans le tableau 3.1.

Que ce soit pour évaluer une aire, un volume, une longueur d'arc ou une surface de révolution, le processus sous-jacent consiste dans l'approximation de plus en plus fine d'une mesure représentée par une somme qui devient une intégrale lors d'un passage à la limite.

■■■ MOTS CLÉS

■■■ RÉSEAU DE CONCEPTS

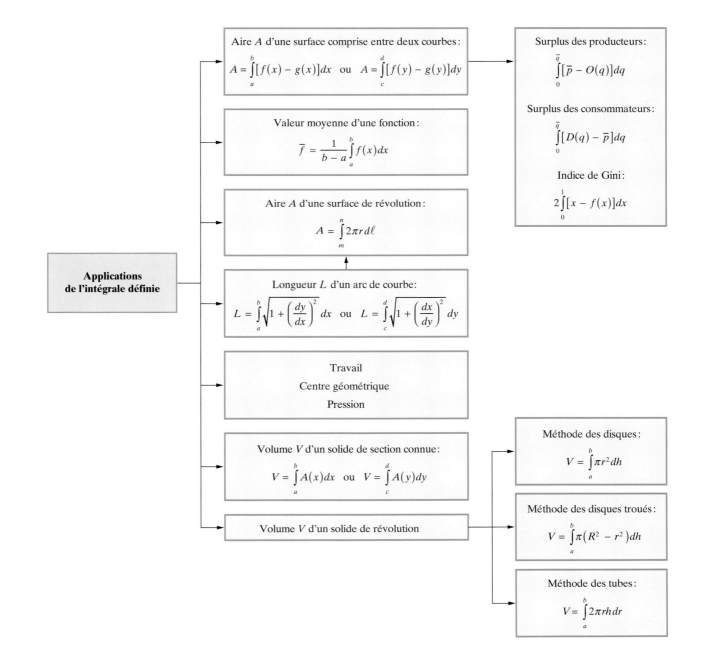

EXERCICES RÉCAPITULATIFS

▲ **1.** Soit les fonctions $f(x)$, $g(x)$, $h(x)$ et $p(x)$ dont les représentations graphiques sur l'intervalle $[a, b]$ sont les suivantes :

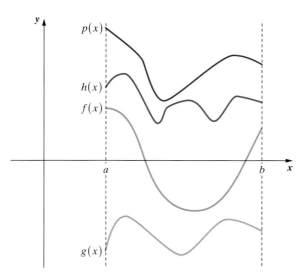

Classez les intégrales suivantes en ordre croissant :

$$\int_a^b f(x)dx, \int_a^b g(x)dx, \int_a^b h(x)dx \text{ et } \int_a^b p(x)dx$$

■ **2.** Évaluez l'aire de la surface S.

a) La surface S sous la courbe décrite par la fonction $f(x) = e^{x/3}$, au-dessus de l'intervalle $[-3, 6]$.

b) La surface S sous la courbe décrite par la fonction $f(x) = \ln x$, au-dessus de l'intervalle $[1, e^3]$.

c) La surface S sous la courbe décrite par la fonction $f(x) = 6 + x - x^2$, au-dessus de l'axe des abscisses.

d) La surface S sous l'axe des abscisses au-dessus de la courbe décrite par la fonction $f(x) = x^4 - 4x^2$.

e) La surface S, au-dessus de l'axe des abscisses, sous la parabole passant par les points $(0, 4)$, $(1, 6)$ et $(2, 6)$.

■ **3.** Évaluez l'aire de la surface S ombrée en faisant appel au calcul intégral.

a)

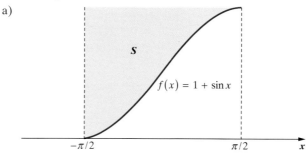

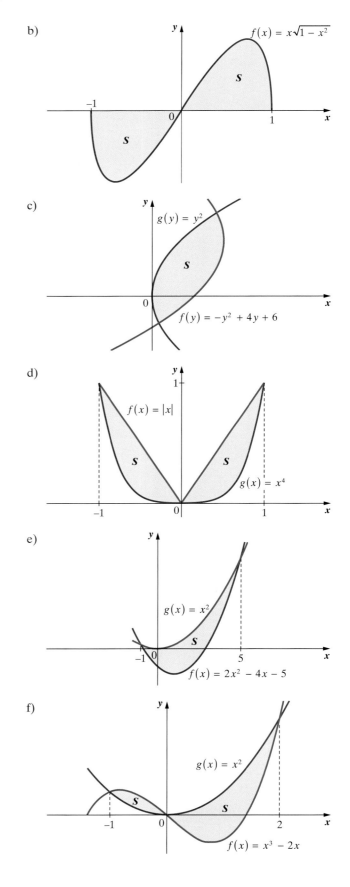

g)

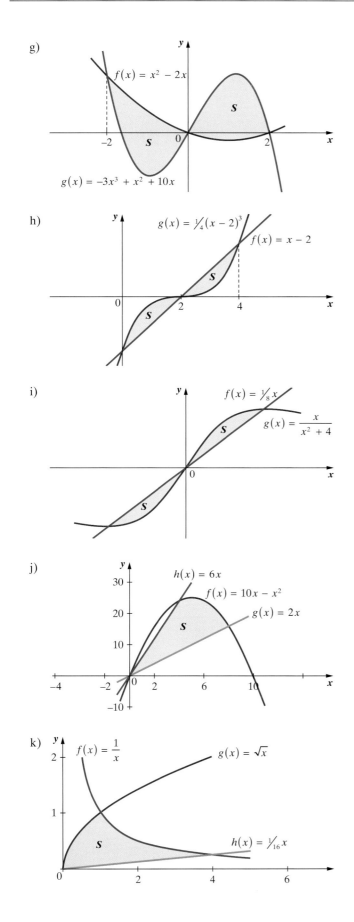

h)

i)

j)

k)

l)

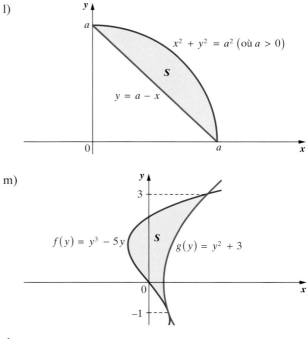

m)

4. Évaluez l'aire de la surface S.

a) La surface S comprise entre les courbes décrites par les fonctions $f(x) = \frac{1}{4}x^2$ et $g(x) = \frac{1}{2}x + 2$.

b) La surface S, dans le premier quadrant, comprise entre les courbes décrites par les fonctions $f(x) = \frac{36}{x^2}$ et $g(x) = 13 - x^2$.

c) La surface S comprise entre les courbes décrites par les fonctions $f(x) = 2x^2 - 6x - 8$ et $g(x) = -x^2 + 6x + 7$.

d) La surface S comprise entre les courbes décrites par les fonctions $f(x) = \frac{12}{x}$ et $g(x) = 8 - x$.

e) La surface S comprise entre les courbes décrites par les fonctions $f(x) = x^2 - 2x - 3$ et $g(x) = -x^2 + 4x - 3$.

f) La surface S délimitée inférieurement par la droite $y = 1$ et supérieurement par l'ellipse d'équation $\frac{x^2}{4} + \frac{y^2}{9} = 1$.

g) La surface S comprise entre les courbes décrites par $y = -\frac{1}{2}x$ et par $x = y^2 - 8$.

h) La surface S délimitée à gauche par la droite $y = 3x - 5$ et à droite par le cercle d'équation $x^2 + y^2 = 25$.

i) La surface S comprise entre les courbes décrites par $y^2 = 3x$ et par $y^2 = x + 6$.

j) La surface S, dans le premier quadrant, comprise entre les courbes décrites par les fonctions $f(x) = \frac{2}{x}$ et $g(x) = -x^2 + 2x + 1$.

k) La surface S, dans le premier quadrant, comprise entre les courbes décrites par les fonctions $f(x) = \frac{1}{x}$, $g(x) = \frac{1}{4}x$ et $h(x) = \frac{1}{9}x$.

l) La surface S comprise entre les courbes décrites par les fonctions $f(x) = x^2$ et $g(x) = \sqrt{5x + 6}$. [Les points d'intersection des deux courbes sont $(-1, 1)$ et $(2, 4)$.]

m) La surface S comprise entre les courbes décrites par les fonctions $f(x) = x^2$ et $g(x) = \sqrt{3x^2 + 4}$.

n) La surface S délimitée par les paraboles $y^2 = ax$ et $x^2 = ay$, où $a > 0$.

5. Soit S_n la surface comprise entre les courbes décrites par les fonctions $f_n(x) = \sqrt[n]{x}$ et $g(x) = x$, où n est un entier supérieur ou égal à 2. Soit A_n l'aire de la surface S_n.

a) Utilisez un logiciel de calcul symbolique pour tracer, dans un même graphique cartésien, les courbes décrites par les fonctions $g(x), f_5(x), f_{10}(x)$ et $f_{100}(x)$ au-dessus de l'intervalle $[0, 1]$.

b) De quelle figure géométrique la surface S_n se rapproche-t-elle lorsque $n \to \infty$? Quelle est l'aire de cette figure géométrique?

c) Que vaut $\lim_{n \to \infty} A_n$? Compte tenu du résultat obtenu en b), êtes-vous surpris de votre réponse?

6. Soit S la surface sous la courbe décrite par la fonction $f(x) = \sqrt{x}$ au-dessus de l'intervalle $[0, 9]$. Déterminez la valeur de la constante c telle que la droite $x = c$ sépare la surface S en deux régions d'aires égales.

7. Les sommets d'un carré sont situés aux points $(0, 0), (0, 2)$, $(2, 0)$ et $(2, 2)$. La courbe décrite par la fonction $f(x) = e^x$ sépare cette figure géométrique en deux régions. Exprimez la plus petite des deux régions en pourcentage de la plus grande.

8. Soit la fonction $f(x) = xe^{-x^2}$.

a) Pour quelle valeur c de x la fonction $f(x)$ prend-elle sa valeur maximale?

b) Calculez l'aire de la surface S sous la courbe décrite par la fonction $f(x) = xe^{-x^2}$, au-dessus de l'intervalle $[0, c]$.

9. Le centre de gravité, noté $(\overline{x}, \overline{y})$, d'une surface plane de densité constante correspond au point d'équilibre de celle-ci, c'est-à-dire à l'endroit où il faudrait placer la pointe d'une épingle pour supporter horizontalement cette surface sans qu'elle bascule.

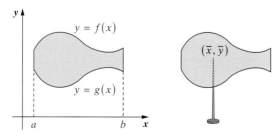

Si S est la surface délimitée par les droites $x = a$ et $x = b$, et par les courbes que décrivent les fonctions $f(x)$ et $g(x)$ telles que $f(x) \geq g(x)\ \forall x \in [a, b]$, alors en vertu de

principes de physique, on peut montrer que les coordonnées du centre de gravité $(\overline{x}, \overline{y})$ de la surface S sont

$$\overline{x} = \frac{\displaystyle\int_a^b x[f(x) - g(x)]dx}{\displaystyle\int_a^b [f(x) - g(x)]dx}$$

$$= \frac{\displaystyle\int_a^b x[f(x) - g(x)]dx}{\text{aire de } S}$$

et

$$\overline{y} = \frac{\frac{1}{2}\displaystyle\int_a^b \left\{[f(x)]^2 - [g(x)]^2\right\}dx}{\displaystyle\int_a^b [f(x) - g(x)]dx}$$

$$= \frac{\frac{1}{2}\displaystyle\int_a^b \left\{[f(x)]^2 - [g(x)]^2\right\}dx}{\text{aire de } S}$$

Évaluez le centre de gravité de la surface S.

a) La surface S sous la courbe décrite par $f(x) = \sin x$, au-dessus de l'intervalle $[0, \pi]$.

b) La surface S comprise entre les courbes décrites par $f(x) = \sqrt{x}$ et $g(x) = x^2$.

10. Deux mobiles, A et B, partant du même endroit au même moment $(t = 0)$, se déplacent dans une même direction, avec des vitesses respectives de $v_A(t)$ et de $v_B(t)$ dont les représentations graphiques sont les suivantes :

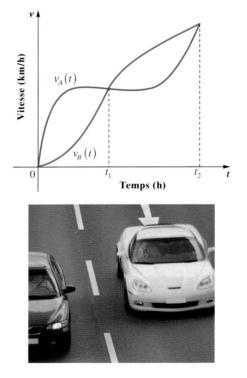

a) À quels moments les deux mobiles ont-ils la même vitesse ?

b) Donnez une interprétation géométrique et une interprétation physique à $\int_0^{t_2} v_A(t)dt$. Notez que si $s(t)$ représente la position d'un mobile en fonction du temps, alors $v(t) = s'(t)$.

c) Donnez une interprétation physique à

$$\int_0^{t_2}[v_A(t) - v_B(t)]dt$$

d) À quel moment la distance séparant les deux mobiles est-elle la plus grande ? Justifiez votre réponse.

11. Le travail T fait par une force constante F pour déplacer un objet sur une distance d (lorsque la force est exercée dans la direction du déplacement) est donné par le produit de la force et du déplacement, c'est-à-dire $T = F \cdot d$. Lorsque la force est variable, le principe de partition mis au point pour trouver des aires et des volumes peut être utilisé et conduit alors au résultat suivant : si une force d'intensité $F(x)$ agit sur un objet pour le déplacer sur l'axe des abscisses de $x = a$ à $x = b$, alors le travail accompli par cette force est donné par $T = \int_a^b F(x)dx$. Si la force est mesurée en newtons et la distance en mètres, le travail sera exprimé en newtons-mètres [ou en joules (J)]. Déterminez le travail réalisé par la force $F(x)$ pour un déplacement de $x = a$ à $x = b$.

a) $F(x) = 2x^3 + x^2 - 1$, $a = 2$ et $b = 4$

b) $F(x) = \cos\left(\dfrac{\pi x}{2}\right) + e^x$, $a = 0$ et $b = 1$

12. En vertu de la loi de Hooke, la force requise pour allonger un ressort de x m au-delà de sa position au repos est proportionnelle à la longueur de l'élongation du ressort : $F(x) = kx$. La constante de proportionnalité k porte le nom de constante de rappel du ressort, et elle se mesure en newtons par mètre. La longueur d'un ressort au repos est de 30 cm et il faut exercer une force de 2 N pour l'étirer de 5 cm.

a) Quelle est la constante de rappel du ressort ?

b) Quelle force est requise pour étirer le ressort de 10 cm ?

c) Montrez qu'en général, le travail réalisé pour étirer un ressort de y m au-delà de sa position au repos est $T = \frac{1}{2}ky^2$ J, où k est la constante de rappel du ressort. (La définition du travail est donnée à la question 11.)

13. Le courant alternatif est donné par

$$I = f(t) = A\cos\omega t + B\sin\omega t$$

où A, B et ω sont des constantes positives, et où t représente le temps. Le courant rms est défini par l'expression

$$(I_{rms})^2 = \frac{\omega}{2\pi}\int_0^{2\pi/\omega} I^2 dt, \text{ où } \frac{2\pi}{\omega} \text{ représente la longueur d'un}$$

cycle complet de l'oscillation du courant, soit sa période.

a) Sachant que le courant alternatif atteint une valeur maximale notée I_{max}, montrez que $I_{max} = \sqrt{A^2 + B^2}$.

b) Vérifiez que $I_{max} = \sqrt{2}I_{rms}$.

Sections 3.1.2, 3.1.3 et 3.2

14. Déterminez le prix d'équilibre $(\bar{p})$, le surplus des producteurs et le surplus des consommateurs pour les fonctions de demande $[D(q)]$ et d'offre $[O(q)]$ données.

a) $D(q) = 12 - q^2$; $O(q) = q$

b) $D(q) = \dfrac{100}{\sqrt{q + 100}}$; $O(q) = \sqrt{\frac{1}{20}q + 10}$

c) $D(q) = \dfrac{99}{q + 4}$; $O(q) = q + 6$

d) $D(q) = \sqrt{800 - 2q}$; $O(q) = \sqrt{100 + 2q}$

15. Soit $p = 300 - q$ la fonction de demande d'un bien (c'est-à-dire une fonction qui exprime le prix du bien en fonction de la quantité demandée de ce bien) et soit $C(q) = 600 + 2q^2$ la fonction du coût total pour produire q unités de ce bien.

a) On obtient le revenu total tiré de la vente de q unités d'un bien en multipliant par son prix le nombre d'unités vendues de ce bien. Trouvez l'expression du revenu $R(q)$ tiré de la vente de q unités du bien pour la fonction de demande formulée dans l'énoncé du problème.

b) Dans un monopole, le producteur peut fixer le niveau de production, c'est-à-dire la quantité à produire, de façon à maximiser son profit $\pi(q) = R(q) - C(q)$. Utilisez le calcul différentiel pour déterminer la quantité produite dans un monopole où les fonctions de coût et de demande sont celles formulées dans l'énoncé du problème. Quel est alors le prix de vente du bien ?

c) En situation de monopole, le prix qui maximise le profit du producteur correspond à l'offre. Calculez le surplus des consommateurs dans la situation de monopole décrite plus haut.

16. Répondez aux questions de l'exercice récapitulatif 15 si la fonction de demande est $p = 260 - 8q - 2q^2$ et que la fonction de coût est $C(q) = 200 + 20q + q^2$.

17. Les revenus de trois professions A, B et C se répartissent selon des courbes de Lorenz dont les équations sont respectivement $f_A(x) = 0,8x^2 + 0,2x$, $f_B(x) = \frac{1}{2}(3^x - 1)$ et $f_C(x) = 0,6x^4 + 0,4x$.

a) Comment doit-on interpréter la valeur de $f_A(0,4)$?

b) Calculez l'indice de Gini de chacune des trois professions.

c) Classez les trois professions, de la plus inégalitaire à la plus égalitaire, en matière de répartition des revenus.

18. Quelle est la valeur moyenne de la fonction sur l'intervalle donné ?

a) $f(x) = \sqrt{2x + 3}$; $[3, 11]$

b) $f(x) = \cos x$; $[0, \pi]$

c) $f(x) = x\sqrt{x^2 + 16}$; $[0, 3]$

d) $f(x) = \dfrac{1}{3x + 2}$; $[2, 6]$

e) $f(x) = x^3$; $[-2, 2]$

19. Pour quelle valeur de x la fonction $f(x)$ prend-elle sa valeur moyenne sur l'intervalle donné ?

a) $f(x) = 3x^2$; $[0, 4]$

b) $f(x) = \sin\dfrac{x}{2}$; $[0, \pi]$

c) $f(x) = \dfrac{1}{x^2}$; $[1, 9]$

20. La température T (en °C) du serpentin d'une cuisinière électrique t s après l'interruption du courant est donnée par $T(t) = 20 + 140e^{-t/30}$. Quelle est la température moyenne du serpentin dans l'intervalle $0 \le t \le 60$?

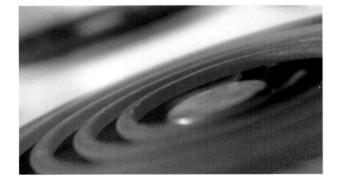

21. Des experts prévoient qu'une certaine œuvre d'art va s'apprécier au cours des 20 prochaines années. Ainsi, ils estiment que sa valeur marchande (en dollars) sera de $V(t) = 5\,000e^{t/20}$, où t est le temps mesuré en années. Si la prédiction des experts s'avère exacte, quelle sera la valeur moyenne de l'œuvre d'art pour la période considérée ?

22. Dans une certaine ville, la température (T) extérieure t h après minuit $(t = 0)$ est de $T(t) = 20 + 5\sin\left[\dfrac{\pi}{12}(t - 10)\right]$.

Quelle est la température moyenne (en °C) dans cette ville entre 6 h et midi ?

23. La quantité Q de médicament présente dans le corps d'un individu t jours après l'absorption du médicament est donnée par $Q(t) = 2e^{-t/10}$. Quelle est la quantité moyenne de ce médicament présente dans le corps de cet individu au cours des 5 premiers jours suivant l'absorption du médicament ?

24. Un commerçant a constaté que le nombre N d'unités vendues hebdomadairement d'un bien t semaines après le début d'une campagne publicitaire est donné par $N(t) = 20 + 5te^{-t^2/18}$. Quel est le nombre moyen d'unités vendues hebdomadairement au cours des 10 semaines suivant le début de la campagne publicitaire ?

25. Un biologiste a évalué qu'il ne restait que 6 000 individus d'une espèce animale en voie de disparition. Il prétend que la mise en place de certaines mesures ferait en sorte que le nombre d'individus N de cette espèce animale au cours des 10 prochaines années serait $N(t) = 4t^3 + 3t^2 - 10t + 6\,000$, où $0 \le t \le 10$. Si les prévisions de ce biologiste s'avèrent exactes, quel serait le nombre moyen d'individus de cette espèce animale entre la cinquième et la dixième année suivant la mise en œuvre des mesures qu'il propose ?

Section 3.3.1

26. Évaluez le volume du solide dont la base est la surface du premier quadrant délimitée par la parabole $y = 1 - \frac{1}{9}x^2$ et dont la coupe transversale selon le plan $x = k$, où $0 \le k \le 3$, est un carré.

27. Évaluez le volume du solide dont la base est la surface délimitée par la fonction $f(x) = \sin x$ au-dessus de l'intervalle $[0, \pi]$ et dont la coupe transversale selon le plan $x = k$, où $0 \le k \le \pi$, est un triangle équilatéral.

28. Évaluez le volume du solide dont la base est la surface délimitée par l'ellipse d'équation $\dfrac{x^2}{16} + \dfrac{y^2}{9} = 1$ et dont la coupe transversale selon le plan $x = k$, où $-4 \le k \le 4$, est un triangle isocèle de hauteur 5.

29. Évaluez le volume du solide dont la base est la surface comprise entre la parabole $y = x^2$ et la droite $y = 9$, et dont une coupe transversale selon le plan $x = k$, où $-3 \le k \le 3$, est la figure géométrique indiquée.

a) Un carré.

b) Un triangle équilatéral.

c) Un triangle isocèle de hauteur 4.

d) Un demi-cercle.

30. Évaluez le volume du solide dont la base est la surface comprise entre la parabole $y = x^2 - 1$ et la droite $y = 0$, et dont une coupe transversale selon le plan $y = k$, où $-1 \le k \le 0$, est la figure géométrique indiquée.

a) Un carré.

b) Un triangle équilatéral.

c) Un triangle isocèle de hauteur 4.

31. Évaluez le volume du solide dont la base est la surface délimitée par l'ellipse d'équation $\dfrac{x^2}{a^2} + \dfrac{y^2}{b^2} = 1$ et dont la coupe transversale selon le plan $x = k$, où $-a \le k \le a$, est un triangle équilatéral.

Section 3.3.2

32. Évaluez le volume du solide obtenu par la rotation de la surface S autour de la droite indiquée.

a) La surface S sous la courbe $f(x) = 9 - x^2$ au-dessus de l'intervalle $[0, 3]$, autour de l'axe des abscisses.

b) La surface S sous la courbe $f(x) = 9 - x^2$ au-dessus de l'intervalle $[0, 3]$, autour de l'axe des ordonnées.

c) La surface S sous la courbe $f(x) = x^2 + 1$ au-dessus de l'intervalle $[0, 1]$, autour de l'axe des abscisses.

d) La surface S délimitée par les droites $y = 4$, $x = 0$ et la courbe $f(x) = \sqrt{x}$, autour de l'axe des ordonnées.

e) La surface S sous la courbe $f(x) = 3x - x^2$ au-dessus de l'axe des abscisses, autour de la droite $y = 0$.

f) La surface S délimitée par les droites $y = 1$, $x = 1$ et la courbe $f(x) = x^2 + 1$, autour de la droite $y = 1$.

g) La surface S sous la courbe $f(x) = e^x$ au-dessus de l'intervalle $[-1, \ln 5]$, autour de l'axe des abscisses.

h) La surface S délimitée par les droites $x = 1$, $y = \ln 4$ et la courbe $f(x) = \ln x$, autour de la droite $x = 1$.

i) La surface S sous la courbe $f(x) = \cos x$ au-dessus de l'intervalle $[0, \pi/2]$, autour de l'axe des abscisses.

j) La surface S comprise entre la courbe $f(x) = \sin x$ et la droite $y = \frac{1}{2}$ au-dessus de l'intervalle $[\pi/6, 5\pi/6]$, autour de la droite $y = \frac{1}{2}$.

k) La surface S délimitée supérieurement par l'ellipse d'équation $\dfrac{x^2}{9} + \dfrac{y^2}{4} = 1$ et inférieurement par l'axe des abscisses, autour de l'axe des abscisses.

Section 3.3.3

33. Évaluez le volume du solide obtenu par la rotation de la surface S autour de la droite indiquée.

a) La surface S comprise entre les courbes $f(x) = 7 - x$ et $g(x) = \dfrac{12}{x}$, autour de l'axe des abscisses.

b) La surface S comprise entre les courbes $f(x) = x^3$ et $g(x) = x^{1/3}$, dans le premier quadrant, autour de l'axe des ordonnées.

c) La surface S délimitée par les droites $x = 0$, $y = 8$ et la courbe $f(x) = x^3$, autour de la droite $y = 9$.

d) La surface S comprise entre les courbes $f(x) = x^2 - x$ et $g(x) = 3 - x^2$, autour de la droite $y = -1$.

e) La surface S sous la courbe $f(x) = \sin x$ au-dessus de l'intervalle $[0, \pi]$, autour de la droite $y = 2$.

f) La surface S sous la courbe $f(x) = \sqrt{x}$ au-dessus de l'intervalle $[0, 1]$, autour de la droite $x = 2$.

g) La surface S sous la courbe $f(x) = \sec x$ au-dessus de l'intervalle $\left[-\dfrac{\pi}{4}, \dfrac{\pi}{4}\right]$, autour de la droite $y = -1$.

h) La surface S comprise entre les courbes $f(x) = \sqrt{x}$ et $g(x) = \frac{1}{2} x$, autour de l'axe des ordonnées.

34. Des billes sphériques de R cm de rayon sont percées et présentent une ouverture circulaire de r cm de rayon et une hauteur de h cm. Ces billes trouées peuvent être conçues comme ayant été obtenues par la rotation, autour de l'axe des ordonnées, de la surface S délimitée par le cercle de rayon R et la droite $x = r$.

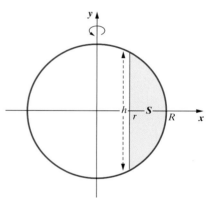

a) Si $r = 1$ cm et $R = 2$ cm, quel est le volume occupé par la bille ?

b) Montrez que le volume V occupé par une bille de hauteur h est de $\dfrac{\pi h^3}{6}$ cm^3 et qu'il est donc indépendant des valeurs de r et de R.

Section 3.3.4

35. Évaluez le volume du solide obtenu par la rotation de la surface S autour de la droite indiquée.

a) La surface S sous la courbe $f(x) = \sin(x^2)$ au-dessus de l'intervalle $[0, \sqrt{\pi}]$, autour de l'axe des ordonnées.

b) La surface S sous la courbe $f(x) = \sin x$ au-dessus de l'intervalle $[0, \pi]$, autour de l'axe des ordonnées.

c) La surface S au-dessus de la courbe $f(x) = \cos x$ sous l'intervalle $\left[\dfrac{\pi}{2}, \dfrac{3\pi}{2}\right]$, autour de l'axe des ordonnées.

d) La surface S sous la courbe $x - x^3$ au-dessus de l'intervalle $[0, 1]$, autour de la droite $x = 1$.

e) La surface S comprise entre les courbes $f(x) = x^2 - x$ et $g(x) = 3 - x^2$, autour de la droite $x = 2$.

f) La surface S sous la courbe $f(x) = (x - 1)^2 + 2$ au-dessus de l'intervalle $[0, 2]$, autour de l'axe des ordonnées.

36. Évaluez le volume du solide obtenu par la rotation de la surface S autour de la droite marquée d'une flèche incurvée.

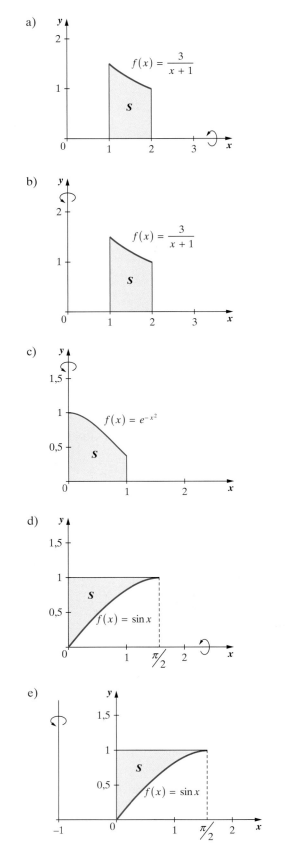

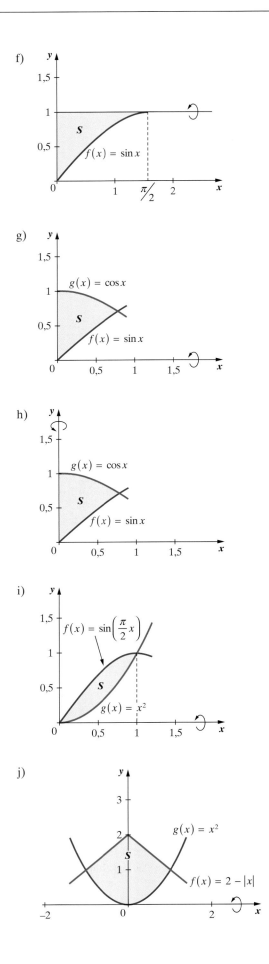

37. Un wok est un ustensile de cuisine d'origine asiatique qui a la forme de la calotte d'une sphère. Considérons le wok d'une profondeur de 10 cm obtenu par la rotation, autour de l'axe des ordonnées, de la portion inférieure du disque décrit dans le schéma suivant :

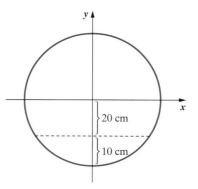

Quelle quantité de liquide (en litres) ce wok peut-il contenir ? (Note : 1 mL = 1 cm^3.)

Section 3.4

38. Évaluez la longueur de l'arc de la courbe décrite par la fonction sur l'intervalle donné.

a) $f(x) = \frac{2}{3}x^{3/2} - \frac{1}{2}\sqrt{x}$; $[1,4]$

b) $f(x) = \frac{1}{4}x^3 + \frac{1}{3}x^{-1}$; $[1,2]$

c) $f(x) = \ln(\sec x)$; $\left[0, \frac{\pi}{3}\right]$

d) $f(x) = \frac{1}{8}x^2 - \ln x$; $[2,4]$

e) $f(x) = \frac{e^x + e^{-x}}{2}$; $[0, \ln 4]$

f) $f(x) = \frac{1}{3}(x^2 + 2)^{3/2}$; $[1,3]$

g) $f(x) = \ln(1 - x^2)$; $\left[\frac{1}{9}, \frac{8}{9}\right]$

h) $f(x) = \frac{x^{n+1}}{n+1} + \frac{1}{4(n-1)x^{n-1}}$; $[a,b]$ (où $0 < a < b$ et $n \neq \pm 1$)

39. Un ébéniste produit des dessus de table d'appoint. Il utilise différentes essences de bois pour créer des motifs géométriques. Pour fabriquer le dessus de table suivant, il a réuni trois essences de bois : une pour tracer le pourtour du motif géométrique, une autre pour le motif géométrique et enfin une dernière pour la partie résiduelle.

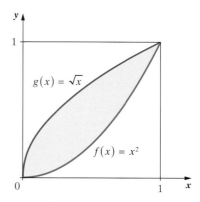

a) Quelle proportion de la superficie du dessus de la table le motif géométrique occupe-t-il ?

b) Quelle est la longueur du pourtour du motif géométrique ? Vous pouvez faire appel à un argument de symétrie.

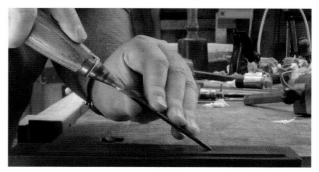

40. Un mobile se déplace à une vitesse constante de 0,5 m/s selon la trajectoire $y = \ln x - \frac{x^2}{8}$, où les variables x et y sont mesurées en mètres. Combien de temps a-t-il fallu à ce mobile pour parcourir le trajet obtenu lorsque $x \in [1,4]$?

41. Un projectile est lancé à partir du sol et décrit une trajectoire parabolique. Le projectile a atteint une hauteur maximale de 25 m et a franchi une distance horizontale de 100 m.

a) Quelle est l'équation $y = f(x) = ax^2 + bx + c$ (où a, b et c sont des constantes) de la trajectoire parabolique du projectile si le système d'axes est établi de telle façon que la fonction atteint son maximum à $x = 0$? (Indice : La fonction est symétrique par rapport à l'axe des ordonnées.)

b) Quelle est la longueur de la trajectoire parcourue par le projectile ?

Section 3.5

42. Un segment de droite joint les points $(0,0)$ et (r,h), où $r > 0$ et $h > 0$.

a) Quelle est l'équation de la droite servant de support à ce segment ?

b) Quelle est la longueur du segment ?

c) Quel solide de révolution obtient-on par la rotation, autour de l'axe des ordonnées, du triangle délimité par le segment de droite, l'axe des ordonnées et la droite $y = h$?

d) Que représentent r et h dans le solide formé en c?

e) Utilisez le calcul intégral pour déterminer l'expression du volume du solide formé en c en fonction des paramètres r et h.

f) Calculez l'aire latérale du solide de révolution formé en c.

43. Évaluez l'aire de la surface de révolution obtenue par la rotation de la courbe donnée autour de l'axe indiqué.

a) La surface de révolution obtenue par la rotation, autour de l'axe des ordonnées, de $f(x) = \ln x$ pour $x \in [1, 5]$.

b) La surface de révolution obtenue par la rotation, autour de l'axe des ordonnées, de la courbe $x = \sqrt{25 - y^2}$ pour $y \in [-3, 4]$.

c) La surface de révolution obtenue par la rotation, autour de l'axe des ordonnées, de $f(x) = \frac{1}{6} x^3 + \frac{1}{2} x^{-1}$ pour $x \in [1, 2]$.

d) La surface de révolution obtenue par la rotation, autour de l'axe des abscisses, de $f(x) = x^2 - \frac{1}{8} \ln x$ pour $x \in [1, 2]$.

e) La surface de révolution obtenue par la rotation, autour de l'axe des ordonnées, de $f(x) = \frac{1}{4} x^2 - \frac{1}{2} \ln x$ pour $x \in [2, 6]$.

f) La surface de révolution obtenue par la rotation, autour de l'axe des abscisses, de $f(x) = \frac{1}{3}(3 - x)\sqrt{x}$ pour $x \in [1, 3]$.

g) La surface de révolution obtenue par la rotation, autour de l'axe des ordonnées, de $g(y) = \frac{1}{2}(e^y + e^{-y})$ pour $y \in [-2, 2]$.

h) La surface de révolution obtenue par la rotation, autour de l'axe des abscisses, de $f(x) = \dfrac{1}{x}$ pour $x \in [1, 2]$. (Indice : Utilisez le changement de variable $u = \dfrac{1}{x^2}$.)

44. Il existe plusieurs façons de décrire une courbe dans un plan cartésien. Ainsi, elle peut être décrite par une fonction $y = f(x)$, par une fonction $x = g(y)$, ou encore de manière implicite par l'expression $h(x, y) = 0$. On peut également définir une courbe de manière paramétrique. Par exemple, on peut décrire le tracé du déplacement d'une particule en fonction du temps t en donnant les coordonnées $x(t)$ et $y(t)$ de sa position en fonction du temps. Lorsqu'une courbe est définie de manière paramétrique par $x = f(t)$ et $y = g(t)$, qui sont des fonctions continues du paramètre t et dont les dérivées sont également continues, alors la longueur de la courbe décrite par ces deux fonctions lorsque $t \in [a, b]$

est donnée par $\displaystyle\int_a^b \sqrt{\left(\frac{dx}{dt}\right)^2 + \left(\frac{dy}{dt}\right)^2}\, dt$ et l'aire de la surface de révolution obtenue par la rotation de cette courbe autour de l'axe des abscisses est donnée par

$$\int_a^b 2\pi y \sqrt{\left(\frac{dx}{dt}\right)^2 + \left(\frac{dy}{dt}\right)^2}\, dt = \int_a^b 2\pi g(t) \sqrt{\left(\frac{dx}{dt}\right)^2 + \left(\frac{dy}{dt}\right)^2}\, dt$$

Évaluez la longueur de l'arc de la courbe définie de manière paramétrique par les équations indiquées, ainsi que l'aire de la surface de révolution obtenue par la rotation de cette courbe autour de l'axe des abscisses, sur l'intervalle donné.

a) $x = 5\cos t$, $y = 5\sin t$, $t \in [0, \pi]$

b) $x = e^t \cos t$, $y = e^t \sin t$, $t \in \left[0, \dfrac{\pi}{2}\right]$

45. Un miroir parabolique est un miroir dont la surface provient de la rotation d'un arc de parabole du type $f(x) = ax^2$ autour de l'axe des ordonnées. Soit la parabole dont les dimensions sont indiquées dans le schéma qui suit.

Quelle est l'aire de la surface du miroir parabolique obtenu à partir de cette parabole?

46. Un ballon dirigeable prend la forme d'un ellipsoïde, soit celle de la surface de révolution obtenue par la rotation d'une ellipse autour de son grand axe.

a) Si le grand axe de l'ellipse est situé sur l'axe des abscisses et mesure 40 m alors que le petit axe de l'ellipse est situé sur l'axe des ordonnées et mesure 10 m, quelle est l'équation de l'ellipse centrée à l'intersection des deux axes de coordonnées?

b) Quel volume ce ballon occupe-t-il?

c) Le ballon doit être recouvert d'un enduit protecteur qui coûte 10 $/L. Chaque litre de l'enduit protecteur couvre une superficie de 5 m². Le salaire de l'employé qui applique le produit est de 20 $/h, et ce dernier peut couvrir une superficie de 20 m² à l'heure. Combien en coûtera-t-il pour appliquer l'enduit sur la surface extérieure du ballon?

47. Un contenant cylindrique d'une hauteur de 50 cm et d'un rayon de 30 cm est rempli à 80 % de sa capacité avec de l'eau. Lorsqu'on fait tourner ce contenant, à une vitesse angulaire ω, autour d'un axe perpendiculaire à sa base circulaire et passant par le centre de cette dernière, l'eau à la surface du contenant prend une forme parabolique d'équation $y = f(x) = H + \dfrac{\omega^2 x^2}{2g}$ où g est la valeur de l'accélération due à la gravité et H est une constante qui dépend de la vitesse angulaire.

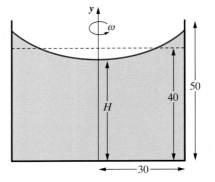

Déterminez, en fonction de g, la valeur maximale que peut prendre la vitesse angulaire ω si l'eau ne doit pas déborder du contenant.

48. Dites si l'énoncé est vrai ou faux. Justifiez votre réponse.

a) L'aire comprise entre l'axe des abscisses et la courbe décrite par la fonction $f(x) = \cos x$, lorsque $x \in [0, \pi]$, est donnée par $\int_{0}^{\pi} \cos x\,dx$.

b) Si la répartition des revenus dans une population est parfaitement égalitaire, alors l'indice de Gini vaut 1.

c) Pour calculer le volume du solide obtenu par la rotation, autour de l'axe des ordonnées, de la surface délimitée par la courbe d'équation $f(x) = 4x - x^2$ et l'axe des abscisses, il est préférable d'utiliser la méthode des tubes plutôt que la méthode des disques troués.

d) La valeur moyenne d'une fonction impaire qui est intégrable sur l'intervalle $[-a, a]$ (où $a \neq 0$) est nulle sur cet intervalle.

e) La seule application géométrique de l'intégrale définie est le calcul d'aires de surfaces du plan.

f) Le surplus des producteurs est toujours supérieur au surplus des consommateurs.

49. On veut calculer le travail requis pour pomper, sur une distance verticale de h m, un liquide, de densité ρ, contenu dans un réservoir. Il s'agit de déplacer des couches minces de liquide sur une distance verticale de $(h - y)$ m, où y représente la hauteur du niveau de la couche.

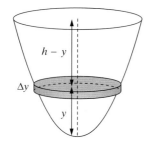

Si l'aire d'une coupe transversale, selon le plan $y = k$, est donnée par $A(y)$ et si $g = 9{,}8$ m/s^2 représente la constante d'accélération gravitationnelle, alors :

- $A(y)\Delta y$ donne une bonne approximation du volume occupé par une couche mince d'épaisseur Δy ;

- $\rho A(y)\Delta y$ donne une bonne approximation de la masse d'une couche mince d'épaisseur Δy ;

- $\rho g A(y)\Delta y$ donne une bonne approximation de la force requise pour soulever une couche mince d'épaisseur Δy ;

- $[\rho g A(y)\Delta y](h - y) = \rho g (h - y) A(y)\Delta y$ donne une bonne approximation du travail requis pour soulever une couche d'épaisseur Δy, sur une distance verticale $h - y$;

- $\int_{a}^{b} \rho g (h - y) A(y)\,dy$ donne le travail requis pour pomper le liquide compris entre le niveau a et le niveau b, sur une distance verticale de h m.

Calculez le travail (en kilojoules : kJ) pour vider le réservoir rempli d'eau. La densité de l'eau est de $\rho = 1\,000$ kg/m^3. Toutes les unités de mesure linéaires sont en mètres.

a) Le réservoir est un cône circulaire obtenu par la rotation, autour de l'axe des ordonnées, de la surface triangulaire S délimitée dans le premier quadrant par les droites $x = 0$, $y = 4$ et $y = x$.

b) Le réservoir est un paraboloïde obtenu par la rotation, autour de l'axe des ordonnées, de la surface S délimitée dans le premier quadrant par les droites $x = 0$ et $y = 9$, et par la parabole d'équation $y = x^2$.

c) Le réservoir est une demi-sphère obtenue par la rotation, autour de l'axe des ordonnées, de la surface S, dans le premier quadrant, sous la droite $y = 5$, et délimitée par la droite $x = 0$ et par le cercle d'équation $x^2 + (y - 5)^2 = 25$.

50. Une architecte paysagiste a obtenu un contrat pour aménager une fontaine dans un parc public d'une grande ville. Le plan d'aménagement conçu par cette architecte prévoit l'utilisation de deux zones circulaires concentriques.

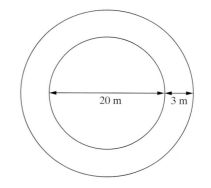

Dans la première zone de 20 m de diamètre, on trouve la fontaine, des massifs floraux, un sentier et des bancs publics. Afin d'assurer un certain isolement et une certaine quiétude, la deuxième zone, excédant la première d'une largeur de

3 m, est formée d'un talus gazonné dont une coupe transversale selon un diamètre présente la forme suivante:

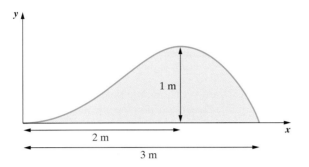

Utilisez un logiciel de calcul symbolique comme Maple pour répondre aux questions.

a) Quels sont les coefficients de l'équation cubique $f(x) = ax^3 + bx^2 + cx + d$ qui décrit la coupe transversale du talus, sachant que cette courbe passe par les points $(0, 0)$, $(2, 1)$ et $(3, 0)$, et qu'elle atteint sa valeur maximale de 1 à $x = 2$? (Indice: Vous devez résoudre un système d'équations linéaires, l'une de celles-ci étant obtenue au moyen de la caractéristique que doit présenter une fonction dérivable au point où elle prend sa valeur maximale.)

b) Quel volume de terre est requis pour construire le talus gazonné?

c) Combien coûtera le recouvrement du talus, s'il faut payer 3 $/m^2 pour le gazonner?

🔶 **51.** La «chèvre de M. Seguin» vit dans un enclos gazonné de forme circulaire de 5 m de rayon. Elle est attachée à la clôture de l'enclos à l'aide d'une corde. Utilisez un logiciel de calcul symbolique comme Maple pour répondre aux questions.

a) Si la corde mesure 2 m, quelle fraction de la surface gazonnée la chèvre pourra-t-elle brouter? [Indice: Situez l'enclos dans un plan cartésien de façon telle que le centre de l'enclos corresponde au centre du cercle et que le point d'ancrage de la corde soit situé au point $(5, 0)$, puis représentez la zone gazonnée à laquelle la chèvre a accès.]

b) Si la corde mesure 8 m, quelle fraction de la surface gazonnée la chèvre pourra-t-elle brouter?

c) Quelle est la longueur de la corde, si la chèvre peut brouter la moitié de la surface gazonnée? [Indice: Vous devrez résoudre à l'aide de la commande *fsolve* (dans Maple) une équation comportant des intégrales. De plus, vous devrez supposer que la longueur c de la corde est supérieure à 5, en inscrivant *assume(c>5)* dans le bloc d'instructions.]

(Ce problème m'a été suggéré par Jean-David Houle, un de mes étudiants.)

4

ÉQUATIONS DIFFÉRENTIELLES

Plusieurs phénomènes, tant en sciences de la nature qu'en sciences humaines, sont décrits par des taux de variation instantanés (des dérivées), c'est-à-dire par une équation qu'on qualifie de différentielle. À partir d'une telle équation, on veut trouver l'expression de la variable dépendante en fonction de la variable indépendante, ou, de manière plus formelle, on veut résoudre l'équation différentielle liant les deux variables en jeu. Pour trouver la solution d'une équation différentielle simple, il suffit généralement de repérer une fonction dont on connaît la dérivée, c'est-à-dire de faire l'opération inverse de la dérivation. Or, la définition même de primitive exprime la relation de réciprocité entre les concepts de dérivée et d'intégrale, cette dernière constituant une sorte d'« antidérivation ». La résolution d'équations différentielles constitue donc une autre application du calcul intégral.

De toutes les branches des mathématiques, la théorie des équations différentielles est la plus importante. Elle contribue à expliquer tous les phénomènes naturels qui dépendent du temps.

Marius Sophus Lie

▸ Distinguer une équation différentielle d'une équation algébrique (4.1).

▸ Définir les principaux termes reliés aux équations différentielles : ordre d'une équation différentielle (4.2), solution (générale, particulière ou singulière) d'une équation différentielle (4.3), conditions (initiales ou aux limites) (4.3), équation différentielle à variables séparables (4.4).

▸ Déterminer l'ordre d'une équation différentielle (4.2).

▸ Vérifier qu'une fonction est une solution d'une équation différentielle (4.3).

▸ Formuler l'équation différentielle correspondant à une situation concrète (4.1, 4.4 et 4.5).

▸ Déterminer les conditions initiales ou aux limites d'une équation différentielle (4.3, 4.4 et 4.5).

▸ Résoudre (solution générale ou particulière) une équation différentielle, notamment une équation différentielle à variables séparables (4.4) et une équation différentielle d'ordre n de la forme $y^{(n)} = f(x)$ (4.5).

▸ À partir de la solution d'une équation différentielle, déterminer la valeur de la variable dépendante lorsque celle de la variable indépendante ou vice-versa est connue (4.4 et 4.5).

Un portrait de
Sonya Kovalevsky

Avant le XIXe siècle, les femmes n'avaient pas véritablement accès aux études supérieures en sciences. Ainsi, il a fallu attendre la deuxième moitié du XIXe siècle pour qu'une femme, Sonya Kovalevsky*(1850–1891), obtienne un doctorat en mathématiques et occupe un poste de professeur dans une université. Issue d'une famille aristocratique, fille du général russe Vasily Korvin Krukovsky, Sonya s'intéressa très tôt aux mathématiques, et cela dans des circonstances un peu particulières. Alors que les murs des chambres des jeunes filles étaient généralement tapissés de papier peint à motifs floraux, ceux de Sonya étaient couverts des pages du cours de calcul d'Ostrogradsky (1801–1861). Elle passa de nombreuses heures dans sa chambre à déchiffrer ces pages remplies de symboles bizarres et y réussit tellement bien qu'à 15 ans, lors de ses premières leçons particulières en calcul différentiel et intégral, son professeur était convaincu qu'elle avait déjà étudié le sujet.

Comme les universités russes n'admettaient pas les femmes, Sonya épousa Vladimir Kovalevsky en 1868, dans le but de l'accompagner en Allemagne pour y étudier. Après maintes démarches, Sonya fut autorisée à assister, à titre non officiel, aux cours de Helmhotz (1821–1894) et de Kirchhoff (1824–1887) à l'Université d'Heidelberg. En 1871, la famille Kovalevsky s'installa à Berlin. Là encore, Sonya dut se battre pour tenter de s'inscrire à l'université locale, mais rien n'y fit. Heureusement, Karl Weierstrass (1815–1897), un des plus grands mathématiciens de l'époque, qui enseignait à Berlin, très impressionné par les talents mathématiques de la jeune femme, accepta de lui donner des leçons particulières. Ce fut le début d'une longue et fructueuse amitié entre le maître et l'élève.

En 1874, Sonya Kovalevsky publia trois articles majeurs : le premier portait sur les équations aux dérivées partielles et leurs applications en mécanique, le second traitait de fonctions abéliennes et le troisième portait sur l'astronomie. Selon Weierstrass, un seul de ces articles aurait été suffisant pour mériter un doctorat. Mais l'Université d'Heidelberg, qui interdisait aux femmes d'assister à des cours, n'allait certes pas décerner un diplôme à une femme. Sonya soumit donc sa thèse à l'Université de Göttingen, qui acceptait de décerner des doctorats sans défense publique. Elle reçut la mention « Très grande distinction » pour sa thèse, et devint ainsi la première femme à recevoir un doctorat en mathématiques.

---

* Dans les ouvrages, on trouve plusieurs façons d'orthographier le prénom et le nom de la célèbre mathématicienne : Sofia, Sonia, Sonja, Sophia, Sofya, Kovalevskaia, Kovalevskaya, Kowalewski.

La même année, les Kovalevsky, ayant tous deux un doctorat en poche, Vladimir en paléontologie et Sonya en mathématiques, retournèrent en Russie. Durant six ans, Sonya défendit des causes sociales et artistiques, écrivit des critiques littéraires dans des journaux et s'occupa de sa fille née en 1878. En 1880, elle donna une conférence à un congrès d'une société scientifique. Son exposé fut très apprécié. Son succès l'incita à reprendre ses recherches mathématiques. Après le suicide de son mari en 1883, Sonya Kovalevsky obtint un poste de professeur sans rémunération à l'Université de Stockholm. Grâce aux bons soins de son ami mathématicien Gösta Mittag-Leffler (1846–1927), elle obtint ensuite un contrat de cinq ans comme professeur de mathématiques, une première dans l'histoire des mathématiques et une percée pour les femmes dans le monde universitaire. En 1884, elle fut nommée éditrice d'*Acta Mathematica*, une revue savante consacrée aux mathématiques, puis l'année suivante, elle devint titulaire d'une chaire d'enseignement de mécanique. Elle obtint sa permanence à l'université en 1889 après avoir reçu, en 1888, le prix Bordin de l'Académie des sciences de Paris pour un article traitant du problème de la rotation d'un solide autour d'un point fixe, problème que les grands mathématiciens Euler (1707–1783), Lagrange (1736–1813), Poinsot (1777–1859) et Poisson (1781–1840) n'avaient pas pu résoudre dans sa plus grande généralité. Son texte était tellement exceptionnel que le montant du prix fut majoré de 3 000 à 5 000 francs.

Sonya Kovalevsky chercha alors à obtenir un poste de professeur en Russie, mais encore une fois, en dépit de son talent indéniable, aucune université ne lui ouvrit ses portes. Elle fut malgré tout honorée en étant élue comme associée de l'Académie impériale des sciences de son pays natal, mais elle ne put jamais assister aux réunions, les femmes n'y étant pas admises.

En plus de ses travaux en mathématiques, Sonya Kovalevsky s'intéressa à la littérature et écrivit des romans et des pièces de théâtre. Ses livres traitaient notamment de la vie en Russie, de l'éducation publique, du socialisme et des droits des femmes. Elle s'est éteinte des suites d'une pneumonie en février 1891 et fut enterrée à Stockholm. La Russie a émis un timbre en l'honneur de cette femme remarquable par sa détermination, son intelligence et ses idées avant-gardistes.

IMPORTANCE DES ÉQUATIONS DIFFÉRENTIELLES

Dans cette section: *équation différentielle.*

La plupart des lois scientifiques sont formulées à l'aide d'équations mathématiques. L'algèbre permet de bien décrire des phénomènes statiques, mais, de manière générale, cela ne suffit pas. La plupart des phénomènes intéressants sont plutôt dynamiques; leur description mathématique exige qu'on écrive une ou plusieurs équations qui mettent en évidence cette idée de mouvement et de changement. Or, la dérivée est précisément un concept qui décrit le mouvement et la variation. Ainsi, si la position x d'un objet est une fonction du temps, l'expression $\dfrac{dx}{dt}$ donne le taux de variation instantané de cette position par rapport au temps, soit la vitesse de cet objet en mouvement.

Le fait de décrire un phénomène par une fonction permet de mieux le comprendre ou de le prédire. Or, lorsqu'on étudie un phénomène, par observation ou par expérimentation, la fonction le décrivant ne se matérialise pas toujours directement. Toutefois, il arrive qu'on puisse déduire la représentation fonctionnelle d'un phénomène à partir de sa variation dans le temps. Les équations différentielles naissent ainsi lorsque l'observateur ou l'expérimentateur formule l'expression du taux de variation d'une fonction.

Il apparaît donc utile d'étudier les équations qui établissent une relation entre une fonction inconnue et une ou plusieurs de ses dérivées, relation qui décrirait alors le phénomène dynamique étudié.

Une équation qui met en relation une fonction inconnue et une ou plusieurs de ses dérivées, ou encore qui met en relation des différentielles, est appelée **équation différentielle**.

> **DÉFINITION**
>
> **ÉQUATION DIFFÉRENTIELLE**
> Une équation différentielle est une équation qui met en relation une fonction inconnue et une ou plusieurs de ses dérivées, ou encore qui met en relation des différentielles.

EXEMPLE 4.1

Dans son traité de 1798 intitulé *Essay on the Principle of Population as it Affects the Future Improvement of Society*, Thomas Robert Malthus (1766–1834) a proposé un modèle de croissance d'une population qui affirme essentiellement que le taux de croissance d'une population est proportionnel à la taille de cette population. On peut écrire l'hypothèse de Malthus sous la forme d'une équation différentielle: $\dfrac{dP}{dt} = kP$. La constante k est positive puisque la population (P) croît avec le temps (t).

EXEMPLE 4.2

Des expériences avec des éléments radioactifs ont montré que ces derniers se décomposaient à un rythme proportionnel à la quantité de matière radioactive présente. L'équation différentielle décrivant le phénomène de décroissance radioactive est donc $\dfrac{dQ}{dt} = kQ$, où la constante de proportionnalité k est négative, puisque la quantité (Q) de matière radioactive diminue avec le temps (t).

EXEMPLE 4.3

Au début du XVIIe siècle, Galilée (1564–1642) a établi que l'accélération d'un corps tombant en chute libre est constante. En vertu de ce principe, si $y(t)$ représente la position d'un objet tombant en chute libre au temps t, alors son accélération est donnée par $\dfrac{d^2 y}{dt^2}$, de sorte que l'équation différentielle $\dfrac{d^2 y}{dt^2} = g$ exprime la loi formulée par Galilée.

Parmi les exercices proposés à la fin de ce chapitre, vous trouverez de nombreux problèmes où l'équation différentielle n'est pas exprimée explicitement en langage mathématique. Vous aurez donc à formuler cette équation à partir des informations contenues dans l'énoncé du problème. Voici quelques astuces qui devraient vous aider à résoudre les problèmes de ce genre.

- Nommez les variables en jeu en prenant soin de distinguer la variable indépendante et la variable dépendante. Dans de nombreux cas, la variable indépendante est le temps : on veut déterminer la valeur de la variable dépendante en fonction du temps à partir du taux de variation de la variable dépendante par rapport à la variable indépendante (en général, le temps).

- Repérez les expressions clés comme « taux », « taux de variation », « taux de croissance », « rythme », « vitesse », « à raison de », etc. Ces expressions indiquent la présence de la dérivée d'une fonction par rapport à la variable indépendante. Ainsi, si vous lisez que le taux de croissance d'une population est égal à la taille de la population, vous pouvez en tirer l'équation $\dfrac{dP}{dt} = P$; si vous lisez que la taille h d'un arbre augmente à raison de 20 cm/an, vous pouvez en tirer l'équation $\dfrac{dh}{dt} = 20$.

- Observez les unités de mesure, parce qu'elles constituent généralement un bon indicateur. Ainsi, si vous voyez une expression du type cm^3/s, c'est probablement qu'il s'agit du taux de variation d'un volume V par rapport au temps t, soit $\dfrac{dV}{dt}$. De même, une expression du type bactéries/h indique vraisemblablement un taux de variation de la population P d'une colonie de bactéries par rapport au temps, soit $\dfrac{dP}{dt}$.

- Certains taux portent des noms particuliers. C'est le cas notamment de la vitesse v d'un objet en mouvement qui représente le taux de variation de la position s de l'objet : $v = \dfrac{ds}{dt}$. De même, l'accélération a d'un mobile représente le taux de variation de la vitesse par rapport au temps, de sorte que $a = \dfrac{dv}{dt} = \dfrac{d}{dt}\left(\dfrac{ds}{dt}\right) = \dfrac{d^2 s}{dt^2}$.

- Les expressions « proportionnelles » et « inversement proportionnelles » sont également d'usage courant dans de tels problèmes. Si vous lisez qu'une quantité Q varie dans le temps à un rythme proportionnel à une autre quantité P, vous pourrez en déduire que $\dfrac{dQ}{dt} = kP$. Si c'est l'expression « inversement proportionnel » qui est utilisée, l'équation différentielle sera plutôt $\dfrac{dQ}{dt} = \dfrac{k}{P}$.

■ Un taux de variation peut s'exprimer à l'aide de deux composantes, l'une indiquant une croissance, l'autre une décroissance. Ainsi, lorsqu'on remplit un réservoir qui fuit, on peut déterminer le taux de croissance de la quantité de liquide qui y entre, soit $\dfrac{dq_1}{dt}$, le taux de croissance de la quantité qui s'en échappe, soit $\dfrac{dq_2}{dt}$, de sorte que le taux de variation du volume V de liquide dans le réservoir est de $\dfrac{dV}{dt} = \dfrac{dq_1}{dt} - \dfrac{dq_2}{dt}$. Dans une telle situation, le taux de variation net correspond à l'écart entre le rythme de croissance et le rythme de décroissance.

⊜XERCICES 4.1

1. Écrivez l'énoncé suivant sous la forme d'une équation différentielle: « Le taux de variation de l'aire A d'un cercle par rapport à son rayon r est proportionnel au rayon du cercle. »

2. On a placé des bactéries dans un milieu de croissance. À cause des limites d'espace et de nourriture, la taille de la population bactérienne ne peut excéder 10 000 individus. Le taux de croissance de la population bactérienne est proportionnel au produit de la population à l'instant t et de l'écart entre la population maximale et la population à l'instant t. Formulez l'équation différentielle représentant ce phénomène.

3. Une botaniste a établi que le taux de propagation d'un champignon microscopique qui s'attaque à une certaine variété d'arbres dans une forêt est proportionnel à la racine carrée du nombre d'arbres déjà atteints et inversement proportionnel à la durée (en mois) écoulée depuis le début de l'infestation. Formulez l'équation différentielle qui décrit la propagation du champignon et qui permettrait d'établir le nombre d'arbres atteints $N(t)$ en fonction du temps t depuis l'apparition du champignon.

4. On administre un médicament à un patient par voie intraveineuse à raison de 3 mg/h. Le médicament s'élimine naturellement du corps du patient à un rythme proportionnel à la quantité présente. Formulez l'équation différentielle décrivant l'évolution de la quantité Q de médicament dans le corps du patient en fonction du temps.

Vous pouvez maintenant faire les exercices récapitulatifs 1 à 8.

4.2 TYPOLOGIE DES ÉQUATIONS DIFFÉRENTIELLES

Dans cette section: *équation différentielle ordinaire – ordre d'une équation différentielle.*

On étudie une équation différentielle dans le but de la résoudre, c'est-à-dire de trouver toutes les fonctions qui la satisfont.

EXEMPLE 4.4

La fonction $y = e^x$ est une solution de l'équation différentielle $y' = y$, puisqu'elle satisfait cette équation différentielle. Mais ce n'est pas la seule solution possible. En effet, $y = 2e^x$, $y = 5,4e^x$ et en général $y = ke^x$ sont également des solutions de cette équation différentielle. Ainsi, si $y = ke^x$, alors

$$y' = \frac{d}{dx}ke^x = k\frac{d}{dx}e^x = ke^x = y$$

EXERCICE 4.2

Si A et B sont des constantes, vérifiez que :

a) $y = x^2 + A$ est une solution de l'équation différentielle $y' - 2x = 0$;

b) $y = A\sin x + B\cos x$ est une solution de l'équation différentielle $\dfrac{d^2 y}{dx^2} + y = 0$.

Il est généralement plus difficile de résoudre une équation différentielle qu'une équation algébrique d'une seule variable comme $x^2 + 2x - 5 = 0$, puisque la solution d'une équation différentielle n'est pas un nombre, mais une fonction ou une famille de fonctions. Toutefois, il existe des techniques éprouvées pour résoudre certains types d'équations différentielles. Il est donc utile de construire une typologie des équations différentielles afin de pouvoir choisir la technique qui convient pour les résoudre.

Le premier niveau de classification est fondé sur la nature des dérivées apparaissant dans l'équation différentielle. Une équation qui comporte au plus deux variables, ainsi que des dérivées d'ordre supérieur ou égal à 1 d'une des variables par rapport à l'autre, s'appelle une **équation différentielle ordinaire**. Les exemples 4.1, 4.2 et 4.3 présentent des équations différentielles ordinaires.

Par ailleurs, il existe un autre type d'équations différentielles dites aux dérivées partielles dans lesquelles une variable dépendante est fonction de plusieurs autres variables indépendantes. Toutefois, l'étude des équations aux dérivées partielles s'avère trop difficile pour un premier cours. Nous nous limiterons donc à l'étude d'équations différentielles ordinaires*, soit des équations différentielles dont la solution est une fonction d'une seule variable comme $y = f(x)$.

Le deuxième niveau de classification repose sur l'ordre des dérivées. On appelle l'**ordre d'une équation différentielle** le plus élevé des ordres des dérivées contenues dans cette équation. Ainsi, une équation différentielle d'ordre n dont la fonction inconnue est $y = f(x)$ peut s'écrire sous la forme

$$F\left(x, y, \frac{dy}{dx}, \frac{d^2 y}{dx^2}, \frac{d^3 y}{dx^3}, ..., \frac{d^n y}{dx^n}\right) = 0 \text{ ou } F\left(x, y, y', y'', y''', ..., y^{(n)}\right) = 0$$

DÉFINITIONS

ÉQUATION DIFFÉRENTIELLE ORDINAIRE

Une équation différentielle ordinaire est une équation qui comporte au plus deux variables, ainsi que des dérivées d'ordre supérieur ou égal à 1 d'une des variables par rapport à l'autre.

ORDRE D'UNE ÉQUATION DIFFÉRENTIELLE

L'ordre d'une équation différentielle est le plus élevé des ordres des dérivées contenues dans cette équation. Ainsi, une équation différentielle d'ordre n dont la fonction inconnue est $y = f(x)$ peut s'écrire sous la forme

$$F\left(x, y, \frac{dy}{dx}, \frac{d^2 y}{dx^2}, \frac{d^3 y}{dx^3}, ..., \frac{d^n y}{dx^n}\right) = 0$$

ou

$$F\left(x, y, y', y'', y''', ..., y^{(n)}\right) = 0$$

EXEMPLE 4.5

$\left(y^{(4)}\right)^4 - 2x\left(y''\right) + \left(y^{(5)}\right)^3 - 9x + 6 = 0$ est une équation différentielle d'ordre 5. Par ailleurs, $-\left[2\sin\left(y'\right)\right]\left(y''\right) + y^{(3)} - 9x + 6 = 0$ est une équation différentielle d'ordre 3.

---

* Comme nous n'allons considérer que les équations différentielles ordinaires, nous omettrons à partir de maintenant l'adjectif *ordinaire* dans la qualification d'une équation différentielle.

EXERCICE 4.3

Donnez l'ordre de l'équation différentielle.

a) $xy'' + (x^2 - 1)y' - (\sin x + 4)y - \cos x = 0$

b) $y^5 \left(\dfrac{d^3 y}{dx^3} \right)^6 + 2x \left(\dfrac{d^2 y}{dx^2} \right)^4 + 4(\ln x)y = 3^x$

c) $\sin(y'') + y' - y = \sin(x + 1)$

d) $\dfrac{d^3 y}{dx^3} + 2x^2 \dfrac{dy}{dx} = 4^x (2y + 3)$

4.3 SOLUTION D'UNE ÉQUATION DIFFÉRENTIELLE

Dans cette section: *solution d'une équation différentielle – solution générale d'une équation différentielle d'ordre* n *– conditions initiales – conditions aux limites – solution particulière d'une équation différentielle – solution singulière d'une équation différentielle.*

DÉFINITIONS

SOLUTION D'UNE ÉQUATION DIFFÉRENTIELLE

Une solution d'une équation différentielle est une fonction $y = f(x)$ qui, lorsqu'on la remplace dans l'équation, conduit à une identité.

SOLUTION GÉNÉRALE D'UNE ÉQUATION DIFFÉRENTIELLE D'ORDRE *n*

La solution générale d'une équation différentielle d'ordre *n* est une fonction $y = f(x)$ comportant *n* constantes arbitraires qui, lorsqu'on la remplace dans l'équation, conduit à une identité.

CONDITIONS INITIALES

Dans une équation différentielle, les conditions initiales sont des conditions qui donnent la valeur de la variable dépendante ou de ses dérivées pour une même valeur de la variable indépendante, et qui permettent d'évaluer les constantes arbitraires de la solution générale de l'équation différentielle.

CONDITIONS AUX LIMITES

Dans une équation différentielle, les conditions aux limites sont des conditions qui donnent la valeur de la variable dépendante ou de ses dérivées en différentes valeurs de la variable indépendante, et qui permettent d'évaluer les constantes arbitraires de la solution générale de l'équation différentielle.

Vous avez sans doute observé en répondant à l'exercice 4.2 que la solution proposée à l'équation différentielle d'ordre 1 comportait une constante arbitraire et que la solution proposée à l'équation différentielle d'ordre 2 en comportait deux. Cette constatation nous amène à la définition de la notion de solution générale d'une équation différentielle. Une **solution d'une équation différentielle** est une fonction $y = f(x)$ qui, lorsqu'on la remplace dans l'équation, conduit à une identité. Notons au passage que certaines équations différentielles n'ont pas de solution $\left[(y')^4 + y^2 = -3 \right]$, d'autres n'en ont qu'une seule $\left[(y')^2 + y^2 = 0 \right]$; par ailleurs, la plupart des équations différentielles intéressantes en comptent plusieurs.

La **solution générale d'une équation différentielle d'ordre *n*** est une fonction $y = f(x)$ comportant *n* constantes arbitraires qui, lorsqu'on la remplace dans l'équation, conduit à une identité.

Une équation différentielle comporte souvent des conditions, dites **conditions initiales** (par exemple, la valeur de *y* ou de ses dérivées pour une même valeur de *x*) ou encore des **conditions aux limites** (la valeur de *y* ou de ses dérivées en différentes valeurs de *x*) qui permettent d'évaluer les constantes arbitraires de la solution générale.

La solution d'une équation différentielle d'ordre *n*, soumise à *n* conditions initiales ou aux limites permettant d'en évaluer les constantes arbitraires, porte le nom de **solution particulière** de l'équation différentielle. Une solution particulière d'une équation différentielle est donc une solution de l'équation différentielle qu'on obtient à partir de la solution générale en donnant des valeurs aux constantes arbitraires.

Une équation différentielle peut également comporter une **solution singulière**, c'est-à-dire une fonction qui satisfait l'équation différentielle, mais qui n'est pas obtenue à partir de la solution générale. Par exemple, la solution générale de l'équation différentielle $y^2 + x^2 y' = 0$ est $y = \dfrac{x}{Cx - 1}$. Toutefois, $y = 0$ est aussi une solution de cette équation différentielle, solution qu'on ne peut pas obtenir à partir de la solution générale. Par conséquent, $y = 0$ est une solution singulière de l'équation différentielle.

DÉFINITIONS

SOLUTION PARTICULIÈRE D'UNE ÉQUATION DIFFÉRENTIELLE

Une solution particulière d'une équation différentielle est une solution de l'équation différentielle qu'on obtient à partir de la solution générale en donnant des valeurs aux constantes arbitraires. Ces valeurs sont généralement tirées des conditions initiales ou aux limites que doit satisfaire la solution de l'équation différentielle.

SOLUTION SINGULIÈRE D'UNE ÉQUATION DIFFÉRENTIELLE

Une solution singulière d'une équation différentielle est une fonction qui satisfait l'équation différentielle, mais qui n'est pas obtenue à partir de la solution générale.

EXEMPLE 4.6

Pour vérifier que la fonction $y = 6 + Ae^{-t}$ est la solution générale de l'équation différentielle $\dfrac{dy}{dt} = 6 - y$, il suffit de vérifier que cette fonction, comportant une constante arbitraire, satisfait l'équation.

Or,

$$y = 6 + Ae^{-t} \Rightarrow \frac{dy}{dt} = -Ae^{-t}$$

De plus,

$$6 - y = 6 - \left(6 + Ae^{-t}\right) = -Ae^{-t} = \frac{dy}{dt}$$

Par conséquent, la fonction $y = 6 + Ae^{-t}$ est la solution générale de l'équation différentielle, puisqu'elle satisfait cette dernière et comporte une constante arbitraire.

Par ailleurs, $y = 6 - 6e^{-t}$ est la solution particulière de l'équation différentielle satisfaisant la condition initiale $y(0) = 0$.

En effet, si $y(0) = 0$, alors $6 + Ae^{-0} = 6 + A = 0$, d'où $A = -6$, de sorte que $y = 6 + Ae^{-t} = 6 - 6e^{-t}$.

EXERCICE 4.4

Soit $\dfrac{d^2 y}{dx^2} - \dfrac{dy}{dx} = 2y$, une équation différentielle d'ordre 2. Vérifiez que $y = Ae^{2x} + Be^{-x}$ (où A et B sont des constantes arbitraires) en est la solution générale, puis trouvez la solution particulière satisfaisant aux conditions initiales $y(0) = 0$ et $y'(0) = 2$.

Vous pouvez maintenant faire les exercices récapitulatifs 9 à 13.

4.4 ÉQUATIONS DIFFÉRENTIELLES À VARIABLES SÉPARABLES

Dans cette section: équation différentielle à variables séparables – intérêt composé continuellement – coût marginal – revenu marginal – profit marginal – propension marginale à consommer – propension marginale à épargner.

La question de l'existence ou de l'unicité d'une solution d'une équation différentielle d'ordre n comportant n conditions initiales est extrêmement complexe et nous n'en traiterons pas[*]. Nous nous contenterons ici de présenter les techniques classiques de résolution de deux types d'équations différentielles, soit des équations différentielles à variables séparables et des équations différentielles d'ordre supérieur à 1 de la forme $y^{(n)} = f(x)$.

---

[*] Les personnes intéressées peuvent consulter l'énoncé du théorème traitant de l'existence et de l'unicité de la solution d'une équation différentielle dans W. Kaplan, *Elements of Differential Equations*, Reading, Addison-Wesley, 1964, p. 19.

DÉFINITION

ÉQUATION DIFFÉRENTIELLE À VARIABLES SÉPARABLES

Une équation différentielle est dite à variables séparables si on peut l'écrire sous la forme $\dfrac{dy}{dx} = f(x)g(y)$.

4.4.1 MÉTHODE DE RÉSOLUTION D'UNE ÉQUATION DIFFÉRENTIELLE À VARIABLES SÉPARABLES

Une **équation différentielle** est dite **à variables séparables** si on peut l'écrire sous la forme $\dfrac{dy}{dx} = f(x)g(y)$. Dans la mesure où il est possible d'évaluer les intégrales, on procède de la façon suivante pour résoudre une telle équation :

$$\frac{dy}{dx} = f(x)g(y) \Rightarrow \frac{dy}{g(y)} = f(x)dx$$

$$\Rightarrow \int \frac{dy}{g(y)} = \int f(x)dx$$

$$\Rightarrow H(y) = F(x) + C$$

Notez également que la solution générale comporte une constante arbitraire, ce qui est normal puisqu'on n'a intégré qu'une seule fois. Si l'équation différentielle comporte une condition initiale, il suffit d'utiliser cette condition initiale pour trouver la valeur de la constante arbitraire.

EXEMPLE 4.7

L'équation différentielle $y' = e^{x+y}$ est une équation différentielle à variables séparables. En effet,

$$y' = e^{x+y} \Rightarrow \frac{dy}{dx} = e^x e^y$$

Il suffit de séparer les variables et d'intégrer pour trouver la solution générale de cette équation qui devra contenir une constante arbitraire, puisque cette équation est d'ordre 1 :

$$\frac{dy}{dx} = e^{x+y} \Rightarrow \frac{dy}{dx} = e^x e^y$$

$$\Rightarrow \frac{dy}{e^y} = e^x dx$$

$$\Rightarrow \int e^{-y}\, dy = \int e^x dx$$

$$\Rightarrow -e^{-y} = e^x + C_1$$

$$\Rightarrow e^{-y} = -e^x + C$$

$$\Rightarrow -y = \ln(C - e^x)$$

$$\Rightarrow y = -\ln(C - e^x)$$

$$\Rightarrow y = \ln\left(\frac{1}{C - e^x}\right)$$

4.4.2 APPLICATIONS DES ÉQUATIONS DIFFÉRENTIELLES À VARIABLES SÉPARABLES

Les équations différentielles à variables séparables permettent de décrire de nombreux phénomènes. Ces phénomènes sont généralement présentés sous une forme textuelle plutôt que sous la forme d'une équation. On veut pourtant résoudre l'équation différentielle sous-jacente afin de trouver la valeur d'une variable à partir de son taux de variation. Voici quelques recommandations qui vous aideront à résoudre des problèmes d'équations différentielles présentés sous une forme textuelle :

- Formulez l'équation différentielle décrivant le phénomène comme nous l'avons fait à la section 4.1.

- Une fois l'équation différentielle formulée, repérez dans le problème toutes les conditions formulées qui vous donnent la valeur de la variable dépendante, ou des dérivées, pour une ou plusieurs valeurs de la variable indépendante. Il peut s'agir d'une position initiale, d'une taille initiale, d'un rythme de croissance à un instant donné, etc. Ces valeurs vous permettront de trouver la solution particulière de l'équation différentielle après en avoir trouvé la solution générale. Selon le contexte, il est possible que cette solution particulière dépende d'une constante de proportionnalité lorsque les informations données ne permettent pas d'évaluer cette constante.

- Une fois que l'équation différentielle est formulée et, s'il y lieu, que les différentes conditions initiales ou aux limites ont été déterminées, il ne reste qu'à trouver la solution générale ou la solution particulière de l'équation différentielle. Cette solution ne constitue pas toujours la réponse à la question formulée dans le problème, mais elle permet de l'obtenir. Prenez donc soin de relire le problème afin de répondre adéquatement à la question posée.

EXEMPLE 4.8

La population d'une ville au début de l'an 2000 ($t = 0$) était de 20 000 habitants, et elle était de 21 000 au début de l'an 2002. Supposons que la population de cette ville croît selon le modèle de Malthus (1766–1834) donné par l'équation différentielle $\dfrac{dP}{dt} = kP$, où P représente la population de cette ville au temps t, c'est-à-dire où $P = P(t)$.

On cherche à trouver la taille de la population de cette ville en fonction du temps, c'est-à-dire qu'on veut obtenir l'expression de $P = P(t)$. Il faut donc résoudre l'équation différentielle à variables séparables $\dfrac{dP}{dt} = kP$:

$$\frac{dP}{dt} = kP \Rightarrow \frac{dP}{P} = kdt$$

$$\Rightarrow \int \frac{dP}{P} = \int kdt$$

$$\Rightarrow \ln P = kt + A \quad \text{\small P est positif}$$

$$\Rightarrow P = e^{kt+A} = e^{kt}e^A = Ce^{kt} \quad \text{\small e^A est une constante}$$

Or, comme $P(0) = 20\,000$, on obtient $Ce^{k(0)} = 20\,000$, de sorte que $C = 20\,000$. De plus, comme $P(2) = 21\,000$, on obtient $20\,000 e^{k(2)} = 21\,000$, de sorte que $k = \frac{1}{2} \ln \left(\frac{21\,000}{20\,000} \right) \approx 0,024\,4$.

Par conséquent, la population de cette ville, t années après l'an 2000 est donnée par l'équation $P(t) = 20\,000\, e^{0,024\,4t}$. La population croît donc de manière exponentielle[*].

---

[*] C'est ce que Malthus affirmait essentiellement dans *An Essay on the Principle of Population* (1798) : «Une population qui se développe librement augmente géométriquement. Les richesses, elles, augmentent arithmétiquement. Il suffit de connaître un peu les nombres pour comprendre l'immensité de la première croissance par rapport à la seconde.» (Cité par R. A. Nowlan, *A Dictionary of Quotations in Mathematics*, Jefferson, McFarland & Company, Inc., Publishers, 2002, p. 247.)

EXEMPLE 4.9

Un épargnant dépose une somme de 2 000 $ dans un compte d'épargne portant un taux d'intérêt de 3 %/an. Ce compte est particulier, puisque l'**intérêt** y est **composé** non pas annuellement, ni mensuellement, ni quotidiennement, mais **continuellement**. On cherche à établir le solde dans ce compte en tout temps. Or, un taux d'intérêt représente le taux de croissance du solde $S(t)$ présent dans le compte au temps t, de sorte que $\dfrac{dS}{dt} = 0{,}03S$. Il s'agit d'une équation différentielle à variables séparables ayant pour condition initiale $S(0) = 2\,000$. La solution de cette équation s'obtient par séparation des variables :

$$\frac{dS}{dt} = 0{,}03S \Rightarrow \int \frac{1}{S}\, dS = \int 0{,}03\, dt$$

$$\Rightarrow \ln S = 0{,}03t + A \quad S \text{ est toujours positif}$$

$$\Rightarrow S = e^{0{,}03t + A} = e^A e^{0{,}03t} = Ce^{0{,}03t} \quad e^A \text{ est une constante}$$

Or, si $S(0) = 2\,000$, alors $Ce^{0{,}03(0)} = 2\,000$, d'où $C = 2\,000$, de sorte que $S(t) = \left(2\,000\, e^{0{,}03t}\right)$ $.

EXEMPLE 4.10

Sylvie, qui est âgée de 30 ans, vient de gagner 2 000 $ à la loterie. Elle décide d'investir cette somme dans un régime enregistré d'épargne retraite (REER). De plus, elle dépose, de manière continue, une somme de 1 000 $/an dans son REER. Le taux d'intérêt de son REER est de 4 %/an composé continuellement. Le taux de croissance de la valeur $V(t)$ de son REER comporte donc deux composantes, soit celle provenant de l'augmentation du capital due aux intérêts $(0{,}04\,V)$ et celle correspondant à ses dépôts. Par conséquent, $\dfrac{dV}{dt} = 0{,}04V + 1\,000$. Il suffit de résoudre cette équation différentielle, sous la condition initiale $V(0) = 2\,000$, pour trouver la valeur du REER de Sylvie en tout temps :

$$\frac{dV}{dt} = 0{,}04V + 1\,000 \Rightarrow \int \frac{1}{0{,}04V + 1\,000}\, dV = \int dt$$

$$\Rightarrow \frac{1}{0{,}04} \ln(0{,}04V + 1\,000) = t + C_1 \quad V \text{ est toujours positif}$$

$$\Rightarrow \ln(0{,}04V + 1\,000) = 0{,}04t + C_2$$

$$\Rightarrow 0{,}04V + 1\,000 = e^{0{,}04t + C_2} = e^{0{,}04t} e^{C_2} = C_3 e^{0{,}04t}$$

$$\Rightarrow V(t) = 25\left(C_3 e^{0{,}04t} - 1\,000\right) = Ce^{0{,}04t} - 25\,000$$

Or, si $V(0) = 2\,000$, alors $Ce^{0{,}04(0)} - 25\,000 = 2\,000$, d'où $C = 27\,000$, de sorte que $V(t) = \left(27\,000 e^{0{,}04t} - 25\,000\right)$ $.

EXEMPLE 4.11

Le lac Érié contient 458 km³ d'eau[*]. Supposons que, chaque année, le lac Huron déverse 175 km³ d'eau dans le lac Érié et que ce dernier déverse la même quantité

---

[*] Les informations contenues dans ce problème ont été tirées de C. H. Edwards et D. E. Penney, *Elementary Differential Equations with Applications*, 2ᵉ éd., Englewoods Cliffs, Prentice-Hall, 1989, p. 59.

d'eau dans le lac Ontario. Supposons également qu'à un moment donné, que nous désignerons arbitrairement par le temps $t = 0$, le taux de concentration des polluants dans le lac Érié est de 0,05 %, alors que le taux de pollution de l'eau du lac Huron ne change pas avec le temps et qu'il n'est que de 0,01 %. Si on suppose que l'eau du lac Érié constitue un mélange homogène, voyons comment on pourrait procéder pour trouver combien il faudrait de temps pour que le taux de concentration des polluants dans le lac Érié tombe à 0,02 %.

Soit $v(t)$ le volume de polluants dans le lac Érié au temps t. Le taux de pollution du lac Érié au temps t est $v(t)/458$, de sorte qu'on peut obtenir le volume de polluants en tout temps en multipliant la concentration de polluants par le volume d'eau. Ainsi, initialement (au temps $t = 0$), le volume de polluants est de $v(0) = (0,000\,5)(458) = 0,229\,\text{km}^3$. On cherche à quel temps t le volume de polluants sera de $v(t) = (0,000\,2)(458) = 0,091\,6\,\text{km}^3$.

Dans un court intervalle de temps dt, le volume de polluants entrant dans le lac Érié est de $(175)(0,000\,1)\,dt$, soit de $0,017\,5\,dt$, alors que le volume de polluants qui en sort est de $(175)(v/458)dt$, soit de $0,382\,1\,v\,dt$. Par conséquent, la variation (dv) du volume de polluants au cours d'une courte période (dt) est donnée par l'équation différentielle à variables séparables

$$dv = (0,017\,5 - 0,382\,1\,v)dt$$

Séparons les variables pour résoudre l'équation différentielle :

$$dv = (0,017\,5 - 0,382\,1\,v)dt \Rightarrow \frac{dv}{(0,017\,5 - 0,382\,1\,v)} = dt$$

$$\Rightarrow \int \frac{dv}{(0,017\,5 - 0,382\,1\,v)} = \int dt$$

Effectuons le changement de variable $u = 0,017\,5 - 0,382\,1\,v$ pour intégrer le membre de gauche :

$$\int \frac{dv}{(0,017\,5 - 0,382\,1\,v)} = \int dt \Rightarrow \frac{1}{-0,382\,1}\int \frac{du}{u} = \int dt$$

$$\Rightarrow \frac{1}{-0,382\,1}\ln|u| = t + C_1$$

$$\Rightarrow \ln|0,017\,5 - 0,382\,1\,v| = -0,382\,1\,t + C_2$$

$$\Rightarrow |0,017\,5 - 0,382\,1\,v| = e^{-0,382\,1\,t + C_2} = e^{-0,382\,1\,t}e^{C_2}$$

$$\Rightarrow 0,017\,5 - 0,382\,1\,v = C_3 e^{-0,382\,1\,t}$$

$$\Rightarrow v(t) = \frac{0,017\,5}{0,382\,1} - \frac{C_3}{0,382\,1}e^{-0,382\,1\,t} = 0,045\,8 - Ce^{-0,382\,1\,t}$$

Pour trouver la valeur de la constante arbitraire, il suffit d'appliquer la condition initiale $v(0) = 0,229\,\text{km}^3$. Si on remplace t par 0 et v par 0,229, on obtient que $C = -0,183\,2$. Par conséquent, la solution particulière à l'équation différentielle est $v(t) = 0,045\,8 + 0,183\,2e^{-0,382\,1t}$.

On cherche la valeur de t pour laquelle $v(t) = 0,091\,6\,\text{km}^3$. Par conséquent,

$$0,091\,6 = 0,045\,8 + 0,183\,2e^{-0,382\,1t} \Rightarrow t = \frac{-1}{0,382\,1}\ln\left(\frac{0,091\,6 - 0,045\,8}{0,183\,2}\right)$$

$$= 3,63$$

Ainsi, il faut environ 3,63 ans pour que le taux de concentration des polluants dans le lac Érié tombe à 0,02 %.

EXERCICE 4.5

Le cobalt radioactif se décompose à un rythme proportionnel à la quantité présente de cobalt. S'il faut 5,27 années pour qu'une quantité de 10 g de cobalt radioactif tombe à 5 g, formulez et résolvez l'équation différentielle donnant la quantité présente de cobalt radioactif au temps t à partir d'une quantité initiale de 10 g. Qualifiez ce type de décroissance.

4.4.3 ÉQUATIONS DIFFÉRENTIELLES À VARIABLES SÉPARABLES ET ANALYSE MARGINALE

En sciences économiques et en gestion, l'analyse marginale s'avère d'une grande utilité. Les entreprises peuvent généralement évaluer le coût marginal (ou le revenu marginal) de la production (ou de la vente) d'un bien. En effet, elles peuvent observer un changement marginal de coûts (ou de revenus), c'est-à-dire un changement de coûts (ou de revenus) provenant de la production (ou de la vente) d'une unité supplémentaire d'un bien à un niveau de production (ou de vente) donné. L'expression mathématique du **coût marginal** est $C'(x)$, celle du **revenu marginal** est $R'(x)$ et celle du **profit marginal** est $\pi'(x) = R'(x) - C'(x)$. Connaissant ces expressions, on peut évaluer le coût total de production de x unités, noté $C(x)$, ainsi que le revenu total et le profit total tirés de la vente de ces x unités, notés respectivement $R(x)$ et $\pi(x)$: $C(x) = \int C'(x)dx$, $R(x) = \int R'(x)dx$, $\pi(x) = R(x) - C(x)$. Comme les expressions du coût et du revenu sont des intégrales indéfinies, elles comportent des constantes arbitraires d'intégration qu'on peut généralement déterminer à l'aide de conditions initiales. En effet, on sait que le revenu total de la vente d'aucune unité est évidemment nul $[R(0) = 0]$; on sait aussi que le coût de la production d'aucune unité correspond au coût fixe $[C(0) = \text{coût fixe}]$.

DÉFINITIONS

COÛT MARGINAL

Le coût marginal lorsque le niveau de production est de x est noté $C'(x)$, et il correspond à la variation de coût provoquée par la production d'une unité additionnelle d'un bien.

REVENU MARGINAL

Le revenu marginal lorsque le niveau de vente est de x est noté $R'(x)$, et il correspond à la variation de revenu provoquée par la vente d'une unité additionnelle d'un bien.

PROFIT MARGINAL

Le profit marginal lorsque le niveau de vente est de x est noté $\pi'(x)$, et il correspond à la variation de profit provoquée par la vente d'une unité additionnelle d'un bien.

EXEMPLE 4.12

Une entreprise produit un bien dont le coût marginal (en dollars/unité) de production est de $C'(x) = 0,6x^2 - 12x + 100$ lorsque le niveau de production est de x (en milliers d'unités). Par ailleurs, le revenu marginal est de $R'(x) = 200e^{-x/20}$ (en dollars/unité) lorsque le volume de vente est de x (en milliers d'unités). Si l'entreprise fait face à des coûts fixes de 100 000 $, le coût total de production de x milliers d'unités sera de

$$C(x) = \int C'(x)dx = \int (0,6x^2 - 12x + 100)dx = 0,2x^3 - 6x^2 + 100x + A$$

La valeur de la constante d'intégration s'obtient à partir de la condition initiale donnée par les coûts fixes :

$$C(0) = 100\,000 \Rightarrow A = 100\,000$$

$$\Rightarrow C(x) = (0,2x^3 - 6x^2 + 100x + 100\,000)\,\$$$

Le revenu total est de $R(x) = \int 200e^{-x/20}dx = -4\,000e^{-x/20} + B$. La valeur de la constante d'intégration s'obtient à partir de la condition initiale $R(0) = 0$:

$$R(0) = 0 \Rightarrow -4\,000e^{-0/20} + B = 0$$

$$\Rightarrow B = 4\,000$$

$$\Rightarrow R(x) = (4\,000 - 4\,000e^{-x/20})\,\$$$

DÉFINITION

**PROPENSION MARGINALE
À CONSOMMER**

La propension marginale à consommer correspond à la variation de la consommation provoquée par une faible variation du revenu national.

EXEMPLE 4.13

Les économistes postulent que l'épargne $[E(y)]$ et la consommation $[C(y)]$ sont des fonctions du revenu national (y) d'un pays. Ils ont défini la **propension marginale à consommer** comme étant la variation de la consommation par rapport à une faible variation du revenu national. Elle représente donc la fraction d'un faible revenu additionnel qui est consacrée à la consommation. La propension marginale à consommer se traduit en termes mathématiques sous la forme

$$\text{Propension marginale} \atop \text{à consommer} = \lim_{\Delta y \to 0} \frac{\Delta C}{\Delta y} = C'(y)$$

De plus, les économistes qualifient de consommation autonome le niveau de consommation observé lorsque le revenu est nul, la consommation étant alors possible grâce à l'utilisation de l'épargne antérieure ou à des emprunts.

La propension marginale à consommer d'un pays est $C'(y) = 0,5 + 0,4e^{-y}$ (où y est en milliards de dollars) et la consommation autonome est de 10 milliards \$. On peut évaluer la fonction de consommation, soit l'expression de la consommation en fonction du revenu national, en résolvant l'équation différentielle décrite par la propension marginale à consommer avec la condition initiale donnée par la consommation autonome :

$$C'(y) = \frac{dC}{dy} = 0,5 + 0,4e^{-y} \Rightarrow \int dC = \int \left(0,5 + 0,4e^{-y}\right) dy$$

$$C(y) = 0,5y - 0,4e^{-y} + K$$

Comme $C(0) = 10$, on déduit que $K = 10,4$ et que la fonction de consommation est $C(y) = 0,5y - 0,4e^{-y} + 10,4$.

DÉFINITIONS

**PROPENSION MARGINALE
À ÉPARGNER**

La propension marginale à épargner correspond à la variation de l'épargne provoquée par une faible variation du revenu national.

EXERCICE 4.6

La **propension marginale à épargner** est définie de manière similaire à la propension marginale à consommer :

$$\text{Propension marginale} \atop \text{à épargner} = \lim_{\Delta y \to 0} \frac{\Delta E}{\Delta y} = E'(y)$$

a) Sachant que tout revenu est soit dépensé, soit épargné, montrez que la propension marginale à épargner vaut $E'(y) = 1 - C'(y)$.

b) La propension marginale à épargner d'un pays est

$$E'(y) = 0,3 - 0,25(y + 0,8)^{-\frac{1}{2}}$$

(où y est en milliards de dollars) et sa consommation autonome est de 8 milliards \$. Déterminez la fonction de consommation dans ce pays.

Vous pouvez maintenant faire les exercices récapitulatifs 14 à 49.

4.5 **ÉQUATIONS DIFFÉRENTIELLES D'ORDRE SUPÉRIEUR À 1 DE LA FORME $y^{(n)} = f(x)$**

Il existe plusieurs types d'équations différentielles d'ordre supérieur à 1, mais dans cette section nous n'étudierons que le cas d'équations différentielles qu'on peut écrire sous la forme $y^{(n)} = f(x)$. On résout une telle équation différentielle en intégrant la fonction $f(x)$ à n reprises, sans oublier que chaque intégration produit une nouvelle constante arbitraire.

EXEMPLE 4.14

Pour résoudre l'équation différentielle $y''' = 2x$, il suffit d'intégrer à trois reprises. Ainsi,

$$y''' = 2x \Rightarrow \frac{d}{dx}(y'') = 2x$$
$$\Rightarrow \int d(y'') = \int 2x\,dx$$
$$\Rightarrow y'' = x^2 + C_1$$

On reprend le procédé avec la dernière équation différentielle :

$$y'' = x^2 + C_1 \Rightarrow \frac{d}{dx}(y') = x^2 + C_1$$
$$\Rightarrow \int d(y') = \int (x^2 + C_1)\,dx$$
$$\Rightarrow y' = \frac{x^3}{3} + C_1 x + C_2$$

Enfin, une dernière intégration nous amène à la solution générale

$$y = \frac{x^4}{12} + C_1\frac{x^2}{2} + C_2 x + C_3$$

qu'on peut écrire sous la forme $y = \frac{1}{12}x^4 + Ax^2 + Bx + C$.

EXEMPLE 4.15

Une poutre déposée sur des supports ou fixée à une (ou deux) de ses extrémités subit un affaissement dû à la force exercée par son poids (figure 4.1). Un modèle adéquat pour décrire la courbe de l'affaissement d'une poutre de densité uniforme et de forme régulière est donné par l'équation différentielle $y^{(4)} = \dfrac{w}{EI}$, où E, I et w sont des constantes propres à la poutre. Les conditions aux limites dépendent de la façon dont la poutre est soutenue (tableau 4.1).

FIGURE 4.1

Affaissement d'une poutre de longueur L supportée à ses deux extrémités (a), fixée à une de ses extrémités (b) ou fixée à ses deux extrémités (c)

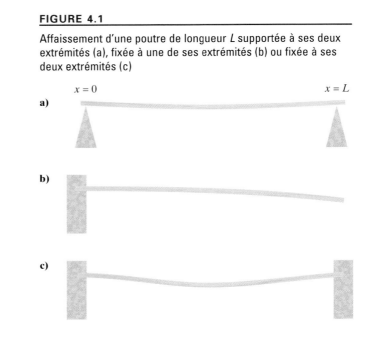

TABLEAU 4.1

Conditions aux limites selon le type de soutien d'une poutre de longueur L

Type de soutien	Conditions aux limites
Supportée aux deux extrémités	$y(0) = y''(0) = y(L) = y''(L) = 0$
Fixée à une seule extrémité	$y(0) = y'(0) = y''(L) = y^{(3)}(L) = 0$
Fixée aux deux extrémités	$y(0) = y'(0) = y(L) = y'(L) = 0$

Pour obtenir la solution particulière de l'équation différentielle servant à décrire la courbe d'affaissement d'une poutre fixée à ses deux extrémités, on intègre à quatre reprises et on utilise les conditions aux limites pour évaluer les constantes. Ainsi,

$$y^{(4)} = \frac{w}{EI} \Rightarrow \frac{d}{dx}\left(y^{(3)}\right) = \frac{w}{EI}$$

$$\Rightarrow \int d\left(y^{(3)}\right) = \int \frac{w}{EI}\,dx$$

$$\Rightarrow y^{(3)} = \frac{w}{EI}x + A$$

En intégrant à nouveau, on obtient successivement

$$y'' = \frac{w}{EI}\frac{x^2}{2} + Ax + B$$

$$y' = \frac{w}{EI}\frac{x^3}{6} + A\frac{x^2}{2} + Bx + C$$

$$y = \frac{w}{EI}\frac{x^4}{24} + A\frac{x^3}{6} + B\frac{x^2}{2} + Cx + D$$

Pour trouver les valeurs des constantes arbitraires dans le cas d'une poutre fixée à ses deux extrémités, il suffit d'utiliser les conditions aux limites correspondant à ce type de soutien (tableau 4.1): $y(0) = y'(0) = y(L) = y'(L) = 0$.

$$y(0) = 0 \Rightarrow \frac{w}{EI}\frac{0^4}{24} + A\frac{0^3}{6} + B\frac{0^2}{2} + C(0) + D = 0$$

$$\Rightarrow D = 0$$

$$y'(0) = 0 \Rightarrow \frac{w}{EI}\frac{0^3}{6} + A\frac{0^2}{2} + B(0) + C = 0$$

$$\Rightarrow C = 0$$

$$y(L) = 0 \Rightarrow \frac{w}{EI}\frac{L^4}{24} + A\frac{L^3}{6} + B\frac{L^2}{2} = 0$$

$$\Rightarrow \frac{L^2}{2}\left(\frac{wL^2}{12EI} + \frac{L}{3}A + B\right) = 0$$

$$\Rightarrow \frac{L}{3}A + B = -\frac{wL^2}{12EI}$$

$$y'(L) = 0 \Rightarrow \frac{w}{EI}\frac{L^3}{6} + A\frac{L^2}{2} + BL = 0$$

$$\Rightarrow L\left(\frac{wL^2}{6EI} + \frac{L}{2}A + B\right) = 0$$

$$\Rightarrow \frac{L}{2}A + B = -\frac{wL^2}{6EI}$$

Si on résout les deux dernières équations linéaires, on obtient

$$B = \frac{1}{12}\frac{w}{EI}L^2 \text{ et } A = \frac{-1}{2}\frac{w}{EI}L$$

Substituant les valeurs de A, B, C et D dans l'équation de la courbe d'affaissement, on obtient

$$y = \frac{w}{24EI}\left(x^4 - 2Lx^3 + L^2x^2\right)$$

L'affaissement maximal s'obtient à une valeur critique de cette fonction, soit à une valeur pour laquelle la dérivée première est nulle puisque la fonction est dérivable. Or,

$$y' = 0 \Rightarrow \frac{w}{24EI}\left(4x^3 - 6Lx^2 + 2L^2x\right) = 0$$

$$\Rightarrow \frac{w}{12EI}(x)\left(2x^2 - 3Lx + L^2\right) = 0$$

$$\Rightarrow \frac{w}{6EI}x\left(x - \tfrac{1}{2}L\right)(x - L) = 0$$

$$\Rightarrow x = 0 \text{ ou } x = \tfrac{1}{2}L \text{ ou } x = L$$

Pour des raisons physiques inhérentes au problème, on conclut que l'affaissement maximal se produit au milieu de la poutre et vaut $y_{\max} = y\left(\tfrac{1}{2}L\right) = \frac{wL^4}{384EI}$.
Une étude du tableau des signes de la dérivée première aurait évidemment conduit au même résultat.

EXEMPLE 4.16

Arrivés sur les lieux d'un accident, des enquêteurs de police ont mesuré des marques de pneus d'une longueur de 64 m sur la chaussée. À l'aide de cette information, ils cherchent à établir la vitesse du véhicule au moment où le conducteur a commencé à freiner. Ils savent que lorsqu'un conducteur applique les freins brusquement pour faire un arrêt d'urgence, il provoque une décélération constante de la voiture de 8 m/s². Ils ont produit un schéma (figure 4.2) sur lequel ils ont noté le temps par t, la position du véhicule en fonction du temps par $x(t)$, sa vitesse par $v(t)$ et son accélération par a.

FIGURE 4.2

Freinage d'une voiture

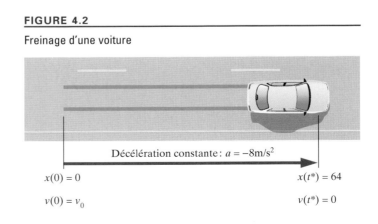

Décélération constante : $a = -8\text{m/s}^2$

$x(0) = 0$ $x(t^*) = 64$

$v(0) = v_0$ $v(t^*) = 0$

Dans ce schéma, t^* représente le temps qu'il a fallu pour que la voiture s'arrête, c'est-à-dire pour qu'elle franchisse la distance de 64 m et que sa vitesse devienne nulle.

Comme la voiture décélérait, son accélération est négative et vaut $a = -8$ m/s^2, de sorte que

$$a = \frac{dv}{dt} = -8 \Rightarrow \int dv = -8 \int dt$$

$$\Rightarrow v(t) = -8t + A$$

Or, la vitesse initiale de la voiture, soit la vitesse au moment où le conducteur a appliqué les freins, est notée $v(0) = v_0$, d'où

$$v(0) = v_0 = -8(0) + A \Rightarrow A = v_0$$

$$\Rightarrow v(t) = -8t + v_0$$

Par ailleurs, on sait que $v = \frac{dx}{dt}$, où $x(t)$ représente la position de la voiture en tout temps. Par conséquent,

$$v = \frac{dx}{dt} = -8t + v_0 \Rightarrow \int dx = \int (-8t + v_0)dt$$

$$\Rightarrow x(t) = -4t^2 + v_0 t + B$$

De plus, $x(0) = 0$, de sorte que $B = 0$, d'où $x(t) = -4t^2 + v_0 t$. À partir des équations de la vitesse et de la position, on peut déterminer le temps t^* qu'il a fallu pour que la voiture franchisse la distance de 64 m avant de s'arrêter. En effet,

$$v(t^*) = 0 \Rightarrow -8t^* + v_0 = 0$$

$$\Rightarrow v_0 = 8t^*$$

Par ailleurs,

$$x(t^*) = 64 \Rightarrow -4(t^*)^2 + v_0 t^* = 64$$

$$\Rightarrow -4(t^*)^2 + (8t^*)t^* = 64$$

$$\Rightarrow 4(t^*)^2 = 64$$

$$\Rightarrow t^* = 4$$

La vitesse de la voiture au moment où le conducteur a appliqué les freins était donc de $v_0 = 8t^* = 32$ m/s $= 115,2$ km/h.

Vous pouvez maintenant faire les exercices récapitulatifs 50 à 53.

⊟XERCICE 4.7

Trouvez la solution générale de l'équation différentielle $y^{(4)} = e^{2x}$.

▓▓▓ RÉSUMÉ

De nombreux phénomènes naturels ou produits par l'homme sont dynamiques, de sorte que leur description mathématique se fait souvent à l'aide d'une **équation différentielle** qui met en relation une fonction inconnue et une ou plusieurs de ses dérivées. Une fois une équation différentielle établie, il faut chercher à la résoudre, à en trouver la solution, c'est-à-dire trouver une fonction qui, remplacée dans l'équation différentielle, satisfait celle-ci.

Lorsqu'elle existe, la **solution d'une équation différentielle** peut être générale, particulière ou singulière. Lorsqu'elle existe, la **solution générale d'une équation différentielle d'ordre n** est une fonction $y = f(x)$, comportant n constantes arbitraires, qui, lorsqu'on la substitue dans l'équation, conduit à une identité. Lorsqu'on remplace les constantes par des valeurs, on obtient une **solution particulière de l'équation différentielle**. Une équation différentielle comporte souvent des conditions initiales ou des conditions aux limites qui permettent d'évaluer les constantes arbitraires de la solution générale, et ainsi d'obtenir une solution particulière. Une **solution singulière d'une équation différentielle** est une solution de l'équation générale qui n'est pas tirée de la solution générale en donnant des valeurs aux constantes arbitraires.

Il existe une typologie des équations différentielles qui a été créée dans le but de les classer selon la méthode à utiliser pour les résoudre. Ainsi, une **équation différentielle ordinaire** est une équation différentielle qui comporte au plus deux variables ainsi que des dérivées d'ordre supérieur ou égal à 1 d'une des variables par rapport à l'autre.

L'**ordre d'une équation différentielle** correspond au plus élevé des ordres des dérivées contenues dans l'équation. Une équation différentielle ordinaire d'ordre n est donc de la forme $F\left(x, y, y', y'', y''', ..., y^{(n)}\right) = 0$.

Le tableau 4.2 présente les deux types d'équations différentielles abordées dans le chapitre 4 ainsi que les méthodes à utiliser pour les résoudre.

TABLEAU 4.2

Nature de l'équation différentielle, forme et technique de résolution

Nature	Forme	Technique de résolution
À variables séparables	$\dfrac{dy}{dx} = f(x)g(y)$	Séparer les variables et intégrer : $\displaystyle\int \dfrac{dy}{g(y)} = \left[\int f(x)dx\right] + C$
D'ordre n de la forme $y^{(n)} = f(x)$	$y^{(n)} = f(x)$	Intégrer la fonction à n reprises. La solution générale comporte n constantes arbitraires.

▓▓▓ MOTS CLÉS

■■■ RÉSEAU DE CONCEPTS

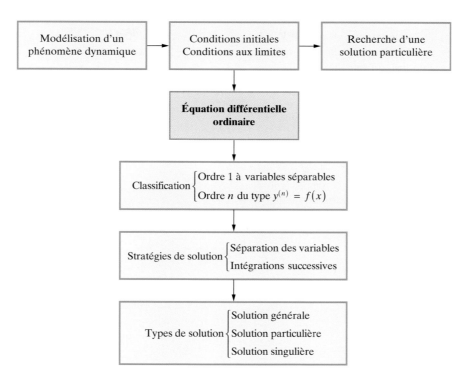

⊟XERCICES RÉCAPITULATIFS

Section 4.1

▲ **1.** En tout point de la courbe décrite par la fonction $y = f(x)$, la pente de la tangente à la courbe est proportionnelle au produit de l'abscisse et de l'ordonnée. Formulez l'équation différentielle décrivant cette situation.

▲ **2.** Des chercheurs en communication ont émis l'hypothèse qu'une rumeur se propage dans une population à un rythme (le taux de variation instantané du nombre de personnes connaissant la rumeur par rapport au temps) proportionnel au nombre de personnes non informées de la rumeur. Dans une ville de 40 000 habitants, une rumeur commence à circuler concernant des gestes déplacés du maire à l'endroit d'une employée de la municipalité. Écrivez l'équation différentielle décrivant le phénomène de propagation de cette rumeur dans la ville et indiquez si la constante de proportionnalité est positive ou négative.

▲ **3.** En vertu de la loi de Newton sur le refroidissement des corps, le taux de variation de la température θ d'un objet est proportionnel à l'écart de température entre l'objet et celle du milieu ambiant. Après avoir cueilli des haricots dans son potager, Céline les place au réfrigérateur où la température est maintenue à 4 °C. Formulez

l'équation différentielle décrivant la variation de la température des haricots en fonction du temps et indiquez si la constante de proportionnalité est positive ou négative.

▲ **4.** Le taux de croissance du volume V des ventes d'un nouveau produit par rapport au temps est proportionnel au temps t (en mois) écoulé depuis le lancement, mais inversement proportionnel au volume des ventes. Formulez l'équation différentielle qui décrit la progression des ventes du nouveau produit et qui permettrait d'établir le volume des ventes $V(t)$ en fonction du temps t depuis la mise en marché du produit.

■ **5.** Des toxines présentes dans un environnement détruisent un certain type de bactéries à un rythme proportionnel au produit du nombre N de bactéries présentes et de la quantité Q de toxines. En l'absence de ces toxines, une colonie de ce type de bactéries croît à un rythme proportionnel à sa taille, c'est-à-dire à un rythme proportionnel au nombre de bactéries présentes. Si la quantité de toxines est proportionnelle au temps écoulé depuis leur introduction dans la colonie, à quel rythme la taille de la colonie de bactéries change-t-elle ?

■ **6.** La concentration C d'un élément nutritif dans une cellule varie à un rythme proportionnel à l'écart entre la concentration de cet élément dans la cellule et sa concentration E (qu'on suppose constante) dans l'environnement de la cellule.

a) Formulez l'équation différentielle donnant la variation de la concentration de l'élément nutritif dans la cellule en fonction du temps.

b) Si la concentration de l'élément nutritif dans la cellule diminue lorsqu'elle est supérieure à celle de l'environnement, la constante de proportionnalité est-elle positive ou négative ?

7. Une roue tourne autour de son axe central. Le rayon OP forme un angle θ avec l'horizontale. Sous l'effet de la friction, la vitesse angulaire ω diminue à un rythme proportionnel à cette vitesse.

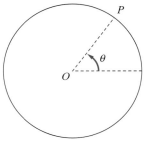

a) Exprimez la vitesse angulaire ω sous la forme d'un taux de variation de l'angle de rotation.

b) Formulez l'équation différentielle décrivant la variation de la vitesse angulaire.

c) La constante de proportionnalité mentionnée dans l'énoncé du problème est-elle positive ou négative ? Justifiez votre réponse.

d) Formulez l'équation différentielle décrivant la variation de l'angle de rotation.

Sections 4.2 et 4.3

8. Un corps de masse m est suspendu à l'extrémité d'un ressort. On le déplace vers le bas à partir de sa position au repos. Il se met alors à osciller verticalement de part et d'autre de sa position au repos. La force de rappel F du ressort est directement proportionnelle à la position y du corps par rapport à sa position d'équilibre. Faites appel à la deuxième loi de Newton, soit $F = ma$ où a représente l'accélération du corps, et formulez l'équation différentielle décrivant le déplacement du corps par rapport au temps.

9. Déterminez si la fonction $y = f(x)$ est une solution de l'équation différentielle.

a) $y = 5e^{2x}$; $\dfrac{dy}{dx} = 5y$

b) $y = \dfrac{4 - x^2}{2x}$; $\dfrac{dy}{dx} + \dfrac{x + y}{x} = 0$

c) $y = \dfrac{1}{x}$; $\dfrac{d^2 y}{dx^2} = x^2 + y^2$

d) $y = \tfrac{1}{2} xe^x$; $\dfrac{d^2 y}{dx^2} - y = e^x$

e) $y = x^3 + x^2 + A$; $dy + (2x - 3y)dx = 0$ (où A est une constante)

f) $y = Ae^{-2x} + Be^{2x}$; $y'' - 4y = 0$ (où A et B sont des constantes)

10. Donnez l'ordre de l'équation différentielle.

a) $\left[y^{(4)} \right]^2 + 2y^{(3)} - (y')^6 + 6y = \sqrt{x}$

b) $e^t + \left(\dfrac{dx}{dt} \right)^4 = 6\cos t$

c) $\dfrac{dy}{dx} = 6x$

d) $\left(\dfrac{d^3 y}{dx^3} \right)^2 - 4x \dfrac{dy}{dx} + x = e^x \sin x$

e) $y'' - y^2 = 2y^{(3)} + \cos x$

11. Vérifiez que la fonction $y = f(x)$ satisfait à l'équation différentielle et trouvez les valeurs des constantes arbitraires A et B telles que la fonction satisfait à la (ou aux) condition(s) initiale(s).

a) $y = Ae^x$; $y' - y = 0$; $y(0) = 3$

b) $y = Ae^{-x} + 2x$; $\dfrac{dy}{dx} + y = 2x + 2$; $y(0) = 5$

c) $y = -\ln(A - x)$; $\dfrac{dy}{dx} = e^y$; $y(0) = 0$

d) $y = Ae^{2x} + Bxe^{2x}$;

$\dfrac{d^2 y}{dx^2} - 4\dfrac{dy}{dx} + 4y = 0$;

$y(0) = 3$ et $y'(0) = 8$

e) $y = A \sin 2x + B \cos 2x$;

$y'' + 4y = 0$;

$y(0) = 1$ et $y'(0) = 0$

12. Une bille de métal de masse m est lâchée dans un liquide. La résistance que le liquide exerce sur la bille dans sa chute est directement proportionnelle au carré de la vitesse de la bille. La distance y parcourue par la bille t s après avoir été lâchée est $y = \dfrac{m}{k} \ln \left[\tfrac{1}{2} (e^{\alpha t} + e^{-\alpha t}) \right]$, où $\alpha = \sqrt{\dfrac{kg}{m}}$, où g est l'accélération due à la gravité et où k est une constante positive qui dépend de la viscosité du liquide. Montrez que y est une solution de l'équation différentielle

$$m \dfrac{d^2 y}{dt^2} + k \left(\dfrac{dy}{dt} \right)^2 = mg.$$

Section 4.4

13. On dit de deux organismes qu'ils vivent en symbiose lorsque l'on constate qu'il existe entre eux une association durable et réciproquement profitable. Dans une relation symbiotique, on peut supposer que le taux de croissance de la population de chacun des deux organismes est proportionnel au nombre d'individus de l'autre organisme. Si $x_1(t)$ représente la taille de la population du premier organisme au temps t et si $x_2(t)$ représente la taille de la population du deuxième organisme au temps t, alors on peut en déduire que $\dfrac{d}{dt}[x_1(t)] = k_1 x_2(t)$ et $\dfrac{d}{dt}[x_2(t)] = k_2 x_1(t)$, où k_1 et k_2 sont des constantes positives.

a) Si deux populations vivent en symbiose, vérifiez que
$$\frac{d^2}{dt^2}[x_1(t)] - a x_1(t) = 0 \text{ où } a = k_1 k_2.$$

b) Vérifiez que la fonction
$$x(t) = b\left(e^{\sqrt{a}\,t} - e^{-\sqrt{a}\,t}\right) + c\left(e^{\sqrt{a}\,t} + e^{-\sqrt{a}\,t}\right)$$
satisfait l'équation différentielle $\dfrac{d^2}{dt^2}[x(t)] - a x(t) = 0$.

14. Trouvez la solution générale de l'équation différentielle et, s'il y a lieu, la solution particulière satisfaisant la condition initiale.

a) $\dfrac{dy}{dx} = x + 2$; $y(0) = 2$

b) $\dfrac{dy}{dx} = (x + 1)^2$

c) $\dfrac{dx}{dt} = \sqrt{t}$; $x(9) = 0$

d) $(1 + e^x)y\,dy - e^x\,dx = 0$

e) $\dfrac{dy}{dx} = e^y \cos x$; $y(0) = 1$

f) $y(x^2 - 1)\,dy + x(y^2 + 1)\,dx = 0$; $y(0) = 1$

g) $\dfrac{dy}{dx} = e^{2x+y}$; $y(0) = 2$

15. Déterminez l'équation de la courbe passant par le point P et dont la pente de la tangente en un point (x, y) de la courbe est donnée par $\dfrac{dy}{dx}$.

a) $P(1, 2)$; $\dfrac{dy}{dx} = 4x$

b) $P(1, 5)$; $\dfrac{dy}{dx} = \dfrac{2x + 1}{1 - 2y}$

c) $P(2, 3)$; $\dfrac{dy}{dx} = \dfrac{1}{x^2 - 1}$

d) $P\left(\sqrt[3]{6}, 1\right)$; $\dfrac{dy}{dx} = x^2 y^2$

16. Soit la fonction $f(x)$, continue sur l'intervalle $[0, 90]$, telle que $f(0) = 0$ et $f(60) = 400$. De plus, $f(x)$ est telle que
$$f'(x) = \begin{cases} 4 & 0 < x < 10 \\ k & \text{si} \quad 10 < x < 40 \\ 3 & 40 < x < 90 \end{cases}$$
où k est une constante. Quelle est l'expression de la fonction $f(x)$ ci-dessous?
$$f(x) = \begin{cases} \underline{\hspace{2cm}} & 0 \le x < 10 \\ \underline{\hspace{2cm}} & \text{si} \quad 10 \le x < 40 \\ \underline{\hspace{2cm}} & 40 \le x \le 90 \end{cases}$$

17. Soit $f(x, y) = k$ une famille de courbes à un paramètre k. Les trajectoires orthogonales* de cette famille sont les courbes qui rencontrent tous les membres de la famille à angle droit. Pour trouver les trajectoires orthogonales, on effectue une dérivation implicite pour éliminer le paramètre k, puis on isole y' pour obtenir une expression du type $y' = g(x, y)$.

Les trajectoires orthogonales étant perpendiculaires† à la famille de courbes, elles devront satisfaire l'équation différentielle $\dfrac{dy}{dx} = \dfrac{-1}{g(x, y)}$.

Par conséquent, pour trouver l'équation des trajectoires orthogonales, il suffit de résoudre cette dernière équation différentielle. Trouvez les trajectoires orthogonales de la famille de courbes.

a) $xy = k$

b) $x^2 + y^2 = k^2$

c) $4x^2 + 9y^2 = k^2$

d) $y = kx^2$

e) $y^2 = kx^3$

18. Une courroie passe sur une poulie de rayon r (en mètres). La tension T (en kilogrammes) de la courroie à une distance s (en mètres) du point de tangence satisfait l'équation différentielle $\dfrac{dT}{ds} = \dfrac{T}{4r}$.

a) Déterminez l'expression de la tension $[T(s)]$ en fonction de la variable s et du rayon r (une constante) de la poulie.

b) Que vaut $T(1)$ sachant que $r = 0,5$ m et que la tension au point de tangence est de 15 kg?

19. À cause d'une fuite, l'eau s'écoule d'une piscine à un rythme de $\dfrac{3}{2t + 1}$ m³/h, où le temps t est mesuré en heures. Quel volume d'eau se sera échappé de cette piscine 5 h après le début de la fuite?

20. Une personne emprunte 10 000 \$ à un taux d'intérêt composé continuellement de 5 %. Si elle rembourse son prêt à un rythme continu et constant équivalant à 1 500 \$/an, alors la valeur résiduelle, $R(t)$, de son prêt après t années satisfait l'équation différentielle $\dfrac{dR}{dt} = 0,05R - 1\,500$.

a) Que vaut $R(0)$?

b) Donnez l'expression de la valeur résiduelle du prêt en fonction du temps.

---

* Les trajectoires orthogonales trouvent de nombreuses applications en physique. Signalons au passage que, dans un champ magnétique ou électrique, les lignes de force sont orthogonales aux lignes équipotentielles.

† Deux courbes sont perpendiculaires si leurs tangentes respectives le sont. Deux droites de pentes m_1 et m_2 sont perpendiculaires lorsque $m_1 = -1/m_2$. De plus, les pentes des tangentes correspondent aux dérivées des deux courbes.

c) Combien de temps faut-il pour que le prêt soit remboursé ?

d) Combien d'intérêts cette personne a-t-elle versés sur cet emprunt ?

21. Pierre et Jasmine veulent acheter une maison. Ils estiment qu'ils peuvent effectuer des versements hypothécaires à un rythme, continuel et constant, équivalent à 15 000 $/an. Ils estiment que le taux hypothécaire sera de 6 % composé continuellement pour toute la durée de leur emprunt, soit 20 ans. Ils veulent notamment déterminer le montant maximal qu'ils peuvent emprunter pour acheter une maison.

a) Si on note $R(t)$ la valeur résiduelle du prêt après t années, que vaut $R(20)$?

b) Formulez l'équation différentielle qui décrit l'évolution de la valeur résiduelle de l'emprunt.

c) Donnez l'expression de $R(t)$, pour $0 \leq t \leq 20$.

d) Quel montant maximal Pierre et Jasmine peuvent-ils emprunter pour acheter leur maison ? Arrondissez votre réponse en milliers de dollars.

e) Quel montant d'intérêt Pierre et Jasmine devront-ils alors payer pour leur emprunt ?

22. Au moment de la mise en service d'une installation de dépollution, un lac contenait 10 000 kg de polluants. Grâce à cette installation, on peut retirer des polluants à un rythme correspondant à 2 % des polluants présents dans le lac en tout temps. Par ailleurs, l'activité humaine autour du lac produit des polluants à un rythme continuel et constant équivalant à 250 kg/an de polluants.

a) Si on note $Q(t)$ la quantité de polluants dans le lac t années après la mise en service de l'installation de dépollution, que vaut $Q(0)$?

b) Formulez l'équation différentielle qui décrit la fluctuation de la quantité de polluants dans le lac.

c) Donnez l'expression de $Q(t)$.

d) L'installation de dépollution est-elle suffisamment performante pour améliorer la qualité de l'eau du lac ?

e) À long terme, la quantité de polluants dans le lac se stabilisera-t-elle ?

f) Si le taux de dépollution passe à 4 %, donnez l'expression de $Q(t)$ et commentez la performance de l'installation.

23. Un individu qui a volé une copie d'un film américain récent le rend disponible dans Internet avant sa sortie en salle. Des spécialistes ont établi que le taux de téléchargement, exprimé en nombre de téléchargements par heure, est proportionnel à la différence entre 5 millions et le nombre de téléchargements effectués depuis que le film est rendu disponible. De plus, ils ont établi que 20 heures après avoir été mis en ligne, 2 millions de téléchargements du film auront déjà été effectués.

a) Si on note le nombre (en millions) de téléchargements effectués depuis que le film a été mis en ligne par $y(t)$, où t représente le temps, la condition initiale $y(0) = 0$ est-elle réaliste ?

b) Écrivez l'équation différentielle décrivant le phénomène des téléchargements de ce film.

c) Exprimez le nombre de téléchargements effectués en fonction du temps.

d) Combien de téléchargements ont été effectués dans la première heure ?

e) Combien de temps faut-il pour que 4 millions de téléchargements aient été effectués ?

24. Les innovations technologiques ont souvent pour conséquence la désuétude de certains biens de consommation. Ainsi, avec le temps, certains produits sont remplacés par de nouveaux produits plus performants ou de meilleure qualité. Des chercheurs qui ont étudié le phénomène de l'obsolescence ont établi que le taux de croissance par rapport au temps (en mois) de la part de marché d'un nouveau produit technologiquement supérieur à ses concurrents est proportionnel au produit de la part de marché de ce produit par celle des produits qu'il remplace.

a) Si on note la part de marché d'un nouveau produit par x, où $0 < x < 1$, formulez l'équation différentielle décrivant le phénomène d'obsolescence.

b) Vérifiez que le taux de croissance de la part de marché du nouveau produit est maximal lorsque ce dernier occupe 50 % du marché total.

c) Si, pour un produit donné, la constante de proportionnalité est de 0,1, et, qu'un mois après son lancement, le nouveau produit occupe 20 % du marché, exprimez la part de marché de ce nouveau produit en fonction du temps.

d) Combien de temps après son lancement le nouveau produit occupe-t-il 60 % du marché ?

25. Si on néglige la résistance de l'air, l'accélération d'un objet qui tombe est de $g = -9,8 \text{ m/s}^2$. Un objet est projeté vers le haut avec une vitesse initiale de 10 m/s à partir du sommet d'une falaise de 400 m.

a) Quelle est la vitesse v de l'objet 4 s après son lancement?

b) Quelle est la vitesse moyenne de l'objet au cours des 4 premières secondes de son déplacement?

c) Quelle est la position s de l'objet 4 s après son lancement?

d) Combien de temps a-t-il fallu avant que l'objet ne touche le sol?

e) Formulez l'équation générale de la position d'un corps projeté d'une hauteur de s_0 avec une vitesse initiale de v_0.

26. On laisse tomber un objet de masse m du sommet d'un édifice. Deux forces contraires agissent sur l'objet, soit la force due à la gravité et la force due à la résistance de l'air, cette dernière étant proportionnelle au carré de la vitesse (en m/s) de l'objet. L'équation différentielle $m\dfrac{dv}{dt} = mg - kv^2$ exprime cette relation, où g représente l'accélération due à la gravité.

a) Quelle est la vitesse initiale de l'objet?

b) Quelle est l'expression de la vitesse en fonction du temps?

c) Vérifiez que la vitesse de l'objet tend vers une vitesse limite.

27. Le courant I (en ampères) dans un circuit RL formé d'une résistance de R ohms et d'une inductance de L henrys branchées en série avec une force électromotrice constante de V volts satisfait l'équation différentielle $L\dfrac{dI}{dt} + RI = V$. Quelle est l'expression du courant t s après la mise sous tension, si le courant est nul au moment de la mise sous tension?

28. Le courant I (en ampères) dans un circuit RC formé d'une résistance de R ohms et d'un condensateur de C farads branchés en série avec une force électromotrice constante de V volts satisfait l'équation différentielle $R\dfrac{dI}{dt} + \dfrac{I}{C} = 0$. Si $I = I_0$ au moment de la mise sous tension, quelle est l'expression du courant t s après la mise sous tension?

29. La charge Q (en coulombs) emmagasinée aux bornes d'un condensateur de C farads lors de sa charge dans un circuit RC comportant une résistance de R ohms et une force électromotrice de V volts satisfait l'équation différentielle $R\dfrac{dQ}{dt} + \dfrac{Q}{C} = V$.

a) Si $Q(0) = 0$, quelle est l'expression de la charge en fonction du temps?

b) Que vaut $\displaystyle\lim_{t \to \infty} Q(t)$? Interprétez le résultat.

c) Quelle fraction de sa charge maximale le condensateur a-t-il emmagasiné après une période $\tau = RC$ qui porte le nom de constante de temps du condensateur?

30. Tout élément radioactif se décompose à un rythme proportionnel à la quantité présente de cet élément. La demi-vie d'un élément radioactif correspond à la durée qu'il faut pour qu'une quantité de cet élément diminue de moitié. Combien de temps faut-il pour qu'il ne reste que 200 mg d'une quantité initiale de 500 mg d'un élément radioactif dont la demi-vie est de 3,64 jours?

31. Une substance radioactive se décompose à un rythme proportionnel à la quantité présente de cette substance. S'il a fallu trois jours pour que sa masse diminue de 15 %, déterminez la demi-vie de la substance.

32. Le volume* d'une goutte d'eau de forme sphérique diminue à un rythme proportionnel à sa surface. Si le volume initial (au temps $t = 0$) de la goutte est de $V(0) = V_0$, déterminez l'expression $V(t)$ du volume de cette goutte en fonction du temps. (Indice: Formulez une équation différentielle exprimant le rayon de la sphère en fonction du temps.)

33. On administre un traitement antiviral à une personne souffrant d'une infection. L'équation différentielle $\dfrac{dP}{dt} = -2(t + 1)^{-3/2} P$ décrit l'évolution de la charge virale $P(t)$, mesurée en milliers de virus, t jours après le début du traitement.

a) Si on a estimé que la charge virale initiale du patient était de 30 (soit 30 000 virus), déterminez l'expression de la charge virale de ce patient t jours après le début du traitement.

b) Quelle est la charge virale de ce patient 3 jours après le début du traitement?

c) Commentez l'efficacité du traitement en évaluant la charge virale du patient à long terme.

34. Deux jeunes chercheuses du département d'entomologie de l'Université d'Extrémie centrale auraient certes pu mériter un prix IgNobel[†] pour avoir créé un nouvel insecte nommé *Maximus cannibalis integralis*. Communément appelée «bibitte à intégrales», cette bestiole, comme la plupart des étudiants des sciences de la nature, bouffe des intégrales à un rythme incroyable. Le *Maximus cannibalis integralis* illustre bien l'adage selon lequel on est ce qu'on mange.

---

* Le volume d'un solide sphérique de rayon r est de $\dfrac{4\pi r^3}{3}$, et l'aire de sa surface est de $4\pi r^2$.

† Chaque année, depuis 1991, environ dix prix IgNobel sont décernés par la communauté scientifique pour récompenser des recherches qui ne peuvent, ni ne devraient, être répétées. Les prix IgNobel soulignent les contributions, souvent loufoques, de chercheurs qui n'ont pas peur de la moquerie et qui veulent détruire le mythe selon lequel les scientifiques sont des gens ennuyeux. La cérémonie de remise des prix IgNobel se déroule au mois d'octobre à la prestigieuse Université Harvard. Les «lauréats» sont généralement honorés par de véritables lauréats du prix Nobel. Pour en savoir un peu plus sur les prix IgNobel, consultez le site http://www.improbable.com ou recourez à tout bon moteur de recherche dans Internet.

Les jeunes chercheuses ont estimé que la vitesse de croissance (dL/dt) de la longueur de cet insecte est proportionnelle à l'écart entre la longueur maximale L_M d'un insecte de cette espèce et la longueur [$L(t)$] de l'insecte t mois après sa naissance.

Maximus cannibalis integralis

a) Formulez l'équation différentielle régissant la croissance d'une « bibite à intégrales ».

b) Les chercheurs ont établi que la longueur maximale d'un *Maximus cannibalis integralis* est de 5 cm, que la longueur moyenne d'un tel insecte âgé de 1 mois est de 2 cm et que la constante de proportionnalité vaut 0,2. À partir de ces informations, trouvez la solution de l'équation différentielle formulée en *a*, puis exprimez la longueur d'une « bibitte à intégrales » t mois après sa naissance.

c) Si on leur donne suffisamment d'intégrales à bouffer, les « bibittes à intégrales » se reproduisent à un rythme tel que le taux de croissance d'une colonie, soit le taux d'accroissement du nombre d'individus dans la population, est proportionnel au nombre d'individus qu'on y trouve à tout instant. Si, initialement, une colonie de *Maximus cannibalis integralis* compte 100 individus et que, 14 jours plus tard, elle en compte 500, quelle sera la taille de la colonie dans 28 jours ?

d) Combien de temps faudra-t-il pour que la colonie compte 12 500 individus ?

(Ce problème humoristique m'a été proposé par mon collègue Yvon Boulanger.)

35. Une population de bactéries croît à un rythme proportionnel à la quantité de bactéries présentes, et elle a doublé après 5 h.

a) Écrivez l'équation différentielle décrivant la croissance bactérienne.

b) Trouvez la valeur de la constante de proportionnalité et la solution générale de l'équation différentielle formulée en *a*.

c) Afin de combattre l'infection bactérienne, on administre un antibiotique qui tue les bactéries de ce type à un taux, continu et constant, de 3 millions de bactéries à l'heure. Si, au moment de l'administration de l'antibiotique, la population bactérienne comportait 20 millions d'individus, écrivez l'équation différentielle décrivant la croissance bactérienne.

d) Combien de temps faut-il pour éliminer complètement les bactéries ?

36. Le thorium 234 se décompose à un taux proportionnel à la quantité présente de thorium, la constante de proportionnalité étant de $k = \dfrac{-0,028\,28}{\text{jour}}$. Un contenant hermétique contient 100 mg de thorium 234.

a) Formulez l'équation différentielle décrivant ce phénomène de décroissance en exprimant le taux de variation de la quantité de thorium en fonction de la quantité de thorium présente au temps t. Notez la quantité de thorium présente au temps t par $Q(t)$.

b) Pourquoi la constante de proportionnalité est-elle négative ?

c) À quelle condition initiale est soumise la solution de cette équation différentielle ?

d) Trouvez la solution de l'équation différentielle que vous avez formulée en *a* et qui satisfait à la condition initiale énoncée en *c*, c'est-à-dire exprimez la quantité de thorium présente dans le contenant en fonction du temps.

Supposez maintenant qu'on ajoute du thorium dans le contenant à un taux continu et constant de 1 mg/jour.

e) Formulez une nouvelle équation différentielle exprimant le taux de variation de la quantité de thorium dans le contenant en fonction de la quantité de thorium présente au temps t. Notez à nouveau par $Q(t)$ la quantité de thorium présente au temps t.

f) Donnez la solution de l'équation différentielle que vous avez formulée en *e* et qui satisfait à la condition initiale énoncée en *c*, c'est-à-dire exprimez la quantité de thorium présente dans le contenant en fonction du temps.

g) À partir de la solution obtenue en *f*, déterminez la quantité de thorium se trouvant dans le contenant après une longue période.

h) La quantité obtenue en *g* dépend-elle de la quantité initiale de thorium présente dans le contenant ? Justifiez votre réponse.

i) À quel taux devrait-on ajouter du thorium si on souhaite maintenir la quantité de thorium telle qu'elle était initialement, soit à 100 mg ?

37. En plongée sous-marine, le corps humain absorbe un excédent d'azote jusqu'à une quantité maximale de $\bar{N}$. Un plongeur descend rapidement à une profondeur d et y demeure longuement. La quantité initiale ($t = 0$) d'azote dans son corps est de N_0 au moment où il atteint la profondeur d. La quantité d'azote dans le corps du plongeur au temps t, notée $N(t)$, augmente à un rythme proportionnel à

l'écart entre la quantité maximale et la quantité présente à ce moment.

a) Formulez l'équation différentielle décrivant le phénomène d'absorption de l'azote en exprimant le taux de variation de la quantité d'azote présente dans le corps par rapport au temps en fonction de la quantité d'azote présente au temps t et de la quantité maximale d'azote. Notez la constante de proportionnalité par la lettre k.

b) La constante de proportionnalité doit-elle être positive ou négative ? Justifiez votre réponse.

c) À quelle condition initiale est soumise l'équation différentielle formulée en a ?

d) Résolvez l'équation différentielle formulée en a. Votre réponse devrait être de la forme

$$N(t) = \bar{N} - (\bar{N} - N_0)e^{-kt}$$

e) Combien de temps faut-il pour que la quantité d'azote dans le corps du plongeur soit à mi-chemin entre la quantité initiale et la quantité maximale ?

38. Un pays a une consommation autonome de 5 milliards de dollars et la propension marginale à consommer de ses habitants est de $C'(y) = 0,7 + \dfrac{0,3}{\sqrt{y+1}}$, où y représente le revenu national exprimé en milliards de dollars.

a) Vérifiez que la propension marginale à consommer est décroissante pour des valeurs positives de revenu national.

b) Vérifiez que la propension marginale à consommer est toujours supérieure à $0,7$.

c) Trouvez l'expression de la consommation $C(y)$ en fonction du revenu national.

39. Les économistes définissent l'élasticité (ε) de la demande par rapport au prix (aussi appelée l'élasticité-prix de la demande) comme $\varepsilon = -\dfrac{dq}{q} \Big/ \dfrac{dp}{p} = -\dfrac{dq}{dp} \Big/ \dfrac{q}{p}$. La pente $\left(\dfrac{dp}{dq}\right)$ de la courbe de demande étant généralement plus petite que 0 (la courbe de demande est décroissante), le signe négatif qu'on trouve dans l'expression de l'élasticité nous assure que celle-ci est positive. L'élasticité mesure la sensibilité de la demande par rapport au prix, puisqu'elle indique essentiellement quelle est la variation relative de la quantité demandée (dq/q) provoquée par une variation relative de prix (dp/p). Ainsi, une élasticité de 2 indique qu'une augmentation relative de prix de 5 % provoquera une chute de 10 % de la quantité demandée. Plus l'élasticité est grande, plus une variation de prix provoquera une variation importante des quantités demandées.

a) Déterminez l'expression de la demande $p = D(q)$ si $\varepsilon = 2$. Votre réponse doit contenir une constante arbitraire, puisque l'équation différentielle ne comporte pas de condition initiale.

b) Déterminez l'expression de la demande $p = D(q)$ si l'élasticité de la demande par rapport au prix est donnée par $\varepsilon = \dfrac{2p}{3 - 2p}$. Votre réponse doit contenir une constante arbitraire, puisque l'équation différentielle ne comporte pas de condition initiale.

40. Les psychologues ont proposé des modèles mathématiques servant à décrire des comportements humains. Ainsi, la loi de Weber-Fechner (1795–1878 et 1801–1887) est une modélisation du phénomène de stimulus-réponse. En vertu de cette loi, le taux de variation d'une réaction (R) par rapport à un stimulus (S) est inversement proportionnel au stimulus.

a) Écrivez l'équation différentielle de la loi de Weber-Fechner.

b) Si on note S_0 la plus forte intensité de stimulus ne provoquant aucune réaction, exprimez R en fonction de S, de S_0 et de k (la constante de proportionnalité).

Certains psychologues ont remis en question la loi de Weber-Fechner et ont plutôt proposé un autre modèle [la loi de Brentano-Stevens (1838–1917 et 1906–1973)] pour décrire le phénomène de stimulus-réponse. Cette loi est modélisée par l'équation différentielle $\dfrac{dR}{dS} = k\dfrac{R}{S}$.

c) En vertu de la loi de Brentano-Stevens, quelle serait l'expression de R en fonction de S et de k (la constante de proportionnalité) ?

Les psychologues s'intéressent également à l'apprentissage. Une courbe d'apprentissage est le graphique d'une fonction $P(t)$ qui rend compte de la performance (P) d'un individu en fonction du temps d'apprentissage (t). Si N représente le niveau maximal qu'un apprenant peut atteindre, les psychologues ont émis l'hypothèse que le rythme d'apprentissage (dP/dt) d'une tâche est proportionnel à l'écart entre la performance maximale et la performance à l'instant t.

d) Écrivez l'équation différentielle modélisant l'apprentissage d'une tâche.

e) Quelle est la solution générale de cette équation différentielle ?

Malheureusement, une grande partie de ce qui est appris s'oublie ! Quelquefois immédiatement après un examen ! Le psychologue de l'apprentissage Hermann Ebbinghaus (1850–1909) a formulé l'hypothèse selon laquelle la fraction [qu'on note $M(t)$] de ce qu'on a appris et dont on se souvient après t semaines diminue à un rythme (dM/dt) proportionnel à la différence entre la fraction de ce qu'on a appris dont on souvient au temps t et une constante positive a, toujours plus petite que M.

f) Formulez l'équation différentielle correspondant à l'hypothèse d'Ebbinghaus.

g) Quel doit être le signe de la constante de proportionnalité ? Justifiez votre réponse.

h) Quelle est la solution particulière de cette équation différentielle satisfaisant à la condition initiale $M(0) = 1$? Donnez la raison de cette condition initiale.

i) Que vaut $\lim\limits_{t \to \infty} M(t)$?

j) Comment interprétez-vous ce dernier résultat ?

41. L'économiste italien Vilfredo Pareto (1848–1923) avait reçu une formation poussée en mathématique et en ingénierie, de sorte qu'il était particulièrement habile à proposer des modèles mathématiques fondés sur des équations différentielles pour décrire des réalités économiques. Il formula une loi, dite *loi de Pareto*, en vertu de laquelle, dans une économie stable, il y a un lien entre le nombre de personnes (y) disposant d'un revenu d'au moins x dollars et le revenu x. Selon cette loi, le taux de décroissance de la variable y par rapport à la variable x est directement proportionnel au nombre de personnes disposant d'un revenu supérieur ou égal à x et inversement proportionnel au revenu x.

a) Écrivez l'équation différentielle de la *loi de Pareto*.

b) Trouvez la solution générale de cette équation différentielle.

c) Selon les données de Statistique Canada (*Tendances du revenu au Canada, 1980–1999*, paru en 2001), le Québec comptait, en 1999, environ 1,8 million de personnes disposant d'un revenu d'au moins 25 000 $ et environ 0,5 million de personnes disposant d'un revenu d'au moins 50 000 $. Si la *loi de Pareto* s'applique à l'économie québécoise, combien de Québécois disposaient d'un revenu supérieur à 100 000 $ en 1999 ?

42. Un épargnant dépose une somme d'argent dans un compte d'épargne portant un taux d'intérêt nominal composé continuellement de 2 %/an. Le taux de croissance du capital au temps t est alors proportionnel au capital présent dans le compte à ce moment, la constante de proportionnalité correspondant au taux d'intérêt (exprimé en fraction décimale). Si le dépôt initial était de 3 000 $, déterminez l'expression du capital en tout temps, c'est-à-dire trouvez l'expression de $C(t)$ mettant en relation le capital présent dans le compte en fonction du temps.

43. Il existe plusieurs méthodes pour tenir compte de la dépréciation de la valeur d'un bien qui a une durée de vie utile de T années, ce qui se produit lorsque le bien ne vaut plus que 5 % de son coût d'acquisition. On note la valeur du bien t années après son acquisition par $V(t)$, où $0 \le t \le T$, de sorte que $V(0) = V_0$ et $V(T) = 0,05\,V_0$, où V_0 correspond au coût d'acquisition du bien. Notez que V_0 et T sont des paramètres constants connus. Un comptable vous décrit trois méthodes de dépréciation:

Méthode A: Le taux de dépréciation d'un bien est constant.

Méthode B: Le taux de dépréciation d'un bien, t années après son acquisition, est proportionnel à la valeur de ce bien à cet instant.

Méthode C: Le taux de dépréciation d'un bien, t années après son acquisition, est proportionnel à la durée de vie résiduelle de ce bien, soit à l'écart $T - t$.

a) Écrivez l'équation différentielle associée à chacune de ces méthodes.

b) Déterminez l'expression de la valeur $V(t)$ d'un bien, t années après son acquisition, en appliquant chacune des trois méthodes. Votre réponse doit contenir les paramètres V_0 et T.

44. Une entreprise produit des écrans d'ordinateur dont le coût marginal de production (en dollars) est de

$$C'(x) = 0,000\,006\,x^2 - 0,06x + 400$$

lorsque le niveau de production est de x écrans. Par ailleurs, le revenu marginal (en dollars/unité) lorsque le niveau de vente est de x écrans est de $R'(x) = 600 - 0,1x$.

a) Évaluez le coût total de la production de x écrans d'ordinateurs si l'entreprise fait face à des coûts fixes de 80 000 $.

b) Évaluez le revenu total tiré de la vente de x écrans d'ordinateurs.

45. Un réservoir contient 200 L d'une solution saline dont la concentration en sel est de 100 g/L. On y verse, à raison de 10 L/min, une autre solution saline dont la concentration est de 20 g/L. Le réservoir se vide au même rythme qu'on le remplit, et son contenu est bien mélangé, de sorte qu'on y trouve une solution parfaitement homogène.

a) Quelle est la quantité initiale de sel (en kilogrammes) dans le réservoir ?

b) À long terme, quelle quantité de sel devrait-on retrouver dans le réservoir ?

c) Quelle quantité de sel (en grammes) entre dans le réservoir à chaque minute ?

d) Si $Q(t)$ représente la quantité de sel présente dans le réservoir en tout temps t, comment doit-on interpréter l'expression $\dfrac{Q}{200}$ g/L ? (Indice: Dans le contexte, la quantité de solution dans le récipient est maintenue à 200 L.)

e) Si $Q(t)$ représente la quantité de sel présente dans le réservoir en tout temps t, comment doit-on interpréter l'expression $\left(\dfrac{Q}{200}$ g/L$\right) \times (10 \text{ L/min})$?

f) Écrivez l'équation différentielle qui décrit l'évolution de la quantité de sel présente dans le réservoir en fonction du temps.

g) Quelle est la quantité de sel présente dans le réservoir en fonction du temps ?

h) Quelle est la concentration en sel de la solution dans le réservoir après une minute ?

i) Combien de temps faut-il pour que le réservoir contienne moins de 5 kg de sel ?

46. Un local de réunion de 1 000 m³ a une concentration de fumée de cigarette de 20 ppm (parties par million). Le local est muni d'un ventilateur qui maintient l'homogénéité de l'air dans la pièce. Le système d'aération de la pièce se met en marche et y introduit de l'air pur (sans fumée) à raison de 100 m³/min et retire au même rythme l'air présent dans la pièce enfumée.

a) Si les gens dans la pièce n'ont plus de cigarettes, combien de temps faudra-t-il pour que la concentration en fumée ne soit plus que de 5 ppm ?

b) Si les gens réunis dans la pièce introduisent de la fumée de cigarette à raison de 5 ppm/min, combien de temps le système d'aération devra-t-il fonctionner pour ramener à 10 ppm la concentration en fumée dans la pièce ?

47. Un compte d'épargne porte un taux d'intérêt nominal de 2 %, composé continuellement, sur le capital $A(t)$ qui s'y trouve au temps t. Le titulaire du compte y effectue des retraits à un rythme constant de 500 \$/an. L'équation différentielle $\dfrac{dA}{dt} = \alpha A - \beta$ décrit le mouvement continuel du capital dans ce compte.

a) Quelles sont les valeurs des paramètres α et β ?

b) Si au moment de l'ouverture du compte, le titulaire du compte y a placé 20 000 \$, combien d'argent y trouve-t-on 8 ans après le dépôt initial ?

c) Combien de temps faut-il pour que le capital contenu dans le compte s'épuise ?

48. On a injecté 10 unités d'un traceur radioactif à un patient lors d'un test médical. Le traceur s'élimine naturellement à un rythme tel que la quantité $Q(t)$ de ce traceur dans le corps t h après l'injection satisfait à l'équation différentielle $\dfrac{dQ}{dt} = -\dfrac{5}{(t+1)^2}$.

a) Quelle quantité de traceur trouve-t-on dans le corps du patient 2 h après l'injection ?

b) S'il faut au moins 8 unités de traceur dans le corps du patient au moment d'entreprendre le test pour que les résultats soient valables, au plus combien de temps après l'injection peut-on attendre avant d'entreprendre le test ?

49. À s m du centre de la Terre, la vitesse $v(s)$ d'un projectile qu'on veut mettre en orbite doit satisfaire à l'équation différentielle $v\dfrac{dv}{ds} = -\dfrac{gR^2}{s^2}$, où g est la constante d'accélération due à la gravité et R représente le rayon de la Terre.

a) Expliquez pourquoi la vitesse initiale du projectile est $v_0 = v(R)$.

b) Trouvez l'expression de la vitesse en fonction de la variable s et des constantes g et R.

c) Quelle vitesse initiale (dite vitesse de libération) doit avoir le projectile si on souhaite qu'il quitte l'orbite terrestre, c'est-à-dire si on souhaite qu'il ne retombe pas sur la Terre ?

Section 4.5

50. À l'aide des conditions énoncées dans le tableau 4.1 de l'exemple 4.15, trouvez l'équation de l'affaissement d'une poutre fixée à une seule extrémité.

51. Trouvez la solution générale de l'équation différentielle et, s'il y a lieu, la solution particulière satisfaisant aux conditions initiales.

a) $\dfrac{d^5 y}{dx^5} = 2$

b) $\dfrac{d^2 y}{dt^2} = 1 + t^{-2}$; $y(1) = 1$ et $y'(1) = 0$

c) $\dfrac{d^4 y}{dx^4} = x$; $y(0) = y''(0) = 0$ et $y'(0) = y'''(0) = 1$

d) $\dfrac{d^3 y}{dx^3} = 2\sin x$; $y(0) = 1$, $y'(0) = 0$ et $y''(0) = -4$

52. Au cours d'un intervalle de temps de 10 s ($t \in [0, 10]$), l'accélération d'un mobile qui se déplace selon l'axe des abscisses est de $a = \dfrac{d^2 x}{dt^2} = (0,3t + 2)\,\text{m/s}^2$. La vitesse initiale (en $t = 0$) de ce mobile est de 1 m/s et sa position initiale est $x = 0$.

a) Déterminez l'expression de la vitesse $\left(v = \dfrac{dx}{dt}\right)$ de ce mobile en fonction du temps.

b) Quelle est la vitesse du mobile après 5 s ?

c) Quelle est la vitesse moyenne de ce mobile durant les 5 premières secondes ?

d) Quelle distance le mobile a-t-il franchie dans les 10 s qu'a duré le parcours ?

e) Quelle distance ce mobile a-t-il franchie dans les 5 dernières secondes du parcours ?

53. Une voiture se déplace dans une zone scolaire à une vitesse de 36 km/h. Elle s'approche d'un arrêt situé à 24 m. Le conducteur applique les freins et provoque une décélération constante de la voiture de 2 m/s², et cela jusqu'à ce que la voiture s'arrête. Utilisez la notation suivante : a représente l'accélération constante, $v(t)$ représente la vitesse de la voiture au temps t, alors que $x(t)$ représente la position de la voiture au temps t. N'oubliez pas que $a = \dfrac{dv}{dt}$ et $v = \dfrac{dx}{dt}$.

a) Déterminez l'expression de la vitesse de la voiture en fonction du temps, depuis le moment où le conducteur a appliqué les freins.

b) Combien de temps faut-il avant que la voiture ne s'arrête, c'est-à-dire avant que la vitesse de la voiture soit nulle ?

c) La décélération provoquée par le conducteur est-elle suffisante pour que la voiture s'immobilise avant l'arrêt ?

d) Quelle décélération constante aurait-il fallu faire subir à la voiture pour que celle-ci s'immobilise avant l'arrêt ?

⊜XAMEN BLANC*

1. Encerclez la lettre qui correspond à la bonne réponse.

a) Quel est le surplus des consommateurs lorsque l'équation de la courbe de la demande est $p = D(q) = (q - 5)^2$ et que celle de l'offre est $p = O(q) = q^2 + q + 3$ où $0 \leq q \leq 5$?

A. $\frac{44}{3}$ E. $\frac{26}{3}$

B. 9   F. 6

C. 2   G. $\frac{28}{3}$

D. $\frac{22}{3}$ H. Aucune de ces réponses.

b) Quel est l'ordre de l'équation différentielle $(y')^7 - xy''' + 3(y'')^5 + 2y^6 = x^8$?

A. 1   E. 5

B. 2   F. 6

C. 3   G. 7

D. 4   H. Aucune de ces réponses.

c) Quelle est l'aire de la surface S comprise entre les courbes décrites par les fonctions $f(x) = x^3$ et $g(x) = x^2$ pour $x \in [-1, 0]$?

A. $\frac{1}{6} u^2$ E. $\frac{5}{12} u^2$

B. $\frac{1}{2} u^2$ F. $\frac{7}{12} u^2$

C. $\frac{1}{4} u^2$ G. $1 u^2$

D. $\frac{1}{12} u^2$ H. Aucune de ces réponses.

d) Quelle est la valeur de l'indice de Gini lorsque la courbe de Lorenz de la répartition des revenus est celle décrite par la fonction $f(x) = x^4$?

A. 0,3   E. 0,8

B. 0,6   F. 0,2

C. 0,15   G. 1

D. 0,4   H. Aucune de ces réponses.

e) Quel est le volume du solide dont la base est la surface triangulaire délimitée par les droites $y = x + 5$, $y = 5 - 3x$ et $x = 3$, dont la coupe transversale selon le plan $x = k$, où $0 \leq k \leq 3$, est un carré ?

A. $36 u^3$ E. $182 u^3$

B. $9 u^3$ F. $114 u^3$

C. $144 u^3$ G. $32 u^3$

D. $48 u^3$ H. Aucune de ces réponses.

---

* Cet examen blanc est un exemple d'examen d'une durée de trois heures portant sur les chapitres 1 à 4. Il peut servir d'outil de révision. Il s'agit d'un examen conçu par l'auteur et il ne doit pas être considéré comme un modèle de celui élaboré par votre professeur. Deux jours avant l'examen, après avoir terminé votre étude, isolez-vous pendant une période de trois heures, essayez de faire l'examen blanc puis consultez votre professeur pour les questions auxquelles vous n'avez pas été en mesure de répondre.

f) Quelle est la solution générale de l'équation différentielle $\dfrac{d^2 y}{dt^2} = \sin 2t$?

A. $-\frac{1}{2} \sin t \cos t + At + B$

B. $\frac{1}{4} \cos 2t + At + B$

C. $A \sin 2t + Bt$

D. $-\frac{1}{2} \cos 2t + A$

E. $-4 \sin 2t + At + B$

F. $2 \cos 2t + A$

G. Aucune de ces réponses.

g) Quelle intégrale permet d'évaluer le volume du solide obtenu par la rotation, autour de l'axe des ordonnées, de la surface S délimitée par la courbe $y = e^x$ et les droites $y = 3$ et $x = 0$?

A. $\displaystyle\int_0^3 \pi e^{2x} dx$ E. $\displaystyle\int_1^3 \pi (\ln y)^2 dy$

B. $\displaystyle\int_0^3 \pi e^{x^2} dx$ F. $\displaystyle\int_1^3 2\pi y (\ln y) dy$

C. $\displaystyle\int_1^3 \pi e^{2x} dx$ G. $\displaystyle\int_0^{\ln 3} \pi (9 - e^{2x}) dx$

D. $\displaystyle\int_1^3 2\pi x (3 - e^x) dx$ H. Aucune de ces réponses.

h) Soit la surface S délimitée par les fonctions sinus et cosinus pour $x \in \left[\dfrac{\pi}{4}, \dfrac{5\pi}{4} \right]$.

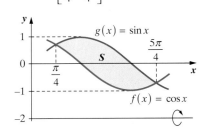

Quelle est l'expression permettant d'évaluer le volume du solide de révolution engendré par la rotation de la surface S autour de la droite $y = -2$?

A. $\displaystyle\int_{\pi/4}^{5\pi/4} \pi \left[(\sin^2 x - \cos^2 x) + 4(\sin x - \cos x) \right] dx$

B. $\displaystyle\int_{\pi/4}^{5\pi/4} \pi \left[(\sin x - 2)^2 - (\cos x - 2)^2 \right] dx$

C. $\displaystyle\int_{\pi/4}^{5\pi/4} \pi (\sin^2 x - \cos^2 x) dx$

D. $\displaystyle\int_{\pi/4}^{5\pi/4} \pi \left[(\sin^2 x + 2) + (2 - \cos^2 x) \right] dx$

E. Aucune de ces réponses.

2. Soit les fonctions $x = y^2 - 2$ et $x = y$.

a) Trouvez les ordonnées des points d'intersection des deux courbes décrites par ces fonctions.

b) Dans un même graphique cartésien, esquissez les courbes décrites par ces deux fonctions.

c) Calculez l'aire de la surface délimitée par les deux courbes.

3. On administre un médicament à un patient. Le médicament s'élimine naturellement du corps du patient à un rythme tel que la quantité encore présente t h après son absorption est de $50e^{-t}$ mg. Déterminez le moment, au cours de la période de 8 h suivant l'absorption du médicament, où la quantité moyenne de médicament dans le corps du patient correspond à la quantité présente à cet instant précis.

4. Soit la surface S, dans le premier quadrant, délimitée par les courbes décrites par les fonctions $f(x) = \sin\left(\dfrac{\pi x}{2}\right)$ et $g(x) = x^4$, dont les points d'intersection sont $(0, 0)$ et $(1, 1)$.

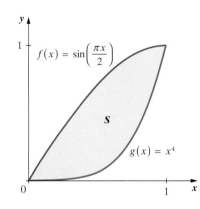

a) Évaluez l'aire de la surface S.

b) Évaluez le volume du solide de révolution obtenu par la rotation de la surface S autour de l'axe des abscisses.

c) Formulez (mais n'évaluez pas) l'intégrale qui permettrait de trouver, par la méthode des tubes, le volume du solide de révolution obtenu par la rotation de la surface S autour de l'axe des ordonnées.

d) Formulez (mais n'évaluez pas) l'intégrale qui permettrait de trouver la longueur de l'arc de la courbe décrite par la fonction $f(x) = \sin\left(\dfrac{\pi x}{2}\right)$ lorsque $x \in [0, 1]$.

e) Évaluez l'aire de la surface de révolution obtenue par la rotation, autour de l'axe des abscisses, de l'arc décrit par la fonction $f(x) = \sin\left(\dfrac{\pi x}{2}\right)$ lorsque $x \in [0, 1]$.

5. Quelle est la solution particulière de l'équation différentielle $\dfrac{dy}{dx} = \dfrac{4}{(x-1)^2(x+1)}$ si $y(0) = 1$?

6. Jean dépose 5 000 \$ dans un fonds de placement. Le taux de croissance $\dfrac{dV}{dt}$ de la valeur V de cet investissement est de $\dfrac{dV}{dt} = Vi$, où i représente le taux d'intérêt nominal composé continuellement. Quel taux d'intérêt constant ce fonds porte-t-il si la valeur accumulée du placement après 10 ans est de 10 000 \$?

7. Une loi de l'allométrie* fondée sur des études empiriques stipule que les taux relatifs de croissance de différents organes sont proportionnels. Si $x(t)$ représente la taille de l'organe X au temps t, alors son taux relatif de croissance est $\dfrac{1}{x}\dfrac{dx}{dt}$; de même, le taux relatif de croissance de l'organe Y est $\dfrac{1}{y}\dfrac{dy}{dt}$, de sorte qu'on peut en déduire que $\dfrac{dy}{dx} = k\dfrac{y}{x}$. Dans le cas précis des deux organes particuliers, X et Y, la constante k est non négative.

a) Comment interprétez-vous le fait que $k \geq 0$ dans le cas des organes X et Y ?

b) Trouvez la solution générale de l'équation différentielle $\dfrac{dy}{dx} = k\dfrac{y}{x}$, puis vérifiez que cette solution peut s'écrire $y = Cx^k$, où C est une constante.

8. Une entreprise exerce un monopole sur un certain bien. L'équation des coûts de production du bien est $C(q) = \frac{1}{2}q^2 + 5q + 5$ et l'équation de la demande de ce bien est $p = -\frac{1}{6}q^2 - \frac{3}{2}q + 15$.

a) Quel prix l'entreprise doit-elle exiger pour une unité de ce bien si elle veut maximiser son profit ?

b) Déterminez le surplus des consommateurs si le bien est vendu au prix déterminé en a.

9. Des chercheurs ont mis au point un nouveau traitement pour réduire le taux de cholestérol. Sous l'effet de ce traitement, le taux de cholestérol $C(t)$ d'un patient diminue à un rythme de $C'(t) = -\dfrac{30}{\sqrt{t}\left(1 + \sqrt{t}\right)^3}$, où t est le temps (en mois) mesuré à compter du début du traitement. À long terme, quelle sera la chute observée du taux de cholestérol depuis le début du traitement ? [Indice : Le taux de cholestérol au début du traitement est de $C(0)$.]

---

* L'allométrie est la science qui a pour principal objet de comparer quantitativement les différentes parties de l'anatomie des animaux.

CHAPITRE 5

RÈGLE DE L'HOSPITAL ET INTÉGRALES IMPROPRES

L e théorème fondamental du calcul intégral ne peut pas toujours être utilisé pour évaluer l'intégrale définie d'une fonction. Ainsi, dans la formulation que nous avons retenue au chapitre 1, il faut que la fonction à intégrer soit continue sur un intervalle fermé. Que faire alors si l'intégrande présente une ou plusieurs discontinuités, notamment des discontinuités infinies, sur l'intervalle considéré, ou encore si l'intervalle comporte une ou deux bornes infinies ? Pour tenir compte de ces situations, les mathématiciens ont étendu le concept d'intégrale et ont inventé les intégrales impropres, aussi appelées intégrales généralisées, en excluant les points de discontinuité par l'évaluation d'une ou de plusieurs limites, ou encore par l'évaluation de limites à l'infini. L'évaluation de telles limites conduit souvent à des indéterminations pour lesquelles les stratégies mises au point en calcul différentiel ne sont pas suffisamment puissantes. L'utilisation de la règle de L'Hospital que nous présentons dans ce chapitre permet de traiter plus aisément d'anciennes et de nouvelles formes indéterminées.

L'étenduë de ce calcul est immense : il convient aux Courbes mécaniques, comme aux géométriques ; les signes radicaux luy sont indifférents, & même souvent commodes ; il s'étend à tant d'indéterminées qu'on voudra ; la comparaison des infiniment petits de tous genres luy est également facile.

Guillaume François Antoine de L'Hospital

▶ Déterminer le type d'une forme indéterminée :
$\frac{0}{0}$, $\frac{\infty}{\infty}$, $\infty \cdot 0$, $\infty - \infty$, 1^{∞}, 0^{0}, ∞^{0} (5.1, 5.2 et 5.3).

▶ Lever une indétermination en utilisant la règle de L'Hospital (5.1, 5.2 et 5.3).

▶ Distinguer les différents cas d'intégrales impropres (5.4, 5.5 et 5.8).

▶ Évaluer une intégrale impropre convergente (5.4, 5.5 et 5.8).

▶ Utiliser une intégrale impropre pour calculer une aire ou un volume (5.4, 5.5 et 5.8).

▶ Déterminer si une fonction est une fonction de densité (5.6).

▶ Calculer une probabilité (5.6).

▶ Calculer une espérance et une variance (5.6).

▶ Calculer la valeur accumulée d'un investissement (5.3) ou la valeur actuelle d'une perpétuité lorsque le taux d'intérêt est composé continuellement (5.7).

Un portrait de

Guillaume François Antoine de L'Hospital

Guillaume François Antoine de L'Hospital, comte d'Autremont, marquis de Saint-Mesme, seigneur d'Ouques, est né à Paris en 1661 et y est mort en 1704. Considéré comme un enfant prodige, il résolut à l'âge de 15 ans un difficile problème que Pascal (1623–1662) avait soulevé. Comme toutes les personnes de son rang, il entreprit une carrière militaire, mais il abandonna après quelques années à cause d'une myopie importante. Il put alors se consacrer entièrement à son passe-temps préféré, l'étude des mathématiques.

Profitant d'une visite de Jean Bernoulli (1667–1748) à Paris en 1691, L'Hospital reçut des leçons de ce dernier sur le «nouveau calcul infinitésimal». Il faut comprendre qu'à l'époque, bien peu de personnes, hormis Newton (1642–1727), Leibniz (1646–1716) et les frères Bernoulli, maîtrisaient suffisamment le calcul différentiel et intégral pour en apprécier tout le potentiel. En fait, ceux-ci étaient pratiquement les seuls à utiliser le calcul pour résoudre des problèmes complexes qui leur étaient posés comme autant de défis mathématiques.

Bernoulli accepta donc de donner des leçons privées à L'Hospital contre une rémunération importante. Ayant obtenu un poste de professeur de mathématiques à l'Université de Groningue, Bernoulli quitta Paris, non sans avoir pris un arrangement financier pour poursuivre les leçons de calcul données au marquis. Ce dernier accepta de lui verser un salaire mensuel correspondant à la moitié de celui d'un professeur d'université, à la condition que Bernoulli lui fournisse en exclusivité toutes les découvertes qu'il ferait en calcul.

L'Hospital était un élève talentueux, probablement le meilleur mathématicien de Paris à cette époque, sans être toutefois du calibre de son maître. En 1696, L'Hospital, considérant qu'il maîtrisait maintenant suffisamment le calcul différentiel, publia le tout premier manuel de calcul différentiel de l'histoire (*Analyse des infiniment petits, pour l'intelligence des lignes courbes*), fondé sur les leçons qu'il avait reçues de Jean Bernoulli. C'est dans cet ouvrage qu'on trouve la fameuse règle qui porte aujourd'hui son nom. Dans la préface de l'ouvrage, L'Hospital écrivit:

> Dans tout cela il n'y a encore que la première partie du calcul de M. *Leibnis*, laquelle consiste à descendre des grandeurs entières à leurs différences infiniment petites, & à comparer entr'eux ces infiniment petits de quelque genre qu'ils soient: c'est ce qu'on appelle *Calcul différentiel*. Pour l'autre partie, qu'on appelle *Calcul intégral*, & qui consiste à remonter de ces infiniment petits aux grandeurs ou aux touts dont ils sont les différences, c'est-à-dire à en trouver les sommes, j'avois aussi dessein de le donner. Mais M. *Leibnis* m'ayant écrit qu'il y travailloit dans un Traité qu'il intitule *De Scientia infiniti*, je n'ay eu garde de priver le public d'un si bel Ouvrage qui doit renfermer tout ce qu'il y a de plus curieux pour la

Méthode inverse des tangentes, pour les Rectifications des courbes, pour la Quadrature des espaces qu'elles renferment, pour celle des surfaces des corps qu'elles décrivent, pour la dimension de ces corps, pour la découverte des centres de gravité, &c. Je ne rends même ceci public, que parce qu'il m'en a prié par ses lettres, & que je le crois nécessaire pour préparer les esprits à comprendre tout ce qu'on pourra découvrir dans la suite sur ces matiéres.

Au reste je reconnois devoir beaucoup aux lumières de Mrs *Bernoulli*, sur tout à celles du jeune présentement Professeur à Groningue. Je me suis servi sans façon de leurs découvertes & de celles de M. *Leibnis*. C'est-pourquoy je consens qu'ils en revendiquent tout ce qu'il leur plaira, me contentant de ce qu'ils voudront bien me laisser[*].

Jean Bernoulli écrivit à L'Hospital pour le remercier d'avoir mentionné sa contribution et le louangea pour la qualité de l'œuvre. Pourtant, quelque temps plus tard, Jean Bernoulli accusa L'Hospital de plagiat. Cette controverse ne fut élucidée que par la découverte en 1922 des manuscrits des notes de cours de Bernoulli, qui montrèrent que celles-ci étaient pratiquement identiques au livre de L'Hospital, ce dernier ayant toutefois corrigé quelques erreurs de son maître.

En plus de son manuel de calcul, L'Hospital écrivit *Traité analytique des sections coniques*, qui fut publié en 1707 après la mort de son auteur et devint, pour un siècle, la référence sur le sujet.

L'importance de la place de L'Hospital dans l'histoire des mathématiques peut être source de débats, mais il est indéniable qu'il a contribué grandement à la diffusion, notamment en France, du calcul infinitésimal par la publication de son *Analyse des infiniment petits, pour l'intelligence des lignes courbes*. On ne soulignera jamais assez le rôle primordial de la publication de documents, comme celui de L'Hospital, dans le développement et la transmission des connaissances mathématiques.

---

[*] G. F. A. de L'Hospital, *Analyse des infiniment petits, pour l'intelligence des lignes courbes*, Paris, Imprimerie Royale, 1696, Préface, n. p. Le texte intégral de cet ouvrage est disponible sur le site de la Bibliothèque nationale de France (http://gallica.bnf.fr). Pour le localiser, il suffit de faire une recherche du titre de l'œuvre sur ce site.

5.1 **FORMES INDÉTERMINÉES DU TYPE $\dfrac{0}{0}$ OU $\dfrac{\infty}{\infty}$**

Dans cette section : forme indéterminée – règle de L'Hospital – linéarisation locale.

Une limite du type $\displaystyle\lim_{x \to a} \dfrac{f(x)}{g(x)}$, où $\displaystyle\lim_{x \to a} f(x) = 0$ et $\displaystyle\lim_{x \to a} g(x) = 0$, ne peut pas être évaluée par le remplacement de x par a, le quotient devenant alors $\dfrac{0}{0}$, une expression dénuée de sens, qu'on dit indéterminée. Il en est de même pour $\displaystyle\lim_{x \to a} \dfrac{f(x)}{g(x)}$, lorsque $\displaystyle\lim_{x \to a} f(x) = \infty$ ou $-\infty$ et $\displaystyle\lim_{x \to a} g(x) = \infty$ ou $-\infty$, qu'on ne peut évaluer simplement en remplaçant x par a, le quotient étant alors essentiellement du type $\dfrac{\infty}{\infty}$, une expression qu'on qualifie également d'indéterminée*. Or, l'évaluation de telles expressions s'avère essentielle en calcul différentiel. En effet, rappelez-vous que la dérivée d'une fonction $f(x)$ en $x = a$ est donnée par $\displaystyle\lim_{x \to a} \dfrac{f(x) - f(a)}{x - a}$, une expression dont l'évaluation en $x = a$ est du type $\dfrac{0}{0}$. En calcul différentiel, vous avez appris quelques stratégies (multiplier par un conjugué, mettre en évidence une puissance de la variable, factoriser un polynôme, etc.) pour évaluer malgré tout des expressions de type $\dfrac{0}{0}$ ou $\dfrac{\infty}{\infty}$, qu'on qualifie de **formes indéterminées**, parce que, selon les fonctions $f(x)$ et $g(x)$ qui les composent, $\displaystyle\lim_{x \to a} \dfrac{f(x)}{g(x)}$ peut prendre une valeur réelle finie, une valeur infinie ou ne pas exister.

DÉFINITION

FORME INDÉTERMINÉE

On dit que le quotient $\dfrac{f(x)}{g(x)}$, le produit $f(x) \cdot g(x)$, la différence $f(x) - g(x)$ ou la puissance $f(x)^{g(x)}$ de deux fonctions $f(x)$ et $g(x)$ présentent une forme indéterminée en $x = x_0$, si l'évaluation de ces fonctions en x_0 prend une des formes suivantes :

$$\dfrac{0}{0}, \dfrac{\infty}{\infty}, 0 \cdot \infty, \infty - \infty, 0^0, \infty^0, 1^\infty$$

EXEMPLE 5.1

On veut évaluer $\displaystyle\lim_{x \to 1} \dfrac{x - 1}{x^3 - 1}$. Or, en $x = 1$, l'expression $\dfrac{x - 1}{x^3 - 1}$ est une forme indéterminée du type $\dfrac{0}{0}$. On peut toutefois évaluer la limite en factorisant le numérateur et le dénominateur :

$$\lim_{x \to 1} \dfrac{x - 1}{x^3 - 1} = \lim_{x \to 1} \dfrac{x - 1}{(x - 1)(x^2 + x + 1)}$$
$$= \lim_{x \to 1} \dfrac{1}{x^2 + x + 1}$$
$$= \dfrac{1}{3}$$

Dans cet exemple, la limite existe et vaut $1/3$.

---

* On associe les expressions $\dfrac{-\infty}{\infty}$, $\dfrac{\infty}{-\infty}$ ou $\dfrac{-\infty}{-\infty}$ à la forme indéterminée $\dfrac{\infty}{\infty}$, puisque les signes ne changent pas essentiellement la nature de l'indétermination.

EXEMPLE 5.2

On veut évaluer $\lim\limits_{x \to 0} \dfrac{\sin x}{x^3}$. Or, en $x = 0$, l'expression $\dfrac{\sin x}{x^3}$ est une forme indéterminée du type $\dfrac{0}{0}$. On peut toutefois évaluer cette limite. Ainsi, en calcul différentiel, on a établi que $\lim\limits_{x \to 0} \dfrac{\sin x}{x} = 1$, de sorte qu'en utilisant les propriétés des limites, on obtient que

$$\lim_{x \to 0} \frac{\sin x}{x^3} = \lim_{x \to 0} \left(\frac{\sin x}{x} \frac{1}{x^2} \right)$$

$$= \left(\lim_{x \to 0} \frac{\sin x}{x} \right) \left(\lim_{x \to 0} \frac{1}{x^2} \right)$$

$$= \infty \qquad \text{Forme } 1\left(\frac{1}{0^+} \right) = \infty.$$

EXEMPLE 5.3

On veut évaluer $\lim\limits_{x \to 1} \dfrac{x^2 - 1}{x^2 - 2x + 1}$. Or, en $x = 1$, l'expression $\dfrac{x^2 - 1}{x^2 - 2x + 1}$ est une forme indéterminée du type $\dfrac{0}{0}$. On peut toutefois évaluer cette limite en factorisant le numérateur et le dénominateur :

$$\lim_{x \to 1} \frac{x^2 - 1}{x^2 - 2x + 1} = \lim_{x \to 1} \frac{(x - 1)(x + 1)}{(x - 1)^2}$$

$$= \lim_{x \to 1} \frac{x + 1}{x - 1}$$

Or, $\lim\limits_{x \to 1^-} \dfrac{x + 1}{x - 1} = -\infty$, puisque l'expression est de la forme $\dfrac{2}{0^-}$. De même, $\lim\limits_{x \to 1^+} \dfrac{x + 1}{x - 1} = \infty$, puisque l'expression est de la forme $\dfrac{2}{0^+}$. Par conséquent, $\lim\limits_{x \to 1} \dfrac{x^2 - 1}{x^2 - 2x + 1}$ n'existe pas.

EXEMPLE 5.4

On veut évaluer $\lim\limits_{x \to 0^+} \dfrac{e^{2/x} - 1}{e^{1/x}}$. Or, lorsque $x \to 0^+$, l'expression $\dfrac{e^{2/x} - 1}{e^{1/x}}$ est une forme indéterminée du type $\dfrac{\infty}{\infty}$. On peut toutefois évaluer cette limite en effectuant une simple mise en évidence :

$$\lim_{x \to 0^+} \frac{e^{2/x} - 1}{e^{1/x}} = \lim_{x \to 0^+} \frac{e^{2/x} \left(1 - e^{-2/x} \right)}{e^{1/x}}$$

$$= \lim_{x \to 0^+} e^{1/x} \left(1 - e^{-2/x} \right)$$

$$= \infty \qquad \text{Forme } e^{\infty} \left(1 - 0 \right) = \infty.$$

DÉFINITION

RÈGLE DE L'HOSPITAL

La règle de L'Hospital (découverte par Jean Bernoulli) est une stratégie utilisée pour lever certaines indéterminations. Dans son expression la plus simple, elle affirme essentiellement que si $\dfrac{f(x)}{g(x)}$ est une forme indéterminée du type $\dfrac{0}{0}$ ou $\dfrac{\infty}{\infty}$ en $x = a$, alors $\lim\limits_{x \to a} \dfrac{f(x)}{g(x)} = \lim\limits_{x \to a} \dfrac{f'(x)}{g'(x)}$, pour autant que la limite du membre de droite de l'équation existe ou encore est infinie.

Dans les exemples 5.1 à 5.4, il a fallu faire preuve d'ingéniosité et recourir à des astuces pour lever les indéterminations. La **règle de L'Hospital**, énoncée dans le théorème 5.1, permet de lever certaines indéterminations de façon plus immédiate.

THÉORÈME 5.1 | Règle de L'Hospital

Soit $f(x)$ et $g(x)$ deux fonctions continues et dérivables sur $I\backslash\{a\}$, où I est un intervalle ouvert contenant la valeur a, telles que :

- $\lim\limits_{x \to a} f(x) = 0 = \lim\limits_{x \to a} g(x)$
- $g'(x) \neq 0 \ \forall \ x \in I\backslash\{a\}$

Alors, $\lim\limits_{x \to a} \dfrac{f(x)}{g(x)} = \lim\limits_{x \to a} \dfrac{f'(x)}{g'(x)}$ à la condition que la limite du membre de droite de l'équation existe, ou encore qu'elle vaille ∞ ou $-\infty$.

Nous nous contenterons de prouver un cas particulier, soit une version plus faible de la règle de L'Hospital. On suppose ici que les fonctions $f(x)$ et $g(x)$ sont continues et dérivables en $x = a$, que leurs dérivées sont continues en $x = a$, que $f(a) = 0 = g(a)$ et que $g'(a) \neq 0$.

PREUVE

En vertu de la définition de la dérivée d'une fonction et des propriétés des limites, on a

$$\lim_{x \to a} \frac{f'(x)}{g'(x)} = \frac{f'(a)}{g'(a)} \qquad \text{Les dérivées sont continues en } x = a.$$

$$= \frac{\lim\limits_{x \to a} \dfrac{f(x) - f(a)}{x - a}}{\lim\limits_{x \to a} \dfrac{g(x) - g(a)}{x - a}} \qquad \text{Définition de la dérivée.}$$

$$= \lim_{x \to a} \frac{\dfrac{f(x) - f(a)}{x - a}}{\dfrac{g(x) - g(a)}{x - a}} \qquad \text{Propriété des limites.}$$

$$= \lim_{x \to a} \frac{f(x) - f(a)}{g(x) - g(a)}$$

$$= \lim_{x \to a} \frac{f(x)}{g(x)} \qquad \text{Puisque } f(a) = 0 = g(a). \qquad \blacksquare$$

FIGURE 5.1

Approximation linéaire d'une courbe en un point

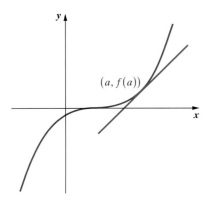

On peut également comprendre cette version de la règle de L'Hospital de manière intuitive à l'aide d'une interprétation graphique.

Si $f(x)$ est une fonction continue et dérivable en $x = a$, alors, pour des valeurs de x près de a, on peut raisonnablement approximer la valeur de la fonction par la valeur observée de y sur la droite tangente à la courbe décrite par la fonction $f(x)$ en $x = a$, cette dernière épousant si bien le contour de la courbe près du point $(a, f(a))$ qu'on peut difficilement la distinguer de la fonction en ce point (figure 5.1).

LINÉARISATION LOCALE

La linéarisation locale d'une fonction dérivable $f(x)$ à proximité de $x = a$ est l'approximation de cette fonction par la droite tangente à la courbe décrite par $f(x)$ en $x = a$:
$f(x) \approx f(a) + f'(a)(x - a)$.

Or, cette droite tangente a pour pente $m = f'(a)$, et elle passe par le point $(a, f(a))$, de sorte que son équation est $y = f(a) + f'(a)(x - a)$. Par conséquent, pour des valeurs voisines de $x = a$, on a $f(x) \approx f(a) + f'(a)(x - a)$. Cette approximation porte le nom de **linéarisation locale** de la fonction à proximité de $x = a$.

Revenons maintenant à la règle de L'Hospital. Utilisons des linéarisations locales de $f(x)$ et de $g(x)$ à proximité de $x = a$. On a alors que $\dfrac{f(x)}{g(x)} \approx \dfrac{f(a) + f'(a)(x - a)}{g(a) + g'(a)(x - a)}$. De plus, en vertu de l'hypothèse formulée à la page précédente, on a que $f(a) = 0 = g(a)$, de sorte que $\dfrac{f(x)}{g(x)} \approx \dfrac{f'(a)(x - a)}{g'(a)(x - a)} = \dfrac{f'(a)}{g'(a)}$. L'approximation est d'autant meilleure que x est près de a, de sorte que le passage à la limite conduit à l'égalité : $\displaystyle\lim_{x \to a} \dfrac{f(x)}{g(x)} = \dfrac{f'(a)}{g'(a)}$.

Avant d'aborder des exemples illustrant la règle de L'Hospital, soulignons qu'elle s'applique également, avec quelques adaptations mineures, lorsque $a = \infty$ ou $a = -\infty$, de même que lorsque $\displaystyle\lim_{x \to a} f(x) = \infty$ ou $-\infty$ et $\displaystyle\lim_{x \to a} g(x) = \infty$ ou $-\infty$, la démonstration s'avérant alors trop ardue pour que nous en traitions ici. De plus, notons qu'on peut utiliser la règle de L'Hospital à répétition pour lever une indétermination, pourvu que les conditions d'application de cette règle soient vérifiées à chacune des limites. Ainsi, par exemple, si $f(a) = 0 = g(a)$ et si $f'(a) = 0 = g'(a)$ et que les fonctions $f'(x)$ et $g'(x)$ satisfont les conditions de la règle de L'Hospital, alors on obtient $\displaystyle\lim_{x \to a} \dfrac{f(x)}{g(x)} = \lim_{x \to a} \dfrac{f'(x)}{g'(x)} = \lim_{x \to a} \dfrac{f''(x)}{g''(x)}$ et en général

$$\lim_{x \to a} \frac{f(x)}{g(x)} = \lim_{x \to a} \frac{f'(x)}{g'(x)} = \lim_{x \to a} \frac{f''(x)}{g''(x)} = \cdots = \lim_{x \to a} \frac{f^{(n)}(x)}{g^{(n)}(x)}$$

Ainsi, en pratique, on applique la règle de L'Hospital autant de fois qu'il est nécessaire de le faire (mais pas plus) pour obtenir un quotient qui ne soit pas une forme indéterminée.

EXEMPLE 5.5

On veut évaluer $\displaystyle\lim_{x \to 2} \dfrac{x^2 - 4}{x^2 - x - 2}$. Or, en $x = 2$, la fraction $\dfrac{x^2 - 4}{x^2 - x - 2}$ est une forme indéterminée du type $\dfrac{0}{0}$. Manifestement, on aurait pu lever cette indétermination en utilisant une des astuces que vous avez apprises dans votre premier cours de calcul, soit en factorisant le numérateur et le dénominateur de la fraction :

$$\lim_{x \to 2} \frac{x^2 - 4}{x^2 - x - 2} = \lim_{x \to 2} \frac{(x - 2)(x + 2)}{(x - 2)(x + 1)}$$

$$= \lim_{x \to 2} \frac{x + 2}{x + 1}$$

$$= \frac{4}{3}$$

On aurait également pu utiliser la règle de L'Hospital, les conditions d'application de celle-ci étant remplies. Par conséquent,

$$\lim_{x \to 2} \frac{x^2 - 4}{x^2 - x - 2} = \lim_{x \to 2} \frac{\frac{d}{dx}\left(x^2 - 4\right)}{\frac{d}{dx}\left(x^2 - x - 2\right)}$$

$$= \lim_{x \to 2} \frac{2x}{2x - 1}$$

$$= \frac{4}{3}$$

EXEMPLE 5.6

On veut évaluer $\lim\limits_{x \to 0} \dfrac{e^{2x} - 1}{\sin 5x}$. Or, en $x = 0$, la fraction $\dfrac{e^{2x} - 1}{\sin 5x}$ est une forme indéterminée du type $\dfrac{0}{0}$. Indiscutablement, les astuces apprises en calcul différentiel ne permettent pas de lever cette indétermination. Toutefois, on peut utiliser la règle de L'Hospital, les conditions d'application de celle-ci étant remplies. Par conséquent,

$$\lim_{x \to 0} \frac{e^{2x} - 1}{\sin 5x} = \lim_{x \to 0} \frac{\frac{d}{dx}\left(e^{2x} - 1\right)}{\frac{d}{dx}\left(\sin 5x\right)}$$

$$= \lim_{x \to 0} \frac{2e^{2x}}{5\cos 5x}$$

$$= \frac{2e^0}{5\cos 0}$$

$$= \frac{2}{5}$$

EXEMPLE 5.7

On veut évaluer $\lim\limits_{x \to 0} \dfrac{\sin\left(x^2\right)}{2x}$. Or, en $x = 0$, la fraction $\dfrac{\sin\left(x^2\right)}{2x}$ est une forme indéterminée du type $\dfrac{0}{0}$. On peut utiliser la règle de L'Hospital, les conditions d'application de celle-ci étant remplies. Par conséquent,

$$\lim_{x \to 0} \frac{\sin\left(x^2\right)}{2x} = \lim_{x \to 0} \frac{\frac{d}{dx}\left[\sin\left(x^2\right)\right]}{\frac{d}{dx}\left(2x\right)}$$

$$= \lim_{x \to 0} \frac{2x\cos\left(x^2\right)}{2}$$

$$= 0$$

EXEMPLE 5.8

On veut évaluer $\lim\limits_{x \to \infty} \dfrac{\ln x}{\sqrt{x}}$. Or, lorsque $x \to \infty$, la fraction $\dfrac{\ln x}{\sqrt{x}}$ est une forme indéterminée du type $\dfrac{\infty}{\infty}$. On peut utiliser la règle de L'Hospital, les conditions d'application de celle-ci étant remplies. Par conséquent,

$$\lim_{x \to \infty} \frac{\ln x}{\sqrt{x}} = \lim_{x \to \infty} \frac{\dfrac{d}{dx}(\ln x)}{\dfrac{d}{dx}(\sqrt{x})}$$

$$= \lim_{x \to \infty} \frac{1/x}{\frac{1}{2}\, x^{-\frac{1}{2}}}$$

$$= \lim_{x \to \infty} \frac{2}{\sqrt{x}}$$

$$= 0$$

EXEMPLE 5.9

On veut évaluer $\lim\limits_{x \to 0} \dfrac{\cos x - 1}{x^2}$. Or, en $x = 0$, la fraction $\dfrac{\cos x - 1}{x^2}$ est une forme indéterminée du type $\dfrac{0}{0}$. On peut utiliser la règle de L'Hospital, les conditions d'application de celle-ci étant remplies. Par conséquent,

$$\lim_{x \to 0} \frac{\cos x - 1}{x^2} = \lim_{x \to 0} \frac{\dfrac{d}{dx}(\cos x - 1)}{\dfrac{d}{dx}(x^2)}$$

$$= \lim_{x \to 0} \frac{-\sin x}{2x}$$

En $x = 0$, la fraction $\dfrac{-\sin x}{x}$ est une forme indéterminée du type $\dfrac{0}{0}$. On peut de nouveau utiliser la règle de L'Hospital, les conditions d'application de celle-ci étant remplies. Par conséquent,

$$\lim_{x \to 0} \frac{\cos x - 1}{x^2} = \lim_{x \to 0} \frac{\dfrac{d}{dx}(\cos x - 1)}{\dfrac{d}{dx}(x^2)}$$

$$= \lim_{x \to 0} \frac{-\sin x}{2x}$$

$$= \lim_{x \to 0} \frac{\dfrac{d}{dx}(-\sin x)}{\dfrac{d}{dx}(2x)}$$

$$= \lim_{x \to 0} \frac{-\cos x}{2}$$

$$= -\frac{1}{2}$$

EXEMPLE 5.10

On veut évaluer $\lim\limits_{x \to \infty} \dfrac{x^{-1}}{e^{-x}}$. Or, lorsque $x \to \infty$, la fraction $\dfrac{x^{-1}}{e^{-x}}$ est une forme indéterminée du type $\dfrac{0}{0}$. On peut utiliser la règle de L'Hospital, les conditions d'application de celle-ci étant remplies. Par conséquent,

$$\lim_{x \to \infty} \frac{x^{-1}}{e^{-x}} = \lim_{x \to \infty} \frac{\dfrac{d}{dx}\left(x^{-1}\right)}{\dfrac{d}{dx}\left(e^{-x}\right)}$$

$$= \lim_{x \to \infty} \frac{-x^{-2}}{-e^{-x}}$$

$$= \lim_{x \to \infty} \frac{x^{-2}}{e^{-x}}$$

Comme on obtient encore une forme indéterminée, on peut de nouveau utiliser la règle de L'Hospital, les conditions d'application de celle-ci étant remplies. Par conséquent,

$$\lim_{x \to \infty} \frac{x^{-1}}{e^{-x}} = \lim_{x \to \infty} \frac{\dfrac{d}{dx}\left(x^{-1}\right)}{\dfrac{d}{dx}\left(e^{-x}\right)}$$

$$= \lim_{x \to \infty} \frac{-x^{-2}}{-e^{-x}}$$

$$= \lim_{x \to \infty} \frac{x^{-2}}{e^{-x}}$$

$$= \lim_{x \to \infty} \frac{\dfrac{d}{dx}\left(x^{-2}\right)}{\dfrac{d}{dx}\left(e^{-x}\right)}$$

$$= \lim_{x \to \infty} \frac{2x^{-3}}{e^{-x}}$$

Après deux applications successives de la règle de L'Hospital, on constate que la situation s'envenime et qu'il est illusoire de penser lever l'indétermination en continuant d'utiliser de la même façon la règle de L'Hospital. Toutefois, le problème n'est pas insoluble, puisqu'il suffit d'effectuer une simple transformation algébrique sur la fraction avant d'appliquer la règle de L'Hospital. En effet, $\dfrac{x^{-1}}{e^{-x}} = \dfrac{e^{x}}{x}$. De plus, lorsque $x \to \infty$, la fraction $\dfrac{e^{x}}{x}$ est une forme indéterminée du type $\dfrac{\infty}{\infty}$. On peut donc utiliser la règle de L'Hospital, les conditions d'application de celle-ci étant remplies. Par conséquent,

$$\lim_{x \to \infty} \frac{x^{-1}}{e^{-x}} = \lim_{x \to \infty} \frac{e^{x}}{x}$$

$$= \lim_{x \to \infty} \frac{\dfrac{d}{dx}\left(e^{x}\right)}{\dfrac{d}{dx}\left(x\right)}$$

$$= \lim_{x \to \infty} \frac{e^{x}}{1}$$

$$= \infty$$

Avant d'entreprendre des exercices, il est utile de mettre en garde le lecteur contre deux erreurs fréquentes résultant d'une mauvaise application de la règle de L'Hospital. En premier lieu, la règle de L'Hospital demande d'évaluer la limite du quotient des dérivées $f'(x)$ et $g'(x)$ des fonctions $f(x)$ et $g(x)$, et non pas la limite de la dérivée du quotient des deux fonctions. Ainsi, le quotient à évaluer est $\dfrac{f'(x)}{g'(x)}$ et non pas $\left[\dfrac{f(x)}{g(x)}\right]'$, puisque $\dfrac{f'(x)}{g'(x)}$ n'est pas la dérivée de $\dfrac{f(x)}{g(x)}$. Deuxièmement, on doit appliquer la règle de L'Hospital avec discernement, c'est-à-dire lorsque ses conditions d'application sont remplies, notamment lorsqu'on veut lever une indétermination.

EXEMPLE 5.11

On veut évaluer $\displaystyle\lim_{x\to 0^+}\dfrac{e^x - 2e^{-x}}{x}$. Si on applique aveuglément et sans raisonnement la règle de L'Hospital, on obtient le résultat erroné suivant :

$$\lim_{x\to 0^+}\frac{e^x - 2e^{-x}}{x} = \lim_{x\to 0^+}\frac{\dfrac{d}{dx}\left(e^x - 2e^{-x}\right)}{\dfrac{d}{dx}(x)}$$

$$= \lim_{x\to 0^+}\frac{e^x + 2e^{-x}}{1}$$

$$= 3$$

Ce résultat est faux, puisque la règle de L'Hospital ne s'applique qu'en présence d'une forme indéterminée d'un des types $\dfrac{0}{0}$ ou $\dfrac{\infty}{\infty}$. Or, lorsque $x \to 0^+$, la fraction $\dfrac{e^x - 2e^{-x}}{x}$ n'est pas une forme indéterminée; elle est de la forme $\dfrac{-1}{0^+}$, d'où $\displaystyle\lim_{x\to 0^+}\dfrac{e^x - 2e^{-x}}{x} = -\infty$.

EXERCICE 5.1

Évaluez la limite.

a) $\displaystyle\lim_{x\to -4}\frac{x^2 + 8x + 16}{x^2 - 16}$

b) $\displaystyle\lim_{x\to 27}\frac{\sqrt[3]{x} - 3}{x - 27}$

c) $\displaystyle\lim_{x\to\infty}\frac{x^3 + 3x^2 + x - 1}{x^2 + e^x}$

d) $\displaystyle\lim_{x\to 2}\frac{5x^3 + x - 1}{3x^2 + 4}$

e) $\displaystyle\lim_{x\to 0}\frac{x - \sin x}{\operatorname{tg} x - x}$

f) $\displaystyle\lim_{x\to 1}\frac{\ln x}{x - 1}$

g) $\displaystyle\lim_{x\to 0^+}\frac{\ln x - 1}{e^{2/x}}$

h) $\displaystyle\lim_{x\to\frac{\pi}{2}^+}\frac{5 + 2\sec x}{3 + 4\operatorname{tg} x}$

Un peu d'histoire

C'est dans la proposition 1 de la section IX d'*Analyse des infiniment petits, pour l'intelligence des lignes courbes*, que L'Hospital énonce la règle qui porte aujourd'hui son nom. Il en illustre l'application à l'aide de deux exemples; nous en reproduisons ici le premier. Notez que le mot *différence* correspond à ce qu'on appelle aujourd'hui une différentielle, et que *aa* correspond à a^2.

164. Soit $y = \dfrac{\sqrt{2a^3 x - x^4} - a\sqrt[3]{aax}}{a - \sqrt[4]{ax^3}}$. Il est clair que lorsque $x = a$, le numérateur & le dénominateur de la fraction deviennent égaux chacun à zéro. C'est pourquoi l'on prendra la différence $\dfrac{a^3 dx - 2x^3 dx}{\sqrt{2a^3 x - x^4}} - \dfrac{aa dx}{\sqrt[3]{aax}}$ du numérateur, & on la divisera par la différence $-\dfrac{3a dx}{4\sqrt[4]{a^3 x}}$ du dénominateur, après avoir fait $x = a$, c'est-à-dire qu'on divisera $-\dfrac{4}{3} a dx$ par $-\dfrac{3}{4} dx$; ce qui donne $\dfrac{16}{9} a$ pour la valeur cherchée de *BD*[*].

[*] G. F. A. de L'Hospital, *Analyse des infiniment petits, pour l'intelligence des lignes courbes*, Paris, Imprimerie Royale, 1696, p. 146.

FORMES INDÉTERMINÉES DU TYPE $0 \cdot \infty$ OU $\infty - \infty$

Les expressions du type $\dfrac{0}{0}$ ou $\dfrac{\infty}{\infty}$ ne sont pas les seules formes indéterminées. Ainsi, les expressions du type $0 \cdot \infty$ et $\infty - \infty$ sont également des formes indéterminées. On peut lever de telles indéterminations avec la règle de L'Hospital après avoir effectué des transformations algébriques pour convertir les indéterminations $0 \cdot \infty$ et $\infty - \infty$ en une des indéterminations $\dfrac{0}{0}$ ou $\dfrac{\infty}{\infty}$. Ainsi, par exemple, une expression $f(x)g(x)$, où $f(x) \to \infty$ et $g(x) \to 0$, peut s'écrire sous la forme $\dfrac{g(x)}{1/f(x)}$ ou $\dfrac{f(x)}{1/g(x)}$, qui sont respectivement des formes indéterminées du type $\dfrac{0}{0}$ et $\dfrac{\infty}{\infty}$.

De même, si $f(x) \to \infty$ et $g(x) \to \infty$, alors $f(x) - g(x)$ donne une forme indéterminée du type $\infty - \infty$, qu'on peut tenter de convertir, par des transformations algébriques (une mise au même dénominateur, une mise en évidence, une multiplication par un conjugué), en une expression du type $\dfrac{0}{0}$ ou $\dfrac{\infty}{\infty}$ pour pouvoir lui appliquer la règle de L'Hospital. Voyons, à l'aide de quelques exemples, comment lever ces deux nouvelles indéterminations.

EXEMPLE 5.12

On veut évaluer $\displaystyle\lim_{x \to 0^+} x \ln x$. Or, lorsque $x \to 0^+$, l'expression $x \ln x$ est une forme indéterminée du type $0 \cdot \infty$. Transformons cette expression. On a $x \ln x = \dfrac{\ln x}{1/x}$, une forme indéterminée du type $\dfrac{\infty}{\infty}$ lorsque $x \to 0^+$. Appliquons la règle de L'Hospital :

$$
\begin{aligned}
\lim_{x \to 0^+} x \ln x &= \lim_{x \to 0^+} \frac{\ln x}{1/x} \\[2mm]
&= \lim_{x \to 0^+} \frac{\dfrac{d}{dx}(\ln x)}{\dfrac{d}{dx}(1/x)} \\[2mm]
&= \lim_{x \to 0^+} \frac{1/x}{-1/x^2} \\[2mm]
&= \lim_{x \to 0^+} (-x) \\[2mm]
&= 0
\end{aligned}
$$

EXEMPLE 5.13

On veut évaluer $\displaystyle\lim_{x \to \infty} x \sin\left(\dfrac{1}{x}\right)$. Or, lorsque $x \to \infty$, l'expression $x \sin\left(\dfrac{1}{x}\right)$ est une forme indéterminée du type $\infty \cdot 0$. Transformons cette expression. On a $x \sin\left(\dfrac{1}{x}\right) = \dfrac{\sin\left(\dfrac{1}{x}\right)}{1/x}$, une forme indéterminée du type $\dfrac{0}{0}$, lorsque $x \to \infty$. Appliquons la règle de L'Hospital :

$$
\begin{aligned}
\lim_{x \to \infty} x \sin\left(\frac{1}{x}\right) &= \lim_{x \to \infty} \frac{\sin\left(\dfrac{1}{x}\right)}{1/x} \\[2mm]
&= \lim_{x \to \infty} \frac{\dfrac{d}{dx}\left[\sin\left(\dfrac{1}{x}\right)\right]}{\dfrac{d}{dx}(1/x)} \\[2mm]
&= \lim_{x \to \infty} \frac{-\dfrac{1}{x^2}\cos\left(\dfrac{1}{x}\right)}{-\dfrac{1}{x^2}} \\[2mm]
&= \lim_{x \to \infty} \cos\left(\frac{1}{x}\right) \\[2mm]
&= 1
\end{aligned}
$$

EXEMPLE 5.14

On veut évaluer $\displaystyle\lim_{x \to 0^-} \left(\dfrac{1}{e^x - 1} - \dfrac{1}{x}\right)$. Or, lorsque $x \to 0^-$, l'expression $\dfrac{1}{e^x - 1} - \dfrac{1}{x}$ est une forme indéterminée du type $-\infty + \infty$. Transformons cette expression.

On a $\dfrac{1}{e^x - 1} - \dfrac{1}{x} = \dfrac{x - (e^x - 1)}{x(e^x - 1)}$, une forme indéterminée du type $\dfrac{0}{0}$ lorsque

$x \to 0^-$. Appliquons la règle de L'Hospital :

$$\lim_{x \to 0^-} \left(\frac{1}{e^x - 1} - \frac{1}{x} \right) = \lim_{x \to 0^-} \left[\frac{x - (e^x - 1)}{x(e^x - 1)} \right] \qquad \text{Forme } \frac{0}{0}.$$

$$= \lim_{x \to 0^-} \frac{\dfrac{d}{dx}[x - (e^x - 1)]}{\dfrac{d}{dx}[x(e^x - 1)]} \qquad \text{Règle de L'Hospital.}$$

$$= \lim_{x \to 0^-} \frac{1 - e^x}{xe^x + e^x - 1} \qquad \text{Forme } \frac{0}{0}.$$

$$= \lim_{x \to 0^-} \frac{\dfrac{d}{dx}(1 - e^x)}{\dfrac{d}{dx}(xe^x + e^x - 1)} \qquad \text{Règle de L'Hospital.}$$

$$= \lim_{x \to 0^-} \frac{-e^x}{xe^x + 2e^x}$$

$$= \lim_{x \to 0^-} \frac{-e^x}{e^x(x + 2)}$$

$$= \lim_{x \to 0^-} \frac{-1}{x + 2}$$

$$= -\frac{1}{2}$$

EXEMPLE 5.15

On veut évaluer $\displaystyle\lim_{x \to \infty} \left(\sqrt{4x^2 + 5x} - 2x \right)$. Or, lorsque $x \to \infty$, l'expression $\sqrt{4x^2 + 5x} - 2x$ est une forme indéterminée du type $\infty - \infty$. Transformons cette expression. On a

$$\sqrt{4x^2 + 5x} - 2x = x\sqrt{4 + \frac{5}{x}} - 2x = x\left(\sqrt{4 + \frac{5}{x}} - 2 \right) = \frac{\sqrt{4 + \dfrac{5}{x}} - 2}{1/x}$$

une forme indéterminée du type $\dfrac{0}{0}$. Appliquons la règle de L'Hospital :

$$\lim_{x \to \infty} \left(\sqrt{4x^2 + 5x} - 2x \right) = \lim_{x \to \infty} \frac{\sqrt{4 + \dfrac{5}{x}} - 2}{1/x} \qquad \text{Forme } \frac{0}{0}.$$

$$= \lim_{x \to \infty} \frac{\frac{1}{2}\left(4 + \dfrac{5}{x} \right)^{-1/2}\left(-\dfrac{5}{x^2} \right)}{-1/x^2} \qquad \text{Règle de L'Hospital.}$$

$$= \lim_{x \to \infty} \frac{5}{2\sqrt{4 + \dfrac{5}{x}}}$$

$$= \frac{5}{4}$$

EXERCICE 5.2

Évaluez la limite.

a) $\displaystyle\lim_{x \to 0^+} \left(\operatorname{cosec} x - \frac{1}{x} \right)$

b) $\displaystyle\lim_{x \to \infty} \left[x \ln\left(\frac{x+1}{x-1} \right) \right]$

c) $\displaystyle\lim_{x \to \frac{\pi}{2}^-} (\cos x) \ln(\cos x)$

d) $\displaystyle\lim_{x \to 1^+} \left(\frac{1}{x-1} - \frac{1}{\ln x} \right)$

Vous pouvez maintenant faire les exercices récapitulatifs 1 à 7.

5.3 FORMES INDÉTERMINÉES DU TYPE 0^0, ∞^0 OU 1^∞

Dans cette section: *valeur accumulée d'un placement – intérêt composé continuellement.*

Selon les valeurs respectives de $\displaystyle\lim_{x \to a} f(x)$ et de $\displaystyle\lim_{x \to a} g(x)$, où a prend une valeur réelle finie ou encore correspond à ∞ ou à $-\infty$, l'expression $\displaystyle\lim_{x \to a} [f(x)]^{g(x)}$ peut mener à une indétermination du type 0^0, ∞^0 ou 1^∞ qu'on peut ramener à une forme indéterminée du type $0 \cdot \infty$, grâce à une habile transformation. De là, on peut agir comme à la section 5.2 et utiliser la règle de L'Hospital. Pour chacune des trois formes indéterminées 0^0, ∞^0 ou 1^∞, on procède de la façon suivante.

1. Poser $y = [f(x)]^{g(x)}$.

2. Calculer le logarithme de y: $\ln y = \ln [f(x)]^{g(x)} = g(x) \ln [f(x)]$. Par cette opération, on remplace une forme indéterminée du type 0^0, ∞^0 ou 1^∞ par une forme indéterminée du type $0 \cdot \infty$.

3. Évaluer $L = \displaystyle\lim_{x \to a} \ln y = \lim_{x \to a} g(x) \ln [f(x)]$.

4. Conclure que $\displaystyle\lim_{x \to a} [f(x)]^{g(x)} = e^L$.

La conclusion s'explique par la réciprocité des fonctions exponentielle et logarithmique et du fait de la continuité de la fonction logarithmique:

$$\lim_{x \to a} [f(x)]^{g(x)} = \lim_{x \to a} y$$
$$= e^{\ln \lim_{x \to a} y}$$
$$= e^{\lim_{x \to a} \ln y}$$
$$= e^{\lim_{x \to a} g(x) \ln f(x)}$$
$$= e^L$$

À l'aide de quelques exemples, illustrons cette méthode pour lever des indéterminations.

EXEMPLE 5.16

On veut évaluer $\lim\limits_{x \to 0^+} (\cos x)^{1/x}$. Or, lorsque $x \to 0^+$, l'expression $(\cos x)^{1/x}$ est une forme indéterminée du type 1^∞. Si $y = (\cos x)^{1/x}$, alors

$$\ln y = \ln\left[(\cos x)^{1/x}\right]$$

$$= \frac{\ln \cos x}{x}$$

est une forme indéterminée du type $\dfrac{0}{0}$, lorsque $x \to 0^+$. Or, en vertu de la règle de L'Hospital, on a

$$\lim_{x \to 0^+} \ln\left[(\cos x)^{1/x}\right] = \lim_{x \to 0^+} \frac{\ln \cos x}{x}$$

$$= \lim_{x \to 0^+} \frac{\dfrac{d}{dx} \ln \cos x}{\dfrac{dx}{dx}}$$

$$= \lim_{x \to 0^+} \frac{\dfrac{1}{\cos x}(-\sin x)}{1}$$

$$= 0$$

Par conséquent, $\lim\limits_{x \to 0^+} (\cos x)^{1/x} = e^0 = 1$.

EXEMPLE 5.17

On veut évaluer $\lim\limits_{x \to 0^+} x^x$. Or, lorsque $x \to 0^+$, l'expression x^x est une forme indéterminée du type 0^0. Si $y = x^x$, alors

$$\ln y = \ln\left(x^x\right)$$

$$= x \ln x$$

$$= \frac{\ln x}{1/x}$$

est une forme indéterminée du type $\dfrac{\infty}{\infty}$ lorsque $x \to 0^+$. Or, en vertu de la règle de L'Hospital, on a

$$\lim_{x \to 0^+} \ln\left(x^x\right) = \lim_{x \to 0^+} \frac{\ln x}{1/x}$$

$$= \lim_{x \to 0^+} \frac{\dfrac{d}{dx} \ln x}{\dfrac{d}{dx}\left(1/x\right)}$$

$$= \lim_{x \to 0^+} \frac{1/x}{-1/x^2}$$

$$= \lim_{x \to 0^+} \left(-x\right)$$

$$= 0$$

Par conséquent, $\lim\limits_{x \to 0^+} x^x = e^0 = 1$.

EXEMPLE 5.18

On veut évaluer $\lim\limits_{x \to \infty} (2x)^{3/\ln x}$. Or, lorsque $x \to \infty$, l'expression $(2x)^{3/\ln x}$ est une forme indéterminée du type ∞^0. Si $y = (2x)^{3/\ln x}$, alors

$$\ln y = \ln\left[(2x)^{3/\ln x}\right]$$

$$= \frac{3\ln 2x}{\ln x}$$

est une forme indéterminée du type $\dfrac{\infty}{\infty}$ lorsque $x \to \infty$. Or, en vertu de la règle de L'Hospital, on a

$$\lim\limits_{x \to \infty} \ln\left[(2x)^{3/\ln x}\right] = \lim\limits_{x \to \infty} \frac{3\ln 2x}{\ln x}$$

$$= \lim\limits_{x \to \infty} \frac{\dfrac{d}{dx}3\ln 2x}{\dfrac{d}{dx}\ln x}$$

$$= \lim\limits_{x \to \infty} \frac{3/x}{1/x}$$

$$= 3$$

Par conséquent, $\lim\limits_{x \to \infty} (2x)^{3/\ln x} = e^3$.

EXERCICE 5.3

Évaluez la limite.

a) $\lim\limits_{x \to 0^+} (1 + 5x)^{1/(3x)}$

b) $\lim\limits_{x \to \infty} \left(1 - \dfrac{2}{x}\right)^x$

c) $\lim\limits_{x \to 0^+} x^{\sin x}$

d) $\lim\limits_{x \to 0^+} (\cosec x)^{\sin x}$

e) $\lim\limits_{x \to \infty} (x - \ln x)$ (Indice : Utilisez une fonction exponentielle plutôt qu'une fonction logarithmique.)

Voyons maintenant un exemple d'application de la règle de L'Hospital dans un contexte financier.

EXEMPLE 5.19

Après un an, la **valeur accumulée d'un placement** A effectué à un taux d'intérêt de i (exprimé en fraction décimale plutôt qu'en pourcentage) est donnée par $S = A(1 + i)$, soit le capital investi (c'est-à-dire A) plus l'intérêt versé sur ce capital (soit Ai).

DÉFINITION

VALEUR ACCUMULÉE D'UN PLACEMENT

La valeur accumulée d'un placement est la valeur de ce placement après un certain temps. Lorsque le taux d'intérêt composé à chaque période est de i, la valeur accumulée S d'un placement A après n périodes complètes est de $S = A(1 + i)^n$.

INTÉRÊT COMPOSÉ CONTINUELLEMENT

L'intérêt composé continuellement est un intérêt qui est capitalisé non pas annuellement, semestriellement ou quotidiennement, mais à chaque instant.

Si i est un taux nominal composé semestriellement (soit composé 2 fois par année), c'est-à-dire si le taux d'intérêt effectif est de $\frac{i}{2}$ à tous les 6 mois et qu'à chaque période de 6 mois, l'intérêt s'ajoute au capital, alors, après une période de 6 mois, la valeur accumulée de l'investissement sera de $S_{1/2} = A\left(1 + \frac{i}{2}\right)$. C'est à partir de ce nouveau capital que sera calculé l'intérêt pour le reste de l'année, de sorte qu'à la fin de l'année, soit après deux périodes de capitalisation, la valeur accumulée du placement sera de

$$S = S_{1/2}\left(1 + \frac{i}{2}\right)$$
$$= A\left(1 + \frac{i}{2}\right)\left(1 + \frac{i}{2}\right)$$
$$= A\left(1 + \frac{i}{2}\right)^2$$

De même, si i représente un taux d'intérêt nominal composé par trimestre, soit 4 fois par année, la valeur du placement à la fin de l'année sera de $S = A\left(1 + \frac{i}{4}\right)^4$.

On peut évidemment généraliser ce résultat au cas où i représente le taux d'intérêt nominal composé n fois par année. On obtient alors que la valeur accumulée du capital sera de $S = A\left(1 + \frac{i}{n}\right)^n$. Mais qu'en est-il si on laisse le nombre de périodes de capitalisation tendre vers l'infini, c'est-à-dire si l'**intérêt** est **composé** non pas 2 fois par année, ni 3 fois, ni 4 fois, ni n fois, mais bien **continuellement**? La valeur accumulée du placement après un an sera alors donnée par

$$S = \lim_{n \to \infty} A\left(1 + \frac{i}{n}\right)^n = A \lim_{n \to \infty} \left(1 + \frac{i}{n}\right)^n$$

Or, lorsque $n \to \infty$, l'expression $\left(1 + \frac{i}{n}\right)^n$ prend une forme indéterminée du type 1^∞. Levons cette indétermination.

Si $y = \left(1 + \frac{i}{n}\right)^n$, alors

$$\ln y = \ln\left[\left(1 + \frac{i}{n}\right)^n\right]$$
$$= n\ln\left(1 + \frac{i}{n}\right)$$
$$= \frac{\ln\left(1 + \frac{i}{n}\right)}{1/n}$$

est une forme indéterminée du type $\dfrac{0}{0}$, lorsque $n \to \infty$. Or, en vertu de la règle de L'Hospital, on a

$$\lim_{n \to \infty} \ln y = \lim_{n \to \infty} \ln \left[\left(1 + \frac{i}{n} \right)^n \right]$$

$$= \lim_{n \to \infty} n \ln \left(1 + \frac{i}{n} \right)$$

$$= \lim_{n \to \infty} \frac{\ln \left(1 + \dfrac{i}{n} \right)}{1/n}$$

$$= \lim_{n \to \infty} \frac{\dfrac{1}{\left(1 + \dfrac{i}{n} \right)} \left(\dfrac{-i}{n^2} \right)}{-1/n^2} \qquad \text{Règle de L'Hospital.}$$

$$= \lim_{n \to \infty} \frac{i}{\left(1 + \dfrac{i}{n} \right)}$$

$$= i$$

Par conséquent, $\displaystyle\lim_{n \to \infty} \left(1 + \frac{i}{n} \right)^n = e^i$. La valeur du placement après 1 an sera

donc de $S = A \displaystyle\lim_{n \to \infty} \left(1 + \frac{i}{n} \right)^n = Ae^i$. Si on prolonge l'argument, la valeur accumulée d'un placement A pour une période de t années à un taux d'intérêt composé continuellement de i sera de $S = Ae^{it}$.

⊜XERCICE 5.4

Quelle sera la valeur accumulée d'un placement de 5 000 \$ investi pour une période de 10 ans à un taux d'intérêt nominal de 4 % composé continuellement?

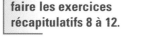

Vous pouvez maintenant faire les exercices récapitulatifs 8 à 12.

5.4 INTÉGRALES IMPROPRES

Dans cette section: *intégrale impropre.*

Le théorème 1.1 nous apprenait que toute fonction continue sur un intervalle fermé $[a, b]$ est intégrable sur cet intervalle. Toutefois, il arrive qu'on veuille évaluer des intégrales sur un intervalle qui n'est pas borné, c'est-à-dire sur un intervalle où au moins une des bornes est infinie: $]-\infty, \infty[$, $]-\infty, b]$ ou $[a, \infty[$. De même, on peut vouloir intégrer une fonction qui présente une discontinuité infinie (la fonction n'est pas bornée) en au moins un point de l'intervalle $[a, b]$. De telles intégrales (comportant au moins une borne infinie ou présentant une discontinuité infinie) portent le nom d'**intégrales impropres**, ou d'*intégrales généralisées*. L'exemple qui suit devrait vous convaincre de l'importance de traiter les intégrales impropres de façon particulière.

EXEMPLE 5.20

Si on recourait aveuglément et sans raisonnement au théorème fondamental du calcul intégral, on aurait

$$\int_{-1}^{1} \frac{1}{x^4}\, dx = -\tfrac{1}{3}\, x^{-3}\Big|_{-1}^{1}$$

$$= -\tfrac{1}{3} - \left[-\left(-\tfrac{1}{3}\right)\right]$$

$$= -\tfrac{2}{3}$$

De toute évidence, ce résultat n'est pas valable, puisque la fonction $\frac{1}{x^4} \geq 0$. On devrait pouvoir interpréter $\int_{-1}^{1} \frac{1}{x^4}\, dx$ comme l'aire de la région sous la courbe au-dessus de l'intervalle $[-1, 1]$ (figure 5.2).

Cette interprétation nous mène à la conclusion que l'expression $\int_{-1}^{1} \frac{1}{x^4}\, dx$ devrait être positive, contrairement à ce que nous avons obtenu en appliquant sans discernement le théorème fondamental du calcul intégral.

Il faut donc généraliser le concept d'intégrale pour lui donner une interprétation cohérente lorsqu'une des bornes d'intégration est infinie ou lorsque la fonction présente une discontinuité infinie en un point de l'intervalle d'intégration $[a, b]$.

FIGURE 5.2

$f(x) = \dfrac{1}{x^4}$

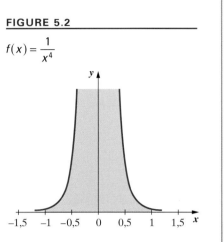

5.5 INTÉGRALES IMPROPRES AVEC AU MOINS UNE BORNE D'INTÉGRATION INFINIE

Dans cette section : *intégrale convergente – intégrale divergente – cor de Gabriel ou trompette de Torricelli.*

On aimerait pouvoir étendre le concept d'intégrale sur un intervalle comportant au moins une borne infinie, de façon telle que, dans le cas d'une fonction continue non négative, l'interprétation géométrique de l'aire sous une courbe au-dessus d'un intervalle tienne toujours.

Pour illustrer cette extension du concept d'intégrale, considérons la fonction $f(x) = \dfrac{1}{x^2}$ sur l'intervalle $[1, b]$ (figure 5.3). Comme cette fonction est positive sur cet intervalle, $\int_{1}^{b} f(x)dx$ peut s'interpréter comme étant l'aire de la surface sous la courbe $f(x) = \dfrac{1}{x^2}$ au-dessus de l'intervalle $[1, b]$.

Cette aire est donnée par

$$\int_{1}^{b} \frac{1}{x^2}\, dx = -\frac{1}{x}\Big|_{1}^{b}$$

$$= -\frac{1}{b} + 1$$

$$= \left(1 - \frac{1}{b}\right) u^2$$

FIGURE 5.3

$f(x) = \dfrac{1}{x^2}$

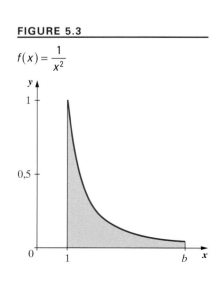

Ce résultat est valable pour toute valeur de b supérieure à 1. Si on laisse b tendre vers l'infini, on obtient même une aire finie de 1 u². Pour rendre compte de ce fait, on écrit alors que

$$\int_1^\infty \frac{1}{x^2}\,dx = \lim_{b\to\infty} \int_1^b \frac{1}{x^2}\,dx$$
$$= 1$$

et on dit que l'intégrale est convergente. Dans ce cas particulier, on dira que l'intégrale converge vers 1. Il faut comprendre d'après ce résultat que $\int_1^b \frac{1}{x^2}\,dx$ devient aussi près que l'on veut de 1, pourvu que la borne b soit suffisamment grande.

Par ailleurs, en procédant de manière similaire, dans le cas de la fonction $f(x) = \frac{1}{x}$ sur l'intervalle $[1, \infty[$ (figure 5.4), on obtient un résultat différent. Tout comme précédemment, $\int_1^b \frac{1}{x}\,dx$ représente l'aire sous la courbe décrite par la fonction $f(x) = \frac{1}{x}$ au-dessus de l'intervalle $[1, b]$.

De plus,

$$\int_1^b \frac{1}{x}\,dx = \ln x \Big|_1^b$$
$$= \ln b - \ln 1$$
$$= \ln b$$

de sorte qu'en laissant b tendre vers l'infini, on obtiendrait une aire infinie. Pour rendre compte de ce fait, on dit alors que $\int_1^\infty \frac{1}{x}\,dx = \lim_{b\to\infty} \int_1^b \frac{1}{x}\,dx$ diverge vers l'infini.

Il faut comprendre d'après ce résultat que l'expression $\int_1^b \frac{1}{x}\,dx$ devient plus grande que tout nombre réel fini, pour autant que la borne supérieure b soit suffisamment grande.

Ces deux illustrations nous conduisent naturellement à définir de la façon suivante l'intégrale impropre d'une fonction continue sur un intervalle dont au moins une borne est infinie :

- $\int_a^\infty f(x)\,dx = \lim_{b\to\infty} \int_a^b f(x)\,dx$; si la limite existe, l'**intégrale** est **convergente**, sinon elle est **divergente** ;

- $\int_{-\infty}^b f(x)\,dx = \lim_{a\to-\infty} \int_a^b f(x)\,dx$; si la limite existe, l'intégrale est convergente, sinon elle est divergente ;

- $\int_{-\infty}^\infty f(x)\,dx = \int_{-\infty}^0 f(x)\,dx + \int_0^\infty f(x)\,dx = \lim_{a\to-\infty} \int_a^0 f(x)\,dx + \lim_{b\to\infty} \int_0^b f(x)\,dx$; si les deux intégrales impropres, $\int_{-\infty}^0 f(x)\,dx$ et $\int_0^\infty f(x)\,dx$, sont convergentes,

FIGURE 5.4

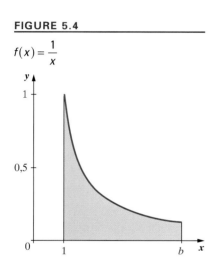

$f(x) = \dfrac{1}{x}$

c'est-à-dire si les deux limites du membre de droite de l'équation existent, l'intégrale est convergente, sinon elle est divergente. Attention! Vous seriez peut-être tenté d'utiliser une autre définition lorsque les deux bornes d'intégration sont infinies, soit $\int_{-\infty}^{\infty} f(x)dx = \lim_{a \to \infty} \int_{-a}^{a} f(x)dx$, mais cela serait une erreur, puisque rien n'indique que les bornes doivent tendre vers l'infini et moins l'infini au même rythme. L'exemple 5.24 illustre le fait que cette définition erronée ne mène pas au bon résultat.

Dans le cas d'une intégrale impropre convergente, la valeur de l'intégrale correspond donc à la valeur de la limite ou à la somme des valeurs des limites.

EXEMPLE 5.21

Évaluons, si possible, $\int_{0}^{\infty} e^x \, dx$:

$$\int_{0}^{\infty} e^x \, dx = \lim_{b \to \infty} \int_{0}^{b} e^x \, dx$$

$$= \lim_{b \to \infty} e^x \Big|_{0}^{b}$$

$$= \lim_{b \to \infty} \left(e^b - e^0 \right)$$

$$= \lim_{b \to \infty} \left(e^b - 1 \right)$$

$$= \infty$$

Par conséquent, on conclut que $\int_{0}^{\infty} e^x \, dx$ est une intégrale impropre divergente.

Par contre,

$$\int_{0}^{\infty} e^{-x} \, dx = \lim_{b \to \infty} \int_{0}^{b} e^{-x} \, dx$$

$$= \lim_{b \to \infty} -e^{-x} \Big|_{0}^{b}$$

$$= \lim_{b \to \infty} \left(-e^{-b} + e^{-0} \right)$$

$$= \lim_{b \to \infty} \left(1 - e^{-b} \right)$$

$$= 1$$

de sorte qu'on peut qualifier $\int_{0}^{\infty} e^{-x} \, dx$ d'intégrale impropre convergente et qu'on peut dire de cette intégrale qu'elle converge vers 1. De plus, comme la fonction e^{-x} est positive sur $[0, \infty[$, on peut interpréter ce résultat géométriquement comme étant la mesure de l'aire de la surface sous la courbe e^{-x} au-dessus de l'intervalle $[0, \infty[$.

EXEMPLE 5.22

L'intégrale impropre $\displaystyle\int_{-\infty}^{\pi} \cos x\, dx$ est divergente, puisque

$$\int_{-\infty}^{\pi} \cos x\, dx = \lim_{a \to -\infty} \int_{a}^{\pi} \cos x\, dx$$

$$= \lim_{a \to -\infty} \sin x \Big|_{a}^{\pi}$$

$$= \lim_{a \to -\infty} \left(\sin \pi - \sin a \right)$$

$$= - \lim_{a \to -\infty} \sin a$$

Comme cette dernière limite n'existe pas, $\displaystyle\int_{-\infty}^{\pi} \cos x\, dx$ diverge.

Par contre, $\displaystyle\int_{-\infty}^{\pi} e^x \cos x\, dx$ converge vers $-\frac{1}{2} e^{\pi}$. En effet, après avoir intégré par parties et utilisé le théorème du sandwich, on obtient

$$\int_{-\infty}^{\pi} e^x \cos x\, dx = \lim_{a \to -\infty} \int_{a}^{\pi} e^x \cos x\, dx$$

$$= \lim_{a \to -\infty} \frac{e^x \left(\cos x + \sin x \right)}{2} \Bigg|_{a}^{\pi}$$

$$= \lim_{a \to -\infty} \frac{1}{2} \left[e^{\pi} \left(\cos \pi + \sin \pi \right) - e^{a} \left(\cos a + \sin a \right) \right]$$

$$= - \frac{1}{2} e^{\pi}$$

On ne peut pas interpréter ce résultat comme l'aire de la surface sous une courbe, puisque la fonction $e^x \cos x$ n'est pas non négative partout sur l'intervalle $]-\infty, \pi]$.

EXEMPLE 5.23

On veut déterminer si $\displaystyle\int_{-\infty}^{\infty} \frac{x}{\left(1 + x^2\right)^2}\, dx$ est une intégrale impropre convergente et, s'il y a lieu, évaluer cette intégrale. Or,

$$\int_{-\infty}^{\infty} \frac{x}{\left(1 + x^2\right)^2}\, dx = \int_{-\infty}^{0} \frac{x}{\left(1 + x^2\right)^2}\, dx + \int_{0}^{\infty} \frac{x}{\left(1 + x^2\right)^2}\, dx$$

dans la mesure où les deux intégrales impropres du membre de droite de l'équation convergent. Évaluons d'abord l'intégrale indéfinie $\displaystyle\int \frac{x}{\left(1 + x^2\right)^2}\, dx$:

$$\int \frac{x}{\left(1 + x^2\right)^2}\, dx = \frac{1}{2} \int \frac{1}{u^2}\, du \qquad \text{Où } u = 1 + x^2 \ \Rightarrow \ du = 2x\, dx.$$

$$= -\frac{1}{2u} + C$$

$$= -\frac{1}{2\left(1 + x^2\right)} + C$$

Par conséquent,

$$\int_{-\infty}^{0} \frac{x}{(1+x^2)^2}\,dx = \lim_{a \to -\infty}\left[-\frac{1}{2(1+x^2)}\right]_{a}^{0}$$

$$= \lim_{a \to -\infty}\left[-\frac{1}{2(1+0^2)} - \left(-\frac{1}{2(1+a^2)}\right)\right]$$

$$= -\frac{1}{2}$$

Par un raisonnement similaire, on obtient que $\int_{0}^{\infty} \frac{x}{(1+x^2)^2}\,dx = \frac{1}{2}$, de sorte que

$$\int_{-\infty}^{\infty} \frac{x}{(1+x^2)^2}\,dx = \int_{-\infty}^{0} \frac{x}{(1+x^2)^2}\,dx + \int_{0}^{\infty} \frac{x}{(1+x^2)^2}\,dx$$

$$= -\frac{1}{2} + \frac{1}{2}$$

$$= 0$$

EXEMPLE 5.24

Comme la fonction $\sin x$ est impaire, on obtient que $\lim\limits_{a \to \infty}\int_{-a}^{a} \sin x\,dx = \lim\limits_{a \to \infty} 0 = 0$. Par ailleurs, $\int_{-\infty}^{\infty} \sin x\,dx = \int_{-\infty}^{0} \sin x\,dx + \int_{0}^{\infty} \sin x\,dx$ dans la mesure où les deux intégrales impropres du membre de droite de l'équation convergent. Or,

$$\int_{0}^{\infty} \sin x\,dx = \lim_{b \to \infty}\int_{0}^{b} \sin x\,dx$$

$$= \lim_{b \to \infty}\left(-\cos x\right)\Big|_{0}^{b}$$

$$= \lim_{b \to \infty}\left(\cos 0 - \cos b\right)$$

une limite qui n'existe pas. Par conséquent, $\int_{-\infty}^{\infty} \sin x\,dx$ diverge. On constate donc que $\lim\limits_{a \to \infty}\int_{-a}^{a} \sin x\,dx \neq \int_{-\infty}^{\infty} \sin x\,dx$.

EXERCICE 5.5

Dites si l'intégrale impropre converge ou diverge, et, s'il y lieu, donnez-en la valeur.

a) $\displaystyle\int_{-\infty}^{0} \frac{1}{x^2 + 4}\,dx$

b) $\displaystyle\int_{0}^{\infty} \frac{1}{(x+1)(x+2)}\,dx$

c) $\displaystyle\int_{e}^{\infty} \frac{1}{x \ln x}\,dx$

d) $\displaystyle\int_{-\infty}^{\infty} xe^{-x^2}\,dx$

e) $\displaystyle\int_{-\infty}^{0} \frac{1}{x^2 + 2x + 2}\,dx$

f) $\displaystyle\int_{1}^{\infty} \frac{1}{x^p}\,dx$ (où p est une constante) [Indice : Nous avons traité de deux cas particuliers ($p = 1$ et $p = 2$) de cette intégrale impropre en introduction de cette section. Déterminez pour quelles valeurs de p l'intégrale converge.]

En 1641, l'inventeur du baromètre, Evangelista Torricelli (1608–1647), fit une découverte surprenante et pour le moins paradoxale. Il montra essentiellement que l'aire de la surface au-dessus de l'intervalle $[1, \infty[$ et sous l'hyperbole $y = \dfrac{1}{x}$ est infinie, alors que le volume du solide engendré par la rotation de cette surface autour de l'axe des abscisses est fini. En effet, comme nous l'avons vu précédemment, l'aire de la surface considérée correspond à une intégrale impropre divergente : $\displaystyle\int_{1}^{\infty}\frac{1}{x}\,dx = \infty$. Par contre, le volume du solide considéré est fini, comme on peut le constater en calculant l'intégrale impropre suivante :

$$\int_{1}^{\infty} \pi\left(\frac{1}{x}\right)^2 dx = \lim_{b\to\infty} \int_{1}^{b} \pi\left(\frac{1}{x}\right)^2 dx$$

$$= \lim_{b\to\infty} \pi\left(-\frac{1}{x}\right)\Big|_{1}^{b}$$

$$= \pi \lim_{b\to\infty}\left[-\frac{1}{b} - \left(-\frac{1}{1}\right)\right]$$

$$= \pi$$

À cause de la forme du solide, on lui donna le nom de **trompette de Torricelli** (figure 5.5), en l'honneur du physicien italien.

Mais l'histoire ne s'arrête pas là. La surface latérale de la trompette de Torricelli est également infinie. En effet, l'aire de cette surface s'obtient comme suit :

$$\int_{1}^{\infty} 2\pi y \sqrt{1 + \left(\frac{dy}{dx}\right)^2}\,dx = 2\pi \int_{1}^{\infty} \frac{1}{x}\sqrt{1 + \left(-x^{-2}\right)^2}\,dx$$

$$= 2\pi \int_{1}^{\infty} \frac{1}{x}\sqrt{1 + x^{-4}}\,dx$$

$$\geq 2\pi \int_{1}^{\infty} \frac{1}{x}\,dx$$

$$= \infty$$

Le caractère énigmatique de ce solide explique sans doute l'autre nom qu'on lui donne, soit celui de **cor de Gabriel**, une référence religieuse, empreinte de mystère, à l'archange Gabriel, qui, comme de nombreux anges annonciateurs, était souvent représenté avec un cor ou une trompette.

FIGURE 5.5

Trompette de Torricelli

DÉFINITION

COR DE GABRIEL (OU TROMPETTE DE TORRICELLI)

Le cor de Gabriel est le solide obtenu par la rotation, autour de l'axe des abscisses, de la surface d'aire infinie sous l'hyperbole $y = \dfrac{1}{x}$ au-dessus de l'intervalle $[1, \infty[$. Le volume de ce solide est fini et vaut π u^3, alors que son aire latérale est infinie. Le cor de Gabriel porte également le nom de trompette de Torricelli, en l'honneur du physicien italien qui s'y intéressa.

5.6 INTÉGRALES IMPROPRES EN PROBABILITÉ

Dans cette section: *variable aléatoire – fonction de densité – espérance mathématique – variance.*

Le résultat d'un événement relevant du hasard s'exprime généralement au moyen d'un nombre. Ainsi, lorsqu'on lance un dé, les résultats qu'on peut observer sont 1, 2, 3, 4, 5 et 6. En général, pour désigner les résultats numériques d'un événement soumis au hasard, on utilise une lettre majuscule, comme X. Ainsi, dans l'exemple du dé, X peut prendre les valeurs entières de 1 à 6, et on écrira, selon le cas, $X = 1$, $X = 2$, ... ou $X = 6$. En général, on qualifie X de **variable aléatoire**, puisque, comme le nom l'indique, X n'est pas constant, il varie, il peut prendre plusieurs valeurs, et ces valeurs relèvent du hasard, d'où le qualificatif d'aléatoire[*], qui signifie justement «relevant du hasard». L'utilisation d'une lettre pour désigner une variable aléatoire s'avère très avantageuse, puisque cela permet d'écrire de manière symbolique la probabilité qu'un événement se réalise. Ainsi, le fait que la probabilité d'obtenir un 5 en lançant un dé vaut $\frac{1}{6}$ s'écrit $P(X = 5) = \frac{1}{6}$.

La notion de variable aléatoire s'étend aux événements relevant du hasard qui comportent un nombre infini de résultats possibles. À titre d'exemple, imaginons une aiguille, centrée à l'origine d'un cercle, qui tourne librement sous une impulsion dont l'intensité relève du hasard (figure 5.6).

Comme l'angle θ que fait l'aiguille avec l'axe des ordonnées n'est pas constant, qu'il est variable et qu'il dépend du hasard, on peut définir la variable aléatoire X comme étant la mesure de cet angle. On qualifiera cette dernière variable de continue, puisqu'elle peut théoriquement prendre n'importe quelle valeur sur l'intervalle $[0, 2\pi]$.

Dans le cas des variables aléatoires continues, la théorie des probabilités[†] requiert l'utilisation des intégrales impropres. Ainsi, on dit d'une fonction $f(x)$ qu'elle est une **fonction de densité** ou *densité de probabilité* si elle satisfait aux conditions suivantes:

- $f(x) \geq 0$

- $\int_{-\infty}^{\infty} f(x)\,dx = 1$

De plus, si X est une variable aléatoire continue, dont la fonction de densité est $f(x)$, alors la probabilité que X prenne une valeur comprise entre a et b est donnée par l'expression $P(a \leq X \leq b) = \int_{a}^{b} f(x)\,dx$, la probabilité que X prenne une valeur supérieure ou égale à a est donnée par $P(X \geq a) = \int_{a}^{\infty} f(x)\,dx$ et la probabilité que X prenne une valeur inférieure ou égale à b est donnée par $P(X \leq b) = \int_{-\infty}^{b} f(x)\,dx$.

DÉFINITION

VARIABLE ALÉATOIRE

Une variable aléatoire est une variable numérique qui peut prendre différentes valeurs selon la fonction de densité qui la régit.

FIGURE 5.6

Aiguille en rotation autour d'une extrémité

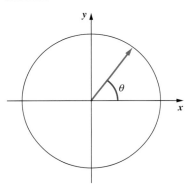

DÉFINITION

FONCTION DE DENSITÉ

Une fonction de densité (ou *densité de probabilité*) est une fonction intégrable $f(x)$ telle que $f(x) \geq 0 \; \forall \, x \in \mathbb{R}$ et telle que $\int_{-\infty}^{\infty} f(x)\,dx = 1$. La fonction de densité d'une variable aléatoire continue X est telle que la probabilité que la variable prenne une valeur comprise entre a et b, notée $P(a \leq X \leq b)$, est donnée par $\int_{a}^{b} f(x)\,dx$.

---

[*] Le mot *aléatoire* vient du latin *alea*, «jeu de dés» (l'un des premiers jeux de hasard). Les lecteurs des albums d'Astérix reconnaîtront ce mot dans la fameuse parole attribuée à Jules César: «*Alea jacta est*», qui veut dire littéralement «les dés sont lancés» ou, de façon plus classique, «le sort en est jeté».

[†] La théorie des probabilités constitue un domaine d'étude beaucoup trop vaste pour que nous l'explorions en profondeur. Nous définirons mathématiquement des concepts (probabilité, densité de probabilité, espérance et variance) en rapport avec les intégrales impropres sans toutefois expliquer plus en détail le sens de ces concepts.

Par ailleurs, la probabilité que X prenne exactement la valeur c est nulle, ce qui est rendu par le fait que $P(X = c) = \int_c^c f(x)dx = 0$. On en déduit alors que, dans le cas d'une variable aléatoire continue, $P(X > a) = P(X \geq a)$, $P(X < b) = P(X \leq b)$, etc.

L'**espérance mathématique** d'une variable aléatoire X, notée μ_X ou $E(X)$, est donnée par l'expression $\mu_X = E(X) = \int_{-\infty}^{\infty} x f(x)dx$ et la **variance** de la variable X, notée σ_X^2, est donnée par l'expression $\sigma_X^2 = \int_{-\infty}^{\infty} (x - \mu_X)^2 f(x)dx$.

> **DÉFINITIONS**
>
> **ESPÉRANCE MATHÉMATIQUE**
>
> L'espérance mathématique, notée μ_X ou $E(X)$, d'une variable aléatoire continue X, dont la fonction de densité est $f(x)$, est une mesure de tendance centrale dont l'expression est $\mu_X = E(X) = \int_{-\infty}^{\infty} x f(x)dx$.
>
> **VARIANCE**
>
> La variance, notée σ_X^2, d'une variable aléatoire continue, dont la fonction de densité est $f(x)$, est une mesure de la dispersion de cette variable, et son expression est $\sigma_X^2 = \int_{-\infty}^{\infty} (x - \mu_X)^2 f(x)dx$.

EXEMPLE 5.25

On veut déterminer si la fonction $f(x) = \dfrac{k}{1 + x^2}$ est une fonction de densité pour une valeur du paramètre k. Vérifions que les deux conditions requises pour qu'une fonction soit une densité de probabilité sont remplies pour une certaine valeur de k.

Comme $1 + x^2 > 0$, alors $f(x) = \dfrac{k}{1 + x^2} \geq 0$ si $k \geq 0$. De plus, si les deux limites existent,

$$\int_{-\infty}^{\infty} f(x)dx = \int_{-\infty}^{\infty} \frac{k}{1 + x^2} dx$$

$$= \int_{-\infty}^{0} \frac{k}{1 + x^2} dx + \int_{0}^{\infty} \frac{k}{1 + x^2} dx$$

$$= \lim_{a \to -\infty} \int_{a}^{0} \frac{k}{1 + x^2} dx + \lim_{b \to \infty} \int_{0}^{b} \frac{k}{1 + x^2} dx$$

Or,

$$\lim_{a \to -\infty} \int_{a}^{0} \frac{k}{1 + x^2} dx = \lim_{a \to -\infty} k \arctan x \Big|_{a}^{0}$$

$$= \lim_{a \to -\infty} \left(k \arctan 0 - k \arctan a \right)$$

$$= \left[0 - k\left(-\frac{\pi}{2} \right) \right]$$

$$= \frac{k\pi}{2}$$

De manière similaire, on obtient $\lim_{b \to \infty} \int_{0}^{b} \dfrac{k}{1 + x^2} dx = \dfrac{k\pi}{2}$. Par conséquent, $\int_{-\infty}^{\infty} \dfrac{k}{1 + x^2} dx = k\pi$. Pour que la fonction $f(x)$ soit une densité de probabilité, il faut que $\int_{-\infty}^{\infty} f(x)dx = 1$, de sorte qu'on en déduit que $k\pi = 1$, d'où $k = \dfrac{1}{\pi}$.

Par conséquent, la fonction $f(x) = \dfrac{1}{\pi(1 + x^2)}$ est une fonction de densité*.

---

* La fonction $f(x) = \dfrac{1}{\pi(1 + x^2)}$ fait partie d'une famille de fonctions de densité dites de Cauchy, ainsi nommées en l'honneur de l'illustre mathématicien Augustin-Louis Cauchy (1789–1857), dont nous reparlerons lorsque nous aborderons les critères de convergence des séries.

Toutefois, l'espérance de la fonction de densité $f(x) = \dfrac{1}{\pi(1 + x^2)}$ n'est pas définie, puisque l'intégrale impropre $\displaystyle\int_{-\infty}^{\infty} \dfrac{x}{\pi(1 + x^2)}\,dx$ n'est pas convergente. En effet, si elle existait, l'espérance serait donnée par

$$\mu_X = \int_{-\infty}^{\infty} x\,f(x)\,dx$$

$$= \int_{-\infty}^{\infty} \dfrac{x}{\pi(1 + x^2)}\,dx$$

$$= \lim_{a \to -\infty} \int_{a}^{0} \dfrac{x}{\pi(1 + x^2)}\,dx + \lim_{b \to \infty} \int_{0}^{b} \dfrac{x}{\pi(1 + x^2)}\,dx$$

Or,

$$\lim_{b \to \infty} \int_{0}^{b} \dfrac{x}{\pi(1 + x^2)}\,dx = \lim_{c \to \infty} \dfrac{1}{2\pi} \int_{1}^{c} \dfrac{1}{u}\,du \qquad \text{Où } u = 1 + x^2 \Rightarrow du = 2x\,dx.$$

$$= \lim_{c \to \infty} \dfrac{1}{2\pi} \ln u \Big|_{1}^{c}$$

$$= \lim_{c \to \infty} \left(\dfrac{1}{2\pi} \ln c - \dfrac{1}{2\pi} \ln 1 \right)$$

$$= \infty$$

Par conséquent, l'espérance de la fonction de densité $f(x) = \dfrac{1}{\pi(1 + x^2)}$ n'est pas définie, et la variance de cette fonction ne l'est pas également.

Par contre, on peut évaluer des probabilités. Ainsi, si X est une variable aléatoire dont la fonction de densité est $f(x) = \dfrac{1}{\pi(1 + x^2)}$, alors

$$P(X \geq 1) = \int_{1}^{\infty} \dfrac{1}{\pi(1 + x^2)}\,dx$$

$$= \dfrac{1}{\pi} \lim_{b \to \infty} \int_{1}^{b} \dfrac{1}{(1 + x^2)}\,dx$$

$$= \dfrac{1}{\pi} \lim_{b \to \infty} \operatorname{arctg} x \Big|_{1}^{b}$$

$$= \dfrac{1}{\pi} \lim_{b \to \infty} (\operatorname{arctg} b - \operatorname{arctg} 1)$$

$$= \dfrac{1}{\pi} \left(\dfrac{\pi}{2} - \dfrac{\pi}{4} \right)$$

$$= \frac{1}{4}$$

EXERCICE 5.6

Le temps (en secondes) entre le passage de deux voitures à un endroit précis sur une route à un certain moment de la journée est une variable aléatoire, X, dont la fonction de densité est

$$f(x) = \begin{cases} \frac{1}{2}e^{-x/2} & \text{si } x > 0 \\ 0 & \text{ailleurs} \end{cases}$$

a) Vérifiez que $f(x)$ est une fonction de densité.

b) Calculez le temps moyen (soit μ_X) entre le passage de deux voitures.

c) Quelle est la variance σ_X^2 de la variable aléatoire X?

d) Évaluez $P(X > 1)$.

e) Un individu traverse cette route à cet endroit immédiatement après le passage d'une voiture. Calculez la probabilité qu'il n'arrive pas de l'autre côté de la route sans se faire happer par une voiture s'il met plus de 3 s à traverser la route. Tenez pour acquis que s'il est sur la route au moment où une automobile passe, il sera blessé.

5.7 INTÉGRALES IMPROPRES EN MATHÉMATIQUES FINANCIÈRES

Dans cette section : *flux financier – perpétuité – valeur actuelle.*

On peut faire appel aux intégrales impropres pour évaluer la valeur actuelle d'une perpétuité. En sciences économiques, un **flux financier** versé sans fin à un rythme annuel de $R(t)$ \$/an de manière continue s'appelle une **perpétuité**. Ainsi, un flux financier continuel versé à un rythme constant de 1 000 \$/an pour l'éternité constitue une perpétuité. Le flux financier peut être fonction du temps; ainsi, il pourrait être de $R(t) = 1\,000 + 2t$, où t représente le temps en années. La **valeur actuelle**, A, d'un flux continuel de $R(t)$ \$/an est la somme qu'on serait prêt à débourser aujourd'hui en contrepartie de cette perpétuité si le taux d'intérêt composé continuellement était de i. On pourrait montrer que $A = \int_0^\infty R(t)e^{-it}\,dt$.

EXEMPLE 5.26

Si le taux d'intérêt nominal composé continuellement servant à l'actualisation est de 4 %, la valeur actuelle d'une perpétuité formée d'un flux financier continu versé au rythme de 1 000 \$/an est de

$$A = \int_0^\infty R(t)e^{-it}\,dt$$

$$= \lim_{b\to\infty} \int_0^b 1\,000\,e^{-0,04t}\,dt$$

$$= 1\,000 \lim_{b\to\infty} \frac{e^{-0,04t}}{-0,04}\bigg|_0^b$$

$$= -25\,000 \lim_{b\to\infty}\left(e^{-0,04b} - e^0\right)$$

$$= 25\,000$$

Par conséquent, on serait prêt à débourser 25 000 $ aujourd'hui pour pouvoir bénéficier d'une perpétuité de 1 000 $/an lorsque le taux d'intérêt nominal est de 4 % composé continuellement.

EXERCICE 5.7

Une perpétuité est constituée d'un flux financier versé continuellement au rythme de $80t$ $/an. Si le taux d'intérêt d'actualisation de cette perpétuité est un taux nominal de 5 %/an composé continuellement, quelle est la valeur actuelle de la perpétuité ?

5.8 INTÉGRALES IMPROPRES DONT L'INTÉGRANDE PREND UNE VALEUR INFINIE EN UN POINT DE L'INTERVALLE [*a, b*]

On parle également d'intégrale impropre lorsque l'intégrande prend une valeur infinie en un point c de l'intervalle $[a, b]$. Le point c peut être une des extrémités de l'intervalle ou un point à l'intérieur de l'intervalle, de sorte qu'il faut examiner trois cas :

- Si $f(x)$ est une fonction continue sur l'intervalle $[a, b[$ et admet une discontinuité infinie en b, alors l'intégrale impropre sur $[a, b]$ est définie de la façon suivante : $\int_a^b f(x)dx = \lim_{t \to b^-} \int_a^t f(x)dx$. Comme précédemment, si la limite existe, on dit que l'intégrale impropre converge vers la valeur de la limite, sinon on dit que l'intégrale impropre diverge.

- Si $f(x)$ est une fonction continue sur l'intervalle $]a, b]$ et admet une discontinuité infinie en a, alors l'intégrale impropre sur $[a, b]$ est définie de la façon suivante : $\int_a^b f(x)dx = \lim_{t \to a^+} \int_t^b f(x)dx$. Comme précédemment, si la limite existe, on dit que l'intégrale impropre converge vers la valeur de la limite, sinon on dit que l'intégrale impropre diverge.

- Si $f(x)$ est une fonction continue partout sur l'intervalle $[a, b]$ sauf en $c \in]a, b[$, où elle admet une discontinuité infinie, alors l'intégrale impropre sur $[a, b]$ est définie de la façon suivante : $\int_a^b f(x)dx = \int_a^c f(x)dx + \int_c^b f(x)dx$, l'intégrale impropre du membre de gauche de l'équation n'étant convergente que si et seulement si les deux intégrales impropres du membre de droite le sont également.

FIGURE 5.7

$f(x) = x^{-\frac{1}{2}}$

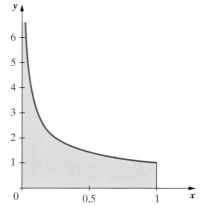

EXEMPLE 5.27

On veut évaluer $\int_0^1 x^{-\frac{1}{2}} dx$. La fonction $f(x) = x^{-\frac{1}{2}}$ (figure 5.7) admet une discontinuité infinie en $x = 0$; en fait, la droite $x = 0$ est une asymptote verticale à la courbe décrite par cette fonction. La représentation graphique de cette fonction sur l'intervalle $]0, 1]$ est donnée à la figure 5.7.

Par conséquent, $\int_0^1 x^{-\frac{1}{2}}\,dx$ est une intégrale impropre. Par ailleurs, $\int_0^1 x^{-\frac{1}{2}}\,dx$ est convergente parce que

$$\int_0^1 x^{-\frac{1}{2}}\,dx = \lim_{a \to 0^+} \int_a^1 x^{-\frac{1}{2}}\,dx$$

$$= \lim_{a \to 0^+} 2x^{\frac{1}{2}}\Big|_a^1$$

$$= \lim_{a \to 0^+} \left(2\sqrt{1} - 2\sqrt{a}\right)$$

$$= 2$$

Comme la fonction $x^{-\frac{1}{2}}$ est positive sur $]0, 1]$, $\int_0^1 x^{-\frac{1}{2}}\,dx$ peut s'interpréter comme l'aire de la surface ombrée sur la figure 5.7: l'aire de la surface ombrée mesure 2 u².

EXEMPLE 5.28

On veut évaluer $\int_{-1}^{\frac{1}{2}} \frac{1}{2x - 1}\,dx$. La fonction $f(x) = \frac{1}{2x - 1}$ admet une discontinuité infinie en $x = \frac{1}{2}$; en fait, la droite $x = \frac{1}{2}$ est une asymptote verticale à la courbe décrite par la fonction. Par conséquent, $\int_{-1}^{\frac{1}{2}} \frac{1}{2x - 1}\,dx$ est une intégrale impropre. Par ailleurs, $\int_{-1}^{\frac{1}{2}} \frac{1}{2x - 1}\,dx$ est divergente, parce que

$$\int_{-1}^{\frac{1}{2}} \frac{1}{2x - 1}\,dx = \lim_{b \to \frac{1}{2}^-} \int_{-1}^{b} \frac{1}{2x - 1}\,dx$$

$$= \lim_{b \to \frac{1}{2}^-} \frac{1}{2} \ln|2x - 1|\Big\|_{-1}^{b}$$

$$= \frac{1}{2} \lim_{b \to \frac{1}{2}^-} \left(\ln|2b - 1| - \ln 3\right)$$

$$= -\infty$$

EXEMPLE 5.29

On veut évaluer $\int_{-2}^1 \frac{1}{x^3}\,dx$. Si on applique le théorème fondamental du calcul intégral sans avoir d'abord vérifié si les conditions d'application de ce théorème sont remplies, on obtient

$$\int_{-2}^1 \frac{1}{x^3}\,dx = -\frac{1}{2} x^{-2}\Big|_{-2}^1$$

$$= -\frac{1}{2}\left[(1)^{-2} - (-2)^{-2}\right]$$

$$= -\frac{3}{8}$$

Or, cette réponse est fausse. En effet, $\int\limits_{-2}^{1}\dfrac{1}{x^3}\,dx$ est une intégrale impropre, puisque la fonction présente une discontinuité infinie en $x = 0$. On ne peut donc pas appliquer ici le théorème fondamental du calcul intégral. Déterminons d'abord si cette intégrale impropre est convergente. Comme la discontinuité en $x = 0$ se trouve à l'intérieur de l'intervalle $[-2, 1]$, on écrit $\int\limits_{-2}^{1}\dfrac{1}{x^3}\,dx = \int\limits_{-2}^{0}\dfrac{1}{x^3}\,dx + \int\limits_{0}^{1}\dfrac{1}{x^3}\,dx$, l'intégrale du membre de gauche de l'équation étant convergente si et seulement si celles du membre de droite le sont aussi. Or,

$$\int\limits_{0}^{1}\dfrac{1}{x^3}\,dx = \lim_{a \to 0^+}\int\limits_{a}^{1}\dfrac{1}{x^3}\,dx$$

$$= \lim_{a \to 0^+}\left[-\tfrac{1}{2}x^{-2}\right]\Big|_{a}^{1}$$

$$= -\tfrac{1}{2}\lim_{a \to 0^+}\left(1 - a^{-2}\right)$$

$$= \infty$$

de sorte que $\int\limits_{0}^{1}\dfrac{1}{x^3}\,dx$ est une intégrale impropre divergente. Par conséquent, $\int\limits_{-2}^{1}\dfrac{1}{x^3}\,dx$ est aussi une intégrale impropre divergente.

⊜XERCICE 5.8

Dites si l'intégrale impropre converge ou diverge, et, s'il y lieu, donnez-en la valeur.

a) $\int\limits_{-1}^{8} x^{-\frac{1}{3}}\,dx$

b) $\int\limits_{0}^{2}\dfrac{1}{\sqrt{4 - x^2}}\,dx$

c) $\int\limits_{1}^{10}\dfrac{1}{\sqrt{x - 1}}\,dx$

d) $\int\limits_{-1}^{1}\dfrac{1}{x(x + 3)}\,dx$

e) $\int\limits_{0}^{\pi/2} \sec x\,dx$

Vous pouvez maintenant faire les exercices récapitulatifs 13 à 29.

▪▪▪ RÉSUMÉ

En calcul, il est souvent nécessaire d'évaluer des expressions du type $\dfrac{0}{0}$, $\dfrac{\infty}{\infty}$, $\infty \cdot 0$, $\infty - \infty$, 1^∞, 0^0 ou ∞^0, qu'on qualifie de **formes indéterminées**, parce que, selon les fonctions en présence, ces expressions peuvent prendre différentes valeurs réelles, ne pas exister ou tendre vers ∞ (ou $-\infty$). En calcul différentiel, vous avez vu qu'on peut lever certaines de ces indéterminations en employant des astuces comme une mise en évidence, une factorisation, une multiplication par un conjugué, etc. Toutefois,

l'utilisation de ces procédés ne convient pas à toutes les situations. Dans le premier manuel de calcul jamais écrit, Guillaume François Antoine de L'Hospital formula une règle relativement simple, dite **règle de L'Hospital**, qui ne fait pas appel à d'habiles artifices pour lever de nombreuses indéterminations. Dans certaines hypothèses relativement peu contraignantes, cette règle affirme essentiellement que, si $\dfrac{f(x)}{g(x)}$ est une forme indéterminée de type $\dfrac{0}{0}$ ou de type $\dfrac{\infty}{\infty}$ lorsque $x = a$, alors $\lim\limits_{x \to a}\dfrac{f(x)}{g(x)} = \lim\limits_{x \to a}\dfrac{f'(x)}{g'(x)}$.

Dans le cas où cette dernière limite présente également une forme indéterminée, on peut appliquer, de nouveau, la règle de L'Hospital autant de fois qu'il est nécessaire de le faire pour lever l'indétermination, dans la mesure où les conditions d'application de la règle de L'Hospital sont remplies.

Pour lever une indétermination du type $\infty \cdot 0$ ou $\infty - \infty$, il suffit d'effectuer des transformations algébriques élémentaires (remplacer un facteur par l'inverse de son inverse, mettre au même dénominateur, utiliser des identités trigonométriques, multiplier par une expression conjuguée, etc.) pour que l'indétermination devienne du type $\frac{0}{0}$ ou du type $\frac{\infty}{\infty}$. Si le contexte s'y prête, on peut ensuite appliquer la règle de L'Hospital.

Pour lever une indétermination du type 1^{∞}, 0^{0} ou ∞^{0}, on tire profit du fait que la fonction logarithmique est une fonction continue. Ainsi, en posant $y = [f(x)]^{g(x)}$, on a $\ln y = \ln [f(x)]^{g(x)} = g(x)\ln [f(x)]$, de sorte que $\ln y$ est une indétermination de la forme $0 \cdot \infty$ qui, moyennant une transformation algébrique mentionnée précédemment, peut généralement être levée à l'aide de la règle de L'Hospital. On a alors

$$\lim_{x \to a} [f(x)]^{g(x)} = e^{\ln \lim_{x \to a} [f(x)]^{g(x)}}$$
$$= e^{\lim_{x \to a} \ln [f(x)]^{g(x)}}$$
$$= e^{\lim_{x \to a} g(x)\ln f(x)}$$
$$= e^{L}$$

où $L = \lim_{x \to a} g(x)\ln f(x)$.

Le concept d'intégrale impropre permet de généraliser la notion d'intégrale définie d'une fonction continue lorsqu'au moins une des bornes d'intégration est infinie :

- $\int_{a}^{\infty} f(x)dx = \lim_{b \to \infty} \int_{a}^{b} f(x)dx$

- $\int_{-\infty}^{b} f(x)dx = \lim_{a \to -\infty} \int_{a}^{b} f(x)dx$

- $\int_{-\infty}^{\infty} f(x)dx = \int_{-\infty}^{0} f(x)dx + \int_{0}^{\infty} f(x)dx$

  $= \lim_{a \to -\infty} \int_{a}^{0} f(x)dx + \lim_{b \to \infty} \int_{0}^{b} f(x)dx$

On dit qu'une **intégrale impropre** présentant l'une de ces trois formes est convergente si toutes les limites servant à la définir existent. La valeur d'une **intégrale** impropre **convergente** correspond alors à la valeur de la limite ou à la somme des valeurs des limites servant à définir l'intégrale. On dit d'une **intégrale** impropre qui n'est pas convergente qu'elle est **divergente**.

Dans le cas où la fonction $f(x)$ admet une discontinuité infinie en un point $c \in [a, b]$, l'expression $\int_{a}^{b} f(x)dx$ porte également le nom d'intégrale impropre. Selon la position de c dans l'intervalle, l'intégrale impropre est donnée par :

- $\int_{a}^{b} f(x)dx = \lim_{t \to a^{+}} \int_{t}^{b} f(x)dx$ (la fonction $f(x)$ admet une discontinuité infinie en a)

- $\int_{a}^{b} f(x)dx = \lim_{t \to b^{-}} \int_{a}^{t} f(x)dx$ (la fonction $f(x)$ admet une discontinuité infinie en b)

- $\int_{a}^{b} f(x)dx = \int_{a}^{c} f(x)dx + \int_{c}^{b} f(x)dx$

  $= \lim_{t \to c^{-}} \int_{a}^{t} f(x)dx + \lim_{v \to c^{+}} \int_{v}^{b} f(x)dx$

  (la fonction $f(x)$ admet une discontinuité infinie en $c \in \,]a, b[$)

Comme précédemment, on dit que l'intégrale impropre converge si les limites servant à la définir existent, sinon on dit qu'elle diverge. La valeur d'une intégrale impropre convergente correspond à la valeur de la limite ou à la somme des valeurs des limites.

Les intégrales impropres servent notamment à déterminer la **valeur actuelle** d'un **flux financier** comme celle d'une **perpétuité**.

Les intégrales impropres sont également utilisées en théorie des probabilités. Ainsi, une **fonction de densité** est une fonction $f(x)$ telle que $f(x) \geq 0$ et que $\int_{-\infty}^{\infty} f(x)dx = 1$. De plus, si X est une **variable aléatoire** continue, alors l'**espérance mathématique** μ_X de cette variable est donnée par l'expression $\mu_X = \int_{-\infty}^{\infty} x f(x)dx$, et la **variance** σ_X^2 de cette variable est donnée par l'expression $\sigma_X^2 = \int_{-\infty}^{\infty} (x - \mu_X)^2 f(x)dx$.

■■■ MOTS CLÉS

Cor de Gabriel, p. 247
Espérance mathématique, p. 249
Flux financier, p. 251
Fonction de densité, p. 248
Forme indéterminée, p. 226
Intégrale convergente, p. 243
Intégrale divergente, p. 243

Intégrale impropre, p. 241
Intérêt composé continuellement, p. 240
Linéarisation locale, p. 229
Perpétuité, p. 251
Règle de L'Hospital, p. 228
Trompette de Torricelli, p. 247

Valeur accumulée d'un placement, p. 239
Valeur actuelle, p. 251
Variable aléatoire, p. 248
Variance, p. 249

■■■ RÉSEAU DE CONCEPTS

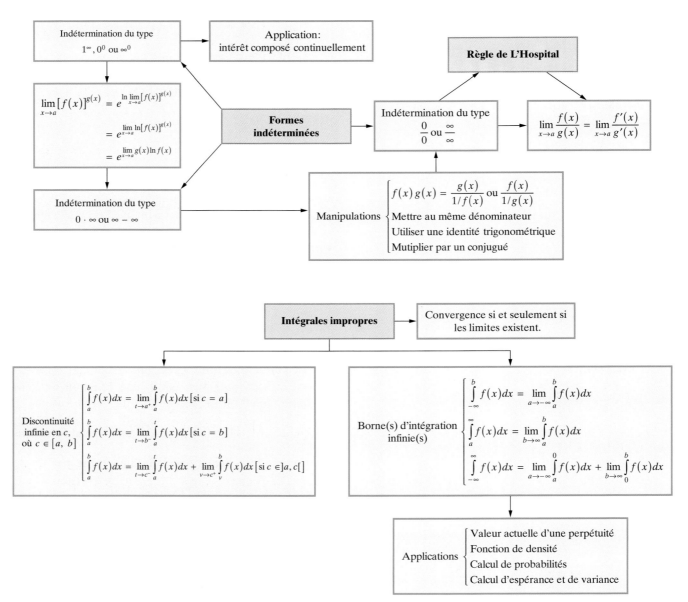

EXERCICES RÉCAPITULATIFS

Sections 5.1 et 5.2

1. Évaluez la limite.

a) $\lim\limits_{x \to 3} \dfrac{x^2 - 9}{x^3 - 3x^2 + 9x - 27}$

b) $\lim\limits_{x \to 2^+} \dfrac{\left|4 - x^2\right|}{x - 2}$

c) $\lim\limits_{x \to 1} \dfrac{x - e^{x-1}}{x - 1}$

d) $\lim\limits_{x \to 0} \dfrac{x - \sin 2x}{x - \operatorname{tg} 2x}$

e) $\lim\limits_{x \to \infty} \dfrac{4 - x^2}{(x - 2)^2}$

f) $\lim\limits_{x \to 0} \dfrac{\cos 2x}{x}$

g) $\lim\limits_{x \to 0^+} \dfrac{\ln(\sin 2x)}{\ln(\operatorname{tg} 3x)}$

h) $\lim\limits_{x \to \infty} \dfrac{\cos 2x}{x}$

i) $\lim\limits_{x \to \infty} \dfrac{x^2 + x + 2}{e^x}$

j) $\lim\limits_{x \to 0} \dfrac{x \operatorname{tg} 2x}{\sin^2 3x}$

k) $\lim\limits_{x \to -2^-} \dfrac{\left|2 + x\right|}{2 + x}$

l) $\lim\limits_{x \to 0} \dfrac{\ln(1 - 2x^2)}{\ln(1 + 4x)}$

m) $\lim\limits_{x \to \frac{\pi}{4}} \dfrac{\operatorname{tg} x - 1}{4x - \pi}$

n) $\lim\limits_{x \to 0^+} \dfrac{\ln x}{\sqrt{x}}$

o) $\lim\limits_{x \to \frac{\pi}{2}} \dfrac{1 - \sin^2 x}{\cos 2x - \sin 3x}$

2. Évaluez la limite.

a) $\lim\limits_{x \to 0^+} \sin x \ln x$

b) $\lim\limits_{x \to 1^+} \left(\dfrac{2x}{\ln x} - \dfrac{1}{x - 1} \right)$

c) $\lim\limits_{x \to \infty} x^2 \left(1 - e^{1/x}\right)$

d) $\lim\limits_{x \to \infty} \left(\dfrac{2x^2}{2x + 3} - \dfrac{4x^3}{4x^2 + 1} \right)$

e) $\lim\limits_{x \to 0^+} \left(\dfrac{1}{\sin x} - \dfrac{1}{x} \right)$

f) $\lim\limits_{x \to \infty} x^2 \sin\left(\dfrac{1}{x} \right)$

g) $\lim\limits_{x \to 0^+} \left(\dfrac{3}{\sin^2 x} - \dfrac{1}{1 - \cos x} \right)$

h) $\lim\limits_{x \to 0^-} \left(\dfrac{\cos x}{x^2} - \dfrac{1}{x^3} \right)$

i) $\lim\limits_{x \to 0^+} \operatorname{tg} 2x \ln\left(x^2\right)$

j) $\lim\limits_{x \to 0} \left(\dfrac{1}{e^x - 1} - \dfrac{2}{x} \right)$

3. Le graphique suivant représente deux fonctions dérivables $f(x)$ et $g(x)$ dont les dérivées sont continues :

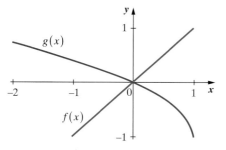

a) Que valent $f(0)$ et $g(0)$?

b) La pente de la tangente à la courbe décrite par la fonction $g(x)$ est-elle positive ou négative en $x = 0$?

c) Quelle est l'interprétation géométrique de $g'(0)$?

d) Parmi les choix suivants, lequel est vrai ? Justifiez votre réponse.

La valeur de $\lim\limits_{x \to 0} \dfrac{f(x)}{g(x)}$ est
  A. positive finie
  B. négative finie
  C. nulle
  D. infinie

4. Dans sa célèbre *Analyse des infiniment petits, pour l'intelligence des lignes courbes*, L'Hospital illustra la règle qui porte aujourd'hui son nom à l'aide de deux exemples qu'on écrit en notation moderne de la façon suivante : $\lim\limits_{x \to a} \dfrac{a^2 - ax}{a - \sqrt{ax}}$ et $\lim\limits_{x \to a} \dfrac{\sqrt{2a^3 x - x^4} - a\sqrt[3]{a^2 x}}{a - \sqrt[4]{ax^3}}$, où $a > 0$. Utilisez la règle de L'Hospital pour évaluer ces deux limites.

5. Si n est un entier positif, vérifiez l'affirmation.

a) $\lim\limits_{x \to \infty} \dfrac{\ln x}{x^n} = 0$

b) $\lim\limits_{x \to \infty} \dfrac{x^n}{e^x} = 0$

6. L'équation $I = \dfrac{V}{R}\left(1 - e^{-Rt/L}\right)$ est tirée de la théorie physique de l'électricité. Si les paramètres V et L sont constants, évaluez la valeur de I au temps $t = t_0$ si la valeur de la résistance R devient négligeable. Qu'en est-il si la résistance est très forte ?

7. Soit un polygone régulier à n côtés inscrit dans un cercle de rayon r.

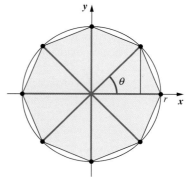

a) Quelle est l'expression de l'angle au centre θ en fonction du nombre n de côtés du polygone inscrit ?

b) Quelle est l'aire $A(n)$ de la surface S délimitée par le polygone régulier à n côtés inscrit dans le cercle de rayon r ? (Indice : Trouvez l'expression de l'aire d'une des surfaces triangulaires formant la surface S.)

c) Évaluez $\lim\limits_{n \to \infty} A(n)$.

d) Quelle célèbre formule de géométrie obtenez-vous ?

8. Évaluez la limite.

a) $\lim\limits_{x \to \infty} \left(\dfrac{x+1}{x-2} \right)^x$

b) $\lim\limits_{x \to 0^+} (\cos x)^{1/x^3}$

c) $\lim\limits_{x \to 0^-} (\cos x)^{1/x^3}$

d) $\lim\limits_{x \to \infty} (x)^{3/x}$

e) $\lim\limits_{x \to \infty} \left(1 + \dfrac{3}{x} \right)^{2x}$

f) $\lim\limits_{x \to 1^+} x^{\frac{3}{x-1}}$

g) $\lim\limits_{x \to 0^+} \left(\dfrac{1}{x} \right)^{\sin x}$

h) $\lim\limits_{x \to 0} (1 + 2x)^{\cotg x}$

i) $\lim\limits_{x \to 0^+} x^{\tg x}$

j) $\lim\limits_{x \to \frac{\pi}{2}^-} \sin x^{\sec x}$

k) $\lim\limits_{x \to 0^+} (x+1)^{(\ln C)/x}$
   (où C est une constante positive)

9. Évaluez la limite.

a) $\lim\limits_{x \to \infty} x \arctg \left(\dfrac{2}{x} \right)$

b) $\lim\limits_{x \to \infty} x^2 \arctg \left(\dfrac{2}{x} \right)$

c) $\lim\limits_{x \to \infty} \dfrac{\arctg \left(\dfrac{2}{x} \right)}{x}$

d) $\lim\limits_{x \to 0^+} x^{(\ln C)/(1 + \ln x)}$
   (où C est une constante positive)

e) $\lim\limits_{x \to \infty} \dfrac{x^2 - x}{e^x - 1}$

f) $\lim\limits_{x \to 0} \dfrac{\arcsin 3x}{x}$

g) $\lim\limits_{x \to 2^+} \left(\dfrac{1}{x-2} - \dfrac{x}{\sqrt{x-2}} \right)$

h) $\lim\limits_{x \to w} \dfrac{\sin x - \sin w}{x^2 - w^2}$
   (où $w \neq 0$)

i) $\lim\limits_{x \to \infty} \dfrac{2x^{-3}}{e^{1/x} - 1}$
   (Indice : Posez $y = x^{-1}$.)

10. Déterminez la valeur de la constante C.

a) $\lim\limits_{x \to \infty} \left(\dfrac{x+C}{x-C} \right)^x = 2$

b) $\lim\limits_{x \to \infty} \left(\dfrac{x}{x-C} \right)^x = e^6$

♦ **11.** Soit un cercle de rayon r centré au point $O(0, 0)$ (l'origine d'un plan cartésien). Soit $B(r, 0)$ un point sur la circonférence du cercle, et soit C un point tel que le segment BC est tangent au cercle (et donc perpendiculaire au segment OB) et de même longueur que l'arc de cercle BD. Soit $A(\alpha, 0)$ le point situé à l'intersection des droites passant respectivement par les points C et D et par les points O et B.

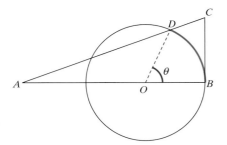

a) Quelle est la longueur de l'arc BD en fonction du rayon r et de l'angle θ (en radians) ?

b) Exprimez les coordonnées du point C en fonction du rayon r et de l'angle θ.

c) Exprimez les coordonnées du point D en fonction du rayon r et de l'angle θ.

d) Calculez la pente de la droite passant par les points A et C à partir des points C et D.

e) Calculez la pente $(m \neq 0)$ de la droite passant par les points A et C à partir de ces deux points.

f) Isolez α des équations obtenues en d et e, et évaluez $\lim\limits_{\theta \to 0} \alpha$, c'est-à-dire déterminez la position du point $A(\alpha, 0)$ lorsque le point C se rapproche du point B.

12. La courbe décrite par une fonction $f(x)$ admet une asymptote oblique $y = mx + b$, où $m \neq 0$, lorsque

$$\lim\limits_{x \to \infty} \left[f(x) - (mx + b) \right] = 0$$

ou lorsque

$$\lim\limits_{x \to -\infty} \left[f(x) - (mx + b) \right] = 0$$

La pente m de l'asymptote oblique est donnée par

$$m = \lim\limits_{x \to \infty} \dfrac{f(x)}{x} \quad \text{ou} \quad m = \lim\limits_{x \to -\infty} \dfrac{f(x)}{x}$$

alors que l'ordonnée à l'origine est donnée, selon le cas, par $\lim\limits_{x \to \infty} [f(x) - mx]$ ou $\lim\limits_{x \to -\infty} [f(x) - mx]$. Déterminez la ou les asymptotes obliques à la courbe décrite par la fonction $f(x)$.

a) $f(x) = \left(x^3 - 3x^2 + 2x \right)^{1/3}$

b) $f(x) = x^{1/3} (x-1)^{2/3}$

13. Évaluez l'intégrale impropre, c'est-à-dire donnez-en la valeur si elle converge, sinon dites qu'elle diverge.

a) $\displaystyle\int_1^{\infty} \dfrac{3}{(x+5)(x+2)} dx$

b) $\displaystyle\int_e^{\infty} \dfrac{1}{x \left[\ln(x^2) \right]^2} dx$

c) $\displaystyle\int_0^{\infty} \dfrac{2x+1}{x^2 + x + 1} dx$

d) $\displaystyle\int_{-\infty}^{\infty} \dfrac{e^{-x}}{1 + e^{-2x}} dx$

e) $\displaystyle\int_0^{\infty} x e^{-3x} dx$

f) $\displaystyle\int_0^1 x \ln x \, dx$

g) $\displaystyle\int_0^2 \dfrac{1}{1 - x^2} dx$

h) $\displaystyle\int_0^{\pi/3} \dfrac{\sin x}{\sqrt{2 \cos x - 1}} dx$

i) $\displaystyle\int_0^4 \dfrac{1}{(x-3)^{5/3}} dx$

j) $\displaystyle\int_{1/5}^1 \dfrac{1}{\sqrt{5x - 1}} dx$

k) $\displaystyle\int_0^{\pi/2} \tg x \, dx$

l) $\displaystyle\int_0^4 \dfrac{\sqrt{x} + 1}{\sqrt{x}} dx$

m) $\displaystyle\int_2^6 \dfrac{1}{(x-2)^{3/2}} dx$

n) $\displaystyle\int_0^3 \dfrac{2}{(x-1)^3} dx$

o) $\displaystyle\int_0^{\infty} \dfrac{1}{x^2 + a^2} dx$ (où $a > 0$)

p) $\displaystyle\int_0^a \dfrac{1}{\sqrt{a^2 - x^2}} dx$ (où $a > 0$)

14. Pour résoudre certaines équations différentielles comportant des conditions initiales, on peut faire appel aux transformées de Laplace*. Soit une fonction $f(x)$ définie pour tout $x \geq 0$. La tr$\mathscr{L}$ansformée de Laplace de $f(x)$ est un opérateur mathématique, noté $F(s)$ ou $\mathscr{L}[f(x)]$, dont l'expression est

$$F(s) = \mathscr{L}[f(x)] = \int_0^\infty e^{-sx} f(x)\,dx = \lim_{c \to \infty} \int_0^c e^{-sx} f(x)\,dx$$

pour toutes les valeurs de s où l'intégrale impropre existe (ou converge). Vérifiez les formules suivantes avec les restrictions imposées sur s.

a) $\mathscr{L}(1) = \dfrac{1}{s}$ (où $s > 0$)

b) $\mathscr{L}(x) = \dfrac{1}{s^2}$ (où $s > 0$)

c) $\mathscr{L}(\cos ax) = \dfrac{s}{s^2 + a^2}$ (où $s > 0$)

d) $\mathscr{L}(e^{ax}) = \dfrac{1}{s - a}$ (où $s > a$)

15. Évaluez l'aire de la surface S.

a) La surface S, dans le premier quadrant, sous la courbe $f(x) = \dfrac{1}{(1+x)^2}$.

b) La surface S sous la courbe $f(x) = \dfrac{\ln x}{x^2}$ au-dessus de l'intervalle $[e, \infty[$.

c) La surface S comprise entre les courbes $f(x) = \dfrac{1}{x}$ et $g(x) = \dfrac{x}{x^2 + 1}$ pour les valeurs de x comprises dans l'intervalle $[1, \infty[$. Notez que $f(x) > g(x)$ sur cet intervalle.

16. Évaluez le volume du solide engendré par la rotation de la surface S autour de l'axe indiqué.

a) La surface S, dans le premier quadrant, sous la courbe $f(x) = \dfrac{1}{(1+x)^2}$ autour de l'axe des abscisses.

b) La surface S, dans le premier quadrant, sous la courbe $f(x) = \dfrac{1}{(1+x)^2}$ autour de l'axe des ordonnées.

c) La surface S, dans le premier quadrant, sous la courbe $f(x) = \dfrac{1}{(1+x)^3}$ autour de l'axe des ordonnées.

d) La surface S, dans le premier quadrant, sous la courbe $f(x) = e^{-x^2}$ autour de l'axe des ordonnées.

e) La surface S sous la courbe $f(x) = x^{-1/5}$ au-dessus de l'intervalle $[1, \infty[$ autour de l'axe des abscisses.

f) La surface S, dans le premier quadrant, sous la courbe $f(x) = e^{-x}$ autour de l'axe des ordonnées.

17. Soit le solide engendré par la rotation, autour de l'axe des abscisses, de la surface, dans le premier quadrant, sous la courbe $f(x) = e^{-x}$. Évaluez le volume de ce solide, de même que son aire latérale.

18. Un ébéniste produit des dessus de table d'appoint. Il utilise différentes essences de bois pour créer des motifs géométriques. Pour réaliser le dessus de table suivant, il a utilisé trois essences de bois : une pour tracer le pourtour du motif géométrique (un astroïde), une autre pour le motif géométrique et enfin une dernière pour la partie résiduelle.

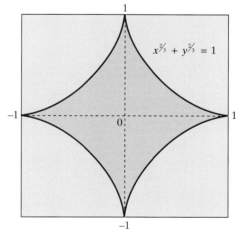

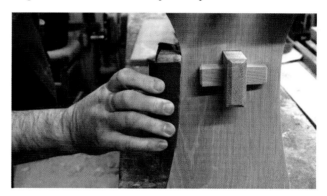

$x^{2/3} + y^{2/3} = 1$

a) Quelle proportion de la superficie du dessus de la table le motif géométrique occupe-t-il ? Utilisez un argument de symétrie. (Indice : Effectuez le changement de variable $x = \sin^3 \theta$.)

b) Quelle est la longueur du pourtour du motif géométrique du modèle de table produit par l'ébéniste ? Utilisez un argument de symétrie.

---

* Les transformées de Laplace ont été ainsi nommées en l'honneur du mathématicien français Pierre Simon de Laplace (1749–1827), qui a été le premier à étudier des intégrales de la forme $\int_0^\infty e^{-sx} f(x)\,dx$, dans un mémoire présenté à l'Académie des sciences de Paris en 1782. Toutefois, les techniques de résolution d'équations différentielles faisant appel à ces transformées n'ont été mises au point qu'un siècle après les travaux de Laplace, notamment sous l'impulsion (électrique !) d'un ingénieur britannique, Oliver Heaviside (1850–1925). Laplace a été un mathématicien et un physicien de grand talent dont l'œuvre maîtresse, *Traité de mécanique céleste*, lui a valu d'être appelé le « Newton français ». Napoléon, qui avait lu cet ouvrage, lui demanda d'ailleurs pourquoi son auteur n'y avait fait aucune référence à Dieu, ce à quoi Laplace répondit : « Sire, je n'ai pas eu besoin de cette hypothèse. »

c) L'ébéniste trouve que le motif géométrique de cette table est particulièrement élégant et décide de produire un solide en faisant tourner ce motif autour de l'axe des abscisses. Quels sont le volume et la surface latérale du solide de révolution ainsi obtenu ?

19. Sachant que $\int_0^\infty e^{-x^2}\,dx = \dfrac{\sqrt{\pi}}{2}$, déterminez le volume du solide engendré par la rotation, autour de l'axe des abscisses, de la surface S sous la courbe décrite par la fonction $f(x) = e^{-x^2}$ au-dessus de l'intervalle $[0, \infty[$.

20. La durée de vie T d'une pièce représente le temps (en années) qu'elle fonctionne correctement avant de se briser. Soit une pièce dont la fonction de densité décrivant sa durée de vie est

$$f(t) = \begin{cases} ke^{-\frac{1}{4}t} & \text{si } t \geq 0 \\ 0 & \text{ailleurs} \end{cases}$$

a) Déterminez la valeur de la constante k.

b) Quelle est la probabilité que la pièce se brise au cours des deux premières années suivant son installation ?

c) Quelle est la probabilité que la pièce se brise entre la deuxième et la quatrième année suivant son installation ?

d) Quelle est la probabilité qu'une pièce de ce type dure plus de 5 ans ?

e) Quelle est l'espérance de vie d'une pièce de ce type ?

f) Écrivez l'intégrale qui permettrait de trouver la variance de la durée de vie de cette pièce, sans toutefois l'évaluer.

21. La valeur mensuelle X des réclamations (en centaines de milliers de dollars) effectuées par les clients d'une compagnie d'assurance est une variable aléatoire dont la fonction de densité est

$$f(x) = \begin{cases} \dfrac{k}{(1 + x)^4} & \text{si } x \geq 0 \\ 0 & \text{ailleurs} \end{cases}$$

a) Déterminez la valeur de la constante k.

b) Quel montant cette compagnie s'attend-elle à payer mensuellement, soit l'espérance de la variable aléatoire X, pour indemniser ses clients ?

c) Quelle est la probabilité qu'au cours d'un mois donné la valeur des réclamations soit supérieure à 300 000 $ (soit $X > 3$) ?

d) Quelle est la variance de la valeur mensuelle des réclamations ?

22. Quelle est la valeur actuelle A d'une perpétuité formée d'un flux financier versé continuellement au rythme de $1\,000\left(1 + e^{t/20}\right)$ $/an lorsque cette perpétuité porte un taux d'intérêt nominal de 10 %/an composé continuellement ?

23. Une sismologue a établi que, dans une certaine région, l'intervalle de temps entre deux tremblements de terre d'intensité supérieure à 4 sur l'échelle de Richter (1900–1985) est une variable aléatoire dont la fonction de densité est $f(t) = \frac{1}{1\,000}e^{-t/1\,000}$, où le temps t est mesuré en jours et où $t \geq 0$.

a) Quelle est la probabilité que, dans cette région, il s'écoule plus de 2 000 jours entre deux tremblements de terre d'intensité supérieure à 4 ?

b) Quel intervalle de temps habituel (l'espérance) observe-t-on entre deux tremblements de terre d'intensité supérieure à 4 ?

24. On a déjà établi que les éléments radioactifs se décomposent à un rythme proportionnel à la quantité de matière présente, c'est-à-dire que $\dfrac{dQ}{dt} = -kQ$, où $Q(t)$ représente la quantité de matière présente au temps t, de sorte que $Q(0)$ représente la quantité initiale de matière, et où k est une constante de proportionnalité positive. On définit la durée de vie X d'une particule radioactive par la fonction de densité

$$f(t) = \begin{cases} ke^{-kt} & \text{si } t \geq 0 \\ 0 & \text{ailleurs} \end{cases}$$

et on définit la durée de vie moyenne d'une particule comme étant $\overline{V} = \int_0^\infty kte^{-kt}\,dt$.

a) Vérifiez que la fonction $f(t)$ est une fonction de densité.

b) Calculez la probabilité qu'un atome de radium ait une durée de vie supérieure à 1 000 ans, si la constante de proportionnalité dans le cas du radium est $k = 4,36 \times 10^{-4}$.

c) Calculez la durée de vie moyenne d'un atome de radium.

25. Une particule se déplace à une vitesse de $v(t) = \dfrac{1+t}{e^t}$ m/s, où le temps t est mesuré en secondes à compter de $t = 0$. Quel déplacement cette particule fera-t-elle si elle demeure en mouvement continuellement à cette vitesse ?

26. Un pétrolier accidenté laisse échapper sa cargaison à un rythme donné par la fonction $f(t) = 10\,000\,e^{-t/5}$ L/h, où le temps t est mesuré en heures à compter du début de la fuite. On suppose que, si rien n'est fait, le pétrolier laissera s'échapper toute sa cargaison. Dans ce contexte, évaluez $\displaystyle\int_0^\infty f(t)\,dt$ et donnez-en une interprétation.

27. Au cours d'essais cliniques, les chercheurs d'une entreprise pharmaceutique veulent déterminer la quantité absorbée d'un médicament dans le corps d'un patient. À cette fin, ils mesurent l'écart A entre la dose D donnée et la quantité éliminée du médicament. Si le rythme d'élimination d'un certain médicament en fonction du temps t (en heures) est donné par $r'(t) = 100e^{-0,5t}$ mg/h, quelle est la quantité absorbée A lorsque la dose donnée est de 300 mg ?

28. Lors d'une expérience en psychologie, la proportion des souris qui ont pris plus de t s pour parcourir un labyrinthe est donnée par $\displaystyle\int_t^\infty 0,1e^{-0,1x}dx$. Quelle est la proportion des souris qui ont pris 10 s ou moins pour parcourir le labyrinthe ?

29. Le vieillissement (ou l'usure) est un phénomène qu'on observe chez les êtres vivants (et également dans les biens matériels produits par l'être humain). Il se manifeste par une perte de vitalité (ou de fiabilité), et il conduit inéluctablement à la mort (ou à l'usure totale). Les modèles mathématiques utilisés pour décrire le phénomène de vieillissement (et d'usure) sont généralement établis à partir d'une fonction de survie strictement décroissante, notée $S(t)$, qui représente la probabilité que l'être vivant (ou le bien matériel) survive (ou fonctionne encore) au-delà d'une durée t. Ainsi,

si X représente la variable aléatoire correspondant à la durée de vie (du bien ou de l'être vivant), alors

$$S(t) = P(X > t) = \int_t^\infty f(x)\,dx$$

où $f(x)$ est la fonction de densité de la variable X. Il va de soi que la fonction de survie n'est définie que pour des valeurs de t supérieures ou égales à 0.

Le quotient de mortalité (ou d'usure), noté $\lambda(t)$, est défini comme la fonction donnant le taux relatif de décroissance de la fonction de survie : $\lambda(t) = -\dfrac{S'(t)}{S(t)}$.

Enfin, la durée de vie médiane d'un organisme vivant (ou d'un bien) correspond à la durée t_m telle que $S(t_m) = 0,5$.

a) Que vaut $S(0)$?

b) Pourquoi le quotient de mortalité $\lambda(t)$ n'est-il jamais négatif ? (Indice : Quel est le signe de la dérivée de la fonction de survie ?)

c) Déterminez l'expression de la fonction de survie $S(t)$ lorsque le quotient de mortalité est constant et égal à λ. Votre réponse doit contenir une constante arbitraire en plus de la constante λ.

d) Déterminez l'expression de la fonction de survie et celle du quotient de mortalité $\lambda(t)$ lorsque la fonction de densité de la durée de vie (X) est

$$f(x) = \begin{cases} 3e^{-3x} & \text{si } x \geq 0 \\ 0 & \text{si } x < 0 \end{cases}$$

Les quotients de mortalité les plus couramment utilisés sont la loi de Gompertz (1779–1865) (surtout chez les êtres vivants) et la loi de Weibull (1887–1979) (surtout pour les biens matériels). L'expression mathématique de la loi de Gompertz est $\lambda(t) = A + Be^{\alpha t}$, où A, B et α sont des paramètres positifs, alors que celle de la loi de Weibull est $\lambda(t) = Ct^\beta$, où C et β sont des paramètres positifs. Comme les valeurs de t représentent des durées de vie, on doit avoir $t \geq 0$.

Un certain organisme vivant est soumis au quotient de mortalité donné par la loi de Gompertz $\lambda(t) = 0,2 + 0,3e^{0,04t}$, où le temps t est mesuré en jours.

e) Quelle est la probabilité qu'un organisme de ce type vive plus de 5 jours ?

f) Utilisez un logiciel de calcul symbolique (Maple) pour estimer la durée de vie médiane d'un organisme soumis à cette loi de Gompertz.

Un certain type de bien est soumis au quotient de mortalité donné par la loi de Weibull $\lambda(t) = 10^{-5}\,t^{3/2}$, où le temps t est mesuré en mois.

g) Quelle est la probabilité qu'un bien de ce type ait une durée de vie supérieure à 25 mois ?

h) Utilisez un logiciel de calcul symbolique (comme Maple) pour estimer la durée de vie médiane d'un bien soumis à cette loi de Weibull.

CHAPITRE 6

SUITES ET SÉRIES

De nos jours, on peut obtenir aisément la valeur d'expressions comme $\sin(2)$, $\ln(3,4)$ ou encore $\operatorname{arctg}(2,5)$ en appuyant sur quelques touches d'une calculatrice scientifique. La représentation de fonctions par des séries infinies, soit une somme comportant un nombre infini de termes, permet de produire de tels résultats. Nous avons déjà évalué certaines séries, sans le mentionner explicitement, lorsque nous avons effectué des intégrales définies sans utiliser le théorème fondamental du calcul intégral. Abordons maintenant de telles sommes dans un cadre plus formel. Dans un premier temps, il faut étudier le concept de suite infinie afin de bien comprendre ce qu'on entend par le résultat d'une somme comportant un nombre infini de termes. La notion de limite à l'infini sera évidemment mise à contribution, et il faudra, à l'occasion, employer la règle de L'Hospital. Nous verrons ensuite comment on peut utiliser des polynômes pour approximer certaines fonctions, ce qui permettra d'estimer avec une précision satisfaisante des expressions comme celles mentionnées plus haut, ou encore des intégrales définies comme $\int_{1}^{3} \sin \sqrt{x}\, dx$, pour lesquelles le théorème fondamental du calcul intégral se révèle impuissant.

La somme d'une série infinie dont le terme général tend vers zéro peut autant être finie qu'infinie.

Jacques Bernoulli

▸ Distinguer suite et série (6.2 et 6.4).

▸ Trouver le terme général d'une suite ou d'une série
(6.2 et 6.4).

▸ Déterminer la nature (croissante, décroissante, monotone,
bornée, convergente, divergente, etc.) d'une suite (6.3).

▸ Évaluer des séries simples (6.6).

▸ Énoncer les caractéristiques des séries arithmétique,
harmonique, géométrique et de Riemann (6.6).

▸ Déterminer la convergence ou la divergence des séries
arithmétique, harmonique, géométrique et de Riemann (6.6).

▸ Appliquer le critère approprié pour déterminer si une série
converge ou diverge (6.5, 6.7 et 6.8).

▸ Trouver l'intervalle de convergence d'une série entière (6.9).

▸ Développer une fonction en série de Maclaurin ou en série
de Taylor, selon ce qui est approprié (6.10).

▸ Effectuer des intégrales définies en développant une série
entière appropriée (6.10).

Sommaire

Un portrait de
Colin Maclaurin

Né en février 1698 à Kilmodan, en Écosse, Colin Maclaurin* perdit son père, un ministre du culte, alors qu'il n'avait que 6 semaines, et sa mère alors qu'il n'avait pas 10 ans. Il fut donc élevé par un parent adoptif, son oncle Daniel Maclaurin, qui était aussi pasteur. En 1709, à 11 ans, Maclaurin, s'inscrivit en théologie à l'Université de Glasgow. De nos jours, il serait pratiquement impensable d'être admis à l'université à un si jeune âge, mais il semble que le cas était relativement courant en Écosse à cette époque. Dès sa première année universitaire, Maclaurin mit la main sur un exemplaire des *Éléments* d'Euclide (330–275 av. J.-C.), qui servait alors de manuel scolaire. Il en maîtrisa rapidement les six premiers livres ; son intérêt pour les mathématiques venait de poindre. Sous l'influence de Robert Simson (1687–1768), professeur de mathématiques à l'Université de Glasgow et spécialiste de la géométrie de la Grèce antique, Maclaurin abandonna ses études théologiques et se consacra aux mathématiques.

En 1713, Maclaurin reçut son diplôme de maîtrise (M.A.) après avoir défendu publiquement sa thèse intitulée *On the Power of Gravity*. Bien qu'à cette époque, en Écosse, le diplôme de maîtrise correspondît à notre actuel diplôme de premier cycle, équivalent à un baccalauréat, l'obtention d'une M.A. révélait le talent immense de Maclaurin. Non seulement l'avait-il obtenue au jeune âge de 14 ans, mais aussi sa thèse développait les théories de Newton (1642–1727), que seuls les plus grands mathématiciens du temps comprenaient. Après l'obtention de son diplôme, Maclaurin reprit ses études en théologie pour devenir pasteur, mais les dissensions à l'intérieur de l'Église presbytérienne le révoltèrent, et il décida de retourner vivre chez son oncle pour poursuivre ses réflexions scientifiques.

En 1717, Maclaurin devint professeur de mathématiques au Marischal College de l'Université d'Aberdeen, poste qu'il quitta en 1722, sans aviser son employeur, pour accompagner, à titre de tuteur, le fils de lord Polwarth qui avait entrepris une tournée de l'Europe. Maclaurin passa alors beaucoup de temps en France, où il remporta le prix de l'Académie des sciences pour un ouvrage intitulé *The Percussion of Bodies* ; en 1740, il reçut ce prix à nouveau, conjointement avec Euler (1707–1783) et Daniel Bernoulli (1700–1782), pour un article portant sur les marées.

Bien qu'il ait été nommé Fellow de la Société royale en 1719, et qu'il ait mérité un prix prestigieux, Maclaurin, dont la défection n'avait pas été oubliée,

---

* Les ouvrages spécialisés donnent d'autres orthographes pour le nom de ce mathématicien, dont MacLaurin et Mac Laurin. Nous avons opté pour l'orthographe la plus couramment employée dans les manuels de langue anglaise, qui est aussi celle qu'a retenue le *Dictionnaire des mathématiques* de l'*Encyclopædia Universalis* paru chez Albin Michel en 1997.

ne trouva pas d'emploi à Aberdeen lorsqu'il revint en Écosse en 1724. Sur recommandation de Newton, qui proposa même de payer une partie de son salaire, il obtint en 1725 un poste de professeur à l'Université d'Édimbourg. Enseignant très apprécié, Maclaurin participa aussi à la vie scientifique de la ville en collaborant aux travaux de la société savante locale, qui devint, après sa mort, la Royal Society of Edinburgh.

En 1742, Maclaurin publia un ouvrage marquant, *Treatise of Fluxions*, dans lequel il entendait présenter de manière rigoureuse les méthodes et les principes du calcul newtonien. Dans l'introduction de ce traité de 763 pages, il exposa ses intentions pédagogiques :

> [Berkeley] prétendit que la méthode des fluxions reposait sur un faux raisonnement et laissait dans l'ombre une foule d'énigmes. Ses objections semblaient motivées par la pauvreté de la description habituelle des éléments de cette méthode, et une pareille incompréhension de celle-ci de la part d'une personne de sa compétence m'apparut comme une preuve suffisante de la nécessité d'en consolider davantage les fondements.

En plus de répondre aux attaques portées à l'endroit du calcul infinitésimal, Maclaurin exposa dans son *Treatise of Fluxions* plusieurs applications de cet outil novateur. Il y présenta également les séries (aujourd'hui qualifiées de Maclaurin), en signalant qu'elles représentaient un cas particulier des séries étudiées par le mathématicien Brook Taylor (1685–1731). Il élabora aussi un critère (*test*) de convergence des séries, soit le critère de l'intégrale.

Ouvrage remarquable, *Treatise of Fluxions* fut cependant néfaste pour les mathématiques britanniques. Les mathématiciens britanniques, en effet, adoptèrent alors l'approche géométrique newtonienne et sa notation, consacrées en quelque sorte par le traité de Maclaurin. Ils se coupèrent ainsi du reste du continent européen, où les mathématiciens avaient adopté l'approche et la notation plus commodes de Leibniz (1646–1716) et des Bernoulli.

Maclaurin mourut des suites d'un œdème pulmonaire le 14 juin 1746. Son *Treatise on Algebra* fut publié à titre posthume en 1748. Il avait été le plus grand mathématicien britannique après Newton.

6.1 APPROXIMATIONS POLYNOMIALES

Si $f(x)$ est une fonction continue et dérivable en $x = a$, alors, pour des valeurs de x près de a, on peut raisonnablement approximer la valeur de la fonction par la valeur observée de y sur la droite tangente à la courbe décrite par la fonction $f(x)$ en $x = a$, cette dernière épousant si bien le contour de la courbe près du point $(a, f(a))$ qu'on peut difficilement la distinguer de celle décrite par la fonction en ce point (figure 6.1).

Or, cette droite tangente a pour pente $m = f'(a)$ et elle passe par le point $(a, f(a))$, de sorte que son équation est $y = f(a) + f'(a)(x - a)$. Par conséquent, pour des valeurs voisines de $x = a$, on a $f(x) \approx f(a) + f'(a)(x - a)$, ce qui constitue une approximation linéaire, soit une approximation polynomiale de degré 1 en $(x - a)$, de la fonction $f(x)$ pour des valeurs de x voisines de a. On peut donc entrevoir la possibilité d'approximer la valeur d'une fonction complexe en un point par celle d'une fonction polynomiale de degré 1 qui est beaucoup simple à évaluer en tout point.

L'approximation linéaire étant très rudimentaire, on peut se demander s'il n'est pas possible d'améliorer la qualité de l'approximation en augmentant le degré du polynôme, la courbe décrite par un polynôme de degré plus élevé permettant sans doute de mieux épouser les contours de celle décrite par la fonction. Pour que l'approximation soit de bonne qualité, il faudrait que le polynôme utilisé présente des caractéristiques similaires à celles de la fonction. Si on veut évaluer la fonction par un polynôme de degré n en $(x - a)$, soit $P_n(x) = \sum_{k=0}^{n} a_k (x - a)^k$, on souhaite que toutes les dérivées, jusqu'à l'ordre n, évaluées en $x = a$, du polynôme choisi correspondent à celles de la fonction.

FIGURE 6.1

Approximation linéaire d'une fonction

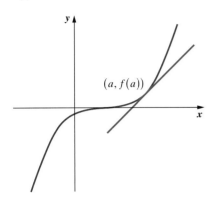

EXEMPLE 6.1

Illustrons notre propos en essayant de trouver des approximations successives de la fonction $f(x) = e^x$ dans un voisinage de $a = 0$ avec des polynômes constants, de degré 1, de degré 2 et enfin de degré 3.

Dans le cas de la fonction $f(x) = e^x$, on a que $f'(x) = e^x$, $f''(x) = e^x$ et $f'''(x) = e^x$, de sorte que $f(0) = 1$, $f'(0) = 1$, $f''(0) = 1$ et $f'''(0) = 1$.

Le polynôme constant $P_0(x) = a_0$ qui approxime la fonction $f(x) = e^x$ près de 0 doit être tel que $P_0(0) = f(0) = 1$. Par conséquent, on a que $P_0(x) = 1$, de sorte que $e^x \approx 1$ pour des valeurs de x près de 0. Pour raffiner cette approximation, augmentons le degré du polynôme.

Le polynôme du premier degré $P_1(x) = a_0 + a_1 x$ qui approxime la fonction $f(x) = e^x$ près de 0 doit être tel que ses dérivées d'ordre 0 et d'ordre 1, évaluées en $x = 0$, correspondent respectivement à celles des mêmes ordres de la fonction. On veut donc que $P_1(0) = f(0) = 1$ et que $P_1'(0) = f'(0) = 1$. Or, comme $P_1(0) = a_0$ et que $P_1'(0) = a_1$, on a que $a_0 = 1$ et $a_1 = 1$, d'où $P_1(x) = 1 + x$. Par conséquent, on obtient que $e^x \approx 1 + x$ pour des valeurs de x près de 0.

On peut faire mieux en augmentant encore le degré du polynôme. Le polynôme du second degré $P_2(x) = a_0 + a_1 x + a_2 x^2$ qui approxime la fonction $f(x) = e^x$ près de 0 doit être tel que ses dérivées d'ordre 0, d'ordre 1 et d'ordre 2, évaluées en $x = 0$, correspondent respectivement à celles des mêmes ordres de la fonction. Or, $P_2'(x) = a_1 + 2a_2 x$, de sorte que $P_2'(0) = a_1$. De plus, $P_2''(x) = 2a_2$, de sorte que $P_2''(0) = 2a_2$. Par conséquent, si $P_2(0) = f(0) = 1$, si

$P_2'(0) = f'(0) = 1$ et si $P_2''(0) = f''(0) = 1$, alors $a_0 = 1$, $a_1 = 1$ et $a_2 = \dfrac{1}{2}$, d'où $P_2(x) = 1 + x + \dfrac{x^2}{2}$. On a donc $e^x \approx 1 + x + \dfrac{1}{2}x^2$ pour des valeurs de x près de 0.

Si on reprend le processus avec un polynôme de degré 3, on obtient $e^x \approx 1 + x + \dfrac{1}{2}x^2 + \dfrac{1}{3 \cdot 2}x^3$.

Représentons graphiquement la fonction $f(x) = e^x$ et les quatre polynômes d'approximation dans un même plan cartésien (figure 6.2).

FIGURE 6.2

Approximation de $f(x) = e^x$ à l'aide de polynômes

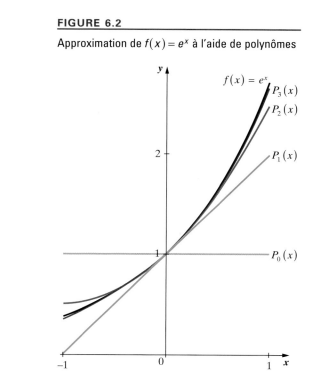

On constate aisément qu'en augmentant le degré du polynôme, on améliore la qualité de l'approximation. Ainsi, la courbe décrite par le polynôme $P_3(x)$ épouse mieux les contours de celle décrite par la fonction $f(x) = e^x$ que celles décrites par tous les autres polynômes de moindre degré.

On peut confirmer ce résultat en approximant la valeur numérique de la fonction près de 0 à l'aide de chacun des polynômes. Ainsi, en $x = 0,5$, on a

$$P_0(0,5) = 1$$

$$P_1(0,5) = 1 + 0,5 = 1,5$$

$$P_2(0,5) = 1 + 0,5 + \frac{(0,5)^2}{2} = 1,625$$

$$P_2(0,5) = 1 + 0,5 + \frac{(0,5)^2}{2} + \frac{(0,5)^3}{6} = 1,645\,8\overline{3}$$

$$f(0,5) = e^{0,5} \approx 1,648\,721\,271$$

On constate qu'en augmentant le degré du polynôme, on obtient une meilleure approximation de la valeur de la fonction en $x = 0,5$.

À la suite de cet exemple, on pourrait penser à augmenter sans fin le degré du polynôme, espérer obtenir un accord parfait entre une fonction $f(x)$ et un polynôme de «degré infini», soit $P_\infty(x) = \sum_{k=0}^{\infty} a_k (x-a)^k$, et conclure que $f(x) = \sum_{k=0}^{\infty} a_k (x-a)^k$. Il serait alors possible d'approximer localement une fonction complexe difficilement évaluable ou intégrable par un polynôme, soit une expression facile à évaluer et à intégrer.

Il faut cependant formaliser ce qu'on entend par la notion d'accord parfait entre le polynôme et la fonction, et déterminer les conditions qui permettent cette concordance entre la fonction et le polynôme. Il nous faut donc d'abord faire un léger détour et étudier les suites de nombres réels.

6.2 SUITES DE NOMBRES RÉELS

Dans cette section: *suite – terme général d'une suite – suite définie par récurrence – relation de récurrence – factorielle.*

Une obligation d'épargne de 1 000 $ porte un taux d'intérêt composé de 5 %/an. Après une année, la valeur de cette obligation est de $1\,000(1{,}05)$ $, après deux ans, elle est de $1\,000(1{,}05)^2$ $, après trois ans, elle est $1\,000(1{,}05)^3$ $, et ainsi de suite. La valeur de l'obligation est donc fonction du temps mesuré en années complètes; il s'agit donc d'une fonction dont le domaine est l'ensemble des naturels. En effet, si on note la valeur de l'obligation après n années par $f(n)$, on a alors $f(n) = 1\,000(1{,}05)^n$. On peut donc représenter la valeur de l'obligation en fonction du temps par la suite

$$1\,000 \text{ \$}, \; 1\,000(1{,}05) \text{ \$}, \; 1\,000(1{,}05)^2 \text{ \$}, \; 1\,000(1{,}05)^3 \text{ \$}, \; ..., \; 1\,000(1{,}05)^n \text{ \$}, \; ...$$

Cette petite illustration nous amène à définir le concept de suite. Une fonction dont le domaine est l'ensemble des entiers positifs porte le nom de **suite**. De manière générale, la variable indépendante d'une suite est notée n, alors que la variable indépendante d'une fonction d'une seule variable réelle est habituellement notée x. Cette convention permet de distinguer les fonctions d'une variable réelle des suites.

Il existe plusieurs façons d'écrire une suite de nombres. Ainsi, on peut écrire $f(n) = a_n$ pour désigner la suite des nombres $a_1, a_2, a_3, ..., a_n, ...$. Une suite peut donc également être conçue comme une liste infinie de nombres réels ordonnés selon les entiers positifs. On utilise aussi la notation $\{a_n\}_{n=1}^{\infty}$, ou mieux encore $\{a_n\}$, pour désigner la suite $a_1, a_2, a_3, ..., a_n, ...$. L'expression a_n s'appelle alors le **terme général de la suite**. Pour trouver les termes d'une suite, il suffit de remplacer n par les différentes valeurs entières positives dans la fonction.

Comme pour toute fonction, on peut donner une représentation graphique d'une suite.

DÉFINITIONS

SUITE

Une suite est une fonction $f(n) = a_n$ dont le domaine est l'ensemble des entiers positifs. On représente généralement la suite

$$a_1, a_2, a_3, ..., a_n, ...$$

par son terme général a_n en utilisant la notation $\{a_n\}_{n=1}^{\infty}$, ou mieux encore $\{a_n\}$.

TERME GÉNÉRAL D'UNE SUITE

Le terme général d'une suite $\{a_n\}$ est a_n.

EXEMPLE 6.2

L'expression $\{3\}$ désigne la suite $3, 3, 3, ..., 3, ...$, puisque le terme général de cette suite est $a_n = 3$: quelle que soit la valeur de n, on a $a_n = 3$. On peut représenter graphiquement la suite $\{3\}$ (figure 6.3).

FIGURE 6.3

La suite {3}

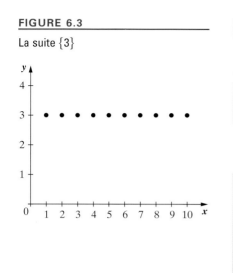

Comme vous pouvez le constater, le graphique d'une suite ne comporte que des points dont l'abscisse est un entier positif : $(1, 3), (2, 3), (3, 3), \ldots, (n, 3), \ldots,$ puisque $f(n) = 3$. On peut concevoir cette suite comme un cas particulier de la fonction d'une variable réelle $f(x) = 3$, c'est-à-dire que l'image de la suite {3} est un sous-ensemble de l'image de la fonction d'une variable réelle correspondante.

EXEMPLE 6.3

L'expression $\{1/n\}$ désigne la suite $1, 1/2, 1/3, \ldots, 1/n, \ldots$. On trouve à la figure 6.4 les représentations graphiques de la suite $f(n) = 1/n$ et de la fonction d'une variable réelle correspondante $f(x) = 1/x$.

FIGURE 6.4

La suite $\left\{\dfrac{1}{n}\right\}$ et la fonction $f(x) = \dfrac{1}{x}$

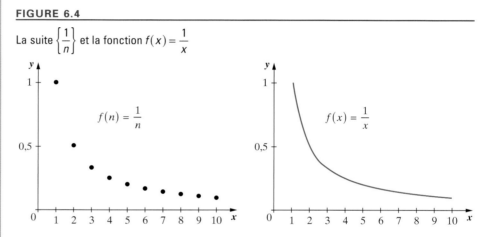

FIGURE 6.5

La suite $\left\{(-1)^n\right\}$

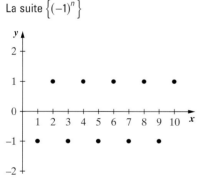

EXEMPLE 6.4

L'expression $\left\{(-1)^n\right\}$ désigne la suite $-1, 1, -1, \ldots, (-1)^n, \ldots$, dont la représentation graphique se trouve à la figure 6.5.

La suite $f(n) = (-1)^n$ n'a pas de correspondant dans les réels ; en effet, la règle de correspondance $f(x) = (-1)^x$ n'est pas définie pour toutes les valeurs réelles. Ainsi, l'expression $f(3/2) = (-1)^{3/2}$ n'est pas définie.

FIGURE 6.6

La suite $\{2n - 1\}$

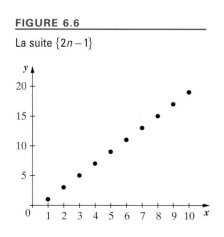

EXEMPLE 6.5

L'expression $\{2n - 1\}$ désigne la suite $1, 3, 5, \ldots, (2n - 1), \ldots$, soit la suite des nombres impairs positifs, dont la représentation graphique se trouve à la figure 6.6.

EXEMPLE 6.6

La suite des nombres $2, 4, 6, 8, 10, 12, 14, \ldots$ est la suite des multiples de 2, soit la suite des nombres pairs positifs, qu'on peut écrire sous la forme $\{2n\}$.

EXEMPLE 6.7

La suite $2, 4, 8, 16, 32, 64, \ldots$ est la suite des puissances de 2, qu'on peut écrire sous la forme $\{2^n\}$.

EXEMPLE 6.8

La suite $\frac{1}{2}, \frac{2}{3}, \frac{3}{4}, \frac{4}{5}, \frac{5}{6}, \ldots$ peut s'écrire sous la forme $\left\{\dfrac{n}{n+1}\right\}$.

Il n'y a malheureusement pas de recette magique pour trouver le terme général d'une suite présentée sous la forme d'une liste infinie. Toutefois, avec l'expérience et la connaissance d'un certain nombre de suites courantes, on peut développer son intuition et recourir à quelques petites astuces. Ainsi, dans le cas de la suite $\frac{1}{2}, \frac{2}{3}, \frac{3}{4}, \frac{4}{5}, \frac{5}{6}, \ldots$, on constate que les termes sont des quotients dont le numérateur forme une suite, celle des entiers positifs, et celle du dénominateur, une autre suite dont chaque terme est supérieur d'une unité au terme du numérateur. C'est ainsi qu'on en déduit que cette suite est $\left\{\dfrac{n}{n+1}\right\}$. Après avoir émis une hypothèse sur le terme général d'une suite, il est souhaitable de la valider en vérifiant qu'elle est conforme aux termes connus de la suite. Toutefois, il ne faut pas croire que l'expression du terme général qu'on trouve à partir de quelques-uns des premiers termes d'une suite est unique; en effet, deux suites dont les termes généraux sont différents peuvent être telles que leurs premiers termes soient les mêmes. Ainsi, les suites $\{2n\}$ et $\{(n-1)(n-2)(n-3)\cdots(n-k) + 2n\}$ sont distinctes, mais elles ont les mêmes k premiers termes.

Il n'en demeure pas moins nécessaire de trouver une expression pour le terme général d'une suite à partir de quelques-uns de ses premiers termes. Voici quelques petites astuces qui pourraient être utiles pour déterminer une expression pour le terme général d'une suite:

- Si la suite est formée de fractions, il peut s'avérer utile d'essayer de la décomposer en deux suites, une pour le numérateur et une autre pour le dénominateur.

- Si les premiers termes d'une suite ne semblent pas s'accorder avec ses autres termes, c'est possiblement qu'ils ont subi une simplification. Il peut alors être utile de rétablir la cohérence en tentant de reconstituer les termes initiaux.

- Si on observe une alternance de signes dans une suite, le terme général comporte habituellement un facteur du type $(-1)^n$ ou $(-1)^{n+1}$.

EXERCICES 6.1

1. Donnez les sept premiers termes de la suite et donnez-en une représentation graphique.

a) $\left\{\dfrac{(-1)^n}{n}\right\}$

c) $\left\{\dfrac{n^2-1}{2n+1}\right\}$

e) $\left\{\dfrac{n^3}{2^n}\right\}$

b) $\left\{(-1)^{n+1}\, 3n\right\}$

d) $\left\{\dfrac{\cos(n\pi/2)}{n}\right\}$

2. Trouvez une expression pour le terme général a_n de la suite.

a) $\frac{1}{4}, \frac{2}{8}, \frac{3}{16}, \frac{4}{32}, \frac{5}{64}, \frac{6}{128}, \cdots$

b) $1, -\frac{2}{3}, \frac{3}{5}, -\frac{4}{7}, \frac{5}{9}, -\frac{6}{11}, \cdots$

c) $0, 2, 0, 2, 0, 2, 0, \ldots$

d) $\frac{3}{2}, 2, \frac{5}{2}, 3, \frac{7}{2}, 4, \frac{9}{2}, \ldots$

e) $\frac{\ln 3}{\sqrt{4}}, \frac{\ln 9}{\sqrt{5}}, \frac{\ln 27}{\sqrt{6}}, \frac{\ln 81}{\sqrt{7}}, \frac{\ln 243}{\sqrt{8}}, \frac{\ln 729}{\sqrt{9}}, \frac{\ln 2\,187}{\sqrt{10}}, \cdots$

Dans les exemples précédents, nous avons vu qu'on peut définir une suite par son terme général ou encore par suffisamment de termes de la suite pour pouvoir en déduire un terme général. On peut également donner la **définition d'une suite par récurrence** (ou de *manière récursive*). La suite $\{a_n\}$ est alors définie par la donnée d'un nombre fini de termes initiaux, $a_1, a_2, a_3, \ldots, a_k$, et d'une relation, dite **relation de récurrence**, qui exprime a_n, où $n > k$, en fonction d'un ou de plusieurs des termes précédents.

EXEMPLE 6.9

La fonction $f(n) = n!$ [$n!$ se dit « **factorielle** n »] est une fonction très importante dans une branche des mathématiques qu'on appelle l'analyse combinatoire, et elle apparaît également dans le développement de certaines séries, comme nous le verrons plus loin. Cette fonction peut être définie récursivement de la façon suivante[*]:

$$a_1 = 1! = 1 \quad \text{et} \quad a_n = na_{n-1} = n(n-1)! \quad \text{pour} \quad n > 1$$

La fonction $f(n) = n!$ définissant la suite $\{n!\}$ est donc définie récursivement, puisqu'on a défini le premier terme de la suite et que tout autre terme y est défini en fonction du terme précédent. Ainsi,

$$1! = a_1 = 1$$
$$2! = a_2 = (2)a_1 = (2)(1) = 2$$
$$3! = a_3 = (3)a_2 = (3)(2)(1) = 6$$
$$4! = a_4 = (4)a_3 = (4)(3)(2)(1) = 24$$
$$5! = a_5 = (5)a_4 = (5)(4)(3)(2)(1) = 120$$
$$\vdots$$
$$n! = a_n = na_{n-1} = (n)(n-1)(n-2)\cdots(2)(1)$$

Pour des valeurs entières positives de n, l'expression $n!$ correspond donc au produit des n entiers positifs inférieurs ou égaux à n.

La suite $\left\{\dfrac{1}{n!}\right\}$ correspond donc à $1, \frac{1}{2}, \frac{1}{6}, \frac{1}{24}, \frac{1}{120}, \frac{1}{720}, \frac{1}{5\,040}, \cdots$

---

[*] Il est plus usuel de définir $n!$ pour les entiers non négatifs, c'est-à-dire à partir de $n = 0$. Par convention, on définit alors $0!$ comme valant 1.

EXEMPLE 6.10

Les cinq premiers termes de la suite $\{a_n\}$ où $a_1 = 1$, $a_2 = 5$ et $a_n = \frac{1}{2}(a_{n-1} + a_{n-2})$ pour $n > 2$ s'obtiennent de la façon suivante :

$$a_1 = 1$$
$$a_2 = 5$$
$$a_3 = \frac{1}{2}(a_2 + a_1) = \frac{1}{2}(5 + 1) = 3$$
$$a_4 = \frac{1}{2}(a_3 + a_2) = \frac{1}{2}(3 + 5) = 4$$
$$a_5 = \frac{1}{2}(a_4 + a_3) = \frac{1}{2}(4 + 3) = \frac{7}{2}$$

Un peu d'histoire

Une des plus célèbres suites définies par récurrence est la suite de Fibonacci[*] (contraction de *Filius Bonaccio*, qui veut dire « fils de Bonacci »), du nom de celui qui l'a introduite en Occident. Fils de Guglielmo Bonaccio, diplomate et représentant des marchands de Pise en Algérie, Leonardo Fibonacci (environ 1170–1250), aussi connu sous le nom de Leonardo da Pisa (puisqu'il est né à Pise en Italie), a grandi en Afrique du Nord et a beaucoup voyagé[†] autour du bassin méditerranéen avant de revenir à Pise. Il y avait rencontré de nombreux commerçants maures et arabes qui lui avaient transmis leur arithmétique. Dans son livre de 1202, intitulé *Liber abaci* (« Livre des calculs »), Fibonacci introduisit en Europe le système positionnel de notation des nombres par les chiffres dits arabes[‡], et il y démontra la supériorité de ces chiffres sur les chiffres romains pour l'exécution des calculs. Le livre de Fibonacci contient également de nombreux conseils de nature commerciale et agricole.

Dans le *Liber abaci*, Fibonacci formula une question équivalente à la suivante : « En l'absence de mortalité, partant d'un couple de lapins nouvellement nés et mis dans un enclos d'où ils ne peuvent sortir, combien de couples de lapins observerons-nous au début de chaque mois, si tout couple de lapins produit chaque mois un nouveau couple, lequel ne devenant productif qu'au second mois de son existence ? »

Si on note le nombre de couples de lapins au début du $n^{\text{ième}}$ mois par a_n (a_1 indiquant le nombre initial de couples de lapins), déterminons les premiers termes de la suite $\{a_n\}$ permettant de répondre à cette question et d'établir la relation de récurrence. Initialement, il n'y a qu'un seul couple de lapins ($a_1 = 1$), qu'on suppose être des lapins naissants. Au début du second mois, il n'y aura toujours qu'un seul couple ($a_2 = 1$), le couple de lapins n'ayant pas atteint l'âge de la reproduction. Au début du troisième mois, il y aura deux couples de lapins ($a_3 = 2$), soit le premier couple ainsi que celui qu'il a engendré au cours du deuxième mois. Au début du quatrième mois, il y en aura trois ($a_4 = 2 + 1 = 3$), soit

les deux premiers couples auquel s'ajoutera un troisième né du premier, le second n'étant pas encore productif. Au début du cinquième mois, il y en aura cinq ($a_5 = 3 + 2 = 5$), soit les trois couples du mois précédent, auxquels s'ajouteront deux nouveaux couples nés des deux premiers. Au début du sixième mois, il y en aura huit ($a_6 = 5 + 3 = 8$), soit les cinq couples du mois précédent, auxquels s'ajouteront trois couples nés de ceux en âge de procréer. Si on poursuit le raisonnement, en l'absence de mortalité, on comptera donc, au début du $n^{\text{ième}}$ mois, le nombre de couples de lapins au début du mois précédent (soit a_{n-1}) et leur progéniture, c'est-à-dire un nombre de couples de lapins correspondant au nombre de couples de lapins observés deux mois avant (soit a_{n-2}), puisqu'il faut deux mois pour qu'un couple se reproduise. On obtient alors que $a_n = a_{n-1} + a_{n-2}$.

Par conséquent, la définition récursive de la suite de Fibonacci est $a_1 = 1$, $a_2 = 1$ et $a_n = a_{n-1} + a_{n-2}$ pour $n > 2$. Les premiers termes de cette célèbre suite sont donc

$$1, 1, 2, 3, 5, 8, 13, 21, 34, 55, 89, 144, 233, 377, \ldots$$

La suite de Fibonacci présente des caractéristiques surprenantes. On la retrouve dans des domaines aussi variés que la botanique, l'astronomie, l'architecture et la musique. Ainsi, le nombre de pétales de nombreuses fleurs correspond à des nombres de la suite de Fibonacci ; la disposition des feuilles sur les tiges de certaines plantes est également déterminée par cette suite, tout comme la disposition des fleurons sur les boutons des marguerites. Enfin, la limite du quotient de deux nombres de Fibonacci consécutifs donne le fameux nombre d'or, que certains ont qualifié de « proportion divine », qu'on peut observer dans des structures architecturales et biologiques harmonieuses. Toujours aussi fascinante, la suite de Fibonacci fait encore aujourd'hui l'objet de recherches ; une revue savante porte d'ailleurs le nom de *Fibonacci Quarterly*, parce qu'elle se spécialise dans l'étude des suites définies par récurrence comme celle de Fibonacci.

---

[*] C'est dans les années 1870 que François Édouard Anatole Lucas (1842–1891), un mathématicien spécialiste de la théorie des nombres, donna le nom de Fibonacci à cette fameuse suite. Il en découvrit de nombreuses propriétés et trouva notamment une formule générale pour exprimer son $n^{\text{ième}}$ terme :
$$a_n = \frac{(1 + \sqrt{5})^n - (1 - \sqrt{5})^n}{2^n \sqrt{5}}.$$

[†] D'où son surnom de Bigollo, qui veut dire « voyageur ».

[‡] Que les Arabes avaient empruntés aux Indiens de l'Inde.

EXERCICE 6.2

Donnez les sept premiers termes de la suite définie par récurrence.

a) $a_1 = 1$ et $a_n = a_{n-1} + 2$ pour $n > 1$

b) $a_1 = 1$ et $a_n = \dfrac{a_{n-1}}{n}$ pour $n > 1$

c) $a_1 = 2$, $a_2 = 4$ et $a_n = a_{n-1} + a_{n-2}$ pour $n > 2$

6.3 TYPOLOGIE DES SUITES

Dans cette section: *suite bornée supérieurement – borne supérieure d'une suite – suite bornée inférieurement – borne inférieure d'une suite – suite bornée – suite croissante – suite strictement croissante – suite décroissante – suite strictement décroissante – suite monotone – suite convergente – suite divergente – théorème du sandwich.*

Il existe de nombreux termes qu'on peut utiliser pour qualifier des suites. Ainsi, une **suite** $\{a_n\}$ est **bornée supérieurement** s'il existe un nombre réel B tel que $a_n \leq B$ pour tout $n \geq 1$; le nombre B porte alors le nom de **borne supérieure de la suite**. De manière analogue, une **suite** $\{a_n\}$ est **bornée inférieurement** s'il existe un nombre réel b tel que $a_n \geq b$ pour tout $n \geq 1$; le nombre b porte alors le nom de **borne inférieure de la suite**. Enfin, une **suite** $\{a_n\}$ qui est bornée inférieurement et supérieurement est dite **bornée**.

EXEMPLE 6.11

La suite $\left\{ \frac{1}{n} \right\}$, soit $1, \frac{1}{2}, \frac{1}{3}, \frac{1}{4}, \frac{1}{5}, \ldots$, est une suite bornée supérieurement par 1 (et aussi par tout nombre supérieur à 1) et inférieurement par 0 (et aussi par tout nombre négatif); elle est donc bornée.

EXEMPLE 6.12

La suite $\{n^2\}$, soit $1, 4, 9, 16, 25, \ldots$, est bornée inférieurement par 1 (et aussi par tout nombre inférieur à 1), mais n'est pas bornée supérieurement, de sorte que cette suite n'est pas bornée.

EXEMPLE 6.13

La suite $\left\{ (-2)^n \right\}$, soit $-2, 4, -8, 16, -32, \ldots$, est une suite qui n'est pas bornée supérieurement ni inférieurement.

Une **suite** $\{a_n\}$ est **croissante** si et seulement si $a_{n+1} \geq a_n$ pour tout $n \geq 1$ et **strictement croissante** si $a_{n+1} > a_n$ pour tout $n \geq 1$. De même, une **suite** $\{a_n\}$ est **décroissante** si et seulement si $a_{n+1} \leq a_n$ pour tout $n \geq 1$ et **strictement décroissante**

DÉFINITIONS

SUITE BORNÉE SUPÉRIEUREMENT

Une suite $\{a_n\}$ est bornée supérieurement s'il existe un nombre réel B tel que $a_n \leq B$ pour tout $n \geq 1$; le nombre B porte alors le nom de borne supérieure de la suite.

BORNE SUPÉRIEURE D'UNE SUITE

Une borne supérieure d'une suite $\{a_n\}$ est tout nombre B tel que $a_n \leq B$ pour tout entier $n \geq 1$.

SUITE BORNÉE INFÉRIEUREMENT

Une suite $\{a_n\}$ est bornée inférieurement s'il existe un nombre réel b tel que $a_n \geq b$ pour tout $n \geq 1$; le nombre b porte alors le nom de borne inférieure de la suite.

BORNE INFÉRIEURE D'UNE SUITE

Une borne inférieure d'une suite $\{a_n\}$ est tout nombre b tel que $a_n \geq b$ pour tout entier $n \geq 1$.

SUITE BORNÉE

Une suite $\{a_n\}$ qui est bornée inférieurement et supérieurement est dite bornée.

SUITE CROISSANTE

Une suite $\{a_n\}$ est croissante si et seulement si $a_{n+1} \geq a_n$ pour tout $n \geq 1$.

SUITE STRICTEMENT CROISSANTE

Une suite $\{a_n\}$ est strictement croissante si et seulement si $a_{n+1} > a_n$ pour tout $n \geq 1$.

SUITE DÉCROISSANTE

Une suite $\{a_n\}$ est décroissante si et seulement si $a_{n+1} \leq a_n$ pour tout $n \geq 1$.

SUITE STRICTEMENT DÉCROISSANTE

Une suite $\{a_n\}$ est strictement décroissante si et seulement si $a_{n+1} < a_n$ pour tout $n \geq 1$.

DÉFINITION

SUITE MONOTONE

Une suite monotone est une suite qui est croissante, strictement croissante, décroissante ou strictement décroissante.

si $a_{n+1} < a_n$ pour tout $n \geq 1$. On dit qu'une **suite** est **monotone** si elle est croissante, strictement croissante, décroissante ou strictement décroissante. On peut alors dire qu'une suite est monotone croissante, monotone strictement croissante, monotone décroissante ou monotone strictement décroissante. Il n'est pas toujours facile de vérifier si une suite est monotone ; il faut souvent faire preuve d'ingéniosité dans les manipulations algébriques ou dans le choix des estimations. Toutefois, lorsque le domaine de la fonction $f(n) = a_n$ peut être étendu aux réels positifs par une fonction $f(x)$ dérivable, alors on peut utiliser le fait qu'une fonction est strictement décroissante lorsque sa dérivée est négative et strictement croissante lorsque sa dérivée est positive.

Pour décider si une suite est croissante (ou encore strictement croissante, décroissante ou strictement décroissante) ou si elle n'est pas monotone, il est aussi recommandé d'en examiner quelques termes. Une simple observation permet alors de faire un constat préliminaire. Ainsi, lorsque la valeur des termes de la suite augmente puis diminue, ou inversement, alors la suite n'est pas monotone.

EXEMPLE 6.14

La suite $\left\{ \frac{1}{n} \right\}$, soit $1, \frac{1}{2}, \frac{1}{3}, \frac{1}{4}, \frac{1}{5}, \ldots$, est une suite monotone strictement décroissante. En effet, pour $n \geq 1$, on a $n + 1 > n$, de sorte que $a_{n+1} = \dfrac{1}{n+1} < \dfrac{1}{n} = a_n$. On aurait également pu obtenir ce résultat en étendant le domaine de la fonction $f(n) = \dfrac{1}{n}$ aux réels positifs, soit en définissant $f(x) = \dfrac{1}{x}$. Comme $f'(x) = -\dfrac{1}{x^2} < 0$ pour les valeurs non nulles de x, la fonction $f(x)$ sera strictement décroissante, de sorte que la suite définie par la fonction $f(n) = \frac{1}{n}$ est une suite monotone strictement décroissante.

EXEMPLE 6.15

La suite $\left\{ n^2 \right\}$, soit $1, 4, 9, 16, 25, \ldots$, est monotone strictement croissante. En effet, pour $n \geq 1$, on a $(n + 1)^2 = n^2 + 2n + 1 > n^2$, de sorte que
$$a_{n+1} = (n + 1)^2 > n^2 = a_n$$
On aurait également pu obtenir ce résultat en étendant le domaine de la fonction $f(n) = n^2$ aux réels positifs, soit en définissant $f(x) = x^2$. Comme $f'(x) = 2x > 0$, pour des valeurs positives de x, la fonction $f(x)$ est strictement croissante pour des valeurs positives de x, de sorte que la suite définie par la fonction $f(n) = n^2$ sera une suite monotone strictement croissante.

EXEMPLE 6.16

La suite $\left\{ (-2)^n \right\}$, soit $-2, 4, -8, 16, -32, \ldots$, n'est pas décroissante (ni strictement décroissante), puisque $a_1 < a_2$. Elle n'est pas croissante (ni strictement croissante), puisque $a_2 > a_3$. Cette suite n'est donc pas monotone : on constate une oscillation des valeurs des termes de la suite.

Comme une suite est une fonction, on peut naturellement lui appliquer le concept de limite. Toutefois, à cause de la nature de cette fonction, seule la limite à l'infini présente un intérêt. Ainsi, on peut s'intéresser au comportement de la suite

SUITE CONVERGENTE

Une suite convergente est une suite $\{a_n\}$ telle qu'il existe un nombre réel L pour lequel $\lim\limits_{n\to\infty} a_n = L$.

SUITE DIVERGENTE

Une suite divergente est une suite $\{a_n\}$ telle qu'il n'existe pas de nombre réel L pour lequel $\lim\limits_{n\to\infty} a_n = L$.

$\{a_n\}$ lorsque n tend vers l'infini. On cherche alors à évaluer $\lim\limits_{n\to\infty} a_n$, la valeur de cette expression pouvant être finie, infinie ou ne pas exister. On dit d'une **suite** qu'elle converge vers L (ou qu'elle est **convergente**) s'il existe un nombre L tel que $\lim\limits_{n\to\infty} a_n = L$; sinon on dit que la **suite** diverge (ou qu'elle est **divergente**). De manière formelle, on dit que $\lim\limits_{n\to\infty} a_n = L$ si et seulement si, pour tout $\varepsilon > 0$, il existe un entier positif k tel que $n \geq k \Rightarrow |a_n - L| < \varepsilon$, c'est-à-dire que a_n est aussi près qu'on le souhaite de L, dans la mesure où n est suffisamment grand. Nous n'appliquerons cependant pas cette définition formelle de la limite, parce qu'elle est trop technique; l'étude rigoureuse de la convergence des suites dépasse largement la portée de notre propos. Nous allons donc nous contenter d'une approche plus intuitive et appliquer des astuces déjà mises au point, dont la règle de L'Hospital, en utilisant, s'il y a lieu, le théorème 6.1 pour déterminer la nature d'une suite (convergente ou divergente) et, si cela est pertinent, la valeur vers laquelle le terme général de la suite converge.

◈ THÉORÈME 6.1

Soit la suite $\{a_n\}$ décrite par la fonction $f(n) = a_n$ telle que $f(x)$ est définie pour tout réel $x \geq 1$. Si $\lim\limits_{x\to\infty} f(x) = L$, alors $\lim\limits_{n\to\infty} f(n) = L$. De même, si $\lim\limits_{x\to\infty} f(x) = \infty$ (ou $-\infty$), alors $\lim\limits_{n\to\infty} f(n) = \infty$ (ou $-\infty$).

EXEMPLE 6.17

La suite $\left\{ \dfrac{1}{n} \right\}$ converge vers 0, puisque $\lim\limits_{n\to\infty} \dfrac{1}{n} = 0$.

EXEMPLE 6.18

La suite $\{n^2\}$ est divergente, puisque $\lim\limits_{n\to\infty} n^2 = \infty$.

EXEMPLE 6.19

La suite $\left\{(-1)^n\right\}$, soit $-1, 1, -1, 1, -1, \ldots$, diverge, puisque le terme général $(-1)^n$ ne se rapproche pas d'une valeur unique L lorsque n devient grand. En effet, pour les valeurs paires de n, soit $n = 2k$, on a $(-1)^n = (-1)^{2k} = 1$, alors que, pour les valeurs impaires de n, soit $n = 2k - 1$, on a $(-1)^n = (-1)^{2k-1} = -1$.

EXEMPLE 6.20

La suite $\left\{ \dfrac{n}{n+1} \right\}$ converge vers 1, puisque

$$\lim_{n\to\infty} \frac{n}{n+1} = \lim_{n\to\infty} \frac{n}{n\left(1 + \frac{1}{n}\right)}$$

$$= \lim_{n\to\infty} \frac{1}{\left(1 + \frac{1}{n}\right)}$$

$$= \frac{1}{1+0}$$

$$= 1$$

EXEMPLE 6.21

Le théorème 6.1 s'avère particulièrement utile pour établir la convergence de la suite $\left\{ \dfrac{\ln n}{n} \right\}$. En effet, si $f(x) = \dfrac{\ln x}{x}$, alors, lorsque x tend vers l'infini, la fraction est une forme indéterminée du type $\dfrac{\infty}{\infty}$. On peut lever cette indétermination en utilisant la règle de L'Hospital :

$$\lim_{x \to \infty} \frac{\ln x}{x} = \lim_{x \to \infty} \frac{1/x}{1}$$

$$= \lim_{x \to \infty} \frac{1}{x}$$

$$= 0$$

Par conséquent, en vertu du théorème 6.1, $\displaystyle\lim_{n \to \infty} \frac{\ln n}{n} = \lim_{x \to \infty} \frac{\ln x}{x} = 0$, et la suite $\left\{ \dfrac{\ln n}{n} \right\}$ converge vers 0.

EXEMPLE 6.22

Soit la suite $\left\{ \dfrac{n^2 + 2n + 5}{e^n} \right\}$. Définissons $f(x) = \dfrac{x^2 + 2x + 5}{e^x}$. L'expression $\displaystyle\lim_{x \to \infty} f(x)$ mène à une forme indéterminée du type $\dfrac{\infty}{\infty}$. Évaluons $\displaystyle\lim_{x \to \infty} f(x)$ en utilisant la règle de L'Hospital à deux reprises :

$$\lim_{x \to \infty} \frac{x^2 + 2x + 5}{e^x} = \lim_{x \to \infty} \frac{2x + 2}{e^x}$$

$$= \lim_{x \to \infty} \frac{2}{e^x}$$

$$= 0$$

Par conséquent, $\displaystyle\lim_{n \to \infty} \frac{n^2 + 2n + 5}{e^n} = 0$, et la suite $\left\{ \dfrac{n^2 + 2n + 5}{e^n} \right\}$ converge vers 0.

EXEMPLE 6.23

Soit la suite $\left\{ \left(1 + \dfrac{1}{n} \right)^n \right\}$. Définissons $f(x) = \left(1 + \dfrac{1}{x} \right)^x$. L'expression $\displaystyle\lim_{x \to \infty} f(x)$ mène à une forme indéterminée du type 1^∞. Or,

$$\ln[f(x)] = \ln\left(1 + \frac{1}{x} \right)^x$$

$$= x \ln\left(1 + \frac{1}{x} \right)$$

$$= \frac{\ln\left(1 + \dfrac{1}{x} \right)}{1/x}$$

de sorte qu'en utilisant la règle de L'Hospital, on obtient

$$\lim_{x \to \infty} \ln[f(x)] = \lim_{x \to \infty} \frac{\ln\left(1 + \dfrac{1}{x}\right)}{1/x}$$

$$= \lim_{x \to \infty} \frac{\dfrac{1}{\left(1 + \dfrac{1}{x}\right)}\left(\dfrac{-1}{x^2}\right)}{-1/x^2}$$

$$= \lim_{x \to \infty} \frac{1}{1 + \dfrac{1}{x}} = 1$$

Par conséquent, $\lim\limits_{x \to \infty}\left(1 + \dfrac{1}{x}\right)^x = e^1 = e$. En vertu du théorème 6.1, on a donc que $\lim\limits_{n \to \infty}\left(1 + \dfrac{1}{n}\right)^n = e$ et que $\left\{\left(1 + \dfrac{1}{n}\right)^n\right\}$ converge vers e.

ⒺXERCICE 6.3

Dites si la suite est bornée (inférieurement ou supérieurement) ou non, monotone (croissante, strictement croissante, décroissante, strictement décroissante) ou non, convergente ou divergente. Si la suite est convergente, trouvez la valeur vers laquelle elle converge.

a) $\left\{\dfrac{(-1)^n}{n + 1}\right\}$ c) $\left\{\dfrac{\sqrt{n + 5}}{n}\right\}$ e) $\left\{\dfrac{\ln n}{\sqrt{n}}\right\}$

b) $\left\{\left(\dfrac{1}{2}\right)^n\right\}$ d) $\left\{\dfrac{2n^2 - 5}{n^2 + 1}\right\}$

Voici maintenant quelques théorèmes qui peuvent s'avérer utiles dans l'étude des suites et, plus tard, dans celle des séries. Nous ne démontrerons pas ces théorèmes, parce que cela nous éloignerait trop de notre propos, mais ils devraient vous paraître intuitivement corrects.

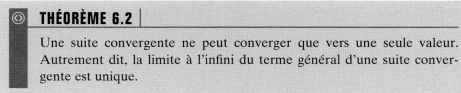

◈ THÉORÈME 6.2

Une suite convergente ne peut converger que vers une seule valeur. Autrement dit, la limite à l'infini du terme général d'une suite convergente est unique.

◉ **THÉORÈME 6.3**

Toute suite convergente est bornée et toute suite non bornée est divergente.

Attention ! Il ne faut pas conclure du théorème 6.3 que toute suite bornée est convergente. En effet, comme nous le verrons bientôt, il existe des suites bornées divergentes.

◉ **THÉORÈME 6.4**

Une suite monotone converge si elle est bornée, sinon elle diverge.

◉ **THÉORÈME 6.5**

Une suite demeure convergente (ou divergente) si on modifie un nombre fini de ses termes. La modification peut notamment consister à remplacer, à enlever ou à ajouter un nombre fini de termes.

◉ **THÉORÈME 6.6**

Soit $\{a_n\}$ une suite qui converge vers L_1 et $\{b_n\}$ une suite qui converge vers L_2. Soit également c une constante. Alors :

- $\{c\}$ converge vers c
- $\{a_n \pm b_n\}$ converge vers $L_1 \pm L_2$
- $\{ca_n\}$ converge vers cL_1
- $\{a_n b_n\}$ converge vers $L_1 L_2$
- $\left\{\dfrac{a_n}{b_n}\right\}$ converge vers $\dfrac{L_1}{L_2}$, dans la mesure où $b_n \neq 0$ pour tout entier positif n et que $L_2 \neq 0$
- Si f est une fonction définie pour tout a_n et si f est continue en L_1, alors $\{f(a_n)\}$ converge vers $f(L_1)$.

◉ **THÉORÈME 6.7**

Soit $\{|a_n|\}$ une suite qui converge vers 0. Alors, $\{a_n\}$ converge également vers 0.

◉ **THÉORÈME 6.8** | Théorème du sandwich

Soit $\{a_n\}$ et $\{c_n\}$ deux suites qui convergent vers L, et $\{b_n\}$ une suite telle qu'il existe un entier positif N pour lequel $a_n \leq b_n \leq c_n$ pour tout $n > N$. Alors $\{b_n\}$ converge aussi vers L.

EXEMPLE 6.24

Soit la suite $\left\{ \left(\frac{1}{2}\right)^n + 3 \right\}$. Cette suite est monotone strictement décroissante. En effet, $a_n = \left(\frac{1}{2}\right)^n + 3$ et $a_{n+1} = \left(\frac{1}{2}\right)^{n+1} + 3$, de sorte que

$$
\begin{aligned}
a_n - a_{n+1} &= \left(\frac{1}{2}\right)^n + 3 - \left[\left(\frac{1}{2}\right)^{n+1} + 3\right] \\
&= \left(\frac{1}{2}\right)^n - \left(\frac{1}{2}\right)^{n+1} \\
&= \left(\frac{1}{2}\right)^n \left(1 - \frac{1}{2}\right) \\
&= \left(\frac{1}{2}\right)^{n+1} \\
&> 0
\end{aligned}
$$

et que, par conséquent, $a_n > a_{n+1}$.

De plus, cette suite est bornée inférieurement par 3 et supérieurement par le premier terme de la suite (parce que celle-ci est strictement décroissante), soit par $\frac{7}{2}$. Par conséquent, cette suite est bornée. En vertu du théorème 6.4, la suite est convergente. De plus, la suite converge vers 3, puisque, en vertu du théorème 6.6,

$$
\begin{aligned}
\lim_{n \to \infty} \left[\left(\frac{1}{2}\right)^n + 3\right] &= \lim_{n \to \infty} \left(\frac{1}{2}\right)^n + \lim_{n \to \infty} 3 \\
&= \lim_{n \to \infty} \frac{1}{2^n} + \lim_{n \to \infty} 3 \\
&= 0 + 3 \\
&= 3
\end{aligned}
$$

En faisant appel au théorème 6.6, on pourrait aussi déduire que $\left\{ \sqrt[5]{\left(\frac{1}{2}\right)^n + 3} \right\}$ converge vers $\sqrt[5]{3}$, puisque la fonction $f(x) = \sqrt[5]{x}$ est une fonction continue de x pour des valeurs positives de x.

EXEMPLE 6.25

Soit la suite $\left\{ \dfrac{(-2)^n}{4^n + 1} \right\}$. Cette suite n'est pas décroissante (ni strictement décroissante), puisque $a_1 = -\frac{2}{5} < \frac{4}{17} = a_2$, ni croissante (ni strictement croissante), puisque $a_2 = \frac{4}{17} > -\frac{8}{65} = a_3$, de sorte qu'elle n'est pas monotone. Par contre, on constate aisément en développant les premiers termes de la suite qu'elle est bornée inférieurement par $-\frac{2}{5}$ et supérieurement par $\frac{4}{17}$, de sorte que la suite est bornée. De plus, en vertu du théorème 6.6,

$$
\begin{aligned}
\lim_{n \to \infty} \left| \frac{(-2)^n}{4^n + 1} \right| &= \lim_{n \to \infty} \frac{2^n}{4^n + 1} \\
&= \lim_{n \to \infty} \frac{2^n}{4^n \left(1 + 4^{-n}\right)} \\
&= \lim_{n \to \infty} \frac{2^n}{2^{2n} \left(1 + 4^{-n}\right)} \\
&= \lim_{n \to \infty} \frac{1}{2^n \left(1 + 4^{-n}\right)} \\
&= 0
\end{aligned}
$$

Par conséquent, en vertu du théorème 6.7, comme $\left\{\left|\dfrac{(-2)^n}{4^n+1}\right|\right\}$ converge vers 0, alors $\left\{\dfrac{(-2)^n}{4^n+1}\right\}$ converge également vers 0.

EXEMPLE 6.26

Soit la suite $\left\{1+\dfrac{\cos n}{n^2}\right\}$. À l'examen des premiers termes de cette suite, on constate aisément qu'elle n'est pas monotone. Par ailleurs,

$$1+\frac{(-1)}{n^2} \leq 1+\frac{\cos n}{n^2} \leq 1+\frac{1}{n^2}$$

De plus, $\lim\limits_{n\to\infty}\left[1+\dfrac{(-1)}{n^2}\right]=1$ et $\lim\limits_{n\to\infty}\left[1+\dfrac{1}{n^2}\right]=1$, de sorte qu'en vertu du théorème du sandwich, $\lim\limits_{n\to\infty}\left[1+\dfrac{\cos n}{n^2}\right]=1$. La suite $\left\{1+\dfrac{\cos n}{n^2}\right\}$ converge donc vers 1.

EXEMPLE 6.27

Soit la suite $\left\{\dfrac{5^n}{n!}\right\}$. On a

$$\frac{a_{n+1}}{a_n}=\frac{5^{n+1}/(n+1)!}{5^n/n!}=\frac{5}{n+1}<1$$

lorsque $n \geq 5$, d'où $a_{n+1} < a_n$ lorsque $n \geq 5$. Par conséquent, la suite $\left\{\dfrac{5^n}{n!}\right\}$ est décroissante à partir du cinquième terme. En vertu du théorème 6.5, le fait de laisser tomber les quatre premiers termes ne change pas la convergence ou la divergence d'une suite. Or, si on laisse tomber les quatre premiers termes, on obtient une nouvelle suite strictement décroissante bornée supérieurement par son premier terme, soit $\dfrac{5^5}{5!}$, et inférieurement par 0, puisque $\dfrac{5^n}{n!}>0$. La nouvelle suite est donc monotone et bornée. En vertu du théorème 6.4, elle est donc convergente, de sorte que la suite initiale, soit $\left\{\dfrac{5^n}{n!}\right\}$, l'est également. Mais il y a plus : la suite $\left\{\dfrac{5^n}{n!}\right\}$ converge vers 0. En effet, $0 \leq a_n$ et

$$a_n=\frac{5^n}{n!}=\frac{5}{n}\underbrace{\left(\frac{5}{n-1}\frac{5}{n-2}\cdots\frac{5}{5}\right)}_{\substack{\text{Ce produit est inférieur à }1,\\ \text{puisque chacun des}\\ \text{facteurs l'est également.}}}\left(\frac{5}{4}\frac{5}{3}\frac{5}{2}\frac{5}{1}\right)\leq\frac{5}{n}\left(\frac{5^4}{4!}\right)$$

pour $n \geq 5$. Par conséquent, si n est suffisamment grand, $0 \leq \dfrac{5^n}{n!} \leq \dfrac{5}{n}\left(\dfrac{5^4}{4!}\right)$. Or, $\lim\limits_{n\to\infty} 0 = 0 = \lim\limits_{n\to\infty}\dfrac{5}{n}\left(\dfrac{5^4}{4!}\right)$. En vertu du théorème du sandwich, on a donc que $\lim\limits_{n\to\infty}\dfrac{5^n}{n!}=0$, de sorte que $\left\{\dfrac{5^n}{n!}\right\}$ converge vers 0.

EXERCICE 6.4

Évaluez une limite ou utilisez un des théorèmes, selon ce qui est approprié, pour déterminer si la suite est convergente ou divergente.

a) $\left\{\dfrac{\sin n}{n}\right\}$

b) $\left\{\left(\dfrac{2n}{n+1}\right)\left(4-\dfrac{3}{n^2}\right)\right\}$

c) $\left\{2n^2+8n\right\}$

d) $\left\{\dfrac{2^{-n}+1}{3^{-n}-2}\right\}$

e) $\left\{\sqrt[5]{4^{-n}+32}\right\}$

Vous pouvez maintenant faire les exercices récapitulatifs 1 à 4.

6.4 TERMINOLOGIE DE BASE DES SÉRIES

Dans cette section : *série – terme général d'une série – suite des sommes partielles – série convergente – série divergente.*

La théorie que nous avons étudiée sur les suites nous permet d'aborder la notion de série, un sujet particulièrement important en mathématiques, tant sur le plan théorique que sur celui des applications.

L'addition est une opération mathématique portant sur un nombre fini de termes ; par exemple, on peut vouloir trouver la somme de 2 termes, de 5 termes, voire de 1 000 ou même de 100 000 termes. En mathématiques, il est courant de généraliser une idée à des ensembles plus vastes ; ainsi, on peut vouloir généraliser l'opération d'addition à un nombre infini de termes. On doit alors se familiariser avec le concept de **série** qui constitue une telle extension du concept d'addition. Une série étant la somme des termes d'une suite $\{a_n\}$, une série est donc une somme d'un nombre infini de termes, qu'on note $\displaystyle\sum_{n=1}^{\infty} a_n$, où a_n est appelé le **terme général de la série**. Comme l'indice de sommation est une variable muette, les notations $\displaystyle\sum_{k=1}^{\infty} a_k$ ou encore $\displaystyle\sum_{i=1}^{\infty} a_i$ peuvent également servir à désigner la série $\displaystyle\sum_{n=1}^{\infty} a_n$.

La généralisation de l'addition à un nombre infini de termes soulève des difficultés qu'on ne soupçonne pas *a priori*. Ainsi, les propriétés habituelles de l'addition ne s'appliquent pas nécessairement, comme on peut le constater à l'exemple 6.28.

DÉFINITIONS

SÉRIE

Une série est la somme des termes d'une suite $\{a_n\}$, c'est-à-dire la somme d'un nombre infini de termes, qu'on note $\displaystyle\sum_{n=1}^{\infty} a_n$, où a_n en est le terme général.

TERME GÉNÉRAL D'UNE SÉRIE

Le terme général d'une série $\displaystyle\sum_{n=1}^{\infty} a_n$ est a_n.

EXEMPLE 6.28

Supposons qu'on veuille évaluer la série $\displaystyle\sum_{n=1}^{\infty} (-1)^{n+1}$. Si on applique les propriétés usuelles de l'addition, on aura

$$\sum_{n=1}^{\infty} (-1)^{n+1} = 1 - 1 + 1 - 1 + 1 - 1 + 1 - 1 + \cdots$$

$$= (1-1) + (1-1) + (1-1) + (1-1) + \cdots$$

$$= 0 + 0 + 0 + 0 + \cdots$$

$$= 0$$

Par ailleurs,

$$\sum_{n=1}^{\infty} (-1)^{n+1} = 1 - 1 + 1 - 1 + 1 - 1 + 1 - 1 + \cdots$$

$$= 1 + (-1 + 1) + (-1 + 1) + (-1 + 1) + (-1 + 1) + \cdots$$

$$= 1 + 0 + 0 + 0 + 0 + \cdots$$

$$= 1$$

Pourtant, tout le monde sait fort bien que $1 \neq 0$.

Le résultat paradoxal fourni par l'exemple 6.28 montre bien qu'il faut être prudent dans l'étude des séries. Il faut définir de manière particulière l'expression $\sum_{n=1}^{\infty} a_n$, afin de lui donner un sens qui ne conduit pas à des incohérences. Formons la suite $\{S_n\}$, appelée **suite des sommes partielles**, à partir de la somme des n premiers termes de la suite $\{a_k\}$. Le terme général de la suite des sommes partielles est $S_n = a_1 + a_2 + \cdots + a_n = \sum_{k=1}^{n} a_k$. Ainsi,

$$S_1 = a_1 = \sum_{k=1}^{1} a_k$$

$$S_2 = a_1 + a_2 = \sum_{k=1}^{2} a_k$$

$$S_3 = a_1 + a_2 + a_3 = \sum_{k=1}^{3} a_k$$

$$\vdots$$

$$S_n = a_1 + a_2 + \cdots + a_n = \sum_{k=1}^{n} a_k$$

On dit qu'une **série** $\sum_{k=1}^{\infty} a_k$ est **convergente** (ou qu'elle converge) si la suite des sommes partielles $\{S_n\}$ converge vers une valeur finie S, c'est-à-dire s'il existe un nombre S tel que $\lim_{n \to \infty} S_n = S$. On écrit alors $\sum_{k=1}^{\infty} a_k = S$. Par contre, si la suite des sommes partielles diverge, on dit de la **série** qu'elle est **divergente** (ou qu'elle diverge).

EXEMPLE 6.29

Soit la suite $\{n\}$. La suite des sommes partielles des termes de cette suite est donnée par

$$S_1 = a_1 = 1$$

$$S_2 = a_1 + a_2 = 1 + 2 = 3$$

$$S_3 = a_1 + a_2 + a_3 = 1 + 2 + 3 = 6$$

$$S_4 = a_1 + a_2 + a_3 + a_4 = 1 + 2 + 3 + 4 = 10$$

$$\vdots$$

$$S_n = a_1 + a_2 + \cdots + a_n = 1 + 2 + 3 + \cdots + n$$

DÉFINITIONS

SUITE DES SOMMES PARTIELLES

La suite $\{S_n\}$ des sommes partielles d'une série $\sum_{k=1}^{\infty} a_k$ est la suite dont le terme général est la somme des n premiers termes de la suite $\{a_k\}$, soit $S_n = \sum_{k=1}^{n} a_k$.

SÉRIE CONVERGENTE

Une série $\sum_{k=1}^{\infty} a_k$ est dite convergente si la suite des sommes partielles $\{S_n\}$, où $S_n = \sum_{k=1}^{n} a_k$, est convergente, c'est-à-dire s'il existe un nombre réel S tel que

$$\lim_{n \to \infty} S_n = \lim_{n \to \infty} \sum_{k=1}^{n} a_k = S$$

On écrit alors $\sum_{k=1}^{\infty} a_k = S$.

SÉRIE DIVERGENTE

Une série $\sum_{k=1}^{\infty} a_k$ est dite divergente si la suite des sommes partielles $\{S_n\}$, où $S_n = \sum_{k=1}^{n} a_k$, est divergente, c'est-à-dire s'il n'existe pas de nombre réel S tel que

$$\lim_{n \to \infty} S_n = \lim_{n \to \infty} \sum_{k=1}^{n} a_k = S$$

Nous avons déjà démontré au premier chapitre que la somme des n premiers entiers positifs est $\dfrac{n(n+1)}{2}$. Par conséquent, on dispose d'une formule pour la somme partielle S_n de la suite des n premiers entiers positifs: $S_n = \dfrac{n(n+1)}{2}$. La série $\displaystyle\sum_{n=1}^{\infty} n$ est donc divergente, puisque la suite des sommes partielles diverge:

$$\lim_{n\to\infty} S_n = \lim_{n\to\infty} \frac{n(n+1)}{2} = \infty.$$

EXEMPLE 6.30

Soit la suite $\left\{\left(\tfrac{1}{2}\right)^n\right\}$. La suite des sommes partielles des termes de cette suite est donnée par

$$S_1 = a_1 = \tfrac{1}{2}$$
$$S_2 = a_1 + a_2 = \tfrac{1}{2} + \tfrac{1}{4} = \tfrac{3}{4}$$
$$S_3 = a_1 + a_2 + a_3 = \tfrac{1}{2} + \tfrac{1}{4} + \tfrac{1}{8} = \tfrac{7}{8}$$
$$S_4 = a_1 + a_2 + a_3 + a_4 = \tfrac{1}{2} + \tfrac{1}{4} + \tfrac{1}{8} + \tfrac{1}{16} = \tfrac{15}{16}$$
$$\vdots$$
$$S_n = a_1 + a_2 + \cdots + a_n = \tfrac{1}{2} + \tfrac{1}{4} + \tfrac{1}{8} + \cdots + \tfrac{1}{2^n}$$

En vertu de la propriété 12 de la notation sigma démontrée au premier chapitre, on déduit que $S_n = \displaystyle\sum_{k=1}^{n} \left(\tfrac{1}{2}\right)^k = 1 - \left(\tfrac{1}{2}\right)^n$. Or, la suite des sommes partielles $\{S_n\}$ converge vers 1 puisque $\displaystyle\lim_{n\to\infty} S_n = \lim_{n\to\infty}\left[1 - \left(\tfrac{1}{2}\right)^n\right] = 1 - 0 = 1$. Par conséquent, on peut écrire $\displaystyle\sum_{k=1}^{\infty} \left(\tfrac{1}{2}\right)^k = 1$.

EXEMPLE 6.31

Soit la suite $\left\{(-1)^n\right\}$. La suite des sommes partielles des termes de cette suite est donnée par

$$S_1 = a_1 = -1$$
$$S_2 = a_1 + a_2 = -1 + 1 = 0$$
$$S_3 = a_1 + a_2 + a_3 = -1 + 1 - 1 = -1$$
$$S_4 = a_1 + a_2 + a_3 + a_4 = -1 + 1 - 1 + 1 = 0$$
$$\vdots$$
$$S_n = -1 + 1 - 1 + 1 + \cdots + (-1)^n$$

On peut vérifier que $S_n = \displaystyle\sum_{k=1}^{n} (-1)^k = \dfrac{-1 + (-1)^n}{2}$. La suite des sommes partielles ne converge pas, puisque $S_{2n} = 0$ et $S_{2n+1} = -1$, de sorte que la série $\displaystyle\sum_{k=1}^{\infty} (-1)^k$ diverge.

EXEMPLE 6.32

Soit la suite $\left\{\ln\left(\dfrac{k}{k+1}\right)\right\}$. Cette suite peut également s'écrire sous la forme $\{\ln k - \ln(k+1)\}$, de sorte que la somme partielle S_n est télescopique :

$$
\begin{aligned}
S_n &= \sum_{k=1}^{n} \ln\left(\frac{k}{k+1}\right) \\
&= \sum_{k=1}^{n} \left[\ln k - \ln(k+1)\right] \\
&= (\ln 1 - \ln 2) + (\ln 2 - \ln 3) + (\ln 3 - \ln 4) + \cdots + \left[\ln n - \ln(n+1)\right] \\
&= \ln 1 - \ln(n+1)
\end{aligned}
$$

Comme $\displaystyle\lim_{n\to\infty} S_n = \lim_{n\to\infty} \sum_{k=1}^{n} \ln\left(\frac{k}{k+1}\right) = \lim_{n\to\infty}\left[\ln 1 - \ln(n+1)\right] = -\infty$, on en conclut que la série $\displaystyle\sum_{k=1}^{\infty} \ln\left(\frac{k}{k+1}\right)$ diverge.

EXERCICES 6.5

1. Donnez les cinq premiers termes de la suite des sommes partielles $\{S_n\}$ des termes de la suite $\{a_n\}$.

a) $a_n = \dfrac{1}{n}$

c) $a_n = 2^{n-1}$

b) $a_n = n^2$

d) $a_n = \dfrac{1}{n(n+1)}$

2. Utilisez les propriétés de la notation sigma pour trouver l'expression de S_n, la $n^{\text{ième}}$ somme partielle, puis déterminez la convergence ou la divergence de la série.

a) $\displaystyle\sum_{k=1}^{\infty} 2^{k-1}$

b) $\displaystyle\sum_{k=1}^{\infty} k^2$

c) $\displaystyle\sum_{k=1}^{\infty} \frac{1}{k(k+1)}$ (Indice : Décomposez $\dfrac{1}{k(k+1)}$ en fractions partielles pour obtenir une somme télescopique.)

d) $\displaystyle\sum_{k=1}^{\infty} \frac{1}{k^2 - \frac{1}{4}}$

e) $\displaystyle\sum_{k=1}^{\infty} \left(\frac{3}{4}\right)^{k-1}$

THÉORÈMES DE BASE SUR LES SÉRIES

Dans cette section : *critère du terme général.*

Les théorèmes 6.9 à 6.13 qui suivent présentent des caractéristiques importantes des séries. On peut recourir à ces théorèmes notamment pour déterminer la convergence ou la divergence de certaines séries, ou encore pour évaluer une série convergente. Nous ne démontrerons que le théorème 6.9, les autres théorèmes découlant directement des théorèmes correspondants sur les suites.

DÉFINITION

CRITÈRE DU TERME GÉNÉRAL

Le critère du terme général est un critère qui permet de déterminer la divergence de certaines séries. En vertu de ce critère, la série $\sum_{k=1}^{\infty} a_k$, dont le terme général ne tend pas vers 0, diverge, c'est-à-dire qu'elle diverge lorsque $\lim_{n \to \infty} a_n \neq 0$.

THÉORÈME 6.9 | Critère du terme général

Si la série $\sum_{k=1}^{\infty} a_k$ converge, alors $\lim_{n \to \infty} a_n = 0$, de sorte que si $\lim_{n \to \infty} a_n \neq 0$, alors la série $\sum_{k=1}^{\infty} a_k$ diverge.

PREUVE

Si la série $\sum_{k=1}^{\infty} a_k$ est convergente, alors la suite des sommes partielles converge vers une valeur finie S, c'est-à-dire que $\lim_{n \to \infty} S_n = \lim_{n \to \infty} \sum_{k=1}^{n} a_k = S$. De même, $\lim_{n \to \infty} S_{n-1} = \lim_{n \to \infty} \sum_{k=1}^{n-1} a_k = S$. De plus,

$$S_n - S_{n-1} = \left(\sum_{k=1}^{n} a_k \right) - \left(\sum_{k=1}^{n-1} a_k \right) = a_n$$

de sorte que

$$\lim_{n \to \infty} a_n = \lim_{n \to \infty} (S_n - S_{n-1})$$
$$= \left(\lim_{n \to \infty} S_n \right) - \left(\lim_{n \to \infty} S_{n-1} \right)$$
$$= S - S$$
$$= 0$$

Par conséquent, si la série $\sum_{k=1}^{\infty} a_k$ converge, alors son terme général a_n tend vers 0 lorsque $n \to \infty$. Un raisonnement par l'absurde mène ensuite à l'autre conclusion, soit que si $\lim_{n \to \infty} a_n \neq 0$, alors la série $\sum_{k=1}^{\infty} a_k$ diverge. ∎

Le théorème 6.9 donne une condition nécessaire pour qu'une série soit convergente : le terme général doit tendre vers 0. Ce théorème présente donc un critère de divergence de certaines séries. En effet, pour qu'une série soit convergente, il faut absolument que son terme général tende vers 0 lorsque $n \to \infty$: toute série dont le terme général ne tend pas vers 0 diverge. Toutefois, la condition $\lim_{n \to \infty} a_n = 0$ n'est pas suffisante pour garantir la convergence d'une série. Comme nous le verrons sous peu, il existe des séries divergentes dont le terme général tend vers 0.

> ◈ **THÉORÈME 6.10**
>
> La somme d'une série convergente est unique.

> ◈ **THÉORÈME 6.11**
>
> Si on modifie (ajoute, retranche ou change) un nombre fini de termes d'une série convergente (respectivement divergente), elle demeure convergente (respectivement divergente).

Notez qu'en vertu du théorème 6.11, la valeur initiale de l'indice de sommation d'une série n'a pas d'effet sur la nature (convergente ou divergente) de celle-ci. Ainsi, la plupart des théorèmes énoncés dans le présent chapitre portent sur les séries du type $\sum\limits_{n=1}^{\infty} a_n$, mais ils s'appliquent également, avec les adaptations nécessaires, aux séries du type $\sum\limits_{n=m}^{\infty} a_n$. Si la série $\sum\limits_{n=m}^{\infty} a_n$ converge, alors la série $\sum\limits_{n=1}^{\infty} a_n$ converge aussi lorsque les termes $a_1, a_2, ..., a_{m-1}$ sont des quantités finies. De même, si la série $\sum\limits_{n=m}^{\infty} a_n$ diverge, alors la série $\sum\limits_{n=1}^{\infty} a_n$ divergera aussi lorsque les termes $a_1, a_2, ..., a_{m-1}$ seront des quantités finies.

> ◈ **THÉORÈME 6.12**
>
>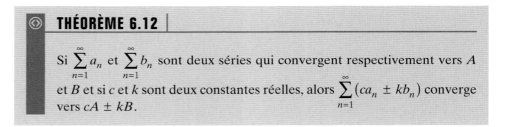
>
> Si $\sum\limits_{n=1}^{\infty} a_n$ et $\sum\limits_{n=1}^{\infty} b_n$ sont deux séries qui convergent respectivement vers A et B et si c et k sont deux constantes réelles, alors $\sum\limits_{n=1}^{\infty} (ca_n \pm kb_n)$ converge vers $cA \pm kB$.

> ◈ **THÉORÈME 6.13**
>
>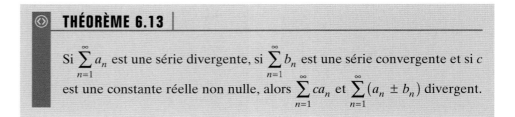
>
> Si $\sum\limits_{n=1}^{\infty} a_n$ est une série divergente, si $\sum\limits_{n=1}^{\infty} b_n$ est une série convergente et si c est une constante réelle non nulle, alors $\sum\limits_{n=1}^{\infty} ca_n$ et $\sum\limits_{n=1}^{\infty} (a_n \pm b_n)$ divergent.

6.6   QUELQUES SÉRIES IMPORTANTES

Dans cette section: *série arithmétique – série géométrique – raison – critère de comparaison – série harmonique – série* p *de Riemann.*

À cause de l'utilité et de la fréquence d'utilisation de certaines séries, les mathématiciens leur ont donné des noms: série arithmétique, série géométrique, série harmonique, série de Riemann, etc. Nous allons étudier quelques-unes de ces séries du point de vue de leur convergence ou de leur divergence.

6.6.1 SÉRIE ARITHMÉTIQUE

Une série du type $\sum_{n=1}^{\infty} [a + (n-1)d]$ où a et d sont des nombres réels est appelée **série arithmétique**. À l'exception du cas trivial où $a = 0$ et $d = 0$, la série arithmétique est divergente. En effet, si $a \neq 0$ ou $d \neq 0$, alors $\lim_{n \to \infty} a_n = \lim_{n \to \infty} [a + (n-1)d] \neq 0$, de sorte que, en vertu du théorème 6.9, la série arithmétique est divergente.

6.6.2 SÉRIE GÉOMÉTRIQUE

Une série du type $\sum_{n=1}^{\infty} ar^{n-1}$ où a et r sont des nombres réels non nuls est appelée **série géométrique**. Le nombre a est le premier terme de la série, c'est-à-dire le terme initial de la série. Le nombre r représente le quotient de deux termes consécutifs d'une série géométrique, et on lui donne le nom de **raison** de la série. La dernière remarque nous procure une façon simple de reconnaître si une série exprimée sous la forme $\sum_{n=1}^{\infty} a_n = a_1 + a_2 + a_3 + \cdots + a_n + \cdots$ est une série géométrique : il suffit de vérifier que le quotient de deux termes consécutifs de la série, soit $\dfrac{a_{n+1}}{a_n}$, est constant pour tout entier positif n. Ce quotient donne alors la raison r de la série dont a_1 est le premier terme.

Le théorème 6.14 donne le critère de convergence (et de divergence) des séries géométriques.

THÉORÈME 6.14 | Critère de convergence et de divergence d'une série géométrique

La série géométrique $\sum_{n=1}^{\infty} ar^{n-1}$, où $a \neq 0$, converge vers $\dfrac{a}{1-r}$ si $|r| < 1$ et diverge autrement.

PREUVE

Si $S_n = \sum_{k=1}^{n} ar^{k-1}$, alors $S_n = a\sum_{k=1}^{n} r^{k-1}$ et $rS_n = r\sum_{k=1}^{n} ar^{k-1} = a\sum_{k=1}^{n} r^k$, de sorte que

$$rS_n - S_n = a\sum_{k=1}^{n} \left(r^k - r^{k-1}\right)$$

$$= a\left(r^n - r^0\right) \qquad \text{Somme télescopique.}$$

$$= a\left(r^n - 1\right)$$

Par conséquent, si $r \neq 1$, alors $(r-1)S_n = a\left(r^n - 1\right)$, d'où $S_n = \dfrac{a\left(1 - r^n\right)}{1-r}$. Or, lorsque $-1 < r < 1$, on peut montrer assez aisément que, si b est un nombre positif et si n est un entier suffisamment grand, alors $0 \leq |r^n| < b$, c'est-à-dire que $|r^n|$ est plus petit que tout nombre positif, quel qu'il soit, pour autant que n soit suffisamment grand. Par conséquent, $\lim_{n \to \infty} |r^n| = 0$ et, en vertu du théorème 6.7, $\lim_{n \to \infty} r^n = 0$. On en déduit donc que $\lim_{n \to \infty} S_n = \lim_{n \to \infty} \dfrac{a(1 - r^n)}{1 - r} = \dfrac{a}{1 - r}$, lorsque $|r| < 1$.

En revanche, si $r \geq 1$ ou $r \leq -1$, le terme général de la série $a_n = ar^{n-1}$ ne tend pas vers 0 lorsque n tend vers l'infini, puisque la suite $\left\{ |r|^{n-1} \right\}$ est alors une suite croissante. On a donc que $\lim_{n \to \infty} a_n \neq 0$, de sorte qu'en vertu du théorème 6.9, la série est alors divergente.

Par conséquent, la série géométrique $\displaystyle\sum_{n=1}^{\infty} ar^{n-1}$ converge vers $\dfrac{a}{1 - r}$, soit vers

$$\frac{\text{premier terme de la série}}{1 - \text{raison de la série}}$$

si $|r| < 1$, et elle diverge autrement, soit lorsque $|r| \geq 1$. $\blacksquare$

Les séries géométriques permettent notamment de trouver la représentation fractionnaire d'un nombre décimal périodique.

EXEMPLE 6.33

On cherche la représentation fractionnaire du nombre $0,\overline{43}$. Or,

$$0,\overline{43} = 0,434\,343\,434\,3\ldots$$

$$= \frac{43}{100} + \frac{43}{10\,000} + \frac{43}{1\,000\,000} + \cdots$$

$$= \sum_{n=1}^{\infty} 43 \left(10^{-2} \right)^n$$

Cette dernière représentation est une série géométrique de raison $r = 10^{-2}$ dont la valeur absolue est inférieure à 1. Par conséquent, en vertu du théorème 6.14, cette série converge vers $\dfrac{43 \left(10^{-2} \right)}{1 - 10^{-2}} = \dfrac{43}{99}$.

EXERCICE 6.6

Quelle est la représentation fractionnaire de $0,\overline{342}$?

Un peu d'histoire

Zénon (environ 490–430 av. J.-C.) était un philosophe qui vivait dans la ville d'Élée en Italie. Même s'il n'était pas mathématicien, il tient une place importante dans l'histoire des mathématiques parce qu'il fut le premier à concevoir la notion de démonstration et de raisonnement par l'absurde. Il fut également le premier à poser le problème de l'infini mathématique, notamment dans le célèbre paradoxe d'Achille et de la tortue destiné à prouver l'impossibilité du mouvement.

Essentiellement, le paradoxe d'Achille et de la tortue s'énonce comme suit :

Achille poursuit une tortue qui le devance de 100 m, et tous les deux se déplacent en ligne droite. Achille est deux fois plus rapide que la tortue. Toutefois, pour rejoindre la tortue, Achille doit d'abord parcourir les 100 mètres qui le séparaient initialement de la tortue. Pendant ce temps, la tortue, qui se déplace deux fois moins rapidement, a parcouru une distance de 50 m, de sorte qu'Achille n'a pas encore rejoint la tortue et ne pourra le faire avant d'avoir parcouru cette dernière distance. Or, pendant qu'il franchit ces 50 mètres, la tortue continue d'avancer et se trouvera 25 m plus loin, et ainsi de suite. La tortue précédera donc toujours Achille d'une distance correspondant

à la moitié du dernier déplacement de celui-ci. Achille ne pourra donc jamais rejoindre la tortue, une distance positive les séparant toujours.

La conclusion erronée de Zénon provient d'une mauvaise conception de l'infini. Ainsi, Zénon croyait que l'addition infinie de termes positifs doit être infinie parce que cette somme est toujours croissante, étant donné qu'on ajoute un terme positif à chaque itération. On comprend maintenant l'erreur du raisonnement de Zénon grâce au concept de série géométrique. En effet, la distance parcourue par Achille pour rejoindre la tortue est de

$$100 + 50 + 25 + \cdots + 100\left(\tfrac{1}{2}\right)^{k-1} + \cdots = \sum_{n=1}^{\infty} 100\left(\tfrac{1}{2}\right)^{n-1}$$

$$= \frac{100}{1 - \tfrac{1}{2}}$$

$$= 200$$

Achille rejoindra donc la tortue lorsqu'il aura franchi une distance de 200 m.

Avant d'aborder deux autres séries importantes (soit la série harmonique et la série p de Riemann), prouvons un critère de convergence de séries à termes non négatifs (théorème 6.15).

DÉFINITION

CRITÈRE DE COMPARAISON

Le critère de comparaison est un critère de convergence des séries à termes positifs, soit des séries $\sum_{n=1}^{\infty} a_n$, où $a_n > 0$. En vertu de ce critère, une série dont le terme général est toujours plus petit ou égal au terme général d'une série à termes positifs convergente est également convergente. Par contre, une série dont le terme général est toujours plus grand que celui d'une série à termes positifs divergente est également divergente. Pour appliquer ce critère, il faut soupçonner la nature (convergente ou divergente) de la série $\sum_{n=1}^{\infty} a_n$ et déterminer une série à termes positifs appropriée (convergente ou divergente) $\sum_{n=1}^{\infty} b_n$ avec laquelle la comparer.

THÉORÈME 6.15 | Critère de comparaison

Soit $\displaystyle\sum_{n=1}^{\infty} a_n$ et $\displaystyle\sum_{n=1}^{\infty} b_n$ deux séries telles que $0 \le a_n \le b_n$ pour tout entier positif n.

- Si $\displaystyle\sum_{n=1}^{\infty} b_n$ converge, alors $\displaystyle\sum_{n=1}^{\infty} a_n$ converge également.

- Si $\displaystyle\sum_{n=1}^{\infty} a_n$ diverge, alors $\displaystyle\sum_{n=1}^{\infty} b_n$ diverge également.

PREUVE

Supposons d'abord que $\displaystyle\sum_{n=1}^{\infty} b_n$ converge vers B et que $0 \le a_n \le b_n$ pour tout entier n. Si $S_n = \displaystyle\sum_{k=1}^{n} a_k$ représente la somme partielle des n premiers termes de la suite $\{a_n\}$, alors, puisque $0 \le a_n$ pour tout entier n, $\{S_n\}$ est une suite monotone ; de plus, la suite des sommes partielles est bornée, puisque $0 \le \displaystyle\sum_{k=1}^{n} a_k \le \sum_{k=1}^{n} b_k \le B$. Par conséquent, en vertu du théorème 6.4, la suite $\{S_n\}$ converge, de sorte que la série $\displaystyle\sum_{n=1}^{\infty} a_n$ converge également.

> Par ailleurs, si la suite $\displaystyle\sum_{n=1}^{\infty} a_n$ diverge, la suite des sommes partielles $S_n = \displaystyle\sum_{k=1}^{n} a_k$ n'est pas bornée supérieurement, puisque cette suite est croissante. Par conséquent, la suite des sommes partielles $\{T_n\}$ où $T_n = \displaystyle\sum_{k=1}^{n} b_k$ n'est pas bornée puisque $T_n = \displaystyle\sum_{k=1}^{n} b_k \geq \sum_{k=1}^{n} a_k = S_n$. En vertu du théorème 6.3, la suite des sommes partielles $\{T_n\}$ diverge, de sorte que la série $\displaystyle\sum_{n=1}^{\infty} b_n$ diverge. $\blacksquare$

Essentiellement, le critère de comparaison affirme qu'une série à termes non négatifs dont les termes sont plus grands que ceux d'une autre série à termes non négatifs divergente divergera aussi. De même, si la « plus grande série » converge, alors la « plus petite » n'aura d'autre possibilité que de converger également. Notez également qu'en vertu du théorème 6.11, la condition $0 \leq a_n \leq b_n$ pour tout entier positif n peut être remplacée par $0 \leq a_n \leq b_n$ pour tout $n \geq N$, où N est un entier positif.

6.6.3   SÉRIE HARMONIQUE

La série $\displaystyle\sum_{n=1}^{\infty} \frac{1}{n}$ porte le nom de **série harmonique**. La série harmonique est divergente même si son terme général tend vers 0. En effet,

$$S_1 = 1 = \frac{1}{2} + \frac{1}{2}$$

$$S_2 = 1 + \frac{1}{2} = \frac{3}{2}$$

$$S_4 = 1 + \frac{1}{2} + \frac{1}{3} + \frac{1}{4} > \underbrace{\frac{1}{2} + \frac{1}{2}}_{1} + \frac{1}{2} + \underbrace{\frac{1}{4} + \frac{1}{4}}_{\frac{1}{2}} = \frac{4}{2}$$

$$S_8 = 1 + \frac{1}{2} + \frac{1}{3} + \frac{1}{4} + \frac{1}{5} + \frac{1}{6} + \frac{1}{7} + \frac{1}{8} > \underbrace{\frac{1}{2} + \frac{1}{2}}_{1} + \frac{1}{2} + \underbrace{\frac{1}{4} + \frac{1}{4}}_{\frac{1}{2}} + \underbrace{\frac{1}{8} + \frac{1}{8} + \frac{1}{8} + \frac{1}{8}}_{\frac{1}{2}} = \frac{5}{2}$$

$$S_{16} = 1 + \frac{1}{2} + \frac{1}{3} + \cdots + \frac{1}{16} > \underbrace{\frac{1}{2} + \frac{1}{2}}_{1} + \frac{1}{2} + \underbrace{\frac{1}{4} + \frac{1}{4}}_{\frac{1}{2}} + \underbrace{\frac{1}{8} + \frac{1}{8} + \frac{1}{8} + \frac{1}{8}}_{\frac{1}{2}} + \underbrace{\frac{1}{16} + \cdots + \frac{1}{16}}_{\frac{1}{2}} = \frac{6}{2}$$

$$\vdots$$

$$S_{2^n} \geq \frac{n+2}{2}$$

On a donc $\displaystyle\lim_{n \to \infty} S_{2^n} \geq \lim_{n \to \infty} \frac{n+2}{2} = \infty$, de sorte que la suite des sommes partielles diverge. Par conséquent, la série harmonique $\displaystyle\sum_{n=1}^{\infty} \frac{1}{n}$ diverge.

6.6.4 **SÉRIE DE RIEMANN**

DÉFINITION

SÉRIE p DE RIEMANN

La série p de Riemann est la série $\sum\limits_{n=1}^{\infty} \dfrac{1}{n^p}$. Cette série converge si et seulement si $p > 1$.

La série $\sum\limits_{n=1}^{\infty} \dfrac{1}{n^p}$ porte le nom de **série p de Riemann**. Cette série est convergente ou divergente selon la valeur de la constante p, comme l'indique le théorème 6.16.

THÉORÈME 6.16

La série p de Riemann, $\sum\limits_{n=1}^{\infty} \dfrac{1}{n^p}$, converge lorsque $p > 1$ et diverge autrement.

PREUVE

Étudions d'abord le cas de la série p de Riemann, où $p > 1$. On a alors la série

$$\sum_{n=1}^{\infty} \frac{1}{n^p} = \frac{1}{1^p} + \frac{1}{2^p} + \frac{1}{3^p} + \frac{1}{4^p} + \frac{1}{5^p} + \frac{1}{6^p} + \frac{1}{7^p} + \frac{1}{8^p} + \frac{1}{9^p} + \frac{1}{10^p} +$$

$$\frac{1}{11^p} + \frac{1}{12^p} + \frac{1}{13^p} + \frac{1}{14^p} + \frac{1}{15^p} + \frac{1}{16^p} + \cdots$$

$$= \frac{1}{1^p} + \left(\frac{1}{2^p} + \frac{1}{3^p}\right) + \left(\frac{1}{4^p} + \frac{1}{5^p} + \frac{1}{6^p} + \frac{1}{7^p}\right) +$$

$$\left(\frac{1}{8^p} + \frac{1}{9^p} + \frac{1}{10^p} + \frac{1}{11^p} + \frac{1}{12^p} + \frac{1}{13^p} + \frac{1}{14^p} + \frac{1}{15^p} + \frac{1}{16^p}\right) + \cdots$$

$$< \frac{1}{1} + \left(\frac{1}{2^p} + \frac{1}{2^p}\right) + \left(\frac{1}{4^p} + \frac{1}{4^p} + \frac{1}{4^p} + \frac{1}{4^p}\right) +$$

$$\left(\frac{1}{8^p} + \frac{1}{8^p} + \frac{1}{8^p} + \frac{1}{8^p} + \frac{1}{8^p} + \frac{1}{8^p} + \frac{1}{8^p} + \frac{1}{8^p}\right) + \cdots$$

$$< \frac{1}{1} + \left(\frac{2}{2^p}\right) + \left(\frac{4}{4^p}\right) + \left(\frac{8}{8^p}\right) + \cdots$$

$$< 1 + \left(\frac{1}{2^{1(p-1)}}\right) + \left(\frac{1}{2^{2(p-1)}}\right) + \left(\frac{1}{2^{3(p-1)}}\right) + \cdots$$

$$< 1 + \sum_{n=1}^{\infty} \left(\frac{1}{2^{p-1}}\right)^n$$

Or, la série $\sum\limits_{n=1}^{\infty} \left(\dfrac{1}{2^{p-1}}\right)^n$ est une série géométrique convergente, puisque la valeur absolue de sa raison, soit $\dfrac{1}{2^{p-1}}$, est inférieure à 1 lorsque $p > 1$. Comme les termes de la série de Riemann sont positifs, alors, en vertu du critère de comparaison, cette série est convergente.

Par ailleurs, si $p = 1$, la série de Riemann correspond à la série harmonique et elle est divergente.

Enfin, si $p < 1$, on a $\dfrac{1}{n} < \dfrac{1}{n^p}$, de sorte qu'en vertu du critère de comparaison, avec la série harmonique, la série de Riemann est divergente.

Par conséquent, la série $\sum\limits_{n=1}^{\infty} \dfrac{1}{n^p}$ converge lorsque $p > 1$ et diverge autrement. ∎

Les séries géométriques, arithmétiques et de Riemann ainsi que la série harmonique constituent des séries fort utiles, puisqu'on pourra les utiliser le moment venu lorsqu'on recourra au critère de comparaison pour déterminer la convergence ou la divergence d'une série. L'application du critère de comparaison exige évidemment le respect des conditions énoncées dans ce critère. Aussi faut-il choisir judicieusement la série (convergente ou divergente) qui s'apparente à la série étudiée et qui sert de comparatif. Donc, pour appliquer ce critère, il faut d'abord soupçonner la nature de la série (convergente ou divergente). Si on croit que la série est convergente, on doit trouver une autre série qu'on sait convergente et dont le terme général est plus grand que celui de la première série. Par contre, si on pense que la série est divergente, il faut trouver une autre série qu'on sait divergente et dont le terme général est plus petit que celui de la première série. Ce critère de convergence n'est généralement pas évident à appliquer.

EXEMPLE 6.34

En vertu du théorème 6.13, la série $\displaystyle\sum_{n=1}^{\infty} \frac{1}{8n}$ diverge, puisque la série $\displaystyle\sum_{n=1}^{\infty} \frac{1}{n}$ diverge.

De même, si a est une constante non nulle, alors les séries $\displaystyle\sum_{n=1}^{\infty} \frac{1}{an}$ et $\displaystyle\sum_{n=1}^{\infty} \frac{a}{n}$ divergent.

EXEMPLE 6.35

On veut déterminer la convergence ou la divergence de la série $\displaystyle\sum_{n=1}^{\infty} \frac{1}{\sqrt{4n^2 + 5}}$.

Le terme général de cette série à termes positifs tendant vers 0, on ne peut pas immédiatement affirmer que cette dernière diverge : *a priori*, la série pourrait être convergente ou bien divergente. Toutefois, on constate que le terme général $\dfrac{1}{\sqrt{4n^2 + 5}}$ de la série se comporte essentiellement comme $\dfrac{1}{\sqrt{4n^2}} = \dfrac{1}{2n}$ lorsque n tend vers l'infini, le terme constant devenant alors à toutes fins utiles négligeable. Or, $\displaystyle\sum_{n=1}^{\infty} \frac{1}{2n} = \frac{1}{2}\sum_{n=1}^{\infty}\frac{1}{n}$, et, de plus, la série harmonique $\displaystyle\sum_{n=1}^{\infty}\frac{1}{n}$ est divergente. On est donc porté à penser que la série $\displaystyle\sum_{n=1}^{\infty} \frac{1}{\sqrt{4n^2 + 5}}$ diverge. Pour le vérifier formellement, il suffit de comparer son terme général avec celui d'une variante de la série harmonique, qui est divergente. Or,

$$n \geq 1 \Rightarrow 4n^2 + 5 \leq 4n^2 + 5n^2 = 9n^2$$
$$\Rightarrow \sqrt{4n^2 + 5} \leq \sqrt{9n^2} = 3n$$
$$\Rightarrow \frac{1}{\sqrt{4n^2 + 5}} \geq \frac{1}{3n}$$

Par conséquent, en vertu du critère de comparaison (théorème 6.15), la série $\displaystyle\sum_{n=1}^{\infty} \frac{1}{\sqrt{4n^2 + 5}}$ diverge, puisque son terme général est supérieur ou égal au terme général de la série $\displaystyle\sum_{n=1}^{\infty}\frac{1}{3n}$, qui est divergente.

EXEMPLE 6.36

On veut déterminer la convergence ou la divergence de la série $\sum\limits_{n=1}^{\infty} \dfrac{1}{\sqrt{4n^3 + 5}}$. Le terme général de cette série à termes positifs tendant vers 0, on ne peut pas immédiatement affirmer que cette dernière diverge : *a priori*, la série pourrait être convergente ou bien divergente. Toutefois, on constate que le terme général $\dfrac{1}{\sqrt{4n^3 + 5}}$ de la série se comporte essentiellement comme $\dfrac{1}{\sqrt{4n^3}} = \dfrac{1}{2n^{3/2}}$ lorsque n tend vers l'infini, le terme constant devenant alors à toutes fins utiles négligeable. Or, $\sum\limits_{n=1}^{\infty} \dfrac{1}{2n^{3/2}} = \dfrac{1}{2}\sum\limits_{n=1}^{\infty} \dfrac{1}{n^{3/2}}$, et, de plus, la série de Riemann $\sum\limits_{n=1}^{\infty} \dfrac{1}{n^{3/2}}$ est convergente. On est donc porté à penser que la série $\sum\limits_{n=1}^{\infty} \dfrac{1}{\sqrt{4n^3 + 5}}$ converge. Pour le vérifier formellement, il suffit de comparer son terme général avec celui d'une variante de la série de Riemann, qui est convergente. Or,

$$n \geq 1 \Rightarrow 4n^3 + 5 \geq 4n^3$$
$$\Rightarrow \sqrt{4n^3 + 5} \geq \sqrt{4n^3} = 2n^{3/2}$$
$$\Rightarrow \frac{1}{\sqrt{4n^3 + 5}} \leq \frac{1}{2n^{3/2}}$$

Par conséquent, en vertu du critère de comparaison (théorème 6.15), la série $\sum\limits_{n=1}^{\infty} \dfrac{1}{\sqrt{4n^3 + 5}}$ converge, puisque son terme général (positif) est inférieur ou égal au terme général de la série $\sum\limits_{n=1}^{\infty} \dfrac{1}{2n^{3/2}} = \dfrac{1}{2}\sum\limits_{n=1}^{\infty} \dfrac{1}{n^{3/2}}$, une variante d'une série p (où $p = \frac{3}{2} > 1$) de Riemann convergente.

EXEMPLE 6.37

On veut déterminer la convergence ou la divergence de la série $\sum\limits_{n=1}^{\infty} \dfrac{5^n - 4}{8^n + 7}$. Le terme général de cette série à termes positifs tendant vers 0, on ne peut pas immédiatement affirmer que cette dernière diverge : *a priori*, la série pourrait être convergente ou bien divergente. Toutefois, on constate que le terme général $\dfrac{5^n - 4}{8^n + 7}$ de la série se comporte essentiellement comme $\dfrac{5^n}{8^n} = \left(\dfrac{5}{8}\right)^n$ lorsque n tend vers l'infini, les termes constants devenant alors à toutes fins utiles négligeables. En fait, $\dfrac{5^n - 4}{8^n + 7} \leq \dfrac{5^n}{8^n} = \left(\dfrac{5}{8}\right)^n$, de sorte que le terme général de la série $\sum\limits_{n=1}^{\infty} \dfrac{5^n - 4}{8^n + 7}$ est plus petit que le terme général de la série géométrique convergente $\sum\limits_{n=1}^{\infty} \left(\dfrac{5}{8}\right)^n$, la valeur absolue de la raison de cette dernière étant inférieure à 1. Par conséquent, la série $\sum\limits_{n=1}^{\infty} \dfrac{5^n - 4}{8^n + 7}$ converge.

EXERCICE 6.7

Déterminez si la série diverge ou converge.

a) $\displaystyle\sum_{n=1}^{\infty} \frac{\ln(n+2)}{n}$ d) $\displaystyle\sum_{n=1}^{\infty} \frac{n+1}{\sqrt{n}}$ g) $\displaystyle\sum_{k=1}^{\infty} \frac{1+e^{-k}}{e^k}$

b) $\displaystyle\sum_{n=1}^{\infty} \cos\left(\frac{n\pi}{2}\right)$ e) $\displaystyle\sum_{n=1}^{\infty} \frac{n+1}{n^2}$ h) $\displaystyle\sum_{i=1}^{\infty} \frac{7^i+3^i}{5^i}$

c) $\displaystyle\sum_{n=1}^{\infty} \frac{2}{n^2+n}$ f) $\displaystyle\sum_{k=1}^{\infty} \frac{1}{k+4^k}$ i) $\displaystyle\sum_{n=1}^{\infty} \frac{1}{\sqrt[7]{n^5}}$

Vous pouvez maintenant faire les exercices récapitulatifs 5 à 15.

6.7 CRITÈRES DE CONVERGENCE DE SÉRIES À TERMES POSITIFS

Dans cette section: *critère de l'intégrale – critère de comparaison par une limite – critère du polynôme – critère de d'Alembert ou critère du quotient – critère de Cauchy ou critère de la racine n^{ième}.*

Le critère de comparaison est un des nombreux critères qu'on peut appliquer pour déterminer la convergence ou la divergence d'une série. Toutefois, il s'avère souvent difficile d'application, parce qu'il faut d'abord avoir une intuition de la convergence (ou de la divergence) de la série étudiée, après quoi il faut trouver une autre série avec laquelle la comparer de manière adéquate, ce qui n'est pas toujours facile. Heureusement, les mathématiciens ont établi d'autres critères (ou tests) pour déterminer la convergence d'une série. Ces derniers sont généralement plus simples d'utilisation. Nous ne démontrerons que quelques-uns de ces critères, les autres étant acceptés ici sans démonstration.

DÉFINITION

CRITÈRE DE L'INTÉGRALE

Le critère de l'intégrale est un critère de convergence des séries à termes positifs, soit des séries $\displaystyle\sum_{n=N}^{\infty} a_n$, où $a_n > 0$. En vertu de ce critère, si $f(n) = a_n$, où $f(x)$ est une fonction continue, positive et décroissante pour tout nombre réel $x \geq N$, où N est un entier positif, alors la série $\displaystyle\sum_{n=N}^{\infty} a_n$ converge si et seulement si $\displaystyle\int_{N}^{\infty} f(x)\,dx$ converge.

◇ THÉORÈME 6.17 | Critère de l'intégrale

Soit $\displaystyle\sum_{n=N}^{\infty} a_n$ une série à termes positifs, et soit $f(n) = a_n$, où $f(x)$ est une fonction continue, positive et décroissante pour tout nombre réel $x \geq N$, où N est un entier positif. Alors la série $\displaystyle\sum_{n=N}^{\infty} a_n$ et l'intégrale impropre $\displaystyle\int_{N}^{\infty} f(x)\,dx$ convergent toutes les deux ou divergent toutes les deux.

PREUVE

Nous nous contenterons de prouver le cas particulier où $N = 1$, le cas général pouvant être démontré de manière analogue.

Formons une partition régulière de l'intervalle $[1, \infty[$ composée des entiers positifs. Dressons des rectangles de hauteur a_k sur les intervalles $[k, k+1]$ et traçons la courbe décrite par la fonction $f(x)$ dans un même graphique cartésien (figure 6.7).

Comme la fonction $f(x)$ est positive, $\displaystyle\int_{1}^{n+1} f(x)\,dx$ représente l'aire sous la courbe décrite par la fonction $f(x)$ au-dessus de l'intervalle

$[1, n + 1]$. De plus, l'aire du $k^{\text{ième}}$ rectangle est $a_k \cdot 1 = a_k$, de sorte que la somme des aires des rectangles sur la figure 6.7 correspond à la somme partielle $S_n = \displaystyle\sum_{k=1}^{n} a_k \geq \int_{1}^{n+1} f(x)dx$. Par conséquent, si l'intégrale impropre $\displaystyle\int_{1}^{\infty} f(x)dx$ diverge (nécessairement vers l'infini), on aura

$$\lim_{n \to \infty} S_n = \lim_{n \to \infty} \sum_{k=1}^{n} a_k \geq \lim_{n \to \infty} \int_{1}^{n+1} f(x)dx = \int_{1}^{\infty} f(x)dx = \infty$$

de sorte que la suite des sommes partielles divergera. Par conséquent, la série $\displaystyle\sum_{n=1}^{\infty} a_n$ diverge.

FIGURE 6.7

Série et intégrale impropre divergentes

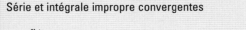

Supposons maintenant que l'intégrale impropre $\displaystyle\int_{1}^{\infty} f(x)dx$ converge vers L. Dressons des rectangles de hauteur a_{k+1} sur les intervalles $[k, k + 1]$ et traçons la courbe décrite par la fonction $f(x)$ dans un même graphique cartésien (figure 6.8).

On constate alors que

$$S_n = \sum_{k=1}^{n} a_k = a_1 + \sum_{k=2}^{n} a_k \leq a_1 + \int_{1}^{n} f(x)dx \leq a_1 + L$$

d'où on déduit que la suite des sommes partielles est bornée et croissante, de sorte qu'en vertu du théorème 6.4, cette suite est convergente. Par conséquent, si $\displaystyle\int_{1}^{\infty} f(x)dx$ converge, alors $\displaystyle\sum_{n=1}^{\infty} a_n$ converge également.

FIGURE 6.8

Série et intégrale impropre convergentes

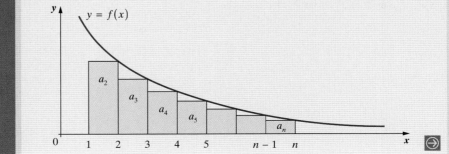

Nous avons donc démontré que la série à termes positifs $\displaystyle\sum_{n=1}^{\infty} a_n$ converge si et seulement si $\displaystyle\int_1^{\infty} f(x)\,dx$ converge lorsque $a_n = f(n)$ et que $f(x)$ est une fonction continue, positive et décroissante. ∎

DÉFINITION

CRITÈRE DE COMPARAISON PAR UNE LIMITE

Le critère de comparaison par une limite est un critère de convergence des séries à termes positifs, soit des séries $\displaystyle\sum_{n=1}^{\infty} a_n$, où $a_n > 0$. En vertu de ce critère, si deux séries à termes positifs $\displaystyle\sum_{n=1}^{\infty} a_n$ et $\displaystyle\sum_{n=1}^{\infty} b_n$ sont telles que $\displaystyle\lim_{n\to\infty}\frac{a_n}{b_n} = c > 0$, où c est une constante finie, alors les deux séries sont toutes deux convergentes ou toutes deux divergentes. Pour appliquer ce critère, il faut soupçonner la nature (convergente ou divergente) de la série $\displaystyle\sum_{n=1}^{\infty} a_n$ et déterminer une série appropriée (convergente ou divergente) $\displaystyle\sum_{n=1}^{\infty} b_n$ avec laquelle la comparer.

THÉORÈME 6.18 | Critère de comparaison par une limite

Soit $\displaystyle\sum_{n=1}^{\infty} a_n$ et $\displaystyle\sum_{n=1}^{\infty} b_n$ deux séries à termes positifs telles que $\displaystyle\lim_{n\to\infty}\frac{a_n}{b_n} = c > 0$, où c est une constante finie. Alors, ces séries sont toutes deux convergentes ou toutes deux divergentes.

PREUVE

Comme $c > 0$, on a que $\frac{1}{2}c < c < \frac{3}{2}c$. Comme $\displaystyle\lim_{n\to\infty}\frac{a_n}{b_n} = c$, il existe une valeur de N telle que, pour tout $n > N$, on a également que $\frac{1}{2}c < \dfrac{a_n}{b_n} < \frac{3}{2}c$. Ainsi, pour une valeur suffisamment grande de n, on a $\frac{1}{2}cb_n < a_n < \frac{3}{2}cb_n$. Par conséquent, si la série $\displaystyle\sum_{n=1}^{\infty} b_n$ diverge, alors la série $\displaystyle\sum_{n=1}^{\infty} \frac{1}{2}cb_n$ diverge aussi, de sorte qu'en vertu du critère de comparaison, la série $\displaystyle\sum_{n=1}^{\infty} a_n$ diverge également. Par ailleurs, si la série $\displaystyle\sum_{n=1}^{\infty} b_n$ converge, alors la série $\displaystyle\sum_{n=1}^{\infty} \frac{3}{2}cb_n$ converge aussi, de sorte qu'en vertu du critère de comparaison, la série $\displaystyle\sum_{n=1}^{\infty} a_n$ converge également. Les séries $\displaystyle\sum_{n=1}^{\infty} a_n$ et $\displaystyle\sum_{n=1}^{\infty} b_n$ sont donc de même nature, soit toutes les deux convergentes ou toutes les deux divergentes. ∎

Essentiellement, le théorème de comparaison par une limite soutient que la série $\displaystyle\sum_{n=1}^{\infty} a_n$ se comporte essentiellement comme la série $\displaystyle\sum_{n=1}^{\infty} cb_n$ où $0 < c < \infty$, de sorte qu'elle converge (ou diverge) selon que la série $\displaystyle\sum_{n=1}^{\infty} cb_n$ converge (ou diverge).

DÉFINITION

CRITÈRE DU POLYNÔME

Le critère du polynôme est un critère de convergence des séries dont le terme général a_n est positif et correspond au quotient de deux polynômes en n, de degrés p et q respectivement, soit $a_n = \dfrac{P(n)}{Q(n)} > 0$ et $Q(n) \neq 0$ pour tout entier n. En vertu de ce critère, la série $\displaystyle\sum_{n=1}^{\infty} a_n$ converge si $q - p > 1$ et diverge si $q - p \leq 1$.

THÉORÈME 6.19 | Critère du polynôme

Soit $\displaystyle\sum_{n=1}^{\infty} a_n$ une série telle que le terme général est positif et correspond au quotient de deux polynômes en n, c'est-à-dire que $a_n = \dfrac{P(n)}{Q(n)} > 0$ et que

$Q(n)$ est différent de 0 pour tout entier n, et où le degré de $P(n)$ est p et celui de $Q(n)$ est q. Alors

- $\displaystyle\sum_{n=1}^{\infty} a_n$ diverge si $q - p \leq 1$

- $\displaystyle\sum_{n=1}^{\infty} a_n$ converge si $q - p > 1$

PREUVE

Utilisons le test de comparaison par une limite avec la série $\displaystyle\sum_{n=1}^{\infty} \frac{1}{n^{q-p}}$, une série de Riemann qui converge si $q - p > 1$ et qui diverge si $q - p \leq 1$.

Si $P(n) = \displaystyle\sum_{k=0}^{p} \alpha_k n^k$ et $Q(n) = \displaystyle\sum_{k=0}^{q} \beta_k n^k$, alors

$$\lim_{n \to \infty} \frac{a_n}{1/n^{q-p}} = \lim_{n \to \infty} \frac{\displaystyle\sum_{k=0}^{p} \alpha_k n^k}{n^{p-q} \displaystyle\sum_{k=0}^{q} \beta_k n^k}$$

$$= \lim_{n \to \infty} \frac{n^p \displaystyle\sum_{k=0}^{p} \alpha_k n^{k-p}}{n^p \displaystyle\sum_{k=0}^{q} \beta_k n^{k-q}}$$

$$= \frac{\alpha_p}{\beta_q} \qquad \lim_{n \to \infty} n^{k-p} = 0 \text{ lorsque } k - p < 0$$

où $\dfrac{\alpha_p}{\beta_q}$ est un nombre fini non nul. Par conséquent, la série $\displaystyle\sum_{n=1}^{\infty} a_n = \sum_{n=1}^{\infty} \frac{P(n)}{Q(n)}$ est de même nature que la série $\displaystyle\sum_{n=1}^{\infty} \frac{1}{n^{q-p}}$, c'est-à-dire qu'elle converge si $q - p > 1$ et qu'elle diverge si $q - p \leq 1$. ∎

DÉFINITION

CRITÈRE DE D'ALEMBERT (OU CRITÈRE DU QUOTIENT)

Le critère de d'Alembert (ou critère du quotient) est un critère de convergence des séries à termes positifs, soit des séries $\displaystyle\sum_{n=1}^{\infty} a_n$, où $a_n > 0$. En vertu de ce critère, la série converge si $r = \lim\limits_{n \to \infty} \dfrac{a_{n+1}}{a_n} < 1$ et diverge si $r > 1$. Par ailleurs, ce critère ne permet pas de conclure si $r = 1$.

THÉORÈME 6.20 | Critère de d'Alembert (ou critère du quotient)

Soit $\displaystyle\sum_{n=1}^{\infty} a_n$ une série à termes positifs telle que $\lim\limits_{n \to \infty} \dfrac{a_{n+1}}{a_n} = r$. Alors,

- $\displaystyle\sum_{n=1}^{\infty} a_n$ converge si $r < 1$

- $\displaystyle\sum_{n=1}^{\infty} a_n$ diverge si $r > 1$

- On ne peut pas conclure si $r = 1$, c'est-à-dire qu'on ne peut pas déterminer si la série est convergente ou divergente à partir de ce critère.

Nous ne ferons pas la démonstration du critère du quotient. Contentons-nous de signaler que la preuve de ce théorème repose essentiellement sur le critère de comparaison de la série $\sum_{n=1}^{\infty} a_n$ avec une série géométrique de raison r, le quotient $\dfrac{a_{n+1}}{a_n}$ devenant presque constant (en fait, voisin de r) pour une valeur de n suffisamment grande.

Le critère de Cauchy est le dernier critère de convergence d'une série à termes positifs que nous aborderons.

DÉFINITION

CRITÈRE DE CAUCHY
(OU CRITÈRE DE LA RACINE $n^{\text{IÈME}}$)

Le critère de Cauchy (ou critère de la racine $n^{\text{ième}}$) est un critère de convergence des séries à termes positifs, soit des séries $\sum_{n=1}^{\infty} a_n$, où $a_n > 0$. En vertu de ce critère, la série converge si $r = \lim_{n \to \infty} \sqrt[n]{a_n} < 1$ et diverge si $r > 1$. Par ailleurs, ce critère ne permet pas de conclure si $r = 1$.

THÉORÈME 6.21 | Critère de Cauchy (ou critère de la racine $n^{\text{ième}}$)

Soit $\sum_{n=1}^{\infty} a_n$ une série à termes positifs telle que $\lim_{n \to \infty} \sqrt[n]{a_n} = r$. Alors,

- $\sum_{n=1}^{\infty} a_n$ converge si $r < 1$

- $\sum_{n=1}^{\infty} a_n$ diverge si $r > 1$

- On ne peut pas conclure si $r = 1$, c'est-à-dire qu'on ne peut pas déterminer si la série est convergente ou divergente à partir de ce critère.

Le choix du critère pour vérifier la convergence d'une série à termes positifs n'est pas toujours évident. Voici quelques conseils qui pourraient s'avérer utiles pour faire un choix éclairé :

- On peut d'abord vérifier si le terme général a_n de la série tend vers 0 lorsque n tend vers l'infini. Si le terme général ne tend pas vers 0, la série diverge. Par contre, si le terme général tend vers 0, on ne pourra pas conclure avec ce critère.

- Si le terme général a_n de la série est un quotient de deux polynômes, on peut envisager d'appliquer le critère du polynôme.

- Si certains termes sont négligeables par rapport à d'autres lorsque $n \to \infty$, on les élimine afin de parvenir à une série simple (comme une série de Riemann ou une série géométrique) qui pourrait servir de comparaison. De manière générale, le critère de comparaison par une limite est plus simple à appliquer que le critère de comparaison pur.

- Si le terme général a_n de la série contient des factorielles ou des puissances d'ordre n, on peut envisager d'appliquer le critère du quotient de d'Alembert.

- Si le terme général a_n de la série ne contient que des puissances d'ordre n, on peut envisager d'appliquer le critère de la racine $n^{\text{ième}}$ de Cauchy.

- Si la fonction réelle $f(x)$ associée au terme général de la série, $a_n = f(n)$, est positive, continue et strictement décroissante pour $x \geq N$ (où N est un entier positif), et que, de plus, cette fonction est aisément intégrable, on utilise le critère de l'intégrale.

Notons également qu'en vertu des théorèmes 6.12 et 6.13, la nature (convergente ou divergente) d'une série $\sum\limits_{n=1}^{\infty} b_n$, où $b_n < 0$, est la même que celle de la série à termes positifs $\sum\limits_{n=1}^{\infty} a_n$ où $a_n = -b_n$, les critères 6.15 à 6.21 s'appliquant à cette dernière série. Enfin, en vertu du théorème 6.11, les critères 6.15 à 6.21 s'appliquent également, avec les adaptations nécessaires, aux séries dont les termes sont tous positifs (voire tous négatifs) seulement à compter du $m^{\text{ième}}$ terme, à la condition que tous les termes qui précèdent soient de grandeur finie.

Illustrons l'emploi de ces différents critères servant à déterminer la convergence ou la divergence d'une série à l'aide de quelques exemples.

EXEMPLE 6.38

On veut déterminer la convergence ou la divergence de la série $\sum\limits_{n=2}^{\infty} \dfrac{1}{n \ln n}$. Comme $\lim\limits_{n \to \infty} \dfrac{1}{n \ln n} = 0$, on ne peut pas conclure, à partir du critère du terme général, à la divergence de la série. Il faut donc recourir à un critère plus fin. La fonction $f(x) = \dfrac{1}{x \ln x}$ est aisément intégrable, de sorte que le critère de l'intégrale semble être un choix judicieux pour déterminer la nature de la série. La fonction $f(x) = \dfrac{1}{x \ln x}$ est continue et non négative lorsque $x \geq 2$. De plus, $f'(x) = \dfrac{-(1 + \ln x)}{(x \ln x)^2} < 0$ lorsque $x \geq 2$, de sorte que la fonction $f(x) = \dfrac{1}{x \ln x}$ est décroissante lorsque $x \geq 2$. Enfin,

$$
\begin{aligned}
\int\limits_{2}^{\infty} f(x)\,dx &= \lim\limits_{b \to \infty} \int\limits_{2}^{b} \frac{1}{x \ln x}\,dx \\
&= \lim\limits_{b \to \infty} \ln(\ln x)\Big|_{2}^{b} \\
&= \lim\limits_{b \to \infty} \big[\ln(\ln b) - \ln(\ln 2)\big] \\
&= \infty
\end{aligned}
$$

Par conséquent, en vertu du critère de l'intégrale, la série $\sum\limits_{n=2}^{\infty} \dfrac{1}{n \ln n}$ diverge.

Par contre, si on applique le même critère à la série $\sum\limits_{n=2}^{\infty} \dfrac{1}{n(\ln n)^{5/4}}$, on obtient la convergence de la série. En effet, la fonction $f(x) = \dfrac{1}{x(\ln x)^{5/4}}$ est continue et non négative lorsque $x \geq 2$. De plus,

$$
f'(x) = \frac{-\left[\frac{5}{4}(\ln x)^{1/4} + (\ln x)^{5/4} \right]}{\left[x(\ln x)^{5/4} \right]^2} < 0
$$

lorsque $x \geq 2$, de sorte que la fonction $f(x) = \dfrac{1}{x(\ln x)^{5/4}}$ est décroissante lorsque $x \geq 2$.

Enfin,

$$
\begin{aligned}
\int_2^\infty f(x)\,dx &= \lim_{b \to \infty} \int_2^b \frac{1}{x(\ln x)^{5/4}}\,dx \\
&= \lim_{b \to \infty} -4(\ln x)^{-1/4}\Big|_2^b \\
&= \lim_{b \to \infty} \left[-4(\ln b)^{-1/4} + 4(\ln 2)^{-1/4} \right] \\
&= \frac{4}{(\ln 2)^{1/4}}
\end{aligned}
$$

Par conséquent, en vertu du critère de l'intégrale, comme $\displaystyle\int_2^\infty \frac{1}{x(\ln x)^{5/4}}\,dx$ converge, la série $\displaystyle\sum_{n=2}^\infty \frac{1}{n(\ln n)^{5/4}}$ converge aussi.

EXEMPLE 6.39

On veut déterminer la convergence ou la divergence de la série

$$
\sum_{n=1}^\infty \frac{1}{(2n-15)(n+2)}
$$

Tous les termes de cette série sont de grandeur finie, et, à l'exception des sept premiers, ils sont tous positifs. En vertu du théorème 6.11, on peut donc, malgré tout, appliquer à cette série un critère pour une série à termes positifs. Comme le terme général de cette série est un quotient de deux polynômes, puisque

$$
\frac{1}{(2n-15)(n+2)} = \frac{1}{2n^2 - 11n - 30}
$$

on peut recourir au critère du polynôme. Le degré du dénominateur étant supérieur de deux unités au degré du numérateur, la série converge.

Par contre, en vertu du même critère, la série $\displaystyle\sum_{n=1}^\infty \frac{10n^2 + 7}{8n^3 + n + 3}$ diverge, puisque le terme général est un quotient de deux polynômes et que la différence entre le degré du dénominateur et celui du numérateur n'est pas supérieure à 1.

EXEMPLE 6.40

On veut déterminer la convergence ou la divergence de la série $\displaystyle\sum_{n=1}^\infty \frac{e^n}{n}$. Le terme général $\dfrac{e^n}{n}$ de cette série ne tend pas vers 0, comme on le constate en appliquant la règle de L'Hospital à une forme indéterminée du type $\dfrac{\infty}{\infty}$:

$$
\lim_{x \to \infty} \frac{e^x}{x} = \lim_{x \to \infty} \frac{e^x}{1} = \infty
$$

Par conséquent, la série $\displaystyle\sum_{n=1}^\infty \frac{e^n}{n}$ diverge.

EXEMPLE 6.41

On veut déterminer la convergence ou la divergence de la série $\displaystyle\sum_{n=1}^{\infty} \left(\frac{n^2 + 3}{2n^2 + 5} \right)^n$.

Comme le terme général ne contient que des puissances d'ordre n, on utilise le critère de la racine $n^{\text{ième}}$ de Cauchy :

$$\lim_{n \to \infty} \sqrt[n]{a_n} = \lim_{n \to \infty} \sqrt[n]{\left(\frac{n^2 + 3}{2n^2 + 5} \right)^n}$$

$$= \lim_{n \to \infty} \frac{n^2 + 3}{2n^2 + 5}$$

$$= \lim_{n \to \infty} \frac{n^2 \left[1 + \left(3 / n^2 \right) \right]}{n^2 \left[2 + \left(5 / n^2 \right) \right]}$$

$$= \tfrac{1}{2}$$

$$< 1$$

On en conclut que la série est convergente.

Par contre, si on applique le même critère à la série $\displaystyle\sum_{n=1}^{\infty} \left(\frac{2n^2 + 5}{n^2 + 3} \right)^n$, on obtient

$$\lim_{n \to \infty} \sqrt[n]{a_n} = \lim_{n \to \infty} \sqrt[n]{\left(\frac{2n^2 + 5}{n^2 + 3} \right)^n}$$

$$= \lim_{n \to \infty} \frac{2n^2 + 5}{n^2 + 3}$$

$$= \lim_{n \to \infty} \frac{n^2 \left[2 + \left(5 / n^2 \right) \right]}{n^2 \left[1 + \left(3 / n^2 \right) \right]}$$

$$= 2$$

$$> 1$$

de sorte que la série diverge.

EXEMPLE 6.42

On veut déterminer la convergence ou la divergence de la série $\displaystyle\sum_{n=1}^{\infty} \frac{2^n}{n!}$. Comme le terme général contient des factorielles et des puissances d'ordre n, on utilise le critère du quotient de d'Alembert :

$$\lim_{n \to \infty} \frac{a_{n+1}}{a_n} = \lim_{n \to \infty} \frac{2^{n+1} / (n + 1)!}{2^n / n!} = \lim_{n \to \infty} \frac{2}{n + 1} = 0 < 1$$

On en conclut que la série converge.

Par contre, si on applique le même critère à la série $\displaystyle\sum_{n=1}^{\infty} \frac{(2n)!}{3^n}$, on obtient que

$$\lim_{n \to \infty} \frac{a_{n+1}}{a_n} = \lim_{n \to \infty} \frac{[2(n + 1)]! / 3^{n+1}}{(2n)! / 3^n}$$

$$= \lim_{n \to \infty} \frac{(2n + 2)(2n + 1)}{3}$$

$$= \infty$$

$$> 1$$

de sorte que la série diverge.

EXEMPLE 6.43

On veut déterminer la convergence ou la divergence de la série $\displaystyle\sum_{n=1}^{\infty} \frac{1}{\sqrt{n(n+1)}}$.

Le comportement de $\dfrac{1}{\sqrt{n(n+1)}}$ lorsque n devient grand est semblable à celui

de $\dfrac{1}{\sqrt{n(n)}} = \dfrac{1}{n}$, la constante 1 devenant alors négligeable. Appliquons donc le

critère de comparaison par une limite :

$$\lim_{n\to\infty} \frac{1/\sqrt{n(n+1)}}{1/n} = \lim_{n\to\infty} \frac{n}{\sqrt{n(n+1)}}$$

$$= \lim_{n\to\infty} \frac{n}{n\sqrt{1+(1/n)}}$$

$$= \lim_{n\to\infty} \frac{1}{\sqrt{1+(1/n)}}$$

$$= 1$$

Comme la série harmonique $\displaystyle\sum_{n=1}^{\infty} \frac{1}{n}$ diverge, alors, en vertu du critère de comparaison par une limite, la série $\displaystyle\sum_{n=1}^{\infty} \frac{1}{\sqrt{n(n+1)}}$ diverge aussi.

Par contre, la série $\displaystyle\sum_{n=1}^{\infty} \frac{\sqrt{2n^2+5}}{3n^3+2n}$ converge. En effet, le comportement de

$\dfrac{\sqrt{2n^2+5}}{3n^3+2n}$ lorsque n devient grand est semblable à $\dfrac{\sqrt{2n^2}}{3n^3} = \dfrac{\sqrt{2}\,n}{3n^3} = \dfrac{\sqrt{2}}{3n^2}$. Uti-

lisons donc le critère de comparaison par une limite avec la série convergente

$\displaystyle\sum_{n=1}^{\infty} \frac{1}{n^2}$, une série de Riemann, où $p = 2 > 1$. On obtient que

$$\lim_{n\to\infty} \frac{\sqrt{2n^2+5}/(3n^3+2n)}{1/n^2} = \lim_{n\to\infty} \frac{n^2\sqrt{2n^2+5}}{3n^3+2n}$$

$$= \lim_{n\to\infty} \frac{n^3\sqrt{2+(5/n^2)}}{n^3[3+(2/n^2)]}$$

$$= \lim_{n\to\infty} \frac{\sqrt{2+(5/n^2)}}{[3+(2/n^2)]}$$

$$= \frac{\sqrt{2}}{3}$$

Par conséquent, comme la série $\displaystyle\sum_{n=1}^{\infty} \frac{1}{n^2}$ converge, la série $\displaystyle\sum_{n=1}^{\infty} \frac{\sqrt{2n^2+5}}{3n^3+2n}$ converge aussi.

EXERCICE 6.8

Déterminez si la série diverge ou converge.

a) $\displaystyle\sum_{n=1}^{\infty} \frac{3n^3+2n+5}{5n^4+8}$

b) $\displaystyle\sum_{n=1}^{\infty} \frac{\sqrt[3]{n^4+3}}{n^2+2n}$

c) $\displaystyle\sum_{n=2}^{\infty} \left(\frac{\ln n}{n^2}\right)^n$

d) $\displaystyle\sum_{n=1}^{\infty} \frac{e^{-\sqrt{n}}}{\sqrt{n}}$

e) $\displaystyle\sum_{n=1}^{\infty} \frac{3^n+4}{n!}$

f) $\displaystyle\sum_{n=1}^{\infty} \left(\frac{10}{3^n} + \frac{2}{n\sqrt[3]{n}}\right)$

g) $\displaystyle\sum_{n=1}^{\infty} \frac{n}{e^n}$

i) $\displaystyle\sum_{n=1}^{\infty} \frac{(n!)^2}{(2n)!}$

k) $\displaystyle\sum_{n=1}^{\infty} \frac{5\sin^2 n}{n^2}$

h) $\displaystyle\sum_{n=1}^{\infty} \frac{3 + \cos n}{\sqrt{5n}}$

j) $\displaystyle\sum_{n=1}^{\infty} \frac{n}{\sqrt{(2n^2 + 3n + 1)^3}}$

6.8 CONVERGENCE ABSOLUE ET CONVERGENCE CONDITIONNELLE

Dans cette section: *critère de convergence absolue – série absolument convergente – série conditionnellement convergente – série alternée – critère de Leibniz ou critère de convergence des séries alternées – série harmonique alternée.*

Nous avons présenté plusieurs critères qui permettent, dans de nombreux cas, de déterminer si une série dont les termes sont tous positifs (ou tous négatifs) est convergente ou divergente. Mais que faire dans le cas d'une série comportant à la fois des termes négatifs et des termes positifs? Comme dans le cas des séries à termes positifs, il existe des critères qui peuvent servir à déterminer la convergence ou la divergence de telles séries.

Le théorème 6.22 présente un de ces critères. Plutôt que d'étudier directement la convergence de la série $\displaystyle\sum_{n=1}^{\infty} a_n$, ce critère propose d'étudier la convergence de la série dont le terme général est $|a_n|$. Comme cette dernière série est à termes positifs, on peut lui appliquer les critères établis dans la section 6.7.

DÉFINITION

CRITÈRE DE CONVERGENCE ABSOLUE

Le critère de convergence absolue est un critère de convergence des séries $\displaystyle\sum_{n=1}^{\infty} a_n$ dont les termes ne sont pas tous positifs. En vertu de ce critère, la série $\displaystyle\sum_{n=1}^{\infty} a_n$ converge (absolument) lorsque $\displaystyle\sum_{n=1}^{\infty} |a_n|$ converge. Par ailleurs, si la série $\displaystyle\sum_{n=1}^{\infty} a_n$ converge et que la série $\displaystyle\sum_{n=1}^{\infty} |a_n|$ diverge, on dira que la série $\displaystyle\sum_{n=1}^{\infty} a_n$ converge conditionnellement.

THÉORÈME 6.22 | Critère de convergence absolue

Si la série $\displaystyle\sum_{n=1}^{\infty} |a_n|$ converge, alors la série $\displaystyle\sum_{n=1}^{\infty} a_n$ converge également.

PREUVE

Soit une série $\displaystyle\sum_{n=1}^{\infty} a_n$ telle que $\displaystyle\sum_{n=1}^{\infty} |a_n|$ est convergente. En vertu du théorème 6.12, la série $\displaystyle\sum_{n=1}^{\infty} 2|a_n|$ converge également. Puisque $-|a_n| \le a_n \le |a_n|$, on a $0 \le a_n + |a_n| \le 2|a_n|$, de sorte qu'en vertu du critère de comparaison, la série $\displaystyle\sum_{n=1}^{\infty} (a_n + |a_n|)$ est également convergente. Enfin, en vertu du théorème 6.12, la série $\displaystyle\sum_{n=1}^{\infty} a_n = \sum_{n=1}^{\infty} \left[(a_n + |a_n|) - |a_n|\right]$ converge également, puisqu'elle provient de la différence de deux séries convergentes. ∎

Le théorème 6.22 énonce une condition suffisante mais non nécessaire pour la convergence d'une série dont les termes ne sont pas tous du même signe: il n'est

DÉFINITIONS

SÉRIE ABSOLUMENT CONVERGENTE

Une série $\sum\limits_{n=1}^{\infty} a_n$ dont tous les termes ne sont pas tous du même signe est dite absolument convergente lorsque la série $\sum\limits_{n=1}^{\infty} |a_n|$ converge.

SÉRIE CONDITIONNELLEMENT CONVERGENTE

Une série $\sum\limits_{n=1}^{\infty} a_n$ dont tous les termes ne sont pas tous du même signe est dite conditionnellement convergente lorsque la série $\sum\limits_{n=1}^{\infty} |a_n|$ diverge alors que la série $\sum\limits_{n=1}^{\infty} a_n$ converge.

SÉRIE ALTERNÉE

Une série alternée est une série de la forme $\sum\limits_{n=1}^{\infty} (-1)^n a_n$ ou $\sum\limits_{n=1}^{\infty} (-1)^{n+1} a_n$, où $a_n > 0$.

CRITÈRE DE LEIBNIZ (OU CRITÈRE DE CONVERGENCE DES SÉRIES ALTERNÉES)

Le critère de Leibniz (ou critère de convergence des séries alternées) est un critère de convergence des séries alternées, soit des séries du type $\sum\limits_{n=1}^{\infty} (-1)^n a_n$ $\left[\text{ou } \sum\limits_{n=1}^{\infty} (-1)^{n+1} a_n\right]$, où $a_n > 0$. En vertu de ce critère, si la série est telle que $\lim\limits_{n\to\infty} a_n = 0$ et que $a_{n+1} \leq a_n$ pour tout n, alors la série $\sum\limits_{n=1}^{\infty} (-1)^n a_n$ $\left[\text{ou } \sum\limits_{n=1}^{\infty} (-1)^{n+1} a_n\right]$ converge.

pas nécessaire que $\sum\limits_{n=1}^{\infty} |a_n|$ converge pour que $\sum\limits_{n=1}^{\infty} a_n$ converge. Ainsi, nous verrons sous peu une série telle que $\sum\limits_{n=1}^{\infty} a_n$ converge même si $\sum\limits_{n=1}^{\infty} |a_n|$ diverge. On peut donc définir deux types de convergence : on dit d'une **série** convergente $\sum\limits_{n=1}^{\infty} a_n$ qu'elle est **absolument convergente** (ou qu'elle converge de manière absolue) si $\sum\limits_{n=1}^{\infty} |a_n|$ converge également, alors qu'on qualifie la **série** de **conditionnellement convergente** autrement, c'est-à-dire si $\sum\limits_{n=1}^{\infty} a_n$ converge alors que $\sum\limits_{n=1}^{\infty} |a_n|$ diverge.

Le théorème 6.23 présente un **critère de convergence** pour les **séries alternées**, soit des séries de la forme $\sum\limits_{n=1}^{\infty} (-1)^n a_n$ ou $\sum\limits_{n=1}^{\infty} (-1)^{n+1} a_n$ où $a_n > 0$.

THÉORÈME 6.23 | Critère de Leibniz (ou critère de convergence des séries alternées)

Si une série alternée $\sum\limits_{n=1}^{\infty} (-1)^{n+1} a_n$ $\left[\text{ou } \sum\limits_{n=1}^{\infty} (-1)^n a_n\right]$ où $a_n > 0$ est telle que $\lim\limits_{n\to\infty} a_n = 0$ et que $a_{n+1} \leq a_n$ pour tout n, c'est-à-dire que la suite a_n est décroissante, alors la série est convergente.

PREUVE

Soit la série $\sum\limits_{n=1}^{\infty} (-1)^{n+1} a_n$. Considérons d'abord la suite S_{2n} des sommes partielles paires :

$$S_{2n} = (a_1 - a_2) + (a_3 - a_4) + \cdots + (a_{2n-1} - a_{2n})$$

Comme $a_{n+1} \leq a_n$, on a que $a_n - a_{n+1} > 0$, de sorte que la suite $\{S_{2n}\}$ est croissante et est donc bornée inférieurement par son premier terme, soit par $a_1 - a_2$. Par ailleurs, on a également que

$$S_{2n} = a_1 - (a_2 - a_3) - (a_4 - a_5) + \cdots - (a_{2n-2} - a_{2n-1}) - a_{2n}$$

de sorte que la suite $\{S_{2n}\}$ est bornée supérieurement par a_1. La suite $\{S_{2n}\}$ est donc une suite monotone bornée, de sorte qu'en vertu du théorème 6.4, elle converge vers une valeur S.

De plus, on a $S_{2n+1} = S_{2n} + a_{2n+1}$ et $\lim\limits_{n\to\infty} a_n = 0$, de sorte que

$$\lim_{n\to\infty} S_{2n+1} = \lim_{n\to\infty} (S_{2n} + a_{2n+1})$$
$$= \lim_{n\to\infty} S_{2n} + \lim_{n\to\infty} a_{2n+1}$$
$$= S + 0$$
$$= S$$

On a donc que $\lim\limits_{n\to\infty} S_n = S$, de sorte que la suite des sommes partielles converge et que, par conséquent, la série $\sum\limits_{n=1}^{\infty} (-1)^{n+1} a_n$ converge également. Enfin, comme $\sum\limits_{n=1}^{\infty} (-1)^n a_n = -\sum\limits_{n=1}^{\infty} (-1)^{n+1} a_n$, la série $\sum\limits_{n=1}^{\infty} (-1)^n a_n$ converge aussi. ∎

Illustrons par quelques exemples l'utilisation des théorèmes 6.22 et 6.23. Notez que lorsqu'on veut vérifier la nature (convergente ou divergente) d'une série $\sum_{n=1}^{\infty} a_n$ comportant des termes positifs et négatifs, il est souvent avantageux d'essayer de vérifier d'abord si la série $\sum_{n=1}^{\infty} |a_n|$ converge, puisqu'il existe de nombreux critères permettant de déterminer si une série à termes positifs converge, auquel cas la série $\sum_{n=1}^{\infty} a_n$ convergera. Par contre, si la série $\sum_{n=1}^{\infty} |a_n|$ diverge, il faudra utiliser d'autres critères, notamment, lorsqu'il y a lieu, celui des séries alternées, pour déterminer la convergence ou la divergence d'une série.

EXEMPLE 6.44

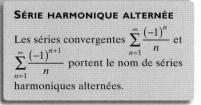

DÉFINITION

SÉRIE HARMONIQUE ALTERNÉE

Les séries convergentes $\sum_{n=1}^{\infty} \dfrac{(-1)^n}{n}$ et $\sum_{n=1}^{\infty} \dfrac{(-1)^{n+1}}{n}$ portent le nom de séries harmoniques alternées.

On veut déterminer si la **série harmonique alternée** $\sum_{n=1}^{\infty} \dfrac{(-1)^n}{n}$ converge. Vérifions d'abord si la série converge absolument. La série $\sum_{n=1}^{\infty} \left| \dfrac{(-1)^n}{n} \right| = \sum_{n=1}^{\infty} \dfrac{1}{n}$ est une série harmonique et est donc divergente, de sorte que la série $\sum_{n=1}^{\infty} \dfrac{(-1)^n}{n}$ peut, au mieux, être conditionnellement convergente. Comme la série $\sum_{n=1}^{\infty} \dfrac{(-1)^n}{n}$ est une série alternée, on peut utiliser le critère de Leibniz. On a que $a_{n+1} = \dfrac{1}{n+1} < \dfrac{1}{n} = a_n$ et que $\lim_{n \to \infty} a_n = \lim_{n \to \infty} \dfrac{1}{n} = 0$. Par conséquent, en vertu du critère de Leibniz, la série $\sum_{n=1}^{\infty} \dfrac{(-1)^n}{n}$ est convergente. On conclut également qu'elle est conditionnellement convergente, puisque $\sum_{n=1}^{\infty} \dfrac{(-1)^n}{n}$ converge, mais que $\sum_{n=1}^{\infty} \left| \dfrac{(-1)^n}{n} \right|$ diverge.

EXEMPLE 6.45

On veut déterminer si la série $\sum_{n=1}^{\infty} \dfrac{(-1)^n}{n^2}$ converge. Or, $\sum_{n=1}^{\infty} \left| \dfrac{(-1)^n}{n^2} \right| = \sum_{n=1}^{\infty} \dfrac{1}{n^2}$ est une série de Riemann convergente $(p = 2 > 1)$, de sorte qu'en vertu du théorème 6.22, la série $\sum_{n=1}^{\infty} \dfrac{(-1)^n}{n^2}$ converge. Plus précisément, sa convergence est absolue.

EXEMPLE 6.46

On veut déterminer si la série $\sum_{n=1}^{\infty} \dfrac{\cos n}{3^n}$ converge. Or, en vertu du critère de comparaison avec la série géométrique convergente $\sum_{n=1}^{\infty} \dfrac{1}{3^n} = \sum_{n=1}^{\infty} \left(\dfrac{1}{3} \right)^n$, la série

$\sum_{n=1}^{\infty} \left| \dfrac{\cos n}{3^n} \right|$ converge, puisque $0 \leq \left| \dfrac{\cos n}{3^n} \right| \leq \left(\dfrac{1}{3} \right)^n$. Par conséquent, en vertu du théorème 6.22, la série $\sum_{n=1}^{\infty} \dfrac{\cos n}{3^n}$ converge. Plus précisément, sa convergence est absolue.

EXEMPLE 6.47

On veut déterminer si la série $\sum_{n=1}^{\infty} \dfrac{(-1)^{n+1}}{\sqrt{n}}$ converge. Vérifions d'abord si la série converge absolument. La série $\sum_{n=1}^{\infty} \left| \dfrac{(-1)^{n+1}}{\sqrt{n}} \right| = \sum_{n=1}^{\infty} \dfrac{1}{\sqrt{n}}$ est une série de Riemann divergente $(p = \frac{1}{2} < 1)$, de sorte que la série $\sum_{n=1}^{\infty} \dfrac{(-1)^{n+1}}{\sqrt{n}}$ peut, au mieux, être conditionnellement convergente. Comme la série $\sum_{n=1}^{\infty} \dfrac{(-1)^{n+1}}{\sqrt{n}}$ est une série alternée, on peut utiliser le critère de Leibniz. On a que $a_{n+1} = \dfrac{1}{\sqrt{n+1}} < \dfrac{1}{\sqrt{n}} = a_n$ et que $\lim_{n \to \infty} a_n = \lim_{n \to \infty} \dfrac{1}{\sqrt{n}} = 0$. Par conséquent, en vertu du critère de Leibniz, la série $\sum_{n=1}^{\infty} \dfrac{(-1)^{n+1}}{\sqrt{n}}$ est convergente. On conclut également qu'elle est conditionnellement convergente, puisque $\sum_{n=1}^{\infty} \dfrac{(-1)^{n+1}}{\sqrt{n}}$ converge, mais que $\sum_{n=1}^{\infty} \left| \dfrac{(-1)^{n+1}}{\sqrt{n}} \right|$ diverge.

EXEMPLE 6.48

On veut déterminer si la série $\sum_{n=1}^{\infty} (-1)^n n$ converge. Or, $\lim_{n \to \infty} (-1)^n n$ n'existe pas, de sorte qu'en vertu du théorème 6.9 (critère du terme général) cette série est divergente.

EXERCICE 6.9

Déterminez si la série diverge ou converge, et, s'il y a lieu, dites si la convergence est conditionnelle ou absolue.

a) $\sum_{n=1}^{\infty} \dfrac{(-1)^{n+1}}{2n + 3}$

b) $\sum_{n=2}^{\infty} \dfrac{(-1)^n}{\ln n}$

c) $\sum_{n=1}^{\infty} \dfrac{(-1)^n}{n^2 + 1}$

d) $\sum_{n=1}^{\infty} \dfrac{\sin n}{n!}$

e) $\sum_{n=1}^{\infty} \dfrac{\cos n}{n \sqrt{n}}$

f) $\sum_{n=1}^{\infty} (-1)^n \sqrt{n} \sin \left(\dfrac{1}{\sqrt{n}} \right)$

g) $\sum_{n=1}^{\infty} (-1)^{n+1} n^3 e^{-n}$

h) $\sum_{n=1}^{\infty} \dfrac{(-1)^n (n - 1)}{n + 2}$

i) $\sum_{n=2}^{\infty} \dfrac{(-1)^n}{n \ln n}$

Vous pouvez maintenant faire les exercices récapitulatifs 16 à 18.

SÉRIES ENTIÈRES

Dans cette section: série entière centrée en a – coefficients d'une série entière – intervalle de convergence – rayon de convergence – critère de d'Alembert généralisé.

DÉFINITIONS

SÉRIE ENTIÈRE CENTRÉE EN a

Une série entière centrée en a (ou série de puissances) est une série de la forme $\sum_{n=0}^{\infty} a_n(x-a)^n$, où les a_n sont des constantes réelles.

COEFFICIENTS D'UNE SÉRIE ENTIÈRE

Les coefficients d'une série entière $\sum_{n=0}^{\infty} a_n(x-a)^n$ sont les constantes réelles a_n.

DÉFINITION

INTERVALLE DE CONVERGENCE

L'intervalle de convergence d'une série entière $\sum_{n=0}^{\infty} a_n(x-a)^n$ est l'ensemble des valeurs de x pour lesquelles la série converge.

DÉFINITION

RAYON DE CONVERGENCE

Le rayon de convergence d'une série entière $\sum_{n=0}^{\infty} a_n(x-a)^n$ est le nombre r tel que la série converge lorsque $|x-a| < r$ et diverge lorsque $|x-a| > r$. On dit du rayon de convergence qu'il est infini lorsque la série converge pour toutes les valeurs réelles de x et qu'il est nul lorsque la série ne converge qu'en $x = a$.

Les séries que nous avons étudiées jusqu'ici étaient des séries de constantes. Nous allons maintenant aborder des séries de fonctions qu'on qualifie de séries entières. Une **série entière centrée en a** (ou *série de puissances*) est une série de la forme $\sum_{n=0}^{\infty} a_n(x-a)^n$, où les a_n sont des constantes réelles appelées **coefficients de la série**; en particulier si $a = 0$, on obtient la série $\sum_{n=0}^{\infty} a_n x^n$. Notez que, dans ces deux types de séries, il arrive que la sommation commence à 0, et on définit alors, par convention, $x^0 = 1$ et $(x-a)^0 = 1$, quelle que soit la valeur de x, en particulier pour $x = 0$ dans le premier cas et pour $x = a$ dans le second. Toutefois, on pourrait aussi faire commencer l'indice de sommation à 1.

Comme dans le cas de toute série, on veut déterminer si elle diverge ou si elle converge. Or, les séries entières étant des séries dont les termes sont des puissances de x, elles peuvent diverger pour certaines valeurs de x et converger pour d'autres. On veut donc trouver les valeurs de x pour lesquelles une série entière converge et, si cela est possible, déterminer la fonction vers laquelle la série converge. Notez qu'à cause de la convention adoptée pour le terme initial d'une série entière, toute série entière converge en au moins une valeur de x, soit en $x = a$.

L'ensemble des valeurs de x pour lesquelles une série entière converge porte le nom d'**intervalle de convergence**, ensemble qui pourrait être l'ensemble des réels. Le théorème 6.24, que nous accepterons sans démonstration, nous renseigne sur l'intervalle de convergence d'une série entière centrée en $x = a$.

THÉORÈME 6.24

Pour la série entière centrée en a, $\sum_{n=0}^{\infty} a_n(x-a)^n$, un seul des énoncés suivants est vrai.

1. La série ne converge que pour $x = a$.

2. La série converge absolument pour tout $x \in \mathbb{R}$, c'est-à-dire pour tous les réels.

3. Il existe un nombre réel r positif, fini et non nul $(0 < r < \infty)$ pour lequel la série converge pour tout x tel que $|x-a| < r$, c'est-à-dire pour tout $x \in \,]a-r, a+r[$, et diverge pour tout x tel que $|x-a| > r$.

Le troisième cas du théorème 6.24 énonce essentiellement qu'il existe un nombre r, appelé le **rayon de convergence**, tel que la série entière $\sum_{n=0}^{\infty} a_n(x-a)^n$ converge lorsque $|x-a| < r$ et diverge lorsque $|x-a| > r$. Étendons cette notion de convergence aux deux autres situations possibles en disant du rayon de convergence qu'il est infini lorsque la série converge pour toutes les valeurs réelles de x, et qu'il est nul lorsque la série ne converge qu'en $x = a$.

Pour évaluer le rayon de convergence d'une série entière, il suffit généralement d'appliquer le critère de d'Alembert généralisé (théorème 6.25).

THÉORÈME 6.25 | Critère de d'Alembert généralisé

Soit la série $\sum_{n=1}^{\infty} a_n$, où $a_n \neq 0$ pour tout $n \in \mathbb{N}$, et soit $L = \lim_{n \to \infty} \left| \dfrac{a_{n+1}}{a_n} \right|$.

■ Si $L < 1$, alors la série converge absolument, et donc converge.

■ Si $L > 1$, alors la série diverge.

■ Si $L = 1$, on ne peut pas tirer de conclusion sur la divergence ou la convergence de la série.

PREUVE

Soit la série $\sum_{n=1}^{\infty} a_n$. Si $L = \lim_{n \to \infty} \left| \dfrac{a_{n+1}}{a_n} \right| < 1$, alors, en vertu du critère de d'Alembert (théorème 6.20), la série $\sum_{n=1}^{\infty} |a_n|$ converge, de sorte que la série $\sum_{k=1}^{\infty} a_n$ converge absolument, et, par conséquent, en vertu du théorème 6.22 (critère de convergence absolue), elle converge.

Si $L = \lim_{n \to \infty} \left| \dfrac{a_{n+1}}{a_n} \right| > 1$, alors il existe une valeur $N \in \mathbb{N}$ pour laquelle $\left| \dfrac{a_{n+1}}{a_n} \right| > 1$ pour tout $n > N$, c'est-à-dire que $|a_{n+1}| > |a_n|$, lorsque $n > N$, de sorte que la suite $\{|a_n|\}_{n=N}^{\infty}$ est croissante. Par conséquent, $\lim_{n \to \infty} a_n \neq 0$, d'où, en vertu du théorème 6.9 (critère du terme général), la série $\sum_{n=1}^{\infty} a_n$ diverge.

Enfin, si $L = \lim_{n \to \infty} \left| \dfrac{a_{n+1}}{a_n} \right| = 1$, alors on ne peut pas tirer de conclusion.

En effet, à titre d'exemple, la série harmonique est divergente, alors que la série harmonique alternée est convergente. Pourtant, dans ces deux cas, on constate que

$$
\begin{aligned}
L &= \lim_{n \to \infty} \left| \frac{a_{n+1}}{a_n} \right| \\
&= \lim_{n \to \infty} \frac{1 / (n + 1)}{1 / n} \\
&= \lim_{n \to \infty} \frac{n}{n + 1} \\
&= 1
\end{aligned}
$$

∎

En fait, dans de nombreux cas, l'application du critère de d'Alembert généralisé donne le résultat énoncé dans le théorème 6.26.

THÉORÈME 6.26

Si $\displaystyle\sum_{n=0}^{\infty} a_n(x-a)^n$ est une série entière centrée en a, alors le rayon de convergence est donné par l'expression $r = \displaystyle\lim_{n\to\infty}\left|\dfrac{a_n}{a_{n+1}}\right|$, dans la mesure où cette limite existe ou vaut l'infini.

PREUVE

Appliquons le critère de d'Alembert généralisé. En vertu de ce critère, cette série converge si $\displaystyle\lim_{n\to\infty}\left|\dfrac{a_{n+1}(x-a)^{n+1}}{a_n(x-a)^n}\right| = |x-a|\displaystyle\lim_{n\to\infty}\left|\dfrac{a_{n+1}}{a_n}\right| < 1$, c'est-à-dire si $|x-a| < \displaystyle\lim_{n\to\infty}\left|\dfrac{a_n}{a_{n+1}}\right|$, et elle diverge si

$$\lim_{n\to\infty}\left|\frac{a_{n+1}(x-a)^{n+1}}{a_n(x-a)^n}\right| = |x-a|\lim_{n\to\infty}\left|\frac{a_{n+1}}{a_n}\right| > 1$$

c'est-à-dire si $|x-a| > \displaystyle\lim_{n\to\infty}\left|\dfrac{a_n}{a_{n+1}}\right|$. Par conséquent, en vertu de la définition du rayon de convergence, on a $r = \displaystyle\lim_{n\to\infty}\left|\dfrac{a_n}{a_{n+1}}\right|$. ∎

Pour trouver l'intervalle de convergence d'une série entière $\displaystyle\sum_{n=0}^{\infty} a_n(x-a)^n$, on détermine d'abord son rayon de convergence, en appliquant le critère de d'Alembert généralisé ou encore en recourant au théorème 6.26 si cela est approprié. Si le rayon de convergence r est nul, l'intervalle de convergence n'est constitué que du point a. Si le rayon de convergence r est infini, la série converge pour l'ensemble des réels. Par contre, si le rayon de convergence r est fini et non nul, on sait que la série converge lorsque $|x-a| < r$ et diverge lorsque $|x-a| > r$. Toutefois, on ne sait pas *a priori* ce qui se passe lorsque $|x-a| = r$. Ainsi, la série pourrait converger ou diverger à l'une ou l'autre des valeurs $a-r$ et $a+r$, de sorte que l'intervalle de convergence pourrait être $]a-r, a+r[$, $[a-r, a+r[$, $]a-r, a+r]$ ou $[a-r, a+r]$. Il faut donc traiter les valeurs $a-r$ et $a+r$ de façon particulière.

EXEMPLE 6.49

On veut déterminer l'intervalle de convergence de la série entière $\displaystyle\sum_{n=0}^{\infty}\dfrac{x^n}{n!}$. Évaluons le rayon de convergence de la série en appliquant le théorème 6.26 :

$$r = \lim_{n\to\infty}\left|\frac{a_n}{a_{n+1}}\right|$$

$$= \lim_{n\to\infty}\left|\frac{1/n!}{1/(n+1)!}\right|$$

$$= \lim_{n\to\infty}\frac{(n+1)!}{n!}$$

$$= \lim_{n\to\infty}(n+1)$$

$$= \infty$$

Comme le rayon de convergence est infini, l'intervalle de convergence de cette série est l'ensemble des réels ($\mathbb{R}$). Ainsi, quelle que soit la valeur de x, la série $\displaystyle\sum_{n=0}^{\infty} \frac{x^n}{n!}$ converge.

EXEMPLE 6.50

On veut déterminer l'intervalle de convergence de la série entière $\displaystyle\sum_{n=0}^{\infty} n!(x-3)^n$.

Évaluons le rayon de convergence de la série en faisant appel au théorème 6.26 :

$$r = \lim_{n\to\infty} \left| \frac{a_n}{a_{n+1}} \right|$$
$$= \lim_{n\to\infty} \left| \frac{n!}{(n+1)!} \right|$$
$$= \lim_{n\to\infty} \frac{1}{n+1}$$
$$= 0$$

Comme le rayon de convergence est nul, la série ne converge qu'en $x = 3$ et vaut alors 1 pour cette valeur de x.

EXEMPLE 6.51

On veut déterminer l'intervalle de convergence de la série entière $\displaystyle\sum_{n=1}^{\infty} \frac{(-1)^n (x-3)^n}{n}$.

Évaluons le rayon de convergence de la série en recourant au théorème 6.26 :

$$r = \lim_{n\to\infty} \left| \frac{a_n}{a_{n+1}} \right|$$
$$= \lim_{n\to\infty} \left| \frac{(-1)^n / n}{(-1)^{n+1} / (n+1)} \right|$$
$$= \lim_{n\to\infty} \frac{n+1}{n}$$
$$= 1$$

Ainsi, la série $\displaystyle\sum_{n=1}^{\infty} \frac{(-1)^n (x-3)^n}{n}$ converge pour tout x tel que $|x-3| < 1$, soit pour $x \in \,]2, 4[$, et diverge pour $|x-3| > 1$. Il reste à déterminer la nature de la série lorsque $|x-3| = 1$, c'est-à-dire lorsque $x = 4$ et lorsque $x = 2$.

Or, si $x = 4$, la série devient $\displaystyle\sum_{n=1}^{\infty} \frac{(-1)^n (4-3)^n}{n} = \sum_{n=1}^{\infty} \frac{(-1)^n}{n}$, soit la série harmonique alternée, qui est convergente.

Mais si $x = 2$, la série devient $\displaystyle\sum_{n=1}^{\infty} \frac{(-1)^n (2-3)^n}{n} = \sum_{n=1}^{\infty} \frac{(-1)^{2n}}{n} = \sum_{n=1}^{\infty} \frac{1}{n}$, soit la série harmonique, qui est divergente.

Par conséquent, l'intervalle de convergence de la série $\displaystyle\sum_{n=1}^{\infty} \frac{(-1)^n (x-3)^n}{n}$ est $\,]2, 4]$.

EXEMPLE 6.52

On veut déterminer l'intervalle de convergence de la série entière $\displaystyle\sum_{n=1}^{\infty} \frac{(x + 6)^n}{2^n}$.

Évaluons d'abord le rayon de convergence de la série :

$$
\begin{aligned}
r &= \lim_{n \to \infty} \left| \frac{a_n}{a_{n+1}} \right| \\
&= \lim_{n \to \infty} \left| \frac{1/2^n}{1/2^{n+1}} \right| \\
&= \lim_{n \to \infty} \frac{2^{n+1}}{2^n} \\
&= 2
\end{aligned}
$$

Ainsi, la série $\displaystyle\sum_{n=1}^{\infty} \frac{(x + 6)^n}{2^n}$ converge pour tout x tel que $|x + 6| < 2$, soit pour $x \in \left]-8, -4\right[$, et diverge pour $|x + 6| > 2$. Il reste à déterminer la nature de la série lorsque $|x + 6| = 2$, c'est-à-dire lorsque $x = -8$ et lorsque $x = -4$.

Or, si $x = -8$, la série devient $\displaystyle\sum_{n=1}^{\infty} \frac{(-8 + 6)^n}{2^n} = \sum_{n=1}^{\infty} (-1)^n$, et elle est divergente, puisque son terme général $(-1)^n$ ne tend pas vers 0 lorsque $n \to \infty$. Par ailleurs, si $x = -4$, la série devient $\displaystyle\sum_{n=1}^{\infty} \frac{(-4 + 6)^n}{2^n} = \sum_{n=1}^{\infty} 1$, et elle est également divergente pour la même raison. Par conséquent, l'intervalle de convergence de la série $\displaystyle\sum_{n=1}^{\infty} \frac{(x + 6)^n}{2^n}$ est $\left]-8, -4\right[$.

On peut également en dire un peu plus à propos de la série $\displaystyle\sum_{n=1}^{\infty} \frac{(x + 6)^n}{2^n}$ pour les valeurs de x comprises dans l'intervalle de convergence. En effet, comme $\displaystyle\sum_{n=1}^{\infty} \frac{(x + 6)^n}{2^n} = \sum_{n=1}^{\infty} \left(\frac{x + 6}{2} \right)^n$ est une série géométrique, alors, si $x \in \left]-8, -4\right[$, on a

$$
\begin{aligned}
\sum_{n=1}^{\infty} \frac{(x + 6)^n}{2^n} &= \sum_{n=1}^{\infty} \left(\frac{x + 6}{2} \right)^n \\
&= \frac{(x + 6)/2}{1 - \left[(x + 6)/2 \right]} \\
&= -\frac{x + 6}{x + 4}
\end{aligned}
$$

En particulier, si $x = -7$, on obtient que

$$
\begin{aligned}
\sum_{n=1}^{\infty} \frac{(x + 6)^n}{2^n} &= -\frac{x + 6}{x + 4} \\
&= -\frac{-7 + 6}{-7 + 4} \\
&= -\frac{1}{3}
\end{aligned}
$$

On obtient le même résultat en posant $x = -7$ dans la série géométrique :

$$\sum_{n=1}^{\infty} \frac{(x+6)^n}{2^n} = \sum_{n=1}^{\infty} \left(\frac{-7+6}{2} \right)^n$$

$$= \sum_{n=1}^{\infty} \left(\frac{-1}{2} \right)^n$$

$$= \frac{-\frac{1}{2}}{1-\left(-\frac{1}{2}\right)}$$

$$= -\frac{1}{3}$$

 **EXERCICE 6.10**

Déterminez l'intervalle de convergence de la série entière.

a) $\displaystyle\sum_{n=0}^{\infty} 3^{-n} x^n$ c) $\displaystyle\sum_{n=0}^{\infty} 4^n (x+2)^n$ e) $\displaystyle\sum_{n=1}^{\infty} \frac{x^n}{n^n}$

b) $\displaystyle\sum_{n=1}^{\infty} \frac{x^n}{n^2}$ d) $\displaystyle\sum_{n=0}^{\infty} \left(-\frac{1}{2}\right)^n (x-3)^n$

6.10   SÉRIES DE TAYLOR ET DE MACLAURIN

Dans cette section : *série de Taylor centrée en a – série de Maclaurin – polynôme de Taylor – reste de Lagrange.*

La question importante à laquelle il faut maintenant répondre est la suivante : peut-on dériver et intégrer une série entière comme s'il s'agissait simplement d'un polynôme ? Le théorème 6.27, que nous acceptons sans démonstration, apporte une réponse à cette question.

Notez que, dans la conclusion de ce théorème, le rayon de convergence demeure le même que celui de la série d'origine, mais pas nécessairement l'intervalle de convergence. Ainsi, la série d'origine peut converger à l'une des extrémités de l'intervalle, alors que la dérivée de la série ne converge pas nécessairement en ce point.

THÉORÈME 6.27

Si la série entière $\displaystyle\sum_{n=0}^{\infty} a_n (x-a)^n$ a un rayon de convergence $r > 0$, alors la fonction définie par $f(x) = \displaystyle\sum_{n=0}^{\infty} a_n (x-a)^n$ est dérivable et intégrable sur $]a-r, a+r[$, et, de plus,

■ $f'(x) = \displaystyle\sum_{n=1}^{\infty} n a_n (x-a)^{n-1}$

■ $\displaystyle\int f(x)dx = C + \sum_{n=0}^{\infty} \frac{a_n (x-a)^{n+1}}{n+1}$

le rayon de convergence de ces deux nouvelles séries valant également r.

Grâce à ce dernier théorème, nous serons en mesure d'établir un des résultats les plus importants en mathématiques, soit le développement en série de Maclaurin ou en série de Taylor d'une fonction.

Supposons qu'on puisse écrire une certaine fonction $f(x)$ sous la forme d'une série entière dont le rayon de convergence est r, de sorte que

$$f(x) = \sum_{n=0}^{\infty} a_n (x - a)^n$$

$$= a_0 + a_1 (x - a) + a_2 (x - a)^2 + a_3 (x - a)^3 + \cdots$$

cette série étant convergente lorsque $|x - a| < r$, et en particulier pour $x = a$. On cherche à trouver la valeur des coefficients a_n de la série.

Or, $f(a) = \sum_{n=0}^{\infty} a_n (a - a)^n = a_0$, puisque nous avons adopté la convention selon laquelle $(x - a)^0 = 1$.

De plus, en vertu du théorème 6.27, on a $f'(x) = \sum_{n=1}^{\infty} n a_n (x - a)^{n-1}$, de sorte que $f'(a) = \sum_{n=1}^{\infty} n a_n (a - a)^{n-1} = a_1$. En répétant la procédure, on obtient les résultats suivants :

$$f(x) = \sum_{n=0}^{\infty} a_n (x - a)^n \Rightarrow f(a) = a_0 \Rightarrow a_0 = f(a)$$

$$f'(x) = \sum_{n=1}^{\infty} a_n (n)(x - a)^{n-1} \Rightarrow f'(a) = a_1 \Rightarrow a_1 = f'(a)$$

$$f''(x) = \sum_{n=2}^{\infty} a_n (n)(n-1)(x - a)^{n-2} \Rightarrow f''(a) = 2a_2 \Rightarrow a_2 = \frac{f''(a)}{2}$$

$$f'''(x) = \sum_{n=3}^{\infty} a_n (n)(n-1)(n-2)(x - a)^{n-3} \Rightarrow f'''(a) = (3)(2)a_3 \Rightarrow a_3 = \frac{f'''(a)}{(3)(2)}$$

$$f^{(4)}(x) = \sum_{n=4}^{\infty} a_n (n)(n-1)(n-2)(n-3)(x - a)^{n-4} \Rightarrow f^{(4)}(a) = (4)(3)(2)a_4$$

$$\Rightarrow a_4 = \frac{f^{(4)}(a)}{(4)(3)(2)}$$

Si nous convenons que $f^{(0)}(a) = f(a)$ et que $0! = 1$, une simple observation nous permet de constater la régularité qui se dégage de ces calculs : $a_n = \dfrac{f^{(n)}(a)}{n!}$.

Par conséquent, si une fonction $f(x)$ admet un développement en série entière centrée en a, alors on a

$$f(x) = \sum_{n=0}^{\infty} \frac{f^{(n)}(a)}{n!}(x - a)^n$$

$$= \frac{f^{(0)}(a)}{0!} + \frac{f^{(1)}(a)}{1!}(x - a) + \frac{f^{(2)}(a)}{2!}(x - a)^2 + \frac{f^{(3)}(a)}{3!}(x - a)^3 + \cdots$$

Cette expression porte le nom de **série de Taylor centrée en a**. Dans le cas particulier où $a = 0$, on parle plutôt de **série de Maclaurin**. On obtient donc le théorème 6.28.

DÉFINITIONS

SÉRIE DE TAYLOR CENTRÉE EN a

La série de Taylor d'une fonction $f(x)$ qui admet des dérivées de tous ordres en $x = a$ et qui converge vers $f(x)$ est donnée par

$$f(x) = \sum_{n=0}^{\infty} \frac{f^{(n)}(a)}{n!}(x - a)^n$$

SÉRIE DE MACLAURIN

La série de Maclaurin d'une fonction $f(x)$ qui admet des dérivées de tous ordres en $x = 0$ et qui converge vers $f(x)$ est donnée par

$$f(x) = \sum_{n=0}^{\infty} \frac{f^{(n)}(0)}{n!} x^n$$

> ⊗ **THÉORÈME 6.28**
>
> Si une fonction $f(x)$ admet un développement en série entière centrée en a, soit $f(x) = \sum_{n=0}^{\infty} a_n (x - a)^n$, dont le rayon de convergence est $r > 0$, alors les coefficients de cette série sont $a_n = \dfrac{f^{(n)}(a)}{n!}$. Une telle série porte le nom de série de Taylor si $a \neq 0$ et de série de Maclaurin si $a = 0$.

Ce théorème nous renseigne sur la forme des coefficients de la série lorsqu'une fonction $f(x)$ admet un développement en série de Taylor (ou de Maclaurin), mais ne nous révèle pas les conditions suffisantes pour lesquelles une série de Taylor converge vers la fonction $f(x)$. Comme pour toute série, la réponse à cette question repose sur la convergence de la suite des sommes partielles.

Si $f(x)$ est une fonction qui admet ses n premières dérivées en a, c'est-à-dire une fonction telle que les expressions $f(a), f'(a), f''(a), f'''(a), ..., f^{(n)}(a)$ sont toutes définies, alors la somme partielle $P_n(x)$ des n premiers termes de la série de Taylor, c'est-à-dire $T_n(x) = \sum_{k=0}^{n} \dfrac{f^{(k)}(a)}{k!}(x - a)^k$, est appelée **polynôme de Taylor de degré n, centré en a**, de la fonction $f(x)$. On peut penser que le polynôme de Taylor de degré n constitue une bonne approximation de la fonction $f(x)$ près de $x = a$, puisqu'en $x = a$, ce polynôme et chacune de ses dérivées jusqu'à l'ordre n concordent respectivement avec la fonction et avec chacune de ses dérivées jusqu'à l'ordre n. On dit que ce résultat est «local» dans la mesure où l'écart entre une fonction et son polynôme de Taylor est faible pour des valeurs proches du centre de la série, soit proches de a, c'est-à-dire que l'approximation est d'autant meilleure qu'elle s'effectue dans un voisinage rapproché du centre de la série. Ainsi, plus on s'éloigne du centre du polynôme, moins l'approximation est bonne, ou encore plus on est loin du centre, plus il faut augmenter le degré du polynôme de Taylor pour obtenir une bonne approximation.

À titre d'exemple, on peut vérifier aisément que le polynôme de Taylor T_{2n} de degré $2n$ associé à la fonction $f(x) = \cos x$ est $T_{2n}(x) = \sum_{k=0}^{n} \dfrac{(-1)^n x^{2n}}{(2n)!}$. La figure 6.9 illustre comment les courbes décrites par des polynômes de Taylor associés à la fonction $f(x) = \cos x$ épousent de mieux en mieux la courbe décrite par cette fonction au fur et à mesure que le degré du polynôme augmente.

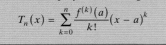

DÉFINITION

POLYNÔME DE TAYLOR DE DEGRÉ n CENTRÉ EN a

Le polynôme de Taylor de degré n centré en a d'une fonction $f(x)$ qui admet ses n premières dérivées en $x = a$ est le polynôme, de degré n,

$$T_n(x) = \sum_{k=0}^{n} \frac{f^{(k)}(a)}{k!}(x - a)^k$$

FIGURE 6.9

Approximation de la fonction $f(x) = \cos x$ par les polynômes de Taylor $T_2(x)$, $T_4(x)$, $T_8(x)$ et $T_{22}(x)$

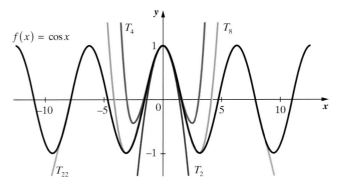

La série de Taylor de $f(x)$ converge donc vers $f(x)$ dans la mesure où l'écart entre les polynômes de Taylor de degré n et la fonction tend vers 0 lorsque $n \to \infty$. Le théorème 6.29 formalise ce raisonnement et expose les conditions suffisantes de la convergence d'une série de Taylor vers la fonction $f(x)$.

◇ THÉORÈME 6.29

Si une fonction $f(x)$ admet des dérivées de tous les ordres jusqu'à l'ordre $(n+1)$ sur un intervalle ouvert I contenant a, alors, pour $x \in I$, il existe un nombre z, compris entre x et a, tel que

$$f(x) = T_n(x) + R_n(x) = \left[\sum_{k=0}^{n} \frac{f^{(k)}(a)}{k!}(x-a)^k \right] + \frac{f^{(n+1)}(z)}{(n+1)!}(x-a)^{n+1}$$

où $R_n(x)$ porte le nom de **reste de Lagrange**. De plus, si $f(x)$ admet des dérivées de tous ordres sur l'intervalle I contenant a et si $\lim\limits_{n \to \infty} R_n(x) = 0$ lorsque $x \in I$, alors $f(x) = \sum\limits_{n=0}^{\infty} \frac{f^{(n)}(a)}{n!}(x-a)^n$ pour $x \in I$.

> **DÉFINITION**
>
> **RESTE DE LAGRANGE**
>
> Lorsque qu'on approxime une fonction $f(x)$ par un polynôme de Taylor de degré n, le reste de Lagrange, noté $R_n(x)$, représente l'écart entre cette fonction et le polynôme. Il est donné par l'expression
>
> $R_n(x) = f(x) - T_n(x)$
>
> $\quad = f(x) - \left[\sum\limits_{k=0}^{n} \dfrac{f^{(k)}(a)}{k!}(x-a)^k \right]$
>
> $\quad = \dfrac{f^{(n+1)}(z)}{(n+1)!}(x-a)^{n+1}$
>
> où z est une valeur comprise entre x et a.

Nous pourrions évoquer une fonction pathologique $f(x)$ dont la série de Taylor converge, mais ne converge pas vers $f(x)$. Comme il s'agit d'un premier cours de calcul intégral, nous nous limiterons, sans autre vérification, aux fonctions qui possèdent un développement en série de Taylor qui converge vers la fonction.

EXEMPLE 6.53

On veut développer la fonction $f(x) = e^x$ en série de Maclaurin, soit en une série de Taylor avec $a = 0$. Évaluons les coefficients de cette série (tableau 6.1).

TABLEAU 6.1

Coefficients de la série de Maclaurin de $f(x) = e^x$

$f^{(n)}(x)$	$f^{(n)}(a) = f^{(n)}(0)$	$a_n = \dfrac{f^{(n)}(a)}{n!} = \dfrac{f^{(n)}(0)}{n!}$
$f(x) = e^x$	$f(0) = e^0 = 1$	$a_0 = \dfrac{f(0)}{0!} = 1$
$f'(x) = e^x$	$f'(0) = e^0 = 1$	$a_1 = \dfrac{f'(0)}{1!} = 1$
$f''(x) = e^x$	$f''(0) = e^0 = 1$	$a_2 = \dfrac{f''(0)}{2!} = \dfrac{1}{2!}$
$f'''(x) = e^x$	$f'''(0) = e^0 = 1$	$a_3 = \dfrac{f'''(0)}{3!} = \dfrac{1}{3!}$
$f^{(4)}(x) = e^x$	$f^{(4)}(0) = e^0 = 1$	$a_4 = \dfrac{f^{(4)}(0)}{4!} = \dfrac{1}{4!}$
$\vdots$	$\vdots$	$\vdots$
$f^{(n)}(x) = e^x$	$f^{(n)}(0) = e^0 = 1$	$a_n = \dfrac{f^{(n)}(0)}{n!} = \dfrac{1}{n!}$

Comme on suppose la convergence de la série vers la fonction, on a

$$e^x = \sum_{n=0}^{\infty} \frac{f^{(n)}(0)}{n!} x^n$$

$$= \sum_{n=0}^{\infty} \frac{1}{n!} x^n$$

$$= 1 + x + \frac{x^2}{2!} + \frac{x^3}{3!} + \frac{x^4}{4!} + \frac{x^5}{5!} + \cdots$$

Il faut également déterminer l'intervalle de convergence de cette série. En vertu du théorème 6.26, le rayon de convergence de la série est

$$r = \lim_{n \to \infty} \left| \frac{a_n}{a_{n+1}} \right|$$

$$= \lim_{n \to \infty} \left| \frac{1/n!}{1/(n+1)!} \right|$$

$$= \lim_{n \to \infty} |n+1|$$

$$= \infty$$

Par conséquent, la série converge pour tout $x \in \mathbb{R}$. Comme la série de Maclaurin de e^x converge pour tout $x \in \mathbb{R}$, on peut l'utiliser pour évaluer la série de Maclaurin de e^{-x^2}. Il suffit de remplacer x par $-x^2$ dans la série obtenue pour e^x. Ainsi

$$e^{-x^2} = \sum_{n=0}^{\infty} \frac{1}{n!} \left(-x^2\right)^n$$

$$= \sum_{n=0}^{\infty} \frac{(-1)^n x^{2n}}{n!}$$

$$= 1 - x^2 + \frac{x^4}{2!} - \frac{x^6}{3!} + \frac{x^8}{4!} - \frac{x^{10}}{5!} + \cdots$$

On peut également utiliser les polynômes de Taylor pour effectuer des approximations. Ainsi, si on utilise le polynôme de Taylor de degré 6 de la fonction $f(x) = e^x$, on obtient que

$$e^{-1} \approx 1 + (-1) + \frac{(-1)^2}{2!} + \frac{(-1)^3}{3!} + \frac{(-1)^4}{4!} + \frac{(-1)^5}{5!} + \frac{(-1)^6}{6!}$$

$$\approx 1 - 1 + \frac{1}{2} - \frac{1}{6} + \frac{1}{24} - \frac{1}{120} + \frac{1}{720}$$

$$\approx \frac{53}{144}$$

$$\approx 0,368$$

De même, on peut utiliser les polynômes de Taylor pour approximer la valeur de l'intégrale d'une fonction dont on ne connaît pas de primitive. Ainsi, si on utilise les cinq premiers termes non nuls de la série de Taylor de la fonction $f(x) = e^{-x^2}$, on obtient que

$$\int_0^1 e^{-x^2} dx \approx \int_0^1 \left(1 - x^2 + \frac{x^4}{2!} - \frac{x^6}{3!} + \frac{x^8}{4!} \right) dx$$

$$\approx \left[x - \frac{x^3}{3} + \frac{x^5}{5(2!)} - \frac{x^7}{7(3!)} + \frac{x^9}{9(4!)} \right]_0^1$$

$$\approx 1 - \frac{1}{3} + \frac{1}{10} - \frac{1}{42} + \frac{1}{216}$$

$$\approx 0,747$$

EXEMPLE 6.54

On veut développer la fonction $f(x) = \ln x$ en série de Taylor centrée en 1. Évaluons les coefficients de cette série (tableau 6.2).

TABLEAU 6.2

Coefficients de la série de Taylor $(a = 1)$ de $f(x) = \ln x$

$f^{(n)}(x)$	$f^{(n)}(a) = f^{(n)}(1)$	$a_n = \dfrac{f^{(n)}(a)}{n!} = \dfrac{f^{(n)}(1)}{n!}$
$f(x) = \ln x$	$f(1) = \ln 1 = 0$	$a_0 = \dfrac{f(1)}{0!} = \dfrac{0}{1} = 0$
$f'(x) = \dfrac{1}{x}$	$f'(1) = \dfrac{1}{1} = 1$	$a_1 = \dfrac{f'(1)}{1!} = \dfrac{1}{1} = 1$
$f''(x) = -\dfrac{1}{x^2}$	$f''(1) = -\dfrac{1}{(1)^2} = -1$	$a_2 = \dfrac{f''(1)}{2!} = \dfrac{-1}{2!} = -\dfrac{1}{2}$
$f'''(x) = \dfrac{2}{x^3}$	$f'''(1) = \dfrac{2}{(1)^3} = 2$	$a_3 = \dfrac{f'''(1)}{3!} = \dfrac{2}{3!} = \dfrac{1}{3}$
$f^{(4)}(x) = -\dfrac{3!}{x^4}$	$f^{(4)}(1) = -\dfrac{3!}{(1)^4} = -(3!)$	$a_4 = \dfrac{f^{(4)}(1)}{4!} = \dfrac{-(3!)}{4!} = -\dfrac{1}{4}$
$\vdots$	$\vdots$	$\vdots$
$f^{(n)}(x) = \dfrac{(-1)^{n+1}(n-1)!}{x^n}$ pour $n \geq 1$	$f^{(n)}(1) = (-1)^{n+1}(n-1)!$ pour $n \geq 1$	$a_n = \dfrac{f^{(n)}(1)}{n!}$ $= \dfrac{(-1)^{n+1}(n-1)!}{n!}$ $= \dfrac{(-1)^{n+1}}{n}$ pour $n \geq 1$

Comme on suppose la convergence de la série vers la fonction, on a

$$\ln x = \sum_{n=0}^{\infty} \frac{f^{(n)}(1)}{n!}(x-1)^n$$

$$= 0 + \sum_{n=1}^{\infty} \frac{(-1)^{n+1}}{n}(x-1)^n$$

$$= (x-1) - \frac{(x-1)^2}{2} + \frac{(x-1)^3}{3} - \frac{(x-1)^4}{4} + \frac{(x-1)^5}{5} - \cdots$$

Il faut également déterminer l'intervalle de convergence de cette série. En vertu du théorème 6.26, le rayon de convergence de la série est

$$r = \lim_{n \to \infty} \left| \frac{a_n}{a_{n+1}} \right|$$

$$= \lim_{n \to \infty} \left| \frac{(-1)^{n+1} / n}{(-1)^{n+2} / (n+1)} \right|$$

$$= \lim_{n \to \infty} \left| \frac{n+1}{n} \right|$$

$$= 1$$

Comme la série est centrée en $a = 1$, cette série converge pour $x \in]a - r, \ a + r[$, soit pour $x \in]0, \ 2[$, et diverge pour $x < 0$ et pour $x > 2$. Il reste toutefois à déterminer ce qu'il en est en $x = 0$ et en $x = 2$. En $x = 0$, la série $(x - 1) - \dfrac{(x-1)^2}{2} + \dfrac{(x-1)^3}{3} - \dfrac{(x-1)^4}{4} + \dfrac{(x-1)^5}{5} - \cdots$ devient $-1 - \dfrac{1}{2} - \dfrac{1}{3} - \dfrac{1}{4} - \dfrac{1}{5} - \cdots$, soit essentiellement la série harmonique dont nous avons déjà vérifié la divergence. Par contre, en $x = 2$, la série

$$(x - 1) - \frac{(x-1)^2}{2} + \frac{(x-1)^3}{3} - \frac{(x-1)^4}{4} + \frac{(x-1)^5}{5} - \cdots$$

devient $1 - \dfrac{1}{2} + \dfrac{1}{3} - \dfrac{1}{4} + \dfrac{1}{5} - \cdots$, soit la série harmonique alternée dont nous savons qu'elle converge. Par conséquent, l'intervalle de convergence de la série Taylor, centrée en 1, de la fonction $f(x) = \ln x$ est $]0, \ 2]$.

ⒺXERCICE 6.11

Soit la fonction $f(x) = \sin x$.

a) Développez $f(x)$ en série de Maclaurin. Supposez la convergence de la série vers la fonction sur son intervalle de convergence.

b) Quel est l'intervalle de convergence de la série?

c) Utilisez les cinq premiers termes non nuls de la série pour approximer $\sin 1$.

d) Développez la fonction $\sin(x^2)$ en série de Maclaurin.

e) Utilisez les trois premiers termes non nuls de la série obtenue en *d* pour approximer $\displaystyle\int_0^1 \sin(x^2)\,dx$.

f) Développez $f(x) = \sin x$ en série de Taylor centrée en $a = \dfrac{\pi}{2}$.

Vous pouvez maintenant faire les exercices récapitulatifs 19 à 27.

▪▪▪ RÉSUMÉ

L'étude de séries s'avère essentielle en mathématiques. En effet, nombre de fonctions peuvent être représentées par leur **série de Taylor** $\left[f(x) = \displaystyle\sum_{n=0}^{\infty} \frac{f^{(n)}(a)}{n!}(x - a)^n \right]$ ou leur **série de Maclaurin** $\left[f(x) = \displaystyle\sum_{n=0}^{\infty} \frac{f^{(n)}(0)}{n!}x^n \right]$. Dans un tel cas, on peut approximer localement une fonction par un polynôme, soit une expression facile à évaluer et à intégrer.

Toutefois, pour fonder logiquement le concept de série, il a d'abord fallu traiter de la notion de **suite**. Une suite $\{a_n\}$ est une fonction dont le domaine est l'ensemble des naturels: $a_n = f(n)$, où $n \in \mathbb{N}^*$. On qualifie alors a_n de **terme général de la suite** $\{a_n\}$. Il existe une typologie très fine des suites. Ainsi, une **suite** peut être **bornée (supérieurement** ou **inférieurement), monotone [(strictement) croissante** ou **(strictement) décroissante], convergente** ou **divergente**. L'objectif généralement poursuivi dans l'étude d'une suite est de déterminer sa convergence ou sa divergence, c'est-à-dire d'établir le comportement à l'infini du terme général. Ainsi, on dira d'une suite $\{a_n\}$ qu'elle converge s'il existe un nombre réel L tel que $\lim_{n \to \infty} a_n = L$, sinon on dira qu'elle diverge.

Une série $\sum\limits_{k=1}^{\infty} a_k$ est la somme des termes d'une suite. Si la **suite des sommes partielles** $\{S_n\}$, où $S_n = \sum\limits_{k=1}^{n} a_k$, converge vers un nombre réel S, c'est-à-dire si $\lim\limits_{n\to\infty} S_n = S$, on dira que la série converge vers S, sinon on dira que la série diverge. Certaines séries sont si importantes ou si couramment utilisées qu'on leur a donné des noms. Ainsi, la série $\sum\limits_{n=1}^{\infty} [a + (n-1)d]$ porte le nom de **série arithmétique** et elle diverge sauf si a et d sont nuls. La **série géométrique** $\sum\limits_{n=1}^{\infty} ar^{n-1}$ converge vers $\dfrac{a}{1-r}$ si $|r| < 1$ et diverge autrement. La série $\sum\limits_{n=1}^{\infty} \dfrac{1}{n}$ porte le nom de **série harmonique**, et elle diverge, alors que la **série harmonique alternée** $\sum\limits_{n=1}^{\infty} \dfrac{(-1)^n}{n}$ converge. Enfin, la **série p de Riemann** $\sum\limits_{n=1}^{\infty} \dfrac{1}{n^p}$ converge lorsque $p > 1$ et diverge autrement.

Il existe de nombreux théorèmes portant sur les séries. Ainsi, la somme d'une série convergente est unique. Le fait de modifier un nombre fini de termes d'une série n'en change pas la convergence ou la divergence. Si la série $\sum\limits_{n=1}^{\infty} a_n$ converge vers A, si la série $\sum\limits_{n=1}^{\infty} b_n$ converge vers B, si c et k sont des constantes, alors la série $\sum\limits_{n=1}^{\infty} (ca_n \pm kb_n)$ converge vers $cA \pm kB$. Par contre, si la série $\sum\limits_{n=1}^{\infty} a_n$ diverge, si la série $\sum\limits_{n=1}^{\infty} b_n$ converge et si c est une constante non nulle, alors les séries $\sum\limits_{n=1}^{\infty} ca_n$ et $\sum\limits_{n=1}^{\infty} (a_n \pm b_n)$ divergent.

Les principaux critères de convergence et de divergence d'une série $\sum\limits_{n=1}^{\infty} a_n$ sont décrits dans la liste qui suit.

1. Si la série $\sum\limits_{n=1}^{\infty} a_n$ converge, alors $\lim\limits_{n\to\infty} a_n = 0$. Par contre, si $\lim\limits_{n\to\infty} a_n \neq 0$, alors la série $\sum\limits_{n=1}^{\infty} a_n$ diverge (**critère du terme général**).

2. Soit $\sum\limits_{n=1}^{\infty} a_n$ et $\sum\limits_{n=1}^{\infty} b_n$ deux séries telles que $0 \leq a_n \leq b_n$ pour tout entier positif n. Si $\sum\limits_{n=1}^{\infty} b_n$ converge, alors $\sum\limits_{n=1}^{\infty} a_n$ converge, et si $\sum\limits_{n=1}^{\infty} a_n$ diverge, alors $\sum\limits_{n=1}^{\infty} b_n$ diverge aussi (**critère de comparaison**).

3. Soit $\sum\limits_{n=1}^{\infty} a_n$ et $\sum\limits_{n=1}^{\infty} b_n$ deux séries à termes positifs telles que $\lim\limits_{n\to\infty} \dfrac{a_n}{b_n} = c > 0$ (où c est une constante finie). Alors ces séries sont toutes deux convergentes ou toutes deux divergentes (**critère de comparaison par une limite**).

4. Soit $\sum\limits_{n=1}^{\infty} a_n$ une série telle que le terme général est positif et correspond au quotient de deux polynômes en n, c'est-à-dire que $a_n = \dfrac{P(n)}{Q(n)} > 0$ et que $Q(n)$ est différent de 0 pour tout entier n, et où le degré de $P(n)$ est p et celui de $Q(n)$ est q. Alors,

   ■ $\sum\limits_{n=1}^{\infty} a_n$ diverge si $q - p \leq 1$

   ■ $\sum\limits_{n=1}^{\infty} a_n$ converge si $q - p > 1$ (**critère du polynôme**)

5. Soit $\sum\limits_{n=N}^{\infty} a_n$ une série à termes positifs et soit $f(n) = a_n$, où $f(x)$ est une fonction continue, positive et décroissante pour tout $x \geq N$, N étant un entier positif. Alors la série $\sum\limits_{n=N}^{\infty} a_n$ et l'intégrale impropre $\int\limits_{N}^{\infty} f(x)dx$ convergent toutes les deux ou divergent toutes les deux (**critère de l'intégrale**).

6. Soit $\sum\limits_{n=1}^{\infty} a_n$ une série à termes positifs telle que $\lim\limits_{n\to\infty} \dfrac{a_{n+1}}{a_n} = r$. Alors,

   ■ $\sum\limits_{n=1}^{\infty} a_n$ converge si $r < 1$

   ■ $\sum\limits_{n=1}^{\infty} a_n$ diverge si $r > 1$

   ■ On ne peut pas conclure si $r = 1$, c'est-à-dire qu'on ne peut pas déterminer si la série est convergente ou divergente à partir de ce critère (**critère de d'Alembert ou critère du quotient**).

7. Soit $\sum\limits_{n=1}^{\infty} a_n$ une série à termes positifs telle que $\lim\limits_{n\to\infty} \sqrt[n]{a_n} = r$. Alors,

   ■ $\sum\limits_{n=1}^{\infty} a_n$ converge si $r < 1$

   ■ $\sum\limits_{n=1}^{\infty} a_n$ diverge si $r > 1$

■ On ne peut pas conclure si $r = 1$, c'est-à-dire qu'on ne peut pas déterminer si la série est convergente ou divergente à partir de ce critère (**critère de la racine $n^{\text{ième}}$ de Cauchy**).

8. Si la série $\displaystyle\sum_{n=1}^{\infty} |a_n|$ converge, alors la série $\displaystyle\sum_{n=1}^{\infty} a_n$ converge également (**critère de convergence absolue**).

9. Si une série alternée $\displaystyle\sum_{n=1}^{\infty} (-1)^{n+1} a_n \left[\text{ou} \displaystyle\sum_{n=1}^{\infty} (-1)^n a_n \right]$ où $a_n > 0$ est telle que $\displaystyle\lim_{n \to \infty} a_n = 0$ et que $a_{n+1} \leq a_n$ pour tout n (la suite a_n est décroissante), alors la série est convergente (**critère de Leibniz**).

Le tableau 6.3 présente les circonstances d'utilisation des critères servant à déterminer la convergence ou la divergence d'une série $\displaystyle\sum_{n=1}^{\infty} a_n$.

TABLEAU 6.3

Critères de convergence d'une série $\displaystyle\sum_{n=1}^{\infty} a_n$

Critère	Circonstances d'utilisation du critère	Commentaire
Du terme général	Si $\displaystyle\lim_{n \to \infty} a_n \neq 0$, la série diverge, sinon on ne peut pas conclure.	Permet de déceler certaines séries divergentes. Il s'agit d'un critère de divergence plutôt qu'un critère de convergence.
Du polynôme	$a_n > 0$ et $a_n = \dfrac{P(n)}{Q(n)}$, où $P(n)$ et $Q(n)$ sont deux polynômes en n.	Critère à utiliser lorsque le terme général est un quotient de deux polynômes.
De l'intégrale	$a_n > 0$ et $a_n = f(n)$, où $f(x)$ est une fonction continue, positive et décroissante	Il faut que la fonction $f(x)$ soit facilement intégrable.
De d'Alembert (du quotient)	$a_n > 0$; s'applique particulièrement lorsque a_n comporte des puissances d'ordre n et des factorielles	Il faut être en mesure d'évaluer $\displaystyle\lim_{n \to \infty} \dfrac{a_{n+1}}{a_n}$. Ce critère ne permet pas de conclure si cette limite vaut 1.
De la racine $n^{\text{ième}}$ de Cauchy	$a_n > 0$; s'applique particulièrement lorsque a_n comporte des puissances d'ordre n	Il faut être en mesure d'évaluer $\displaystyle\lim_{n \to \infty} \sqrt[n]{a_n}$. Ce critère ne permet pas de conclure si cette limite vaut 1.

TABLEAU 6.3 (*suite*)

Critères de convergence d'une série $\displaystyle\sum_{n=1}^{\infty} a_n$

De comparaison ou comparaison par une limite	On compare une série $\displaystyle\sum_{n=1}^{\infty} a_n$, où $a_n > 0$, avec une série $\displaystyle\sum_{n=1}^{\infty} b_n$, où $b_n > 0$, qui converge si on veut montrer que la série $\displaystyle\sum_{n=1}^{\infty} a_n$ converge et avec une série $\displaystyle\sum_{n=1}^{\infty} b_n$ qui diverge si on veut montrer que la série $\displaystyle\sum_{n=1}^{\infty} a_n$ diverge.	La série de référence $\displaystyle\sum_{n=1}^{\infty} b_n$ est souvent une série géométrique ou une série de Riemann qu'on obtient en ne tenant pas compte des éléments négligeables contenus dans a_n, c'est-à-dire en ne gardant que les éléments dominants dans a_n. Ce critère est peu commode à appliquer, puisqu'il faut déterminer la nature (convergente ou divergente) de la série $\displaystyle\sum_{n=1}^{\infty} a_n$.
De convergence absolue et convergence conditionnelle	On utilise ce critère pour des séries dont les termes ne sont pas tous du même signe. Si $\displaystyle\sum_{n=1}^{\infty} |a_n|$ converge, alors $\displaystyle\sum_{n=1}^{\infty} a_n$ converge aussi. Dans un tel cas, on dira que la série converge absolument.	Permet de déterminer si une série converge absolument. Si $\displaystyle\sum_{n=1}^{\infty} |a_n|$ diverge, on ne sait rien de la convergence ou de la divergence de $\displaystyle\sum_{n=1}^{\infty} a_n$. Par contre, si $\displaystyle\sum_{n=1}^{\infty} a_n$ converge (par exemple, en vertu du critère des séries alternées) et si $\displaystyle\sum_{n=1}^{\infty} |a_n|$ diverge, on dira que la série $\displaystyle\sum_{n=1}^{\infty} a_n$ converge conditionnellement.
De Leibniz (des séries alternées)	S'applique à des séries alternées, soit des séries du type $\displaystyle\sum_{n=1}^{\infty} (-1)^n a_n$ ou $\displaystyle\sum_{n=1}^{\infty} (-1)^{n+1} a_n$, où $a_n > 0$.	Permet d'établir la convergence conditionnelle.

L'étude plus poussée des séries conduit aux **séries entières centrées en a** (aussi dites séries de puissances). Une série entière centrée en a est une série de la forme $\displaystyle\sum_{n=0}^{\infty} a_n (x - a)^n$, où les a_n sont des constantes réelles appelées **coefficients de la série** ; en particulier, si $a = 0$, on obtient la série $\sum_{n=0}^{\infty} a_n x^n$.

L'ensemble des valeurs de x pour lesquelles une série entière converge porte le nom d'**intervalle de convergence**, ensemble qui pourrait être l'ensemble des réels. En fait, pour la série entière centrée en a, $\sum_{n=0}^{\infty} a_n (x - a)^n$, un seul des énoncés suivants est vrai.

1. La série ne converge que pour $x = a$.

2. La série converge absolument pour tout $x \in \mathbb{R}$, c'est-à-dire pour tous les réels.

3. Il existe un nombre réel r positif, fini et non nul $(0 < r < \infty)$ pour lequel la série converge pour tout x tel que $|x - a| < r$, c'est-à-dire pour tout $x \in \,]a - r, a + r[$, et diverge pour tout x tel que $|x - a| > r$.

Pour trouver le **rayon de convergence** r d'une série entière, on peut appliquer le critère de d'Alembert généralisé à la série $\sum_{n=0}^{\infty} a_n (x - a)^n$. Le rayon de convergence est alors donné par $r = \lim_{n \to \infty} \left| \dfrac{a_n}{a_{n+1}} \right|$ lorsque cette limite existe ou est infinie. Pour trouver l'intervalle de convergence d'une série entière $\sum_{n=0}^{\infty} a_n (x - a)^n$, on détermine

d'abord son rayon de convergence. Si le rayon de convergence r est nul, l'intervalle de convergence n'est constitué que du point a. Si le rayon de convergence r est infini, la série converge pour l'ensemble des réels. Par contre, si le rayon de convergence r est fini et non nul, on sait que la série converge lorsque $|x - a| < r$ et diverge pour $|x - a| > r$. Toutefois, on ne sait pas ce qui se passe lorsque $|x - a| = r$. Ainsi, la série pourrait converger ou diverger à l'une ou l'autre des valeurs $a - r$ et $a + r$, de sorte que l'intervalle de convergence pourrait être $\,]a - r,\, a + r[$, $\,[a - r,\, a + r[$, $\,]a - r,\, a + r]$ ou $[a - r,\, a + r]$. Il faut donc traiter les valeurs $a - r$ et $a + r$ de façon particulière, à l'aide d'un autre critère de convergence que celui du quotient de d'Alembert.

Le développement d'une fonction $f(x)$ en série de Taylor ou de Maclaurin constitue une des applications les plus importantes des séries entières. Ainsi, lorsqu'un tel développement existe et converge vers la fonction, on a

$f(x) = \sum_{n=0}^{\infty} \dfrac{f^{(n)}(a)}{n!} (x - a)^n$ (série de Taylor) et

$f(x) = \sum_{n=0}^{\infty} \dfrac{f^{(n)}(0)}{n!} x^n$ (série de Maclaurin). On peut notamment utiliser un nombre fini des premiers termes de ces séries pour former un **polynôme de Taylor** et ainsi approximer la valeur d'une fonction en une valeur particulière de x, ou encore approximer la valeur d'une intégrale définie dont on ne connaît pas de primitive à l'intégrande.

▮▮▮ MOTS CLÉS

■■■ RÉSEAU DE CONCEPTS

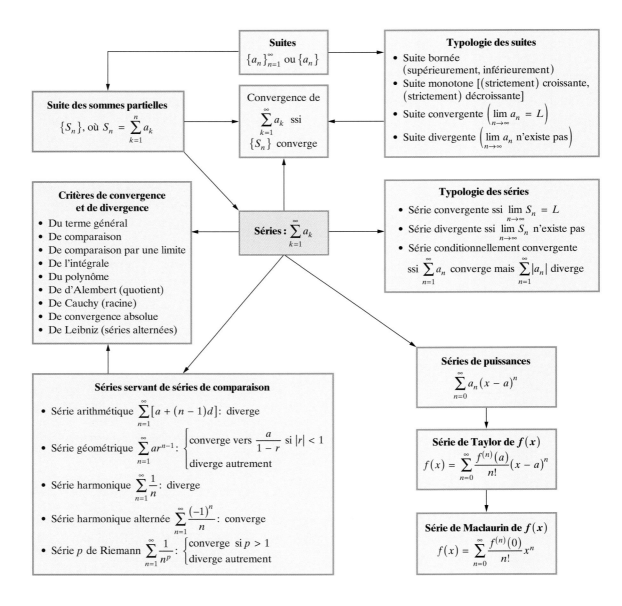

EXERCICES RÉCAPITULATIFS

1. Donnez les six premiers termes de la suite $\{a_n\}$.

a) $\{4\}$

b) $\left\{\dfrac{(-2)^n}{3n}\right\}$

c) $\left\{\dfrac{e^n}{\sqrt{10n}}\right\}$

d) $\left\{\dfrac{\sin\left(\dfrac{n\pi}{2}\right)}{n^3}\right\}$

e) $a_1 = 2$ et $a_n = \dfrac{1}{a_{n-1}}$ pour $n \geq 2$

f) $a_1 = 3$ et $a_n = a_{n-1} + \left(\frac{1}{2}\right)^{n-1}$ pour $n \geq 2$

g) $a_1 = 3$, $a_2 = -1$ et $a_n = \dfrac{a_{n-1}}{a_{n-2}}$ pour $n \geq 3$

h) $a_1 = 8$, $a_2 = 16$ et $a_n = \frac{1}{2}\left(a_{n-1} + a_{n-2}\right)$ pour $n \geq 3$

2. Trouvez une expression pour le terme général a_n de la suite.

a) $1, 10, 100, 1000, 10\,000, 100\,000, \ldots$

b) $2, 5, 10, 17, 26, 37, \ldots$

c) $1, \frac{2}{3}, \frac{1}{2}, \frac{2}{5}, \frac{1}{3}, \frac{2}{7}, \ldots$

d) $1, \frac{1}{9}, \frac{1}{25}, \frac{1}{49}, \frac{1}{81}, \frac{1}{121}, \ldots$

e) $\frac{1}{4}, -\frac{2}{9}, \frac{3}{16}, -\frac{4}{25}, \frac{5}{36}, -\frac{6}{49}, \ldots$

3. Dites si la suite est convergente ou divergente, et, s'il y a lieu, déterminez la valeur vers laquelle la suite converge.

a) $\left\{\dfrac{50}{n}\right\}$ i) $\left\{\dfrac{(-1)^n}{5^n}\right\}$

b) $\left\{\dfrac{1 - 3n}{1 + 2n}\right\}$ j) $\left\{\dfrac{n^3 + n^2}{n^2 + 7n + 2}\right\}$

c) $\left\{2 + \left(\frac{5}{8}\right)^n\right\}$ k) $\left\{\left(1 - \dfrac{3}{n}\right)^n\right\}$

d) $\left\{\dfrac{\cos^2 n}{\sqrt{n}}\right\}$ l) $\left\{\sqrt[n]{3^{n+2}}\right\}$

e) $\left\{n\cos\left(\dfrac{n\pi}{2}\right)\right\}$ m) $\left\{\cos\left(\dfrac{1}{n}\right)\right\}$

f) $\left\{\frac{1}{2}\cos n\pi\right\}$ n) $\left\{\dfrac{n!}{n^n}\right\}$

g) $\left\{\dfrac{n^4}{e^n}\right\}$ o) $\left\{\sqrt[n]{n}\right\}$

h) $\left\{\left(\dfrac{3}{n}\right)^{2/n}\right\}$

4. Un récipient contient 5 L d'une solution dans laquelle 20 g de sel sont dissous. On retire 1 L de cette solution et on le remplace par une même quantité d'eau pure. On mélange la nouvelle solution pour qu'elle soit homogène et on reprend la procédure.

a) Si on effectue l'opération à cinq reprises, quelle quantité de sel aura-t-on retirée du récipient ?

b) Si on effectue cette opération à n reprises, quelle quantité de sel aura-t-on retirée du récipient ?

c) Combien de fois faut-il effectuer l'opération pour que le récipient contienne moins de 2 g de sel ?

d) Si on répète la procédure à l'infini, on s'attend à retirer tout le sel du récipient. Confirmez ce fait en évaluant la limite lorsque n tend vers l'infini de la réponse obtenue en b.

5. Quelle est la représentation fractionnaire du nombre décimal périodique ?

a) $0{,}5\overline{23}$ b) $2{,}436\overline{5}$

6. Déterminez si la série converge et, s'il y lieu, donnez-en la valeur.

a) $\displaystyle\sum_{n=1}^{\infty}(2 + 3n)$ e) $\displaystyle\sum_{n=5}^{\infty}\left(\frac{2}{3}\right)^n$

b) $\displaystyle\sum_{n=1}^{\infty}\left(\frac{5}{8}\right)^n$ f) $\displaystyle\sum_{n=1}^{\infty}(2{,}3)^{n-100}$

c) $\displaystyle\sum_{n=1}^{\infty}\left(\frac{3}{4}\right)^{n-2}$ g) $\displaystyle\sum_{n=1}^{\infty}\dfrac{4^{n-1}}{5^{n+2}}$

d) $\displaystyle\sum_{n=1}^{\infty}\dfrac{1}{\sqrt{n}}$ h) $\displaystyle\sum_{n=1}^{\infty}e^{2-n}$

7. Déterminez les valeurs de x pour lesquelles la série géométrique converge et exprimez cette série convergente comme une fonction de x.

a) $\displaystyle\sum_{n=1}^{\infty}(3x)^n$ d) $\displaystyle\sum_{n=1}^{\infty}\left(\dfrac{1}{x}\right)^n$

b) $\displaystyle\sum_{n=1}^{\infty}(x + 1)^n$ e) $\displaystyle\sum_{n=1}^{\infty}\dfrac{(-1)^n\cos^n x}{2^n}$

c) $\displaystyle\sum_{n=1}^{\infty}\left(\dfrac{x}{4}\right)^n$

8. On construit un escalier comportant un nombre infini de marches en juxtaposant des cubes dont les volumes sont décroissants. L'arête du premier cube mesure 1 m. De plus, l'arête de chacun des autres cubes mesure les $\frac{4}{5}$ de celle du cube qui le précède. Quel volume cet escalier infini occupe-t-il ?

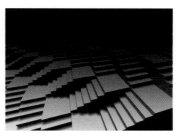

9. Un gouvernement injecte 100 millions $ dans l'économie d'un pays. Cette dépense constitue un revenu pour tous les agents (individus et entreprises) de cette économie, qui dépensent à leur tour 75 % de la somme reçue. Cette nouvelle dépense représente à nouveau une source de revenus pour l'ensemble des agents, qui en dépensent à nouveau 75 %, et ainsi de suite. La somme initiale de 100 millions $ provoque donc des dépenses bien plus importantes dans l'économie : c'est ce que les économistes appellent un *effet multiplicateur*. Calculez la somme totale dépensée par suite de l'injection initiale de 100 millions $ dans l'économie et déterminez l'effet multiplicateur, c'est-à-dire le nombre de fois que la somme totale dépensée est supérieure à la somme initiale.

10. Quelques années après l'introduction d'un nouveau produit sur un marché, le nombre annuel d'unités vendues de ce produit se stabilise, de sorte que ce nombre devient constant. Un produit de consommation (par exemple, ce pourrait être des fours micro-ondes) a atteint en l'an 2000 un seuil de stabilité de 20 000 unités vendues annuellement. Il en résulte donc qu'à la fin de l'an 2000, on a vendu 20 000 unités de ce produit, à la fin de l'an 2001, on en a vendu 20 000 nouvelles unités, et ainsi de suite. Or, chaque année, 10 % des unités en circulation de ce bien deviennent hors d'usage. Par conséquent, à la fin de l'an 2001, il restera 18 000 unités fonctionnelles (soit $0,9 \times 20\,000$) sur le nombre de celles qui ont été mises en marché en l'an 2000, à la fin de 2002, il en restera 16 200, à la fin de 2003, il en restera 14 580, et ainsi de suite.

a) Combien d'unités de ce bien mises en marché depuis l'an 2000 sont encore en bon état de fonctionnement à la fin de l'an 2020 ?

b) À long terme, combien d'unités fonctionnelles de ce bien (mises en marché depuis l'an 2000) trouvera-t-on sur ce marché ?

11. Un certain type de vitre réfléchit 50 % de la lumière incidente, en absorbe 25 % et laisse passer le reste. Une fenêtre comporte deux vitres de ce type séparées par un espace mince. Quelle fraction de la lumière incidente L une telle fenêtre laisse-t-elle passer ?

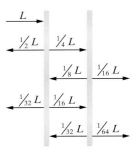

12. On laisse tomber une balle d'une hauteur de 10 m. À chaque rebond, cette dernière atteint une hauteur correspondant à 20 % de la hauteur d'où elle tombe.

a) À quelle hauteur la balle rebondit-elle après avoir touché le sol pour la première fois ? pour la deuxième fois ? pour la $n^{\text{ième}}$ fois ?

b) En théorie, quelle distance totale la balle franchira-t-elle avant de s'immobiliser ?

13. Déterminez si la série diverge ou converge.

a) $\displaystyle\sum_{n=1}^{\infty} \frac{4^{3n}}{5^{2n}}$

h) $\displaystyle\sum_{n=1}^{\infty} \frac{5n}{10n + 7}$

b) $\displaystyle\sum_{n=1}^{\infty} \left(\sqrt{n} - \sqrt{n-1} \right)$

i) $\displaystyle\sum_{n=1}^{\infty} \ln\left[1 - \frac{1}{(n+1)^2} \right]$

c) $\displaystyle\sum_{n=1}^{\infty} \ln\left(1 + \frac{1}{n} \right)$

j) $\displaystyle\sum_{n=1}^{\infty} \frac{1^n + 2^n + 3^n}{5^n}$

d) $\displaystyle\sum_{n=1}^{\infty} \frac{1}{3^n + 5}$

k) $\displaystyle\sum_{n=1}^{\infty} \frac{1^n + 2^n + 5^n}{3^n}$

e) $\displaystyle\sum_{n=1}^{\infty} \frac{1}{100}$

l) $\displaystyle\sum_{n=1}^{\infty} \left(\frac{3}{n^2} + \frac{5}{n^3} \right)$

f) $\displaystyle\sum_{n=1}^{\infty} \frac{1}{4n^2 - 1}$

g) $\displaystyle\sum_{n=1}^{\infty} \frac{1}{n^2 + 3n + 2}$ (Indice : Utilisez une décomposition en fractions partielles.)

⬠ **14.** Soit $\displaystyle\sum_{n=1}^{\infty} a_n$ une série géométrique telle que $\displaystyle\sum_{n=1}^{\infty} a_{2n} = \frac{9}{8}$ et $\displaystyle\sum_{n=1}^{\infty} a_{2n-1} = \frac{15}{8}$.

   a) La série $\displaystyle\sum_{n=1}^{\infty} a_{2n}$ est-elle une série géométrique? Justifiez votre réponse. S'il s'agit d'une série géométrique, exprimez le premier terme et la raison de cette série en fonction du premier terme et de la raison de la série $\displaystyle\sum_{n=1}^{\infty} a_n$.

   b) Que valent la raison et le premier terme de la série $\displaystyle\sum_{n=1}^{\infty} a_n$, et que vaut $\displaystyle\sum_{n=1}^{\infty} a_n$?

⬠ **15.** Nous avons déjà vu que la $n^{\text{ième}}$ somme partielle S_n de la série géométrique $S = \displaystyle\sum_{k=1}^{\infty} r^{k-1}$ vaut $S_n = \displaystyle\sum_{k=1}^{n} r^{k-1} = \dfrac{1 - r^n}{1 - r}$. Nous avons également constaté que cette série converge vers $\dfrac{1}{1 - r}$ lorsque $0 < |r| < 1$. On peut utiliser ce résultat pour évaluer la série arithmético-géométrique $T = \displaystyle\sum_{k=1}^{\infty} k r^{k-1} = 1 + 2r + 3r^2 + \cdots$ lorsque $0 < |r| < 1$.

   a) Si T_n représente la $n^{\text{ième}}$ somme partielle de la série arithmético-géométrique, montrez que $T_n = \dfrac{S_n - n r^n}{1 - r}$.
[Indice: Montrez d'abord que $T_n - S_n = r\left(T_n - n r^{n-1}\right)$.]

   b) Montrez que si $0 < |r| < 1$, alors

$$T = \sum_{k=1}^{\infty} k r^{k-1} = \frac{1}{\left(1 - r\right)^2}$$

[Indice: $T = \displaystyle\sum_{k=1}^{\infty} k r^{k-1} = \lim_{n\to\infty} \sum_{k=1}^{n} k r^{k-1} = \lim_{n\to\infty} T_n.$]

Sections 6.7 et 6.8

16. Déterminez si la série diverge ou converge.

   a) $\displaystyle\sum_{n=1}^{\infty} \frac{5n + 3}{3n^3 + 2n + 3}$

   b) $\displaystyle\sum_{n=1}^{\infty} \frac{\sqrt{n}}{n + 1}$

   c) $\displaystyle\sum_{n=1}^{\infty} \frac{\left(n!\right)^2}{\left(3n\right)!}$

   d) $\displaystyle\sum_{n=1}^{\infty} \frac{1}{\sqrt{8n^2 + 1}}$

   e) $\displaystyle\sum_{n=3}^{\infty} \frac{\left(\ln n\right)^3}{n}$

   f) $\displaystyle\sum_{n=1}^{\infty} \frac{3^n}{n^n}$

   g) $\displaystyle\sum_{n=1}^{\infty} \frac{1}{2 + 3^{-n}}$

   h) $\displaystyle\sum_{n=2}^{\infty} \frac{4}{n\left(\ln n\right)^2}$

   i) $\displaystyle\sum_{n=1}^{\infty} \left(\frac{2}{3^n} - \frac{1}{n\sqrt{n}}\right)$

   j) $\displaystyle\sum_{n=1}^{\infty} \frac{n!}{n^3 \, 4^n}$

   k) $\displaystyle\sum_{n=1}^{\infty} \left(\frac{3}{n} - \frac{2}{n^2}\right)$

   l) $\displaystyle\sum_{n=1}^{\infty} \left(\frac{1}{n} - \frac{1}{n^2}\right)^n$

   m) $\displaystyle\sum_{n=2}^{\infty} \frac{\ln n}{n^4}$ (Indice: $\ln n < n$ pour $n \geq 2$.)

   n) $\displaystyle\sum_{n=2}^{\infty} \frac{|\cos n|}{n^2 + 1}$

   o) $\displaystyle\sum_{n=2}^{\infty} \frac{1}{\ln n}$ (Indice: $\ln n < n$ pour $n \geq 2$.)

   p) $\displaystyle\sum_{n=1}^{\infty} \frac{n!}{3^n + 2}$

   q) $\displaystyle\sum_{n=1}^{\infty} \ln\left(\frac{5n + 3}{6n + 1}\right)$

   r) $\displaystyle\sum_{n=1}^{\infty} n e^{-n^2}$

   s) $\displaystyle\sum_{n=1}^{\infty} \frac{n}{5^n}$

   t) $\displaystyle\sum_{n=2}^{\infty} \frac{1}{\ln\left(n^n\right)}$

   u) $\displaystyle\sum_{n=1}^{\infty} \frac{2^n}{n^{20}}$

   v) $\displaystyle\sum_{n=1}^{\infty} \frac{1}{n 3^n}$

   w) $\displaystyle\sum_{n=1}^{\infty} \frac{n!}{n^n}$

   x) $\displaystyle\sum_{n=2}^{\infty} \frac{2}{n\sqrt{\ln n}}$

   y) $\displaystyle\sum_{n=1}^{\infty} \frac{3^n \, n!}{n^n}$

   z) $\displaystyle\sum_{n=1}^{\infty} \frac{1}{\left(n + 1\right)^3 - n^3}$

17. Déterminez si la série diverge ou converge, et, s'il y a lieu, dites si la convergence est absolue ou conditionnelle.

   a) $\displaystyle\sum_{n=1}^{\infty} \left(-1\right)^n$

   b) $\displaystyle\sum_{n=2}^{\infty} \left(-1\right)^n \frac{\ln\left(n^n\right)}{n^2}$

   c) $\displaystyle\sum_{n=1}^{\infty} \frac{\left(-5\right)^n}{n!}$

   d) $\displaystyle\sum_{n=1}^{\infty} \frac{n!}{\left(-5\right)^n}$

   e) $\displaystyle\sum_{n=1}^{\infty} \frac{\left(-1\right)^{n+1} \sqrt{n}}{n + 1}$

   f) $\displaystyle\sum_{n=1}^{\infty} \frac{\cos\left[\dfrac{\left(2n + 1\right)\pi}{4}\right]}{5^n}$

   g) $\displaystyle\sum_{n=1}^{\infty} \frac{\left(-1\right)^n}{\sqrt[n]{8}}$

   h) $\displaystyle\sum_{n=2}^{\infty} \left(\frac{1}{\sqrt{n} - 1} - \frac{1}{\sqrt{n} + 1}\right)$

   i) $\displaystyle\sum_{n=1}^{\infty} \frac{\left(-1\right)^n}{\sqrt[5]{n}}$

   j) $\displaystyle\sum_{n=1}^{\infty} \left(-1\right)^n \frac{e^n}{n}$

   k) $\displaystyle\sum_{n=1}^{\infty} \left(-1\right)^n \left(\frac{2n + 3}{6n + 5}\right)$

   l) $\displaystyle\sum_{n=1}^{\infty} \left(-1\right)^n \left(\frac{n}{2n + 3}\right)^n$

   m) $\displaystyle\sum_{n=1}^{\infty} \sin\left(\frac{n\pi}{4}\right)$

18. Montrez que la série $\displaystyle\sum_{n=1}^{\infty} \frac{x^n}{n}$ converge absolument pour $|x| < 1$ et conditionnellement pour $x = -1$, et qu'elle diverge pour $|x| > 1$ et pour $x = 1$.

Sections 6.9 et 6.10

▲ **19.** Quel est le polynôme de Taylor de degré 4, centré en 1, de la fonction $f(x) = x^{5/2}$?

20. Quel est le polynôme de Taylor de degré 3, centré en $\pi/4$, de la fonction $f(x) = \operatorname{tg} x$?

21. À partir du résultat obtenu à l'exemple 6.53, trouvez le développement en série de Maclaurin de la fonction $f(x)$ et approximez $f(1)$ à partir des cinq premiers termes de la série.

a) $f(x) = e^{-3x}$ c) $f(x) = e^{x^2}$

b) $f(x) = xe^x$

22. Développez la fonction $f(x)$ en série de Maclaurin et trouvez-en l'intervalle de convergence. Supposez que la série converge vers la fonction sur l'intervalle de convergence.

a) $f(x) = \sin^2 x$

b) $f(x) = \dfrac{x^2}{1 - 2x}$ (Indice: Développez d'abord $\dfrac{1}{1 - 2x}$ en série de Maclaurin.)

c) $f(x) = \dfrac{1}{1 + x^2}$ (Indice: Développez d'abord $\dfrac{1}{1 + x}$ en série de Maclaurin.)

23. Soit la fonction $f(x) = \cos x$.

a) Développez $f(x)$ en série de Maclaurin. Supposez que la série converge vers la fonction sur l'intervalle de convergence.

b) Quel est l'intervalle de convergence de cette série?

c) Utilisez les cinq premiers termes non nuls de la série pour approximer $\cos 1$.

d) Développez la fonction $\cos(2x)$ en série de Maclaurin.

e) Développez la fonction $\cos(x^2)$ en série de Maclaurin.

f) Utilisez les trois premiers termes non nuls de la série développée en e pour approximer $\displaystyle\int_0^1 \cos(x^2)\,dx$.

g) Développez $f(x) = \cos x$ en série de Taylor centrée en $\dfrac{\pi}{2}$.

24. a) Développez $\ln(1 + x)$ en série de Maclaurin et donnez-en l'intervalle de convergence. Supposez que la série converge vers la fonction sur l'intervalle de convergence.

b) Développez $\ln(1 - x)$ en série de Maclaurin et donnez-en l'intervalle de convergence. Supposez que la série converge vers la fonction sur l'intervalle de convergence.

c) Développez $\ln\left(\dfrac{1 + x}{1 - x}\right)$ en série de Maclaurin. (Indice: Utilisez les propriétés des logarithmes et les résultats obtenus en a et en b.)

d) Développez $\ln(1 - x^2)$ en série de Maclaurin.

25. Développez $f(x) = \dfrac{1}{x}$ en série de Taylor centrée en 1 et donnez-en l'intervalle de convergence. Supposez que la série converge vers la fonction sur l'intervalle de convergence.

26. Développez $f(x) = e^x$ en série de Taylor centrée en 1 et donnez-en l'intervalle de convergence. Supposez que la série converge vers la fonction sur l'intervalle de convergence.

27. Le nombre complexe i est défini de façon telle que $i^2 = -1$. Vérifiez à l'aide des séries de Maclaurin appropriées que $e^{i\theta} = \cos\theta + i\sin\theta$ et déduisez-en la fameuse formule d'Euler, $e^{i\pi} + 1 = 0$, qui met en relation cinq constantes (e, i, π, 1 et 0) parmi les plus remarquables en mathématiques.

⊖XAMEN BLANC*

1. Dites si l'énoncé est vrai ou faux.

a) Si $\int\limits_a^b f(x)dx = 0$, alors $f(x) = 0$ pour $x \in [a, b]$.

b) Le coefficient du terme en x^3 du développement en série de Maclaurin de la fonction $f(x) = \sin x$ est $-\frac{1}{3}$.

c) La série $\sum\limits_{n=1}^{\infty} \dfrac{(-1)^n}{1\,000\,n}$ converge de manière absolue.

d) Toute suite bornée est convergente.

e) La suite $\left\{ \dfrac{2^{n-1}}{n^2} \right\}$ est décroissante.

f) La série $\sum\limits_{n=1}^{\infty} \left(\dfrac{1}{n} + \dfrac{1}{n^2} \right)$ converge.

g) $\int\limits_0^1 \dfrac{1}{3x-2}\,dx$ est impropre

h) La suite $\left\{ \dfrac{n^2 \ln n}{e^{n/10}} \right\}$ converge.

2. Encerclez la lettre qui correspond à la bonne réponse.

a) Que vaut $\int\limits_{e^4}^{e^9} \dfrac{1}{x\sqrt{\ln x}}\,dx$?

  A. 1

  B. 2

  C. $\frac{1}{2}$

  D. $2\left(\sqrt{e^9} - \sqrt{e^4}\right)$

  E. $\dfrac{\sqrt{e^9} - \sqrt{e^4}}{2}$

  F. Aucune de ces réponses.

b) Que vaut $\lim\limits_{n\to\infty} \dfrac{1}{n^2} \sum\limits_{k=1}^{n} k$?

  A. ∞

  B. 0

  C. 1

  D. $\frac{1}{2}$

  E. Cette limite n'existe pas.

  F. Aucune de ces réponses.

c) Que vaut $\int \dfrac{1}{5^x}\,dx$?

  A. $\ln\left(5^{-x}\right) + C$

  B. $\dfrac{5^{-x+1}}{-x+1} + C$

  C. $-5^{-x}\left(\ln 5\right) + C$

  D. $\dfrac{5^{x-1}}{x-1} + C$

  E. $\dfrac{5^{-x}}{\ln 5} + C$

  F. Aucune de ces réponses.

d) Quel est l'intervalle de convergence de la série $\sum\limits_{n=1}^{\infty} \dfrac{x^n}{2n}$?

  A. $]{-1}, 1[$

  B. $]{-\frac{1}{2}}, \frac{1}{2}[$

  C. $[-2, 2]$

  D. $[-2, 2[$

  E. $[-\frac{1}{2}, \frac{1}{2}[$

  F. $[-\frac{1}{2}, \frac{1}{2}]$

  G. $]{-1}, 1]$

  H. $[-1, 1[$

  I. $]{-2}, 2]$

  J. $]{-\frac{1}{2}}, \frac{1}{2}]$

  K. Aucune de ces réponses.

e) Pour quelle valeur de x la série de puissances $\sum\limits_{n=1}^{\infty} \dfrac{x^n}{10^n}$ (qui est aussi une série géométrique) converge-t-elle vers 2 ?

  A. $\frac{20}{3}$

  B. $\frac{10}{3}$

  C. 20

  D. 10

  E. 2

  F. $\frac{1}{3}$

  G. Aucune de ces réponses.

f) Que vaut $\sum\limits_{n=1}^{\infty} \dfrac{4}{(2n+1)(2n+3)}$?

  A. $\frac{2}{5}$

  B. $\frac{1}{3}$

  C. ∞

  D. $\frac{2}{3}$

  E. $\frac{3}{4}$

  F. Aucune de ces réponses.

g) Quel qualificatif s'applique à la série $\sum\limits_{n=1}^{\infty} \dfrac{(-1)^n(2n+3)}{n^2+1}$?

  A. Conditionnellement convergente.

  B. Absolument convergente.

  C. Divergente.

  D. Conditionnellement divergente.

  E. Absolument divergente.

  F. Aucune de ces réponses.

h) Quelle est la longueur de l'arc décrit par la fonction $f(x) = \frac{4}{3}x^{3/2}$ lorsque $x \in [0, 2]$?

  A. $\frac{3}{2}$ u

  B. $\frac{11}{3}$ u

  C. $\frac{1}{2}$ u

  D. 3 u

  E. $\frac{13}{3}$ u

  F. $\frac{7}{2}$ u

  G. $\frac{7}{3}$ u

  H. $\frac{13}{2}$ u

  I. Aucune de ces réponses.

i) Quelle intégrale permet d'évaluer l'aire de la surface de révolution obtenue par la rotation, autour de l'axe des abscisses, de l'arc décrit par la fonction $f(x) = \frac{1}{2}x^2$ lorsque $x \in [-1, 1]$?

  A. $\int\limits_{-1}^{1} \frac{1}{2}x^2\,dx$

  B. $\int\limits_{-1}^{1} \pi x^2 \sqrt{1 + \frac{1}{4}x^4}\,dx$

  C. $\int\limits_{-1}^{1} \sqrt{1 + x^2}\,dx$

  D. $\int\limits_{-1}^{1} 2\pi\sqrt{1 + x^2}\,dx$

  E. $\int\limits_{-1}^{1} \pi x^2 \sqrt{1 + x^2}\,dx$

  F. Aucune de ces réponses.

* Cet examen blanc est un exemple d'examen d'une durée de trois heures portant sur les chapitres 1 à 6. Il peut servir d'outil de révision. Il s'agit d'un examen conçu par l'auteur et il ne doit pas être considéré comme un modèle de celui élaboré par votre professeur. Deux jours avant l'examen, après avoir terminé votre étude, isolez-vous pendant une période de trois heures, essayez de faire l'examen blanc puis consultez votre professeur pour les questions auxquelles vous n'avez pas été en mesure de répondre.

3. Évaluez l'expression.

a) $\lim\limits_{x \to 1} \dfrac{x^{1/3} - 1}{x^{1/2} - 1}$

b) $\lim\limits_{x \to \infty} \left(1 + \dfrac{3}{x}\right)^x$

c) $\displaystyle\int_1^{10} \dfrac{x^2}{\sqrt{x-1}}\, dx$

d) $\displaystyle\int \dfrac{x^3 + x^2 - 1}{x^2 + 2x + 2}\, dx$

e) $\displaystyle\int \dfrac{1}{\left(x^2 + 9\right)^2}\, dx$

4. Évaluez l'aire de la surface S délimitée par les courbes $f(x) = \frac{1}{2} \sin^3(\pi x)$ et $g(x) = x^2 - 1$.

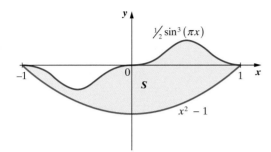

5. Un parasite, qui ralentit temporairement la croissance d'une certaine espèce de poissons, s'est introduit dans un lac qui compte 20 000 spécimens de cette espèce de poissons. Le parasite se propage dans cette population à un rythme proportionnel au produit du nombre de poissons parasités et du nombre de poissons qui ne le sont pas. On suppose qu'au cours de la période de contamination, il n'y a pas de changement dans la population de cette espèce de poissons, c'est-à-dire qu'il n'y a pas de naissances ni de morts.

a) Formulez l'équation différentielle qui permettrait de déterminer l'expression de $P(t)$, soit le nombre de poissons infectés t jours après l'introduction du parasite.

b) Si la constante de proportionnalité vaut $0{,}0001$, et si, après 5 jours, la moitié des poissons du lac sont infectés, déterminez l'expression du nombre de poissons parasités en fonction du temps.

6. Soit la surface S délimitée par la fonction $f(x) = \dfrac{\ln x}{x^2}$ au-dessus de l'intervalle $[1, \infty[$.

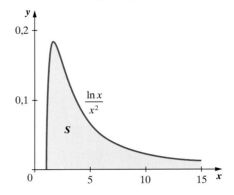

a) Formulez l'intégrale qui permet d'évaluer l'aire de la surface S.

b) Évaluez l'aire de la surface S.

c) Formulez (mais n'évaluez pas) l'intégrale qui permet d'évaluer le volume du solide engendré par la rotation de la surface S autour de l'axe des abscisses.

7. Déterminez si la série converge ou diverge, et, s'il y a lieu, dites si la convergence est absolue ou conditionnelle. Présentez une solution détaillée dans laquelle le critère de convergence utilisé est clairement énoncé.

a) $\displaystyle\sum_{n=1}^{\infty} \dfrac{\cos n}{n^3}$

b) $\displaystyle\sum_{n=1}^{\infty} \dfrac{5^n}{n!}$

c) $\displaystyle\sum_{n=1}^{\infty} \dfrac{e^n}{n^2 + 3n + \ln n}$

d) $\displaystyle\sum_{n=1}^{\infty} \dfrac{e^{-\sqrt{n}}}{\sqrt{n}}$

e) $\displaystyle\sum_{n=1}^{\infty} \dfrac{(-1)^n}{\sqrt[5]{n^3}}$

8. a) Développez la fonction $f(x) = \ln x$ en série de Taylor centrée en 1 et donnez-en l'intervalle de convergence.

b) En utilisant les quatre premiers termes non nuls d'une série appropriée, approximez la valeur de $\ln 4$. [Indice : Quelle est la relation entre $\ln x$ et $\ln(1/x)$?]

Chapitre 1

1. a) $\displaystyle\sum_{i=0}^{6} k i^3 = 0 + k + 8k + 27k + 64k + 125k + 216k = 441k$

b) $\displaystyle\sum_{i=1}^{7} i(i+1) = 1(2) + 2(3) + 3(4) + 4(5) + 5(6) + 6(7) + 7(8) = 168$

c) $\displaystyle\sum_{k=6}^{12} \frac{k^2}{k-1} = \frac{36}{5} + \frac{49}{6} + \frac{64}{7} + \frac{81}{8} + \frac{100}{9} + \frac{121}{10} + \frac{144}{11} = \frac{1\,966\,361}{27\,720} \approx 71{,}0$

d) $\displaystyle\sum_{k=1}^{8} \sin\left(\frac{k\pi}{2}\right) = \sin\frac{\pi}{2} + \sin\pi + \sin\frac{3\pi}{2} + \sin 2\pi + \sin\frac{5\pi}{2} + \sin 3\pi + \sin\frac{7\pi}{2} + \sin 4\pi$

$$= 1 + 0 - 1 + 0 + 1 + 0 - 1 + 0 = 0$$

e) $\displaystyle\sum_{k=1}^{6} k\cos(k\pi) = \cos\pi + 2\cos 2\pi + 3\cos 3\pi + 4\cos 4\pi + 5\cos 5\pi + 6\cos 6\pi$

$$= -1 + 2 - 3 + 4 - 5 + 6 = 3$$

f) $\displaystyle\sum_{j=1}^{6} (-2)^j = -2 + 4 - 8 + 16 - 32 + 64 = 42$

g) $\displaystyle\sum_{j=1}^{100} \frac{1}{10^j} = \frac{1}{10} + \frac{1}{10^2} + \frac{1}{10^3} + \cdots + \frac{1}{10^{100}} = 0,\underbrace{111\,11\ldots 11}_{100 \text{ décimales}}$

2. a) $\displaystyle\sum_{k=0}^{6} (4k+1)$ ou $\displaystyle\sum_{k=1}^{7} (4k-3)$

b) $\displaystyle\sum_{k=0}^{5} \left[-(-3)^k\right]$ ou $\displaystyle\sum_{k=0}^{5} (-1)^{k+1}\, 3^k$ ou $\displaystyle\sum_{k=1}^{6} (-1)^k\, 3^{k-1}$

c) $\displaystyle\sum_{k=0}^{8} t^{3k}$

d) $\displaystyle\sum_{k=1}^{20} 5\left(\frac{k}{20}\right)^3$

e) $\displaystyle\sum_{k=1}^{n} \frac{k}{k+1}$

f) $\displaystyle\sum_{k=0}^{n} a_k x^k$

g) $\displaystyle\sum_{k=1}^{m} (-1)^{k+1} \sin kx$

3. a) $\displaystyle\sum_{k=20}^{30} 8 = \left(\sum_{k=1}^{30} 8\right) - \left(\sum_{k=1}^{19} 8\right) = 8(30) - 8(19) = 88$

b) $\displaystyle\sum_{k=1}^{50} k = \frac{50(51)}{2} = 1\,275$

c) $\displaystyle\sum_{k=3}^{20} k^3 = \sum_{k=1}^{20} k^3 - \sum_{k=1}^{2} k^3 = \frac{20^2\left(21^2\right)}{4} - \frac{2^2\left(3^2\right)}{4} = 44\,091$

d) $\displaystyle\left(\sum_{k=5}^{8} k^2\right)^4 = \left[\left(\sum_{k=1}^{8} k^2\right) - \left(\sum_{k=1}^{4} k^2\right)\right]^4 = 916\,636\,176$

e) $2\ 097\ 150$

f) $\displaystyle\sum_{k=1}^{10} k(k-1)(k+1) = \sum_{k=1}^{10}\left(k^3 - k\right) = 2\ 970$

g) $\displaystyle\sum_{k=1}^{13} x^{k-1} = \frac{1}{x}\sum_{k=1}^{13} x^k = \frac{x^{13}-1}{x-1}$

h) $\displaystyle\lim_{n\to\infty}\sum_{k=1}^{n}\left(-\tfrac{2}{3}\right)^k = \lim_{n\to\infty}\frac{\left(-\tfrac{2}{3}\right)^{n+1} - \left(-\tfrac{2}{3}\right)}{-\tfrac{2}{3}-1} = -\tfrac{2}{5}$

i) $\displaystyle\sum_{k=10}^{\infty}\left(\tfrac{1}{2}\right)^{k+3} = \left(\tfrac{1}{2}\right)^{12}\lim_{n\to\infty}\sum_{k=1}^{n}\left(\tfrac{1}{2}\right)^k = \left(\tfrac{1}{2}\right)^{12}\lim_{n\to\infty}\frac{\left(\tfrac{1}{2}\right)^{n+1}-\tfrac{1}{2}}{\tfrac{1}{2}-1} = \left(\tfrac{1}{2}\right)^{12}$

4. a) $\displaystyle\sum_{k=1}^{n}(5k+2) = \left(\sum_{k=1}^{n} 5k\right) + \left(\sum_{k=1}^{n} 2\right) = 5\frac{n(n+1)}{2} + 2n = \frac{n(5n+9)}{2}$

b) $\displaystyle\sum_{k=6}^{n-1} k^2 = \left(\sum_{k=1}^{n-1} k^2\right) - \left(\sum_{k=1}^{5} k^2\right) = \frac{(n-1)(n)(2n-1)-330}{6}$

c) $\displaystyle\sum_{k=1}^{n-1}\frac{k^3}{n^2} = \frac{1}{n^2}\sum_{k=1}^{n-1} k^3 = \frac{1}{n^2}\frac{(n-1)^2(n)^2}{4} = \frac{(n-1)^2}{4}$

d) $\displaystyle\sum_{k=1}^{n}\frac{1}{k(k+1)} = \sum_{k=1}^{n}\left(\frac{1}{k} - \frac{1}{k+1}\right)$

$\displaystyle = \left(1 - \frac{1}{2}\right) + \left(\frac{1}{2} - \frac{1}{3}\right) + \left(\frac{1}{3} - \frac{1}{4}\right) + \cdots + \left(\frac{1}{n} - \frac{1}{n+1}\right)$

$\displaystyle = \left(1 - \frac{1}{n+1}\right)$ Somme télescopique.

$\displaystyle = \frac{n}{n+1}$

e) $\displaystyle\sum_{k=1}^{n} k(k-2)^2 = \sum_{k=1}^{n}\left(k^3 - 4k^2 + 4k\right)$

$\displaystyle = \frac{n^2(n+1)^2}{4} - 4\frac{n(n+1)(2n+1)}{6} + 4\frac{n(n+1)}{2}$

$\displaystyle = \frac{n(n+1)\left(3n^2 - 13n + 16\right)}{12}$

f) $\displaystyle\sum_{k=1}^{2n}\left(-\tfrac{1}{3}\right)^k = \frac{\left(-\tfrac{1}{3}\right)^{2n+1}+\tfrac{1}{3}}{-\tfrac{1}{3}-1} = \tfrac{1}{4}\left[\left(\tfrac{1}{3}\right)^{2n} - 1\right]$

5. La somme des n premiers entiers impairs vaut n^2.

Preuve

$$\sum_{k=1}^{n}(2k-1) = 2\left(\sum_{k=1}^{n} k\right) - \left(\sum_{k=1}^{n} 1\right) = 2\frac{n(n+1)}{2} - n = n^2 + n - n = n^2 \qquad \blacksquare$$

6. a) $\displaystyle A = R\left[\frac{1}{1+i} + \frac{1}{(1+i)^2} + \frac{1}{(1+i)^3} + \cdots + \frac{1}{(1+i)^n}\right]$

$\displaystyle = R\sum_{k=1}^{n}\left[(1+i)^{-1}\right]^k = R\frac{\left[(1+i)^{-1}\right]^{n+1} - (1+i)^{-1}}{(1+i)^{-1} - 1}$

$\displaystyle = R\frac{(1+i)^{-1}\left[(1+i)^{-n} - 1\right]}{(1+i)^{-1}\left[1 - (1+i)\right]}$

$\displaystyle = R\frac{1 - (1+i)^{-n}}{i} = \frac{R\left[1 - (1+i)^{-n}\right]}{i}$

Chapitre 1

b) $S = R\left[(1 + i)^{n-1} + (1 + i)^{n-2} + (1 + i)^{n-3} + \cdots + (1 + i) + 1\right]$

$= R\left[1 + (1 + i) + (1 + i)^2 + (1 + i)^3 + \cdots + (1 + i)^{n-2} + (1 + i)^{n-1}\right]$

$= R\sum_{k=1}^{n}(1 + i)^{k-1} = \dfrac{R}{(1 + i)}\sum_{k=1}^{n}(1 + i)^{k} = \dfrac{R}{(1 + i)}\left[\dfrac{(1 + i)^{n+1} - (1 + i)}{(1 + i) - 1}\right]$

$= \dfrac{R(1 + i)}{(1 + i)}\left[\dfrac{(1 + i)^{n} - 1}{i}\right] = \dfrac{R\left[(1 + i)^{n} - 1\right]}{i}$

c) Environ 10 602,50 $.

d) Environ 322,55 $.

e) Environ 13 470,36 $.

7. Environ 43 649,06 $.

8. a) $P = R\left[\dfrac{1}{1 + i} + \dfrac{1}{(1 + i)^2} + \dfrac{1}{(1 + i)^3} + \dfrac{1}{(1 + i)^4} + \cdots\right]$

$= \lim_{n \to \infty} R\sum_{k=1}^{n}\left[(1 + i)^{-1}\right]^{k} = R\lim_{n \to \infty}\left[\dfrac{1 - (1 + i)^{-n}}{i}\right] = \dfrac{R}{i}$

b) $P = \dfrac{R}{i} = \dfrac{20\,000}{0,05} = 400\,000\ \$ < 1\,000\,000\ \$$. Par conséquent, il n'est pas rentable pour cette entreprise d'effectuer un tel investissement.

c) $P = \dfrac{R}{i} \Rightarrow i = \dfrac{R}{P} = \dfrac{20\,000}{1\,000\,000} = 0,02 = 2\,\%$

9. a)

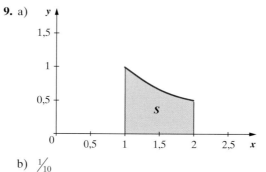

b) $\frac{1}{10}$

c) La hauteur d'un rectangle correspond à la valeur de la fonction évaluée à la borne inférieure du sous-intervalle sur lequel il se dresse, soit à $1, \frac{11}{10}, \frac{12}{10}, \frac{13}{10}, \ldots, \frac{19}{10}$. Par conséquent, les hauteurs sont de $1, \frac{10}{11}, \frac{10}{12}, \frac{10}{13}, \ldots, \frac{10}{19}$.

d) $\overline{S_{10}} = 1\left(\frac{1}{10}\right) + \left(\frac{10}{11}\right)\left(\frac{1}{10}\right) + \left(\frac{10}{12}\right)\left(\frac{1}{10}\right) + \ldots + \left(\frac{10}{19}\right)\left(\frac{1}{10}\right) = \sum_{k=0}^{9} \frac{1}{(10+k)} \approx 0,72\ \mathrm{u}^2$

e) $\underline{S_{10}} = \left(\frac{10}{11}\right)\left(\frac{1}{10}\right) + \left(\frac{10}{12}\right)\left(\frac{1}{10}\right) + \left(\frac{10}{13}\right)\left(\frac{1}{10}\right) + \ldots + \left(\frac{10}{20}\right)\left(\frac{1}{10}\right) = \sum_{k=1}^{10} \frac{1}{(10+k)} \approx 0,67\ \mathrm{u}^2$

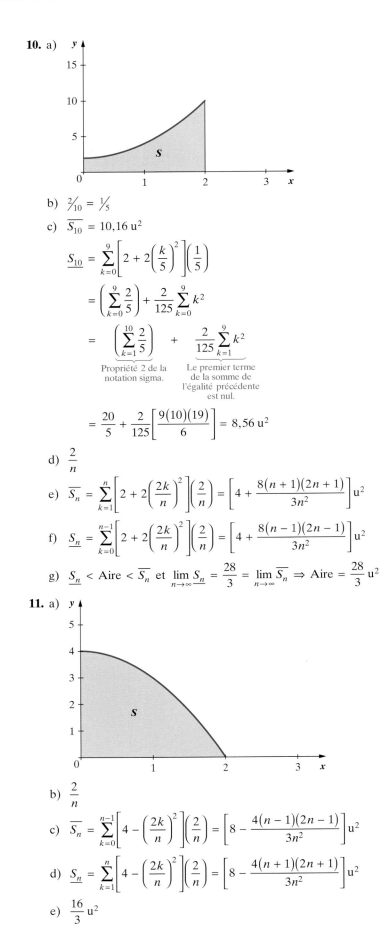

10. a)

b) $\dfrac{2}{10} = \dfrac{1}{5}$

c) $\overline{S_{10}} = 10,16\ u^2$

$$\underline{S_{10}} = \sum_{k=0}^{9}\left[2 + 2\left(\dfrac{k}{5}\right)^2\right]\left(\dfrac{1}{5}\right)$$

$$= \left(\sum_{k=0}^{9}\dfrac{2}{5}\right) + \dfrac{2}{125}\sum_{k=0}^{9}k^2$$

$$= \underbrace{\left(\sum_{k=1}^{10}\dfrac{2}{5}\right)}_{\substack{\text{Propriété 2 de la}\\\text{notation sigma.}}} + \underbrace{\dfrac{2}{125}\sum_{k=1}^{9}k^2}_{\substack{\text{Le premier terme}\\\text{de la somme de}\\\text{l'égalité précédente}\\\text{est nul.}}}$$

$$= \dfrac{20}{5} + \dfrac{2}{125}\left[\dfrac{9(10)(19)}{6}\right] = 8{,}56\ u^2$$

d) $\dfrac{2}{n}$

e) $\overline{S_n} = \sum_{k=1}^{n}\left[2 + 2\left(\dfrac{2k}{n}\right)^2\right]\left(\dfrac{2}{n}\right) = \left[4 + \dfrac{8(n+1)(2n+1)}{3n^2}\right]u^2$

f) $\underline{S_n} = \sum_{k=0}^{n-1}\left[2 + 2\left(\dfrac{2k}{n}\right)^2\right]\left(\dfrac{2}{n}\right) = \left[4 + \dfrac{8(n-1)(2n-1)}{3n^2}\right]u^2$

g) $\underline{S_n} < \text{Aire} < \overline{S_n}$ et $\lim\limits_{n\to\infty}\underline{S_n} = \dfrac{28}{3} = \lim\limits_{n\to\infty}\overline{S_n} \Rightarrow \text{Aire} = \dfrac{28}{3}\ u^2$

11. a)

b) $\dfrac{2}{n}$

c) $\overline{S_n} = \sum_{k=0}^{n-1}\left[4 - \left(\dfrac{2k}{n}\right)^2\right]\left(\dfrac{2}{n}\right) = \left[8 - \dfrac{4(n-1)(2n-1)}{3n^2}\right]u^2$

d) $\underline{S_n} = \sum_{k=1}^{n}\left[4 - \left(\dfrac{2k}{n}\right)^2\right]\left(\dfrac{2}{n}\right) = \left[8 - \dfrac{4(n+1)(2n+1)}{3n^2}\right]u^2$

e) $\dfrac{16}{3}\ u^2$

12. a)

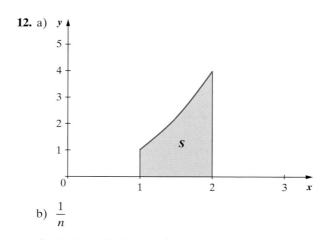

b) $\dfrac{1}{n}$

c) La borne inférieure du premier sous-intervalle est $1 = 1 + \dfrac{0}{n}$. On obtient la borne inférieure du second en ajoutant la largeur du sous-intervalle à celle du premier ; cette borne est donc $1 + \dfrac{1}{n}$. En continuant le processus, on obtient les bornes inférieures $1 + \dfrac{2}{n}, 1 + \dfrac{3}{n}, \ldots, 1 + \dfrac{n-1}{n}$. Quant à la borne supérieure du dernier sous-intervalle, elle est $2 = 1 + \dfrac{n}{n}$. Par conséquent, les bornes des sous-intervalles définis en b) sont du type $1 + \dfrac{k}{n}$, où $k = 0, 1, 2, \ldots, n$.

d) $f\big(x_k\big) \doteq \big(x_k\big)^2 = \left(1 + \dfrac{k}{n}\right)^2 = 1 + \dfrac{2k}{n} + \dfrac{k^2}{n^2}$

e) $\overline{S_n} = \displaystyle\sum_{k=1}^{n} \big[f(x_k)\big]\left(\dfrac{1}{n}\right)$

$\qquad = \displaystyle\sum_{k=1}^{n} \left(1 + \dfrac{2k}{n} + \dfrac{k^2}{n^2}\right)\left(\dfrac{1}{n}\right)$

$\qquad = \left[1 + \dfrac{n+1}{n} + \dfrac{(n+1)(2n+1)}{6n^2}\right] \text{u}^2$

f) $\underline{S_n} = \left[1 + \dfrac{n-1}{n} + \dfrac{(n-1)(2n-1)}{6n^2}\right] \text{u}^2$

g) $\dfrac{7}{3}\,\text{u}^2$

13. a)

b) $\Delta x = \dfrac{1}{n}$

c) La borne inférieure du premier sous-intervalle est $0 = \dfrac{0}{n}$. On obtient la borne inférieure du second en ajoutant la largeur du sous-intervalle à celle du premier ; cette borne est donc $\dfrac{1}{n}$. En continuant le processus, on obtient les bornes inférieures $\dfrac{2}{n}, \dfrac{3}{n}, \ldots, \dfrac{n}{n} = 1$. Par conséquent, les bornes des sous-intervalles définis en b sont du type $x_k = \dfrac{k}{n}$, où $k = 0, 1, 2, \ldots, n$.

d) $f(x_k) = \sqrt{1 - (x_k)^2} = \sqrt{1 - \left(\dfrac{k}{n}\right)^2}$

e) Un cylindre.

f) La hauteur du cylindre correspond à la largeur du sous-intervalle : $h = \Delta x = \dfrac{1}{n}$. Le rayon de la base circulaire du cylindre correspond à la hauteur du rectangle dressé sur le sous-intervalle, de sorte que $r_k = f(x_k) = \sqrt{1 - (x_k)^2} = \sqrt{1 - \left(\dfrac{k}{n}\right)^2}$. On a donc que l'expression du volume d'un des cylindres minces est

$$\pi r_k^2 h = \pi \left(1 - \dfrac{k^2}{n^2}\right)\left(\dfrac{1}{n}\right).$$

g) $\underline{V_n} = \displaystyle\sum_{k=1}^{n} \pi \left[1 - \left(\dfrac{k}{n}\right)^2\right]\left(\dfrac{1}{n}\right) = \left[\pi - \dfrac{(n+1)(2n+1)\pi}{6n^2}\right]\text{u}^3$

$\displaystyle\lim_{n\to\infty} \underline{V_n} = \lim_{n\to\infty}\left[\pi - \dfrac{(n+1)(2n+1)\pi}{6n^2}\right] = \pi - \dfrac{\pi}{3} = \dfrac{2\pi}{3}\text{u}^3$

h) $\overline{V_n} = \displaystyle\sum_{k=0}^{n-1} \pi \left[1 - \left(\dfrac{k}{n}\right)^2\right]\left(\dfrac{1}{n}\right) = \left[\pi - \dfrac{(n-1)(2n-1)\pi}{6n^2}\right]\text{u}^3$

$\displaystyle\lim_{n\to\infty} \overline{V_n} = \lim_{n\to\infty}\left[\pi - \dfrac{(n-1)(2n-1)\pi}{6n^2}\right] = \pi - \dfrac{\pi}{3} = \dfrac{2\pi}{3}\text{u}^3$

i) $\underline{V_n} < V < \overline{V_n}$ d'où $V = \dfrac{2\pi}{3}\text{u}^3$

14. Représentons d'abord graphiquement la surface S.

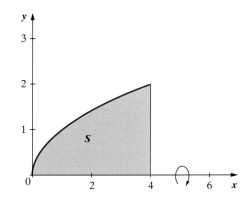

Si on subdivise l'intervalle $[0, 4]$ en n intervalles de même largeur $\Delta x = \dfrac{4}{n}$, les bornes de ces intervalles seront respectivement $0 = \frac{0}{n}, \frac{4}{n}, \frac{8}{n}, \frac{12}{n}, \ldots, \frac{4n}{n} = 4$. Les bornes des n intervalles sont donc du type $x_k = \frac{4k}{n}$, où $k = 0, 1, 2, 3, \ldots, n$, de sorte que la hauteur des rectangles dressés sur ces n intervalles est $f(x_k) = \sqrt{x_k} = \sqrt{\dfrac{4k}{n}}$.

La hauteur des rectangles correspond au rayon de la base d'un cylindre circulaire mince engendré par la rotation d'un des rectangles (inscrit ou circonscrit) autour de l'axe des abscisses, alors que la hauteur du cylindre mince correspond à la largeur du rectangle, soit $\Delta x = \dfrac{4}{n}$. Par conséquent, on a

$$\underline{V_n} = \sum_{k=0}^{n-1} \pi\left(\sqrt{\frac{4k}{n}}\right)^2\left(\frac{4}{n}\right) = \frac{16\pi}{n^2}\underbrace{\sum_{k=0}^{n-1} k}_{\substack{\text{Le premier} \\ \text{terme de} \\ \text{la somme} \\ \text{est nul.}}} = \frac{16\pi}{n^2}\sum_{k=1}^{n-1} k = \frac{16\pi}{n^2}\frac{(n-1)n}{2} = \left[\frac{8\pi(n-1)}{n}\right]u^3$$

et

$$\overline{V_n} = \sum_{k=1}^{n} \pi\left(\sqrt{\frac{4k}{n}}\right)^2\frac{4}{n} = \frac{16\pi}{n^2}\sum_{k=1}^{n} k = \frac{16\pi}{n^2}\frac{n(n+1)}{2} = \left[\frac{8\pi(n+1)}{n}\right]u^3$$

Le volume V du paraboloïde engendré par la rotation de la surface S autour de l'axe des abscisses est tel que $\underline{V_n} < V < \overline{V_n}$. Comme $\lim\limits_{n\to\infty} \underline{V_n} = 8\pi = \lim\limits_{n\to\infty} \overline{V_n}$, on doit avoir $V = 8\pi\, u^3$.

15. a) $\displaystyle\lim_{\substack{n\to\infty \\ \|\Delta x_k\|\to 0}} \sum_{k=1}^{n} \tfrac{1}{2}(x_k^*)^3 \Delta x_k = \int_{-1}^{3} \tfrac{1}{2}x^3\,dx$

b) $\displaystyle\lim_{\substack{n\to\infty \\ \|\Delta x_k\|\to 0}} \sum_{k=1}^{n} \left[2(x_k^*)^2 - 4(x_k^*) + 8\right]\Delta x_k = \int_{-8}^{-6} (2x^2 - 4x + 8)\,dx$

c) $\displaystyle\lim_{\substack{n\to\infty \\ \|\Delta x_k\|\to 0}} \sum_{k=1}^{n} \cos(x_k^*)\Delta x_k = \int_{0}^{\pi} \cos x\,dx$

d) $\displaystyle\lim_{\substack{n\to\infty \\ \|\Delta x_k\|\to 0}} \sum_{k=1}^{n} \sqrt{1 - (x_k^*)^2}\,\Delta x_k = \int_{0}^{1/2} \sqrt{1 - x^2}\,dx$

16. a) $\displaystyle\int_{-1}^{8} 3f(x)\,dx = 3\int_{-1}^{8} f(x)\,dx = 3\left[\int_{-1}^{3} f(x)\,dx + \int_{3}^{8} f(x)\,dx\right] = 3(8 + 6) = 42$

b) $\displaystyle\int_{-1}^{14} \tfrac{1}{3} f(x)\,dx = \tfrac{1}{3}\left[\int_{-1}^{3} f(x)\,dx + \int_{3}^{8} f(x)\,dx + \int_{8}^{14} f(x)\,dx\right] = \tfrac{1}{3}(8 + 6 + 12) = \tfrac{26}{3}$

c) $-\tfrac{18}{5}$

d) 0

e) 10

f) -7

g) 16

h) -16

i) 73

17. a) $F'(x) = f(x)$

b) Il suffit de vérifier que $\dfrac{d}{dx}\left[\tfrac{1}{2} F(2x)\right] = f(2x)$. On sait que $F'(x) = f(x)$, puisque $F(x)$ est une primitive de $f(x)$. Si on pose $u = 2x$, alors

$$\frac{d}{dx}\left[\tfrac{1}{2} F(2x)\right] = \tfrac{1}{2}\frac{d}{dx}[F(u)] = \tfrac{1}{2}\frac{d}{du}[F(u)]\frac{du}{dx} = \tfrac{1}{2}F'(u)\frac{d}{dx}(2x)$$
$$= F'(u) = f(u) = f(2x)$$

Par conséquent, $\tfrac{1}{2} F(2x)$ est une primitive de $f(2x)$.

c) $\frac{1}{k}F(kx)$ est une primitive de $f(kx)$. Pour confirmer l'assertion, on reprend l'argument de la question *b*. Si on pose $u = kx$, alors

$$\frac{d}{dx}\left[\frac{1}{k}F(kx)\right] = \frac{1}{k}\frac{d}{dx}\left[F(u)\right] = \frac{1}{k}\frac{d}{du}\left[F(u)\right]\frac{du}{dx} = \frac{1}{k}F'(u)\frac{d}{dx}(kx)$$

$$= F'(u) = f(u) = f(kx)$$

Par conséquent, $\frac{1}{k}F(kx)$ est une primitive de $f(kx)$.

18. a) $\dfrac{d}{dx}F(x) = \dfrac{d}{dx}\arcsin\left(\dfrac{x}{5}\right) = \dfrac{1}{5\sqrt{1 - \left(\dfrac{x}{5}\right)^2}} = \dfrac{1}{\sqrt{25 - x^2}} = f(x)$. On a donc que

$F(x) = \arcsin\left(\dfrac{x}{5}\right)$ est une primitive de $f(x) = \dfrac{1}{\sqrt{25 - x^2}}$, de sorte que

$$\int_0^3 \frac{1}{\sqrt{25 - x^2}}\,dx = \arcsin\left(\frac{x}{5}\right)\Big|_0^3 = \arcsin\left(\frac{3}{5}\right) - \arcsin(0) = \arcsin\left(\frac{3}{5}\right)$$

b) $\dfrac{d}{dx}F(x) = \dfrac{d}{dx}\left(\dfrac{\sin 4x}{16} - \dfrac{x\cos 4x}{4}\right) = \dfrac{4\cos 4x}{16} + \dfrac{4x\sin 4x}{4} - \dfrac{\cos 4x}{4}$

$\qquad = x\sin 4x = f(x)$

On a donc que $F(x) = \dfrac{\sin 4x}{16} - \dfrac{x\cos 4x}{4}$ est une primitive de $f(x) = x\sin 4x$, de sorte que

$$\int_0^{\pi/2} x\sin 4x\,dx = \left(\frac{\sin 4x}{16} - \frac{x\cos 4x}{4}\right)\Big|_0^{\pi/2}$$

$$= \left(\frac{\sin 2\pi}{16} - \frac{\pi\cos 2\pi}{8}\right) - \left(\frac{\sin 0}{16} - \frac{(0)\cos 0}{4}\right)$$

$$= -\frac{\pi}{8}$$

c) $\dfrac{d}{dx}F(x) = \dfrac{d}{dx}\left[x(\ln x) - x\right] = x\dfrac{1}{x} + \ln x - 1 = \ln x = f(x)$

On a donc que $F(x) = x(\ln x) - x$ est une primitive de $f(x) = \ln x$, de sorte que

$\displaystyle\int_1^{e^2} \ln x\,dx = \left[x(\ln x) - x\right]_1^{e^2} = \left(e^2\ln e^2 - e^2\right) - \left(1\ln 1 - 1\right) = 2e^2 - e^2 + 1 = e^2 + 1.$

d) $\dfrac{d}{dx}F(x) = \dfrac{d}{dx}\dfrac{\sec kx}{k} = \dfrac{1}{k}(\sec kx\,\text{tg}\,kx)(k) = \sec kx\,\text{tg}\,kx = f(x)$

On a donc que $F(x) = \dfrac{\sec kx}{k}$ est une primitive de $f(x) = \sec kx\,\text{tg}\,kx$, de sorte que

$$\int_0^{\pi/(4k)} \sec kx\,\text{tg}\,kx\,dx = \left(\frac{1}{k}\sec kx\right)\Big|_0^{\pi/(4k)} = \left[\frac{1}{k}\sec\left(\frac{\pi}{4}\right)\right] - \left(\frac{1}{k}\sec 0\right) = \frac{\sqrt{2} - 1}{k}$$

e) $\dfrac{d}{dx}F(x) = \dfrac{d}{dx}\left(\dfrac{x}{2} + \dfrac{\sin 2kx}{4k}\right) = \dfrac{1}{2} + \dfrac{2k}{4k}\cos 2kx = \dfrac{1}{2} + \dfrac{1}{2}\cos 2kx = \cos^2 kx = f(x)$

On a donc que $F(x) = \dfrac{x}{2} + \dfrac{\sin 2kx}{4k}$ est une primitive de $f(x) = \cos^2 kx$, de sorte que

$$\int_0^\pi \cos^2 kx\,dx = \left(\frac{x}{2} + \frac{\sin 2kx}{4k}\right)\Big|_0^\pi$$

$$= \left(\frac{\pi}{2} + \frac{\sin 2k\pi}{4k}\right) - \left(\frac{0}{2} + \frac{\sin 0}{4k}\right)$$

$$= \frac{\pi}{2} \qquad k,\ \text{un entier non nul} \Rightarrow \sin 2k\pi = 0$$

f) $\dfrac{d}{dx}F(x) = \dfrac{d}{dx}\left(\sqrt{x^2 + k^2}\right) = \dfrac{1}{2}\left(x^2 + k^2\right)^{-\frac{1}{2}}(2x) = \dfrac{x}{\sqrt{x^2 + k^2}} = f(x)$

On a donc que $F(x) = \sqrt{x^2 + k^2}$ est une primitive de $f(x) = \dfrac{x}{\sqrt{x^2 + k^2}}$, de sorte que

$$\int_0^k \dfrac{x}{\sqrt{x^2 + k^2}}\,dx = \left(\sqrt{x^2 + k^2}\right)\Big|_0^k = \sqrt{k^2 + k^2} - \sqrt{k^2} = \sqrt{2k^2} - \sqrt{k^2} = k\left(\sqrt{2} - 1\right)$$

19. Soit $f(x)$ une fonction continue sur l'intervalle $[a, b]$ admettant une primitive $F(x)$. Alors $\dfrac{d}{dx}\left[\displaystyle\int_a^x f(t)dt\right] = f(x)$ pour $x \in [a, b]$.

Preuve

En vertu du théorème fondamental, $\displaystyle\int_a^x f(t)dt = F(x) - F(a)$. De plus, comme $F(x)$ est une primitive de $f(x)$, on a que $F'(x) = f(x)$. Par conséquent,

$$\dfrac{d}{dx}\left[\int_a^x f(t)dt\right] = \dfrac{d}{dx}\left[F(x) - F(a)\right] = F'(x) = f(x) \qquad \blacksquare$$

20. $\displaystyle\int_4^5 3x^2 dx = 61$ et $\displaystyle\int_3^6 \left(x^2 + x\right)dx = 76{,}5$. Par conséquent, c'est Sylvie qui a obtenu le meilleur résultat.

21. Soit $V(t)$ la valeur du bien t années après son acquisition. Le taux de variation de la valeur du bien est de $V'(t) = -20\,000e^{-0{,}4t}$, le signe négatif provenant du fait que la valeur du bien diminue. La dépréciation du bien qui se produit entre $t = 2$ et $t = 7$ est donc donnée par

$$V(2) - V(7) = -\int_2^7 V'(t)dt = \int_2^7 20\,000e^{-0{,}4t}\,dt$$

$$= 20\,000\int_2^7 e^{-0{,}4t}\,dt = \dfrac{20\,000e^{-0{,}4t}}{-0{,}4}\Big|_2^7$$

$$= -50\,000\left(e^{-2{,}8} - e^{-0{,}8}\right)$$

$$\approx 19\,425{,}95\ \$$$

22. a)

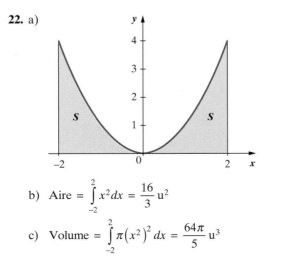

b) Aire $= \displaystyle\int_{-2}^2 x^2 dx = \dfrac{16}{3}\,\text{u}^2$

c) Volume $= \displaystyle\int_{-2}^2 \pi\left(x^2\right)^2 dx = \dfrac{64\pi}{5}\,\text{u}^3$

23. a) $\ln|\sec x|$ est une primitive de $\operatorname{tg} x$

Preuve

$$\frac{d}{dx}\left(\ln|\sec x|\right) = \frac{1}{|\sec x|}\frac{d}{dx}\left(|\sec x|\right)$$

Or, $|\sec x| = \begin{cases} -\sec x & \text{si } \sec x < 0 \\ \sec x & \text{si } \sec x \ge 0 \end{cases}$.

Ainsi, si $\sec x \ge 0$, on a $\dfrac{1}{|\sec x|}\dfrac{d}{dx}\left(|\sec x|\right) = \dfrac{1}{\sec x}\dfrac{d}{dx}\left(\sec x\right)$. De même, si $\sec x < 0$, on a

$$\frac{1}{|\sec x|}\frac{d}{dx}\left(|\sec x|\right) = \frac{1}{-\sec x}\frac{d}{dx}\left(-\sec x\right) = \frac{1}{\sec x}\frac{d}{dx}\left(\sec x\right)$$

Quelle que soit la valeur de x, on a donc

$$\frac{1}{|\sec x|}\frac{d}{dx}\left(|\sec x|\right) = \frac{1}{\sec x}\frac{d}{dx}\left(\sec x\right) = \frac{1}{\sec x}\left(\sec x \operatorname{tg} x\right) = \operatorname{tg} x$$

Par conséquent, $\ln|\sec x|$ est une primitive de $\operatorname{tg} x$. ∎

b) Aire $= \displaystyle\int_0^{\pi/4} \operatorname{tg} x\, dx = \ln\sqrt{2}\ \text{u}^2$

c) Volume $= \displaystyle\int_0^{\pi/4} \pi\operatorname{tg}^2 x\, dx = \int_0^{\pi/4} \pi\left(\sec^2 x - 1\right)dx = \left(\pi - \frac{\pi^2}{4}\right)\text{u}^3$

24. En général, $\displaystyle\int_a^b f(x)\,dx = \lim_{\substack{n\to\infty \\ \|\Delta x_k\|\to 0}} \sum_{k=1}^n f\left(x_k^*\right)\Delta x_k$. Dans le cas où la partition utilisée est régulière, on a $\Delta x_k = \dfrac{b-a}{n}$, de sorte que $\displaystyle\int_a^b f(x)\,dx = \lim_{n\to\infty}\sum_{k=1}^n f\left(x_k^*\right)\left(\frac{b-a}{n}\right)$. De plus, les frontières de classes induites par la partition sont $x_k = a + k\Delta x_k = a + \dfrac{b-a}{n}k$, où $k = 0, 1, 2, \ldots, n$.

a) On a $f(x) = x^3$, $\Delta x_k = \dfrac{3}{n}$ et $x_k = \dfrac{3}{n}k$. De ces trois informations, on tire

$$\Delta x_k = \frac{b-a}{n} = \frac{3}{n} \Rightarrow b - a = 3$$

et

$$x_k = a + k\Delta x_k = a + \frac{b-a}{n}k = a + \frac{3}{n}k = \frac{3}{n}k \Rightarrow a = 0$$

de sorte que $b = 3$. Par conséquent,

$$\lim_{n\to\infty}\sum_{k=1}^n \left(\frac{3k}{n}\right)^3\left(\frac{3}{n}\right) = \int_0^3 x^3\,dx = \frac{x^4}{4}\bigg|_0^3 = \frac{81}{4} - \frac{0}{4} = \frac{81}{4} = 20{,}25$$

b) $\displaystyle\lim_{n\to\infty}\sum_{k=1}^n \left[\sin\left(\frac{\pi k}{2n}\right)\right]\left(\frac{\pi}{2n}\right) = \int_0^{\pi/2} \sin x\,dx = 1$

c) $\displaystyle\lim_{n\to\infty}\sum_{k=1}^n \left(\sqrt{1+\frac{k}{n}}\right)\left(\frac{1}{n}\right) = \int_1^2 \sqrt{x}\,dx = \frac{2}{3}\left(2^{3/2} - 1\right) \approx 1{,}22$

25. a) Vrai. On a

$$\sum_{k=1}^n \left(a_k + a_{k-1}\right) = \left(\sum_{k=1}^n a_k\right) + \left(\sum_{k=1}^n a_{k-1}\right) = \left(a_n + \sum_{k=1}^{n-1} a_k\right) + \left(a_0 + \sum_{k=2}^n a_{k-1}\right)$$

$$= a_0 + a_n + \left(\sum_{k=1}^{n-1} a_k\right) + \left(\sum_{k=2}^n a_{k-1}\right)$$

$$= a_0 + a_n + \left(\sum_{k=1}^{n-1} a_k\right) + \left(\sum_{k=1}^{n-1} a_k\right)$$

$$= a_0 + a_n + 2\sum_{k=1}^{n-1} a_k$$

b) Faux. $\displaystyle\int_0^b f(x)dx = F(b) - F(0) \neq F(b)$ lorsque $F(0) \neq 0$

c) Vrai. En général, une somme de Riemann de cette fonction sur l'intervalle considéré s'obtient de la manière suivante :

$$\sum_{k=1}^n f(x_k^*)\Delta x_k = \sum_{k=1}^n 5\Delta x_k = 5\sum_{k=1}^n (x_k - x_{k-1}) = 5(x_n - x_0) = 5(10 - 3) = 35$$

d) Vrai. La fonction $\cos x$ est continue et donc intégrable sur l'intervalle $[0, 3]$, de sorte qu'en vertu de la définition de l'intégrale définie à partir de la somme de Riemann définie sur une partition régulière, on a

$$\int_0^3 \cos x\, dx = \lim_{n\to\infty} \sum_{k=1}^n \cos\left(\frac{3k}{n}\right)\left(\frac{3}{n}\right)$$

e) Faux. En vertu des propriétés de l'intégrale définie,

$$\int_1^5 \cos^3 x\, dx = \int_1^7 \cos^3 x\, dx + \int_7^5 \cos^3 x\, dx = \int_1^7 \cos^3 x\, dx - \int_5^7 \cos^3 x\, dx$$

$$\neq \int_1^7 \cos^3 x\, dx + \int_5^7 \cos^3 x\, dx$$

Chapitre 2

1. a) $2x + \frac{5}{2}x^2 + e^x - 2\sin x + \ln|x| + C$

b) $\theta + \ln|1 - \cos\theta| + C$

c) $\frac{1}{4}t^4 + \frac{8}{7}t^{7/2} + \frac{4}{3}t^3 + C$

d) $\displaystyle\int \frac{1 + t^2}{t}dt = \int\left(\frac{1}{t} + t\right)dt = \ln|t| + \frac{1}{2}t^2 + C$

e) $\displaystyle\int \frac{2 + 3\sqrt{x^2 - 1}}{x\sqrt{x^2 - 1}}dx = \int\left(\frac{2}{x\sqrt{x^2 - 1}} + \frac{3}{x}\right)dx = 2\operatorname{arcsec}|x| + 3\ln|x| + C$

f) $z^2 + 8z + 8\ln|z| + C$

g) $-\frac{1}{3}x^{-3} - 2x^{-1} + x + C$

h) $\frac{3}{13}z^{13/3} + \frac{12}{7}z^{7/3} + 12z^{1/3} + C$

i) $\displaystyle\int \frac{x^4}{x^2 + 1}dx = \int\left(x^2 - 1 + \frac{1}{x^2 + 1}\right)dx = \frac{1}{3}x^3 - x + \operatorname{arctg} x + C$

j) $\displaystyle\int \frac{x^3 + 3x^2 + x + 5}{4x^2 + 4}dx = \frac{1}{4}\int\left(x + 3 + \frac{2}{x^2 + 1}\right)dx = \frac{1}{8}x^2 + \frac{3}{4}x + \frac{1}{2}\operatorname{arctg} x + C$

k) $\dfrac{5^{3t}}{3\ln 5} + C$

l) $\dfrac{e^{2t}}{2} + 2e^t + t + C$

m) $\displaystyle\int \frac{1}{\cos t}dt = \int \sec t\, dt = \ln|\sec t + \operatorname{tg} t| + C$

n) $\displaystyle\int \frac{5}{\sec\theta}d\theta = 5\int \cos\theta\, d\theta = 5\sin\theta + C$

o) $\displaystyle\int \frac{1}{\sin^2 t}dt = \int \operatorname{cosec}^2 t\, dt = -\operatorname{cotg} t + C$

p) $\displaystyle\int \frac{3}{1 - \sin^2 u}du = 3\int \frac{1}{\cos^2 u}du = 3\int \sec^2 u\, du = 3\operatorname{tg} u + C$

q) $\displaystyle\int \frac{\sin t}{\cos^2 t}dt = \int \frac{1}{\cos t}\frac{\sin t}{\cos t}dt = \int \sec t\operatorname{tg} t\, dt = \sec t + C$

r) $\displaystyle\int \operatorname{tg}^2\theta\, d\theta = \int(\sec^2\theta - 1)d\theta = \operatorname{tg}\theta - \theta + C$

s) $\operatorname{tg} t + \sec t + C$

2. a) $\int_0^1 (3x-2)^2\,dx = \int_0^1 (9x^2 - 12x + 4)\,dx = (3x^3 - 6x^2 + 4x)\Big|_0^1 = 1$

b) $\dfrac{19}{4}$

c) $\dfrac{1\,323}{64}$

d) 0

e) $\dfrac{2}{43}$

f) $\int_0^{32} \sqrt[5]{x^3}\,dx = \int_0^{32} x^{3/5}\,dx = \dfrac{5}{8}\,x^{8/5}\Big|_0^{32} = 160$

g) $-96 - \ln 4$

h) 18

i) $\ln\left|\dfrac{\sqrt{6}\left(2 + \sqrt{3}\right)}{3}\right|$

j) $\int_0^6 |2x-3|\,dx = \int_0^{3/2}(3-2x)\,dx + \int_{3/2}^6 (2x-3)\,dx$

$\qquad = (3x - x^2)\Big|_0^{3/2} + (x^2 - 3x)\Big|_{3/2}^6 = \dfrac{45}{2} = 22{,}5$

k) $\dfrac{28}{3}$

l) $\dfrac{e^5 - e^3}{2}$

m) $\dfrac{\pi}{4} - \dfrac{1}{2}$

3. a) $\int \sec^2 ax\,dx = \dfrac{1}{a}\,\operatorname{tg} ax + C$

Preuve

$$\int \sec^2 ax\,dx = \dfrac{1}{a}\int \sec^2 u\,du \qquad \text{Où } u = ax \Rightarrow \dfrac{1}{a}\,du = dx.$$

$$= \dfrac{1}{a}\,\operatorname{tg} u + C$$

$$= \dfrac{1}{a}\,\operatorname{tg} ax + C \qquad\qquad \blacksquare$$

b) $\int \operatorname{cotg} ax\,dx = \dfrac{1}{a}\ln|\sin ax| + C$

Preuve

$$\int \operatorname{cotg} ax\,dx = \dfrac{1}{a}\int \operatorname{cotg} u\,du \qquad \text{Où } u = ax \Rightarrow \dfrac{1}{a}\,du = dx.$$

$$= \dfrac{1}{a}\ln|\sin u| + C$$

$$= \dfrac{1}{a}\ln|\sin ax| + C \qquad\qquad \blacksquare$$

c) $\int \dfrac{x}{\sqrt{a^2 - x^2}}\,dx = -\sqrt{a^2 - x^2} + C$

Preuve

$$\int \dfrac{x}{\sqrt{a^2 - x^2}}\,dx = -\dfrac{1}{2}\int \dfrac{1}{\sqrt{u}}\,du \qquad \text{Où } u = a^2 - x^2 \Rightarrow du = -2x\,dx.$$

$$= -\dfrac{1}{2}\int u^{-1/2}\,du$$

$$= -u^{1/2} + C$$

$$= -\sqrt{a^2 - x^2} + C \qquad\qquad \blacksquare$$

d) $\displaystyle\int \frac{x}{a^2 + x^2}\, dx = \frac{1}{2}\ln\left(a^2 + x^2\right) + C$

Preuve

$$\int \frac{x}{a^2 + x^2}\, dx = \frac{1}{2}\int \frac{1}{u}\, du \qquad \text{Où } u = a^2 + x^2 \Rightarrow du = 2x\, dx.$$

$$= \frac{1}{2}\ln|u| + C$$

$$= \frac{1}{2}\ln\left(a^2 + x^2\right) + C \qquad \blacksquare$$

e) $\displaystyle\int \frac{1}{\sqrt{a^2 - x^2}}\, dx = \arcsin\left(\frac{x}{a}\right) + C$

Preuve

$$\int \frac{1}{\sqrt{a^2 - x^2}}\, dx = \int \frac{1}{\sqrt{a^2\left(1 - \dfrac{x^2}{a^2}\right)}}\, dx$$

$$= \frac{1}{a}\int \frac{1}{\sqrt{1 - \left(\dfrac{x}{a}\right)^2}}\, dx$$

$$= \frac{1}{a}\int \frac{a}{\sqrt{1 - u^2}}\, du \qquad \text{Où } u = \frac{x}{a} \Rightarrow a\, du = dx.$$

$$= \arcsin u + C$$

$$= \arcsin\left(\frac{x}{a}\right) + C \qquad \blacksquare$$

4. a) $\displaystyle\int \frac{x^2 + 2}{2x + 1}\, dx = \int \left[\frac{1}{2}x - \frac{1}{4} + \frac{9}{4}\left(\frac{1}{2x + 1}\right)\right] dx$

$$= \frac{1}{2}\int x\, dx - \frac{1}{4}\int dx + \frac{9}{4}\int \frac{1}{2x + 1}\, dx$$

$$= \frac{1}{2}\int x\, dx - \frac{1}{4}\int dx + \frac{9}{8}\int \frac{1}{u}\, du \qquad \text{Où } u = 2x + 1 \Rightarrow du = 2\, dx.$$

$$= \frac{1}{4}x^2 - \frac{1}{4}x + \frac{9}{8}\ln|u| + C$$

$$= \frac{1}{4}x^2 - \frac{1}{4}x + \frac{9}{8}\ln|2x + 1| + C$$

b) $(4x + 5)^{3/4} + C$

c) $\frac{1}{2}\operatorname{arctg}(4t + 3) + C$

d) $\frac{1}{8}\left(3x^2 + 4\right)^{16} + C$

e) $-\frac{1}{4}\cos(4x + 3) + C$

f) $5\ln\left|\sec\left(\dfrac{t}{5}\right)\right| + C$

g) $\frac{2}{3}\sqrt{3x^2 + 1} + C$

h) $3\arcsin x - \sqrt{1 - x^2} + C$

i) $\frac{5}{8}\ln\left|1 + 4x^2\right| + \frac{1}{2}\operatorname{arctg}2x + C$

j) $\frac{1}{3}\sin x^3 + C$

k) $\displaystyle\int \frac{1}{16x^2 + 4}\, dx = \int \frac{1}{4\left(4x^2 + 1\right)}\, dx = \frac{1}{4}\int \frac{1}{\left(2x\right)^2 + 1}\, dx$

$$= \frac{1}{8}\int \frac{1}{u^2 + 1}\, du \qquad \text{Où } u = 2x \Rightarrow du = 2\, dx.$$

$$= \frac{1}{8}\operatorname{arctg}u + C$$

$$= \frac{1}{8}\operatorname{arctg}2x + C$$

l) $-\frac{1}{2}e^{-x^2} + C$

m) $\frac{1}{15}e^{3t^5} + C$

n) $\frac{1}{2}\ln|2x^2 + 6x + 1| + C$

o) $\displaystyle\int \frac{1 + 2x}{1 + 16x^2}dx = \int\frac{1}{1 + 16x^2}dx + \int\frac{2x}{1 + 16x^2}dx$

$$= \int\frac{1}{1 + (4x)^2}dx + \int\frac{2x}{1 + 16x^2}dx$$

$$= \frac{1}{4}\int\frac{1}{1 + u^2}du + \frac{1}{16}\int\frac{1}{v}dv \qquad \text{Où } u = 4x \Rightarrow du = 4dx$$
$$\text{et } v = 1 + 16x^2 \Rightarrow dv = 32xdx.$$

$$= \frac{1}{4}\operatorname{arctg} u + \frac{1}{16}\ln|v| + C$$

$$= \frac{1}{4}\operatorname{arctg} 4x + \frac{1}{16}\ln|1 + 16x^2| + C$$

p) $-2\cos\sqrt{x} + C$

q) $\frac{3}{4}x + \frac{9}{16}\ln|4x - 3| + C$

r) $\displaystyle\int x\sqrt{2x + 3}\,dx = \frac{1}{4}\int(u - 3)\sqrt{u}\,du \qquad \text{Où } u = 2x + 3 \Rightarrow x = \frac{u - 3}{2} \text{ et } \frac{1}{2}du = dx.$

$$= \frac{1}{4}\int\left(u^{3/2} - 3u^{1/2}\right)du = \frac{1}{10}u^{5/2} - \frac{1}{2}u^{3/2} + C$$

$$= \frac{1}{10}(2x + 3)^{5/2} - \frac{1}{2}(2x + 3)^{3/2} + C$$

s) $\displaystyle\int \frac{2}{x\sqrt{4x^2 - 9}}dx = \int\frac{2}{x\sqrt{9\left(\dfrac{4x^2}{9} - 1\right)}}dx$

$$= \frac{2}{3}\int\frac{1}{x\sqrt{\left(\frac{2}{3}x\right)^2 - 1}}dx$$

$$= \frac{2}{3}\int\frac{1}{u\sqrt{u^2 - 1}}du \qquad \text{Où } u = \frac{2}{3}x \Rightarrow x = \frac{3}{2}u \text{ et } du = \frac{2}{3}dx.$$

$$= \frac{2}{3}\operatorname{arcsec}|u| + C = \frac{2}{3}\operatorname{arcsec}\left|\frac{2}{3}x\right| + C$$

t) $\displaystyle\int x^7\left(3x^4 + 2\right)^{15}dx = \int x^4 x^3\left(3x^4 + 2\right)^{15}dx$

$$= \frac{1}{36}\int(u - 2)u^{15}du \qquad \text{Où } u = 3x^4 + 2 \Rightarrow x^4 = \frac{u - 2}{3} \text{ et } du = 12x^3 dx.$$

$$= \frac{1}{36}\int\left(u^{16} - 2u^{15}\right)du = \frac{1}{36}\left(\frac{1}{17}u^{17} - \frac{1}{8}u^{16}\right) + C$$

$$= \frac{1}{36}\left[\frac{1}{17}\left(3x^4 + 2\right)^{17} - \frac{1}{8}\left(3x^4 + 2\right)^{16}\right] + C$$

u) $\displaystyle\int \frac{1}{2 + \sqrt{t}}dt = \int\frac{2(u - 2)}{u}du \qquad \text{Où } u = 2 + \sqrt{t} \Rightarrow du = \frac{1}{2\sqrt{t}}dt = \frac{1}{2(u - 2)}dt.$

$$= \int\left(2 - \frac{4}{u}\right)du = 2u - 4\ln|u| + A = 2\left(2 + \sqrt{t}\right) - 4\ln|2 + \sqrt{t}| + A$$

$$= 2\sqrt{t} - 4\ln|2 + \sqrt{t}| + C$$

v) $-\left(1 + \sqrt{x}\right)^{-2} + C$

w) $-x + 4\sqrt{x} - 4\ln|1 + \sqrt{x}| + C$

x) $\frac{1}{2}\arcsin 2x + C$

y) $\displaystyle\int \frac{4x + 3}{x^2 + 1}dx = \int\frac{4x}{x^2 + 1}dx + \int\frac{3}{x^2 + 1}dx$

$$= 2\int\frac{1}{u}du + 3\int\frac{1}{1 + x^2}dx \qquad \text{Où } u = x^2 + 1 \Rightarrow du = 2xdx.$$

$$= 2\ln|u| + 3\operatorname{arctg} x + C = 2\ln|x^2 + 1| + 3\operatorname{arctg} x + C$$

z) $\frac{4}{3}\left(1 + \sqrt{x}\right)^{3/2} + C$

5. a) $\frac{1}{2}e^{2\operatorname{tg}\theta} + C$

b) $-\dfrac{1}{2\left(1 + e^x\right)^2} + C$

c) $\displaystyle\int \frac{e^x}{e^x + e^{-x}}\,dx = \int \frac{e^x}{e^x + \dfrac{1}{e^x}}\,dx = \int \frac{e^{2x}}{e^{2x} + 1}\,dx$

$$= \frac{1}{2}\int \frac{1}{u}\,du \qquad \text{Où } u = e^{2x} + 1 \Rightarrow du = 2e^{2x}\,dx.$$

$$= \frac{1}{2}\ln|u| + C = \frac{1}{2}\ln\left|e^{2x} + 1\right| + C$$

d) $\displaystyle\int \frac{1}{x + \sqrt{x}}\,dx = \int \frac{1}{\sqrt{x}\left(\sqrt{x} + 1\right)}\,dx$

$$= 2\int \frac{1}{u}\,du \qquad \text{Où } u = \sqrt{x} + 1 \Rightarrow du = \frac{1}{2\sqrt{x}}\,dx.$$

$$= 2\ln|u| + C = 2\ln\left|\sqrt{x} + 1\right| + C$$

e) $\frac{1}{3}\left(\ln y\right)^3 + C$

f) $\left(\ln y\right)^2 + C$

g) $-\frac{1}{2}\cos\left(3 + 2\ln x\right) + C$

h) $\frac{1}{3}\ln\left|1 + \sin 3t\right| + C$

i) $-\dfrac{\cos^6 x}{6} + C$

j) $\dfrac{\operatorname{tg}^6\theta}{6} + C$

k) $\frac{1}{20}\ln\left|2 + 5\operatorname{tg}4x\right| + C$

l) $\frac{1}{3}\arcsin\left(3\ln x\right) + C$

m) $\displaystyle\int \operatorname{tg}\theta \sec^5\theta\,d\theta = \int \operatorname{tg}\theta \sec\theta \sec^4\theta\,d\theta$

$$= \int u^4\,du \qquad \text{Où } u = \sec\theta \Rightarrow du = \sec\theta\operatorname{tg}\theta\,d\theta.$$

$$= \frac{u^5}{5} + C = \frac{\sec^5\theta}{5} + C$$

n) $\dfrac{1}{\ln 3}\arcsin\left(3^x\right) + C$

o) $\frac{1}{3}\arcsin x^3 + C$

p) $\displaystyle\int \frac{e^x}{e^{2x} + 9}\,dx = \int \frac{e^x}{9\left(\dfrac{e^{2x}}{9} + 1\right)}\,dx = \frac{1}{9}\int \frac{e^x}{\left(\dfrac{e^x}{3}\right)^2 + 1}\,dx$

$$= \frac{1}{3}\int \frac{1}{u^2 + 1}\,du \qquad \text{Où } u = \frac{1}{3}e^x \Rightarrow du = \frac{1}{3}e^x\,dx.$$

$$= \frac{1}{3}\operatorname{arctg}u + C = \frac{1}{3}\operatorname{arctg}\left(\frac{1}{3}e^x\right) + C$$

q) $\frac{1}{2}\ln\left|1 + e^{2x}\right| + C$

r) $\displaystyle\int \frac{1}{\sqrt{e^{2t} - 1}}\,dt = \int \frac{1}{\sqrt{\left(e^t\right)^2 - 1}}\,dt = \int \frac{1}{u\sqrt{u^2 - 1}}\,du \quad \text{Où } u = e^t \Rightarrow du = e^t\,dt = u\,dt.$

$$= \operatorname{arcsec}|u| + C = \operatorname{arcsec}\left|e^t\right| + C$$

s) $\displaystyle\int \frac{1}{u\left[\left(\ln u\right)^2 + 4\right]}\,du = \frac{1}{4}\int \frac{1}{u\left[\left(\dfrac{\ln u}{2}\right)^2 + 1\right]}\,du$

$$= \frac{1}{2}\int \frac{1}{t^2 + 1}\,dt \qquad \text{Où } t = \frac{1}{2}\ln u \Rightarrow dt = \frac{1}{2u}\,du.$$

$$= \frac{1}{2}\operatorname{arctg}t + C = \frac{1}{2}\operatorname{arctg}\left(\frac{1}{2}\ln u\right) + C$$

t) $-\dfrac{1}{4 + \sec\theta} + C$

u) $2\sec\sqrt{x} + C$

v) $\displaystyle\int \dfrac{x\arcsin(x^2)}{\sqrt{1 - x^4}}\,dx = \tfrac{1}{2}\int u\,du$ \qquad Où $u = \arcsin(x^2) \Rightarrow du = \dfrac{2x}{\sqrt{1 - (x^2)^2}}\,dx.$

$$= \tfrac{1}{4}u^2 + C = \tfrac{1}{4}\big[\arcsin(x^2)\big]^2 + C$$

w) $-e^{1/x} + C$

x) $\displaystyle\int \dfrac{1}{x^2}\sqrt{1 + \dfrac{1}{x}}\,dx = -\int \sqrt{u}\,du$ \qquad Où $u = 1 + \dfrac{1}{x} \Rightarrow du = -\dfrac{1}{x^2}\,dx.$

$$= -\tfrac{2}{3}u^{3/2} + C = -\tfrac{2}{3}\left(1 + \dfrac{1}{x}\right)^{3/2} + C$$

6. a) 26

b) $\ln\left(\tfrac{4}{5}\right)$

c) $2 - \sqrt{3}$

d) $\displaystyle\int_0^1 \dfrac{t^3 + t^2 + 2}{t^2 + 4}\,dt = \int_0^1 \left(t + 1 - \dfrac{4t + 2}{t^2 + 4}\right)dt$ \qquad Division de polynômes.

$$= \int_0^1 (t + 1)\,dt - \int_0^1 \dfrac{4t}{t^2 + 4}\,dt - \int_0^1 \dfrac{2}{t^2 + 4}\,dt$$

Évaluons chacune des trois intégrales :

$$\int_0^1 (t + 1)\,dt = \left(\tfrac{1}{2}t^2 + t\right)\Big|_0^1 = \tfrac{3}{2}$$

$$\int_0^1 \dfrac{4t}{t^2 + 4}\,dt = \int_4^5 \dfrac{2}{u}\,du \qquad \text{Où } u = t^2 + 4 \Rightarrow du = 2t\,dt.$$

$$= 2\ln|u|\,\Big\|_4^5 = 2(\ln 5 - \ln 4) = 2\ln\tfrac{5}{4}$$

$$\int_0^1 \dfrac{2}{t^2 + 4}\,dt = \int_0^1 \dfrac{2}{4\left[\left(\dfrac{t}{2}\right)^2 + 1\right]}\,dt = \int_0^{1/2} \dfrac{1}{u^2 + 1}\,du \qquad \text{Où } u = \tfrac{1}{2}t \Rightarrow du = \tfrac{1}{2}\,dt.$$

$$= \operatorname{arctg} u\,\Big|_0^{1/2} = \operatorname{arctg}\tfrac{1}{2}$$

Par conséquent, $\displaystyle\int_0^1 \dfrac{t^3 + t^2 + 2}{t^2 + 4}\,dt = \tfrac{3}{2} - 2\ln\tfrac{5}{4} - \operatorname{arctg}\tfrac{1}{2} \approx 0{,}59.$

e) $\tfrac{1}{4} - \tfrac{1}{2}\ln 2$

f) $\ln(2 + \sqrt{3}) - \ln(\sqrt{2} + 1)$

g) $\displaystyle\int_{\pi/4}^{\pi/2} \dfrac{1 + \cos t}{\sin^2 t}\,dt = \int_{\pi/4}^{\pi/2} \left(\dfrac{1}{\sin^2 t} + \dfrac{\cos t}{\sin^2 t}\right)dt = \int_{\pi/4}^{\pi/2} \left(\operatorname{cosec}^2 t + \operatorname{cosec} t \operatorname{cotg} t\right)dt$

$$= \left(-\operatorname{cotg} t - \operatorname{cosec} t\right)\Big|_{\pi/4}^{\pi/2} = \sqrt{2} \approx 1{,}41$$

h) $2e^6 - 2$

i) $2e^3 - 2e$

j) $\tfrac{1}{2}\ln 2$

k) $e - 1$

l) $\tfrac{37}{3}$

m) $\dfrac{\pi^2}{64}$

n) $\displaystyle\int_0^8 (x-3)\sqrt{x+1}\,dx = \int_1^9 (u-4)\sqrt{u}\,du$ Où $u = x+1 \Rightarrow du = dx$.

$$= \int_1^9 \left(u^{3/2} - 4u^{1/2}\right)du = \left(\tfrac{2}{5}u^{5/2} - \tfrac{8}{3}u^{3/2}\right)\Big|_1^9 = {}^{412}\!/_{15}$$

o) $\displaystyle\int_2^5 \frac{t^2}{\sqrt{t-1}}\,dt = \int_1^4 \frac{(u+1)^2}{\sqrt{u}}\,du$ Où $u = t-1 \Rightarrow du = dt$.

$$= \int_1^4 \frac{u^2 + 2u + 1}{\sqrt{u}}\,du = \int_1^4 \left(u^{3/2} + 2u^{1/2} + u^{-1/2}\right)du$$

$$= \left(\tfrac{2}{5}u^{5/2} + \tfrac{4}{3}u^{3/2} + 2u^{1/2}\right)\Big|_1^4 = {}^{356}\!/_{15}$$

p) $\displaystyle\int_0^{\sqrt{8}} t^3\sqrt{1+t^2}\,dt = \int_0^{\sqrt{8}} t^2 t\sqrt{1+t^2}\,dt = \tfrac{1}{2}\int_1^9 (u-1)\sqrt{u}\,du$ Où $u = 1+t^2 \Rightarrow du = 2t\,dt$.

$$= \tfrac{1}{2}\int_1^9 \left(u^{3/2} - u^{1/2}\right)du = \left(\tfrac{1}{5}u^{5/2} - \tfrac{1}{3}u^{3/2}\right)\Big|_1^9 = {}^{596}\!/_{15}$$

q) $\displaystyle\int_0^1 \frac{x + \operatorname{arctg} x}{1+x^2}\,dx = \int_0^1 \frac{x}{1+x^2}\,dx + \int_0^1 \frac{\operatorname{arctg} x}{1+x^2}\,dx$

Évaluons chacune des deux intégrales :

$$\int_0^1 \frac{x}{1+x^2}\,dx = \tfrac{1}{2}\int_1^2 \frac{1}{u}\,du$$ Où $u = 1+x^2 \Rightarrow du = 2x\,dx$.

$$= \tfrac{1}{2}\ln|u|\Big|_1^2 = \tfrac{1}{2}\ln 2$$

$$\int_0^1 \frac{\operatorname{arctg} x}{1+x^2}\,dx = \int_0^{\pi/4} u\,du$$ Où $u = \operatorname{arctg} x \Rightarrow du = \dfrac{1}{1+x^2}\,dx$.

$$= \tfrac{1}{2}u^2\Big|_0^{\pi/4} = \frac{\pi^2}{32}$$

Par conséquent, $\displaystyle\int_0^1 \frac{x + \operatorname{arctg} x}{1+x^2}\,dx = \tfrac{1}{2}\ln 2 + \frac{\pi^2}{32} \approx 0{,}65.$

r) ${}^{52}\!/_3$

s) $\displaystyle\int_0^{\pi/3} \frac{(1+\sin\theta)^2}{\cos\theta}\,d\theta = \int_0^{\pi/3} \frac{1 + 2\sin\theta + \sin^2\theta}{\cos\theta}\,d\theta = \int_0^{\pi/3}\left(\sec\theta + 2\operatorname{tg}\theta + \frac{1-\cos^2\theta}{\cos\theta}\right)d\theta$

$$= \int_0^{\pi/3}\left(\sec\theta + 2\operatorname{tg}\theta + \sec\theta - \cos\theta\right)d\theta$$

$$= \int_0^{\pi/3}\left(2\sec\theta + 2\operatorname{tg}\theta - \cos\theta\right)d\theta$$

$$= \left(2\ln|\sec\theta + \operatorname{tg}\theta| + 2\ln|\sec\theta| - \sin\theta\right)\Big|_0^{\pi/3}$$

$$= 2\ln\left(2+\sqrt{3}\right) + 2\ln 2 - \frac{\sqrt{3}}{2}$$

$$\approx 3{,}2$$

t) 1

u) $\displaystyle\int_1^2 \sqrt{4x^4 + 8x^2}\,dx = \int_1^2 \sqrt{4x^2\left(x^2+2\right)}\,dx = \int_1^2 2x\sqrt{x^2+2}\,dx$

$$= \int_3^6 \sqrt{u}\,du$$ Où $u = x^2 + 2 \Rightarrow du = 2x\,dx$.

$$= \tfrac{2}{3}u^{3/2}\Big|_3^6 = 4\sqrt{6} - 2\sqrt{3} \approx 6{,}3$$

v) $\displaystyle\int_{-a}^{a} x^3 \sqrt{a^2 + x^2}\, dx = \int_{-a}^{a} x^2 x \sqrt{a^2 + x^2}\, dx$

$\displaystyle = \frac{1}{2} \int_{2a^2}^{2a^2} \left(u - a^2\right) \sqrt{u}\, du$ 	Où $u = a^2 + x^2 \Rightarrow du = 2x\, dx$.

$= 0$

7. a) $\displaystyle\int_{1}^{2} f(3x)\,dx = \frac{1}{3} \int_{3}^{6} f(u)\,du$ 	Où $u = 3x \Rightarrow du = 3dx$.

$\displaystyle = \frac{1}{3}\left[\int_{3}^{8} f(u)\,du + \int_{8}^{6} f(u)\,du\right] = \frac{1}{3}\left[\int_{3}^{8} f(u)\,du - \int_{6}^{8} f(u)\,du\right]$

$\displaystyle = \frac{1}{3}(15 - 8) = \frac{7}{3}$

b) $\displaystyle\int_{0}^{2} f(3x)\,dx = \int_{0}^{1} f(3x)\,dx + \int_{1}^{2} f(3x)\,dx$

$\displaystyle = \frac{1}{3}\int_{0}^{3} f(u)\,du + \frac{7}{3}$ 	Où $u = 3x \Rightarrow du = 3dx$.

$\displaystyle = \frac{2}{3} + \frac{7}{3} = 3$

8. a) $\displaystyle\int \frac{x}{\sqrt{a^2 + x^2}}\, dx = \int \frac{1}{2\sqrt{u}}\, du$ 	Où $u = a^2 + x^2 \Rightarrow du = 2x\, dx$.

$\displaystyle = \frac{1}{2}\int u^{-1/2}\, du$

$= u^{1/2} + C$

$= \sqrt{a^2 + x^2} + C$

b) $\displaystyle\int \frac{1}{\sqrt{a^2 - x^2}}\, dx = \int \frac{1}{\sqrt{a^2\left[1 - \left(\dfrac{x}{a}\right)^2\right]}}\, dx = \frac{1}{a}\int \frac{1}{\sqrt{1 - \left(\dfrac{x}{a}\right)^2}}\, dx$

$\displaystyle = \int \frac{1}{\sqrt{1 - u^2}}\, du$ 	Où $u = \dfrac{x}{a} \Rightarrow du = \dfrac{1}{a}dx$.

$\displaystyle = \arcsin u + C = \arcsin\left(\frac{x}{a}\right) + C$

c) $\displaystyle\int \frac{1}{a^2 + b^2 x^2}\, dx = \int \frac{1}{a^2\left[1 + \left(\dfrac{bx}{a}\right)^2\right]}\, dx = \frac{1}{a^2}\int \frac{1}{1 + \left(\dfrac{bx}{a}\right)^2}\, dx$

$\displaystyle = \frac{1}{ab}\int \frac{1}{1 + u^2}\, du$ 	Où $u = \dfrac{bx}{a} \Rightarrow du = \dfrac{b}{a}dx$.

$\displaystyle = \frac{1}{ab}\arctg u + C = \frac{1}{ab}\arctg\left(\frac{b}{a}x\right) + C$

d) $\displaystyle\int \frac{x^3}{x^2 + a^2}\, dx = \int x^2 \frac{x}{x^2 + a^2}\, dx = \frac{1}{2}\int \frac{u - a^2}{u}\, du$ 	Où $u = x^2 + a^2 \Rightarrow du = 2x\, dx$.

$\displaystyle = \frac{1}{2}\int \left(1 - \frac{a^2}{u}\right)du = \frac{1}{2}\left(u - a^2 \ln|u|\right) + A$

$\displaystyle = \frac{1}{2}\left(x^2 + a^2\right) - \frac{1}{2}a^2 \ln\left(x^2 + a^2\right) + A = \frac{1}{2}x^2 - \frac{1}{2}a^2 \ln\left(x^2 + a^2\right) + C$

9. a) 0

b) 0

c) 0

d) $\displaystyle\int_{-1}^{1}\left(3x^2 + x^{15}\cos x + x\sqrt[7]{1 + x^4}\right)dx = \int_{-1}^{1}\underbrace{3x^2}_{\substack{\text{Fonction}\\\text{paire.}}}dx + \int_{-1}^{1}\underbrace{\left(x^{15}\cos x + x\sqrt[7]{1 + x^4}\right)}_{\text{Fonction impaire.}}dx$

$$= 2\int_{0}^{1}3x^2\,dx + 0 = 2x^3\Big|_{0}^{1} = 2$$

e) Si n est un entier pair positif, x^n est une fonction paire, puisque

$$(-x)^n = (-1)^n(x)^n = x^n,\text{ de sorte que }\int_{-2}^{2}x^n\,dx = 2\int_{0}^{2}x^n\,dx = 2\frac{x^{n+1}}{n+1}\Big|_{0}^{2} = \frac{2^{n+2}}{n+1}.$$

10. a) $\displaystyle\int\frac{1}{\sqrt{2x - x^2}}\,dx = \int\frac{1}{\sqrt{-(x^2 - 2x + 1) + 1}}\,dx = \int\frac{1}{\sqrt{1 - (x-1)^2}}\,dx$

$$= \int\frac{1}{\sqrt{1 - u^2}}\,du \qquad\text{Où } u = x - 1 \Rightarrow du = dx.$$

$$= \arcsin u + C = \arcsin(x - 1) + C$$

b) $\displaystyle\int_{0}^{1}\frac{1}{\sqrt{7 + 6x - x^2}}\,dx = \int_{0}^{1}\frac{1}{\sqrt{7 - (x^2 - 6x + 9) + 9}}\,dx = \int_{0}^{1}\frac{1}{\sqrt{16 - (x - 3)^2}}\,dx$

$$= \int_{0}^{1}\frac{1}{\sqrt{16\left[1 - \dfrac{(x-3)^2}{16}\right]}}\,dx = \frac{1}{4}\int_{0}^{1}\frac{1}{\sqrt{1 - \left(\dfrac{x-3}{4}\right)^2}}\,dx$$

$$= \int_{-3/4}^{-1/2}\frac{1}{\sqrt{1 - u^2}}\,du \qquad\text{Où } u = \frac{x - 3}{4} \Rightarrow du = \frac{1}{4}dx.$$

$$= \arcsin u\Big|_{-3/4}^{-1/2} = \arcsin\left(-\tfrac{1}{2}\right) - \arcsin\left(-\tfrac{3}{4}\right)$$

$$= -\arcsin\left(\tfrac{1}{2}\right) + \arcsin\left(\tfrac{3}{4}\right) = -\frac{\pi}{6} + \arcsin\tfrac{3}{4} \approx 0{,}32$$

c) $\frac{1}{4}\operatorname{arctg}\left(x + \tfrac{3}{2}\right) + C$

d) $\displaystyle\int\frac{2t + 3}{9t^2 - 12t + 8}\,dt = \int\frac{2t + 3}{(3t - 2)^2 + 4}\,dt = \frac{1}{4}\int\frac{2t + 3}{\left(\dfrac{3t - 2}{2}\right)^2 + 1}\,dt$

$$= \frac{1}{6}\int\frac{2\left(\dfrac{2u + 2}{3}\right) + 3}{u^2 + 1}\,du \qquad\text{Où } u = \frac{3t - 2}{2} \Rightarrow du = \frac{3}{2}dt.$$

$$= \frac{2}{9}\int\frac{u}{u^2 + 1}\,du + \frac{13}{18}\int\frac{1}{u^2 + 1}\,du$$

$$= \frac{1}{9}\int\frac{1}{v}\,dv + \frac{13}{18}\int\frac{1}{u^2 + 1}\,du \qquad\text{Où } v = u^2 + 1 \Rightarrow dv = 2u\,du.$$

$$= \frac{1}{9}\ln|v| + \frac{13}{18}\operatorname{arctg}u + A = \frac{1}{9}\ln|u^2 + 1| + \frac{13}{18}\operatorname{arctg}u + A$$

$$= \frac{1}{9}\ln\left|\frac{9t^2 - 12t + 8}{4}\right| + \frac{13}{18}\operatorname{arctg}\left(\frac{3t - 2}{2}\right) + A$$

$$= \frac{1}{9}\ln|9t^2 - 12t + 8| - \frac{1}{9}\ln 4 + \frac{13}{18}\operatorname{arctg}\left(\frac{3t - 2}{2}\right) + A$$

$$= \frac{1}{9}\ln|9t^2 - 12t + 8| + \frac{13}{18}\operatorname{arctg}\left(\frac{3t - 2}{2}\right) + C$$

e) $\frac{1}{2}\ln\tfrac{26}{10} + \operatorname{arctg}5 - \operatorname{arctg}3$

f) $\operatorname{arcsec}|x - 1| + C$

g) $\arccos\tfrac{1}{3} - \arccos\tfrac{1}{2}$

h) $\arcsin\left(x^2 - 2\right) + C$

11. a) Intégrons par parties:

$$u = x^2 \qquad dv = e^{4x}dx$$
$$du = 2x\,dx \qquad v = \tfrac{1}{4}e^{4x}$$

D'où $\int x^2 e^{4x}\,dx = \tfrac{1}{4}x^2 e^{4x} - \tfrac{1}{2}\int xe^{4x}\,dx$.

Évaluons l'intégrale du membre de droite par parties:

$$u = x \qquad dv = e^{4x}dx$$
$$du = dx \qquad v = \tfrac{1}{4}e^{4x}$$

$$\int xe^{4x}\,dx = \tfrac{1}{4}xe^{4x} - \tfrac{1}{4}\int e^{4x}\,dx = \tfrac{1}{4}xe^{4x} - \tfrac{1}{16}e^{4x} + A$$

Par conséquent,

$$\int x^2 e^{4x}\,dx = \tfrac{1}{4}x^2 e^{4x} - \tfrac{1}{2}\left(\tfrac{1}{4}xe^{4x} - \tfrac{1}{16}e^{4x} + A\right)$$
$$= \tfrac{1}{4}e^{4x}\left(x^2 - \tfrac{1}{2}x + \tfrac{1}{8}\right) + C$$

b) $\tfrac{1}{2}x^2 \ln(2x) - \tfrac{1}{4}x^2 + C$

c) $\tfrac{1}{4}x^4 \ln x - \tfrac{1}{16}x^4 + C$

d) $\tfrac{2}{3}x^{3/2} \ln x - \tfrac{4}{9}x^{3/2} + C$

e) $\int \dfrac{\sin x}{e^x}\,dx = \int e^{-x}\sin x\,dx$. Intégrons par parties:

$$u = e^{-x} \qquad dv = \sin x\,dx$$
$$du = -e^{-x}dx \qquad v = -\cos x$$

D'où $\int \dfrac{\sin x}{e^x}\,dx = \int e^{-x}\sin x\,dx = -e^{-x}\cos x - \int e^{-x}\cos x\,dx$.

Évaluons l'intégrale du membre de droite par parties:

$$u = e^{-x} \qquad dv = \cos x\,dx$$
$$du = -e^{-x}dx \qquad v = \sin x$$

D'où $\int e^{-x}\cos x\,dx = e^{-x}\sin x + \int e^{-x}\sin x\,dx$.

On a donc

$$\int \dfrac{\sin x}{e^x}\,dx = \int e^{-x}\sin x\,dx = -e^{-x}\cos x - \left(e^{-x}\sin x + \int e^{-x}\sin x\,dx\right)$$

de sorte qu'en isolant $\int e^{-x}\sin x\,dx$ du côté gauche de l'équation, on obtient

$$2\int e^{-x}\sin x\,dx = -e^{-x}\cos x - e^{-x}\sin x + A \Rightarrow \int \dfrac{\sin x}{e^x}\,dx = -\dfrac{\cos x + \sin x}{2e^x} + C$$

f) Intégrons par parties:

$$u = x^2 \qquad dv = \cos x\,dx$$
$$du = 2x\,dx \qquad v = \sin x$$

D'où $\int x^2 \cos x\,dx = x^2 \sin x - 2\int x\sin x\,dx$.

Évaluons l'intégrale du membre de droite par parties:

$$u = x \qquad dv = \sin x\,dx$$
$$du = dx \qquad v = -\cos x$$

D'où $\int x\sin x\,dx = -x\cos x + \int \cos x\,dx = -x\cos x + \sin x + A$.

Par conséquent,

$$\int x^2 \cos x\,dx = x^2 \sin x - 2(-x\cos x + \sin x + A) = x^2 \sin x + 2x\cos x - 2\sin x + C$$

g) $\int \ln\left[(x+1)^3\right]dx = 3\int \ln(x+1)\,dx = 3\int \ln t\,dt$, où $t = x+1 \Rightarrow dt = dx$. Évaluons la dernière intégrale par parties:

$$u = \ln t \qquad dv = dt$$
$$du = \dfrac{1}{t}dt \qquad v = t$$

D'où

$$\int \ln\left[(x+1)^3\right]dx = 3\int \ln t\, dt \qquad \text{Où } t = x+1.$$

$$= 3\left(t\ln t - \int dt\right)$$

$$= 3t\ln t - 3t + A$$

$$= 3(x+1)\ln(x+1) - 3(x+1) + A$$

$$= 3(x+1)\ln(x+1) - 3x + C$$

h) Intégrons par parties:

$$u = \cos(\ln x) \qquad\qquad dv = dx$$

$$du = -\frac{1}{x}\sin(\ln x)dx \qquad v = x$$

D'où $\int \cos(\ln x)dx = x\cos(\ln x) + \int \sin(\ln x)dx$.

Évaluons l'intégrale du membre de droite par parties:

$$u = \sin(\ln x) \qquad\qquad dv = dx$$

$$du = \frac{1}{x}\cos(\ln x)dx \qquad v = x$$

D'où

$$\int \cos(\ln x)dx = x\cos(\ln x) + \int \sin(\ln x)dx$$

$$= x\cos(\ln x) + x\sin(\ln x) - \int \cos(\ln x)dx$$

de sorte qu'en isolant $\int \cos(\ln x)dx$ du côté gauche de l'équation, on obtient

$$2\int \cos(\ln x)dx = x\left[\cos(\ln x) + \sin(\ln x)\right] + A$$

Par conséquent, $\int \cos(\ln x)dx = \tfrac{1}{2}x\left[\cos(\ln x) + \sin(\ln x)\right] + C$.

i) $-2x^{-\frac{1}{2}}\ln x - 4x^{-\frac{1}{2}} + C$

j) $x\operatorname{arctg}\sqrt{x} - \sqrt{x} + \operatorname{arctg}\sqrt{x} + C$

k) $\sec x + \ln\left|\operatorname{cosec} x - \operatorname{cotg} x\right| + C$

l) $\int e^{\sqrt{t}}dt = 2\int xe^x\, dx \qquad \text{Où } x = \sqrt{t} \Rightarrow dx = \frac{1}{2\sqrt{t}}dt.$

Intégrons par parties:

$$u = x \qquad dv = e^x dx$$

$$du = dx \qquad v = e^x$$

D'où

$$\int e^{\sqrt{t}}dt = 2\int xe^x\, dx \qquad \text{Où } x = \sqrt{t}.$$

$$= 2\left(xe^x - \int e^x dx\right) = 2\left(xe^x - e^x\right) + C = 2e^x(x-1) + C$$

$$= 2e^{\sqrt{t}}\left(\sqrt{t} - 1\right) + C$$

m) $\int 3t^5\sin(t^3)dt = \int 3t^2 t^3\sin(t^3)dt = \int x\sin x\, dx \qquad \text{Où } x = t^3 \Rightarrow dx = 3t^2 dt.$

Intégrons par parties:

$$u = x \qquad dv = \sin x\, dx$$

$$du = dx \qquad v = -\cos x$$

D'où

$$\int 3t^5\sin(t^3)dt = \int x\sin x\, dx \qquad \text{Où } x = t^3.$$

$$= -x\cos x + \int \cos x\, dx$$

$$= -x\cos x + \sin x + C$$

$$= -t^3\cos(t^3) + \sin(t^3) + C$$

n)   Intégrons par parties:

$$u = e^{ax} \qquad\qquad dv = \cos bx\, dx$$

$$du = ae^{ax}dx \qquad v = \frac{1}{b}\sin bx$$

D'où $\displaystyle\int e^{ax}\cos bx\, dx = \frac{1}{b}e^{ax}\sin bx - \frac{a}{b}\int e^{ax}\sin bx\, dx$.

Évaluons l'intégrale du membre de droite par parties:

$$u = e^{ax} \qquad\qquad dv = \sin bx\, dx$$

$$du = ae^{ax}dx \qquad v = -\frac{1}{b}\cos bx$$

D'où

$$\int e^{ax}\cos bx\, dx = \frac{1}{b}e^{ax}\sin bx - \frac{a}{b}\left(-\frac{1}{b}e^{ax}\cos bx + \frac{a}{b}\int e^{ax}\cos bx\, dx\right)$$

$$= \frac{1}{b}e^{ax}\sin bx + \frac{a}{b^2}e^{ax}\cos bx - \frac{a^2}{b^2}\int e^{ax}\cos bx\, dx$$

de sorte qu'en isolant $\int e^{ax}\cos bx\, dx$ du côté gauche de l'équation, on obtient

$$\left(1 + \frac{a^2}{b^2}\right)\int e^{ax}\cos bx\, dx = \frac{be^{ax}\sin bx + ae^{ax}\cos bx}{b^2} + A$$

Or, $1 + \dfrac{a^2}{b^2} = \dfrac{a^2 + b^2}{b^2}$. Par conséquent,

$$\int e^{ax}\cos bx\, dx = \frac{be^{ax}\sin bx + ae^{ax}\cos bx}{b^2}\left(\frac{b^2}{a^2 + b^2}\right) + C$$

$$= \frac{be^{ax}\sin bx + ae^{ax}\cos bx}{a^2 + b^2} + C$$

o) $-\dfrac{x^2}{a}\cos ax + \dfrac{2}{a^2}x\sin ax + \dfrac{2}{a^3}\cos ax + C$

p) $\dfrac{x^{n+1}}{n+1}\ln x - \dfrac{x^{n+1}}{(n+1)^2} + C$

q) $\dfrac{mx^{n+1}}{n+1}\ln x - \dfrac{mx^{n+1}}{(n+1)^2} + C$

12. a) $-\tfrac{3}{4}e^{-2} + \tfrac{1}{4}$

b) $2(\ln 2)^2 - 4\ln 2 + 2$

c) 1

d) $36\ln 3 - \tfrac{104}{9}$

e) $\dfrac{\pi}{2} - 1$

f)   Intégrons par parties:

$$u = \operatorname{arctg} 4x \qquad\qquad dv = dx$$

$$du = \frac{4}{1 + 16x^2}dx \qquad v = x$$

D'où

$$\int_0^{1/4}\operatorname{arctg} 4x\, dx = x\operatorname{arctg} 4x\Big|_0^{1/4} - 4\int_0^{1/4}\frac{x}{1 + 16x^2}dx$$

$$= \frac{\pi}{16} - \frac{1}{8}\int_1^2\frac{1}{u}du \qquad \text{Où } u = 1 + 16x^2 \;\Rightarrow\; du = 32x\, dx.$$

$$= \frac{\pi}{16} - \left(\frac{1}{8}\ln u\right)\Big|_1^2$$

$$= \frac{\pi}{16} - \frac{1}{8}\ln 2 \approx 0{,}11$$

g) $\dfrac{\pi}{3}\sqrt{3} - \ln 2$

h) Intégrons par parties :

$$u = \arccos x \qquad dv = dx$$
$$du = -\dfrac{1}{\sqrt{1-x^2}}\,dx \qquad v = x$$

D'où

$$\int_{\sqrt{3}/2}^{\sqrt{2}/2} \arccos x\,dx = x\arccos x\Big|_{\sqrt{3}/2}^{\sqrt{2}/2} + \int_{\sqrt{3}/2}^{\sqrt{2}/2} \dfrac{x}{\sqrt{1-x^2}}\,dx$$

$$= \dfrac{\pi}{8}\sqrt{2} - \dfrac{\pi}{12}\sqrt{3} - \dfrac{1}{2}\int_{1/4}^{1/2} \dfrac{1}{\sqrt{u}}\,du \qquad \text{Où } u = 1-x^2 \Rightarrow du = -2x\,dx.$$

$$= \dfrac{\pi}{4}\left(\dfrac{\sqrt{2}}{2} - \dfrac{\sqrt{3}}{3}\right) - u^{1/2}\Big|_{1/4}^{1/2}$$

$$= \dfrac{\pi}{4}\left(\dfrac{\sqrt{2}}{2} - \dfrac{\sqrt{3}}{3}\right) - \left(\dfrac{\sqrt{2}}{2} - \dfrac{1}{2}\right) \approx -0{,}11$$

i) $\displaystyle\int_0^1 6t^5 e^{t^3}\,dt = \int_0^1 6t^3 t^2 e^{t^3}\,dt = 2\int_0^1 xe^x\,dx \qquad$ Où $x = t^3 \Rightarrow dx = 3t^2\,dt.$

Intégrons par parties :

$$u = x \qquad dv = e^x\,dx$$
$$du = dx \qquad v = e^x$$

D'où

$$\int_0^1 6t^5 e^{t^3}\,dt = 2\int_0^1 xe^x\,dx \qquad \text{Où } x = t^3.$$

$$= 2\left(xe^x\Big|_0^1 - \int_0^1 e^x\,dx\right) = 2\left[\left(xe^x - e^x\right)\Big|_0^1\right] = 2$$

13. a) $\displaystyle\int x^n e^{ax}\,dx = \dfrac{1}{a}x^n e^{ax} - \dfrac{n}{a}\int x^{n-1} e^{ax}\,dx$

Preuve

Soit

$$u = x^n \qquad dv = e^{ax}\,dx$$
$$du = nx^{n-1}\,dx \qquad v = \dfrac{1}{a}e^{ax}$$

Alors, $\displaystyle\int x^n e^{ax}\,dx = \dfrac{1}{a}x^n e^{ax} - \dfrac{n}{a}\int x^{n-1} e^{ax}\,dx.$ ▪

b) $\displaystyle\int x^n \cos ax\,dx = \dfrac{1}{a}x^n \sin ax - \dfrac{n}{a}\int x^{n-1}\sin ax\,dx$

Preuve

Soit

$$u = x^n \qquad dv = \cos ax\,dx$$
$$du = nx^{n-1}\,dx \qquad v = \dfrac{1}{a}\sin ax$$

Alors, $\displaystyle\int x^n \cos ax\,dx = \dfrac{1}{a}x^n \sin ax - \dfrac{n}{a}\int x^{n-1}\sin ax\,dx.$ ▪

c) $\displaystyle\int (\ln x)^n\,dx = x(\ln x)^n - n\int (\ln x)^{n-1}\,dx$

Preuve

Soit

$$u = (\ln x)^n \qquad dv = dx$$
$$du = n(\ln x)^{n-1}\dfrac{1}{x}\,dx \qquad v = x$$

Alors, $\displaystyle\int (\ln x)^n\,dx = x(\ln x)^n - n\int (\ln x)^{n-1}\,dx.$ ▪

d) $\int x^m (\ln x)^n \, dx = \dfrac{x^{m+1}}{m+1}(\ln x)^n - \dfrac{n}{m+1}\int x^m (\ln x)^{n-1} \, dx$

Preuve

Soit

$$u = (\ln x)^n \qquad\qquad dv = x^m dx$$

$$du = n(\ln x)^{n-1}\frac{1}{x}\,dx \qquad v = \frac{x^{m+1}}{m+1}$$

Alors, $\int x^m (\ln x)^n \, dx = \dfrac{x^{m+1}}{m+1}(\ln x)^n - \dfrac{n}{m+1}\int x^m (\ln x)^{n-1} \, dx$. ∎

14. a) $\frac{1}{2}\sin x - \frac{1}{10}\sin 5x + C$

b) $\frac{1}{6}\sin 3x + \frac{1}{22}\sin 11x + C$

c) $\displaystyle\int_0^{\pi/2} \sin 3x \cos x \, dx = \frac{1}{2}\int_0^{\pi/2}(\sin 2x + \sin 4x)\,dx = \left(-\frac{1}{4}\cos 2x - \frac{1}{8}\cos 4x\right)\Big|_0^{\pi/2} = \frac{1}{2}$

d) $\frac{1}{36}\sin 9x - \frac{1}{20}\sin 5x + \frac{1}{4}\sin x - \frac{1}{60}\sin 15x + C$

e) $\displaystyle\int \sin^4 x \cos^3 x \, dx = \int \sin^4 x (1 - \sin^2 x)\cos x \, dx$

$\displaystyle\qquad\qquad = \int \left[u^4(1 - u^2)\right]du$ Où $u = \sin x \Rightarrow du = \cos x \, dx$.

$\displaystyle\qquad\qquad = \int (u^4 - u^6)\,du = \frac{1}{5}u^5 - \frac{1}{7}u^7 + C$

$\displaystyle\qquad\qquad = \frac{1}{5}\sin^5 x - \frac{1}{7}\sin^7 x + C$

f) $\displaystyle\int \sin^4 3x \cos^4 3x \, dx = \int (\sin 3x \cos 3x)^4 \, dx = \int \left(\frac{1}{2}\sin 6x\right)^4 dx = \frac{1}{16}\int \sin^4 6x \, dx$

$\displaystyle\qquad\qquad = \frac{1}{16}\int (\sin^2 6x)^2 \, dx = \frac{1}{16}\int \left[\frac{1}{2}(1 - \cos 12x)\right]^2 dx$

$\displaystyle\qquad\qquad = \frac{1}{64}\int (1 - 2\cos 12x + \cos^2 12x)\,dx$

$\displaystyle\qquad\qquad = \frac{1}{64}\int \left[1 - 2\cos 12x + \frac{1}{2}(1 + \cos 24x)\right]dx$

$\displaystyle\qquad\qquad = \frac{1}{64}\int \left(\frac{3}{2} - 2\cos 12x + \frac{1}{2}\cos 24x\right)dx$

$\displaystyle\qquad\qquad = \frac{3}{128}x - \frac{1}{384}\sin 12x + \frac{1}{3\,072}\sin 24x + C$

g) $\displaystyle\int_0^{\pi/2} \sin^5 x \, dx = \int_0^{\pi/2} \sin x (\sin^2 x)^2 \, dx = \int_0^{\pi/2} \sin x (1 - \cos^2 x)^2 \, dx$

$\displaystyle\qquad\qquad = -\int_1^0 (1 - u^2)^2 \, du$ Où $u = \cos x \Rightarrow du = -\sin x \, dx$.

$\displaystyle\qquad\qquad = \int_0^1 (1 - 2u^2 + u^4)\,du = \left(u - \frac{2}{3}u^3 + \frac{1}{5}u^5\right)\Big|_0^1 = \frac{8}{15}$

h) $\dfrac{3\pi}{32} - \dfrac{1}{4}$

i) $\frac{2}{3}(\sin x)^{3/2} - \frac{2}{7}(\sin x)^{7/2} + C$

j) $\dfrac{7\sqrt{2} - 8}{3}$

k) $\displaystyle\int \frac{1}{\sin^4 x}\,dx = \int \operatorname{cosec}^4 x \, dx = \int \operatorname{cosec}^2 x \, \operatorname{cosec}^2 x \, dx$

$\displaystyle\qquad\qquad = \int (1 + \operatorname{cotg}^2 x)\operatorname{cosec}^2 x \, dx$

$\displaystyle\qquad\qquad = -\int (1 + u^2)\,du$ Où $u = \operatorname{cotg} x \Rightarrow du = -\operatorname{cosec}^2 x \, dx$.

$\displaystyle\qquad\qquad = -u - \frac{1}{3}u^3 + C$

$\displaystyle\qquad\qquad = -\operatorname{cotg} x - \frac{1}{3}\operatorname{cotg}^3 x + C$

l) $\displaystyle\int_{-\pi/4}^{\pi/4} \frac{\sin^2 t}{\cos^4 t}\,dt = 2\int_{0}^{\pi/4} \frac{\sin^2 t}{\cos^4 t}\,dt \qquad$ L'intégrande est une fonction paire.

$$= 2\int_{0}^{\pi/4} \operatorname{tg}^2 t \sec^2 t\,dt$$

$$= 2\int_{0}^{1} u^2\,du \qquad \text{Où } u = \operatorname{tg} t \ \Rightarrow\ du = \sec^2 t\,dt.$$

$$= \tfrac{2}{3} u^3 \big|_{0}^{1} = \tfrac{2}{3}$$

m) $\displaystyle\int_{-\pi/3}^{\pi/3} \sin^{15} x \cos^{12} x\,dx = 0 \qquad$ L'intégrande est une fonction impaire.

n) $\displaystyle\int \frac{\sin x}{1 + \sin x}\,dx = \int \frac{\sin x}{1 + \sin x}\frac{1 - \sin x}{1 - \sin x}\,dx = \int \frac{\sin x - \sin^2 x}{1 - \sin^2 x}\,dx$

$$= \int \frac{\sin x - \sin^2 x}{\cos^2 x}\,dx = \int \left(\frac{\sin x}{\cos^2 x} - \frac{\sin^2 x}{\cos^2 x}\right)dx$$

$$= \int \left(\sec x \operatorname{tg} x - \operatorname{tg}^2 x\right)dx$$

$$= \int \left[\sec x \operatorname{tg} x - \left(\sec^2 x - 1\right)\right]dx$$

$$= \sec x - \operatorname{tg} x + x + C$$

o) $-\dfrac{1}{1 + \operatorname{tg} x} + C$

p) $-\cos x - \tfrac{1}{4}\cos 2x + C$

q) $\tfrac{1}{2}\operatorname{tg}^4\!\left(\dfrac{x}{2}\right) - \operatorname{tg}^2\!\left(\dfrac{x}{2}\right) + 2\ln\left|\sec\!\left(\dfrac{x}{2}\right)\right| + C$

r) $\dfrac{2\sqrt{2} - 1}{6}$

s) $\tfrac{12}{35}$

t) $-\tfrac{1}{3}\cos^3 x + \tfrac{1}{5}\cos^5 x + C$

u) $-\tfrac{1}{4}\cotg^4 x + C$

v) $-\tfrac{2}{5}\cos^5 x + C$

w) $\tfrac{2}{7}\left(\sec t\right)^{7/2} - \tfrac{2}{3}\left(\sec t\right)^{3/2} + C$

x) $\displaystyle\int \frac{\cos x}{\sin^2 x - 2\sin x + 2}\,dx = \int \frac{1}{u^2 - 2u + 2}\,du \qquad \text{Où } u = \sin x \ \Rightarrow\ du = \cos x\,dx.$

$$= \int \frac{1}{u^2 - 2u + 1 + 1}\,du = \int \frac{1}{\left(u - 1\right)^2 + 1}\,du$$

$$= \int \frac{1}{v^2 + 1}\,dv \qquad \text{Où } v = u - 1 \ \Rightarrow\ dv = du.$$

$$= \arctg v + C = \arctg\left(u - 1\right) + C = \arctg\left(\sin x - 1\right) + C$$

y) $\displaystyle\int \frac{\sin 2x}{\sin^4 x + \cos^4 x}\,dx = \int \frac{2\sin x \cos x}{\left(\sin^2 x\right)^2 + \left(\cos^2 x\right)^2}\,dx = \int \frac{2\sin x \cos x}{\left(\sin^2 x\right)^2 + \left(1 - \sin^2 x\right)^2}\,dx$

$$= \int \frac{1}{u^2 + \left(1 - u\right)^2}\,du \qquad \text{Où } u = \sin^2 x \ \Rightarrow\ du = 2\sin x \cos x\,dx.$$

$$= \int \frac{1}{2u^2 - 2u + 1}\,du = \int \frac{1}{2\left(u^2 - u + \tfrac{1}{4}\right) - \tfrac{1}{2} + 1}\,du$$

$$= \int \frac{1}{2\left(u - \tfrac{1}{2}\right)^2 + \tfrac{1}{2}}\,du = \int \frac{1}{\tfrac{1}{2}\left[4\left(u - \tfrac{1}{2}\right)^2 + 1\right]}\,du$$

$$= \int \frac{2}{\left[2\left(u - \frac{1}{2}\right)\right]^2 + 1} du$$

$$= \int \frac{1}{v^2 + 1} dv \qquad \text{Où } v = 2\left(u - \frac{1}{2}\right) \Rightarrow dv = 2du.$$

$$= \operatorname{arctg} v + C = \operatorname{arctg}\left[2\left(u - \frac{1}{2}\right)\right] + C = \operatorname{arctg}(2u - 1) + C$$

$$= \operatorname{arctg}\left(2\sin^2 x - 1\right) + C$$

15. Pour montrer que les fonctions

$$\frac{1}{\sqrt{2\pi}}, \ \frac{1}{\sqrt{\pi}}\sin x, \ \frac{1}{\sqrt{\pi}}\cos x, \ \frac{1}{\sqrt{\pi}}\sin 2x, \ \frac{1}{\sqrt{\pi}}\cos 2x, \ \frac{1}{\sqrt{\pi}}\sin 3x, \ \frac{1}{\sqrt{\pi}}\cos 3x, \ \dots$$

sont orthonormales sur l'intervalle $[0, 2\pi]$, il suffit de vérifier les sept résultats suivants pour n et m des entiers positifs distincts :

$$\int_0^{2\pi} \left(\frac{1}{\sqrt{2\pi}}\right)\left(\frac{1}{\sqrt{2\pi}}\right) dx = 1, \ \int_0^{2\pi}\left[\frac{1}{\sqrt{\pi}}\sin(nx)\right]^2 dx = 1, \ \int_0^{2\pi}\left[\frac{1}{\sqrt{\pi}}\cos(nx)\right]^2 dx = 1$$

$$\int_0^{2\pi} \left(\frac{1}{\sqrt{2\pi}}\right)\left[\frac{1}{\sqrt{\pi}}\sin(nx)\right] dx = 0, \ \int_0^{2\pi}\left(\frac{1}{\sqrt{2\pi}}\right)\left[\frac{1}{\sqrt{\pi}}\cos(nx)\right] dx = 0$$

$$\int_0^{2\pi} \left[\frac{1}{\sqrt{\pi}}\sin(nx)\right]\left[\frac{1}{\sqrt{\pi}}\cos(nx)\right] dx = 0 \text{ et } \int_0^{2\pi}\left[\frac{1}{\sqrt{\pi}}\sin(nx)\right]\left[\frac{1}{\sqrt{\pi}}\cos(mx)\right] dx = 0$$

où $m \neq n$.

Vérifions chacun de ces résultats :

■ $\displaystyle \int_0^{2\pi} \left(\frac{1}{\sqrt{2\pi}}\right)\left(\frac{1}{\sqrt{2\pi}}\right) dx = \frac{1}{2\pi}\int_0^{2\pi} dx = \frac{1}{2\pi}x\Big|_0^{2\pi} = 1$

■ $\displaystyle \int_0^{2\pi} \left[\frac{1}{\sqrt{\pi}}\sin(nx)\right]^2 dx = \frac{1}{\pi}\int_0^{2\pi}\sin^2(nx) dx = \frac{1}{\pi}\int_0^{2\pi} \frac{1}{2}\left[1 - \cos(2nx)\right] dx$

$$= \frac{1}{2\pi}\left[x - \frac{\sin(2nx)}{2n}\right]\Bigg|_0^{2\pi} = 1$$

■ $\displaystyle \int_0^{2\pi} \left[\frac{1}{\sqrt{\pi}}\cos(nx)\right]^2 dx = \frac{1}{\pi}\int_0^{2\pi}\cos^2(nx) dx = \frac{1}{\pi}\int_0^{2\pi} \frac{1}{2}\left[1 + \cos(2nx)\right] dx$

$$= \frac{1}{2\pi}\left[x + \frac{\sin(2nx)}{2n}\right]\Bigg|_0^{2\pi} = 1$$

■ $\displaystyle \int_0^{2\pi} \left(\frac{1}{\sqrt{2\pi}}\right)\left[\frac{1}{\sqrt{\pi}}\sin(nx)\right] dx = \frac{1}{\pi\sqrt{2}}\int_0^{2\pi}\sin(nx) dx = \frac{-\cos(nx)}{n\pi\sqrt{2}}\Bigg|_0^{2\pi} = 0$

■ $\displaystyle \int_0^{2\pi} \left(\frac{1}{\sqrt{2\pi}}\right)\left[\frac{1}{\sqrt{\pi}}\cos(nx)\right] dx = \frac{1}{\pi\sqrt{2}}\int_0^{2\pi}\cos(nx) dx = \frac{\sin(nx)}{n\pi\sqrt{2}}\Bigg|_0^{2\pi} = 0$

■ $\displaystyle \int_0^{2\pi} \left[\frac{1}{\sqrt{\pi}}\sin(nx)\right]\left[\frac{1}{\sqrt{\pi}}\cos(nx)\right] dx = \frac{1}{\pi}\int_0^{2\pi}\sin(nx)\cos(nx) dx$

$$= \frac{1}{\pi}\int_0^{2\pi} \frac{1}{2}\sin(2nx) dx = \frac{-\cos(2nx)}{4n\pi}\Bigg|_0^{2\pi} = 0$$

■ $\displaystyle \int_0^{2\pi} \left[\frac{1}{\sqrt{\pi}}\sin(nx)\right]\left[\frac{1}{\sqrt{\pi}}\cos(mx)\right] dx = \frac{1}{\pi}\int_0^{2\pi}\sin(nx)\cos(mx) dx$

$$= \frac{1}{\pi}\int_0^{2\pi} \frac{1}{2}\left\{\sin\left[(n - m)x\right] + \sin\left[(n + m)x\right]\right\} dx$$

$$= \left\{-\frac{\cos\left[(n - m)x\right]}{2(n - m)\pi} - \frac{\cos\left[(n + m)x\right]}{2(n + m)\pi}\right\}\Bigg|_0^{2\pi} = 0$$

Par conséquent, les fonctions
$$\frac{1}{\sqrt{2\pi}}, \ \frac{1}{\sqrt{\pi}}\sin x, \ \frac{1}{\sqrt{\pi}}\cos x, \ \frac{1}{\sqrt{\pi}}\sin 2x, \ \frac{1}{\sqrt{\pi}}\cos 2x, \ \frac{1}{\sqrt{\pi}}\sin 3x, \ \frac{1}{\sqrt{\pi}}\cos 3x, \ \ldots$$
sont orthonormales sur l'intervalle $[0, \ 2\pi]$.

16. a) $\displaystyle\int \cos^n ax\,dx = \frac{\sin ax \cos^{n-1} ax}{na} + \frac{n-1}{n}\int \cos^{n-2} ax\,dx$

Preuve

Soit
$$u = \cos^{n-1} ax \qquad\qquad\qquad dv = \cos ax\,dx$$
$$du = -a(n-1)\cos^{n-2} ax \sin ax\,dx \qquad v = \frac{1}{a}\sin ax$$

Alors,
$$\int \cos^n ax\,dx = \frac{\sin ax \cos^{n-1} ax}{a} + (n-1)\int \cos^{n-2} ax \sin^2 ax\,dx$$
$$= \frac{\sin ax \cos^{n-1} ax}{a} + (n-1)\int \cos^{n-2} ax\big(1 - \cos^2 ax\big)dx$$
$$= \frac{\sin ax \cos^{n-1} ax}{a} + (n-1)\int \cos^{n-2} ax\,dx - (n-1)\int \cos^n ax\,dx$$

de sorte qu'en isolant $\int \cos^n ax\,dx$ du côté gauche de l'équation, on obtient

$n\displaystyle\int \cos^n ax\,dx = \frac{\sin ax \cos^{n-1} ax}{a} + (n-1)\int \cos^{n-2} ax\,dx$, d'où

$$\int \cos^n ax\,dx = \frac{\sin ax \cos^{n-1} ax}{na} + \frac{n-1}{n}\int \cos^{n-2} ax\,dx \qquad\blacksquare$$

b) $\displaystyle\int \operatorname{tg}^n ax\,dx = \frac{\operatorname{tg}^{n-1} ax}{(n-1)a} - \int \operatorname{tg}^{n-2} ax\,dx$

Preuve

$$\int \operatorname{tg}^n ax\,dx = \int \operatorname{tg}^{n-2} ax\,\operatorname{tg}^2 ax\,dx = \int \operatorname{tg}^{n-2} ax\big(\sec^2 ax - 1\big)dx$$
$$= \int \operatorname{tg}^{n-2} ax\,\sec^2 ax\,dx - \int \operatorname{tg}^{n-2} ax\,dx$$
$$= \frac{1}{a}\int u^{n-2}\,du - \int \operatorname{tg}^{n-2} ax\,dx \qquad \text{Où } u = \operatorname{tg} ax \Rightarrow du = a\sec^2 ax\,dx.$$
$$= \frac{u^{n-1}}{a(n-1)} - \int \operatorname{tg}^{n-2} ax\,dx$$
$$= \frac{\operatorname{tg}^{n-1} ax}{(n-1)a} - \int \operatorname{tg}^{n-2} ax\,dx \qquad\blacksquare$$

c) $\displaystyle\int \sec^n ax\,dx = \frac{\sec^{n-2} ax\,\operatorname{tg} ax}{(n-1)a} + \frac{n-2}{n-1}\int \sec^{n-2} ax\,dx$

Preuve

Soit
$$u = \sec^{n-2} ax \qquad\qquad\qquad dv = \sec^2 ax\,dx$$
$$du = a(n-2)\sec^{n-3} ax\,\sec ax\,\operatorname{tg} ax\,dx$$
$$= a(n-2)\sec^{n-2} ax\,\operatorname{tg} ax\,dx \qquad v = \frac{1}{a}\operatorname{tg} ax$$

Alors,
$$\int \sec^n ax\,dx = \frac{1}{a}\sec^{n-2} ax\,\operatorname{tg} ax - (n-2)\int \sec^{n-2} ax\,\operatorname{tg}^2 ax\,dx$$
$$= \frac{1}{a}\sec^{n-2} ax\,\operatorname{tg} ax - (n-2)\int \sec^{n-2} ax\big(\sec^2 ax - 1\big)dx$$
$$= \frac{1}{a}\sec^{n-2} ax\,\operatorname{tg} ax - (n-2)\int \sec^n ax\,dx + (n-2)\int \sec^{n-2} ax\,dx$$

de sorte qu'en isolant $\int \sec^n ax\,dx$ du côté gauche de l'équation, on obtient

$$(n-1)\int \sec^n ax\,dx = \frac{\sec^{n-2} ax\,\mathrm{tg}\,ax}{a} + (n-2)\int \sec^{n-2} ax\,dx$$

d'où

$$\int \sec^n ax\,dx = \frac{\sec^{n-2} ax\,\mathrm{tg}\,ax}{(n-1)a} + \frac{n-2}{n-1}\int \sec^{n-2} ax\,dx \qquad \blacksquare$$

17. a) Évaluons d'abord $\int \cos^6 x\,dx$:

$$\int \cos^6 x\,dx = \frac{\sin x \cos^5 x}{6} + \frac{5}{6}\int \cos^4 x\,dx$$

$$= \frac{\sin x \cos^5 x}{6} + \frac{5}{6}\left(\frac{\sin x \cos^3 x}{4} + \frac{3}{4}\int \cos^2 x\,dx \right)$$

$$= \frac{\sin x \cos^5 x}{6} + \frac{5 \sin x \cos^3 x}{24} + \frac{5}{8}\int \cos^2 x\,dx$$

$$= \frac{\sin x \cos^5 x}{6} + \frac{5 \sin x \cos^3 x}{24} + \frac{5}{8}\left(\frac{\sin x \cos x}{2} + \frac{1}{2}\int dx \right)$$

$$= \frac{\sin x \cos^5 x}{6} + \frac{5 \sin x \cos^3 x}{24} + \frac{5 \sin x \cos x}{16} + \frac{5x}{16} + C$$

Par conséquent,

$$\int_0^{\pi/2} \cos^6 x\,dx = \left(\frac{\sin x \cos^5 x}{6} + \frac{5 \sin x \cos^3 x}{24} + \frac{5 \sin x \cos x}{16} + \frac{5x}{16} \right)\Bigg|_0^{\pi/2}$$

$$= \frac{5\pi}{32} \approx 0{,}49$$

b) $\dfrac{x^3 e^{2x}}{2} - \dfrac{3x^2 e^{2x}}{4} + \dfrac{3x e^{2x}}{4} - \dfrac{3 e^{2x}}{8} + C$

c) $\dfrac{1}{128}\pi^3 - \dfrac{3}{16}\pi + \dfrac{3}{8}$

d) $\dfrac{7}{8}\sqrt{2} - \dfrac{11}{4}\sqrt{3} + \dfrac{3}{8}\ln\left(\dfrac{\sqrt{2}+1}{2+\sqrt{3}} \right)$

18. a) $\displaystyle\int \frac{1}{\left(9x^2+4\right)^2}\,dx = \int \frac{1}{81\left(x^2 + \frac{4}{9}\right)^2}\,dx$

$$= \int \frac{\frac{2}{3}\sec^2\theta}{81\left(\frac{4}{9}\,\mathrm{tg}^2\theta + \frac{4}{9}\right)^2}\,d\theta \qquad \text{Où } x = \frac{2}{3}\,\mathrm{tg}\,\theta \Rightarrow dx = \frac{2}{3}\sec^2\theta\,d\theta.$$

$$= \frac{1}{24}\int \frac{1}{\sec^2\theta}\,d\theta = \frac{1}{24}\int \cos^2\theta\,d\theta = \frac{1}{24}\int \frac{1}{2}(1 + \cos 2\theta)\,d\theta$$

$$= \frac{1}{48}\left(\theta + \frac{1}{2}\sin 2\theta \right) + C = \frac{1}{48}\left(\theta + \sin\theta\cos\theta \right) + C$$

Le triangle de référence de la substitution est

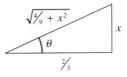

de sorte que

$$\int \frac{1}{\left(9x^2+4\right)^2}\,dx = \frac{1}{48}\left(\theta + \sin\theta\cos\theta \right) + C$$

$$= \frac{1}{48}\left[\mathrm{arctg}\left(\frac{3}{2}x \right) + \frac{x}{\sqrt{\frac{4}{9}+x^2}}\,\frac{\frac{2}{3}}{\sqrt{\frac{4}{9}+x^2}} \right] + C$$

$$= \frac{\mathrm{arctg}\left(\frac{3}{2}x \right)}{48} + \frac{x}{8\left(4+9x^2\right)} + C$$

b) $\displaystyle\int \frac{1}{x\sqrt{9-x^2}}\,dx = \int \frac{3\cos\theta}{3\sin\theta\sqrt{9-9\sin^2\theta}}\,d\theta$ Où $x = 3\sin\theta \Rightarrow dx = 3\cos\theta\,d\theta$.

$\displaystyle = \frac{1}{3}\int \frac{1}{\sin\theta}\,d\theta = \frac{1}{3}\int \operatorname{cosec}\theta\,d\theta = \frac{1}{3}\ln|\operatorname{cosec}\theta - \operatorname{cotg}\theta| + C$

Le triangle de référence de la substitution est

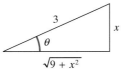

de sorte que

$$\int \frac{1}{x\sqrt{9-x^2}}\,dx = \frac{1}{3}\ln|\operatorname{cosec}\theta - \operatorname{cotg}\theta| + C$$

$$= \frac{1}{3}\ln\left|\frac{3}{x} - \frac{\sqrt{9-x^2}}{x}\right| + C$$

$$= \frac{1}{3}\ln\left|\frac{3 - \sqrt{9-x^2}}{x}\right| + C$$

c) Évaluons d'abord l'intégrale indéfinie $\displaystyle\int \frac{t+5}{\sqrt{t^2-9}}\,dt$:

$$\int \frac{t+5}{\sqrt{t^2-9}}\,dt = \int \frac{(3\sec\theta + 5)(3\sec\theta\,\operatorname{tg}\theta)}{\sqrt{9\sec^2\theta - 9}}\,d\theta$$ Où $t = 3\sec\theta \Rightarrow dt = 3\sec\theta\,\operatorname{tg}\theta\,d\theta$.

$$= \int \frac{(3\sec\theta + 5)(3\sec\theta\,\operatorname{tg}\theta)}{3\operatorname{tg}\theta}\,d\theta$$

$$= \int (3\sec^2\theta + 5\sec\theta)\,d\theta$$

$$= 3\operatorname{tg}\theta + 5\ln|\sec\theta + \operatorname{tg}\theta| + C_1$$

Le triangle de référence de la substitution est

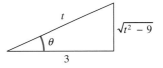

de sorte que

$$\int \frac{t+5}{\sqrt{t^2-9}}\,dt = 3\operatorname{tg}\theta + 5\ln|\sec\theta + \operatorname{tg}\theta| + C_1$$

$$= \sqrt{t^2-9} + 5\ln\left|\frac{t + \sqrt{t^2-9}}{3}\right| + C_1$$

$$= \sqrt{t^2-9} + 5\ln\left|t + \sqrt{t^2-9}\right| - 5\ln 3 + C_1$$

$$= \sqrt{t^2-9} + 5\ln\left|t + \sqrt{t^2-9}\right| + C$$

Par conséquent,

$$\int_{\sqrt{10}}^{5} \frac{t+5}{\sqrt{t^2-9}}\,dt = \left(\sqrt{t^2-9} + 5\ln\left|t + \sqrt{t^2-9}\right|\right)\Big|_{\sqrt{10}}^{5}$$

$$= 3 + 5\ln\left(\frac{9}{1+\sqrt{10}}\right) \approx 6{,}9$$

d) $\displaystyle\int \frac{1}{x(x^2+1)}\,dx = \int \frac{\sec^2\theta}{\operatorname{tg}\theta(\operatorname{tg}^2\theta + 1)}\,d\theta$ Où $x = \operatorname{tg}\theta \Rightarrow dx = \sec^2\theta\,d\theta$.

$$= \int \frac{1}{\operatorname{tg}\theta}\,d\theta = \int \operatorname{cotg}\theta\,d\theta = \ln|\sin\theta| + C$$

Le triangle de référence de la substitution est

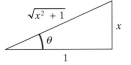

de sorte que

$$\int \frac{1}{x(x^2+1)}\,dx = \ln|\sin\theta| + C = \ln\left|\frac{x}{\sqrt{x^2+1}}\right| + C$$

e) $\frac{1}{3}(x^2-1)^{3/2} - (x^2-1)^{1/2} + \operatorname{arcsec} x + C$

f) $\frac{25}{2}\arcsin\left(\frac{x}{5}\right) - \frac{1}{2}x\sqrt{25-x^2} + C$

g) $\frac{9}{2} + 2\ln\left(\frac{4}{13}\right)$

h) $\displaystyle\int \frac{x^2}{\sqrt{25+x^2}}\,dx = \int \frac{125\,\operatorname{tg}^2\theta\sec^2\theta}{\sqrt{25(\operatorname{tg}^2\theta+1)}}\,d\theta$ Où $x = 5\operatorname{tg}\theta \Rightarrow dx = 5\sec^2\theta\,d\theta$.

$$= 25\int \operatorname{tg}^2\theta\sec\theta\,d\theta = 25\int(\sec^2\theta-1)\sec\theta\,d\theta$$

$$= 25\left(\int \sec^3\theta\,d\theta - \int \sec\theta\,d\theta\right)$$

$$= 25\left[\frac{1}{2}\left(\sec\theta\operatorname{tg}\theta + \ln|\sec\theta+\operatorname{tg}\theta|\right) - \ln|\sec\theta+\operatorname{tg}\theta|\right] + C_1$$

Voir l'exemple 2.41.

$$= -\frac{25}{2}\ln|\sec\theta+\operatorname{tg}\theta| + \frac{25}{2}\sec\theta\operatorname{tg}\theta + C_1$$

Le triangle de référence de la substitution est

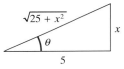

de sorte que

$$\int \frac{x^2}{\sqrt{25+x^2}}\,dx = -\frac{25}{2}\ln|\sec\theta+\operatorname{tg}\theta| + \frac{25}{2}\sec\theta\operatorname{tg}\theta + C_1$$

$$= -\frac{25}{2}\ln\left|\frac{\sqrt{25+x^2}+x}{5}\right| + \frac{25}{2}\frac{x\sqrt{25+x^2}}{25} + C_1$$

$$= -\frac{25}{2}\ln\left|\sqrt{25+x^2}+x\right| + \frac{25}{2}\ln|5| + \frac{1}{2}x\sqrt{25+x^2} + C_1$$

$$= -\frac{25}{2}\ln\left|\sqrt{25+x^2}+x\right| + \frac{1}{2}x\sqrt{25+x^2} + C$$

i) $\dfrac{\pi}{2} - \dfrac{\sqrt{3}}{2}$

j) $\dfrac{\sqrt{16x^2-25}}{25x} + C$

k) $6 - \arcsin\left(\frac{3}{5}\right)$

l) $\frac{1}{2}\ln 3$

m) $\dfrac{(x^2-9)^{3/2}}{3} + 9\sqrt{x^2-9} + C$

n) Évaluons d'abord l'intégrale indéfinie $\displaystyle\int \sqrt{2e^{2x}-4}\,dx$:

$$\int \sqrt{2e^{2x}-4}\,dx = \int \frac{\sqrt{2u^2-4}}{u}\,du \qquad \text{Où } u = e^x \Rightarrow du = e^x dx.$$

$$= \sqrt{2}\int \frac{\sqrt{u^2-2}}{u}\,du$$

$$= \sqrt{2} \int \frac{\sqrt{2}\sec^2\theta - 2\left(\sqrt{2}\sec\theta\,\text{tg}\,\theta\right)}{\sqrt{2}\sec\theta}\,d\theta \qquad \text{Où } u = \sqrt{2}\sec\theta \Rightarrow du = \sqrt{2}\sec\theta\,\text{tg}\,\theta\,d\theta.$$

$$= 2 \int \text{tg}^2\,\theta\,d\theta = 2 \int \left(\sec^2\theta - 1\right)d\theta$$

$$= 2\left(\text{tg}\,\theta - \theta\right) + C$$

Le triangle de référence de la substitution est

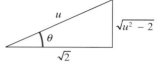

de sorte que

$$\int \sqrt{2e^{2x} - 4}\;dx = 2\left(\text{tg}\,\theta - \theta\right) + C$$

$$= 2\left(\frac{\sqrt{u^2 - 2}}{\sqrt{2}} - 2\,\text{arcsec}\,\frac{u}{\sqrt{2}} + C\right)$$

$$= \sqrt{2e^{2x} - 4} - 2\,\text{arcsec}\,\frac{e^x}{\sqrt{2}} + C$$

Par conséquent,

$$\int_{\ln\sqrt{2}}^{\ln 2} \sqrt{2e^{2x} - 4}\;dx = \left(\sqrt{2e^{2x} - 4} - 2\,\text{arcsec}\,\frac{e^x}{\sqrt{2}}\right)\Bigg|_{\ln\sqrt{2}}^{\ln 2} = 2 - \frac{\pi}{2} \approx 0{,}43$$

o) Évaluons d'abord l'intégrale définie $\int \dfrac{1}{t\sqrt{t^6 - 1}}\,dt$:

$$\int \frac{1}{t\sqrt{t^6 - 1}}\,dt = \int \frac{1}{t\sqrt{\left(t^3\right)^2 - 1}}\,dt$$

$$= \frac{1}{3} \int \frac{1}{u\sqrt{u^2 - 1}}\,du \qquad \text{Où } u = t^3 \Rightarrow du = 3t^2\,dt.$$

$$= \frac{1}{3}\,\text{arcsec}\,|u| + C = \frac{1}{3}\,\text{arcsec}\,\left|t^3\right| + C$$

Par conséquent,

$$\int_{\sqrt[6]{2}}^{\sqrt[3]{2}} \frac{1}{t\sqrt{t^6 - 1}}\,dt = \frac{1}{3}\,\text{arcsec}\,\left|t^3\right|\Big\|_{\sqrt[6]{2}}^{\sqrt[3]{2}} = \frac{1}{3}\left(\text{arcsec}\,2 - \text{arcsec}\,\sqrt{2}\right)$$

$$= \frac{1}{3}\left(\frac{\pi}{3} - \frac{\pi}{4}\right) = \frac{\pi}{36} \approx 0{,}09$$

19. a) $$\int_{-1}^{0} \frac{1}{\sqrt{x^2 + 2x + 2}}\,dx = \int_{-1}^{0} \frac{1}{\sqrt{\left(x^2 + 2x + 1\right) + 1}}\,dx = \int_{-1}^{0} \frac{1}{\sqrt{\left(x + 1\right)^2 + 1}}\,dx$$

$$= \int_{0}^{1} \frac{1}{\sqrt{u^2 + 1}}\,du \qquad \text{Où } u = x + 1 \Rightarrow du = dx.$$

$$= \int_{0}^{\pi/4} \frac{\sec^2\theta}{\sqrt{\text{tg}^2\,\theta + 1}}\,d\theta \qquad \text{Où } u = \text{tg}\,\theta \Rightarrow du = \sec^2\theta\,d\theta.$$

$$= \int_{0}^{\pi/4} \sec\theta\,d\theta = \ln\left|\sec\theta + \text{tg}\,\theta\right|\Big\|_{0}^{\pi/4} = \ln\left|\sqrt{2} + 1\right| \approx 0{,}88$$

b) $\dfrac{1}{2}\ln\left|\dfrac{\sqrt{x^2 - 2x + 5} - 2}{x - 1}\right| + C$

c) $\displaystyle\int \frac{1}{(t^2 + 2t + 10)^{5/2}} \, dt = \int \frac{1}{[(t^2 + 2t + 1) + 9]^{5/2}} \, dt = \int \frac{1}{[(t + 1)^2 + 9]^{5/2}} \, dt$

$\displaystyle = \int \frac{1}{(u^2 + 9)^{5/2}} \, du$ Où $u = t + 1 \Rightarrow du = dt$.

$\displaystyle = \int \frac{3\sec^2 \theta}{(9\,\mathrm{tg}^2 \theta + 9)^{5/2}} \, d\theta$ Où $u = 3\,\mathrm{tg}\,\theta \Rightarrow du = 3\sec^2 \theta \, d\theta$.

$\displaystyle = \int \frac{3\sec^2 \theta}{243\sec^5 \theta} \, d\theta = \tfrac{1}{81} \int \cos^3 \theta \, d\theta = \tfrac{1}{81} \int \cos\theta \cos^2 \theta \, d\theta$

$\displaystyle = \tfrac{1}{81} \int \cos\theta (1 - \sin^2 \theta) \, d\theta = \tfrac{1}{81}\left(\int \cos\theta \, d\theta - \int \cos\theta \sin^2 \theta \, d\theta \right)$

$\displaystyle = \tfrac{1}{81}\left(\int \cos\theta \, d\theta - \int v^2 \, dv \right)$ Où $v = \sin\theta \Rightarrow dv = \cos\theta \, d\theta$.

$\displaystyle = \tfrac{1}{81}\left(\sin\theta - \tfrac{1}{3} v^3 \right) + C$

$\displaystyle = \tfrac{1}{81}\left(\sin\theta - \tfrac{1}{3} \sin^3 \theta \right) + C$

Le triangle de référence de la substitution est

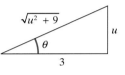

de sorte que

$\displaystyle\int \frac{1}{(t^2 + 2t + 10)^{5/2}} \, dt = \int \frac{1}{(u^2 + 9)^{5/2}} \, du$ Où $u = t + 1$.

$\displaystyle = \tfrac{1}{81}\left(\sin\theta - \tfrac{1}{3} \sin^3 \theta \right) + C$ Où $u = 3\,\mathrm{tg}\,\theta$.

$\displaystyle = \frac{1}{81}\left(\frac{u}{\sqrt{u^2 + 9}} - \frac{u^3}{3(u^2 + 9)^{3/2}} \right) + C$

$\displaystyle = \frac{t + 1}{81\sqrt{t^2 + 2t + 10}} - \frac{(t + 1)^3}{243(t^2 + 2t + 10)^{3/2}} + C$

d) $\displaystyle\int_1^4 \frac{1}{(x + 4\sqrt{x} + 5)} \, dx = \int_1^2 \frac{2u}{(u^2 + 4u + 5)} \, du$ Où $u = \sqrt{x} \Rightarrow du = \frac{1}{2\sqrt{x}} \, dx$.

$\displaystyle = \int_1^2 \frac{2u}{(u^2 + 4u + 4) + 1} \, du = \int_1^2 \frac{2u}{(u + 2)^2 + 1} \, du$

$\displaystyle = \int_3^4 \frac{2(t - 2)}{t^2 + 1} \, dt$ Où $t = u + 2 \Rightarrow dt = du$.

$\displaystyle = \int_3^4 \frac{2t}{t^2 + 1} \, dt - 4 \int_3^4 \frac{1}{t^2 + 1} \, dt$

$\displaystyle = \int_{10}^{17} \frac{1}{v} \, dv - 4 \int_3^4 \frac{1}{t^2 + 1} \, dt$ Où $v = t^2 + 1 \Rightarrow dv = 2t \, dt$.

$\displaystyle = \ln|v|\Big|_{10}^{17} - 4\,|\mathrm{arctg}\,t\,|_3^4 = \ln \tfrac{17}{10} - 4\left(\mathrm{arctg}\,4 - \mathrm{arctg}\,3 \right) \approx 0{,}22$

e) $\displaystyle \sqrt{x^2 - 6x + 13} + 2\ln\left| \frac{\sqrt{x^2 - 6x + 13} - 2}{x - 3} \right| + C$

f) $\frac{1}{10}\ln\left|\dfrac{2+x}{8-x}\right| + C$

g) $\frac{1}{8}\ln\left|\dfrac{x-\frac{1}{2}}{x+\frac{3}{2}}\right| + C$

h) $\frac{9}{2}\arcsin\dfrac{x-2}{3} + \frac{1}{2}(x-2)\sqrt{5+4x-x^2} + C$

i) $\displaystyle\int\sqrt{3+8x+4x^2}\,dx = \int\sqrt{4\left(x^2+2x+1\right)-4+3}\,dx = \int\sqrt{4(x+1)^2-1}\,dx$

$= 2\displaystyle\int\sqrt{(x+1)^2-\frac{1}{4}}\,dx$

$= 2\displaystyle\int\sqrt{u^2-\frac{1}{4}}\,du$ Où $u=x+1 \Rightarrow du=dx$.

$= 2\displaystyle\int\left(\sqrt{\frac{1}{4}\sec^2\theta-\frac{1}{4}}\right)\frac{1}{2}\sec\theta\,\mathrm{tg}\,\theta\,d\theta$ Où $u=\frac{1}{2}\sec\theta \Rightarrow du=\frac{1}{2}\sec\theta\,\mathrm{tg}\,\theta\,d\theta$.

$= \frac{1}{2}\displaystyle\int\sec\theta\,\mathrm{tg}^2\theta\,d\theta = \frac{1}{2}\int\sec\theta\left(\sec^2\theta-1\right)d\theta$

$= \frac{1}{2}\left(\displaystyle\int\sec^3\theta\,d\theta - \int\sec\theta\,d\theta\right)$

$= \frac{1}{2}\left[\frac{1}{2}\left(\sec\theta\,\mathrm{tg}\,\theta + \ln\left|\sec\theta+\mathrm{tg}\,\theta\right|\right) - \ln\left|\sec\theta+\mathrm{tg}\,\theta\right|\right] + C_1$ Voir l'exemple 2.41.

$= \frac{1}{4}\left(\sec\theta\,\mathrm{tg}\,\theta - \ln\left|\sec\theta+\mathrm{tg}\,\theta\right|\right) + C_1$

Le triangle de référence de la substitution est

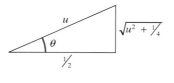

de sorte que

$\displaystyle\int\sqrt{3+8x+4x^2}\,dx = 2\int\sqrt{u^2-\frac{1}{4}}\,du$ Où $u=x+1$.

$= \frac{1}{4}\left(\sec\theta\,\mathrm{tg}\,\theta - \ln\left|\sec\theta+\mathrm{tg}\,\theta\right|\right) + C_1$ Où $u=\frac{1}{2}\sec\theta$.

$= \frac{1}{4}\left[4u\sqrt{u^2-\frac{1}{4}} - \ln\left|2\left(u+\sqrt{u^2-\frac{1}{4}}\right)\right|\right] + C_1$

$= u\sqrt{u^2-\frac{1}{4}} - \frac{1}{4}\ln\left|\left(u+\sqrt{u^2-\frac{1}{4}}\right)\right| - \frac{1}{4}\ln 2 + C_1$

$= u\sqrt{u^2-\frac{1}{4}} - \frac{1}{4}\ln\left|\left(u+\sqrt{u^2-\frac{1}{4}}\right)\right| + C_2$

$= (x+1)\sqrt{(x+1)^2-\frac{1}{4}} - \frac{1}{4}\ln\left|(x+1)+\sqrt{(x+1)^2-\frac{1}{4}}\right| + C_2$

$= \frac{1}{2}(x+1)\sqrt{4x^2+8x+3} - \frac{1}{4}\ln\left|\dfrac{2(x+1)+\sqrt{4x^2+8x+3}}{2}\right| + C_2$

$= \frac{1}{2}(x+1)\sqrt{4x^2+8x+3} - \frac{1}{4}\ln\left|2(x+1)+\sqrt{4x^2+8x+3}\right| + \frac{1}{4}\ln 2 + C_2$

$= \frac{1}{2}(x+1)\sqrt{4x^2+8x+3} - \frac{1}{4}\ln\left|2(x+1)+\sqrt{4x^2+8x+3}\right| + C$

j) $\displaystyle\int_0^{a/2}\sqrt{a^2-x^2}\,dx = \int_0^{\pi/6}\left(\sqrt{a^2-a^2\sin^2\theta}\right)a\cos\theta\,d\theta$ Où $x=a\sin\theta \Rightarrow dx=a\cos\theta\,d\theta$.

$= a^2\displaystyle\int_0^{\pi/6}\cos^2\theta\,d\theta = \frac{1}{2}a^2\int_0^{\pi/6}\left(1+\cos 2\theta\right)d\theta$

$= \frac{1}{2}a^2\left(\theta+\frac{1}{2}\sin 2\theta\right)\Big|_0^{\pi/6} = a^2\left(\dfrac{\pi}{12}+\dfrac{\sqrt{3}}{8}\right)$

20. a) $\int \dfrac{x^2}{\sqrt{a^2 - x^2}}\,dx = -\dfrac{x\sqrt{a^2 - x^2}}{2} + \dfrac{a^2}{2}\arcsin\dfrac{x}{a} + C$

Preuve

$$\int \dfrac{x^2}{\sqrt{a^2 - x^2}}\,dx = \int \dfrac{a^3 \sin^2\theta\cos\theta}{\sqrt{a^2 - a^2\sin^2\theta}}\,d\theta \qquad \text{Où } x = a\sin\theta \Rightarrow dx = a\cos\theta\,d\theta.$$

$$= \int a^2\sin^2\theta\,d\theta$$

$$= \dfrac{a^2}{2}\int(1 - \cos 2\theta)\,d\theta$$

$$= \dfrac{a^2}{2}\left(\theta - \dfrac{1}{2}\sin 2\theta\right) + C$$

$$= \dfrac{a^2}{2}(\theta - \sin\theta\cos\theta) + C$$

Le triangle de référence de la substitution est

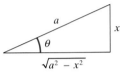

de sorte que

$$\int \dfrac{x^2}{\sqrt{a^2 - x^2}}\,dx = \dfrac{a^2}{2}(\theta - \sin\theta\cos\theta) + C$$

$$= \dfrac{a^2}{2}\left(\arcsin\dfrac{x}{a} - \dfrac{x}{a}\dfrac{\sqrt{a^2 - x^2}}{a}\right) + C$$

$$= -\dfrac{x\sqrt{a^2 - x^2}}{2} + \dfrac{a^2}{2}\arcsin\dfrac{x}{a} + C \qquad \blacksquare$$

b) $\int \dfrac{1}{\sqrt{a^2 + x^2}}\,dx = \ln\left|x + \sqrt{a^2 + x^2}\right| + C$

Preuve

$$\int \dfrac{1}{\sqrt{a^2 + x^2}}\,dx = \int \dfrac{a\sec^2\theta}{\sqrt{a^2 + a^2\operatorname{tg}^2\theta}}\,d\theta \qquad \text{Où } x = a\operatorname{tg}\theta \Rightarrow dx = a\sec^2\theta\,d\theta.$$

$$= \int \sec\theta\,d\theta$$

$$= \ln|\sec\theta + \operatorname{tg}\theta| + C$$

Le triangle de référence de la substitution est

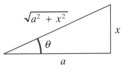

de sorte que

$$\int \dfrac{1}{\sqrt{a^2 + x^2}}\,dx = \ln|\sec\theta + \operatorname{tg}\theta| + C_1$$

$$= \ln\left|\dfrac{\sqrt{a^2 + x^2}}{a} + \dfrac{x}{a}\right| + C_1$$

$$= \ln\left|\dfrac{x + \sqrt{a^2 + x^2}}{a}\right| + C_1$$

$$= \ln\left|x + \sqrt{a^2 + x^2}\right| - \ln|a| + C_1$$

$$= \ln\left|x + \sqrt{a^2 + x^2}\right| + C \qquad \blacksquare$$

c) $\displaystyle\int \frac{1}{x^2 - a^2}\,dx = \frac{1}{2a}\ln\left|\frac{x-a}{x+a}\right| + C$

Preuve

$$\int \frac{1}{x^2 - a^2}\,dx = \int \frac{a\sec\theta\,\mathrm{tg}\,\theta}{a^2\sec^2\theta - a^2}\,d\theta \qquad \text{Où } x = a\sec\theta \Rightarrow dx = a\sec\theta\,\mathrm{tg}\,\theta\,d\theta.$$

$$= \frac{1}{a}\int \frac{\sec\theta}{\mathrm{tg}\,\theta}\,d\theta$$

$$= \frac{1}{a}\int \operatorname{cosec}\theta\,d\theta$$

$$= \frac{1}{a}\ln\left|\operatorname{cosec}\theta - \operatorname{cotg}\theta\right| + C$$

Le triangle de référence de la substitution est

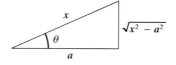

de sorte que

$$\int \frac{1}{x^2 - a^2}\,dx = \frac{1}{a}\ln\left|\operatorname{cosec}\theta - \operatorname{cotg}\theta\right| + C$$

$$= \frac{1}{a}\ln\left|\frac{x}{\sqrt{x^2 - a^2}} - \frac{a}{\sqrt{x^2 - a^2}}\right| + C$$

$$= \frac{1}{a}\ln\left|\frac{x - a}{\sqrt{x^2 - a^2}}\right| + C$$

$$= \frac{1}{a}\ln\left|\frac{x - a}{\sqrt{(x-a)(x+a)}}\right| + C$$

$$= \frac{1}{a}\ln\left|\sqrt{\frac{x-a}{x+a}}\right| + C$$

$$= \frac{1}{a}\ln\left|\left(\frac{x-a}{x+a}\right)^{1/2}\right| + C$$

$$= \frac{1}{2a}\ln\left|\frac{x-a}{x+a}\right| + C \qquad\blacksquare$$

21. a) $\dfrac{x^2 + 1}{x^2 - 1}$ est une fonction rationnelle impropre :

$$\frac{x^2 + 1}{x^2 - 1} = 1 + \frac{2}{x^2 - 1} \qquad \text{Division de polynômes.}$$

Décomposons $\dfrac{2}{x^2 - 1}$ en fractions partielles :

$$\frac{2}{x^2 - 1} = \frac{2}{(x-1)(x+1)} = \frac{A}{x-1} + \frac{B}{x+1} = \frac{A(x+1) + B(x-1)}{x^2 - 1}$$

de sorte que $A(x+1) + B(x-1) = 2 \Rightarrow A = 1$ et $B = -1$.

Par conséquent,

$$\int \frac{x^2 + 1}{x^2 - 1}\,dx = \int\left(1 + \frac{2}{x^2 - 1}\right)dx = \int\left(1 + \frac{1}{x-1} - \frac{1}{x+1}\right)dx$$

$$= x + \ln|x-1| - \ln|x+1| + C = x + \ln\left|\frac{x-1}{x+1}\right| + C$$

b) $2 + 3\ln 3 - 8\ln 2$

c) $\dfrac{x^3}{(x-1)^2(x+1)} = 1 + \dfrac{x^2+x-1}{(x-1)^2(x+1)}$

Décomposons $\dfrac{x^2+x-1}{(x-1)^2(x+1)}$ en fractions partielles :

$$\frac{x^2+x-1}{(x-1)^2(x+1)} = \frac{A}{x-1} + \frac{B}{(x-1)^2} + \frac{C}{x+1}$$

$$= \frac{A(x-1)(x+1) + B(x+1) + C(x-1)^2}{(x-1)^2(x+1)}$$

de sorte que

$$x^2+x-1 = A(x-1)(x+1) + B(x+1) + C(x-1)^2$$

$$\Rightarrow A = \tfrac{5}{4}, B = \tfrac{1}{2} \text{ et } C = -\tfrac{1}{4}$$

Par conséquent,

$$\int \frac{x^3}{(x-1)^2(x+1)}\,dx = \int\left(1 + \frac{\tfrac{5}{4}}{x-1} + \frac{\tfrac{1}{2}}{(x-1)^2} - \frac{\tfrac{1}{4}}{x+1}\right)dx$$

$$= x + \frac{5}{4}\ln|x-1| - \frac{1}{2(x-1)} - \frac{1}{4}\ln|x+1| + C$$

d) $-\ln|x-2| + 2\ln|x-4| + C$

e) $\ln|x| - \ln|x-1| + 2\ln|x+2| + C$

f) $-\dfrac{1}{x-4} - \dfrac{2}{(x-4)^2} + C$

g) Décomposons $\dfrac{1}{x^2(x+1)^2}$ en fractions partielles :

$$\frac{1}{x^2(x+1)^2} = \frac{A}{x} + \frac{B}{x^2} + \frac{C}{x+1} + \frac{D}{(x+1)^2}$$

$$= \frac{Ax(x+1)^2 + B(x+1)^2 + Cx^2(x+1) + Dx^2}{x^2(x+1)^2}$$

de sorte que

$$Ax(x+1)^2 + B(x+1)^2 + Cx^2(x+1) + Dx^2 = 1$$

$$\Rightarrow A = -2, B = 1, C = 2 \text{ et } D = 1$$

Par conséquent,

$$\int \frac{1}{x^2(x+1)^2}\,dx = \int\left[-\frac{2}{x} + \frac{1}{x^2} + \frac{2}{x+1} + \frac{1}{(x+1)^2}\right]dx$$

$$= -2\ln|x| - \frac{1}{x} + 2\ln|x+1| - \frac{1}{x+1} + C$$

h) Décomposons $\dfrac{1}{x^3+x}$ en fractions partielles :

$$\frac{1}{x^3+x} = \frac{1}{x(x^2+1)} = \frac{A}{x} + \frac{Bx+C}{x^2+1} = \frac{A(x^2+1) + (Bx+C)x}{x^3+x}$$

de sorte que $A(x^2+1) + (Bx+C)x = 1 \Rightarrow A = 1, B = -1$ et $C = 0$.

Par conséquent,

$$\int \frac{1}{x^3+x}\,dx = \int\left(\frac{1}{x} - \frac{x}{x^2+1}\right)dx = \int \frac{1}{x}\,dx - \int \frac{x}{x^2+1}\,dx$$

$$= \int \frac{1}{x}\,dx - \tfrac{1}{2}\int \frac{1}{u}\,du \qquad \text{Où } u = x^2+1 \Rightarrow du = 2x\,dx.$$

$$= \ln|x| - \tfrac{1}{2}\ln|u| + C$$

$$= \ln|x| - \tfrac{1}{2}\ln|x^2+1| + C$$

i) $3 - 2\,\text{arctg}\,3$

j) Décomposons $\dfrac{4x^2 + 3x}{(x + 2)(x^2 + 1)}$ en fractions partielles :

$$\frac{4x^2 + 3x}{(x + 2)(x^2 + 1)} = \frac{A}{x + 2} + \frac{Bx + C}{x^2 + 1} = \frac{A(x^2 + 1) + (Bx + C)(x + 2)}{(x + 2)(x^2 + 1)}$$

de sorte que

$$A(x^2 + 1) + (Bx + C)(x + 2) = 4x^2 + 3x \Rightarrow A = 2, B = 2 \text{ et } C = -1$$

Par conséquent,

$$\int \frac{4x^2 + 3x}{(x + 2)(x^2 + 1)}dx = \int \left(\frac{2}{x + 2} + \frac{2x}{x^2 + 1} - \frac{1}{x^2 + 1} \right) dx$$

$$= \int \frac{2}{x + 2}\,dx + \int \frac{2x}{x^2 + 1}\,dx - \int \frac{1}{x^2 + 1}\,dx$$

$$= \int \frac{2}{x + 2}\,dx + \int \frac{1}{u}\,du - \int \frac{1}{x^2 + 1}\,dx \qquad \text{Où } u = x^2 + 1 \Rightarrow du = 2x\,dx.$$

$$= 2\ln|x + 2| + \ln|u| - \text{arctg}\,x + C$$

$$= 2\ln|x + 2| + \ln|x^2 + 1| - \text{arctg}\,x + C$$

k) $\frac{1}{3}x^3 - 4x + 8\,\text{arctg}\left(\frac{1}{2}x\right) + C$

l) Décomposons $\dfrac{x^2 - 4}{x^3 - 1}$ en fractions partielles :

$$\frac{x^2 - 4}{x^3 - 1} = \frac{x^2 - 4}{(x - 1)(x^2 + x + 1)} = \frac{A}{x - 1} + \frac{Bx + C}{x^2 + x + 1}$$

$$= \frac{A(x^2 + x + 1) + (Bx + C)(x - 1)}{x^3 - 1}$$

de sorte que

$$A(x^2 + x + 1) + (Bx + C)(x - 1) = x^2 - 4 \Rightarrow A = -1, B = 2 \text{ et } C = 3$$

Par conséquent,

$$\int \frac{x^2 - 4}{x^3 - 1}\,dx = \int \left(-\frac{1}{x - 1} + \frac{2x + 3}{x^2 + x + 1} \right) dx$$

$$= -\int \frac{1}{x - 1}\,dx + \int \frac{2x + 3}{x^2 + x + 1}\,dx$$

$$= -\ln|x - 1| + \int \frac{2x + 3}{x^2 + x + \frac{1}{4} + \frac{3}{4}}\,dx$$

$$= -\ln|x - 1| + \int \frac{2x + 3}{\left(x + \frac{1}{2}\right)^2 + \frac{3}{4}}\,dx$$

$$= -\ln|x - 1| + \int \frac{2u + 2}{u^2 + \frac{3}{4}}\,du \qquad \text{Où } u = x + \frac{1}{2} \Rightarrow du = dx.$$

$$= -\ln|x - 1| + \int \frac{2u}{u^2 + \frac{3}{4}}\,du + \int \frac{2}{u^2 + \frac{3}{4}}\,du$$

$$= -\ln|x - 1| + \int \frac{1}{v}\,dv + \int \frac{2}{\frac{3}{4}\left[\left(\frac{2}{\sqrt{3}}u \right)^2 + 1 \right]}\,du$$

$$\text{Où } v = u^2 + \frac{3}{4} \Rightarrow dv = 2u\,du.$$

$$= -\ln|x - 1| + \ln|v| + \frac{4\sqrt{3}}{3}\int \frac{1}{t^2 + 1}\,dt \qquad \text{Où } t = \frac{2}{\sqrt{3}}u \Rightarrow dt = \frac{2}{\sqrt{3}}du.$$

$$= -\ln|x - 1| + \ln|v| + \frac{4\sqrt{3}}{3}\operatorname{arctg} t + C$$

$$= -\ln|x - 1| + \ln\left|u^2 + \tfrac{3}{4}\right| + \frac{4\sqrt{3}}{3}\operatorname{arctg}\left(\frac{2}{\sqrt{3}}u\right) + C$$

$$= -\ln|x - 1| + \ln\left|x^2 + x + 1\right| + \frac{4\sqrt{3}}{3}\operatorname{arctg}\left[\frac{2}{\sqrt{3}}\left(x + \tfrac{1}{2}\right)\right] + C$$

$$= -\ln|x - 1| + \ln\left|x^2 + x + 1\right| + \frac{4\sqrt{3}}{3}\operatorname{arctg}\left(\frac{2x + 1}{\sqrt{3}}\right) + C$$

m) $2\ln|x - 1| - \frac{1}{2}\ln\left|x^2 + 2x + 2\right| - 2\operatorname{arctg}(x + 1) + C$

n) Décomposons $\dfrac{x^3 - 3x^2 + 2x - 3}{\left(x^2 + 1\right)^2}$ en fractions partielles :

$$\frac{x^3 - 3x^2 + 2x - 3}{\left(x^2 + 1\right)^2} = \frac{Ax + B}{x^2 + 1} + \frac{Cx + D}{\left(x^2 + 1\right)^2} = \frac{\left(Ax + B\right)\left(x^2 + 1\right) + Cx + D}{\left(x^2 + 1\right)^2}$$

de sorte que

$$\left(Ax + B\right)\left(x^2 + 1\right) + Cx + D = x^3 - 3x^2 + 2x - 3$$

$$\Rightarrow A = 1, B = -3, C = 1 \ \text{et} \ D = 0$$

Par conséquent,

$$\int \frac{x^3 - 3x^2 + 2x - 3}{\left(x^2 + 1\right)^2}dx = \int \frac{x}{x^2 + 1}dx - 3\int \frac{1}{x^2 + 1}dx + \int \frac{x}{\left(x^2 + 1\right)^2}dx$$

$$= \frac{1}{2}\int \frac{1}{u}du - 3\int \frac{1}{x^2 + 1}dx + \frac{1}{2}\int \frac{1}{u^2}du$$

$$\text{Où } u = x^2 + 1 \Rightarrow du = 2x\,dx.$$

$$= \frac{1}{2}\ln|u| - 3\operatorname{arctg} x - \frac{1}{2u} + C$$

$$= \frac{1}{2}\ln\left|x^2 + 1\right| - 3\operatorname{arctg} x - \frac{1}{2\left(x^2 + 1\right)} + C$$

o) $\displaystyle\int \frac{4x}{x^4 + 6x^2 + 5}dx = -\int \frac{x}{x^2 + 5}dx + \int \frac{x}{x^2 + 1}dx$

$$= -\frac{1}{2}\int \frac{1}{u}du + \frac{1}{2}\int \frac{1}{v}dv \qquad \text{Où } u = x^2 + 5 \Rightarrow du = 2x\,dx$$
$$\text{et } v = x^2 + 1 \Rightarrow dv = 2x\,dx.$$

$$= -\frac{1}{2}\ln|u| + \frac{1}{2}\ln|v| + C$$

$$= \frac{1}{2}\ln\left|\frac{v}{u}\right| + C$$

$$= \frac{1}{2}\ln\left|\frac{x^2 + 1}{x^2 + 5}\right| + C$$

$$= \ln\sqrt{\frac{x^2 + 1}{x^2 + 5}} + C$$

p) $\ln|x| - \frac{1}{2}\ln\left|x^2 + 1\right| + \dfrac{1}{2\left(x^2 + 1\right)} + C$

q) $\displaystyle\int \frac{e^x - 1}{e^x + 1}dx = \int \frac{u - 1}{u\left(u + 1\right)}du \qquad \text{Où } u = e^x \Rightarrow du = e^x dx.$

$$= -\int \frac{1}{u}du + 2\int \frac{1}{u + 1}du$$

$$= -\ln|u| + 2\ln|u + 1| + C$$

$$= -\ln\left|e^x\right| + 2\ln\left|e^x + 1\right| + C$$

$$= -x + 2\ln\left|e^x + 1\right| + C$$

r) $1 - \dfrac{\pi}{4}$

s) $\displaystyle\int \dfrac{1}{e^{2x} - 3e^x - 4}\,dx = \int \dfrac{1}{u(u-4)(u+1)}\,du$ Où $u = e^x \Rightarrow du = e^x dx$.

$$= -\tfrac{1}{4}\int \dfrac{1}{u}\,du + \tfrac{1}{20}\int \dfrac{1}{u-4}\,du + \tfrac{1}{5}\int \dfrac{1}{u+1}\,du$$

$$= -\tfrac{1}{4}\ln|u| + \tfrac{1}{20}\ln|u-4| + \tfrac{1}{5}\ln|u+1| + C$$

$$= -\tfrac{1}{4}\ln|e^x| + \tfrac{1}{20}\ln|e^x - 4| + \tfrac{1}{5}\ln|e^x + 1| + C$$

$$= -\tfrac{1}{4}x + \tfrac{1}{20}\ln|e^x - 4| + \tfrac{1}{5}\ln|e^x + 1| + C$$

t) $4\ln|x-1| + \dfrac{2}{x-1} - 2\ln|x^2+1| + 2\arctan x + \dfrac{4x+2}{x^2+1} + C$

22. a) $-\tfrac{1}{4}$

b) $\tfrac{5}{3}(x\ln x - x) + C$

c) $-x + e^{-x} + \ln|e^x - 3| + C$

d) $\tfrac{264}{5}$

e) $-\dfrac{1}{x} - 3\ln|x-1| + C$

f) $\displaystyle\int \dfrac{1}{\sqrt{28 - 12x - x^2}}\,dx = \int \dfrac{1}{\sqrt{28 - (x^2 + 12x + 36) + 36}}\,dx = \int \dfrac{1}{\sqrt{64 - (x+6)^2}}\,dx$

$$= \int \dfrac{1}{8\sqrt{1 - \left(\dfrac{x+6}{8}\right)^2}}\,dx$$

$$= \int \dfrac{1}{\sqrt{1 - u^2}}\,du \qquad \text{Où } u = \dfrac{x+6}{8} \Rightarrow du = \tfrac{1}{8}dx.$$

$$= \arcsin u + C$$

$$= \arcsin\left(\dfrac{x+6}{8}\right) + C$$

g) $\displaystyle\int \cos\sqrt{x}\,dx = 2\int t\cos t\,dt \qquad \text{Où } t = \sqrt{x} \Rightarrow dt = \dfrac{1}{2\sqrt{x}}\,dx.$

Intégrons par parties :

$$u = t \qquad\qquad dv = \cos t\,dt$$
$$du = dt \qquad\qquad v = \sin t$$

D'où

$$\int \cos\sqrt{x}\,dx = 2\int t\cos t\,dt \qquad \text{Où } t = \sqrt{x}.$$

$$= 2\left(t\sin t - \int \sin t\,dt\right)$$

$$= 2(t\sin t + \cos t) + C$$

$$= 2(\sqrt{x}\sin\sqrt{x} + \cos\sqrt{x}) + C$$

h) $\displaystyle\int \dfrac{\tan x}{1 - \sin x}\,dx = \int \dfrac{\sin x}{\cos x(1 - \sin x)}\,dx$

Posons

$$u = \sin x \Rightarrow du = \cos x\,dx \Rightarrow \dfrac{1}{\cos x}\,dx = \dfrac{1}{\cos^2 x}\,du = \dfrac{1}{1 - \sin^2 x}\,du = \dfrac{1}{1 - u^2}\,du$$

de sorte que

$$\int \frac{\operatorname{tg} x}{1 - \sin x}\, dx = \int \frac{\sin x}{\cos x (1 - \sin x)}\, dx$$

$$= \int \frac{u}{(1 - u^2)(1 - u)}\, du \qquad \text{Où } u = \sin x.$$

$$= \int \frac{u}{(1 + u)(1 - u)(1 - u)}\, du$$

$$= \int \frac{u}{(1 + u)(1 - u)^2}\, du$$

$$= \int \frac{u}{(u + 1)(u - 1)^2}\, du$$

Décomposons $\dfrac{u}{(u + 1)(u - 1)^2}$ en fractions partielles :

$$\frac{u}{(u + 1)(u - 1)^2} = \frac{A}{u + 1} + \frac{B}{u - 1} + \frac{C}{(u - 1)^2}$$

$$= \frac{A(u - 1)^2 + B(u - 1)(u + 1) + C(u + 1)}{(u + 1)(u - 1)^2}$$

de sorte que

$$A(u - 1)^2 + B(u - 1)(u + 1) + C(u + 1) = u \Rightarrow A = -\tfrac{1}{4}, B = \tfrac{1}{4} \text{ et } C = \tfrac{1}{2}$$

Par conséquent,

$$\int \frac{\operatorname{tg} x}{1 - \sin x}\, dx = \int \frac{u}{(u + 1)(u - 1)^2}\, du \qquad \text{Où } u = \sin x.$$

$$= -\tfrac{1}{4} \int \frac{1}{u + 1}\, du + \tfrac{1}{4} \int \frac{1}{u - 1}\, du + \tfrac{1}{2} \int \frac{1}{(u - 1)^2}\, du$$

$$= -\tfrac{1}{4} \ln|u + 1| + \tfrac{1}{4} \ln|u - 1| - \frac{1}{2(u - 1)} + C$$

$$= -\tfrac{1}{4} \ln|\sin x + 1| + \tfrac{1}{4} \ln|\sin x - 1| - \frac{1}{2(\sin x - 1)} + C$$

i) $2x^2 - \tfrac{3}{2} \ln|4x^2 + 1| + \tfrac{1}{2} \operatorname{arctg}(2x) + C$

j) $\dfrac{\pi}{4} - \dfrac{1}{2}$

k) $\dfrac{x}{a^2 \sqrt{a^2 + x^2}} + C$

l) $\tfrac{14}{3}$

m) $\ln|x - 1| - \tfrac{1}{2} \ln|x^2 + x + 1| + \sqrt{3} \operatorname{arctg}\left(\dfrac{2x + 1}{\sqrt{3}}\right) + C$

n) $\tfrac{1}{8} x - \tfrac{1}{96} \sin 12x + C$

o) $3 - \dfrac{3\pi}{4}$

p) $2(e^3 - e)$

q) $\displaystyle\int \frac{x^2}{(x - 1)^2}\, dx = \int \frac{(u + 1)^2}{u^2}\, du \qquad \text{Où } u = x - 1 \Rightarrow du = dx.$

$$= \int \frac{u^2 + 2u + 1}{u^2}\, du = \int \left(1 + \frac{2}{u} + \frac{1}{u^2}\right) du = u + 2\ln|u| - \frac{1}{u} + C_1$$

$$= (x - 1) + 2\ln|x - 1| - \frac{1}{x - 1} + C_1$$

$$= x + 2\ln|x - 1| - \frac{1}{x - 1} + C$$

r) $\tfrac{1}{9}\operatorname{tg}^3(1+3x)+\tfrac{1}{3}\operatorname{tg}(1+3x)+C$

s) $\tfrac{2}{3}x^3+\tfrac{8}{5}x^{5/2}+x^2+C$

t) $\displaystyle\int\frac{1}{x^2\sqrt{25-9x^2}}\,dx=\tfrac{1}{3}\int\frac{1}{x^2\sqrt{\tfrac{25}{9}-x^2}}\,dx$

$$=\tfrac{1}{3}\int\frac{\tfrac{5}{3}\cos\theta}{\tfrac{25}{9}\sin^2\theta\sqrt{\tfrac{25}{9}-\tfrac{25}{9}\sin^2\theta}}\,d\theta$$

Où $x=\tfrac{5}{3}\sin\theta\ \Rightarrow\ dx=\tfrac{5}{3}\cos\theta\,d\theta.$

$$=\tfrac{3}{25}\int\frac{1}{\sin^2\theta}\,d\theta=\tfrac{3}{25}\int\operatorname{cosec}^2\theta\,d\theta$$

$$=-\tfrac{3}{25}\cotg\theta+C$$

Le triangle de référence de la substitution est

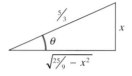

de sorte que

$$\int\frac{1}{x^2\sqrt{25-9x^2}}\,dx=-\tfrac{3}{25}\cotg\theta+C \quad\text{Où } x=\tfrac{5}{3}\sin\theta.$$

$$=-\tfrac{3}{25}\frac{\sqrt{\tfrac{25}{9}-x^2}}{x}+C$$

$$=-\frac{\sqrt{25-9x^2}}{25x}+C$$

u) $\displaystyle\int\sin^5 x\sec^2 x\,dx=\int\frac{\sin^5 x}{\cos^2 x}\,dx=\int\frac{\sin x(\sin^2 x)^2}{\cos^2 x}\,dx=\int\frac{\sin x(1-\cos^2 x)^2}{\cos^2 x}\,dx$

$$=-\int\frac{(1-u^2)^2}{u^2}\,du \quad\text{Où } u=\cos x\ \Rightarrow\ du=-\sin x\,dx.$$

$$=-\int\frac{1-2u^2+u^4}{u^2}\,du=-\int\left(\frac{1}{u^2}-2+u^2\right)=\frac{1}{u}+2u-\tfrac{1}{3}u^3+C$$

$$=\frac{1}{\cos x}+2\cos x-\tfrac{1}{3}\cos^3 x+C$$

$$=\sec x+2\cos x-\tfrac{1}{3}\cos^3 x+C$$

v) $\displaystyle\int_1^2\frac{5x^2-3x+18}{9x-x^3}\,dx=\int_1^2\left(\frac{2}{x}+\frac{3}{3-x}-\frac{4}{3+x}\right)dx$

$$=\left(2\ln|x|-3\ln|3-x|-4\ln|3+x|\right)\Big|_1^2$$

$$=13\ln 2-4\ln 5$$

w) $\displaystyle\int\sin 3x\cos^2 2x\,dx=\tfrac{1}{2}\int\sin 3x(1+\cos 4x)\,dx=\tfrac{1}{2}\int(\sin 3x+\sin 3x\cos 4x)\,dx$

$$=\tfrac{1}{2}\int\left[\sin 3x+\tfrac{1}{2}\sin(-x)+\tfrac{1}{2}\sin 7x\right]dx$$

$$=\tfrac{1}{2}\int\left(\sin 3x-\tfrac{1}{2}\sin x+\tfrac{1}{2}\sin 7x\right)dx$$

$$=-\tfrac{1}{6}\cos 3x+\tfrac{1}{4}\cos x-\tfrac{1}{28}\cos 7x+C$$

x) $\int \dfrac{3x^3 + x^2 + 22x + 4}{x^4 + 13x^2 + 36}\,dx = \int \left(\dfrac{2x}{x^2 + 4} + \dfrac{x + 1}{x^2 + 9} \right)dx$

$$= \int \dfrac{2x}{x^2 + 4}\,dx + \int \dfrac{x}{x^2 + 9}\,dx + \int \dfrac{1}{x^2 + 9}\,dx$$

$$= \int \dfrac{1}{u}\,du + \tfrac{1}{2}\int \dfrac{1}{v}\,dv + \tfrac{1}{9}\int \dfrac{1}{\left(\tfrac{1}{3}x \right)^2 + 1}\,dx$$

Où $u = x^2 + 4 \Rightarrow du = 2x\,dx$
et $v = x^2 + 9 \Rightarrow dx = 2\,dx$.

$$= \int \dfrac{1}{u}\,du + \tfrac{1}{2}\int \dfrac{1}{v}\,dv + \tfrac{1}{3}\int \dfrac{1}{t^2 + 1}\,dt$$

Où $t = \tfrac{1}{3}x \Rightarrow dt = \tfrac{1}{3}\,dx$.

$$= \ln|u| + \tfrac{1}{2}\ln|v| + \tfrac{1}{3}\operatorname{arctg} t + C$$

$$= \ln\left|x^2 + 4\right| + \tfrac{1}{2}\ln\left|x^2 + 9\right| + \tfrac{1}{3}\operatorname{arctg}\left(\tfrac{1}{3}x\right) + C$$

y) $\tfrac{1}{2}\ln\left|x^2 - a^2\right| + C$

23. a) Faux.

b) Vrai.

c) Vrai.

d) Vrai. Comme $\dfrac{d}{dx}[f(x)g(x)] = f(x)g'(x) + g(x)f'(x)$, $f(x)g(x)$ est une primitive de $f(x)g'(x) + g(x)f'(x)$, de sorte que

$$\int \big[f(x)g'(x) + g(x)f'(x)\big]\,dx = f(x)g(x) + C$$

e) Faux.

f) Faux.

g) Vrai.

24. a) $\Delta x = \dfrac{b - a}{n} = \dfrac{3 - 0}{6} = \dfrac{1}{2}$

$$x_k = a + k(\Delta x) = 0 + \dfrac{k}{2} = \dfrac{k}{2} \Rightarrow f(x_k) = (x_k)^3 = \dfrac{k^3}{8}$$

$$\int_a^b f(x)\,dx \approx \dfrac{b - a}{2n}\left[f(a) + f(b) + 2\sum_{k=1}^{n-1} f(x_k) \right]$$

$$\int_0^3 x^3\,dx \approx \dfrac{3 - 0}{2(6)}\left[f(0) + f(3) + 2\sum_{k=1}^{6-1} \dfrac{k^3}{8} \right]$$

$$\approx \dfrac{1}{4}\left[0 + 27 + 2\left(\dfrac{1}{8} + 1 + \dfrac{27}{8} + 8 + \dfrac{125}{8} \right) \right]$$

$$\approx \dfrac{333}{16}$$

$$\approx 20{,}812\,5$$

On a $|f''(x)| = |6x|$. La valeur maximale de cette expression sur $[0,\,3]$ est de 18 en $x = 3$, de sorte que

$$|E| \le \dfrac{M(b - a)^3}{12n^2}$$

$$\le \dfrac{18(3 - 0)^3}{12(6)^2}$$

$$\le \tfrac{9}{8}$$

L'erreur maximale qu'on obtient en approximant par la méthode des trapèzes est donc de $\tfrac{9}{8}$, soit de 1,125.

b) $\Delta x = \dfrac{b-a}{n} = \dfrac{10-2}{8} = 1$

$x_k = a + k(\Delta x) = 2 + k \Rightarrow f(x_k) = \ln(2+k)$

$\displaystyle\int_a^b f(x)\,dx \approx \dfrac{b-a}{2n}\left[f(a) + f(b) + 2\sum_{k=1}^{n-1} f(x_k) \right]$

$\displaystyle\int_2^{10} \ln x\,dx \approx \dfrac{10-2}{2(8)}\left[f(2) + f(10) + 2\sum_{k=1}^{8-1} \ln(2+k) \right]$

$\approx \frac{1}{2}\left[\ln 2 + \ln 10 + 2(\ln 3 + \ln 4 + \ln 5 + \ln 6 + \ln 7 + \ln 8 + \ln 9) \right]$

$\approx \frac{1}{2}\left[\ln 2 + \ln 10 + \ln 3^2 + \ln 4^2 + \ln 5^2 + \ln 6^2 + \ln 7^2 + \ln 8^2 + \ln 9^2 \right]$

$\approx \frac{1}{2}\ln\left[(2)(10)(9)(16)(25)(36)(49)(64)(81) \right]$

$\approx 13{,}61$

On a $|f''(x)| = \left| -\dfrac{1}{x^2} \right| = \dfrac{1}{x^2}$. La valeur maximale de cette expression sur $[2,\,10]$ est de $\frac{1}{4}$ en $x = 2$, de sorte que

$$|E| \leq \dfrac{M(b-a)^3}{12n^2}$$

$$\leq \dfrac{\frac{1}{4}(10-2)^3}{12(8)^2}$$

$$\leq \frac{1}{6}$$

L'erreur maximale commise qu'on obtient en approximant par la méthode des trapèzes est donc de $\frac{1}{6}$, soit de $0{,}1\overline{6}$.

c) $\Delta x = \dfrac{b-a}{n} = \dfrac{8-2}{6} = 1$

$x_k = a + k(\Delta x) = 2 + k \Rightarrow f(x_k) = \dfrac{1}{3+k}$

$\displaystyle\int_a^b f(x)\,dx \approx \dfrac{b-a}{2n}\left[f(a) + f(b) + 2\sum_{k=1}^{n-1} f(x_k) \right]$

$\displaystyle\int_2^8 \dfrac{1}{1+x}\,dx \approx \dfrac{8-2}{2(6)}\left[f(2) + f(8) + 2\sum_{k=1}^{6-1} \dfrac{1}{3+k} \right]$

$\approx \frac{1}{2}\left[\frac{1}{3} + \frac{1}{9} + 2\left(\frac{1}{4} + \frac{1}{5} + \frac{1}{6} + \frac{1}{7} + \frac{1}{8} \right) \right]$

$\approx \frac{2\,789}{2\,520}$

$\approx 1{,}11$

On a $|f''(x)| = \left| \dfrac{2}{(1+x)^3} \right|$. La valeur maximale de cette expression sur $[2,\,8]$ est de $\frac{2}{27}$ en $x = 2$, de sorte que

$$|E| \leq \dfrac{M(b-a)^3}{12n^2}$$

$$\leq \dfrac{\frac{2}{27}(8-2)^3}{12(6)^2}$$

$$\leq \frac{1}{27}$$

L'erreur maximale qu'on obtient en approximant par la méthode des trapèzes est donc de $\frac{1}{27}$, soit de $0{,}\overline{037}$.

d) $\Delta x = \dfrac{b-a}{n} = \dfrac{1-0}{5} = \dfrac{1}{5}$

$x_k = a + k(\Delta x) = 0 + \dfrac{k}{5} = \dfrac{k}{5} \Rightarrow f(x_k) = e^{-\frac{k^2}{25}}$

$\displaystyle\int_a^b f(x)\,dx \approx \dfrac{b-a}{2n}\left[f(a) + f(b) + 2\sum_{k=1}^{n-1} f(x_k) \right]$

$\displaystyle\int_0^1 e^{-x^2}\,dx \approx \dfrac{1-0}{2(5)}\left[f(0) + f(1) + 2\sum_{k=1}^{5-1} e^{-\frac{k^2}{25}} \right]$

$\approx \dfrac{1}{10}\left[e^0 + e^{-1} + 2\left(e^{-\frac{1}{25}} + e^{-\frac{4}{25}} + e^{-\frac{9}{25}} + e^{-\frac{16}{25}} \right) \right]$

$\approx 0{,}74$

On a $|f''(x)| = \left|e^{-x^2}(4x^2 - 2)\right|$. En faisant appel au calcul différentiel, on pourrait vérifier que la valeur maximale de cette expression sur $[0, 1]$ est de 2 en $x = 0$, de sorte que

$$|E| \leq \dfrac{M(b-a)^3}{12n^2}$$

$$\leq \dfrac{2(1-0)^3}{12(5)^2}$$

$$\leq \dfrac{1}{150}$$

L'erreur maximale qu'on obtient en approximant par la méthode des trapèzes est donc de $\dfrac{1}{150}$, soit de $0{,}00\overline{6}$.

Chapitre 3

1. $\displaystyle\int_a^b g(x)\,dx < \int_a^b f(x)\,dx < \int_a^b h(x)\,dx < \int_a^b p(x)\,dx$

2. a) Aire $= \displaystyle\int_{-3}^6 e^{x/3}\,dx = 3e^{x/3}\Big|_{-3}^6 = 3(e^2 - e^{-1}) \approx 21{,}06 \text{ u}^2$

b) Aire $= \displaystyle\int_1^{e^3} \ln x\,dx = x\ln x\Big|_1^{e^3} - \int_1^{e^3} dx = (x\ln x - x)\Big|_1^{e^3} = 2e^3 + 1 \approx 41{,}17 \text{ u}^2$

c) Aire $= \displaystyle\int_{-2}^3 (6 + x - x^2)\,dx = \left(6x + \tfrac{1}{2}x^2 - \tfrac{1}{3}x^3\right)\Big|_{-2}^3 = \tfrac{125}{6} = 20{,}8\overline{3} \text{ u}^2$

d) Aire $= \displaystyle\int_{-2}^2 -(x^4 - 4x^2)\,dx = -2\int_0^2 (x^4 - 4x^2)\,dx = -2\left(\tfrac{1}{5}x^5 - \tfrac{4}{3}x^3\right)\Big|_0^2$

$= \tfrac{128}{15} = 8{,}5\overline{3} \text{ u}^2$

e) Aire $= \displaystyle\int_{-1}^4 (-x^2 + 3x + 4)\,dx = \left(-\tfrac{1}{3}x^3 + \tfrac{3}{2}x^2 + 4x\right)\Big|_{-1}^4 = \tfrac{125}{6} = 20{,}8\overline{3} \text{ u}^2$

3. a) Aire $= \displaystyle\int_{-\pi/2}^{\pi/2} [2 - (1 + \sin x)]\,dx = \int_{-\pi/2}^{\pi/2} (1 - \sin x)\,dx = (x + \cos x)\Big|_{-\pi/2}^{\pi/2} = \pi \text{ u}^2$

b) $\text{Aire} = -\int\limits_{-1}^{0} x\sqrt{1 - x^2}\, dx + \int\limits_{0}^{1} x\sqrt{1 - x^2}\, dx$

$= \frac{1}{2}\int\limits_{0}^{1} \sqrt{u}\, du - \frac{1}{2}\int\limits_{1}^{0} \sqrt{u}\, du \qquad$ Où $u = 1 - x^2 \Rightarrow du = -2x\, dx.$

$= \frac{1}{2}\int\limits_{0}^{1} \sqrt{u}\, du + \frac{1}{2}\int\limits_{0}^{1} \sqrt{u}\, du = \int\limits_{0}^{1} \sqrt{u}\, du = \frac{2}{3} u^{3/2}\Big|_{0}^{1} = \frac{2}{3}\, \text{u}^2$

c) $\frac{64}{3}\, \text{u}^2$

d) $\frac{3}{5}\, \text{u}^2$

e) $36\, \text{u}^2$

f) $\frac{37}{12}\, \text{u}^2$

g) $24\, \text{u}^2$

h) $2\, \text{u}^2$

i) $\left(\ln 2 - \frac{1}{2}\right)\text{u}^2$

j) $\frac{224}{3}\, \text{u}^2$

k) Pour évaluer l'aire, il faut d'abord trouver les bornes d'intégration, soit les points d'intersection des courbes.

$$f(x) = g(x) \Rightarrow \frac{1}{x} = \sqrt{x} \Rightarrow x^{3/2} = 1 \Rightarrow x = 1$$

$$f(x) = h(x) \Rightarrow \frac{1}{x} = \frac{x}{16} \Rightarrow x^2 = 16 \Rightarrow x = 4 \text{ ou } x = -4$$

On ne retient que $x = 4$, puisque le point d'intersection est dans le premier quadrant. Pour évaluer l'aire de la surface S, il faut la diviser en deux parties S_1 et S_2 comme l'indique la figure qui suit :

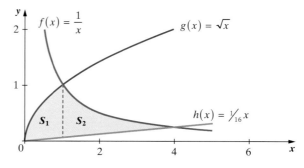

Par conséquent,

$$\text{Aire} = \int\limits_{0}^{1} \left(\sqrt{x} - \frac{1}{16}x\right)dx + \int\limits_{1}^{4} \left(\frac{1}{x} - \frac{1}{16}x\right)dx$$

$$= \left(\frac{2}{3} x^{3/2} - \frac{1}{32}x^2\right)\Big|_{0}^{1} + \left(\ln|x| - \frac{1}{32}x^2\right)\Big|_{1}^{4}$$

$$= \frac{1}{6} + \ln 4 \approx 1{,}55\, \text{u}^2$$

l) $\text{Aire} = \int\limits_{0}^{a} \left[\sqrt{a^2 - x^2} - (a - x)\right]dx = \int\limits_{0}^{a} \sqrt{a^2 - x^2}\, dx - \int\limits_{0}^{a} (a - x)\, dx$

Or,

$$\int\limits_{0}^{a} \sqrt{a^2 - x^2}\, dx = \int\limits_{0}^{\pi/2} \sqrt{a^2 - a^2 \sin^2\theta}\,(a\cos\theta)\, d\theta \qquad \text{Où } x = a\sin\theta \Rightarrow dx = a\cos\theta\, d\theta.$$

$$= \int\limits_{0}^{\pi/2} a^2 \cos^2\theta\, d\theta = \frac{1}{2}a^2 \int\limits_{0}^{\pi/2} (1 + \cos 2\theta)\, d\theta$$

$$= \frac{1}{2}a^2 \left(\theta + \frac{1}{2}\sin 2\theta\right)\Big|_{0}^{\pi/2} = \frac{1}{4}\pi a^2$$

De plus, $\int_0^a (a - x)dx = \left(ax - \frac{1}{2}x^2\right)\Big|_0^a = \frac{1}{2}a^2$, d'où Aire $= \left(\frac{1}{4}\pi a^2 - \frac{1}{2}a^2\right)u^2$.

m) Aire $= \int_{-1}^{3}\left[\left(y^2 + 3\right) - \left(y^3 - 5y\right)\right]dy = \int_{-1}^{3}\left(-y^3 + y^2 + 5y + 3\right)dy$

$= \left(-\frac{1}{4}y^4 + \frac{1}{3}y^3 + \frac{5}{2}y^2 + 3y\right)\Big|_{-1}^{3} = \frac{64}{3}u^2$

4. a) Esquissons la surface et trouvons les points d'intersection.

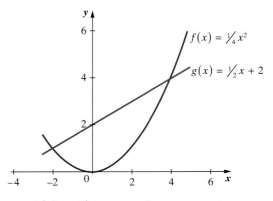

Points d'intersection : $\frac{1}{4}x^2 = \frac{1}{2}x + 2 \Rightarrow x^2 - 2x - 8 = 0 \Rightarrow x = -2$ ou $x = 4$

Aire $= \int_{-2}^{4}\left(\frac{1}{2}x + 2 - \frac{1}{4}x^2\right)dx = \left(\frac{1}{4}x^2 + 2x - \frac{1}{12}x^3\right)\Big|_{-2}^{4} = 9\,u^2$

b) Esquissons la surface et trouvons les points d'intersection.

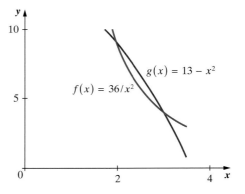

Points d'intersection :

$$\frac{36}{x^2} = 13 - x^2 \Rightarrow x^4 - 13x^2 + 36 = 0$$

$$\Rightarrow \left(x^2 - 9\right)\left(x^2 - 4\right) = 0$$

$$\Rightarrow x = \pm 2 \text{ ou } x = \pm 3$$

Or, comme la surface est située dans le premier quadrant, on a $x = 2$ ou $x = 3$.

Aire $= \int_{2}^{3}\left(13 - x^2 - \frac{36}{x^2}\right)dx = \left(13x - \frac{1}{3}x^3 + \frac{36}{x}\right)\Big|_{2}^{3} = \frac{2}{3}u^2$

c) $108\,u^2$

d) $\left(16 - 12\ln 3\right)u^2$

e) $9\,u^2$

f) Esquissons la surface.

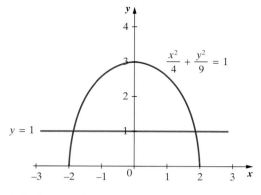

À cause de la symétrie de la surface,

$$\text{Aire} = 2\int_1^3 2\sqrt{1 - \frac{y^2}{9}}\, dy = 4\int_1^3 \sqrt{1 - \left(\tfrac{1}{3}y\right)^2}\, dy$$

$$= 12\int_{\frac{1}{3}}^1 \sqrt{1 - u^2}\, du \qquad \text{Où } u = \tfrac{1}{3}y \Rightarrow du = \tfrac{1}{3}dy.$$

Or,

$$\int \sqrt{1 - u^2}\, du = \int \sqrt{1 - \sin^2\theta}\,(\cos\theta)\, d\theta \qquad \text{Où } u = \sin\theta \Rightarrow du = \cos\theta\, d\theta.$$

$$= \int \cos^2\theta\, d\theta = \tfrac{1}{2}\int \left(1 + \cos 2\theta\right) d\theta = \tfrac{1}{2}\left(\theta + \tfrac{1}{2}\sin 2\theta\right) + C$$

$$= \tfrac{1}{2}\left(\theta + \sin\theta\cos\theta\right) + C$$

Le triangle de référence de la substitution est

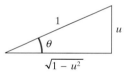

de sorte que

$$\int \sqrt{1 - u^2}\, du = \tfrac{1}{2}\left(\theta + \sin\theta\cos\theta\right) + C \qquad \text{Où } u = \sin\theta.$$

$$= \tfrac{1}{2}\left(\arcsin u + u\sqrt{1 - u^2}\right) + C$$

Par conséquent,

$$\text{Aire} = 12\int_{\frac{1}{3}}^1 \sqrt{1 - u^2}\, du = 6\left(\arcsin u + u\sqrt{1 - u^2}\right)\Big|_{\frac{1}{3}}^1$$

$$= 3\pi - 6\arcsin\tfrac{1}{3} - \tfrac{4}{3}\sqrt{2} \approx 5,50\ \text{u}^2$$

g) Esquissons la surface et trouvons les points d'intersection.

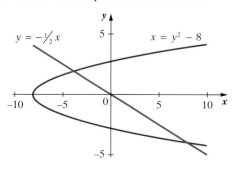

Points d'intersection :

$$y = -\tfrac{1}{2}x = -\tfrac{1}{2}\left(y^2 - 8\right) \Rightarrow -2y = y^2 - 8$$

$$\Rightarrow y^2 + 2y - 8 = 0$$

$$\Rightarrow y = -4 \text{ ou } y = 2$$

$$\text{Aire} = \int_{-4}^{2}\left[-2y - \left(y^2 - 8\right)\right]dy = \left(-y^2 - \tfrac{1}{3}y^3 + 8y\right)\Big|_{-4}^{2} = 36\,\text{u}^2$$

h) $\left(\tfrac{25}{2}\arcsin\tfrac{4}{5} + \tfrac{25}{4}\pi - \tfrac{15}{2}\right)\text{u}^2$

i) $24\,\text{u}^2$

j) $\left(\tfrac{5}{3} - 2\ln 2\right)\text{u}^2$

k) $\left(\ln\tfrac{3}{2}\right)\text{u}^2$

l) $\tfrac{27}{5}\,\text{u}^2$

m) $\left[\dfrac{8}{3} + \dfrac{4\sqrt{3}}{3}\ln\left(\sqrt{3} + 2\right)\right]\text{u}^2$

n) Esquissons la surface et trouvons les points d'intersection.

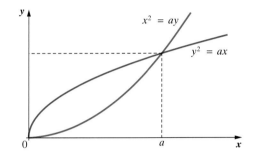

Points d'intersection :

$$y^2 = ax \text{ et } x^2 = ay \Rightarrow \left(\dfrac{x^2}{a}\right)^2 = ax \Rightarrow \dfrac{x^4}{a^2} = ax$$

$$\Rightarrow x^4 = a^3x \Rightarrow x^4 - a^3x = 0$$

$$\Rightarrow x\left(x^3 - a^3\right) = 0 \Rightarrow x = 0 \text{ ou } x = a$$

$$\text{Aire} = \int_{0}^{a}\left(\sqrt{ax} - \dfrac{x^2}{a}\right)dx = \int_{0}^{a}\left[\sqrt{a}\left(x^{1/2}\right) - \dfrac{x^2}{a}\right]dx = \left(\dfrac{2\sqrt{a}}{3}x^{3/2} - \dfrac{x^3}{3a}\right)\Big|_{0}^{a} = \tfrac{1}{3}a^2\,\text{u}^2$$

5. a)

b) La surface S_n se rapproche de la surface délimitée par un triangle rectangle isocèle. L'aire de ce triangle est de $\tfrac{1}{2}\,\text{u}^2$.

c) $\displaystyle\lim_{n\to\infty} A_n = \lim_{n\to\infty} \int_0^1 \left(x^{1/n} - x\right)dx = \lim_{n\to\infty}\left(\frac{x^{1/n+1}}{1/n + 1} - \frac{x^2}{2}\right)\Bigg|_0^1$

$\displaystyle = \lim_{n\to\infty}\left(\frac{n}{n+1} - \frac{1}{2}\right) = \lim_{n\to\infty}\left[\frac{2n - (n+1)}{2(n+1)}\right] = \lim_{n\to\infty}\left(\frac{n-1}{2n+2}\right)$

$\displaystyle = \lim_{n\to\infty}\left[\frac{n\left(1 - 1/n\right)}{n\left(2 + 2/n\right)}\right] = \lim_{n\to\infty}\frac{1 - 1/n}{2 + 2/n} = \frac{1}{2}\,u^2$

Ce résultat correspond à celui auquel on s'attendait en vertu de la réponse obtenue en *b*.

6. Esquissons la surface S, ainsi que les deux surfaces S_1 et S_2 d'aire égale.

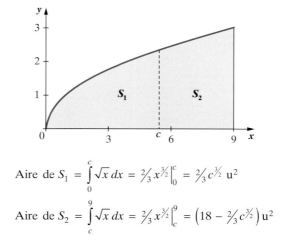

Aire de $S_1 = \displaystyle\int_0^c \sqrt{x}\, dx = \frac{2}{3}x^{3/2}\Big|_0^c = \frac{2}{3}c^{3/2}\,u^2$

Aire de $S_2 = \displaystyle\int_c^9 \sqrt{x}\, dx = \frac{2}{3}x^{3/2}\Big|_c^9 = \left(18 - \frac{2}{3}c^{3/2}\right)u^2$

Par conséquent,

Aire de S_1 = Aire de S_2 $\Rightarrow \frac{2}{3}c^{3/2} = 18 - \frac{2}{3}c^{3/2} \Rightarrow \frac{4}{3}c^{3/2} = 18$

$\Rightarrow c^{3/2} = \dfrac{27}{2} \Rightarrow c = \dfrac{9}{\sqrt[3]{4}} \approx 5{,}67$

7. Esquissons le graphique des deux surfaces.

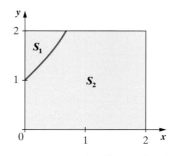

Le point premier point d'intersection est $(0, e^0)$, soit $(0, 1)$. On obtient le second en résolvant $e^x = 2$, d'où $x = \ln 2$. On a donc que le second point d'intersection est $(\ln 2, 2)$. Par conséquent,

Aire de $S_1 = \displaystyle\int_0^{\ln 2}\left(2 - e^x\right)dx = \left(2x - e^x\right)\Big|_0^{\ln 2} = 2\ln 2 - e^{\ln 2} - \left(0 - e^0\right)$

$= \ln 4 - 2 + 1 = \left(\ln 4 - 1\right)u^2$

de sorte que l'aire de S_2 correspond à l'aire du carré moins celle de S_1, c'est-à-dire que l'aire de $S_2 = 4 - \left(\ln 4 - 1\right) = \left(5 - \ln 4\right)u^2$. On a donc que

$$\frac{\text{Aire de } S_1}{\text{Aire de } S_2} = \frac{\ln 4 - 1}{5 - \ln 4} \approx 10{,}7\,\%$$

Chapitre 3

8. a) $\dfrac{\sqrt{2}}{2}$

b) $\frac{1}{2}\left(1 - e^{-\frac{1}{2}}\right) u^2$

9. a) $\left(\dfrac{\pi}{2}, \dfrac{\pi}{8}\right)$

b) $\left(\frac{9}{20}, \frac{9}{20}\right)$

10. a) $t = 0, t = t_1$ et $t = t_2$

b) Comme $v_A(t) > 0$ sur l'intervalle $[0, t_2]$, $\displaystyle\int_0^{t_2} v_A(t)dt$ représente l'aire sous la courbe $v_A(t)$ au-dessus de cet intervalle. De plus, en vertu du théorème fondamental du calcul intégral, $\displaystyle\int_0^{t_2} v_A(t)dt = \int_0^{t_2} s_A{}'(t)dt = s_A(t_2) - s_A(0)$. Cette dernière expression représente la distance parcourue par le mobile A au cours de l'intervalle de temps $[0, t_2]$, soit pendant les t_2 h après le départ du mobile.

c) $\displaystyle\int_0^{t_2}[v_A(t) - v_b(t)]dt = \int_0^{t_2} v_A(t)dt - \int_0^{t_2} v_B(t)dt$, ce qui représente l'écart entre les distances parcourues par les deux mobiles au cours de l'intervalle de temps $[0, t_2]$, soit la distance qui sépare les deux mobiles après t_2 heures

d) La distance entre les deux mobiles est la plus grande lorsque l'« aire algébrique » comprise entre les deux courbes décrites par les vitesses est la plus grande, soit lorsque $\displaystyle\int_0^b [v_A(t) - v_b(t)]dt$ est la plus grande. Cela se produit en $t = t_1$.

11. a) $T = \displaystyle\int_a^b F(x)dx = \int_2^4 (2x^3 + x^2 - 1)dx = \left(\frac{1}{2}x^4 + \frac{1}{3}x^3 - x\right)\Big|_2^4 = \frac{410}{3}$ J

b) $T = \displaystyle\int_a^b F(x)dx = \int_0^1 \left[\cos\left(\frac{\pi x}{2}\right) + e^x\right]dx = \left[\frac{\sin(\pi x/2)}{\pi/2} + e^x\right]\Bigg|_0^1 = \frac{2}{\pi} + e - 1 \approx 2{,}35$ J

12. a) $F(0{,}05) = k(0{,}05) = 2 \Rightarrow k = \dfrac{2}{0{,}05} = 40$ N/m

b) $F(0{,}1) = 40(0{,}1) = 4$ N

c) $T = \displaystyle\int_a^b F(x)dx = \int_0^y kx\,dx = \frac{1}{2}kx^2\Big|_0^y = \frac{1}{2}ky^2$ J

13. a) Comme la fonction $f(t)$ est continue et que sa dérivée existe partout, alors la valeur maximale du courant s'obtient lorsque la dérivée première est nulle :

$$\frac{dI}{dt} = 0 \Rightarrow \frac{d}{dt}(A\cos\omega t + B\sin\omega t) = 0$$

$$\Rightarrow -A\omega\sin\omega t + B\omega\cos\omega t = 0$$

$$\Rightarrow A\omega\sin\omega t = B\omega\cos\omega t$$

$$\Rightarrow A^2\sin^2\omega t = B^2\cos^2\omega t = B^2(1 - \sin^2\omega t)$$

$$\Rightarrow (A^2 + B^2)\sin^2\omega t = B^2$$

$$\Rightarrow \sin^2\omega t = \frac{B^2}{A^2 + B^2}$$

$$\Rightarrow \sin\omega t = \frac{B}{\sqrt{A^2 + B^2}} \qquad \text{On ne conserve que la valeur positive du sinus pour obtenir un maximum.}$$

Par conséquent, lorsque le courant atteint sa valeur maximale, on a

$\sin \omega t = \dfrac{B}{\sqrt{A^2 + B^2}}$. De même, en vertu d'une identité trigonométrique

bien connue, on déduit que le courant atteint sa valeur maximale lorsque

$\cos^2 \omega t = 1 - \sin^2 \omega t = 1 - \dfrac{B^2}{A^2 + B^2} = \dfrac{A^2}{A^2 + B^2}$, c'est-à-dire lorsque

$\cos \omega t = \dfrac{A}{\sqrt{A^2 + B^2}}$. Comme le courant est donné par $I = A \cos \omega t + B \sin \omega t$,

on a que $I_{\max} = A\left(\dfrac{A}{\sqrt{A^2 + B^2}}\right) + B\left(\dfrac{B}{\sqrt{A^2 + B^2}}\right) = \dfrac{A^2 + B^2}{\sqrt{A^2 + B^2}} = \sqrt{A^2 + B^2}$.

b) $\left(I_{\mathrm{rms}}\right)^2 = \dfrac{\omega}{2\pi} \displaystyle\int_0^{2\pi/\omega} I^2 dt = \dfrac{\omega}{2\pi} \displaystyle\int_0^{2\pi/\omega} \left(A\cos \omega t + B \sin \omega t\right)^2 dt$

$= \dfrac{\omega}{2\pi} \displaystyle\int_0^{2\pi/\omega} \left(A^2 \cos^2 \omega t + 2AB\cos \omega t \sin \omega t + B^2 \sin^2 \omega t\right) dt$

$= \dfrac{\omega}{2\pi} \displaystyle\int_0^{2\pi/\omega} \left[\dfrac{A^2}{2}(1 + \cos 2\omega t) + AB\sin 2\omega t + \dfrac{B^2}{2}(1 - \cos 2\omega t)\right] dt$

$= \dfrac{\omega}{2\pi} \left[\dfrac{(A^2 + B^2)t}{2} + \dfrac{A^2 \sin 2\omega t}{4\omega} - \dfrac{AB\cos 2\omega t}{2\omega} - \dfrac{B^2 \sin 2\omega t}{4\omega}\right]_0^{2\pi/\omega}$

$= \dfrac{\omega}{2\pi} \left[\dfrac{(A^2 + B^2)2\pi}{2\omega}\right]$

$= \dfrac{A^2 + B^2}{2}$

de sorte que $I_{\mathrm{rms}} = \sqrt{\dfrac{A^2 + B^2}{2}}$. Par conséquent, $I_{\max} = \sqrt{2}\, I_{\mathrm{rms}}$.

14. Le prix d'équilibre $(\bar{p})$ correspond à la valeur de l'offre (ou de la demande) lorsque l'offre est égale à la demande, c'est-à-dire lorsque $O(q) = D(q)$. Le point d'équilibre est noté $(\bar{p}, \bar{q})$. Le surplus des producteurs est donné par $\displaystyle\int_0^{\bar{q}} [\bar{p} - O(q)]\,dq$ et le surplus des consommateurs est donné par $\displaystyle\int_0^{\bar{q}} [D(q) - \bar{p}]\,dq$.

a) $D(q) = O(q) \Rightarrow 12 - q^2 = q \Rightarrow q^2 + q - 12 = 0 \Rightarrow (q + 4)(q - 3) = 0$

Comme q doit être positif, puisqu'il représente une quantité, on ne retient que $\bar{q} = 3$, de sorte que $\bar{p} = O(\bar{q}) = O(3) = 3$.

Surplus des producteurs $= \displaystyle\int_0^{\bar{q}} [\bar{p} - O(q)]\,dq = \int_0^3 (3 - q)\,dq = \left(3q - \tfrac{1}{2}q^2\right)\Big|_0^3 = \tfrac{9}{2}$

Surplus des consommateurs $= \displaystyle\int_0^{\bar{q}} [D(q) - \bar{p}]\,dq = \int_0^3 (12 - q^2 - 3)\,dq$

$= \left(9q - \tfrac{1}{3}q^3\right)\Big|_0^3 = 18$

b) $\bar{p} = 5$; surplus des producteurs $\approx 254{,}97$; surplus des consommateurs $= 500$

c) $\bar{p} = 11$; surplus des producteurs $= \tfrac{25}{2}$; surplus des consommateurs $\approx 25{,}28$

d) $\bar{p} = \sqrt{450}$; surplus des producteurs $\approx 863{,}66$; surplus des consommateurs $\approx 648{,}18$

15. a) $R(q) = pq = (300 - q)q = 300q - q^2$

b) La quantité et le prix qui maximisent le profit du producteur sont $\bar{q} = 50$ et $\bar{p} = 250$.

c) Surplus des consommateurs $= 1\,250$.

16. a) $R(q) = pq = (260 - 8q - 2q^2)q = 260q - 8q^2 - 2q^3$

b) La quantité et le prix qui maximisent le profit du producteur sont $\bar{q} = 5$ et $\bar{p} = 170$.

c) Surplus des consommateurs $= {}^{800}\!/_{3}$.

17. a) $f_A(0,4) = 0,8(0,4)^2 + 0,2(0,4) = 0,208$. Les 40 % les moins bien rémunérés des individus exerçant la profession A reçoivent 20,8 % des revenus gagnés par l'ensemble des individus exerçant cette profession.

b) Notons G_A, G_B et G_C les indices de Gini de chacune des professions A, B et C. Alors,

$$G_A = 2\int_0^1 \left[x - (0,8x^2 + 0,2x)\right]dx = 2\int_0^1 (0,8x - 0,8x^2)dx$$

$$= \left(0,8x^2 - \frac{1,6}{3}x^3\right)\Big|_0^1 = \frac{0,8}{3} = 0,2\overline{6}$$

$$G_B = 2\int_0^1 \left[x - {}^{1}\!/_{2}(3^x - 1)\right]dx = \left(x^2 - \frac{3^x}{\ln 3} + x\right)\Big|_0^1 = 2 - \frac{2}{\ln 3} \approx 0,18$$

$$G_c = 2\int_0^1 \left[x - (0,6x^4 + 0,4x)\right]dx = 2\int_0^1 (0,6x - 0,6x^4)dx$$

$$= \left(0,6x^2 - \frac{1,2}{5}x^5\right)\Big|_0^1 = \frac{1,8}{5} = 0,36$$

c) Plus l'indice de Gini est élevé, plus la répartition des revenus est inégalitaire. Par conséquent, la profession C est celle dont la répartition des revenus est la plus inégalitaire, alors que la profession B est celle qui présente la répartition des revenus la plus égalitaire.

18. a) $\bar{f} = \frac{1}{b-a}\int_a^b f(x)dx = {}^{1}\!/_{8}\int_3^{11} \sqrt{2x+3}\,dx = {}^{1}\!/_{24}(2x+3)^{3/2}\Big|_3^{11} = {}^{49}\!/_{12} \approx 4,08$

b) $\bar{f} = \frac{1}{b-a}\int_a^b f(x)dx = \frac{1}{\pi}\int_0^\pi \cos x\,dx = \frac{1}{\pi}\sin x\Big|_0^\pi = 0$

c) ${}^{61}\!/_{9}$

d) ${}^{1}\!/_{12}\ln {}^{5}\!/_{2}$

e) 0

19. a) $\bar{f} = \frac{1}{b-a}\int_a^b f(x)dx = {}^{1}\!/_{4}\int_0^4 3x^2\,dx = {}^{1}\!/_{4}x^3\Big|_0^4 = 16$

$f(x) = 16 \Rightarrow 3x^2 = 16 \Rightarrow x = {}^{4}\!/_{3}\sqrt{3} \approx 2,31$

b) $2\arcsin\frac{2}{\pi}$

c) 3

20. $\bar{T} = {}^{1}\!/_{60}\int_0^{60} (20 + 140e^{-t/30})dt = \left[{}^{1}\!/_{60}(20t - 4\,200e^{-t/30})\right]\Big|_0^{60} = 90 - 70e^{-2} \approx 80,53°C$

21. $\bar{V} = {}^{1}\!/_{20}\int_0^{20} 5\,000e^{t/20}\,dt = 5\,000e^{t/20}\Big|_0^{20} = 5\,000(e-1) \approx 8\,591,41\,\$$

22. Environ $18,83°C$.

23. $\bar{Q} = {}^{1}\!/_{5}\int_0^5 2e^{-t/10}\,dt = -4e^{-t/10}\Big|_0^5 = 4(1 - e^{-1/2}) \approx 1,57$

24. $\left({}^{49}\!/_{2} - {}^{9}\!/_{2}e^{-50/9}\right)$ unités

25. 7 975 individus

26. Traçons d'abord la base du solide et marquons les dimensions d'une section transversale qui permettront de déterminer l'expression de l'aire de cette dernière.

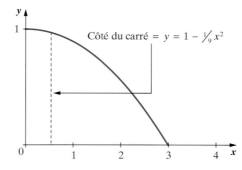

La coupe transversale du solide selon $x = k$ est un carré de côté $y = 1 - \frac{1}{9}x^2$, de sorte que l'aire $A(x)$ d'une tranche du solide est de $A(x) = \left(1 - \frac{1}{9}x^2\right)^2$.

Par conséquent, le volume V du solide est de

$$V = \int_a^b A(x)dx = \int_0^3 \left(1 - \frac{1}{9}x^2\right)^2 dx = \int_0^3 \left(1 - \frac{2}{9}x^2 + \frac{1}{81}x^4\right)dx$$

$$= \left(x - \frac{2}{27}x^3 + \frac{1}{405}x^5\right)\Big|_0^3 = \frac{8}{5}\,\text{u}^3$$

27. Traçons d'abord la base du solide et marquons les dimensions d'une section transversale qui permettront de déterminer l'expression de l'aire de cette dernière.

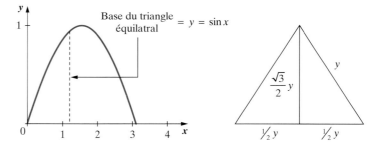

La coupe transversale du solide selon $x = k$ est un triangle équilatéral de base $b = y = \sin x$ et de hauteur $h = \frac{\sqrt{3}}{2}y = \frac{\sqrt{3}}{2}\sin x$, de sorte que l'aire $A(x)$ d'une tranche du solide est de $A(x) = \frac{1}{2}bh = \frac{1}{2}(y)\left(\frac{\sqrt{3}}{2}y\right) = \frac{\sqrt{3}}{4}y^2 = \frac{\sqrt{3}}{4}\sin^2 x$. Par conséquent, le volume V du solide est de

$$V = \int_a^b A(x)dx = \int_0^\pi \frac{\sqrt{3}}{4}\sin^2 x\, dx = \frac{\sqrt{3}}{4}\int_0^\pi \frac{1}{2}(1 - \cos 2x)dx$$

$$= \frac{\sqrt{3}}{8}\left(x - \frac{1}{2}\sin 2x\right)\Big|_0^\pi = \frac{\sqrt{3}}{8}\pi \approx 0{,}68\,\text{u}^3$$

28. $30\pi\,\text{u}^3$

29. a) $\frac{1\,296}{5}\,\text{u}^3$ b) $\frac{324}{5}\sqrt{3}\,\text{u}^3$ c) $72\,\text{u}^3$ d) $\frac{162}{5}\pi\,\text{u}^3$

30. a) $2\,\text{u}^3$ b) $\frac{\sqrt{3}}{2}\,\text{u}^3$ c) $\frac{8}{3}\,\text{u}^3$

31. $\frac{4\sqrt{3}}{3}ab^2\,\text{u}^3$

Chapitre 3

32. a)

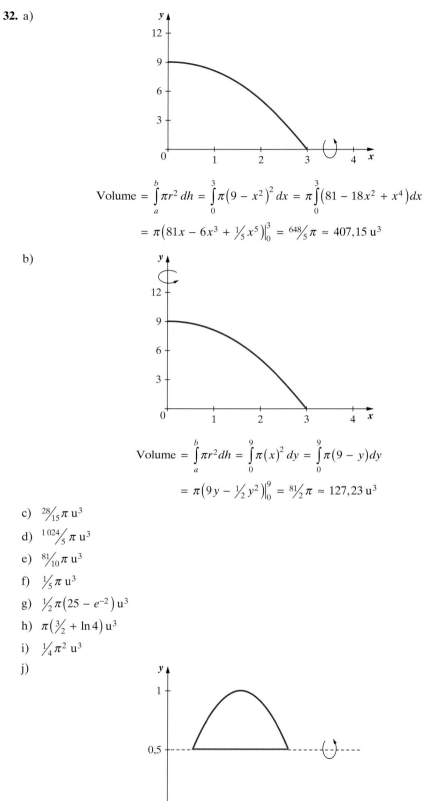

$$\text{Volume} = \int_a^b \pi r^2 \, dh = \int_0^3 \pi \left(9 - x^2\right)^2 dx = \pi \int_0^3 \left(81 - 18x^2 + x^4\right) dx$$

$$= \pi \left(81x - 6x^3 + \tfrac{1}{5} x^5\right)\Big|_0^3 = {}^{648}\!\!/_5 \, \pi \approx 407{,}15 \, \text{u}^3$$

b)

$$\text{Volume} = \int_a^b \pi r^2 \, dh = \int_0^9 \pi \left(x\right)^2 dy = \int_0^9 \pi \left(9 - y\right) dy$$

$$= \pi \left(9y - \tfrac{1}{2} y^2\right)\Big|_0^9 = {}^{81}\!\!/_2 \, \pi \approx 127{,}23 \, \text{u}^3$$

c) $\ {}^{28}\!\!/_{15} \, \pi \, \text{u}^3$

d) $\ {}^{1\,024}\!\!/_5 \, \pi \, \text{u}^3$

e) $\ {}^{81}\!\!/_{10} \, \pi \, \text{u}^3$

f) $\ \tfrac{1}{5} \, \pi \, \text{u}^3$

g) $\ \tfrac{1}{2} \, \pi \left(25 - e^{-2}\right) \text{u}^3$

h) $\ \pi \left(\tfrac{3}{2} + \ln 4\right) \text{u}^3$

i) $\ \tfrac{1}{4} \, \pi^2 \, \text{u}^3$

j)

$$\text{Volume} = \int_a^b \pi r^2\, dh = \int_{\pi/6}^{5\pi/6} \pi\left(\sin x - \tfrac{1}{2}\right)^2 dx = \pi \int_{\pi/6}^{5\pi/6} \left(\sin^2 x - \sin x + \tfrac{1}{4}\right)dx$$

$$= \pi \int_{\pi/6}^{5\pi/6} \left[\tfrac{1}{2}(1 - \cos 2x) - \sin x + \tfrac{1}{4}\right]dx = \pi \int_{\pi/6}^{5\pi/6} \left(\tfrac{3}{4} - \tfrac{1}{2}\cos 2x - \sin x\right)dx$$

$$= \pi\left(\tfrac{3}{4}x - \tfrac{1}{4}\sin 2x + \cos x\right)\Big|_{\pi/6}^{5\pi/6} = \frac{\pi^2}{2} - \frac{3\sqrt{3}}{4}\pi \approx 0{,}85\ \text{u}^3$$

k) $16\pi\ \text{u}^3$

33. a)

Points d'intersection :

$$f(x) = g(x) \Rightarrow 7 - x = \frac{12}{x}$$
$$\Rightarrow 7x - x^2 = 12$$
$$\Rightarrow x^2 - 7x + 12 = 0$$
$$\Rightarrow (x - 4)(x - 3) = 0$$
$$\Rightarrow x = 3 \text{ ou } x = 4$$

Les points d'intersection sont donc $(3,\ 4)$ et $(4,\ 3)$.

$$\text{Volume} = \int_a^b \pi\left(R^2 - r^2\right)dh = \pi\int_3^4 \left[(7 - x)^2 - \left(\frac{12}{x}\right)^2\right]dx$$

$$= \pi\int_3^4 \left(49 - 14x + x^2 - \frac{144}{x^2}\right)dx = \pi\left(49x - 7x^2 + \tfrac{1}{3}x^3 + \frac{144}{x}\right)\Big|_3^4$$

$$= \tfrac{1}{3}\pi \approx 1{,}05\ \text{u}^3$$

b) $\text{Volume} = \pi\int_0^1 \left[\left(y^{1/3}\right)^2 - \left(y^3\right)^2\right]dy = \tfrac{16}{35}\pi\ \text{u}^3$

c) $\text{Volume} = \pi\int_0^2 \left(80 - 18x^3 + x^6\right)dx = \tfrac{744}{7}\pi\ \text{u}^3$

d) $\text{Volume} = \pi\int_{-1}^{3/2} \left(2x^3 - 11x^2 + 2x + 15\right)dx = \tfrac{2\,375}{96}\pi\ \text{u}^3$

e) $\text{Volume} = \pi\int_0^\pi \left[2^2 - (2 - \sin x)^2\right]dx = \left(8\pi - \tfrac{1}{2}\pi^2\right)\text{u}^3$

f) $\text{Volume} = \pi\int_0^1 \left(3 - 4y^2 + y^4\right)dy = \tfrac{28}{15}\pi\ \text{u}^3$

g) $\text{Volume} = \pi\int_{-\pi/4}^{\pi/4} \left(\sec^2 x + 2\sec x\right)dx = 2\pi\left[1 + 2\ln\left(\sqrt{2} + 1\right)\right]\text{u}^3$

h)

Points d'intersection :

$$f(x) = g(x) \Rightarrow \sqrt{x} = \tfrac{1}{2}x$$
$$\Rightarrow 4x = x^2$$
$$\Rightarrow x(x - 4) = 0$$
$$\Rightarrow x = 0 \text{ ou } x = 4$$

Les points d'intersection sont donc $(0,\ 0)$ et $(4,\ 2)$.

$$\text{Volume} = \int_a^b \pi\left(R^2 - r^2\right)dh = \pi\int_0^2\left[(2y)^2 - \left(y^2\right)^2\right]dy$$

$$= \pi\int_0^2\left(4y^2 - y^4\right)dy = \pi\left(\tfrac{4}{3}y^3 - \tfrac{1}{5}y^5\right)\Big|_0^2 = \tfrac{64}{15}\pi \approx 13,40\ \text{u}^3$$

34. a) $4\pi\sqrt{3}\ \text{cm}^3$

b) L'équation du cercle est $x^2 + y^2 = R^2$, d'où $x^2 = R^2 - y^2$. De plus, $R^2 = r^2 + \left(\tfrac{1}{2}h\right)^2$. On a donc

$$\text{Volume} = \int_{-\frac{h}{2}}^{\frac{h}{2}} \pi\left(x^2 - r^2\right)dy$$

$$= 2\pi\int_0^{\frac{h}{2}}\left(R^2 - y^2 - r^2\right)dy$$

$$= 2\pi\int_0^{\frac{h}{2}}\left[\left(\tfrac{1}{2}h\right)^2 - y^2\right]dy$$

$$= 2\pi\left(\tfrac{1}{4}h^2y - \tfrac{1}{3}y^3\right)\Big|_0^{\frac{h}{2}} = \frac{\pi h^3}{6}\ \text{cm}^3$$

35. a)

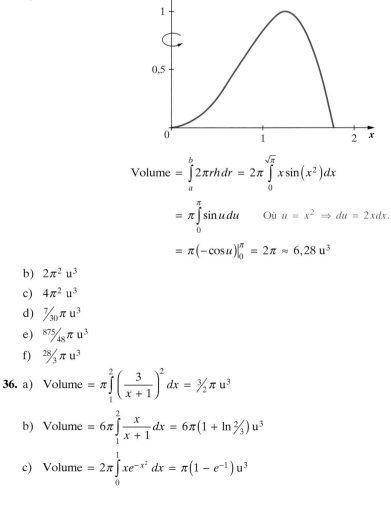

$$\text{Volume} = \int_a^b 2\pi rh\,dr = 2\pi\int_0^{\sqrt{\pi}} x\sin\left(x^2\right)dx$$

$$= \pi\int_0^{\pi}\sin u\,du \qquad \text{Où } u = x^2 \Rightarrow du = 2x\,dx.$$

$$= \pi\left(-\cos u\right)\Big|_0^{\pi} = 2\pi \approx 6,28\ \text{u}^3$$

b) $2\pi^2\ \text{u}^3$

c) $4\pi^2\ \text{u}^3$

d) $\tfrac{7}{30}\pi\ \text{u}^3$

e) $\tfrac{875}{48}\pi\ \text{u}^3$

f) $\tfrac{28}{3}\pi\ \text{u}^3$

36. a) $\text{Volume} = \pi\int_1^2\left(\dfrac{3}{x+1}\right)^2 dx = \tfrac{3}{2}\pi\ \text{u}^3$

b) $\text{Volume} = 6\pi\int_1^2\dfrac{x}{x+1}\,dx = 6\pi\left(1 + \ln\tfrac{2}{3}\right)\text{u}^3$

c) $\text{Volume} = 2\pi\int_0^1 xe^{-x^2}\,dx = \pi\left(1 - e^{-1}\right)\text{u}^3$

d) Volume $= \pi \int\limits_{0}^{\pi/2} \left(1 - \sin^2 x\right) dx = \pi \int\limits_{0}^{\pi/2} \cos^2 x \, dx = \frac{1}{4}\pi^2 \, \text{u}^3$

e) $\left(\frac{1}{4}\pi^3 + \pi^2 - 4\pi\right) \text{u}^3$

f) $\left(\frac{3}{4}\pi^2 - 2\pi\right) \text{u}^3$

g) $\frac{1}{2}\pi \, \text{u}^3$

h) $\left(\frac{1}{2}\pi^2 \sqrt{2} - 2\pi\right) \text{u}^3$

i) $\frac{3}{10}\pi \, \text{u}^3$

j) $\frac{64}{15}\pi \, \text{u}^3$

37. La surface en rotation est une portion du disque délimité par la droite $y = -20$ et par le cercle centré à l'origine de rayon 30, soit le cercle d'équation $x^2 + y^2 = 30^2$, de sorte que

$$\text{Volume} = \int\limits_{a}^{b} \pi r^2 \, dh = \int\limits_{-30}^{-20} \pi x^2 \, dy = \int\limits_{-30}^{-20} \pi\left(30^2 - y^2\right) dy = \pi\left(30^2 \, y - \frac{1}{3} y^3\right)\Big|_{-30}^{-20}$$

$$= \frac{8\,000\,\pi}{3} \, \text{cm}^3 \approx 8\,377,6 \, \text{mL} \approx 8,4 \, \text{L}$$

38. a) $\text{Longueur} = \int\limits_{a}^{b} \sqrt{1 + \left(\frac{df}{dx}\right)^2} \, dx = \int\limits_{1}^{4} \sqrt{1 + \left(x^{1/2} - \frac{1}{4} x^{-1/2}\right)^2} \, dx$

$$= \int\limits_{1}^{4} \sqrt{1 + x - \frac{1}{2} + \frac{1}{16} x^{-1}} \, dx = \int\limits_{1}^{4} \sqrt{x + \frac{1}{2} + \frac{1}{16} x^{-1}} \, dx$$

$$= \int\limits_{1}^{4} \sqrt{\left(x^{1/2} + \frac{1}{4} x^{-1/2}\right)^2} \, dx = \int\limits_{1}^{4} \left(x^{1/2} + \frac{1}{4} x^{-1/2}\right) dx = \left(\frac{2}{3} x^{3/2} + \frac{1}{2} x^{1/2}\right)\Big|_{1}^{4}$$

$$= \frac{31}{6} = 5,1\overline{6} \, \text{u}$$

b) $\text{Longueur} = \int\limits_{a}^{b} \sqrt{1 + \left(\frac{df}{dx}\right)^2} \, dx = \int\limits_{1}^{2} \sqrt{1 + \left(\frac{3}{4} x^2 - \frac{1}{3} x^{-2}\right)^2} \, dx$

$$= \int\limits_{1}^{2} \sqrt{1 + \frac{9}{16} x^4 - \frac{1}{2} + \frac{1}{9} x^{-4}} \, dx = \int\limits_{1}^{2} \sqrt{\frac{9}{16} x^4 + \frac{1}{2} + \frac{1}{9} x^{-4}} \, dx$$

$$= \int\limits_{1}^{2} \sqrt{\left(\frac{3}{4} x^2 + \frac{1}{3} x^{-2}\right)^2} \, dx = \int\limits_{1}^{2} \left(\frac{3}{4} x^2 + \frac{1}{3} x^{-2}\right) dx = \left(\frac{1}{4} x^3 - \frac{1}{3} x^{-1}\right)\Big|_{1}^{2}$$

$$= \frac{23}{12} \approx 1,92 \, \text{u}$$

c) $\left[\ln\left(2 + \sqrt{3}\right)\right] \text{u}$

d) $\left(\frac{3}{2} + \ln 2\right) \text{u}$

e) $\frac{15}{8} \, \text{u}$

f) $\frac{32}{3} \, \text{u}$

g) $\left(-\frac{7}{9} + \ln \frac{68}{5}\right) \text{u}$

h) $\text{Longueur} = \int\limits_{a}^{b} \sqrt{1 + \left(\frac{df}{dx}\right)^2} \, dx = \int\limits_{a}^{b} \sqrt{1 + \left(x^n - \frac{1}{4} x^{-n}\right)^2} \, dx$

$$= \int\limits_{a}^{b} \sqrt{1 + x^{2n} - \frac{1}{2} + \frac{1}{16} x^{-2n}} \, dx = \int\limits_{a}^{b} \sqrt{x^{2n} + \frac{1}{2} + \frac{1}{16} x^{-2n}} \, dx$$

$$= \int\limits_{a}^{b} \sqrt{\left(x^n + \frac{1}{4} x^{-n}\right)^2} \, dx = \int\limits_{a}^{b} \left(x^n + \frac{1}{4} x^{-n}\right) dx$$

$$= \left[\frac{x^{n+1}}{n+1} + \frac{x^{1-n}}{4(1-n)}\right]\Big|_{a}^{b} = \left\{\frac{b^{n+1}}{n+1} + \frac{b^{1-n}}{4(1-n)} - \left[\frac{a^{n+1}}{n+1} + \frac{a^{1-n}}{4(1-n)}\right]\right\} \text{u}$$

39. a) Le motif occupe le tiers de la surface de la table.

b) $L = 2\displaystyle\int_0^1 \sqrt{1 + (2x)^2}\, dx \approx 2,96\, \text{u}$

40. Il faut d'abord déterminer la longueur du trajet parcouru par le mobile :

$$\text{Longueur} = \int_1^4 \sqrt{1 + \left(\frac{dy}{dx}\right)^2}\, dx = \int_1^4 \sqrt{1 + \left(\frac{1}{x} - \frac{x}{4}\right)^2}\, dx = \int_1^4 \sqrt{1 + \frac{1}{x^2} - \frac{1}{2} + \frac{x^2}{16}}\, dx$$

$$= \int_1^4 \sqrt{\frac{1}{x^2} + \frac{1}{2} + \frac{x^2}{16}}\, dx = \int_1^4 \sqrt{\left(\frac{1}{x} + \frac{x}{4}\right)^2}\, dx = \int_1^4 \left(\frac{1}{x} + \frac{x}{4}\right) dx$$

$$= \left(\ln|x| + \tfrac{1}{8}x^2\right)\Big|_1^4 = \ln 4 + \tfrac{15}{8} \approx 3,26\, \text{m}$$

Comme la vitesse du mobile est constante, on a

$$\text{vitesse} = \frac{\text{distance}}{\text{temps}} \Rightarrow \text{temps} = \frac{\text{distance}}{\text{vitesse}} \approx \frac{3,26}{0,5} \approx 6,52\, \text{s}$$

41. a) La représentation graphique de la trajectoire du projectile est

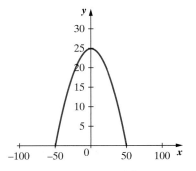

Pour trouver les coefficients de la trajectoire $f(x) = ax^2 + bx + c$, il faut résoudre les équations obtenues de $f(50) = 0$, $f(-50) = 0$ et $f(0) = 25$, soit le système d'équations linéaires

$$\begin{array}{rrrrrr} 2\,500a & + & 50b & + & c & = & 0 \\ 2\,500a & - & 50b & + & c & = & 0 \\ & & & & c & = & 25 \end{array}$$

La solution de ce système d'équations est $a = -\tfrac{1}{100}$, $b = 0$ et $c = 25$, de sorte que l'équation de la trajectoire est $f(x) = -\tfrac{1}{100}x^2 + 25$.

b) $\text{Longueur} = \displaystyle\int_{-50}^{50} \sqrt{1 + \left(\frac{dy}{dx}\right)^2}\, dx = \int_{-50}^{50} \sqrt{1 + \left(-\tfrac{1}{50}x\right)^2}\, dx$

$= 2\displaystyle\int_0^{50} \sqrt{1 + \left(\tfrac{1}{50}x\right)^2}\, dx \qquad$ L'intégrande est une fonction paire.

$= 100\displaystyle\int_0^1 \sqrt{1 + u^2}\, du \qquad$ Où $u = \tfrac{1}{50}x \Rightarrow du = \tfrac{1}{50}\, dx$.

$= 100\left(\tfrac{1}{2}u\sqrt{u^2 + 1} + \tfrac{1}{2}\ln\left|u + \sqrt{u^2 + 1}\right|\right)\Big|_0^1$

$= 50\left[\sqrt{2} + \ln\left(1 + \sqrt{2}\right)\right] \approx 114,78\, \text{m}$

42. a) $y = \dfrac{h}{r}x$

b) $\sqrt{r^2 + h^2}\, \text{u}$

c) Un cône circulaire.

d) r représente le rayon de la base du cône, et h, la hauteur du cône

e) $\text{Volume} = \int\limits_0^h \pi x^2 \, dy = \int\limits_0^h \pi \left(\dfrac{ry}{h}\right)^2 dy = \left.\dfrac{\pi r^2 y^3}{3h^2}\right|_0^h = \dfrac{\pi r^2 h}{3} \, \text{u}^3$

f) $\text{Aire} = \int\limits_0^h 2\pi\left(\dfrac{ry}{h}\right)\sqrt{1 + \left(\dfrac{r}{h}\right)^2}\, dy = \dfrac{2\pi r \sqrt{h^2 + r^2}}{h^2}\left.\left(\dfrac{y^2}{2}\right)\right|_0^h = \pi r \sqrt{h^2 + r^2}\,\text{u}^2$

43. a) $\text{Aire} = \int\limits_m^n 2\pi r\, d\ell = \int\limits_1^5 2\pi x \sqrt{1 + \left(\dfrac{df}{dx}\right)^2}\, dx = \int\limits_1^5 2\pi x \sqrt{1 + \left(\dfrac{1}{x}\right)^2}\, dx$

$\qquad = \int\limits_1^5 2\pi x \sqrt{\dfrac{x^2 + 1}{x^2}}\, dx = \int\limits_1^5 2\pi \sqrt{x^2 + 1}\, dx$

$\qquad = 2\pi\left(\left.\tfrac{1}{2} x\sqrt{x^2 + 1} + \tfrac{1}{2}\ln\left|x + \sqrt{x^2 + 1}\right|\right)\right|_1^5$

$\qquad = \pi\left[5\sqrt{26} - \sqrt{2} + \ln\left(\dfrac{5 + \sqrt{26}}{1 + \sqrt{2}}\right)\right] \approx 80,15 \, \text{u}^2$

b) $\text{Aire} = \int\limits_{-3}^4 2\pi\sqrt{25 - y^2}\sqrt{\dfrac{25}{25 - y^2}}\, dy = 70\pi \, \text{u}^2$

c) $\text{Aire} = \int\limits_m^n 2\pi r\, d\ell = \int\limits_1^2 2\pi x \sqrt{1 + \left(\dfrac{df}{dx}\right)^2}\, dx = \int\limits_1^2 2\pi x \sqrt{1 + \left(\tfrac{1}{2}x^2 - \tfrac{1}{2}x^{-2}\right)^2}\, dx$

$\qquad = \int\limits_1^2 2\pi x \sqrt{1 + \tfrac{1}{4}x^4 - \tfrac{1}{2} + \tfrac{1}{4}x^{-4}}\, dx = \int\limits_1^2 2\pi x \sqrt{\tfrac{1}{4}x^4 + \tfrac{1}{2} + \tfrac{1}{4}x^{-4}}\, dx$

$\qquad = \int\limits_1^2 2\pi x \sqrt{\left(\tfrac{1}{2}x^2 + \tfrac{1}{2}x^{-2}\right)^2}\, dx = \int\limits_1^2 2\pi x\left(\tfrac{1}{2}x^2 + \tfrac{1}{2}x^{-2}\right) dx$

$\qquad = 2\pi\left(\left.\tfrac{1}{8}x^4 + \tfrac{1}{2}\ln|x|\right)\right|_1^2 = \left(\tfrac{15}{4} + \ln 2\right)\pi \approx 13,96 \, \text{u}^2$

d) $\left[\tfrac{63}{4}\pi - \pi\ln 2 - \tfrac{1}{64}\pi(\ln 2)^2\right] \text{u}^2$

e) $\tfrac{220}{3}\pi \, \text{u}^2$

f) $\tfrac{16}{9}\pi \, \text{u}^2$

g) $\tfrac{1}{2}\pi\left(8 + e^4 - e^{-4}\right) \text{u}^2$

h) $\pi\left(\ln\left|\dfrac{\sqrt{2} - 1}{\sqrt{17} - 4}\right| + \sqrt{2} - \tfrac{1}{4}\sqrt{17}\right) \text{u}^2$

44. a) Si $x = 5\cos t$, alors $\dfrac{dx}{dt} = -5\sin t$. De même, si $y = 5\sin t$, alors $\dfrac{dy}{dt} = 5\cos t$.

Par conséquent, la longueur de la courbe définie de manière paramétrique par ces deux fonctions est

$$\text{Longueur} = \int\limits_a^b \sqrt{\left(\dfrac{dx}{dt}\right)^2 + \left(\dfrac{dy}{dt}\right)^2}\, dt = \int\limits_0^\pi \sqrt{\left(-5\sin t\right)^2 + \left(5\cos t\right)^2}\, dt$$

$$= \int\limits_0^\pi \sqrt{25\left(\sin^2 t + \cos^2 t\right)}\, dt = \int\limits_0^\pi 5\, dt = \left. 5t\right|_0^\pi = 5\pi \, \text{u}$$

L'aire de la surface de révolution est donnée par

$$\text{Aire} = \int\limits_a^b 2\pi g(t)\sqrt{\left(\dfrac{dx}{dt}\right)^2 + \left(\dfrac{dy}{dt}\right)^2}\, dt = \int\limits_0^\pi 2\pi\left(5\sin t\right)\sqrt{\left(-5\sin t\right)^2 + \left(5\cos t\right)^2}\, dt$$

$$= 50\pi\int\limits_0^\pi \sin t\, dt = \left.-50\pi\cos t\right|_0^\pi = 100\pi \, \text{u}^2$$

b) $\text{Longueur} = \sqrt{2}\left(e^{\pi/2} - 1\right) \text{u} \, ; \, \text{Aire} = \dfrac{2\pi\sqrt{2}\left(2e^\pi + 1\right)}{5} \, \text{u}^2.$

Chapitre 3

45. $\pi\left(\dfrac{145}{6}\sqrt{29} - \dfrac{625}{6}\right) \text{u}^2$

46. a) $\dfrac{x^2}{400} + \dfrac{y^2}{25} = 1$

b) $\text{Volume} = 2\pi\displaystyle\int_{0}^{20}\left(25 - \dfrac{1}{16}x^2\right)dx = \dfrac{2\,000}{3}\pi\ \text{m}^3$

c) Environ 3 037 $.

47. Lorsque la vitesse angulaire est suffisamment élevée pour amener l'eau au point de débordement, on a $f(30) = 50 = H + \dfrac{\omega^2(30)^2}{2g} \Rightarrow H = 50 - \dfrac{\omega^2(30)^2}{2g}$. De plus, comme le contenant cylindrique est rempli à 80 % de sa capacité, soit jusqu'à une hauteur de $h = 0,8(50) = 40$, le volume d'eau qu'il contient est de

$$\text{Volume} = \pi r^2 h = \pi 30^2(40)$$

Par ailleurs, ce volume correspond également au volume du solide engendré par la rotation de la surface sous la parabole au-dessus de l'intervalle [0, 30], lorsque la vitesse angulaire est celle qui amène le niveau d'eau au point de débordement. Par conséquent, une autre expression du volume d'eau serait :

$$\text{Volume} = \int_{a}^{b} 2\pi r h\,dr = \int_{0}^{30} 2\pi x\left(H + \dfrac{\omega^2 x^2}{2g}\right)dx = \int_{0}^{30} 2\pi x\left(50 - \dfrac{\omega^2 30^2}{2g} + \dfrac{\omega^2 x^2}{2g}\right)dx$$

$$= 2\pi\left(\dfrac{50x^2}{2} - \dfrac{\omega^2 30^2 x^2}{4g} + \dfrac{\omega^2 x^4}{8g}\right)\Bigg|_{0}^{30} = \pi 30^2\left(50 - \dfrac{\omega^2 30^2}{4g}\right)$$

En comparant les deux expressions du volume d'eau, et en isolant ω, on obtient

$$\pi 30^2(40) = \pi 30^2\left(50 - \dfrac{\omega^2 30^2}{4g}\right) \Rightarrow 40 = 50 - \dfrac{\omega^2 30^2}{4g}$$

$$\Rightarrow 10 = \dfrac{\omega^2 30^2}{4g} \Rightarrow \omega^2 = \dfrac{40g}{30^2} \Rightarrow \omega = \dfrac{\sqrt{10g}}{15}$$

48. a) Faux. c) Vrai. e) Faux.
   b) Faux. d) Vrai. f) Faux.

49. a) La représentation graphique du réservoir est la suivante.

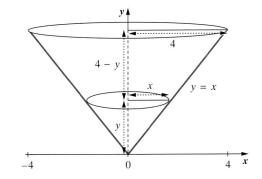

À une hauteur y, la coupe transversale selon le plan $y = k$ est un cercle de rayon $r = x$, où $y = x$, de sorte que l'aire $A(y)$ de la coupe transversale est $A(y) = \pi x^2 = \pi y^2$. La hauteur du réservoir est $h = 4$. Le travail requis pour pomper entièrement l'eau du réservoir est

$$\int_{a}^{b} \rho g(h - y) A(y)\,dy = \int_{0}^{4} \rho g(4 - y)(\pi y^2)\,dy = \pi\rho g\int_{0}^{4}(4y^2 - y^3)\,dy$$

$$= \pi\rho g\left(\dfrac{4}{3}y^3 - \dfrac{1}{4}y^4\right)\Bigg|_{0}^{4} = \dfrac{64\pi\rho g}{3}\ \text{J} \approx 656,8\ \text{kJ}$$

b) La représentation graphique du réservoir est la suivante.

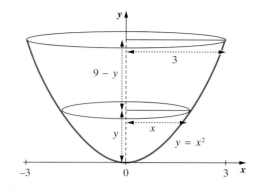

À une hauteur y, la coupe transversale selon le plan $y = k$ est un cercle de rayon $r = x$, où $y = x^2$, de sorte que l'aire $A(y)$ de la coupe transversale est $A(y) = \pi x^2 = \pi y$. La hauteur du réservoir est $h = 9$. Le travail requis pour pomper entièrement l'eau du réservoir est

$$\int_a^b \rho g (h - y) A(y) dy = \int_0^9 \rho g (9 - y)(\pi y) dy = \pi \rho g \int_0^9 (9y - y^2) dy$$

$$= \pi \rho g \left(\tfrac{9}{2} y^2 - \tfrac{1}{3} y^3 \right)\Big|_0^9 = \frac{243 \pi \rho g}{2} \text{ J} \approx 3\,740,7 \text{ kJ}$$

c) $\dfrac{625 \pi \rho g}{4}$ J $\approx 4\,810,6$ kJ

50. a) $f(x) = -\tfrac{1}{4} x^3 + \tfrac{3}{4} x^2 = \tfrac{1}{4} x^2 (3 - x)$

b) $\tfrac{1\,593}{40} \pi$ m^3

c) Environ 825 $.

51. a) Environ 7,32 %.

b) Environ 80,9 %.

c) Environ 5,8 m.

Chapitre 4

1. $\dfrac{dy}{dx} = kxy$

2. Si N représente le nombre de personnes informées de la rumeur, alors $\dfrac{dN}{dt} = k(40\,000 - N)$, où la constante de proportionnalité k est positive, puisque le nombre de personnes informées de la rumeur augmente mais demeure inférieur à 40 000.

3. $\dfrac{d\theta}{dt} = k(\theta - 4)$, où la constante de proportionnalité k est négative, puisque la température des haricots diminue mais demeure supérieure à 4°C

4. $\dfrac{dV}{dt} = k\dfrac{t}{V}$

5. Le taux de variation $\dfrac{dN}{dt}$ du nombre de bactéries correspond à la différence du rythme de croissance naturel du nombre de bactéries, soit aN, et du taux de décroissance dû à la présence des toxines, soit bQN, où a et b sont des constantes. De plus, la quantité de toxines étant proportionnelle au temps t, on a que $Q = ct$, où c est une constante.

Par conséquent, $\dfrac{dN}{dt} = aN - b(ct)N = (A - Bt)N$, où A et B sont des constantes.

6. a) $\dfrac{dC}{dt} = k(C - E)$

b) Puisque la concentration C diminue, $\dfrac{dC}{dt} < 0$. De plus, puisque $C > E$, on a que $C - E > 0$ et, par conséquent, $k < 0$. La constante de proportionnalité est négative.

7. a) $\omega = \dfrac{d\theta}{dt}$ **c)** Négative.

b) $\dfrac{d\omega}{dt} = k\omega$ **d)** $\dfrac{d^2\theta}{dt^2} = k\dfrac{d\theta}{dt}$

8. $\dfrac{d^2 y}{dt^2} = \dfrac{k}{m}\, y$

9. a) $y = 5e^{2x}$ n'est pas une solution de l'équation différentielle

b) $y = \dfrac{4 - x^2}{2x}$ est une solution de l'équation différentielle $\dfrac{dy}{dx} + \dfrac{x + y}{x} = 0$

c) Si $y = \dfrac{1}{x}$, alors $\dfrac{dy}{dx} = -\dfrac{1}{x^2}$ et $\dfrac{d^2 y}{dx^2} = \dfrac{2}{x^3}$. Par ailleurs,

$$x^2 + y^2 = x^2 + \dfrac{1}{x^2} = \dfrac{x^4 + 1}{x^2} \neq \dfrac{2}{x^3} = \dfrac{d^2 y}{dx^2}$$

Par conséquent, $y = \dfrac{1}{x}$ n'est pas une solution de l'équation différentielle $\dfrac{d^2 y}{dx^2} = x^2 + y^2$.

d) Si $y = \frac{1}{2} xe^x$, alors $\dfrac{dy}{dx} = \frac{1}{2} x\dfrac{d}{dx}(e^x) + \frac{1}{2} e^x \dfrac{dx}{dx} = \frac{1}{2} xe^x + \frac{1}{2} e^x = \frac{1}{2}(x + 1)e^x$.

De plus,

$$\dfrac{d^2 y}{dx^2} = \frac{1}{2}(x + 1)\dfrac{d}{dx}(e^x) + \frac{1}{2} e^x \dfrac{d}{dx}(x + 1) = \frac{1}{2}(x + 1)e^x + \frac{1}{2} e^x = \frac{1}{2}(x + 2)e^x$$

Par conséquent, $\dfrac{d^2 y}{dx^2} - y = \frac{1}{2}(x + 2)e^x - \frac{1}{2} xe^x = e^x$, de sorte que $y = \frac{1}{2} xe^x$ est une solution de l'équation différentielle $\dfrac{d^2 y}{dx^2} - y = e^x$.

e) $y = x^3 + x^2 + A$ n'est pas une solution de l'équation différentielle $dy + (2x - 3y)dx = 0$

f) $y = Ae^{-2x} + Be^{2x}$ est une solution de l'équation différentielle $y'' - 4y = 0$

10. a) 4   **c)** 1   **e)** 3
    b) 1   **d)** 3

11. a) $A = 3$ **d)** $A = 3$ et $B = 2$
    b) $A = 5$ **e)** $A = 0$ et $B = 1$
    c) $A = 1$

12. Si $y = \dfrac{m}{k}\ln\left[\frac{1}{2}\left(e^{\alpha t} + e^{-\alpha t}\right)\right]$, alors

$$\dfrac{dy}{dt} = \dfrac{m}{k}\dfrac{\frac{1}{2}\left(\alpha e^{\alpha t} - \alpha e^{-\alpha t}\right)}{\frac{1}{2}\left(e^{\alpha t} + e^{-\alpha t}\right)} = \dfrac{m\alpha\left(e^{\alpha t} - \dfrac{1}{e^{\alpha t}}\right)}{k\left(e^{\alpha t} + \dfrac{1}{e^{\alpha t}}\right)}$$

$$= \dfrac{m\alpha\left(e^{2\alpha t} - 1\right)}{k\left(e^{2\alpha t} + 1\right)} = \dfrac{m\alpha}{k}\left(1 - \dfrac{2}{e^{2\alpha t} + 1}\right)$$

Chapitre 4

et

$$\frac{d^2 y}{dt^2} = \frac{m\alpha}{k}\left[2\left(e^{2\alpha t} + 1\right)^{-2}(2\alpha)e^{2\alpha t}\right]$$

$$= \frac{4\alpha^2 m e^{2\alpha t}}{k\left(e^{2\alpha t} + 1\right)^2}$$

Par conséquent,

$$m\frac{d^2 y}{dt^2} + k\left(\frac{dy}{dt}\right)^2 = \frac{4\alpha^2 m^2 e^{2\alpha t}}{k\left(e^{2\alpha t} + 1\right)^2} + k\left[\frac{m\alpha\left(e^{2\alpha t} - 1\right)}{k\left(e^{2\alpha t} + 1\right)}\right]^2$$

$$= \frac{4\alpha^2 m^2 e^{2\alpha t}}{k\left(e^{2\alpha t} + 1\right)^2} + \frac{m^2\alpha^2\left(e^{4\alpha t} - 2e^{2\alpha t} + 1\right)}{k\left(e^{2\alpha t} + 1\right)^2}$$

$$= \frac{4\alpha^2 m^2 e^{2\alpha t} + m^2\alpha^2\left(e^{4\alpha t} - 2e^{2\alpha t} + 1\right)}{k\left(e^{2\alpha t} + 1\right)^2}$$

$$= \frac{m^2\alpha^2\left(e^{4\alpha t} + 2e^{2\alpha t} + 1\right)}{k\left(e^{2\alpha t} + 1\right)^2}$$

$$= \frac{m^2\alpha^2\left(e^{2\alpha t} + 1\right)^2}{k\left(e^{2\alpha t} + 1\right)^2} = \frac{m^2\alpha^2}{k}$$

$$= \frac{m^2}{k}\left(\sqrt{\frac{kg}{m}}\right)^2 = mg$$

13. a) $\dfrac{d^2}{dt^2}\left[x_1(t)\right] = \dfrac{d}{dt}\left\{\dfrac{d}{dt}\left[x_1(t)\right]\right\} = \dfrac{d}{dt}\left[k_1 x_2(t)\right] = k_1\dfrac{d}{dt}\left[x_2(t)\right] = k_1 k_2 x_1(t) = a x_1(t)$

Par conséquent, $\dfrac{d^2}{dt^2}\left[x_1(t)\right] - a x_1(t) = 0$.

b) Si $x(t) = b\left(e^{\sqrt{a}\,t} - e^{-\sqrt{a}\,t}\right) + c\left(e^{\sqrt{a}\,t} + e^{-\sqrt{a}\,t}\right)$, alors

$$\frac{d}{dt}\left[x(t)\right] = b\left(\sqrt{a}e^{\sqrt{a}\,t} + \sqrt{a}e^{-\sqrt{a}\,t}\right) + c\left(\sqrt{a}e^{\sqrt{a}\,t} - \sqrt{a}e^{-\sqrt{a}\,t}\right)$$

$$= b\sqrt{a}\left(e^{\sqrt{a}\,t} + e^{-\sqrt{a}\,t}\right) + c\sqrt{a}\left(e^{\sqrt{a}\,t} - e^{-\sqrt{a}\,t}\right)$$

et

$$\frac{d^2}{dt^2}\left[x(t)\right] = b\sqrt{a}\left(\sqrt{a}e^{\sqrt{a}\,t} - \sqrt{a}e^{-\sqrt{a}\,t}\right) + c\sqrt{a}\left(\sqrt{a}e^{\sqrt{a}\,t} + \sqrt{a}e^{-\sqrt{a}\,t}\right)$$

$$= ba\left(e^{\sqrt{a}\,t} - e^{-\sqrt{a}\,t}\right) + ca\left(e^{\sqrt{a}\,t} + e^{-\sqrt{a}\,t}\right)$$

$$= a\left[b\left(e^{\sqrt{a}\,t} - e^{-\sqrt{a}\,t}\right) + c\left(e^{\sqrt{a}\,t} + e^{-\sqrt{a}\,t}\right)\right]$$

$$= a x(t)$$

de sorte que $\dfrac{d^2}{dt^2}\left[x(t)\right] - a x(t) = 0$.

14. a) $y = \frac{1}{2}x^2 + 2x + C$ et $y = \frac{1}{2}x^2 + 2x + 2$

b) $y = \dfrac{(x+1)^3}{3} + C$

c) $x = \frac{2}{3}t^{3/2} + C$ et $x = \frac{2}{3}t^{3/2} - 18$

d) $\left(1 + e^x\right)y\,dy - e^x\,dx = 0 \Rightarrow \displaystyle\int y\,dy = \int \frac{e^x}{1 + e^x}\,dx$

$$\Rightarrow \tfrac{1}{2}y^2 = \ln\left|1 + e^x\right| + A = \ln\left|B\left(1 + e^x\right)\right|$$

$$\Rightarrow y^2 = \ln\left[C\left(1 + e^x\right)^2\right] \Rightarrow y = \pm\sqrt{\ln\left[C\left(1 + e^x\right)^2\right]}$$

e) $\dfrac{dy}{dx} = e^y \cos x \Rightarrow \int e^{-y} dy = \int \cos x\, dx \Rightarrow -e^{-y} = \sin x + C$

De plus, $y(0) = 1 \Rightarrow -e^{-1} = \sin 0 + C \Rightarrow C = -e^{-1}$. Par conséquent,

$$-e^{-y} = \sin x - e^{-1} \Rightarrow e^{-y} = e^{-1} - \sin x \Rightarrow -y = \ln\left(e^{-1} - \sin x\right)$$

$$\Rightarrow y = -\ln\left(e^{-1} - \sin x\right)$$

f) $y(x^2 - 1) dy + x(y^2 + 1) dx = 0 \Rightarrow \int \dfrac{y}{y^2 + 1} dy = \int \dfrac{-x}{x^2 - 1} dx$

$$\Rightarrow \tfrac{1}{2} \ln|y^2 + 1| = -\tfrac{1}{2} \ln|x^2 - 1| + A$$

$$\Rightarrow \ln(y^2 + 1) = \ln\left[C \left|(x^2 - 1)\right|^{-1}\right]$$

$$\Rightarrow y^2 + 1 = \dfrac{C}{|x^2 - 1|}$$

De plus, $y(0) = 1 \Rightarrow 2 = \dfrac{C}{|-1|} \Rightarrow C = 2$. Par conséquent,

$$y^2 + 1 = \dfrac{2}{|x^2 - 1|} \Rightarrow y = \pm \sqrt{\dfrac{2}{|x^2 - 1|} - 1}$$

g) $-e^{-y} = \tfrac{1}{2} e^{2x} + C$ et $y = -\ln\left(e^{-2} + \tfrac{1}{2} - \tfrac{1}{2} e^{2x}\right)$

15. a) $\dfrac{dy}{dx} = 4x \Rightarrow \int dy = \int 4x\, dx \Rightarrow y = 2x^2 + C$

De plus, $y(1) = 2 \Rightarrow 2(1)^2 + C = 2 \Rightarrow C = 0$, de sorte que $y = 2x^2$.

b) $y - y^2 = x^2 + x - 22$

c) $y = 3 + \ln\left(\sqrt{3\left|\dfrac{x-1}{x+1}\right|}\right)$

d) $y = \dfrac{3}{9 - x^3}$

16. $f'(x) = 4 \Rightarrow \dfrac{dy}{dx} = 4 \Rightarrow \int dy = \int 4\, dx \Rightarrow y = 4x + A$. De plus,

$$f(0) = 0 \Rightarrow 4(0) + A = 0 \Rightarrow A = 0$$

$f'(x) = 3 \Rightarrow \dfrac{dy}{dx} = 3 \Rightarrow \int dy = \int 3\, dx \Rightarrow y = 3x + C$. De plus,

$$f(60) = 400 \Rightarrow 3(60) + C = 400 \Rightarrow C = 220$$

$f'(x) = k \Rightarrow \dfrac{dy}{dx} = k \Rightarrow \int dy = \int k\, dx \Rightarrow y = kx + B$. De plus, comme la fonction $f(x)$
est continue, on doit avoir

$$\lim_{x \to 10^-} f(x) = \lim_{x \to 10^+} f(x) \Rightarrow 40 = 10k + B \text{ et } \lim_{x \to 40^-} f(x) = \lim_{x \to 40^+} f(x) \Rightarrow 40k + B = 340$$

Si on résout le système d'équations pour B et k, on obtient $B = -60$ et $k = 10$. Par conséquent,

$$f(x) = \begin{cases} 4x & 0 \le x < 10 \\ 10x - 60 & \text{si} \quad 10 \le x < 40 \\ 3x + 220 & 40 \le x \le 90 \end{cases}$$

17. a) $xy = k \Rightarrow \dfrac{d}{dx}(xy) = \dfrac{d}{dx}(k) = 0 \Rightarrow x\dfrac{dy}{dx} + y\dfrac{dx}{dx} = 0 \Rightarrow \dfrac{dy}{dx} = -\dfrac{y}{x}$

Les trajectoires orthogonales doivent donc satisfaire à l'équation différentielle
$\dfrac{dy}{dx} = \dfrac{-1}{-y/x} = \dfrac{x}{y}$. Effectuons une séparation des variables:

$$\dfrac{dy}{dx} = \dfrac{x}{y} \Rightarrow \int y\, dy = \int x\, dx \Rightarrow \tfrac{1}{2} y^2 = \tfrac{1}{2} x^2 + A \Rightarrow y^2 - x^2 = C$$

b) $x^2 + y^2 = k^2 \Rightarrow \dfrac{d}{dx}\left(x^2 + y^2\right) = 0 \Rightarrow 2x + 2y\dfrac{dy}{dx} = 0 \Rightarrow \dfrac{dy}{dx} = -\dfrac{x}{y}$

Les trajectoires orthogonales doivent donc satisfaire à l'équation différentielle $\dfrac{dy}{dx} = \dfrac{-1}{-x/y} = \dfrac{y}{x}$. Effectuons une séparation des variables :

$$\dfrac{dy}{dx} = \dfrac{y}{x} \Rightarrow \int \dfrac{1}{y}dy = \int \dfrac{1}{x}dx \Rightarrow \ln|y| = \ln|x| + A = \ln|Bx| \Rightarrow |y| = |Bx| \Rightarrow y = Cx$$

c) $y = Cx^{9/4}$

d) $\frac{1}{2}x^2 + y^2 = C$

e) $2x^2 + 3y^2 = C$

18. a) $\dfrac{dT}{ds} = \dfrac{T}{4r} \Rightarrow \int \dfrac{dT}{T} = \int \dfrac{1}{4r}ds \Rightarrow \ln|T| = \dfrac{s}{4r} + A$

$$\Rightarrow |T| = e^{\frac{s}{4r}+A} = e^{\frac{s}{4r}}e^A = Be^{\frac{s}{4r}} \Rightarrow T(s) = Ce^{\frac{s}{4r}} \text{ kg}$$

b) Au point de tangence, $s = 0$, de sorte que

$$T(0) = Ce^{\frac{0}{4r}} = 15 \Rightarrow C = 15 \Rightarrow T(s) = 15e^{\frac{s}{4r}}$$

De plus, comme $r = 0,5$, on a $T(s) = 15e^{\frac{s}{2}}$ et $T(1) = 15e^{1/2} \approx 24,7 \text{ kg}$.

19. $\dfrac{dV}{dt} = \dfrac{3}{2t+1} \Rightarrow \int dV = \int \dfrac{3}{2t+1}dt \Rightarrow V(t) = \frac{3}{2}\ln|2t+1| + C$. De plus, $V(0) = 0$,

de sorte que $\frac{3}{2}\ln|2(0)+1| + C = 0 \Rightarrow C = 0$. Par conséquent,

$$V(t) = \frac{3}{2}\ln|2t+1| \text{ et } V(5) = \frac{3}{2}\ln|2(5)+1| = \frac{3}{2}\ln|11| \approx 3,6 \text{ m}^3$$

20. a) $R(0) = 10\,000\,\$$, soit le montant de l'emprunt

b) $\dfrac{dR}{dt} = 0,05R - 1\,500 \Rightarrow \int \dfrac{1}{0,05R - 1\,500}dR = \int dt$

$$\Rightarrow 20\ln|0,05R - 1\,500| = t + C_1$$

$$\Rightarrow \ln|0,05R - 1\,500| = 0,05t + C_2$$

$$\Rightarrow |0,05R - 1\,500| = e^{0,05t+C_2} = C_3 e^{0,05t}$$

$$\Rightarrow 0,05R - 1\,500 = C_4 e^{0,05t}$$

$$\Rightarrow R(t) = 20\left(1\,500 + C_4 e^{0,05t}\right) = 30\,000 + Ce^{0,05t}$$

De plus, $R(0) = 10\,000$, de sorte que

$$30\,000 + Ce^{0,05(0)} = 10\,000 \Rightarrow C = -20\,000$$

Par conséquent, $R(t) = \left(30\,000 - 20\,000e^{0,05t}\right)\$$.

c) $R(t) = 0 \Rightarrow 30\,000 - 20\,000e^{0,05t} = 0$

$$\Rightarrow e^{0,05t} = \frac{3}{2} \Rightarrow 0,05t = \ln\left(\frac{3}{2}\right)$$

$$\Rightarrow t = 20\ln\left(\frac{3}{2}\right) \approx 8,11 \text{ années}$$

d) L'emprunteur a effectué des paiements de 1 500 \$/an pendant $20\ln\left(\frac{3}{2}\right)$ années, pour un total de $30\,000\ln\left(\frac{3}{2}\right) \approx 12\,164\,\$$. Par conséquent, la personne a versé $12\,164 - 10\,000 = 2\,164\,\$$ en intérêt.

21. a) $R(20) = 0\,\$$

b) $\dfrac{dR}{dt} = 0,06R - 15\,000$

c) $R(t) = \left(250\,000 - 250\,000e^{0,06t-1,2}\right)\$$

d) $R(0) \approx 175\,000\,\$$

e) $125\,000\,\$$

22. a) $Q(0) = 10\,000$ kg

b) $\dfrac{dQ}{dt} = -0{,}02Q + 250$

c) $Q(t) = \left(12\,500 - 2\,500e^{-0{,}02t}\right)$ kg

d) Non. La fonction $Q(t)$ est croissante, puisque $\dfrac{dQ}{dt} = 50e^{-0{,}02t} > 0$, de sorte que la quantité de polluants augmente avec le temps.

e) Comme $\lim\limits_{t\to\infty} Q(t) = \lim\limits_{t\to\infty}\left(12\,500 - 2\,500e^{-0{,}02t}\right) = 12\,500$, la quantité de polluants dans le lac va se stabiliser à 12 500 kg.

f) $\dfrac{dQ}{dt} = -0{,}04Q + 250$ et $Q(0) = 10\,000$, de sorte que

$$Q(t) = \left(6\,250 + 3\,750e^{-0{,}04t}\right) \text{kg}$$

La quantité de polluants dans le lac décroît avec le temps, puisque

$$\frac{dQ}{dt} = -150e^{-0{,}04t} < 0$$

Par ailleurs, à long terme, la quantité de polluants dans le lac se stabilisera à 6 250 kg, puisque $\lim\limits_{t\to\infty} Q(t) = \lim\limits_{t\to\infty}\left(6\,250 + 3\,750e^{-0{,}04t}\right) = 6\,250$ kg.

23. a) Oui: au temps $t = 0$, il n'y a pas encore eu de téléchargement.

b) $\dfrac{dy}{dt} = k(5 - y)$

c) $y(t) = 5 - 5\left(\tfrac{3}{5}\right)^{t/20}$ millions de téléchargements

d) $y(1) = 5 - 5\left(\tfrac{3}{5}\right)^{1/20} \approx 0{,}126\,089$ million de téléchargements, soit 126 089 téléchargements

e) $y(t) = 4 \Rightarrow 5 - 5\left(\tfrac{3}{5}\right)^{t/20} = 4 \Rightarrow \left(\tfrac{3}{5}\right)^{t/20} = \tfrac{1}{5}$

$$\Rightarrow \ln\left(\tfrac{3}{5}\right)^{t/20} = \ln\tfrac{1}{5} \Rightarrow \tfrac{t}{20}\ln\tfrac{3}{5} = \ln\tfrac{1}{5}$$

$$\Rightarrow t = 20\frac{\ln\tfrac{1}{5}}{\ln\tfrac{3}{5}} \approx 63{,}0 \text{ heures}$$

24. a) $\dfrac{dx}{dt} = kx(1 - x)$ où $k > 0$

b) Faisons appel au calcul différentiel pour trouver les extremums de la fonction $f(x) = \dfrac{dx}{dt} = kx(1 - x)$.

On a $\dfrac{df}{dx} = 0 \Rightarrow k(1 - 2x) = 0 \Rightarrow x = \tfrac{1}{2} = 50\,\%$. De plus $\dfrac{d^2 f}{dx^2} = -2k < 0$, de sorte que la fonction $f(x) = kx(1 - x)$ atteint un maximum relatif en $x = \tfrac{1}{2}$. Par ailleurs, comme $f(0) = 0 = f(1)$ et que $f\left(\tfrac{1}{2}\right) = \tfrac{1}{4}k > 0$, ce maximum est absolu.

c) $\dfrac{dx}{dt} = 0{,}1x(1 - x) \Rightarrow \displaystyle\int \frac{1}{x(1 - x)}dx = \int 0{,}1\,dt \Rightarrow \int\left(\frac{1}{x} + \frac{1}{1 - x}\right)dx = \int 0{,}1\,dt$

$$\Rightarrow \ln|x| - \ln|1 - x| = 0{,}1t + C_1 \Rightarrow \ln\left|\frac{x}{1 - x}\right| = 0{,}1t + C_1$$

$$\Rightarrow \left|\frac{x}{1 - x}\right| = e^{0{,}1t + C_1} = e^{0{,}1t}e^{C_1} = C_2 e^{0{,}1t} \Rightarrow \frac{x}{1 - x} = Ce^{0{,}1t}$$

Or, $x(1) = 0{,}2 \Rightarrow \dfrac{0{,}2}{1 - 0{,}2} = Ce^{0{,}1} \Rightarrow C = \tfrac{1}{4}e^{-0{,}1}$, de sorte que

$$\frac{x}{1 - x} = \tfrac{1}{4}e^{0{,}1(t-1)} \Rightarrow x = \tfrac{1}{4}e^{0{,}1(t-1)} - x\left[\tfrac{1}{4}e^{0{,}1(t-1)}\right]$$

$$\Rightarrow x\left[1 + \tfrac{1}{4}e^{0{,}1(t-1)}\right] = \tfrac{1}{4}e^{0{,}1(t-1)} \Rightarrow x(t) = \frac{\tfrac{1}{4}e^{0{,}1(t-1)}}{1 + \tfrac{1}{4}e^{0{,}1(t-1)}}$$

d) $x(t) = 0,6 \Rightarrow \dfrac{\frac{1}{4}e^{0,1(t-1)}}{1 + \frac{1}{4}e^{0,1(t-1)}} = 0,6 \Rightarrow \frac{1}{4}e^{0,1(t-1)} = 0,6 + 0,6\left[\frac{1}{4}e^{0,1(t-1)}\right]$

$\Rightarrow e^{0,1(t-1)} = 6 \Rightarrow 0,1(t-1) = \ln 6 \Rightarrow t = 1 + 10\ln 6 \approx 19 \text{ mois}$

25. a) $v(4) = -29,2 \text{ m/s}$

b) $\bar{v} = \dfrac{\displaystyle\int_0^4 (-9,8t + 10)\,dt}{4 - 0} = \dfrac{\left.(-4,9t^2 + 10t)\right|_0^4}{4} = -9,6 \text{ m/s}$

c) $s(t) = -4,9t^2 + 10t + 400$, de sorte que $s(4) = 361,6 \text{ m}$

d) Si t^* représente le temps pris avant que l'objet ne touche le sol, alors $s(t^*) = 0$, d'où $-4,9(t^*)^2 + 10t^* + 400 = 0$. Si on fait appel à la formule quadratique, on obtient que $t^* \approx 10,1 \text{ s}$.

e) $\dfrac{dv}{dt} = -9,8$, d'où $\int dv = \int -9,8\,dt$, de sorte que $v(t) = -9,8t + C$. Or, $v(0) = v_0$, d'où $-9,8(0) + C = v_0$, de sorte que $C = v_0$. Par conséquent, $v(t) = -9,8t + v_0$.

De plus, $v = \dfrac{ds}{dt} = -9,8t + v_0$, d'où

$$s(t) = \int ds = \int (-9,8t + v_0)\,dt = -4,9t^2 + v_0 t + K$$

Or, $s(0) = s_0$, d'où $-4,9(0)^2 + v_0(0) + K = s_0$, de sorte que $K = s_0$. Par conséquent, $s(t) = -4,9t^2 + v_0 t + s_0$.

26. a) $v(0) = 0 \text{ m/s}$

b) $m\dfrac{dv}{dt} = mg - kv^2 \Rightarrow \int \dfrac{m}{mg - kv^2}\,dv = \int dt$

$\Rightarrow \dfrac{m}{k}\int \dfrac{1}{\dfrac{mg}{k} - v^2}\,dv = \int dt$

$\Rightarrow \dfrac{m}{k} \dfrac{1}{2\sqrt{\dfrac{mg}{k}}} \ln\left|\dfrac{\sqrt{\dfrac{mg}{k}} + v}{\sqrt{\dfrac{mg}{k}} - v}\right| = t + C_1$

Formule d'intégration avancée 28.

$\Rightarrow \ln\left|\dfrac{\sqrt{\dfrac{mg}{k}} + v}{\sqrt{\dfrac{mg}{k}} - v}\right| = 2\sqrt{\dfrac{kg}{m}}\,t + C_2$

$\Rightarrow \left|\dfrac{\sqrt{\dfrac{mg}{k}} + v}{\sqrt{\dfrac{mg}{k}} - v}\right| = e^{2\sqrt{\frac{kg}{m}}t + C_2} = e^{2\sqrt{\frac{kg}{m}}t}e^{C_2} = C_3 e^{2\sqrt{\frac{kg}{m}}t}$

$\Rightarrow \dfrac{\sqrt{\dfrac{mg}{k}} + v}{\sqrt{\dfrac{mg}{k}} - v} = C e^{2\sqrt{\frac{kg}{m}}t}$

De plus, $v(0) = 0 \Rightarrow \dfrac{\sqrt{\dfrac{mg}{k}} + 0}{\sqrt{\dfrac{mg}{k}} - 0} = Ce^{2\sqrt{\frac{kg}{m}}(0)} \Rightarrow C = 1$, de sorte que

$$\frac{\sqrt{\dfrac{mg}{k}} + v}{\sqrt{\dfrac{mg}{k}} - v} = e^{2\sqrt{\frac{kg}{m}}t} \Rightarrow \sqrt{\frac{mg}{k}} + v = \sqrt{\frac{mg}{k}}\,e^{2\sqrt{\frac{kg}{m}}t} - v\,e^{2\sqrt{\frac{kg}{m}}t}$$

$$\Rightarrow v\left(e^{2\sqrt{\frac{kg}{m}}t} + 1\right) = \sqrt{\frac{mg}{k}}\,e^{2\sqrt{\frac{kg}{m}}t} - \sqrt{\frac{mg}{k}} = \sqrt{\frac{mg}{k}}\left(e^{2\sqrt{\frac{kg}{m}}t} - 1\right)$$

$$\Rightarrow v(t) = \sqrt{\frac{mg}{k}}\left(\frac{e^{2\sqrt{\frac{kg}{m}}t} - 1}{e^{2\sqrt{\frac{kg}{m}}t} + 1}\right) \text{ m/s}$$

c) $\displaystyle\lim_{t\to\infty} v(t) = \lim_{t\to\infty} \sqrt{\frac{mg}{k}}\left(\frac{e^{2\sqrt{\frac{kg}{m}}t} - 1}{e^{2\sqrt{\frac{kg}{m}}t} + 1}\right) = \sqrt{\frac{mg}{k}} \lim_{t\to\infty}\left[\frac{e^{2\sqrt{\frac{kg}{m}}t}\left(1 - e^{-2\sqrt{\frac{kg}{m}}t}\right)}{e^{2\sqrt{\frac{kg}{m}}t}\left(1 + e^{-2\sqrt{\frac{kg}{m}}t}\right)}\right] = \sqrt{\frac{mg}{k}}$ m/s

27. $I(t) = \dfrac{V}{R}\left(1 - e^{-\frac{Rt}{L}}\right)$ A

28. $I(t) = I_0 e^{-\frac{t}{RC}}$ A

29. a) $Q(t) = VC\left(1 - e^{-\frac{t}{RC}}\right)$ coulombs

b) $\displaystyle\lim_{t\to\infty} Q(t) = \lim_{t\to\infty} VC\left(1 - e^{-\frac{t}{RC}}\right) = VC$. À long terme, la charge emmagasinée dans le condensateur est de VC coulombs. De plus, il s'agit de la charge maximale que peut emmagasiner le condensateur. En effet, la fonction $Q(t) = VC\left(1 - e^{-\frac{t}{RC}}\right)$ est une fonction croissante, puisque $\dfrac{dQ}{dt} = \dfrac{V}{R}e^{-\frac{t}{RC}} > 0$.

c) $Q(\tau) = Q(RC) = VC\left(1 - e^{-\frac{RC}{RC}}\right) = VC(1 - e^{-1})$, de sorte que

$$\frac{Q(\tau)}{Q_{\max}} = \frac{VC(1 - e^{-1})}{VC} = 1 - e^{-1} \approx 0{,}632$$

Par conséquent, le condensateur a emmagasiné environ 63,2 % de sa charge maximale après un laps de temps de $\tau = RC$.

30. Environ 4,8 jours.

31. Environ 12,8 jours.

32. $V(t) = \dfrac{4\pi}{3}\left(kt + \sqrt[3]{\dfrac{3V_0}{4\pi}}\right)^3$

33. a) $\dfrac{dP}{dt} = -2(t + 1)^{-3/2} P \Rightarrow \displaystyle\int \frac{1}{P}\,dP = -2\int (t + 1)^{-3/2}\,dt \Rightarrow \ln|P| = \frac{4}{\sqrt{t + 1}} + C_1$

$$\Rightarrow |P| = e^{\frac{4}{\sqrt{t+1}}+C_1} = e^{\frac{4}{\sqrt{t+1}}}e^{C_1} = C_2 e^{\frac{4}{\sqrt{t+1}}} \Rightarrow P(t) = Ce^{\frac{4}{\sqrt{t+1}}}$$

De plus, $P(0) = 30 \Rightarrow Ce^{\frac{4}{\sqrt{0+1}}} = 30 \Rightarrow C = 30e^{-4}$, de sorte que $P(t) = 30e^{\frac{4}{\sqrt{t+1}}-4}$ milliers de virus.

b) $P(3) = 30e^{\frac{4}{\sqrt{3+1}}-4} = 30e^{-2} \approx 4,060$, de sorte que la charge virale est encore d'environ 4 060 virus

c) $\lim\limits_{t \to \infty} P(t) = \lim\limits_{t \to \infty} 30e^{\frac{4}{\sqrt{t+1}}-4} = 30e^{-4} \approx 0,549$. Par conséquent, le traitement ne permet pas d'éliminer tous les virus, puisqu'à long terme il en resterait encore 549. Toutefois, la charge virale a diminué de manière importante.

34. a) $\dfrac{dL}{dt} = k(L_M - L)$

b) $\dfrac{dL}{dt} = 0,2(5 - L) \Rightarrow \int \dfrac{1}{5 - L}\,dL = \int 0,2\,dt \Rightarrow -\ln|5 - L| = 0,2t + C_1$

$\Rightarrow \ln|5 - L| = -0,2t + C_2$

$\Rightarrow |5 - L| = e^{-0,2t+C_2} = e^{-0,2t}e^{C_2} = C_3e^{-0,2t}$

$\Rightarrow 5 - L = Ce^{-0,2t}$

$\Rightarrow L(t) = 5 - Ce^{-0,2t}$

De plus, $L(1) = 2 \Rightarrow 2 = 5 - Ce^{-0,2} \Rightarrow C = 3e^{0,2}$, de sorte que $L(t) = 5 - 3e^{0,2}e^{-0,2t} = \left[5 - 3e^{-0,2(t-1)}\right]$ cm.

c) 2 500 individus

d) 42 jours

35. a) $\dfrac{dP}{dt} = kP$

b) $k = \frac{1}{5}\ln 2$ et $P(t) = C2^{\frac{t}{5}}$

c) $\dfrac{dP}{dt} = kP - 3$

d) $\dfrac{dP}{dt} = kP - 3 \Rightarrow \int \dfrac{1}{kP - 3}\,dP = \int dt \Rightarrow \dfrac{1}{k}\ln|kP - 3| = t + C_1$

$\Rightarrow \ln|kP - 3| = kt + C_2 \Rightarrow |kP - 3| = e^{kt+C_2} = e^{kt}e^{C_2} = C_3e^{kt}$

$\Rightarrow kP - 3 = Ce^{kt} \Rightarrow P(t) = \dfrac{1}{k}(Ce^{kt} + 3)$

De plus, $P(0) = 20 \Rightarrow \dfrac{1}{k}\left[Ce^{k(0)} + 3\right] = 20 \Rightarrow C = 20k - 3$. Par conséquent,

$P(t) = \dfrac{1}{k}\left[(20k - 3)e^{kt} + 3\right] = \dfrac{5}{\ln 2}\left[(4\ln 2 - 3)e^{\frac{1}{5}\ln 2} + 3\right]$

$= \dfrac{5}{\ln 2}\left[(4\ln 2 - 3)2^{\frac{t}{5}} + 3\right]$

$P(t) = 0 \Rightarrow \dfrac{5}{\ln 2}\left[(4\ln 2 - 3)2^{\frac{t}{5}} + 3\right] = 0 \Rightarrow 2^{\frac{t}{5}} = \dfrac{3}{3 - 4\ln 2}$

$\Rightarrow \dfrac{t}{5}\ln 2 = \ln\left(\dfrac{3}{3 - 4\ln 2}\right) \Rightarrow t = \dfrac{5\ln\left(\dfrac{3}{3 - 4\ln 2}\right)}{\ln 2} \approx 18,61$ h

36. a) $\dfrac{dQ}{dt} = kQ = -0,028\,28Q$

b) La constante est négative, parce que la quantité de thorium décroît.

c) $Q(0) = 100$

d) $Q(t) = \left(100e^{-0,028\,28t}\right)$ mg

e) $\dfrac{dQ}{dt} = kQ + 1 = -0,028\,28Q + 1$

f) $\dfrac{dQ}{dt} = kQ + 1 \Rightarrow \displaystyle\int \dfrac{1}{kQ+1}\,dQ = \int dt \Rightarrow \dfrac{1}{k}\ln|kQ+1| = t + C_1$

$\Rightarrow \ln|kQ+1| = kt + C_2 \Rightarrow |kQ+1| = e^{kt+C_2} = e^{kt}e^{C_2} = C_3 e^{kt}$

$\Rightarrow kQ + 1 = Ce^{kt} \Rightarrow Q(t) = \dfrac{1}{k}\left(Ce^{kt} - 1\right)$

De plus,

$$Q(0) = 100 \Rightarrow \dfrac{1}{k}\left(Ce^{k(0)} - 1\right) = 100 \Rightarrow C = 100k + 1 = -2{,}828 + 1 = -1{,}828$$

Par conséquent, $Q(t) = \dfrac{1{,}828\,e^{-0{,}028\,28\,t} + 1}{0{,}028\,28}$ mg.

g) $\displaystyle\lim_{t\to\infty} Q(t) = 35{,}36$ mg

h) Non, puisque $\displaystyle\lim_{t\to\infty} Q(t) = -\dfrac{1}{k} = \dfrac{1}{0{,}028\,28} = 35{,}36$ mg, quantité qui n'est fonction

que de la valeur de la constante de proportionnalité et de la quantité de thorium
qui est ajoutée continuellement dans le contenant.

i) Si on note α la quantité de thorium continuellement et constamment ajoutée,

alors $\dfrac{dQ}{dt} = kQ + \alpha = -0{,}028\,28Q + \alpha$. Or, si la quantité de thorium demeure

constante, alors

$$\dfrac{dQ}{dt} = 0 \text{ et } Q = 100 \Rightarrow -0{,}028\,28(100) + \alpha = 0 \Rightarrow \alpha = 2{,}828 \text{ mg/jour}$$

37. a) $\dfrac{dN}{dt} = k\left(\bar{N} - N\right)$

b) Positive : la quantité d'azote augmente avec le temps et $\bar{N} - N \geq 0$.

c) $N(0) = N_0$

d) $\dfrac{dN}{dt} = k\left(\bar{N} - N\right) \Rightarrow \displaystyle\int \dfrac{1}{\bar{N} - N}\,dN = \int k\,dt \Rightarrow -\ln|\bar{N} - N| = kt + C_1$

$\Rightarrow \ln|\bar{N} - N| = -kt + C_2 \Rightarrow |\bar{N} - N| = e^{-kt+C_2} = e^{-kt}e^{C_2} = C_3 e^{-kt}$

$\Rightarrow \bar{N} - N = Ce^{-kt} \Rightarrow N(t) = \bar{N} - Ce^{-kt}$

De plus,

$$N(0) = N_0 \Rightarrow \bar{N} - Ce^{-k(0)} = N_0 \Rightarrow C = \bar{N} - N_0 \Rightarrow N(t) = \bar{N} - \left(\bar{N} - N_0\right)e^{-kt}$$

e) $\tfrac{1}{2}\left(\bar{N} + N_0\right) = \bar{N} - \left(\bar{N} - N_0\right)e^{-kt} \Rightarrow \tfrac{1}{2}\left(\bar{N} - N_0\right) - \left(\bar{N} - N_0\right)e^{-kt} = 0$

$\Rightarrow e^{-kt} = \tfrac{1}{2} \Rightarrow -kt = \ln\tfrac{1}{2} = -\ln 2$

$\Rightarrow t = \dfrac{1}{k}\ln 2$

38. a) Comme $C''(y) = -(0{,}15)(y+1)^{-3/2} < 0$ lorsque $y \in\,]0,\,\infty[$, la propension
marginale à consommer est décroissante sur l'intervalle $]0,\,\infty[$.

b) $\dfrac{0{,}3}{\sqrt{y+1}} > 0 \Rightarrow C'(y) = 0{,}7 + \dfrac{0{,}3}{\sqrt{y+1}} > 0{,}7$

c) $C(y) = \left(0{,}7y + 0{,}6\sqrt{y+1} + 4{,}4\right)$ milliards \$

39. a) $\varepsilon = 2 = -\dfrac{dq}{q}\Big/\dfrac{dp}{p} \Rightarrow -\displaystyle\int\dfrac{1}{q}\,dq = \int \dfrac{2}{p}\,dp$

$\Rightarrow -\ln q = 2\ln p + A \Rightarrow \ln\dfrac{1}{q} = \ln p^2 + \ln B = \ln Bp^2$

puisque p et q sont des quantités positives. Par conséquent, $Bp^2 = \dfrac{1}{q} \Rightarrow p = \dfrac{C}{\sqrt{q}}$.

b) $\varepsilon = \dfrac{2p}{3 - 2p} = -\dfrac{dq}{q}\Big/\dfrac{dp}{p} \Rightarrow -\displaystyle\int\dfrac{1}{q}\,dq = \int \dfrac{2}{3 - 2p}\,dp$

$\Rightarrow -\ln q = -\ln|3 - 2p| + A$

$\Rightarrow \ln q = \ln|3 - 2p| + \ln B = \ln\left[C(3 - 2p)\right]$

$\Rightarrow q = C(3 - 2p) \Rightarrow p = \tfrac{3}{2} + kq$

40. a) $\dfrac{dR}{dS} = \dfrac{k}{S}$

b) $R = k \ln \dfrac{S}{S_0}$ ou $S = S_0 e^{R/k}$

c) $R = CS^k$

d) $\dfrac{dP}{dt} = k(N - P)$

e) $P(t) = N - Ce^{-kt}$

f) $\dfrac{dM}{dt} = k(M - a)$

g) $k < 0$, puisque $M - a > 0$ et $\dfrac{dM}{dt} < 0$

h) $\dfrac{dM}{dt} = k(M - a) \Rightarrow \displaystyle\int \dfrac{dM}{M - a} = k \int dt$

$\Rightarrow \ln(M - a) = kt + C_1$

$\Rightarrow M - a = e^{kt + C_1} = e^{kt} e^{C_1} = Ce^{kt}$

$\Rightarrow M(t) = a + Ce^{kt}$

Initialement $(t = 0)$, on se souvient de 100 % de ce qu'on a appris, de sorte que $M(0) = 1 \Rightarrow a + Ce^0 = 1 \Rightarrow C = 1 - a \Rightarrow M(t) = a + (1 - a)e^{kt}$.

i) $\displaystyle\lim_{t \to \infty} M(t) = \lim_{t \to \infty} \left[a + (1 - a)e^{kt} \right] = a + 0 = a$, puisque $k < 0 \Rightarrow \displaystyle\lim_{t \to \infty} e^{kt} = 0$

j) La constante a représente la fraction de ce qu'on a appris qu'on n'oublie jamais.

41. a) $\dfrac{dy}{dx} = -k\dfrac{y}{x}$, où $k > 0$

b) $y = Cx^{-k}$

c) $y(25\,000) = 1\,800\,000 \Rightarrow C(25\,000)^{-k} = 1\,800\,000$ (1)

$y(50\,000) = 500\,000 \Rightarrow C(50\,000)^{-k} = 500\,000$ (2)

En divisant l'équation (1) par l'équation (2), on obtient que

$$\left(\tfrac{1}{2}\right)^{-k} = 3{,}6 \Rightarrow k = -\dfrac{\ln(3{,}6)}{\ln\left(\tfrac{1}{2}\right)} \approx 1{,}85$$

En substituant cette valeur dans l'équation (1), on obtient que

$$C \approx \dfrac{1\,800\,000}{(25\,000)^{-1{,}85}} \approx 2{,}5 \times 10^{14}$$

Par conséquent, $y(100\,000) \approx 2{,}5 \times 10^{14} \times (100\,000)^{-1{,}85} \approx 139\,000$. En 1999, le Québec comptait environ 139 000 personnes dont les revenus étaient d'au moins 100 000 \$.

42. $\dfrac{dC}{dt} = 0{,}02C \Rightarrow C(t) = \left(3\,000 e^{0{,}02t}\right)$ \$

43. a) Méthode A: $\dfrac{dV}{dt} = a$. Méthode B: $\dfrac{dV}{dt} = bV$. Méthode C: $\dfrac{dV}{dt} = c(T - t)$.

b) En vertu de la méthode A, on a $V(t) = V_0 - \dfrac{0{,}95V_0}{T}t$. En vertu de la méthode B, on a $V(t) = V_0 (0{,}05)^{\frac{t}{T}}$. En vertu de la méthode C, on a

$$V(t) = V_0 \left(\dfrac{0{,}95}{T^2}t^2 - \dfrac{1{,}9}{T}t + 1 \right)$$

44. a) $C(x) = \left(0{,}000\,002x^3 - 0{,}03x^2 + 400x + 80\,000\right)$ \$

b) $R(x) = \left(600x - 0{,}05x^2\right)$ \$

45. a) 20 kg

b) À long terme, la concentration de sel dans le réservoir devrait être la même que celle de la solution qu'on y verse, soit de 20 g/L. Par conséquent, à long terme, on devrait trouver 200 L × 20 g/L = 4 000 g = 4 kg de sel dans le réservoir.

c) 10 L/min × 20 g/L = 200 g/min

d) $\dfrac{Q}{200}$ g/L représente la quantité de sel par litre dans le réservoir à tout instant, soit la concentration en sel de la solution

e) 10 L/min représente le volume de solution qui sort du réservoir en tout temps.

Par conséquent, $\left(\dfrac{Q}{200}\,\text{g/L}\right) \times \left(10\,\text{L/min}\right)$ représente la quantité de sel (en grammes) qui sort du réservoir par minute, à tout instant.

f) $\dfrac{dQ}{dt} = \dfrac{\text{Quantité de sel qui entre}}{\text{Unité de temps}} - \dfrac{\text{Quantité de sel qui sort}}{\text{Unité de temps}}$

$= 200 - \dfrac{Q}{200}(10) = 200 - \dfrac{Q}{20} = \dfrac{4\,000 - Q}{20}$

g) $Q(t) = \left(4\,000 + 16\,000 e^{-\frac{t}{20}}\right)$ g

h) Environ 96,1 g/L.

i) Environ 55,5 min.

46. a) Soit $Q(t)$ la quantité de fumée présente dans le local de réunion t min après la mise en marche du système d'aération, alors

$$Q(0) = 20\,\text{ppm} \times 1\,000\,\text{m}^3 = \dfrac{20}{1\,000\,000} \times 1\,000\,\text{m}^3 = 0,02\,\text{m}^3$$

De plus, $\dfrac{dQ}{dt} = -100\,\dfrac{Q}{1000} = -0,1Q$. On sépare les variables pour résoudre l'équation différentielle :

$$\dfrac{dQ}{dt} = -0,1Q \Rightarrow \int \dfrac{1}{Q}\,dQ = -\int 0,1\,dt \Rightarrow \ln|Q| = -0,1t + C_1$$

$$\Rightarrow |Q| = e^{-0,1t+C_1} = e^{-0,1t}e^{C_1} = C_2 e^{-0,1t} \Rightarrow Q(t) = Ce^{-0,1t}$$

De plus, $Q(0) = 0,02 \Rightarrow Ce^{-0,1(0)} = 0,02 \Rightarrow C = 0,02 \Rightarrow Q(t) = 0,02e^{-0,1t}$.

Enfin, si la concentration est de 5 ppm, alors la quantité de fumée est de

$Q(t) = 5\,\text{ppm} \times 1\,000\,\text{m}^3 = \dfrac{5}{1\,000\,000} \times 1\,000\,\text{m}^3 = 0,005\,\text{m}^3$, de sorte que

$$Q(t) = 0,02e^{-0,1t} = 0,005 \Rightarrow e^{-0,1t} = \dfrac{0,005}{0,02} \Rightarrow -0,1t = \ln \tfrac{1}{4} = -\ln 4$$

$$\Rightarrow t = 10\ln 4 \approx 13,86\,\text{min}$$

Il faut donc environ 14 min avant que la concentration en fumée devienne plus petite que 5 ppm.

b) $\dfrac{dQ}{dt} = \dfrac{5}{1\,000\,000}1\,000 - \dfrac{Q}{1\,000}(100) = 0,005 - 0,1Q$

$$\Rightarrow \int \dfrac{1}{0,005 - 0,1Q}\,dQ = \int dt \Rightarrow -\dfrac{1}{0,1}\ln|0,005 - 0,1Q| = t + C_1$$

$$\Rightarrow \ln|0,005 - 0,1Q| = -0,1t + C_2$$

$$\Rightarrow |0,005 - 0,1Q| = e^{-0,1t+C_2} = e^{-0,1t}e^{C_2} = C_3 e^{-0,1t}$$

$$\Rightarrow 0,005 - 0,1Q = C_4 e^{-0,1t}$$

$$\Rightarrow Q(t) = 0,05 - Ce^{-0,1t}$$

De plus, $Q(0) = 0,02$, d'où $0,05 - Ce^{-0,1(0)} = 0,02 \Rightarrow C = 0,03$, de sorte que $Q(t) = 0,05 - 0,03e^{-0,1t}$.

On veut trouver la valeur de t telle que $Q(t) = \dfrac{10}{1\,000\,000}1\,000 = 0,01$. Par conséquent,

$$Q(t) = 0,05 - 0,03e^{-0,1t} = 0,01 \Rightarrow e^{-0,1t} = \frac{0,04}{0,03} \Rightarrow -0,1t = \ln\tfrac{4}{3}$$

$$\Rightarrow t = -10\ln\tfrac{4}{3} = 10\ln\tfrac{3}{4} \approx -2,88 \text{ min}$$

Comme le temps ne peut pas être négatif, on en conclut que le système d'aération n'est pas suffisamment efficace pour abaisser la concentration de fumée dans la salle de réunion sous 10 ppm.

47. a) $\alpha = 0,02$ et $\beta = 500$

b) $\dfrac{dA}{dt} = \alpha A - \beta = 0,02\,A - 500 \Rightarrow \displaystyle\int \frac{1}{0,02\,A - 500}\,dA = \int dt$

$$\Rightarrow 50\ln|0,02\,A - 500| = t + a$$
$$\Rightarrow \ln|0,02\,A - 500| = 0,02t + b$$
$$\Rightarrow |0,02\,A - 500| = e^{0,02t+b} = e^{0,02t}e^{b} = ce^{0,02t}$$
$$\Rightarrow 0,02\,A - 500 = ke^{0,02t}$$
$$\Rightarrow A(t) = 25\,000 + me^{0,02t}$$

Or, $A(0) = 20\,000 \Rightarrow m = -5\,000 \Rightarrow A(t) = 25\,000 - 5\,000e^{0,02t}$. Par conséquent, $A(8) = 25\,000 - 5\,000e^{0,02(8)} \approx 19\,132,45$ \$.

c) $A(t) = 0 \Rightarrow 25\,000 - 5\,000e^{0,02t} = 0 \Rightarrow e^{0,02t} = 5$

$$\Rightarrow 0,02t = \ln 5 \Rightarrow t = 50\ln 5 \approx 80,5 \text{ ans}$$

48. a) $\tfrac{20}{3}$ unités

b) 40 min

49. a) La vitesse initiale du projectile correspond à la vitesse au sol, soit lorsque le projectile est situé à une distance R du centre de la Terre, de sorte que $v_0 = v(R)$.

b) $\tfrac{1}{2}v^2 = \dfrac{gR^2}{s} + \tfrac{1}{2}v_0^2 - gR$

c) Pour que le projectile ne retombe pas sur terre, il faut que sa vitesse soit toujours positive. Or, pour que l'expression $\dfrac{gR^2}{s} + \tfrac{1}{2}v_0^2 - gR$ soit positive pour toute valeur de s, il faut que $\tfrac{1}{2}v_0^2 - gR$ soit positive, puisque $\dfrac{gR^2}{s}$ est une fonction décroissante de s qui est toujours positive et qui tend vers 0 lorsque s tend vers l'infini. Par conséquent, il faut que $\tfrac{1}{2}v_0^2 - gR > 0 \Rightarrow v_0 > \sqrt{2gR}$.

50. $y = \dfrac{w}{24EI}\left(x^4 - 4Lx^3 + 6L^2x^2\right)$

51. a) $y = \tfrac{1}{60}x^5 + Ax^4 + Bx^3 + Cx^2 + Dx + E$

b) $\dfrac{d^2y}{dt^2} = 1 + t^{-2} \Rightarrow \dfrac{dy}{dt} = \displaystyle\int(1 + t^{-2})dt = t - t^{-1} + A$. Or,

$$y'(1) = 0 \Rightarrow 1 - (1)^{-1} + A = 0 \Rightarrow A = 0$$

de sorte que $\dfrac{dy}{dt} = t - t^{-1} \Rightarrow y(t) = \displaystyle\int\left(t - \frac{1}{t}\right)dt = \tfrac{1}{2}t^2 - \ln t + B$. Or,

$$y(1) = 1 \Rightarrow \tfrac{1}{2}(1)^2 - \ln 1 + B = 1 \Rightarrow B = \tfrac{1}{2}$$

de sorte que $y(t) = \tfrac{1}{2}t^2 - \ln t + \tfrac{1}{2}$.

c) $y = \frac{1}{120}x^5 + \frac{1}{6}x^3 + x$

d) $y = 2\cos x - x^2 - 1$

52. a) $v(t) = (0,15t^2 + 2t + 1)\,\text{m/s}$

b) $14,75\,\text{m/s}$

c) $\bar{v} = \dfrac{\displaystyle\int_0^5 v(t)\,dt}{5 - 0} = 7,25\,\text{m/s}$

d) $v = \dfrac{dx}{dt} = 0,15t^2 + 2t + 1 \Rightarrow \int dx = \int (0,15t^2 + 2t + 1)\,dt$

$$\Rightarrow x(t) = 0,05t^3 + t^2 + t + B$$

Or, $x(0) = 0$, de sorte que $0,05(0)^3 + (0)^2 + 0 + B = 0 \Rightarrow B = 0$. Par conséquent, $x(t) = 0,05t^3 + t^2 + t$, et $x(10) = 0,05(10)^3 + (10)^2 + 10 = 160\,\text{m}$.

e) $123,75\,\text{m}$

53. a) $v(t) = (-2t + 10)\,\text{m/s}$

b) $5\,\text{s}$

c) $v = \dfrac{dx}{dt} = -2t + 10 \Rightarrow \int dx = \int (-2t + 10)\,dt \Rightarrow x(t) = -t^2 + 10t + B$

Or, $x(0) = 0$, de sorte que $x(t) = -(0)^2 + 10(0) + B = 0 \Rightarrow B = 0$. Par conséquent, $x(t) = -t^2 + 10t$, de sorte que la distance parcourue par la voiture avant qu'elle ne s'arrête est de $x(5) = -(5)^2 + 10(5) = 25\,\text{m}$: la voiture ne s'est pas arrêtée avant l'arrêt.

d) Si a représente la décélération constante appliquée à une voiture telle que celle-ci parcourt une distance de 24 m avant de s'arrêter lorsque sa vitesse initiale est de 36 km/h (soit 10 m/s), alors

$$a = \frac{dv}{dt} \Rightarrow \int dv = \int a\,dt \Rightarrow v(t) = at + A$$

Comme $v(0) = 10\,\text{m/s} \Rightarrow a(0) + A = 10 \Rightarrow A = 10$, de sorte que $v(t) = at + 10$.

De plus, $v = \dfrac{dx}{dt} = at + 10 \Rightarrow \int dx = \int (at + 10)\,dt \Rightarrow x(t) = \frac{1}{2}at^2 + 10t + B$.

Or, $x(0) = 0$, de sorte que $B = 0$, d'où $x(t) = \frac{1}{2}at^2 + 10t$.

Si t^* représente le temps pris pour que la voiture s'arrête après avoir franchi une distance de 24 m, alors $x(t^*) = 24 \Rightarrow \frac{1}{2}a(t^*)^2 + 10t^* = 24$ et $v(t^*) = 0 \Rightarrow at^* + 10 = 0 \Rightarrow a = -\dfrac{10}{t^*}$. Si on substitue cette valeur dans l'équation de la position de la voiture, on obtient

$$\frac{1}{2}\left(-\frac{10}{t^*}\right)(t^*)^2 + 10t^* = 24 \Rightarrow t^* = \frac{24}{5}$$

de sorte que $a = -\frac{50}{24} \approx -2,08\,\text{m/s}^2$.

Chapitre 5

Chapitre 5

1. a) $\displaystyle\lim_{x \to 3} \frac{x^2 - 9}{x^3 - 3x^2 + 9x - 27} = \lim_{x \to 3} \frac{2x}{3x^2 - 6x + 9} = \frac{1}{3}$

b) $\displaystyle\lim_{x \to 2^+} \frac{\left|4 - x^2\right|}{x - 2} = \lim_{x \to 2^+} \frac{x^2 - 4}{x - 2} = \lim_{x \to 2^+} \frac{2x}{1} = 4$

c) 0

d) 1

e) −1

f) $\lim\limits_{x \to 0^+} \dfrac{\cos 2x}{x} = \infty$ et $\lim\limits_{x \to 0^-} \dfrac{\cos 2x}{x} = -\infty \Rightarrow \lim\limits_{x \to 0} \dfrac{\cos 2x}{x}$ n'existe pas

g) 1

h) Si $x > 0$, alors $-\dfrac{1}{x} \le \dfrac{\cos 2x}{x} \le \dfrac{1}{x}$. De plus, $\lim\limits_{x \to \infty}\left(-\dfrac{1}{x}\right) = 0 = \lim\limits_{x \to \infty} \dfrac{1}{x}$, de sorte qu'en

vertu du théorème du sandwich, $\lim\limits_{x \to \infty} \dfrac{\cos 2x}{x} = 0$.

i) 0

j) $\dfrac{2}{9}$

k) −1

l) 0

m) $\dfrac{1}{2}$

n) $-\infty$

o) $-\dfrac{2}{5}$

2. a) $\lim\limits_{x \to 0^+} \sin x \ln x = \lim\limits_{x \to 0^+} \dfrac{\ln x}{1/\sin x}$

$$= \lim_{x \to 0^+} \frac{\ln x}{\operatorname{cosec} x} = \lim_{x \to 0^+} \frac{1/x}{-\operatorname{cosec} x \operatorname{cotg} x} = \lim_{x \to 0^+} \left(-\frac{\sin^2 x}{x \cos x}\right)$$

$$= \lim_{x \to 0^+} \left(-\frac{2 \sin x \cos x}{-x \sin x + \cos x}\right) = 0$$

b) $\lim\limits_{x \to 1^+} \left(\dfrac{2x}{\ln x} - \dfrac{1}{x-1}\right) = \lim\limits_{x \to 1^+} \left[\dfrac{2x(x-1) - \ln x}{(x-1)\ln x}\right]$

$$= \lim_{x \to 1^+} \left[\frac{4x - 2 - (1/x)}{(x-1)(1/x) + \ln x}\right] = \infty$$

c) $\lim\limits_{x \to \infty} x^2\left(1 - e^{1/x}\right) = \lim\limits_{x \to \infty} \dfrac{\left(1 - e^{1/x}\right)}{1/x^2}$

$$= \lim_{x \to \infty} \frac{e^{1/x}\left(1/x^2\right)}{-2/x^3} = \lim_{x \to \infty} \frac{xe^{1/x}}{-2} = -\infty$$

d) $-\dfrac{3}{2}$

e) 0

f) ∞

g) ∞

h) ∞

i) 0

j) $\lim\limits_{x \to 0}\left(\dfrac{1}{e^x - 1} - \dfrac{2}{x}\right) = \lim\limits_{x \to 0}\left[\dfrac{x - 2\left(e^x - 1\right)}{x\left(e^x - 1\right)}\right]$

$$= \lim_{x \to 0}\left(\frac{1 - 2e^x}{xe^x + e^x - 1}\right)$$

Évaluons les limites à gauche et à droite: $\lim\limits_{x \to 0^+}\left(\dfrac{1 - 2e^x}{xe^x + e^x - 1}\right) = -\infty$ et

$\lim\limits_{x \to 0^-}\left(\dfrac{1 - 2e^x}{xe^x + e^x - 1}\right) = \infty$. Par conséquent, $\lim\limits_{x \to 0}\left(\dfrac{1}{e^x - 1} - \dfrac{2}{x}\right)$ n'existe pas.

3. a) 0

b) Négative.

c) La pente de la tangente à la courbe décrite par la fonction $g(x)$ en $x = 0$.

d) Les conditions d'application de la règle de L'Hospital étant remplies,

$\lim\limits_{x \to 0} \dfrac{f(x)}{g(x)} = \lim\limits_{x \to 0} \dfrac{f'(x)}{g'(x)} = \dfrac{f'(0)}{g'(0)} < 0$, puisque $f'(x)$ et $g'(x)$ sont des fonctions

continues en $x = 0$, que $f'(x) > 0$ et que $g'(x) < 0$. Par conséquent, la réponse est B.

4. $\lim\limits_{x \to a} \dfrac{a^2 - ax}{a - \sqrt{ax}} = \lim\limits_{x \to a} \dfrac{-a}{-\frac{1}{2}\sqrt{a}\,x^{-\frac{1}{2}}} = \lim\limits_{x \to a} 2\sqrt{ax} = 2a$

$\lim\limits_{x \to a} \dfrac{\sqrt{2a^3x - x^4} - a\sqrt[3]{a^2x}}{a - \sqrt[4]{ax^3}} = \lim\limits_{x \to a} \dfrac{\frac{1}{2}\left(2a^3x - x^4\right)^{-\frac{1}{2}}\left(2a^3 - 4x^3\right) - \frac{1}{3}a^{\frac{5}{3}}\left(x\right)^{-\frac{2}{3}}}{-\frac{3}{4}a^{\frac{1}{4}}x^{-\frac{1}{4}}} = \frac{16}{9}a$

5. a) $\lim\limits_{x \to \infty} \dfrac{\ln x}{x^n} = \lim\limits_{x \to \infty} \dfrac{1/x}{nx^{n-1}} = \lim\limits_{x \to \infty} \dfrac{1}{nx^n} = 0$

b) $\lim\limits_{x \to \infty} \dfrac{x^n}{e^x} = \lim\limits_{x \to \infty} \dfrac{nx^{n-1}}{e^x} = \lim\limits_{x \to \infty} \dfrac{n(n-1)x^{n-2}}{e^x} = \cdots = \lim\limits_{x \to \infty} \dfrac{n!}{e^x} = 0$

6. Si la valeur de la résistance R devient négligeable, alors $R \to 0$, de sorte que

$$I = \lim\limits_{R \to 0} \dfrac{V\left(1 - e^{-Rt_0/L}\right)}{R} = \lim\limits_{R \to 0} \dfrac{V(t_0/L)e^{-Rt_0/L}}{1} = \dfrac{Vt_0}{L}$$

Par ailleurs, si la résistance est très forte, on aura $I = \lim\limits_{R \to \infty} \dfrac{V\left(1 - e^{-Rt_0/L}\right)}{R} = 0$.

7. a) $\theta = \dfrac{2\pi}{n}$

b) $A(n) = \dfrac{r^2 n \sin\left(\dfrac{2\pi}{n}\right)}{2}$

c) πr^2

d) Il s'agit de la formule de l'aire d'un disque (cercle). À mesure que le nombre de côtés du polygone augmente, l'aire de la surface que celui-ci délimite se rapproche de celle du cercle dans lequel il est inscrit. À la limite, le cercle et le polygone se confondent, de sorte que les aires sont alors identiques.

8. a) $y = \left(\dfrac{x+1}{x-2}\right)^x \Rightarrow \ln y = x\ln\left(\dfrac{x+1}{x-2}\right) = \dfrac{\ln\left(\dfrac{x+1}{x-2}\right)}{1/x}$, de sorte que

$$\lim\limits_{x \to \infty} \ln y = \lim\limits_{x \to \infty} \dfrac{\ln\left(\dfrac{x+1}{x-2}\right)}{1/x} = \lim\limits_{x \to \infty} \dfrac{\dfrac{d}{dx}\left[\ln(x+1) - \ln(x-2)\right]}{-1/x^2}$$

$$= \lim\limits_{x \to \infty} \left(-\dfrac{x^2}{x+1} + \dfrac{x^2}{x-2}\right) = \lim\limits_{x \to \infty} \left\{-\dfrac{x^2\left[x - 2 - (x+1)\right]}{(x+1)(x-2)}\right\}$$

$$= \lim\limits_{x \to \infty} \left(\dfrac{3x^2}{x^2 - x - 2}\right) = \lim\limits_{x \to \infty} \dfrac{6x}{2x - 1} = \lim\limits_{x \to \infty} \dfrac{6}{2} = 3$$

Par conséquent, $\lim\limits_{x \to \infty} \left(\dfrac{x+1}{x-2}\right)^x = e^3$.

b) 0

c) ∞

d) 1

e) e^6

f) $y = x^{\frac{3}{x-1}} \Rightarrow \ln y = \dfrac{3\ln x}{x-1}$, de sorte que

$$\lim\limits_{x \to 1^+} \ln y = \lim\limits_{x \to 1^+} \ln x^{\frac{3}{x-1}} = \lim\limits_{x \to 1^+} \dfrac{3\ln x}{x-1} = \lim\limits_{x \to 1^+} \dfrac{3/x}{1} = 3$$

Par conséquent, $\lim\limits_{x \to 1^+} x^{\frac{3}{x-1}} = e^3$.

g) $y = \left(\dfrac{1}{x}\right)^{\sin x} \Rightarrow \ln y = \sin x \ln\left(\dfrac{1}{x}\right) = \dfrac{-\ln x}{\operatorname{cosec} x}$, de sorte que

$$\lim_{x \to 0^+} \ln y = \lim_{x \to 0^+} \ln\left(\dfrac{1}{x}\right)^{\sin x} = \lim_{x \to 0^+} \dfrac{-\ln x}{\operatorname{cosec} x} = \lim_{x \to 0^+} \dfrac{-1/x}{-\operatorname{cosec} x \operatorname{cotg} x}$$

$$= \lim_{x \to 0^+} \dfrac{\sin^2 x}{x \cos x} = \left(\lim_{x \to 0^+} \dfrac{\sin^2 x}{x}\right)\left(\lim_{x \to 0^+} \dfrac{1}{\cos x}\right) = \left(\lim_{x \to 0^+} \dfrac{\sin^2 x}{x}\right)(1)$$

$$= \lim_{x \to 0^+} \dfrac{2\sin x \cos x}{1} = 0$$

Par conséquent, $\lim\limits_{x \to 0^+} \left(\dfrac{1}{x}\right)^{\sin x} = e^0 = 1.$

h) e^2

i) 1

j) 1

k) $y = (x + 1)^{(\ln C)/x} \Rightarrow \ln y = \dfrac{\left[\ln(x + 1)\right]\ln C}{x}$, de sorte que

$$\lim_{x \to 0^+} \ln y = \lim_{x \to 0^+} \ln(x+1)^{(\ln C)/x} = \lim_{x \to 0^+} \dfrac{\left[\ln(x+1)\right]\ln C}{x} = \lim_{x \to 0^+} \dfrac{(\ln C)/(x+1)}{1} = \ln C$$

Par conséquent, $\lim\limits_{x \to 0^+} (x + 1)^{(\ln C)/x} = e^{\ln C} = C.$

9. a) $\lim\limits_{x \to \infty} x \operatorname{arctg}\left(\dfrac{2}{x}\right) = \lim\limits_{x \to \infty} \dfrac{\operatorname{arctg}(2x^{-1})}{x^{-1}} = \lim\limits_{x \to \infty} \dfrac{-2x^{-2}/(1 + 4x^{-2})}{-x^{-2}} = \lim\limits_{x \to \infty} \dfrac{2}{1 + 4x^{-2}} = 2$

b) $\lim\limits_{x \to \infty} x^2 \operatorname{arctg}\left(\dfrac{2}{x}\right) = \lim\limits_{x \to \infty} \dfrac{\operatorname{arctg}(2x^{-1})}{x^{-2}} = \lim\limits_{x \to \infty} \dfrac{-2x^{-2}/(1 + 4x^{-2})}{-2x^{-3}} = \lim\limits_{x \to \infty} \dfrac{x}{1 + 4x^{-2}} = \infty$

c) 0

d) $y = x^{(\ln C)/(1 + \ln x)} \Rightarrow \ln y = \dfrac{(\ln C)(\ln x)}{1 + \ln x}$, de sorte que

$$\lim_{x \to 0^+} \ln y = \lim_{x \to 0^+} x^{(\ln C)/(1 + \ln x)} = \lim_{x \to 0^+} \dfrac{(\ln C)(\ln x)}{1 + \ln x} = \lim_{x \to 0^+} \dfrac{(\ln C)/x}{1/x} = \ln C$$

Par conséquent, $\lim\limits_{x \to 0^+} x^{(\ln C)/(1 + \ln x)} = e^{\ln C} = C.$

e) 0

f) 3

g) ∞

h) $\lim\limits_{x \to w} \dfrac{\sin x - \sin w}{x^2 - w^2} = \lim\limits_{x \to w} \dfrac{\cos x}{2x} = \dfrac{\cos w}{2w}$

i) $\lim\limits_{x \to \infty} \dfrac{2x^{-3}}{e^{1/x} - 1} = \lim\limits_{y \to 0^+} \dfrac{2y^3}{e^y - 1} = \lim\limits_{y \to 0^+} \dfrac{6y^2}{e^y} = 0$

10. a) $y = \left(\dfrac{x + C}{x - C}\right)^x \Rightarrow \ln y = x \ln\left(\dfrac{x + C}{x - C}\right) = \dfrac{\ln\left(\dfrac{x + C}{x - C}\right)}{1/x}$, de sorte que

$$\lim_{x \to \infty} \ln y = \lim_{x \to \infty} \dfrac{\ln\left(\dfrac{x + C}{x - C}\right)}{1/x} = \lim_{x \to \infty} \dfrac{\dfrac{d}{dx}\left[\ln(x + C) - \ln(x - C)\right]}{-1/x^2}$$

$$= \lim_{x \to \infty}\left(-\dfrac{x^2}{x + C} + \dfrac{x^2}{x - C}\right) = \lim_{x \to \infty}\left\{-\dfrac{x^2\left[x - C - (x + C)\right]}{(x + C)(x - C)}\right\}$$

$$= \lim_{x \to \infty}\left(\dfrac{2Cx^2}{x^2 - C^2}\right) = \lim_{x \to \infty} \dfrac{4Cx}{2x} = 2C$$

Par conséquent, $\lim\limits_{x \to \infty}\left(\dfrac{x + C}{x - C}\right)^x = 2 \Rightarrow e^{2C} = 2 \Rightarrow C = \frac{1}{2}\ln 2.$

Chapitre 5

b) $y = \left(\dfrac{x}{x-C}\right)^x \Rightarrow \ln y = x\ln\left(\dfrac{x}{x-C}\right) = \dfrac{\ln\left(\dfrac{x}{x-C}\right)}{1/x}$, de sorte que

$$\lim_{x\to\infty} \ln y = \lim_{x\to\infty}\left(\dfrac{x}{x-C}\right)^x = \lim_{x\to\infty} \dfrac{\ln\left(\dfrac{x}{x-C}\right)}{1/x} = \lim_{x\to\infty} \dfrac{\dfrac{d}{dx}\left[\ln x - \ln(x-C)\right]}{-1/x^2}$$

$$= \lim_{x\to\infty}\left(-\dfrac{x^2}{x} + \dfrac{x^2}{x-C}\right) = \lim_{x\to\infty}\left[-\dfrac{x^2(x-C-x)}{x(x-C)}\right]$$

$$= \lim_{x\to\infty}\left(\dfrac{Cx}{x-C}\right) = \lim_{x\to\infty}\dfrac{C}{1} = C$$

Par conséquent, $\lim_{x\to\infty}\left(\dfrac{x}{x-C}\right)^x = e^6 \Rightarrow e^C = e^6 \Rightarrow C = 6$.

11. a) $r\theta$

b) $C(r, r\theta)$, puisque l'abscisse du point est située à une distance r de l'origine et que la longueur du segment BC (l'ordonnée du point) correspond à la longueur de l'arc BD, soit à $r\theta$.

c) $D(r\cos\theta, r\sin\theta)$. En effet, si on abaisse une perpendiculaire du point D sur le segment OB, on obtient un triangle rectangle. Une simple application de la trigonométrie du triangle rectangle permet alors de trouver les coordonnées du point D.

d) $m_{AC} = m_{CD} = \dfrac{r\theta - r\sin\theta}{r - r\cos\theta} = \dfrac{\theta - \sin\theta}{1 - \cos\theta}$

e) $m_{AC} = \dfrac{r\theta - 0}{r - \alpha} = \dfrac{r\theta}{r - \alpha}$

f) $m_{CD} = m_{AC} \Rightarrow \dfrac{\theta - \sin\theta}{1 - \cos\theta} = \dfrac{r\theta}{r - \alpha} \Rightarrow \alpha = r - \dfrac{r\theta(1 - \cos\theta)}{\theta - \sin\theta}$, de sorte que

$$\lim_{\theta\to 0} \alpha = \lim_{\theta\to 0}\left[r - \dfrac{r\theta(1-\cos\theta)}{\theta - \sin\theta}\right] = r - \lim_{\theta\to 0}\left[\dfrac{r\theta(1-\cos\theta)}{\theta - \sin\theta}\right]$$

Or, cette dernière limite est une forme indéterminée :

$$\lim_{\theta\to 0}\left[\dfrac{r\theta(1-\cos\theta)}{\theta - \sin\theta}\right] = r\lim_{\theta\to 0}\left[\dfrac{\theta\sin\theta + (1-\cos\theta)}{1 - \cos\theta}\right] = r\lim_{\theta\to 0}\left(\dfrac{\theta\cos\theta + 2\sin\theta}{\sin\theta}\right)$$

$$= r\lim_{\theta\to 0}\left(\dfrac{-\theta\sin\theta + 3\cos\theta}{\cos\theta}\right) = 3r$$

Par conséquent, $\lim_{\theta\to 0} \alpha = r - 3r = -2r$. Les coordonnées du point A lorsque le point C se rapproche du point B sont donc $A(-2r, 0)$.

12. a) $\lim_{x\to\infty} \dfrac{\left(x^3 - 3x^2 + 2x\right)^{1/3}}{x} = \lim_{x\to\infty} \dfrac{x\left(1 - \frac{3}{x} + \frac{2}{x^2}\right)^{1/3}}{x} = \lim_{x\to\infty}\left(1 - \frac{3}{x} + \frac{2}{x^2}\right)^{1/3} = 1$, et,

de manière similaire, $\lim_{x\to -\infty} \dfrac{\left(x^3 - 3x^2 + 2x\right)^{1/3}}{x} = 1$, de sorte que si la courbe décrite

par la fonction $f(x) = \left(x^3 - 3x^2 + 2x\right)^{1/3}$ admet une asymptote oblique, alors la pente de cette dernière vaut 1. De plus,

$$\lim_{x\to\infty}\left[\left(x^3 - 3x^2 + 2x\right)^{1/3} - x\right] = \lim_{x\to\infty} x\left[\left(1 - \frac{3}{x} + \frac{2}{x^2}\right)^{1/3} - 1\right]$$

$$= \lim_{x\to\infty} \dfrac{\left(1 - \frac{3}{x} + \frac{2}{x^2}\right)^{1/3} - 1}{\frac{1}{x}}$$

$$= \lim_{x\to\infty} \dfrac{\frac{1}{3}\left(1 - \frac{3}{x} + \frac{2}{x^2}\right)^{-2/3}\left(\frac{3}{x^2} - \frac{4}{x^3}\right)}{-\frac{1}{x^2}}$$

$$= \lim_{x\to\infty}\left[-\frac{1}{3}\left(1 - \frac{3}{x} + \frac{2}{x^2}\right)^{-2/3}\left(3 - \frac{4}{x}\right)\right]$$

$$= -1$$

De manière similaire, on obtient que $\displaystyle\lim_{x\to-\infty}\left[\left(x^3-3x^2+2x\right)^{1/3}-x\right]=-1$.

Par conséquent, la droite $y=x-1$ est l'asymptote oblique à la courbe décrite par la fonction $f(x)=\left(x^3-3x^2+2x\right)^{1/3}$.

b) $\displaystyle\lim_{x\to\infty}\frac{x^{1/3}\left(x-1\right)^{2/3}}{x}=\lim_{x\to\infty}\frac{x\left(1-\frac{1}{x}\right)^{2/3}}{x}=\lim_{x\to\infty}\left(1-\frac{1}{x}\right)^{2/3}=1$, et, de manière simi-

laire, $\displaystyle\lim_{x\to-\infty}\frac{x^{1/3}\left(x-1\right)^{2/3}}{x}=1$, de sorte que, si la courbe décrite par la fonction

$f(x)=x^{1/3}\left(x-1\right)^{2/3}$ admet une asymptote oblique, alors la pente de cette dernière vaut 1. De plus,

$$\lim_{x\to\infty}\left[x^{1/3}\left(x-1\right)^{2/3}-x\right]=\lim_{x\to\infty}x\left[\left(1-\frac{1}{x}\right)^{2/3}-1\right]$$
$$=\lim_{x\to\infty}\frac{\left(1-\frac{1}{x}\right)^{2/3}-1}{\frac{1}{x}}$$
$$=\lim_{x\to\infty}\frac{\frac{2}{3}\left(1-\frac{1}{x}\right)^{-1/3}\left(\frac{1}{x^2}\right)}{-\frac{1}{x^2}}$$
$$=\lim_{x\to\infty}\left[-\frac{2}{3}\left(1-\frac{1}{x}\right)^{-1/3}\right]$$
$$=-\frac{2}{3}$$

De manière similaire, $\displaystyle\lim_{x\to-\infty}\left[x^{1/3}\left(x-1\right)^{2/3}-x\right]=-\frac{2}{3}$. Par conséquent, la droite $y=x-\frac{2}{3}$ est l'asymptote oblique à la courbe décrite par la fonction $f(x)=x^{1/3}\left(x-1\right)^{2/3}$.

13. a) $\displaystyle\int_{1}^{\infty}\frac{3}{(x+5)(x+2)}\,dx=\int_{1}^{\infty}\left(\frac{1}{x+2}-\frac{1}{x+5}\right)dx=\lim_{a\to\infty}\int_{1}^{a}\left(\frac{1}{x+2}-\frac{1}{x+5}\right)dx$

$$=\lim_{a\to\infty}\left(\ln|x+2|-\ln|x+5|\right)\Big|_{1}^{a}=\lim_{a\to\infty}\left(\ln\left|\frac{x+2}{x+5}\right|\right)\Big|_{1}^{a}$$
$$=\lim_{a\to\infty}\left(\ln\left|\frac{a+2}{a+5}\right|-\ln\left|\frac{1}{2}\right|\right)$$

Or, en vertu de la règle de L'Hospital et de la continuité de la fonction logarithmique, on a

$$\lim_{a\to\infty}\left(\ln\left|\frac{a+2}{a+5}\right|\right)=\ln\left(\lim_{a\to\infty}\frac{a+2}{a+5}\right)=\ln\left(\lim_{a\to\infty}\frac{1}{1}\right)=\ln 1=0$$

Par conséquent,

$$\int_{1}^{\infty}\frac{3}{(x+5)(x+2)}\,dx=\lim_{a\to\infty}\left(\ln\left|\frac{a+2}{a+5}\right|-\ln\left|\frac{1}{2}\right|\right)=0+\ln 2=\ln 2\approx 0,69$$

b) $\displaystyle\int_{e}^{\infty}\frac{1}{x\left[\ln\left(x^2\right)\right]^2}\,dx=\int_{e}^{\infty}\frac{1}{x\left(2\ln x\right)^2}\,dx=\int_{e}^{\infty}\frac{1}{4x\left(\ln x\right)^2}\,dx$

$$=\int_{1}^{\infty}\frac{1}{4u^2}\,du\qquad\text{Où }u=\ln x\ \Rightarrow\ du=\frac{1}{x}\,dx.$$

$$=\lim_{a\to\infty}\frac{1}{4}\int_{1}^{a}u^{-2}\,du=-\frac{1}{4}\lim_{a\to\infty}u^{-1}\Big|_{1}^{a}=-\frac{1}{4}\lim_{a\to\infty}\left(a^{-1}-1\right)=\frac{1}{4}$$

c) $\displaystyle\int_{0}^{\infty}\frac{2x+1}{x^2+x+1}\,dx$ diverge

d) $\dfrac{\pi}{2}$

e) $\dfrac{1}{9}$

f) $-\dfrac{1}{4}$

g) $\displaystyle\int \dfrac{1}{1-x^2}\,dx = \dfrac{1}{2}\int\left(\dfrac{1}{1-x}+\dfrac{1}{1+x}\right)dx$

$$= \dfrac{1}{2}\big(-\ln|1-x|+\ln|1+x|\big)+C = \dfrac{1}{2}\ln\left|\dfrac{1+x}{1-x}\right|+C$$

Il y a une discontinuité infinie en $x=1$ de sorte que $\displaystyle\int_0^2 \dfrac{1}{1-x^2}\,dx$ converge si et

seulement si $\displaystyle\int_0^1 \dfrac{1}{1-x^2}\,dx$ et $\displaystyle\int_1^2 \dfrac{1}{1-x^2}\,dx$ convergent. Or,

$$\int_0^1 \dfrac{1}{1-x^2}\,dx = \lim_{a\to 1^-}\int_0^a \dfrac{1}{1-x^2}\,dx = \lim_{a\to 1^-}\dfrac{1}{2}\ln\left|\dfrac{1+x}{1-x}\right|\Big\|_0^a = \lim_{a\to 1^-}\left(\dfrac{1}{2}\ln\left|\dfrac{1+a}{1-a}\right| - \dfrac{1}{2}\ln|1|\right)$$

$$= \dfrac{1}{2}\ln\left[\lim_{a\to 1^-}\left(\left|\dfrac{1+a}{1-a}\right|\right)\right]$$

$$= \dfrac{1}{2}\ln\left[\lim_{a\to 1^-}\left(\dfrac{1+a}{1-a}\right)\right] = \infty$$

Par conséquent, $\displaystyle\int_0^2 \dfrac{1}{1-x^2}\,dx$ diverge.

h) 1

i) $\displaystyle\int_0^4 \dfrac{1}{(x-3)^{5/3}}\,dx$ diverge

j) $\dfrac{4}{5}$

k) $\displaystyle\int_0^{\pi/2} \operatorname{tg}x\,dx$ diverge

l) 8

m) $\displaystyle\int_2^6 \dfrac{1}{(x-2)^{3/2}}\,dx$ diverge

n) Il y a une discontinuité infinie en $x=1$, de sorte que $\displaystyle\int_0^3 \dfrac{2}{(x-1)^3}\,dx$ converge si et

seulement si $\displaystyle\int_0^1 \dfrac{2}{(x-1)^3}\,dx$ et $\displaystyle\int_1^3 \dfrac{2}{(x-1)^3}\,dx$ convergent. Or,

$$\int_0^1 \dfrac{2}{(x-1)^3}\,dx = \lim_{a\to 1^-}\int_0^a 2(x-1)^{-3}\,dx = \lim_{a\to 1^-}\left[-(x-1)^{-2}\right]\Big\|_0^a$$

$$= \lim_{a\to 1^-}\left[-(a-1)^{-2}+1\right] = -\infty$$

Par conséquent, $\displaystyle\int_0^3 \dfrac{2}{(x-1)^3}\,dx$ diverge.

o) $\displaystyle\int_0^\infty \dfrac{1}{x^2+a^2}\,dx = \dfrac{1}{a^2}\int_0^\infty \dfrac{1}{\left(\dfrac{x}{a}\right)^2+1}\,dx$

$$= \dfrac{1}{a}\int_0^\infty \dfrac{1}{u^2+1}\,du \qquad \text{Où } u=\dfrac{x}{a} \Rightarrow du=\dfrac{1}{a}\,dx.$$

$$= \dfrac{1}{a}\lim_{b\to\infty}\int_0^b \dfrac{1}{u^2+1}\,du = \dfrac{1}{a}\lim_{b\to\infty}\operatorname{arctg}u\Big|_0^b = \dfrac{1}{a}\lim_{b\to\infty}\left(\operatorname{arctg}b - \operatorname{arctg}0\right) = \dfrac{\pi}{2a}$$

p) $\dfrac{\pi}{2}$

14. a) Si $s > 0$, alors

$$\mathcal{L}(1) = \int_0^\infty e^{-sx}(1)dx = \lim_{c \to \infty} \int_0^c e^{-sx}dx = \lim_{c \to \infty} \frac{e^{-sx}}{-s}\Big|_0^c = \lim_{c \to \infty}\left[\frac{e^{-sc}}{-s} + \frac{e^{-s(0)}}{s}\right] = 0 + \frac{1}{s} = \frac{1}{s}$$

b) Si $s > 0$, alors

$$\mathcal{L}(x) = \int_0^\infty e^{-sx}(x)dx = \lim_{c \to \infty} \int_0^c xe^{-sx}dx = \lim_{c \to \infty}\left[\frac{e^{-sx}}{-s}\left(x + \frac{1}{s}\right)\right]\Big|_0^c \qquad \text{Intégration par parties.}$$

$$= \lim_{c \to \infty}\left[\frac{e^{-sc}}{-s}\left(c + \frac{1}{s}\right) + \frac{e^{-s(0)}}{s}\left(0 + \frac{1}{s}\right)\right] = 0 + \frac{1}{s^2} = \frac{1}{s^2}$$

puisqu'en recourant à la règle de L'Hospital, on peut facilement vérifier que $\lim_{c \to \infty}\left[\frac{e^{-sc}}{-s}\left(c + \frac{1}{s}\right)\right] = 0$.

c) Si $s > 0$, alors

$$\mathcal{L}[\cos(ax)] = \int_0^\infty e^{-sx}\cos(ax)dx = \lim_{c \to \infty} \int_0^c e^{-sx}\cos(ax)dx$$

$$= \lim_{c \to \infty} \frac{e^{-sx}[-s\cos(ax) + a\sin(ax)]}{s^2 + a^2}\Big|_0^c \qquad \text{Intégration par parties.}$$

$$= \lim_{c \to \infty}\left\{\frac{e^{-sc}[-s\cos(ac) + a\sin(ac)]}{s^2 + a^2} - \frac{e^{-s(0)}[-s\cos(a(0)) + a\sin(a(0))]}{s^2 + a^2}\right\}$$

$$= \lim_{c \to \infty}\left\{\frac{e^{-sc}[-s\cos(ac) + a\sin(ac)]}{s^2 + a^2} - \frac{-s}{s^2 + a^2}\right\}$$

$$= 0 + \frac{s}{s^2 + a^2} \qquad \text{Application du théorème du sandwich.}$$

$$= \frac{s}{s^2 + a^2}$$

d) Si $s > a$, alors

$$\mathcal{L}(e^{ax}) = \int_0^\infty e^{-sx}e^{ax}dx = \lim_{c \to \infty} \int_0^c e^{(a-s)x}dx = \lim_{c \to \infty} \frac{e^{(a-s)x}}{a - s}\Big|_0^c$$

$$= \lim_{c \to \infty}\left[\frac{e^{(a-s)c}}{a - s} - \frac{e^{(a-s)(0)}}{a - s}\right] = 0 - \frac{1}{a - s} = \frac{1}{s - a}$$

15. a) $1\,\text{u}^2$

b) $2e^{-1}\,\text{u}^2$

c) Aire $= \int_1^\infty\left(\frac{1}{x} - \frac{x}{x^2 + 1}\right)dx = \lim_{a \to \infty} \int_1^a\left(\frac{1}{x} - \frac{x}{x^2 + 1}\right)dx = \lim_{a \to \infty}\left(\ln|x| - \tfrac{1}{2}\ln|x^2 + 1|\right)\Big|_1^a$

$$= \lim_{a \to \infty}\left(\ln\left|\frac{x}{\sqrt{x^2 + 1}}\right|\right)\Big|_1^a = \lim_{a \to \infty}\left(\ln\left|\frac{a}{\sqrt{a^2 + 1}}\right| - \ln\left|\frac{1}{\sqrt{2}}\right|\right)$$

$$= \lim_{a \to \infty}\left[\ln\left|\frac{a}{a\sqrt{1 + (1/a^2)}}\right|\right] + \ln\sqrt{2} = \ln 1 + \ln\sqrt{2} = \ln\sqrt{2}\,\text{u}^2$$

16. a) Volume $= \int_0^\infty \pi\left[\frac{1}{(1 + x)^2}\right]^2 dx = \lim_{a \to \infty} \int_0^a \frac{\pi}{(1 + x)^4}dx = \lim_{a \to \infty}\left[-\tfrac{1}{3}\pi(1 + x)^{-3}\right]\Big|_0^a$

$$= \lim_{a \to \infty}\left[-\tfrac{1}{3}\pi(1 + a)^{-3} + \tfrac{1}{3}\pi(1 + 0)^{-3}\right] = \tfrac{1}{3}\pi\,\text{u}^3$$

b) Le volume est infini.

Chapitre 5

c) Volume $= \displaystyle\int_0^\infty 2\pi x \frac{1}{(1+x)^3}\,dx = \int_1^\infty \frac{2\pi(u-1)}{u^3}\,du$ \qquad Où $u = 1 + x \Rightarrow du = dx$.

$= \displaystyle\lim_{a\to\infty}\int_1^a \frac{2\pi(u-1)}{u^3}\,du = \lim_{a\to\infty} 2\pi\int_1^a \left(\frac{1}{u^2} - \frac{1}{u^3}\right)du = \lim_{a\to\infty} 2\pi\left(-\frac{1}{u} + \frac{1}{2u^2}\right)\Big|_1^a$

$= \displaystyle\lim_{a\to\infty} 2\pi\left(-\frac{1}{a} + \frac{1}{2a^2} + 1 - \frac{1}{2}\right) = \pi\,\mathrm{u}^3$

d) $\pi\,\mathrm{u}^3$

e) $\tfrac{5}{3}\pi\,\mathrm{u}^3$

f) $2\pi\,\mathrm{u}^3$

17. Volume $= \dfrac{\pi}{2}\,\mathrm{u}^3$ et Aire $= \pi\left[\sqrt{2} + \ln(1+\sqrt{2})\right]\mathrm{u}^2$.

18. a) L'aire du dessus de la table étant de 4 unités carrées, la proportion de la superficie occupée par le motif correspond à 25 % de l'aire du motif. À cause de sa symétrie, l'aire du motif correspond à 4 fois l'aire de la portion qui se trouve dans le premier quadrant. Par conséquent, la proportion qu'occupe le motif sur le dessus de la table correspond à l'aire de la portion du motif qui occupe le premier quadrant.

Aire $= \displaystyle\int_0^1 \left(1 - x^{2/3}\right)^{3/2}\,dx = 3\int_0^{\pi/2}\left(1 - \sin^2\theta\right)^{3/2}\sin^2\theta\cos\theta\,d\theta$

\qquad Où $x = \sin^3\theta \Rightarrow dx = 3\sin^2\theta\cos\theta\,d\theta$.

$= \displaystyle 3\int_0^{\pi/2}\cos^4\theta\sin^2\theta\,d\theta = 3\int_0^{\pi/2}\cos^2\theta\sin^2\theta\cos^2\theta\,d\theta$

$= \displaystyle 3\int_0^{\pi/2}\left[\tfrac{1}{2}(1+\cos2\theta)\right]\left(\tfrac{1}{2}\sin2\theta\right)^2\,d\theta$

$= \displaystyle \tfrac{3}{8}\int_0^{\pi/2}\left(\sin^2 2\theta + \sin^2 2\theta\cos2\theta\right)d\theta$

$= \displaystyle \tfrac{3}{8}\int_0^{\pi/2}\tfrac{1}{2}(1-\cos4\theta)\,d\theta + \tfrac{3}{16}\int_a^b u^2\,du$ \qquad Où $u = \sin2\theta \Rightarrow du = 2\cos2\theta\,d\theta$.

$= \displaystyle \tfrac{3}{16}\left(\theta - \tfrac{1}{4}\sin4\theta\right)\Big|_0^{\pi/2} + \tfrac{1}{16}u^3\Big|_a^b$

$= \displaystyle \tfrac{3}{16}\left(\theta - \tfrac{1}{4}\sin4\theta\right)\Big|_0^{\pi/2} + \tfrac{1}{16}\sin^3 2\theta\Big|_0^{\pi/2}$

$= \dfrac{3\pi}{32} \approx 0{,}295\ \mathrm{u}^2$

Par conséquent, le motif géométrique occupe 29,5 % de la superficie du dessus de la table.

b) À cause de la symétrie du motif, la longueur L du pourtour correspond à 4 fois la longueur de l'arc décrit par la fonction $f(x)$ sur l'intervalle $[0,\ 1]$, soit $L = 4\displaystyle\int_0^1 \sqrt{1 + \left(\dfrac{dy}{dx}\right)^2}\,dx$. Or,

$x^{2/3} + y^{2/3} = 1 \Rightarrow \dfrac{d}{dx}\left(x^{2/3} + y^{2/3}\right) = 0 \Rightarrow \tfrac{2}{3}x^{-1/3} + \tfrac{2}{3}y^{-1/3}\dfrac{dy}{dx} = 0$

$\Rightarrow \dfrac{dy}{dx} = \left(-\dfrac{y}{x}\right)^{1/3} \Rightarrow \left(\dfrac{dy}{dx}\right)^2 = \left(\dfrac{y}{x}\right)^{2/3} = \dfrac{y^{2/3}}{x^{2/3}} = \dfrac{1 - x^{2/3}}{x^{2/3}} = x^{-2/3} - 1$

Comme cette dérivée n'est pas continue en $x = 0$, mais qu'elle l'est en tout autre point, on a

$L = \displaystyle\lim_{a\to 0^+} 4\int_a^1 \sqrt{1 + \left(\dfrac{dy}{dx}\right)^2}\,dx = \lim_{a\to 0^+} 4\int_a^1 \sqrt{1 + x^{-2/3} - 1}\,dx$

$= \displaystyle\lim_{a\to 0^+} 4\int_a^1 x^{-1/3}\,dx = \lim_{a\to 0^+} 4\left(\tfrac{3}{2}x^{2/3}\right)\Big|_a^1 = \lim_{a\to 0^+}\left(6 - 6a^{2/3}\right) = 6\ \mathrm{u}$

c) Le volume du solide correspond au double du volume du solide engendré par la rotation de la portion de la surface située dans le premier quadrant, de sorte que

$$\text{Volume} = 2\int_0^1 \pi\left[\left(1 - x^{2/3}\right)^{3/2}\right]^2 dx = 2\pi\int_0^1 \left(1 - x^{2/3}\right)^3 dx$$

$$= 2\pi\int_0^1 \left(1 + 3x^{4/3} - 3x^{2/3} - x^2\right)dx$$

$$= 2\pi\left(x + \tfrac{9}{7}x^{7/3} - \tfrac{9}{5}x^{5/3} - \tfrac{1}{3}x^3\right)\Big|_0^1$$

$$= \tfrac{32}{105}\pi \text{ u}^3$$

De même, la surface de révolution correspond au double de la surface de révolution engendrée par la rotation de la portion de l'arc située dans le premier quadrant.

Comme la dérivée $\dfrac{dy}{dx}$ n'est pas continue en $x = 0$, mais qu'elle l'est en tout autre point, on a

$$\text{Aire} = \lim_{a\to 0^+} 2\int_a^1 2\pi\left(1 - x^{2/3}\right)^{3/2}\sqrt{1 + \left(\dfrac{dy}{dx}\right)^2}\ dx$$

$$= \lim_{a\to 0^+} 4\pi\int_a^1 \left(1 - x^{2/3}\right)^{3/2}\sqrt{1 + x^{-2/3} - 1}\ dx$$

$$= \lim_{a\to 0^+} 4\pi\int_a^1 \left(1 - x^{2/3}\right)^{3/2} x^{-1/3}\ dx$$

Or,

$$\int \left(1 - x^{2/3}\right)^{3/2} x^{-1/3}\ dx = -\tfrac{3}{2}\int u^{3/2}\ du \qquad \text{Où } u = \left(1 - x^{2/3}\right) \Rightarrow du = -\tfrac{2}{3}x^{-1/3}\ dx.$$

$$= -\tfrac{3}{5}u^{5/2} + C = -\tfrac{3}{5}\left(1 - x^{2/3}\right)^{5/2} + C$$

Par conséquent,

$$\text{Aire} = \lim_{a\to 0^+} 4\pi\int_a^1 \left(1 - x^{2/3}\right)^{3/2} x^{-1/3}\ dx = \lim_{a\to 0^+}\left[-\tfrac{12}{5}\pi\left(1 - x^{2/3}\right)^{5/2}\right]\Big|_a^1 = \tfrac{12}{5}\pi \text{ u}^2$$

19. $\dfrac{\pi\sqrt{2\pi}}{4}$ u^3

20. a) Il faut que $f(t) \geq 0$ et que $\displaystyle\int_{-\infty}^{\infty} f(t)dt = 1$. Or,

$$f(t) \geq 0 \Rightarrow ke^{-1/4} \geq 0 \Rightarrow k \geq 0$$

De plus,

$$\int_{-\infty}^{\infty} f(t)dt = \int_{-\infty}^{0} 0\,dt + \int_0^{\infty} ke^{-1/4}\ dt = \lim_{a\to\infty} k\int_0^a e^{-1/4}\ dt$$

$$= \lim_{a\to\infty}\left(-4ke^{-1/4}\right)\Big|_0^a = \lim_{a\to\infty}\left(-4ke^{-a/4} + 4ke^0\right) = 4k$$

Par conséquent, $\displaystyle\int_{-\infty}^{\infty} f(t)dt = 1 \Rightarrow 4k = 1 \Rightarrow k = \tfrac{1}{4}$.

b) $P(0 \leq T \leq 2) = \displaystyle\int_0^2 \tfrac{1}{4}e^{-1/4}\ dt = -e^{-1/4}\Big|_0^2 = \left(-e^{-1/2} + e^0\right) = 1 - e^{-1/2} \approx 0{,}39$

c) $P(2 \leq T \leq 4) = \displaystyle\int_2^4 \tfrac{1}{4}e^{-1/4}\ dt = -e^{-1/4}\Big|_2^4 = \left(-e^{-1} + e^{-1/2}\right) = e^{-1/2} - e^{-1} \approx 0{,}24$

d) $P(T > 5) = \displaystyle\int_5^{\infty} \tfrac{1}{4}e^{-1/4}\ dt = \lim_{a\to\infty}\tfrac{1}{4}\int_5^a e^{-1/4}\ dt = \lim_{a\to\infty}\left(-e^{-1/4}\right)\Big|_5^a$

$$= \lim_{a\to\infty}\left(-e^{-a/4} + e^{-5/4}\right) = e^{-5/4} \approx 0{,}29$$

e) $\mu_T = \int_{-\infty}^{\infty} t\,f(t)\,dt = \int_0^{\infty} \frac{1}{4}\,t\,e^{-\frac{t}{4}}\,dt = \lim_{a\to\infty}\int_0^a \frac{1}{4}\,t\,e^{-\frac{t}{4}}\,dt = \frac{1}{4}\lim_{a\to\infty}\left[-4e^{-\frac{t}{4}}(t+4)\right]\Big|_0^a$

$= -\lim_{a\to\infty}\left[e^{-\frac{a}{4}}(a+4)-4e^0\right] = -\left(\lim_{a\to\infty}\frac{a+4}{e^{\frac{a}{4}}}\right)+4 = -\left(\lim_{a\to\infty}\frac{4}{e^{\frac{a}{4}}}\right)+4 = 4$ ans

f) $\sigma_T^2 = \int_{-\infty}^{\infty}(t-\mu_T)^2\,f(t)\,dt = \int_{-\infty}^0 0\,dt + \int_0^{\infty}(t-4)^2\left(\frac{1}{4}e^{-\frac{t}{4}}\right)dt = \frac{1}{4}\int_0^{\infty}(t-4)^2\,e^{-\frac{t}{4}}\,dt$

21. a) Il faut que $f(x) \geq 0$ et que $\int_{-\infty}^{\infty} f(x)\,dx = 1$. Or,

$$f(x) \geq 0 \Rightarrow \frac{k}{(1+x)^4} \geq 0 \Rightarrow k \geq 0$$

De plus,

$$\int_{-\infty}^{\infty} f(x)\,dx = \int_0^{\infty}\frac{k}{(1+x)^4}\,dx = \lim_{a\to\infty}\int_0^a\frac{k}{(1+x)^4}\,dx = \lim_{a\to\infty}\left[-\frac{k}{3(1+x)^3}\right]\Big|_0^a$$

$$= \lim_{a\to\infty}\left[-\frac{k}{3(1+a)^3}+\frac{k}{3(1+0)^3}\right] = \frac{1}{3}k$$

Par conséquent, $\int_{-\infty}^{\infty} f(x)\,dx = 1 \Rightarrow \frac{1}{3}k = 1 \Rightarrow k = 3$.

b) $\mu_X = \int_{-\infty}^{\infty} x\,f(x)\,dx = \int_0^{\infty}\frac{3x}{(1+x)^4}\,dx = \int_1^{\infty}\frac{3(u-1)}{u^4}\,du$ \quad Où $u = 1+x \Rightarrow du = dx$.

$= \lim_{a\to\infty}\int_1^a\left(\frac{3}{u^3}-\frac{3}{u^4}\right)du = \lim_{a\to\infty}\left(-\frac{3}{2u^2}+\frac{1}{u^3}\right)\Big|_1^a = \lim_{a\to\infty}\left(-\frac{3}{2a^2}+\frac{1}{a^3}+\frac{3}{2}-1\right)$

$= \frac{1}{2}$

Par conséquent, la compagnie s'attend à débourser mensuellement 0,5 centaine de milliers \$, soit 50 000 \$, pour indemniser ses clients.

c) $P(X>3) = \int_3^{\infty} f(x)\,dx = \int_3^{\infty}\frac{3}{(1+x)^4}\,dx = \lim_{a\to\infty}\int_3^a\frac{3}{(1+x)^4}\,dx = \lim_{a\to\infty}\left[-\frac{1}{(1+x)^3}\right]\Big|_3^a$

$= \lim_{a\to\infty}\left[-\frac{1}{(1+a)^3}+\frac{1}{(1+3)^3}\right] = \frac{1}{64} \approx 0,016$

d) $\sigma_X^2 = \int_{-\infty}^{\infty}(x-\mu_X)^2\,f(x)\,dx = \int_0^{\infty}\frac{3\left(x-\frac{1}{2}\right)^2}{(1+x)^4}\,dx$

$= \int_1^{\infty}\frac{3\left(u-\frac{3}{2}\right)^2}{u^4}\,du$ \quad Où $u = 1+x \Rightarrow du = dx$.

$= \int_1^{\infty}\frac{3\left(u^2-3u+\frac{9}{4}\right)}{u^4}\,du = \int_1^{\infty}\left(\frac{3}{u^2}-\frac{9}{u^3}+\frac{27}{4u^4}\right)du = \lim_{a\to\infty}\int_1^a\left(\frac{3}{u^2}-\frac{9}{u^3}+\frac{27}{4u^4}\right)du$

$= \lim_{a\to\infty}\left(-\frac{3}{u}+\frac{9}{2u^2}-\frac{9}{4u^3}\right)\Big|_1^a = \lim_{a\to\infty}\left(-\frac{3}{a}+\frac{9}{2a^2}-\frac{9}{4a^3}+\frac{3}{1}-\frac{9}{2}+\frac{9}{4}\right)$

$= \frac{3}{4}$ (centaine de milliers \$)^2

22. $A = \int_0^{\infty} R(t)e^{-it}\,dt = \lim_{a\to\infty}\int_0^a 1\,000\left(1+e^{\frac{t}{20}}\right)e^{-0,1t}\,dt$

$= \lim_{a\to\infty} 1\,000\int_0^a\left(e^{-0,1t}+e^{-0,05t}\right)dt = \lim_{a\to\infty} 1\,000\left(-\frac{e^{-0,1t}}{0,1}-\frac{e^{-0,05t}}{0,05}\right)\Big|_0^a$

$= \lim_{a\to\infty} 1\,000\left(-10e^{-0,1a}-20e^{-0,05a}+10e^0+20e^0\right) = 30\,000$ \$

23. a) e^{-2}

   b) 1 000 jours

24. a) Si $t < 0$, alors $f(t) = 0 \geq 0$, et si $t \geq 0$, alors, puisque $k > 0$ et que $e^{-kt} > 0$,

   $f(t) = ke^{-kt} \geq 0$. Par conséquent, $f(t) \geq 0 \; \forall \, t \in \mathbb{R}$. De plus,

$$\int_{-\infty}^{\infty} f(t)dt = \int_{-\infty}^{0} 0 \, dt + \int_{0}^{\infty} ke^{-kt} \, dt = \lim_{b \to \infty} \int_{0}^{b} ke^{-kt} \, dt = \lim_{b \to \infty} \left(-e^{-kt} \right) \Big|_{0}^{b}$$

$$= \lim_{b \to \infty} \left(-e^{-kb} + e^{0} \right) = e^{0} = 1$$

   Par conséquent, la fonction $f(t)$ est une fonction de densité.

   b) $e^{-0,436}$

   c) Environ 2 293,6 années.

25. Comme $v(t) = \dfrac{1+t}{e^{t}} > 0$, la particule se déplace toujours dans la même direction.

   Par conséquent,

$$v = \frac{ds}{dt} = \frac{1+t}{e^{t}} \Rightarrow \int ds = \int \left(e^{-t} + te^{-t} \right) dt$$

$$\Rightarrow s(t) = -e^{-t} - e^{-t}(t+1) + C = -2e^{-t} - te^{-t} + C$$

   Or, $s(0) = 0 = -2 + C \Rightarrow C = 2 \Rightarrow s(t) = 2 - 2e^{-t} - te^{-t}$. Si la particule se déplace
   indéfiniment à la vitesse donnée, on veut évaluer

$$\lim_{t \to \infty} s(t) = \lim_{t \to \infty} \left(2 - 2e^{-t} - te^{-t} \right) = 2 - 0 - \lim_{t \to \infty} \frac{t}{e^{t}} = 2 - \lim_{t \to \infty} \frac{1}{e^{t}} = 2$$

   Par conséquent, la particule franchira une distance de 2 m.

26. $\displaystyle\int_{0}^{\infty} f(t)dt = 50\,000\,\text{L}$, soit la quantité de pétrole que le bateau contenait avant le début

   de la fuite ainsi que la quantité de pétrole qu'il déversera

27. 100 mg

28. $\displaystyle\int_{10}^{\infty} 0,1e^{-0,1x}dx = \lim_{b \to \infty} \int_{10}^{b} 0,1e^{-0,1x}dx = \lim_{b \to \infty} \left(\frac{0,1e^{-0,1x}}{-0,1} \Big|_{10}^{b} \right)$

$$= \lim_{b \to \infty} \left(-e^{-0,1b} + e^{-1} \right) = \frac{1}{e} \approx 0,368$$

   Par conséquent, comme environ 36,8 % des souris prennent plus de 10 s pour parcourir
   le labyrinthe, on déduit qu'environ 63,2 % l'ont parcouru en 10 s ou moins.

29. a) $S(0) = \displaystyle\int_{0}^{\infty} f(x)dx = 1$, puisque $f(x)$ est une fonction de densité et que $f(x) = 0$

   lorsque $x < 0$

   b) Comme la fonction de survie $S(t)$ est strictement décroissante, on a

$$\frac{dS}{dt} = S'(t) < 0$$

   De plus, $S(t)$ représente une probabilité, de sorte que $S(t) \geq 0$. Par conséquent,

   $\lambda(t) = -\dfrac{S'(t)}{S(t)} > 0$.

   c) Soit $\lambda(t) = \lambda = -\dfrac{dS/dt}{S(t)} \Rightarrow -\int \dfrac{dS}{S} = \int \lambda dt \Rightarrow -\ln S = \lambda t + A \qquad$ Où $S > 0$.

$$\Rightarrow \ln S = -\lambda t + B \Rightarrow S = e^{-\lambda t + B} = e^{-\lambda t} e^{B} = Ce^{-\lambda t}$$

d) $S(t) = \int_t^\infty 3e^{-3x}dx = \lim_{b\to\infty}\int_t^b 3e^{-3x}dx = \lim_{b\to\infty}\left(-e^{-3x}\right)\Big|_t^b = \lim_{b\to\infty}\left(-e^{-3b} + e^{-3t}\right) = e^{-3t}$.

Notez qu'en particulier on obtient $S(0) = 1$, résultat qu'on a déjà établi plus haut.

Par conséquent, $\lambda(t) = -\dfrac{S'(t)}{S(t)} = \dfrac{-\left(-3e^{-3t}\right)}{e^{-3t}} = 3$. Le quotient de mortalité est donc constant et vaut 3.

e) $\lambda(t) = 0{,}2 + 0{,}3e^{0{,}04t} \Rightarrow -\dfrac{dS/dt}{S} = 0{,}2 + 0{,}3e^{0{,}04t}$

$\Rightarrow -\int \dfrac{1}{S}dS = \int\left(0{,}2 + 0{,}3e^{0{,}04t}\right)dt$

$\Rightarrow -\ln S = 0{,}2t + 7{,}5e^{0{,}04t} + K$

$\Rightarrow \ln S = -0{,}2t - 7{,}5e^{0{,}04t} - K$

$\Rightarrow S(t) = e^{-0{,}2t - 7{,}5e^{0{,}04t} - K} = e^{-K}e^{-0{,}2t - 7{,}5e^{0{,}04t}}$

$\qquad = Ce^{-0{,}2t - 7{,}5e^{0{,}04t}}$

Or, $S(0) = 1 \Rightarrow Ce^{-7{,}5} = 1 \Rightarrow C = e^{7{,}5} \Rightarrow S(t) = e^{7{,}5}e^{-0{,}2t - 7{,}5e^{0{,}04t}}$.

Par conséquent, la probabilité que cet organisme vive plus de 5 jours est donnée par $S(5) = e^{7{,}5}e^{-1 - 7{,}5e^{0{,}2}} \approx 0{,}070$. Donc, environ 7,0 % de tels organismes vivront plus de 5 jours.

f) La durée de vie médiane est telle que $S(t) = e^{7{,}5}e^{-0{,}2t - 7{,}5e^{0{,}04t}} = 0{,}5$. Pour trouver la valeur de t qui satisfait à cette équation, on se sert de la commande `fsolve` du logiciel Maple :

```
fsolve(exp(7.5)*exp((-0.2)*t-7.5*exp(0.04*t))=0.5,t);
                    1,363571200
```

Par conséquent, la durée de vie médiane de cet organisme est d'environ 1,36 jour.

g) $\lambda(t) = 10^{-5}t^{3/2} \Rightarrow -\dfrac{dS/dt}{S} = 10^{-5}t^{3/2}$

$\Rightarrow -\int \dfrac{1}{S}dS = \int\left(10^{-5}t^{3/2}\right)dt$

$\Rightarrow -\ln S = 10^{-5}\left(\tfrac{2}{5}t^{5/2}\right) + K$

$\Rightarrow \ln S = -10^{-5}\left(\tfrac{2}{5}t^{5/2}\right) - K$

$\Rightarrow S(t) = e^{-10^{-5}\left(\tfrac{2}{5}t^{5/2}\right) - K} = e^{-K}e^{-10^{-5}\left(\tfrac{2}{5}t^{5/2}\right)} = Ce^{-10^{-5}\left(\tfrac{2}{5}t^{5/2}\right)}$

Or, $S(0) = 1 \Rightarrow C = 1 \Rightarrow S(t) = e^{-10^{-5}\left(\tfrac{2}{5}t^{5/2}\right)}$. Par conséquent, la probabilité que ce bien ait une durée de vie supérieure à 25 mois est donnée par

$$S(25) = e^{-10^{-5}\left(\tfrac{2}{5}(25)^{5/2}\right)} \approx 0{,}988$$

Donc, environ 98,8 % des biens de ce type auront une durée de vie supérieure à 25 mois.

h) La durée de vie médiane est telle que $S(t) = e^{-10^{-5}\left(\tfrac{2}{5}t^{5/2}\right)} = 0{,}5$. Pour trouver la valeur de t qui satisfait à cette équation, on se sert de la commande `fsolve` du logiciel Maple :

```
fsolve(exp(-(10^(-5))*2/5*t^(5/2))=0.5,t);
                    124,5965990
```

Par conséquent, la durée de vie médiane de ce bien est d'environ 124,60 mois, soit d'environ 10,4 années.

Chapitre 6

1. a) $4, 4, 4, 4, 4, 4$

b) $-\frac{2}{3}, \frac{2}{3}, -\frac{8}{9}, \frac{4}{3}, -\frac{32}{15}, \frac{32}{9}$

c) $\dfrac{e}{\sqrt{10}}, \dfrac{e^2}{\sqrt{20}}, \dfrac{e^3}{\sqrt{30}}, \dfrac{e^4}{\sqrt{40}}, \dfrac{e^5}{\sqrt{50}}, \dfrac{e^6}{\sqrt{60}}$

d) $1, 0, -\frac{1}{27}, 0, \frac{1}{125}, 0$

e) $2, \frac{1}{2}, 2, \frac{1}{2}, 2, \frac{1}{2}$

f) $3, \frac{7}{2}, \frac{15}{4}, \frac{31}{8}, \frac{63}{16}, \frac{127}{32}$

g) $3, -1, -\frac{1}{3}, \frac{1}{3}, -1, -3$

h) $8, 16, 12, 14, 13, \frac{27}{2}$

2. a) $a_n = 10^{n-1}$

b) $a_n = 1 + n^2$

c) $a_n = \dfrac{2}{n+1}$

d) $a_n = \dfrac{1}{(2n-1)^2}$

e) $a_n = \dfrac{(-1)^{n+1}\, n}{(n+1)^2}$

3. a) $\displaystyle\lim_{n\to\infty} \frac{50}{n} = 0$. La suite converge donc vers 0.

b) $\displaystyle\lim_{n\to\infty} \frac{1-3n}{1+2n} = \lim_{n\to\infty} \frac{n\big[(1/n)-3\big]}{n\big[(1/n)+2\big]} = -\frac{3}{2}$. La suite converge donc vers $-\frac{3}{2}$.

c) $\displaystyle\lim_{n\to\infty}\left[2 + \left(\tfrac{5}{8}\right)^n\right] = 2$. La suite converge donc vers 2.

d) $0 \le \dfrac{\cos^2 n}{\sqrt{n}} \le \dfrac{1}{\sqrt{n}} \Rightarrow \displaystyle\lim_{n\to\infty} 0 \le \lim_{n\to\infty} \frac{\cos^2 n}{\sqrt{n}} \le \lim_{n\to\infty} \frac{1}{\sqrt{n}}$

$$\Rightarrow 0 \le \lim_{n\to\infty} \frac{\cos^2 n}{\sqrt{n}} \le 0 \Rightarrow \lim_{n\to\infty} \frac{\cos^2 n}{\sqrt{n}} = 0$$

La suite converge donc vers 0.

e) La suite diverge, puisque si $n = 4k$, alors $\cos\left(\dfrac{n\pi}{2}\right) = \cos 2k\pi = 1$, de sorte que

pour ces valeurs de n, $\displaystyle\lim_{k\to\infty} 4k\cos\left(\frac{4k\pi}{2}\right) = \lim_{k\to\infty} 4k = \infty$.

f) $\left\{\frac{1}{2}\cos n\pi\right\} = -\frac{1}{2}, \frac{1}{2}, -\frac{1}{2}, \frac{1}{2}, -\frac{1}{2}, \ldots$, de sorte que $\displaystyle\lim_{n\to\infty} \frac{1}{2}\cos n\pi$ n'existe pas. Par conséquent, la suite diverge.

g) Appliquons la règle de L'Hospital pour évaluer $\displaystyle\lim_{x\to\infty} \frac{x^4}{e^x}$:

$$\lim_{x\to\infty} \frac{x^4}{e^x} = \lim_{x\to\infty} \frac{4x^3}{e^x} = \lim_{x\to\infty} \frac{12x^2}{e^x} = \lim_{x\to\infty} \frac{24x}{e^x} = \lim_{x\to\infty} \frac{24}{e^x} = 0$$

Par conséquent, la suite $\left\{\dfrac{n^4}{e^n}\right\}$ converge vers 0.

h) La suite $\left\{\left(\dfrac{3}{n}\right)^{2/n}\right\}$ converge vers 1.

i) La suite $\left\{\dfrac{(-1)^n}{5^n}\right\}$ converge vers 0.

j) La suite $\left\{\dfrac{n^3 + n^2}{n^2 + 7n + 2}\right\}$ diverge.

k) La suite $\left\{\left(1 - \dfrac{3}{n}\right)^n\right\}$ converge vers e^{-3}.

l) La suite $\left\{\sqrt[n]{3^{n+2}}\right\}$ converge vers 3.

m) La suite $\left\{\cos\left(\dfrac{1}{n}\right)\right\}$ converge vers 1.

n) $\dfrac{n!}{n^n} = \dfrac{n}{n}\left(\dfrac{n-1}{n}\right)\left(\dfrac{n-2}{n}\right)\cdots\left(\dfrac{1}{n}\right) \le 1(1)(1)\cdots\left(\dfrac{1}{n}\right)$, de sorte que

$$0 \le \dfrac{n!}{n^n} \le \dfrac{1}{n} \Rightarrow \lim_{n\to\infty} 0 \le \lim_{n\to\infty} \dfrac{n!}{n^n} \le \lim_{n\to\infty} \dfrac{1}{n} \Rightarrow 0 \le \lim_{n\to\infty} \dfrac{n!}{n^n} \le 0 \Rightarrow \lim_{n\to\infty} \dfrac{n!}{n^n} = 0$$

Par conséquent, la suite $\left\{\dfrac{n!}{n^n}\right\}$ converge vers 0.

o) $\lim_{x\to\infty} \ln(x)^{1/x} = \lim_{x\to\infty} \dfrac{\ln x}{x} = \lim_{x\to\infty} \dfrac{1/x}{1} = 0$

On a donc que $\lim_{x\to\infty} x^{1/x} = e^0 = 1$. Par conséquent, $\lim_{n\to\infty} \sqrt[n]{n} = \lim_{n\to\infty} n^{1/n} = 1$,

de sorte que la suite $\left\{\sqrt[n]{n}\right\}$ converge vers 1.

4. a) Les quantités de sel qui restent dans le récipient après 1, 2, 3, …, n prélèvements sont respectivement $\left(\frac{4}{5}\right)20$, $\left(\frac{4}{5}\right)^2 20$, $\left(\frac{4}{5}\right)^3 20$, …, $\left(\frac{4}{5}\right)^n 20$, …. Par conséquent, il reste $\left(\frac{4}{5}\right)^5 20$ g de sel dans le récipient après 5 prélèvements, soit environ 6,6 g de sel. On a donc retiré environ 13,4 g de sel du récipient.

b) $20 - \left(\frac{4}{5}\right)^n 20 = 20\left[1 - \left(\frac{4}{5}\right)^n\right]$ g

c) Après n prélèvements, il ne reste que $\left(\frac{4}{5}\right)^n 20$ g de sel dans le récipient. On veut déterminer la plus petite valeur entière de n telle que $\left(\frac{4}{5}\right)^n 20 \le 2$. Or,

$$\left(\tfrac{4}{5}\right)^n 20 \le 2 \Rightarrow \left(\tfrac{4}{5}\right)^n \le \tfrac{1}{10} \Rightarrow n\ln\left(\tfrac{4}{5}\right) \le \ln\left(\tfrac{1}{10}\right)$$

$$\Rightarrow n \ge \dfrac{\ln\left(\frac{1}{10}\right)}{\ln\left(\frac{4}{5}\right)} = 10{,}31 \Rightarrow n = 11$$

Il faut donc effectuer au moins 11 prélèvements.

d) $\lim_{n\to\infty} 20\left[1 - \left(\frac{4}{5}\right)^n\right] = 20$ g

5. a) $\frac{259}{495}$

b) $\frac{12\,061}{4\,950}$

6. a) $\displaystyle\sum_{n=1}^{\infty} (2 + 3n)$ diverge

e) $\displaystyle\sum_{n=5}^{\infty} \left(\tfrac{2}{3}\right)^n = \frac{32}{81}$

b) $\displaystyle\sum_{n=1}^{\infty} \left(\tfrac{5}{8}\right)^n = \frac{5}{3}$

f) $\displaystyle\sum_{n=1}^{\infty} (2{,}3)^{n-100}$ diverge

c) $\displaystyle\sum_{n=1}^{\infty} \left(\tfrac{3}{4}\right)^{n-2} = \frac{16}{3}$

g) $\displaystyle\sum_{n=1}^{\infty} \dfrac{4^{n-1}}{5^{n+2}} = \frac{1}{25}$

d) $\displaystyle\sum_{n=1}^{\infty} \dfrac{1}{\sqrt{n}}$ diverge

h) $\displaystyle\sum_{n=1}^{\infty} e^{2-n} = \dfrac{e^2}{e-1}$

7. a) $\displaystyle\sum_{n=1}^{\infty} (3x)^n = \dfrac{3x}{1-3x}$ ssi $|3x| < 1$, c'est-à-dire ssi $-\frac{1}{3} < x < \frac{1}{3}$

b) $\displaystyle\sum_{n=1}^{\infty} (x+1)^n = \dfrac{x+1}{1-(x+1)} = -\dfrac{x+1}{x}$ ssi $|x+1| < 1$, c'est-à-dire ssi $-2 < x < 0$

c) $\displaystyle\sum_{n=1}^{\infty}\left(\frac{x}{4}\right)^n = \frac{x/4}{1-\left(x/4\right)} = \frac{x}{4-x}$ ssi $\left|\dfrac{x}{4}\right| < 1$, c'est-à-dire ssi $-4 < x < 4$

d) $\displaystyle\sum_{n=1}^{\infty}\left(\frac{1}{x}\right)^n = \frac{1/x}{1-\left(1/x\right)} = \frac{1}{x-1}$ ssi $\left|\dfrac{1}{x}\right| < 1$, c'est-à-dire ssi $x > 1$ ou $x < -1$

e) $\displaystyle\sum_{n=1}^{\infty}\frac{(-1)^n \cos^n x}{2^n} = \frac{-\frac{1}{2}\cos x}{1-\left(-\frac{1}{2}\cos x\right)} = -\frac{\cos x}{2+\cos x}$ ssi $\left|\frac{1}{2}\cos x\right| < 1$, c'est-à-dire

ssi $\left|\cos x\right| < 2$. Or, $\left|\cos x\right| < 2 \;\forall x \in \mathbb{R}$. Par conséquent,

$$\sum_{n=1}^{\infty}\frac{(-1)^n \cos^n x}{2^n} = -\frac{\cos x}{2+\cos x} \;\forall x \in \mathbb{R}$$

8. Les arêtes des cubes successifs de l'escalier infini sont respectivement 1, $\frac{4}{5}$, $\left(\frac{4}{5}\right)^2$,

$\left(\frac{4}{5}\right)^3$, ..., de sorte que les volumes de ces cubes sont 1^3, $\left(\frac{4}{5}\right)^3$, $\left(\frac{4}{5}\right)^6$, $\left(\frac{4}{5}\right)^9$, ... Par

conséquent, le volume total occupé par l'escalier infini est

$$\sum_{n=1}^{\infty}\left[\left(\frac{4}{5}\right)^3\right]^{n-1} = \frac{1}{1-\left(\frac{4}{5}\right)^3} = \frac{125}{61}\ \text{m}^3$$

9. $M = 100 + 100\left(\frac{3}{4}\right) + 100\left(\frac{3}{4}\right)^2 + 100\left(\frac{3}{4}\right)^3 + \cdots = \displaystyle\sum_{n=1}^{\infty}100\left(\frac{3}{4}\right)^{n-1}$

$= \dfrac{100}{1-\frac{3}{4}} = 400$ millions \$

On constate donc un effet multiplicateur de 4. En général, si la proportion du revenu

gagné qu'on dépense est r, alors l'effet multiplicateur est de $\dfrac{1}{1-r}$.

10. a) À la fin de 2020, il y a $20\,000\left(0{,}9\right)^{20}$ unités du bien, mises en marché en 2000, qui sont encore en bon état de fonctionnement. Ce nombre passe à $20\,000\left(0{,}9\right)^{19}$ pour les unités mises en marché en 2001, et ainsi de suite. Par conséquent, le nombre d'unités mises en marché depuis 2000 qui sont encore en bon état de fonctionnement est donné par

$$20\,000\left(0{,}9\right)^{20} + 20\,000\left(0{,}9\right)^{19} + 20\,000\left(0{,}9\right)^{18} + \cdots + 20\,000 = 20\,000\sum_{n=0}^{20}\left(0{,}9\right)^n$$

$$= 20\,000\frac{1-0{,}9^{21}}{0{,}1}$$

$$\approx 178\,116$$

b) À long terme, le nombre d'unités en bon état de fonctionnement sera de

$$20\,000\sum_{n=0}^{\infty}\left(0{,}9\right)^n = 20\,000\frac{1}{1-0{,}9} = 200\,000$$

11. La quantité de lumière qu'une telle fenêtre laisse passer est donnée par

$$\frac{L}{16} + \frac{L}{64} + \frac{L}{256} + \cdots = \sum_{n=0}^{\infty}\frac{L}{16}\left(\frac{1}{4^n}\right) = \frac{L}{16}\left(\frac{1}{1-\frac{1}{4}}\right) = \frac{L}{12}$$

12. a) La hauteur atteinte par la balle après avoir touché le sol pour la première, la deuxième, la troisième, ..., la $n^{\text{ième}}$ fois est

$$10\left(0{,}2\right),\ 10\left(0{,}2\right)^2,\ 10\left(0{,}2\right)^3,\ ...,\ 10\left(0{,}2\right)^n$$

Chapitre 6

b) La distance totale parcourue par la balle est de

$$10 + 2(10)(0,2) + 2(10)(0,2)^2 + 2(10)(0,2)^3 + \cdots = 10 + \sum_{n=1}^{\infty} 2(10)(0,2)^n$$

$$= 10 + \frac{2(10)(0,2)}{1 - 0,2}$$

Série géométrique.

$$= 15 \text{ m}$$

le facteur 2 provenant du fait qu'une balle qui rebondit retombe d'une même hauteur.

13. a) $\lim\limits_{n \to \infty} \dfrac{4^{3n}}{5^{2n}} = \lim\limits_{n \to \infty} \left(\dfrac{4^3}{5^2} \right)^n = \lim\limits_{n \to \infty} \left(\dfrac{64}{25} \right)^n = \infty \neq 0$. Par conséquent, la série $\sum\limits_{n=1}^{\infty} \dfrac{4^{3n}}{5^{2n}}$ diverge.

b) $S_n = \sum\limits_{k=1}^{n} \left(\sqrt{k} - \sqrt{k-1} \right) = \sqrt{n} - \sqrt{0}$ Somme télescopique.

Par conséquent, $\lim\limits_{n \to \infty} S_n = \lim\limits_{n \to \infty} \sqrt{n} = \infty \neq 0$, de sorte que la série $\sum\limits_{n=1}^{\infty} \left(\sqrt{n} - \sqrt{n-1} \right)$ diverge.

c) $S_n = \sum\limits_{k=1}^{n} \ln\left(1 + \dfrac{1}{k} \right) = \sum\limits_{k=1}^{n} \ln\left(\dfrac{k+1}{k} \right)$

$= \sum\limits_{k=1}^{n} \left[\ln(k+1) - \ln k \right] = \ln(n+1) - \ln 1$ Somme télescopique.

$= \ln(n+1)$

Par conséquent, $\lim\limits_{n \to \infty} S_n = \lim\limits_{n \to \infty} \ln(n+1) = \infty$, de sorte que la série $\sum\limits_{n=1}^{\infty} \ln\left(1 + \dfrac{1}{n} \right)$ diverge.

d) $\sum\limits_{n=1}^{\infty} \dfrac{1}{3^n + 5}$ converge

e) $\sum\limits_{n=1}^{\infty} \dfrac{1}{100}$ diverge

f) $\sum\limits_{n=1}^{\infty} \dfrac{1}{4n^2 - 1}$ converge

g) $\sum\limits_{n=1}^{\infty} \dfrac{1}{n^2 + 3n + 2}$ converge vers $\frac{1}{2}$

h) $\sum\limits_{n=1}^{\infty} \dfrac{5n}{10n + 7}$ diverge

i) $S_n = \sum\limits_{k=1}^{n} \ln\left[1 - \dfrac{1}{(k+1)^2} \right] = \sum\limits_{k=1}^{n} \ln\left[\dfrac{(k+1)^2 - 1}{(k+1)^2} \right] = \sum\limits_{k=1}^{n} \ln\left[\dfrac{k^2 + 2k}{(k+1)^2} \right]$

$= \sum\limits_{k=1}^{n} \ln\left[\dfrac{k(k+2)}{(k+1)^2} \right] = \sum\limits_{k=1}^{n} \left[\ln k + \ln(k+2) - \ln(k+1)^2 \right]$

$= \sum\limits_{k=1}^{n} \left[\ln k + \ln(k+2) - 2\ln(k+1) \right]$

$= \sum\limits_{k=1}^{n} \left[\ln k - \ln(k+1) \right] + \sum\limits_{k=1}^{n} \left[\ln(k+2) - \ln(k+1) \right]$

$= \ln 1 - \ln(n+1) + \ln(n+2) - \ln(2)$ Sommes télescopiques.

$= -\ln 2 + \ln\left(\dfrac{n+2}{n+1} \right)$

Par conséquent,

$$\lim_{n \to \infty} S_n = \lim_{n \to \infty}\left[-\ln 2 + \ln\left(\frac{n+2}{n+1}\right)\right] = -\ln 2 + \ln\left[\lim_{n \to \infty}\left(\frac{n+2}{n+1}\right)\right]$$

$$= -\ln 2 + \ln\left\{\lim_{n \to \infty}\left[\frac{n\left(1 + \frac{2}{n}\right)}{n\left(1 + \frac{1}{n}\right)}\right]\right\} = -\ln 2 + \ln 1$$

$$= -\ln 2$$

de sorte que $\displaystyle\sum_{n=1}^{\infty} \ln\left[1 - \frac{1}{(n+1)^2}\right]$ converge vers $-\ln 2$.

j) $\displaystyle\sum_{n=1}^{\infty} \frac{1^n + 2^n + 3^n}{5^n}$ converge vers $\frac{29}{12}$

k) $\displaystyle\sum_{n=1}^{\infty} \frac{1^n + 2^n + 5^n}{3^n}$ diverge

l) $\displaystyle\sum_{n=1}^{\infty} \left(\frac{3}{n^2} + \frac{5}{n^3}\right)$ converge

14. a) Une série géométrique $\displaystyle\sum_{n=1}^{\infty} a_n$ est une série telle que le quotient $r = \dfrac{a_{n+1}}{a_n}$ de deux termes consécutifs est constant et est appelé la raison de la série. De plus, une série géométrique converge si et seulement si sa raison est telle que $|r| < 1$.

La forme générale d'une série géométrique est donnée par $\displaystyle\sum_{n=1}^{\infty} ar^{n-1}$, de sorte que

$$a_n = ar^{n-1} \Rightarrow a_{2n} = ar^{2n-1} \Rightarrow a_{2(n+1)} = ar^{2(n+1)-1} = ar^{2n+1}$$

Par conséquent, $\dfrac{a_{2(n+1)}}{a_{2n}} = \dfrac{ar^{2n+1}}{ar^{2n-1}} = r^2$, qui est une constante. La série $\displaystyle\sum_{n=1}^{\infty} a_{2n}$ est donc aussi une série géométrique de raison r^2. De plus, le premier terme de cette série est $a_2 = ar^{2-1} = ar$. De façon similaire, on peut montrer que $\displaystyle\sum_{n=1}^{\infty} a_{2n-1}$ est aussi une série géométrique de raison r^2 et de premier terme $a_1 = a$.

b) Lorsque la série géométrique converge, on a $\displaystyle\sum_{n=1}^{\infty} ar^{n-1} = \dfrac{a}{1-r}$, où a représente le premier terme de la série, et r, la raison. Par conséquent, $\displaystyle\sum_{n=1}^{\infty} a_{2n} = \dfrac{ar}{1-r^2} = \dfrac{9}{8}$.

De même, $\displaystyle\sum_{n=1}^{\infty} a_{2n-1} = \dfrac{a}{1-r^2} = \dfrac{15}{8}$. En comparant ces deux derniers résultats, on obtient

$$\frac{ar}{1-r^2} \bigg/ \frac{a}{1-r^2} = \frac{9}{8} \bigg/ \frac{15}{8} \Rightarrow r = \frac{3}{5}$$

Par ailleurs,

$$\frac{a}{1-r^2} = \frac{15}{8} \Rightarrow a = \frac{15(1-r^2)}{8} = \frac{15\left[1 - (3/5)^2\right]}{8} = \frac{6}{5}$$

On a donc que $\displaystyle\sum_{n=1}^{\infty} a_n = \dfrac{a}{1-r} = \dfrac{6/5}{1-(3/5)} = 3$.

15. a) $T_n = \dfrac{S_n - nr^n}{1-r}$

Preuve

$$T_n = \sum_{k=1}^{n} kr^{k-1} = 1 + 2r + 3r^2 + 4r^3 + \cdots + nr^{n-1}$$

$$S_n = \sum_{k=1}^{n} r^{k-1} = 1 + r + r^2 + r^3 + \cdots + r^{n-1}$$

Par conséquent,

$$
\begin{aligned}
T_n - S_n &= r + 2r^2 + 3r^3 + \cdots + (n-1)r^{n-1} \\
&= r\left[1 + 2r + 3r^2 + 4r^3 + \cdots + (n-1)r^{n-2}\right] \\
&= r\left[1 + 2r + 3r^2 + 4r^3 + \cdots + (n-1)r^{n-2} + nr^{n-1} - nr^{n-1}\right] \\
&= r\left(T_n - nr^{n-1}\right)
\end{aligned}
$$

Si on isole T_n, on obtient

$$
T_n - S_n = rT_n - nr^n \Rightarrow (1-r)T_n = S_n - nr^n \Rightarrow T_n = \frac{S_n - nr^n}{1-r} \qquad \blacksquare
$$

b) Si $0 < |r| < 1$, alors $T = \displaystyle\sum_{k=1}^{\infty} kr^{k-1} = \frac{1}{(1-r)^2}$.

Preuve

$$
\begin{aligned}
T = \sum_{k=1}^{\infty} kr^{k-1} &= \lim_{n\to\infty} \sum_{k=1}^{n} kr^{k-1} = \lim_{n\to\infty} T_n = \lim_{n\to\infty} \frac{S_n - nr^n}{1-r} \\
&= \frac{1}{1-r}\lim_{n\to\infty}\left(S_n - nr^n\right) = \frac{1}{1-r}\left(\frac{1}{1-r} - \lim_{n\to\infty} nr^n\right)
\end{aligned}
$$

Or, si $0 < r < 1$, alors $\displaystyle\lim_{x\to\infty} xr^x = \lim_{x\to\infty} \frac{x}{r^{-x}} = \lim_{x\to\infty} \frac{1}{-r^{-x}(\ln r)} = \lim_{x\to\infty}\left(-\frac{r^x}{\ln r}\right) = 0$,

de sorte que si $0 < r < 1$, alors $\displaystyle\lim_{n\to\infty} nr^n = 0$. Par ailleurs, si $-1 < r < 0$, alors

$0 < |r| < 1$ et $\displaystyle\lim_{n\to\infty}|nr^n| = \lim_{n\to\infty} n|r^n| = \lim_{n\to\infty} n|r|^n = 0 \Rightarrow \lim_{n\to\infty} nr^n = 0$. On a donc que

si $0 < |r| < 1$, alors $\displaystyle\lim_{n\to\infty} nr^n = 0$, et, par conséquent, $T = \dfrac{1}{(1-r)^2}$. $\qquad \blacksquare$

16. a) En vertu du critère du polynôme, la série $\displaystyle\sum_{n=1}^{\infty} \frac{5n+3}{3n^3 + 2n + 3}$ converge.

b) La série $\displaystyle\sum_{n=1}^{\infty} \frac{\sqrt{n}}{n+1}$ est une série à termes positifs. Utilisons le critère de comparaison

par une limite avec la série de Riemann $\displaystyle\sum_{n=1}^{\infty} \frac{1}{\sqrt{n}} = \sum_{n=1}^{\infty} \frac{1}{n^{1/2}}$, qui est divergente:

$\displaystyle\lim_{n\to\infty} \frac{\sqrt{n}/(n+1)}{1/\sqrt{n}} = \lim_{n\to\infty} \frac{n}{n+1} = \lim_{n\to\infty} \frac{n}{n[1 + (1/n)]} = 1 > 0$. Par conséquent, la série

$\displaystyle\sum_{n=1}^{\infty} \frac{\sqrt{n}}{n+1}$ diverge.

c) La série $\displaystyle\sum_{n=1}^{\infty} \frac{(n!)^2}{(3n)!}$ est une série à termes positifs. Utilisons le critère du quotient:

$\displaystyle\lim_{n\to\infty} \frac{a_{n+1}}{a_n} = \lim_{n\to\infty} \frac{[(n+1)!]^2/[3(n+1)]!}{(n!)^2/(3n)!} = \lim_{n\to\infty} \frac{(n+1)^2}{(3n+3)(3n+2)(3n+1)} = 0 < 1$

Par conséquent, la série $\displaystyle\sum_{n=1}^{\infty} \frac{(n!)^2}{(3n)!}$ converge.

d) La série $\displaystyle\sum_{n=1}^{\infty} \frac{1}{\sqrt{8n^2 + 1}}$ est une série à termes positifs. Utilisons le critère de

comparaison par une limite avec la série harmonique $\displaystyle\sum_{n=1}^{\infty} \frac{1}{n}$ qui est divergente:

$\displaystyle\lim_{n\to\infty} \frac{1/\sqrt{8n^2+1}}{1/n} = \lim_{n\to\infty} \frac{n}{\sqrt{8n^2+1}} = \lim_{n\to\infty} \frac{n}{n\sqrt{8 + (1/n^2)}} = \frac{1}{\sqrt{8}} > 0$. Par conséquent,

la série $\displaystyle\sum_{n=1}^{\infty} \frac{1}{\sqrt{8n^2 + 1}}$ diverge.

e) La série $\displaystyle\sum_{n=3}^{\infty} \frac{(\ln n)^3}{n}$ est une série à termes positifs. De plus, $\dfrac{(\ln n)^3}{n} > \dfrac{1}{n}$, lorsque

$n \geq 3$. Par conséquent, comme la série harmonique est divergente, en vertu du

critère de comparaison, la série $\displaystyle\sum_{n=3}^{\infty} \frac{(\ln n)^3}{n}$ diverge.

f) La série $\displaystyle\sum_{n=1}^{\infty} \frac{3^n}{n^n}$ est une série à termes positifs. Utilisons le critère de la racine $n^{\text{ième}}$:

$\displaystyle\lim_{n \to \infty} \sqrt[n]{\frac{3^n}{n^n}} = \lim_{n \to \infty} \frac{3}{n} = 0 < 1$. Par conséquent, la série $\displaystyle\sum_{n=1}^{\infty} \frac{3^n}{n^n}$ converge.

g) En vertu du critère du terme général, la série $\displaystyle\sum_{n=1}^{\infty} \frac{1}{2 + 3^{-n}}$ diverge.

h) La série $\displaystyle\sum_{n=2}^{\infty} \frac{4}{n(\ln n)^2}$ est une série à termes positifs. Utilisons le critère de

l'intégrale : la fonction $\dfrac{4}{x(\ln x)^2}$ est une fonction positive et continue. De plus,

$\dfrac{d}{dx}\left[\dfrac{4}{x(\ln x)^2}\right] = 4\dfrac{d}{dx}\left[x(\ln x)^2\right]^{-1} = -4\left[x(\ln x)^2\right]^{-2}\left[2\ln x + (\ln x)^2\right] < 0$ lorsque

$x \geq 2$, de sorte que $\dfrac{4}{x(\ln x)^2}$ est une fonction décroissante sur $[2, \infty[$. Enfin,

$$\int_{2}^{\infty} \frac{4}{x(\ln x)^2}\, dx = \int_{\ln 2}^{\infty} \frac{4}{u^2}\, du \qquad \text{Où } u = \ln x \Rightarrow du = \frac{1}{x}dx.$$

$$= \lim_{a \to \infty} \int_{\ln 2}^{a} \frac{4}{u^2}\, du = \lim_{a \to \infty}\left(-4u^{-1}\right)\Big|_{\ln 2}^{a} = \lim_{a \to \infty}\left[-4a^{-1} + 4(\ln 2)^{-1}\right] = \frac{4}{\ln 2}$$

Par conséquent, comme l'intégrale impropre $\displaystyle\int_{2}^{\infty} \frac{4}{x(\ln x)^2}\, dx$ est convergente, la série

$\displaystyle\sum_{n=2}^{\infty} \frac{4}{n(\ln n)^2}$ l'est également.

i) La série $\displaystyle\sum_{n=1}^{\infty} \left(\frac{2}{3^n} - \frac{1}{n\sqrt{n}}\right)$ converge.

j) La série $\displaystyle\sum_{n=1}^{\infty} \frac{n!}{n^3\, 4^n}$ diverge.

k) La série $\displaystyle\sum_{n=1}^{\infty} \left(\frac{3}{n} - \frac{2}{n^2}\right)$ diverge.

l) La série $\displaystyle\sum_{n=1}^{\infty} \left(\frac{1}{n} - \frac{1}{n^2}\right)^n$ converge.

m) La série $\displaystyle\sum_{n=2}^{\infty} \frac{\ln n}{n^4}$ converge.

n) La série $\displaystyle\sum_{n=2}^{\infty} \frac{|\cos n|}{n^2 + 1}$ converge.

o) La série $\displaystyle\sum_{n=2}^{\infty} \frac{1}{\ln n}$ diverge.

p) La série $\displaystyle\sum_{n=1}^{\infty} \frac{n!}{3^n + 2}$ diverge.

q) La série $\displaystyle\sum_{n=1}^{\infty} \ln\left(\frac{5n + 3}{6n + 1}\right)$ diverge.

r) La série $\sum_{n=1}^{\infty} ne^{-n^2}$ converge.

s) La série $\sum_{n=1}^{\infty} \dfrac{n}{5^n}$ converge.

t) La série $\sum_{n=2}^{\infty} \dfrac{1}{\ln(n^n)} = \sum_{n=2}^{\infty} \dfrac{1}{n\ln n}$ diverge.

u) La série $\sum_{n=1}^{\infty} \dfrac{2^n}{n^{20}}$ diverge.

v) La série $\sum_{n=1}^{\infty} \dfrac{1}{n3^n}$ converge.

w) La série $\sum_{n=1}^{\infty} \dfrac{n!}{n^n}$ converge.

x) La série $\sum_{n=2}^{\infty} \dfrac{2}{n\sqrt{\ln n}}$ diverge.

y) La série $\sum_{n=1}^{\infty} \dfrac{3^n n!}{n^n}$ diverge.

z) La série $\sum_{n=1}^{\infty} \dfrac{1}{(n+1)^3 - n^3}$ converge.

17. a) En vertu du critère du terme général, la série $\sum_{n=1}^{\infty} (-1)^n$ diverge.

b) $\sum_{n=2}^{\infty} (-1)^n \dfrac{\ln(n^n)}{n^2} = \sum_{n=2}^{\infty} (-1)^n \dfrac{n\ln n}{n^2} = \sum_{n=2}^{\infty} (-1)^n \dfrac{\ln n}{n}$. On sait que $\dfrac{\ln n}{n} > \dfrac{1}{n} > 0$

et que la série harmonique $\sum_{n=1}^{\infty} \dfrac{1}{n}$ diverge, de sorte que la série $\sum_{n=2}^{\infty} \dfrac{\ln n}{n}$ diverge.

Par conséquent, la série $\sum_{n=2}^{\infty} (-1)^n \dfrac{\ln(n^n)}{n^2}$ ne converge pas de manière absolue.

Toutefois, $\lim\limits_{x \to \infty} \dfrac{\ln x}{x} = \lim\limits_{x \to \infty} \dfrac{1/x}{1} = \lim\limits_{x \to \infty} \dfrac{1}{x} = 0$, de sorte que $\lim\limits_{n \to \infty} \dfrac{\ln n}{n} = 0$. De plus,

$\dfrac{d}{dx}\left(\dfrac{\ln x}{x} \right) = \dfrac{1 - \ln x}{x^2} < 0$ lorsque $x > e$, de sorte que la fonction $\dfrac{\ln x}{x}$ est décrois-

sante sur $[3, \infty[$. Par conséquent, en vertu du critère de Leibniz, la série alternée

$\sum_{n=2}^{\infty} (-1)^n \dfrac{\ln(n^n)}{n^2}$ converge, et cette convergence est conditionnelle, puisque

$\sum_{n=2}^{\infty} \left| (-1)^n \dfrac{\ln(n^n)}{n^2} \right|$ diverge.

c) La série $\sum_{n=1}^{\infty} \left| \dfrac{(-5)^n}{n!} \right| = \sum_{n=1}^{\infty} \dfrac{5^n}{n!}$ est une série à termes positifs. Utilisons le critère du

quotient : $\lim\limits_{n \to \infty} \dfrac{a_{n+1}}{a_n} = \lim\limits_{n \to \infty} \dfrac{5^{n+1}/(n+1)!}{5^n/n!} = \lim\limits_{n \to \infty} \dfrac{5}{n+1} = 0 < 1$. Par conséquent,

la série $\sum_{n=1}^{\infty} \left| \dfrac{(-5)^n}{n!} \right|$ converge, de sorte que la série $\sum_{n=1}^{\infty} \dfrac{(-5)^n}{n!}$ converge absolument.

d) $\lim\limits_{k \to \infty} \dfrac{(2k)!}{(-5)^{2k}} = \lim\limits_{k \to \infty} \dfrac{(2k)!}{5^{2k}} = \lim\limits_{m \to \infty} \dfrac{m!}{5^m}$. Or, $\dfrac{m!}{5^m} = \dfrac{m}{5} \dfrac{m-1}{5} \dfrac{m-2}{5} \cdots \dfrac{5}{5} \dfrac{4}{5} \dfrac{3}{5} \dfrac{2}{5} \dfrac{1}{5} \geq \dfrac{24m}{5^5}$,

lorsque $m \geq 6$, de sorte que $\lim\limits_{m \to \infty} \dfrac{m!}{5^m} \geq \lim\limits_{m \to \infty} \dfrac{24m}{5^5} = \infty$. Par conséquent, la série

$\sum\limits_{n=1}^{\infty} \dfrac{n!}{(-5)^n}$ diverge, puisque son terme général $\dfrac{n!}{(-5)^n}$ ne tend pas vers 0 lorsque

$n \to \infty$.

e) La série alternée $\sum\limits_{n=1}^{\infty} \dfrac{(-1)^{n+1} \sqrt{n}}{n+1}$ converge de manière conditionnelle.

f) La série $\sum\limits_{n=1}^{\infty} \dfrac{\cos\left[\dfrac{(2n+1)\pi}{4}\right]}{5^n}$ converge de manière absolue.

g) En vertu du critère du terme général, la série $\sum\limits_{n=1}^{\infty} \dfrac{(-1)^n}{\sqrt[n]{8}}$ diverge.

h) La série $\sum\limits_{n=2}^{\infty} \left(\dfrac{1}{\sqrt{n}-1} - \dfrac{1}{\sqrt{n}+1}\right)$ diverge.

i) La série alternée $\sum\limits_{n=1}^{\infty} \dfrac{(-1)^n}{\sqrt[5]{n}}$ converge de manière conditionnelle.

j) En vertu du critère du terme général, la série $\sum\limits_{n=1}^{\infty} (-1)^n \dfrac{e^n}{n}$ diverge.

k) En vertu du critère du terme général, la série $\sum\limits_{n=1}^{\infty} (-1)^n \left(\dfrac{2n+3}{6n+5}\right)$ diverge.

l) La série $\sum\limits_{n=1}^{\infty} (-1)^n \left(\dfrac{n}{2n+3}\right)^n$ converge de manière absolue.

m) En vertu du critère du terme général, la série $\sum\limits_{n=1}^{\infty} \sin\left(\dfrac{n\pi}{4}\right)$ diverge.

18. Soit la série $\sum\limits_{n=1}^{\infty} \left|\dfrac{x^n}{n}\right|$. On a alors

$$\lim_{n \to \infty} \frac{a_{n+1}}{a_n} = \lim_{n \to \infty} \frac{\left|x^{n+1}/(n+1)\right|}{\left|x^n/n\right|} = \lim_{n \to \infty} \left|\frac{nx}{n+1}\right| = \lim_{n \to \infty} \left|\frac{nx}{n[1+(1/n)]}\right| = |x|$$

de sorte qu'en vertu du critère du quotient, cette série converge pour $|x| < 1$, et, par

conséquent, la série $\sum\limits_{n=1}^{\infty} \dfrac{x^n}{n}$ converge absolument pour $|x| < 1$. De plus, si $x = -1$, alors

$\sum\limits_{n=1}^{\infty} \dfrac{x^n}{n} = \sum\limits_{n=1}^{\infty} \dfrac{(-1)^n}{n}$, soit la série harmonique alternée, qui converge, alors que si $x = 1$,

$\sum\limits_{n=1}^{\infty} \dfrac{x^n}{n} = \sum\limits_{n=1}^{\infty} \dfrac{1^n}{n} = \sum\limits_{n=1}^{\infty} \dfrac{1}{n}$, soit la série harmonique, qui diverge. Par conséquent, la série

$\sum\limits_{n=1}^{\infty} \dfrac{x^n}{n}$ converge conditionnellement pour $x = -1$ et diverge pour $x = 1$. Enfin, si

$|x| > 1$, le terme général de la série ne tend pas vers 0, lorsque $n \to \infty$. En effet, si $|x| > 1$, alors $\displaystyle\lim_{t \to \infty} \frac{x^{2t}}{2t} = \lim_{t \to \infty} \frac{x^{2t}\left(\ln x^2\right)}{2} = \infty$, et donc $\displaystyle\lim_{n \to \infty} \frac{x^n}{n} \neq 0$. Par conséquent, en vertu du critère du terme général, la série $\displaystyle\sum_{n=1}^{\infty} \frac{x^n}{n}$ diverge si $|x| > 1$.

19. Les coefficients du polynôme de Taylor s'obtiennent comme suit :

$f^{(n)}(x)$	$f^{(n)}(a) = f^{(n)}(1)$	$a_n = \dfrac{f^{(n)}(1)}{n!}$
$f(x) = x^{5/2}$	$f(1) = (1)^{5/2} = 1$	$a_0 = 1$
$f'(x) = \frac{5}{2}x^{3/2}$	$f'(1) = \frac{5}{2}(1)^{3/2} = \frac{5}{2}$	$a_1 = \frac{5}{2}$
$f''(x) = \frac{15}{4}x^{1/2}$	$f''(1) = \frac{15}{4}(1)^{1/2} = \frac{15}{4}$	$a_2 = \frac{15}{8}$
$f'''(x) = \frac{15}{8}x^{-1/2}$	$f'''(1) = \frac{15}{8}(1)^{-1/2} = \frac{15}{8}$	$a_3 = \frac{5}{16}$
$f^{(4)}(x) = -\frac{15}{16}x^{-3/2}$	$f^{(4)}(1) = -\frac{15}{16}(1)^{-3/2} = -\frac{15}{16}$	$a_4 = -\frac{5}{128}$

Par conséquent, le polynôme de Taylor de degré 4, centré en 1, de la fonction $f(x) = x^{5/2}$ est

$$\sum_{n=0}^{4} \frac{f^{(n)}(1)}{n!}(x-1)^n = 1 + \frac{5}{2}(x-1) + \frac{15}{8}(x-1)^2 + \frac{5}{16}(x-1)^3 - \frac{5}{128}(x-1)^4$$

20. $\displaystyle\sum_{n=0}^{3} \frac{f^{(n)}(\pi/4)}{n!}\left[x - (\pi/4)\right]^n = 1 + 2\left[x - (\pi/4)\right] + 2\left[x - (\pi/4)\right]^2 + \frac{8}{3}\left[x - (\pi/4)\right]^3$

21. a) $e^{-3x} = \displaystyle\sum_{n=0}^{\infty} \frac{1}{n!}(-3x)^n = 1 - 3x + \frac{9x^2}{2!} - \frac{27x^3}{3!} + \frac{81x^4}{4!} - \frac{243x^5}{5!} + \cdots$

Par conséquent, $f(1) = e^{-3} \approx 1 - 3 + \frac{9}{2!} - \frac{27}{3!} + \frac{81}{4!} = 1{,}375$.

b) $xe^x = x\displaystyle\sum_{n=0}^{\infty} \frac{1}{n!}x^n = \sum_{n=0}^{\infty} \frac{1}{n!}x^{n+1} = x + x^2 + \frac{x^3}{2!} + \frac{x^4}{3!} + \frac{x^5}{4!} + \frac{x^6}{5!} + \cdots$

Par conséquent, $f(1) = e^1 \approx 1 + 1^2 + \frac{1^3}{2!} + \frac{1^4}{3!} + \frac{1^5}{4!} = \frac{65}{24} \approx 2{,}71$.

c) $e^{x^2} = \displaystyle\sum_{n=0}^{\infty} \frac{1}{n!}(x^2)^n = \sum_{n=0}^{\infty} \frac{1}{n!}x^{2n} = 1 + x^2 + \frac{x^4}{2!} + \frac{x^6}{3!} + \frac{x^8}{4!} + \frac{x^{10}}{5!} + \cdots$

Par conséquent, $f(1) = e^{1^2} \approx 1 + 1^2 + \frac{1^4}{2!} + \frac{1^6}{3!} + \frac{1^8}{4!} = \frac{65}{24} \approx 2{,}71$.

22. a) Évaluons les coefficients de la série.

$f^{(n)}(x)$	$f^{(n)}(a) = f^{(n)}(0)$	$a_n = \dfrac{f^{(n)}(a)}{n!} = \dfrac{f^{(n)}(0)}{n!}$
$f(x) = \sin^2 x$	$f(0) = \sin^2(0) = 0$	$a_0 = \dfrac{f(0)}{0!} = 0$
$f'(x) = 2\sin x \cos x$ $= \sin 2x$	$f'(0) = \sin(0) = 0$	$a_1 = \dfrac{f'(0)}{1!} = 0$
$f''(x) = 2\cos 2x$	$f''(0) = 2\cos(0) = 2$	$a_2 = \dfrac{f''(0)}{2!} = \dfrac{2}{2!}$
$f'''(x) = -2^2 \sin 2x$	$f'''(0) = -2^2 \sin(0) = 0$	$a_3 = \dfrac{f'''(0)}{3!} = 0$
$f^{(4)}(x) = -2^3 \cos 2x$	$f^{(4)}(0) = -2^3 \cos(0) = -2^3$	$a_4 = \dfrac{f^{(4)}(0)}{4!} = \dfrac{-2^3}{4!}$
$f^{(5)}(x) = 2^4 \sin 2x$	$f^{(5)}(0) = 2^4 \sin(0) = 0$	$a_5 = \dfrac{f^{(5)}(0)}{5!} = 0$
$f^{(6)}(x) = 2^5 \cos 2x$	$f^{(6)}(0) = 2^5 \cos(0) = 2^5$	$a_6 = \dfrac{f^{(6)}(0)}{6!} = \dfrac{2^5}{6!}$
$f^{(7)}(x) = -2^6 \sin 2x$	$f^{(7)}(0) = -2^6 \sin(0) = 0$	$a_7 = \dfrac{f^{(7)}(0)}{7!} = 0$
$f^{(8)}(x) = -2^7 \cos 2x$	$f^{(8)}(0) = -2^7 \cos(0) = -2^7$	$a_8 = \dfrac{f^{(8)}(0)}{8!} = -\dfrac{2^7}{8!}$

On a donc $\sin^2 x = \dfrac{2x^2}{2!} - \dfrac{2^3 x^4}{4!} + \dfrac{2^5 x^6}{6!} - \dfrac{2^7 x^8}{8!} + \cdots = \displaystyle\sum_{n=1}^{\infty} \dfrac{(-1)^{n+1} 2^{2n-1} x^{2n}}{(2n)!}$.

Appliquons le critère de d'Alembert généralisé à la série $\displaystyle\sum_{n=1}^{\infty} \dfrac{(-1)^{n+1} 2^{2n-1} x^{2n}}{(2n)!}$:

$$\lim_{n\to\infty} \left| \frac{a_{n+1}}{a_n} \right| = \lim_{n\to\infty} \left| \frac{(-1)^{n+2} 2^{2n+1} x^{2n+2} / (2n+2)!}{(-1)^{n+1} 2^{2n-1} x^{2n} / (2n)!} \right| = \lim_{n\to\infty} \left| \frac{4x^2}{(2n+2)(2n+1)} \right|$$

$$= 0 < 1 \;\; \forall x \in \mathbb{R}$$

Par conséquent, la série converge pour tout $x \in \mathbb{R}$.

b) $\dfrac{x^2}{1-2x} = \displaystyle\sum_{n=0}^{\infty} 2^n x^{n+2}$ sur $\left]-\frac{1}{2}, \frac{1}{2}\right[$

c) $\dfrac{1}{1+x^2} = \displaystyle\sum_{n=0}^{\infty} (-1)^n x^{2n}$ sur $\left]-1, 1\right[$

23. a) $\cos x = 1 - \dfrac{x^2}{2!} + \dfrac{x^4}{4!} - \dfrac{x^6}{6!} + \dfrac{x^8}{8!} - \dfrac{x^{10}}{10!} + \cdots = \displaystyle\sum_{n=0}^{\infty} \dfrac{(-1)^n x^{2n}}{(2n)!}$

b) La série converge pour tout $x \in \mathbb{R}$.

c) $\cos 1 \approx 1 - \dfrac{1}{2!} + \dfrac{1}{4!} - \dfrac{1}{6!} + \dfrac{1}{8!} \approx 0{,}54$

d) $\cos x = \displaystyle\sum_{n=0}^{\infty} \dfrac{(-1)^n x^{2n}}{(2n)!} \;\; \Rightarrow \;\; \cos(2x) = \displaystyle\sum_{n=0}^{\infty} \dfrac{(-1)^n (2x)^{2n}}{(2n)!} = \displaystyle\sum_{n=0}^{\infty} \dfrac{(-1)^n 2^{2n} x^{2n}}{(2n)!}$

e) $\cos(x^2) = \displaystyle\sum_{n=0}^{\infty} \dfrac{(-1)^n (x^2)^{2n}}{(2n)!} = \displaystyle\sum_{n=0}^{\infty} \dfrac{(-1)^n x^{4n}}{(2n)!} = 1 - \dfrac{x^4}{2!} + \dfrac{x^8}{4!} - \dfrac{x^{12}}{6!} + \dfrac{x^{16}}{8!} - \dfrac{x^{20}}{10!} + \cdots$

Chapitre 6

f) $\displaystyle\int_0^1 \cos(x^2)\,dx \approx \int_0^1 \left(1 - \frac{x^4}{2!} + \frac{x^8}{4!}\right)dx$

$$\approx \left[x - \frac{x^5}{5(2!)} + \frac{x^9}{9(4!)}\right]\Bigg|_0^1$$

$$\approx 0,905$$

g) $\displaystyle\cos x = \sum_{n=1}^{\infty} \frac{(-1)^n \left[x - (\pi/2)\right]^{2n-1}}{(2n-1)!}$

24. a) $\displaystyle\ln(1+x) = x - \frac{x^2}{2} + \frac{x^3}{3} - \frac{x^4}{4} + \frac{x^5}{5} - \cdots = \sum_{n=1}^{\infty} \frac{(-1)^{n+1}x^n}{n}$ sur $]\!-1, 1]$

b) $\displaystyle\ln(1-x) = -x - \frac{x^2}{2} - \frac{x^3}{3} - \frac{x^4}{4} - \frac{x^5}{5} - \cdots = \sum_{n=1}^{\infty}\left(-\frac{x^n}{n}\right)$ sur $[-1, 1[$

c) $\displaystyle\ln\left(\frac{1+x}{1-x}\right) = \ln(1+x) - \ln(1-x) = \sum_{n=1}^{\infty} \frac{2x^{2n-1}}{2n-1}$ sur $]\!-1, 1[$

d) $\displaystyle\ln(1-x^2) = \ln\big[(1+x)(1-x)\big] = \ln(1+x) + \ln(1-x) = \sum_{n=1}^{\infty}\left(-\frac{x^{2n}}{n}\right)$ sur $]\!-1, 1[$

25. $\displaystyle\frac{1}{x} = 1 - (x-1) + (x-1)^2 - (x-1)^3 + (x-1)^4 - \cdots = \sum_{n=0}^{\infty}(-1)^n(x-1)^n$ sur $]0, 2[$

26. $\displaystyle e^x = e + e(x-1) + \frac{e}{2}(x-1)^2 + \frac{e}{3!}(x-1)^3 + \frac{e}{4!}(x-1)^4 + \cdots = \sum_{n=0}^{\infty} \frac{e}{n!}(x-1)^n \; \forall\, x \in \mathbb{R}$

27. On a déjà établi que

$$e^x = 1 + x + \frac{x^2}{2!} + \frac{x^3}{3!} + \frac{x^4}{4!} + \frac{x^5}{5!} + \frac{x^6}{6!} + \frac{x^7}{7!} + \frac{x^8}{8!} + \frac{x^9}{9!} + \frac{x^{10}}{10!} + \frac{x^{11}}{11!} + \cdots$$

de sorte que

$$e^{i\theta} = 1 + i\theta + \frac{(i\theta)^2}{2!} + \frac{(i\theta)^3}{3!} + \frac{(i\theta)^4}{4!} + \frac{(i\theta)^5}{5!} + \frac{(i\theta)^6}{6!} + \frac{(i\theta)^7}{7!} + \frac{(i\theta)^8}{8!} + \frac{(i\theta)^9}{9!} + \frac{(i\theta)^{10}}{10!} + \frac{(i\theta)^{11}}{11!} + \cdots$$

$$= 1 + i\theta + i^2\frac{\theta^2}{2!} + i^3\frac{\theta^3}{3!} + i^4\frac{\theta^4}{4!} + i^5\frac{\theta^5}{5!} + i^6\frac{\theta^6}{6!} + i^7\frac{\theta^7}{7!} + i^8\frac{\theta^8}{8!} + i^9\frac{\theta^9}{9!} + i^{10}\frac{\theta^{10}}{10!} + i^{11}\frac{\theta^{11}}{11!} + \cdots$$

$$= 1 + i\theta - \frac{\theta^2}{2!} - i\frac{\theta^3}{3!} + \frac{\theta^4}{4!} + i\frac{\theta^5}{5!} - \frac{\theta^6}{6!} - i\frac{\theta^7}{7!} + \frac{\theta^8}{8!} + i\frac{\theta^9}{9!} - \frac{\theta^{10}}{10!} - i\frac{\theta^{11}}{11!} + \cdots$$

Par ailleurs, $\sin x = x - \dfrac{x^3}{3!} + \dfrac{x^5}{5!} - \dfrac{x^7}{7!} + \dfrac{x^9}{9!} - \dfrac{x^{11}}{11!} + \cdots$ (exercice 6.11) et

$\cos x = 1 - \dfrac{x^2}{2!} + \dfrac{x^4}{4!} - \dfrac{x^6}{6!} + \dfrac{x^8}{8!} - \dfrac{x^{10}}{10!} + \cdots$ (exercice récapitulatif 23), de sorte que

$$\cos\theta + i\sin\theta = \left(1 - \frac{\theta^2}{2!} + \frac{\theta^4}{4!} - \frac{\theta^6}{6!} + \frac{\theta^8}{8!} - \frac{\theta^{10}}{10!} + \cdots\right) + i\left(\theta - \frac{\theta^3}{3!} + \frac{\theta^5}{5!} - \frac{\theta^7}{7!} + \frac{\theta^9}{9!} - \frac{\theta^{11}}{11!} + \cdots\right)$$

$$= 1 + i\theta - \frac{\theta^2}{2!} - i\frac{\theta^3}{3!} + \frac{\theta^4}{4!} + i\frac{\theta^5}{5!} - \frac{\theta^6}{6!} - i\frac{\theta^7}{7!} + \frac{\theta^8}{8!} + i\frac{\theta^9}{9!} - \frac{\theta^{10}}{10!} - i\frac{\theta^{11}}{11!} + \cdots$$

Par conséquent, $e^{i\theta} = \cos\theta + i\sin\theta$. Si on pose $\theta = \pi$, on obtient alors que $e^{i\pi} = \cos\pi + i\sin\pi = -1$, de sorte que $e^{i\pi} + 1 = 0$.

BORNE INFÉRIEURE DE SOMMATION (p. 7)

La borne inférieure de sommation est la valeur minimale de l'indice de sommation dans la notation sigma. Ainsi, dans l'expression $\sum_{k=m}^{n} a_k$, la borne inférieure de sommation est m.

BORNE INFÉRIEURE D'INTÉGRATION (p. 31)

La borne inférieure d'intégration de l'intégrale définie $\int_{a}^{b} f(x)dx$ est a.

BORNE INFÉRIEURE D'UNE SUITE (p. 273)

Une borne inférieure d'une suite $\{a_n\}$ est tout nombre b tel que $a_n \geq b$ pour tout entier $n \geq 1$.

BORNE SUPÉRIEURE DE SOMMATION (p. 8)

La borne supérieure de sommation est la valeur maximale (ou ∞) de l'indice de sommation dans la notation sigma. Ainsi, dans l'expression $\sum_{k=m}^{n} a_k$, la borne supérieure de sommation est n.

BORNE SUPÉRIEURE D'INTÉGRATION (p. 31)

La borne supérieure d'intégration de l'intégrale définie $\int_{a}^{b} f(x)dx$ est b.

BORNE SUPÉRIEURE D'UNE SUITE (p. 273)

Une borne supérieure d'une suite $\{a_n\}$ est tout nombre B tel que $a_n \leq B$ pour tout entier $n \geq 1$.

CHANGEMENT DE VARIABLE (p. 68)

Le changement de variable est la technique d'intégration qui consiste à ramener une intégrale indéfinie (ou définie) à une intégrale plus simple en remplaçant une expression dans l'intégrande par une nouvelle variable. Lorsqu'on effectue un changement de variable, il ne faut pas oublier de changer l'élément différentiel et, s'il y a lieu, les bornes d'intégration.

COEFFICIENTS D'UNE SÉRIE ENTIÈRE (p. 307)

Les coefficients d'une série entière $\sum_{n=0}^{\infty} a_n (x - a)^n$ sont les constantes réelles a_n.

COMPLÉTION DU CARRÉ (p. 80)

La complétion du carré est l'opération mathématique qui consiste à transformer une forme quadratique $ax^2 + bx + c$ en une somme ou une différence de deux carrés :

$$ax^2 + bx + c =$$
$$a\left[\left(x + \frac{b}{2a}\right)^2 + \left(\frac{c}{a} - \frac{b^2}{4a^2}\right)\right]$$

CONDITIONS AUX LIMITES (p. 198)

Dans une équation différentielle, les conditions aux limites sont des conditions qui donnent la valeur de la variable dépendante ou de ses dérivées en différentes valeurs de la variable indépendante, et qui permettent d'évaluer les constantes arbitraires de la solution générale de l'équation différentielle.

CONDITIONS INITIALES (p. 198)

Dans une équation différentielle, les conditions initiales sont des conditions qui donnent la valeur de la variable dépendante ou de ses dérivées pour une même valeur de la variable indépendante, et qui permettent d'évaluer les constantes arbitraires de la solution générale de l'équation différentielle.

CONSTANTE D'INTÉGRATION (p. 60)

En intégrale indéfinie, la constante d'intégration est la constante arbitraire C qu'on ajoute à une primitive $F(x)$ d'une fonction $f(x)$ pour obtenir la famille de toutes les primitives de cette fonction. On écrit alors

$$\int f(x)dx = F(x) + C$$

COR DE GABRIEL (OU TROMPETTE DE TORRICELLI) (p. 247)

Le cor de Gabriel est le solide obtenu par la rotation, autour de l'axe des abscisses, de la surface d'aire infinie sous l'hyperbole $y = \dfrac{1}{x}$ au-dessus de l'intervalle $[1, \infty[$. Le volume de ce solide est fini et vaut π u^3, alors que son aire latérale est infinie. Le cor de Gabriel porte également le nom de trompette de Torricelli, en l'honneur du physicien italien qui s'y intéressa.

COURBE DE LORENZ (p. 145)

Une courbe de Lorenz est une courbe qui représente la répartition des revenus dans une population. L'interprétation d'un point (x, y) de cette courbe est la suivante : une fraction y de l'ensemble des revenus est détenue par la fraction x qui en détient le moins parmi l'ensemble des individus. Une courbe de Lorenz est représentée graphiquement par une fonction croissante, dont le domaine et l'image sont l'intervalle $[0, 1]$, et qui est toujours sous la droite $y = x$.

Coût marginal (p. 204)

Le coût marginal lorsque le niveau de production est de x est noté $C'(x)$, et il correspond à la variation de coût provoquée par la production d'une unité additionnelle d'un bien.

Critère de Cauchy (ou critère de la racine $n^{\text{ième}}$) (p. 298)

Le critère de Cauchy (ou critère de la racine $n^{\text{ième}}$) est un critère de convergence des séries à termes positifs, soit des séries $\sum_{n=1}^{\infty} a_n$, où $a_n > 0$. En vertu de ce critère, la série converge si $r = \lim_{n \to \infty} \sqrt[n]{a_n} < 1$ et diverge si $r > 1$. Par ailleurs, ce critère ne permet pas de conclure si $r = 1$.

Critère de comparaison (p. 289)

Le critère de comparaison est un critère de convergence des séries à termes positifs, soit des séries $\sum_{n=1}^{\infty} a_n$, où $a_n > 0$. En vertu de ce critère, une série dont le terme général est toujours plus petit ou égal au terme général d'une série à termes positifs convergente est également convergente. Par contre, une série dont le terme général est toujours plus grand que celui d'une série à termes positifs divergente est également divergente. Pour appliquer ce critère, il faut soupçonner la nature (convergente ou divergente) de la série $\sum_{n=1}^{\infty} a_n$ et déterminer une série à termes positifs appropriée (convergente ou divergente) $\sum_{n=1}^{\infty} b_n$ avec laquelle la comparer.

Critère de comparaison par une limite (p. 296)

Le critère de comparaison par une limite est un critère de convergence des séries à termes positifs, soit des séries $\sum_{n=1}^{\infty} a_n$, où $a_n > 0$. En vertu de ce critère, si deux séries à termes positifs $\sum_{n=1}^{\infty} a_n$ et $\sum_{n=1}^{\infty} b_n$ sont telles que $\lim_{n \to \infty} \frac{a_n}{b_n} = c > 0$, où c est une constante finie, alors les deux séries sont toutes deux convergentes ou toutes deux divergentes. Pour appliquer ce critère, il faut soupçonner la nature (convergente ou divergente) de la série $\sum_{n=1}^{\infty} a_n$ et déterminer une série appropriée (convergente ou divergente) $\sum_{n=1}^{\infty} b_n$ avec laquelle la comparer.

Critère de convergence absolue (p. 303)

Le critère de convergence absolue est un critère de convergence des séries $\sum_{n=1}^{\infty} a_n$ dont les termes ne sont pas tous positifs. En vertu de ce critère, la série $\sum_{n=1}^{\infty} a_n$ converge (absolument) lorsque $\sum_{n=1}^{\infty} |a_n|$ converge. Par ailleurs, si la série $\sum_{n=1}^{\infty} a_n$ converge et que la série $\sum_{n=1}^{\infty} |a_n|$ diverge, on dira que la série $\sum_{n=1}^{\infty} a_n$ converge conditionnellement.

Critère de d'Alembert (ou critère du quotient) (p. 297)

Le critère de d'Alembert (ou critère du quotient) est un critère de convergence des séries à termes positifs, soit des séries $\sum_{n=1}^{\infty} a_n$, où $a_n > 0$. En vertu de ce critère, la série converge si $r = \lim_{n \to \infty} \frac{a_{n+1}}{a_n} < 1$ et diverge si $r > 1$. Par ailleurs, ce critère ne permet pas de conclure si $r = 1$.

Critère de d'Alembert généralisé (p. 308)

Le critère de d'Alembert généralisé est un critère de convergence utilisé pour déterminer le rayon de convergence d'une série entière. En vertu de ce critère, la série $\sum_{n=1}^{\infty} a_n$, où $a_n \neq 0$ pour tout $n \in \mathbb{N}$, et telle que $L = \lim_{n \to \infty} \left| \frac{a_{n+1}}{a_n} \right|$, converge absolument si $L < 1$ et diverge si $L > 1$. Par ailleurs, on ne peut pas déterminer, à l'aide de ce critère, la nature de la série lorsque $L = 1$.

Critère de Leibniz (ou critère de convergence des séries alternées) (p. 304)

Le critère de Leibniz (ou critère de convergence des séries alternées) est un critère de convergence des séries alternées, soit des séries du type $\sum_{n=1}^{\infty} (-1)^n a_n$ $\left[\text{ou} \sum_{n=1}^{\infty} (-1)^{n+1} a_n \right]$, où $a_n > 0$. En vertu de ce critère, si la série est telle que $\lim_{n \to \infty} a_n = 0$ et que $a_{n+1} \leq a_n$ pour tout n, alors la série $\sum_{n=1}^{\infty} (-1)^n a_n$ $\left[\text{ou} \sum_{n=1}^{\infty} (-1)^{n+1} a_n \right]$ converge.

Critère de l'intégrale (p. 294)

Le critère de l'intégrale est un critère de convergence des séries à termes positifs, soit des séries $\sum_{n=N}^{\infty} a_n$, où $a_n > 0$.

En vertu de ce critère, si $f(n) = a_n$, où $f(x)$ est une fonction continue, positive et décroissante pour tout nombre réel $x \geq N$, où N est un entier positif, alors la série $\sum_{n=N}^{\infty} a_n$ converge si et seulement si $\int_{N}^{\infty} f(x)dx$ converge.

CRITÈRE DU POLYNÔME (p. 296)

Le critère du polynôme est un critère de convergence des séries dont le terme général a_n est positif et correspond au quotient de deux polynômes en n, de degrés p et q respectivement, soit $a_n = \dfrac{P(n)}{Q(n)} > 0$ et $Q(n) \neq 0$ pour tout entier n. En vertu de ce critère, la série $\sum_{n=1}^{\infty} a_n$ converge si $q - p > 1$ et diverge si $q - p \leq 1$.

CRITÈRE DU TERME GÉNÉRAL (p. 285)

Le critère du terme général est un critère qui permet de déterminer la divergence de certaines séries. En vertu de ce critère, la série $\sum_{k=1}^{\infty} a_k$, dont le terme général ne tend pas vers 0, diverge, c'est-à-dire qu'elle diverge lorsque $\lim_{n\to\infty} a_n \neq 0$.

CUBATURE (p. 6)

La cubature est l'opération qui consiste à évaluer le volume d'un solide.

CYLINDRE DROIT (p. 150)

Un cylindre droit est le solide qu'on obtient en déplaçant une surface S, appelée base du cylindre, d'une distance h, appelée hauteur du cylindre, dans une direction perpendiculaire à cette surface.

DÉCOMPOSITION EN FRACTIONS PARTIELLES (p. 104)

La décomposition en fractions partielles d'une fonction rationnelle propre est l'opération mathématique qui permet de transformer cette fonction en une somme de fractions (partielles) du type

$$\frac{A}{(ax + b)^m} \text{ et } \frac{Ax + B}{(ax^2 + bx + c)^n}$$

où $ax + b$ et $ax^2 + bx + c$ sont respectivement des facteurs linéaires et quadratiques irréductibles du dénominateur de la fonction rationnelle.

DEMANDE (p. 143)

La demande est l'expression de la relation entre le prix d'un bien et la quantité demandée de ce bien. Cette relation est généralement représentée par une courbe de pente négative dans un plan cartésien ayant la variable quantité pour abscisse et la variable prix pour ordonnée.

ÉQUATION DIFFÉRENTIELLE (p. 194)

Une équation différentielle est une équation qui met en relation une fonction inconnue et une ou plusieurs de ses dérivées, ou encore qui met en relation des différentielles.

ÉQUATION DIFFÉRENTIELLE À VARIABLES SÉPARABLES (p. 200)

Une équation différentielle est dite à variables séparables si on peut l'écrire sous la forme $\dfrac{dy}{dx} = f(x)g(y)$.

ÉQUATION DIFFÉRENTIELLE ORDINAIRE (p. 197)

Une équation différentielle ordinaire est une équation qui comporte au plus deux variables, ainsi que des dérivées d'ordre supérieur ou égal à 1 d'une des variables par rapport à l'autre.

ESPÉRANCE MATHÉMATIQUE (p. 249)

L'espérance mathématique, notée μ_X ou $E(X)$, d'une variable aléatoire continue X, dont la fonction de densité est $f(x)$, est une mesure de tendance centrale dont l'expression est $\mu_X = E(X) = \int_{-\infty}^{\infty} x f(x)dx$.

FACTORIELLE (p. 271)

La factorielle de $n \in \mathbb{N}^*$ est notée $n!$ et désigne le produit de tous les entiers positifs inférieurs ou égaux à n de sorte que $n! = n(n - 1)(n - 2)\cdots(2)(1)$. De plus, on définit $0! = 1$.

FLUX FINANCIER (p. 251)

Un flux financier représente le mouvement d'une variable économique par rapport au temps.

FONCTION DE DENSITÉ (p. 248)

Une fonction de densité (ou *densité de probabilité*) est une fonction intégrable $f(x)$ telle que $f(x) \geq 0 \ \forall \ x \in \mathbb{R}$ et telle que $\int_{-\infty}^{\infty} f(x)dx = 1$. La fonction de densité d'une variable aléatoire continue X est telle que la probabilité que la variable prenne une valeur comprise entre a et b, notée $P(a \leq X \leq b)$, est donnée par $\int_{a}^{b} f(x)dx$.

FONCTION IMPAIRE (p. 77)

Une fonction impaire $f(x)$ est une fonction telle que $f(-x) = -f(x)$ pour toute valeur x appartenant au domaine de la fonction. La courbe décrite par une fonction impaire est symétrique par rapport à l'origine.

FONCTION INTÉGRABLE AU SENS DE RIEMANN (p. 29)

Une fonction $f(x)$ est intégrable au sens de Riemann sur un intervalle $[a, b]$ si $\lim_{\substack{n\to\infty \\ \|\Delta x_k\|\to 0}} \sum_{k=1}^{n} f(x_k^*)\Delta x_k$ prend une valeur réelle, finie et unique quelle que soit la partition $x_0, x_1, x_2, \ldots, x_n$, de norme $\|\Delta x_k\|$, et quelles que soient les valeurs $x_k^* \in [x_{k-1}, x_k]$. On écrit alors que

$$\int_a^b f(x)dx = \lim_{\substack{n \to \infty \\ \|\Delta x_k\| \to 0}} \sum_{k=1}^n f(x_k^*)\Delta x_k.$$

FONCTION PAIRE (p. 77)

Une fonction paire $f(x)$ est une fonction telle que $f(-x) = f(x)$ pour toute valeur x appartenant au domaine de la fonction. La courbe décrite par une fonction paire est symétrique par rapport à l'axe des ordonnées.

FONCTION RATIONNELLE (p. 67)

Une fonction rationnelle est un quotient de deux polynômes, soit une fonction de la forme $\dfrac{P(x)}{Q(x)}$, où $P(x)$ et $Q(x)$ sont des polynômes.

FORME INDÉTERMINÉE (p. 226)

On dit que le quotient $\dfrac{f(x)}{g(x)}$, le produit $f(x) \cdot g(x)$, la différence $f(x) - g(x)$ ou la puissance $f(x)^{g(x)}$ de deux fonctions $f(x)$ et $g(x)$ présentent une forme indéterminée en $x = x_0$, si l'évaluation de ces fonctions en x_0 prend une des formes suivantes :

$$\frac{0}{0}, \frac{\infty}{\infty}, 0 \cdot \infty, \infty - \infty, 0^0, \infty^0, 1^\infty$$

FORMULE DE RÉDUCTION (p. 85)

En intégration, une formule de réduction exprime généralement une intégrale comportant une puissance entière d'une fonction comme la somme d'une deuxième fonction et d'une intégrale plus simple comportant une puissance plus faible de la première fonction. Les formules de réduction s'obtiennent habituellement au moyen d'une intégration par parties.

FRACTION IMPROPRE (p. 67)

Une fonction rationnelle $\dfrac{P(x)}{Q(x)}$ est une fraction impropre (ou une *fonction rationnelle impropre*) lorsque le degré du numérateur est supérieur ou égal au degré du dénominateur. Une division de polynômes permet de transformer une fonction rationnelle impropre en une somme d'un polynôme et d'une fonction rationnelle propre.

FRACTION PROPRE (p. 67)

Une fonction rationnelle $\dfrac{P(x)}{Q(x)}$ est une fraction propre (ou une *fonction rationnelle propre*) lorsque le degré du numérateur est inférieur au degré du dénominateur.

INDICE DE GINI (p. 145)

L'indice de Gini (ou le *coefficient de Gini*) est une mesure de l'inégalité de la distribution des revenus. L'indice de Gini s'obtient à partir de l'aire de la surface comprise entre la droite représentant une répartition parfaitement égalitaire des revenus, soit $y = x$, et la courbe de Lorenz représentant la répartition observée des revenus dans une population. Si l'équation de la courbe de Lorenz est $f(x)$, alors l'indice de Gini vaut $2\int_0^1 [x - f(x)]\,dx$. L'indice de Gini est toujours compris entre 0 et 1. Plus sa valeur est élevée, plus la répartition des revenus est inégalitaire ; plus elle est faible, plus la répartition des revenus est égalitaire.

INDICE DE SOMMATION (p. 7)

Dans la notation sigma, l'indice de sommation est le paramètre qui sert à indiquer la portée de la sommation, c'est-à-dire l'intervalle de valeurs entières sur lequel la somme se réalise. Ainsi, dans l'expression $\sum_{k=m}^n a_k$, l'indice de sommation est k.

INDICE MUET (p. 8)

Un indice est muet si un changement de nom de l'indice ne change pas la valeur de l'expression dans laquelle il se trouve. Ainsi, dans l'assemblage $\sum_{k=m}^n a_k$, l'indice de sommation k est muet, puisqu'en changeant k par i, on obtient $\sum_{k=m}^n a_k = \sum_{i=m}^n a_i$.

INTÉGRALE CONVERGENTE (p. 243)

Une intégrale impropre du type $\int_a^\infty f(x)dx$ est convergente si $\lim_{b \to \infty} \int_a^b f(x)dx$ existe. Cette notion se généralise aux intégrales du type $\int_{-\infty}^b f(x)dx$ ou $\int_{-\infty}^\infty f(x)dx$, soit aux intégrales comportant au moins une borne d'intégration infinie, de même qu'aux intégrales impropres dont l'intégrande présente une discontinuité infinie en $c \in [a, b]$, où $[a, b]$ est l'intervalle sur lequel l'intégration est effectuée. Dans tous ces cas, l'intégrale sera convergente si la ou les limites portant sur une ou des bornes d'intégration existent.

INTÉGRALE DÉFINIE (p. 30)

Soit $f(x)$ une fonction intégrable au sens de Riemann sur un intervalle $[a, b]$. L'intégrale définie de cette fonction sur l'intervalle est alors notée $\int_a^b f(x)dx$ et correspond à la valeur unique de

$$\lim_{\substack{n \to \infty \\ \|\Delta x_k\| \to 0}} \sum_{k=1}^n f(x_k^*)\Delta x_k$$

quelle soit la partition $x_0, x_1, x_2, ..., x_n$, de norme $\|\Delta x_k\|$, et quelles que soient les valeurs $x_k^* \in [x_{k-1}, x_k]$.

INTÉGRALE DIVERGENTE (p. 243)

Une intégrale impropre est divergente lorsqu'elle ne converge pas.

INTÉGRALE IMPROPRE (p. 241)

Une intégrale impropre est une intégrale dont au moins une des bornes d'intégration est infinie, ou encore qui est telle que l'intégrande présente une discontinuité infinie en $c \in [a, b]$, où $[a, b]$ est l'intervalle sur lequel l'intégration est effectuée.

INTÉGRALE INDÉFINIE (p. 60)

Notée $\int f(x)dx$, l'intégrale indéfinie d'une fonction $f(x)$ est la famille de toutes les primitives de cette fonction. Si $F(x)$ est une primitive de $f(x)$, c'est-à-dire si $F'(x) = f(x)$, alors $\int f(x)dx = F(x) + C$, où C est une constante arbitraire, dite constante d'intégration.

INTÉGRANDE (p. 31 et 60)

L'intégrande dans l'expression $\int_a^b f(x)dx$ ou dans l'expression $\int f(x)dx$ est la fonction $f(x)$.

INTÉGRATION PAR PARTIES (p. 82)

L'intégration par parties est la technique d'intégration obtenue à partir de la formule de la différentielle d'un produit :

$$d(uv) = udv + vdu$$
$$\Rightarrow udv = d(uv) - vdu$$
$$\Rightarrow \int udv = uv - \int vdu$$

La formule de l'intégration par parties s'applique également aux intégrales définies :

$$\int_a^b udv = uv\Big|_a^b - \int_a^b vdu$$

Cette technique d'intégration est normalement utilisée pour évaluer une intégrale comportant un produit de deux fonctions qui sont de nature différente (une fonction polynomiale et une fonction exponentielle, une fonction polynomiale et une fonction logarithmique, une fonction

exponentielle et une fonction trigonométrique), ou encore pour évaluer l'intégrale d'une fonction trigonométrique inverse.

INTÉRÊT COMPOSÉ CONTINUELLEMENT (p. 202 et 240)

L'intérêt composé continuellement est un intérêt qui est capitalisé non pas annuellement, semestriellement ou quotidiennement, mais à chaque instant.

INTERVALLE DE CONVERGENCE (p. 307)

L'intervalle de convergence d'une série entière $\sum_{n=0}^\infty a_n(x - a)^n$ est l'ensemble des valeurs de x pour lesquelles la série converge.

LINÉARISATION LOCALE (p. 229)

La linéarisation locale d'une fonction dérivable $f(x)$ à proximité de $x = a$ est l'approximation de cette fonction par la droite tangente à la courbe décrite par $f(x)$ en $x = a$: $f(x) \approx f(a) + f'(a)(x - a)$.

LINÉARITÉ (p. 32 et 63)

On dit que l'intégrale définie possède la propriété de linéarité puisque l'intégrale d'une combinaison linéaire de fonctions intégrables correspond à la combinaison linéaire des intégrales des fonctions. Cette propriété se traduit par l'équation

$$\int_a^b [k_1 f(x) + k_2 g(x)]dx = k_1 \int_a^b f(x)dx + k_2 \int_a^b g(x)dx$$

où k_1 et k_2 sont deux constantes, et où $f(x)$ et $g(x)$ sont des fonctions intégrables sur l'intervalle $[a, b]$.

La propriété de linéarité s'applique également aux intégrales indéfinies :

$$\int [k_1 f(x) + k_2 g(x)]dx = k_1 \int f(x)dx + k_2 \int g(x)dx$$

LUNULE (p. 142)

Une lunule est une surface du plan ayant la forme d'un croissant de lune, et qui est délimitée par deux arcs de cercles qui se coupent. Par son évaluation de l'aire d'une certaine lunule, Hippocrate de Chios est devenu le premier à résoudre un problème de quadrature d'un espace curviligne.

MÉTHODE DES DISQUES (p. 155)

La méthode des disques est une méthode utilisée pour évaluer le volume d'un solide de révolution obtenu par la rotation, autour d'une droite, d'une surface S délimitée par deux droites parallèles qui sont perpendiculaires à l'axe de rotation, ce dernier délimitant un troisième côté de la surface. En vertu de cette méthode, le volume du solide s'obtient à l'aide d'un découpage du solide en tranches minces qui ont la forme de cylindres circulaires plats. Ces cylindres s'obtiennent par une décomposition de la surface S en bandes rectangulaires étroites et perpendiculaires à l'axe de rotation. La formule utilisée pour évaluer le volume d'un solide de révolution par la méthode des disques est

$$\text{Volume du solide} = \int_a^b \pi r^2 \, dh$$

MÉTHODE DES DISQUES TROUÉS (p. 160)

La méthode des disques troués est une méthode utilisée pour évaluer le volume d'un solide de révolution obtenu par la rotation d'une surface S autour d'une droite. En vertu de cette méthode, le volume du solide s'obtient à l'aide d'un découpage du solide en tranches minces qui ont la forme de cylindres circulaires plats troués. Ces cylindres troués s'obtiennent par une décomposition de la surface S en bandes rectangulaires étroites et perpendiculaires à l'axe de rotation. La formule utilisée pour évaluer le volume d'un solide de révolution par la méthode des disques troués est

$$\text{Volume du solide} = \int_a^b \pi \left(R^2 - r^2 \right) dh$$

MÉTHODE DES TRANCHES (p. 150)

La méthode des tranches est la méthode utilisée pour évaluer le volume d'un solide de section connue. Elle consiste à découper le solide en tranches minces (essentiellement des cylindres minces), puis à additionner (et finalement à intégrer) les volumes de ces tranches pour obtenir le volume total du solide. La formule utilisée pour évaluer le volume d'un solide de section connue par la méthode des tranches est :

$$\text{Volume du solide} = \int_a^b A(x)\,dx \ \text{ou} \int_c^d A(y)\,dy$$

MÉTHODE DES TRAPÈZES (p. 113)

La méthode des trapèzes est une méthode d'approximation de l'intégrale définie d'une fonction $f(x)$ sur un intervalle qui consiste à estimer $\int_a^b f(x)\,dx$ à l'aide d'une somme d'aires de trapèzes dressés sur les différents sous-intervalles d'une partition régulière de $[a, b]$. En vertu de cette méthode, on obtient que

$$\int_a^b f(x)\,dx \approx \frac{b-a}{2n} \left[f(a) + f(b) + 2 \sum_{k=1}^{n-1} f(x_k) \right]$$

Dans le cas d'une fonction qui admet une dérivée seconde continue, on peut trouver une borne supérieure à l'erreur commise lors de l'approximation effectuée par la méthode des trapèzes.

MÉTHODE DES TUBES (p. 163)

La méthode des tubes (ou *des coquilles cylindriques*) est une méthode utilisée pour évaluer le volume d'un solide de révolution obtenu par la rotation d'une surface S autour d'une droite. Pour appliquer cette méthode, on découpe la surface en rotation en bandes rectangulaires étroites parallèles à l'axe de rotation. La rotation d'une bande rectangulaire étroite engendre un cylindre creux, un tube, dont la paroi est mince. Le volume du solide de révolution est alors approximé par la somme des volumes de ces tubes à parois minces, tubes qui sont emboîtés les uns dans les autres. La formule utilisée pour évaluer le volume d'un solide de révolution par la méthode des tubes est

$$\text{Volume du solide} = \int_a^b 2\pi r h \, dr$$

MUTIFICATEUR (p. 8)

Un mutificateur est un symbole mathématique qui rend muets des variables ou des indices dans un assemblage. Les expressions symboliques Σ, $\int_a^b$, $\forall$ et $\exists$ sont des exemples de mutificateurs.

NORME D'UNE PARTITION (p. 29)

Soit $x_0, x_1, x_2, \ldots, x_n$ une partition d'un intervalle $[a, b]$. La norme de la partition, notée $\|\Delta x_k\|$, correspond alors à la valeur maximale des $\Delta x_k = x_k - x_{k-1}$, soit la largeur maximale des sous-intervalles créés par cette partition.

NOTATION SIGMA (p. 7)

La notation sigma est la notation qui permet d'abréger l'écriture de la somme d'une suite dont les termes sont liés entre eux. On utilise la lettre grecque majuscule sigma $\left(\Sigma \right)$ pour la désigner.

OFFRE (p. 142)

L'offre est l'expression de la relation entre la quantité offerte d'un bien par les producteurs et le prix de ce bien. Cette relation est généralement représentée par une courbe de pente positive dans un plan cartésien ayant la variable quantité pour abscisse et la variable prix pour ordonnée.

ORDRE D'UNE ÉQUATION DIFFÉRENTIELLE (p. 197)

L'ordre d'une équation différentielle est le plus élevé des ordres des dérivées contenues dans cette équation. Ainsi, une équation différentielle d'ordre n dont la fonction inconnue est $y = f(x)$ peut s'écrire sous la forme

$$F\left(x, y, \frac{dy}{dx}, \frac{d^2 y}{dx^2}, \frac{d^3 y}{dx^3}, \ldots, \frac{d^n y}{dx^n} \right) = 0$$

ou

$$F\left(x, y, y', y'', y''', \ldots, y^{(n)} \right) = 0$$

PARABOLE DE NEILE (p. 169)

La parabole de Neile est la courbe dont l'équation générale est $y^2 = ax^3$, où a est une constante réelle non nulle. Cette courbe est une des premières de l'histoire à avoir été rectifiée (en 1657, par le mathématicien anglais W. Neile).

PARABOLOÏDE DE RÉVOLUTION (p. 157)

Un paraboloïde de révolution est le solide obtenu par la rotation d'une surface parabolique autour de son axe de symétrie.

PARTITION (p. 28)

Une partition d'un intervalle $[a, b]$ est une suite de nombres x_i, tels que

$$a = x_0 < x_1 < ... < x_{k-1} < x_k < ... < x_{n-1} < x_n = b$$

qui permet de former n sous-intervalles :

$$[x_0, x_1], [x_1, x_2], [x_2, x_3], ..., [x_{k-1}, x_k], ..., [x_{n-1}, x_n]$$

PARTITION RÉGULIÈRE (p. 29)

Une partition est dite régulière si les sous-intervalles de l'intervalle $[a, b]$ qu'elle permet de former sont tous de même largeur

$$\Delta x_k = \Delta x = x_k - x_{k-1} = \frac{b - a}{n}$$

PERPÉTUITÉ (p. 251)

Une perpétuité est un flux financier sur un horizon temporel infini, c'est-à-dire sans fin.

POLYNÔME DE TAYLOR DE DEGRÉ n CENTRÉ EN a (p. 314)

Le polynôme de Taylor de degré n centré en a d'une fonction $f(x)$ qui admet ses n premières dérivées en $x = a$ est le polynôme, de degré n,

$$T_n(x) = \sum_{k=0}^{n} \frac{f^{(k)}(a)}{k!}(x - a)^k$$

PRIMITIVE (p. 36 et 60)

Une primitive d'une fonction $f(x)$ est une fonction dérivable $F(x)$ telle que $F'(x) = f(x)$.

PRIX D'ÉQUILIBRE (p. 143)

Le prix d'équilibre d'un bien est le prix, noté $\overline{p}$, pour lequel la quantité offerte du bien correspond à la quantité demandée du bien. Il correspond à l'ordonnée du point d'intersection des courbes d'offre et de demande.

PROFIT MARGINAL (p. 204)

Le profit marginal lorsque le niveau de vente est de x est noté $\pi'(x)$, et il correspond à la variation de profit provoquée par la vente d'une unité additionnelle d'un bien.

PROPENSION MARGINALE À CONSOMMER (p. 205)

La propension marginale à consommer correspond à la variation de la consommation provoquée par une faible variation du revenu national.

PROPENSION MARGINALE À ÉPARGNER (p. 205)

La propension marginale à épargner correspond à la variation de l'épargne provoquée par une faible variation du revenu national.

QUADRATURE (p. 6)

La quadrature est l'opération qui consiste à évaluer l'aire d'une surface.

QUANTITÉ D'ÉQUILIBRE (p. 143)

La quantité d'équilibre d'un bien est la quantité, notée $\overline{q}$, telle que la quantité offerte du bien correspond à la quantité demandée du bien. Elle correspond à l'abscisse du point d'intersection des courbes d'offre et de demande.

RAISON (p. 287)

La raison d'une série géométrique $\sum_{n=1}^{\infty} a_n$, où $a_n = ar^{n-1}$, est le nombre r qui représente le quotient de deux termes consécutifs de la série, soit $r = \frac{a_{n+1}}{a_n}$. Une série géométrique est donc de la forme $\sum_{n=1}^{\infty} ar^{n-1}$, où a en est le premier terme, et r, la raison.

RAYON DE CONVERGENCE (p. 307)

Le rayon de convergence d'une série entière $\sum_{n=0}^{\infty} a_n(x - a)^n$ est le nombre r tel que la série converge lorsque $|x - a| < r$ et diverge lorsque $|x - a| > r$. On dit du rayon de convergence qu'il est infini lorsque la série converge pour toutes les valeurs réelles de x et qu'il est nul lorsque la série ne converge qu'en $x = a$.

RECTIFICATION (p. 6)

La rectification est l'opération qui consiste à évaluer la longueur d'un arc curviligne.

RÈGLE DE L'HOSPITAL (p. 228)

La règle de L'Hospital (découverte par Jean Bernoulli) est une stratégie utilisée pour lever certaines indéterminations. Dans son expression la plus simple, elle affirme essentiellement que si $\frac{f(x)}{g(x)}$ est une forme indéterminée du type $\frac{0}{0}$ ou $\frac{\infty}{\infty}$ en $x = a$, alors $\lim_{x \to a} \frac{f(x)}{g(x)} = \lim_{x \to a} \frac{f'(x)}{g'(x)}$, pour autant que la limite du membre de droite de l'équation existe ou encore est infinie.

RELATION DE RÉCURRENCE (p. 271)

La relation de récurrence d'une suite $\{a_n\}$ définie par récurrence est la relation qui exprime a_n, où $n > k$ pour un k donné, en fonction d'un ou de plusieurs des termes précédents.

RESTE DE LAGRANGE (p. 315)

Lorsque qu'on approxime une fonction $f(x)$ par un polynôme de Taylor de degré n, le reste de Lagrange, noté $R_n(x)$, représente l'écart entre cette fonction et le polynôme. Il est donné par l'expression

$$R_n(x) = f(x) - T_n(x)$$
$$= f(x) - \left[\sum_{k=0}^{n} \frac{f^{(k)}(a)}{k!}(x-a)^k \right]$$
$$= \frac{f^{(n+1)}(z)}{(n+1)!}(x-a)^{n+1}$$

où z est une valeur comprise entre x et a.

REVENU MARGINAL (p. 204)

Le revenu marginal lorsque le niveau de vente est de x est noté $R'(x)$, et il correspond à la variation de revenu provoquée par la vente d'une unité additionnelle d'un bien.

SÉRIE (p. 281)

Une série est la somme des termes d'une suite $\{a_n\}$, c'est-à-dire la somme d'un nombre infini de termes, qu'on note $\sum_{n=1}^{\infty} a_n$, où a_n en est le terme général.

SÉRIE ABSOLUMENT CONVERGENTE (p. 304)

Une série $\sum_{n=1}^{\infty} a_n$ dont tous les termes ne sont pas tous du même signe est dite absolument convergente lorsque la série $\sum_{n=1}^{\infty} |a_n|$ converge.

SÉRIE ALTERNÉE (p. 304)

Une série alternée est une série de la forme $\sum_{n=1}^{\infty} (-1)^n a_n$ ou $\sum_{n=1}^{\infty} (-1)^{n+1} a_n$, où $a_n > 0$.

SÉRIE ARITHMÉTIQUE (p. 287)

Une série arithmétique est une série du type

$$\sum_{n=1}^{\infty} [a + (n-1)d]$$

où a et d sont des nombres réels. À l'exception du cas trivial où $a = 0$ et $d = 0$, toute série arithmétique diverge.

SÉRIE CONDITIONNELLEMENT CONVERGENTE (p. 304)

Une série $\sum_{n=1}^{\infty} a_n$ dont tous les termes ne sont pas tous du même signe est dite conditionnellement convergente lorsque la série $\sum_{n=1}^{\infty} |a_n|$ diverge alors que la série $\sum_{n=1}^{\infty} a_n$ converge.

SÉRIE CONVERGENTE (p. 282)

Une série $\sum_{k=1}^{\infty} a_k$ est dite convergente si la suite des sommes partielles $\{S_n\}$, où $S_n = \sum_{k=1}^{n} a_k$, est convergente, c'est-à-dire s'il existe un nombre réel S tel que

$$\lim_{n \to \infty} S_n = \lim_{n \to \infty} \sum_{k=1}^{n} a_k = S$$

On écrit alors $\sum_{k=1}^{\infty} a_k = S$.

SÉRIE DE MACLAURIN (p. 313)

La série de Maclaurin d'une fonction $f(x)$ qui admet des dérivées de tous ordres en $x = 0$ et qui converge vers $f(x)$ est donnée par

$$f(x) = \sum_{n=0}^{\infty} \frac{f^{(n)}(0)}{n!} x^n$$

SÉRIE DE TAYLOR CENTRÉE EN a (p. 313)

La série de Taylor d'une fonction $f(x)$ qui admet des dérivées de tous ordres en $x = a$ et qui converge vers $f(x)$ est donnée par

$$f(x) = \sum_{n=0}^{\infty} \frac{f^{(n)}(a)}{n!} (x-a)^n$$

SÉRIE DIVERGENTE (p. 282)

Une série $\sum_{k=1}^{\infty} a_k$ est dite divergente si la suite des sommes partielles $\{S_n\}$, où $S_n = \sum_{k=1}^{n} a_k$, est divergente, c'est-à-dire s'il n'existe pas de nombre réel S tel que

$$\lim_{n \to \infty} S_n = \lim_{n \to \infty} \sum_{k=1}^{n} a_k = S$$

SÉRIE ENTIÈRE CENTRÉE EN a (p. 307)

Une série entière centrée en a (ou série de puissances) est une série de la forme $\sum_{n=0}^{\infty} a_n (x-a)^n$, où les a_n sont des constantes réelles.

SÉRIE GÉOMÉTRIQUE (p. 287)

Une série géométrique est une série du type $\sum_{n=1}^{\infty} ar^{n-1}$, où a et r sont des nombres réels non nuls.

SÉRIE HARMONIQUE (p. 290)

La série harmonique est la série divergente $\sum_{n=1}^{\infty} \dfrac{1}{n}$.

SÉRIE HARMONIQUE ALTERNÉE (p. 305)

Les séries convergentes $\sum_{n=1}^{\infty} \dfrac{(-1)^n}{n}$ et $\sum_{n=1}^{\infty} \dfrac{(-1)^{n+1}}{n}$ portent le nom de séries harmoniques alternées.

SÉRIE p DE RIEMANN (p. 291)

La série p de Riemann est la série $\sum_{n=1}^{\infty} \dfrac{1}{n^p}$. Cette série converge si et seulement si $p > 1$.

SOLIDE DE RÉVOLUTION (p. 155)

Un solide de révolution est le solide obtenu par la rotation d'une surface autour d'une droite située dans le même plan que cette surface.

SOLIDE DE SECTION CONNUE (p. 150)

Un solide de section connue est un solide tel que des coupes transversales (un découpage du solide en tranches minces perpendiculaires à un axe, par exemple l'axe des abscisses) donnent des surfaces dont on connaît l'expression de l'aire en fonction de la position de la coupe.

SOLUTION D'UNE ÉQUATION DIFFÉRENTIELLE (p. 198)

Une solution d'une équation différentielle est une fonction $y = f(x)$ qui, lorsqu'on la remplace dans l'équation, conduit à une identité.

SOLUTION GÉNÉRALE D'UNE ÉQUATION DIFFÉRENTIELLE D'ORDRE n (p. 198)

La solution générale d'une équation différentielle d'ordre n est une fonction $y = f(x)$ comportant n constantes arbitraires qui, lorsqu'on la remplace dans l'équation, conduit à une identité.

SOLUTION PARTICULIÈRE D'UNE ÉQUATION DIFFÉRENTIELLE (p. 198)

Une solution particulière d'une équation différentielle est une solution de l'équation différentielle qu'on obtient à partir de la solution générale en donnant des valeurs aux constantes arbitraires. Ces valeurs sont généralement tirées des conditions initiales ou aux limites que doit satisfaire la solution de l'équation différentielle.

SOLUTION SINGULIÈRE D'UNE ÉQUATION DIFFÉRENTIELLE (p. 198)

Une solution singulière d'une équation différentielle est une fonction qui satisfait l'équation différentielle, mais qui n'est pas obtenue à partir de la solution générale.

SOMME DE RIEMANN (p. 29)

Soit $x_0, x_1, x_2, ..., x_n$ une partition d'un intervalle $[a, b]$. Toute expression de la forme

$$\sum_{k=1}^{n} f(x_k^*) \Delta x_k$$

où $x_k^* \in [x_{k-1}, x_k]$ et $\Delta x_k = x_k - x_{k-1}$, porte alors le nom de somme de Riemann de la fonction $f(x)$ sur cet intervalle.

SUBSTITUTION TRIGONOMÉTRIQUE (p. 99)

La substitution trigonométrique est la technique d'intégration employée notamment lorsque l'intégrande comporte une somme ou une différence de carrés $(a^2 - x^2, a^2 + x^2 \text{ ou } x^2 - a^2)$ et qu'on veut remplacer cette somme ou cette différence par un terme unique grâce aux identités trigonométriques associées au théorème de Pythagore. Ainsi, la substitution $x = a\sin\theta$ transforme $a^2 - x^2$ en $a^2 - a^2\sin^2\theta = a^2\cos^2\theta$; de même, la substitution $x = a\,\mathrm{tg}\,\theta$ transforme $a^2 + x^2$ en $a^2 + a^2\,\mathrm{tg}^2\theta = a^2\sec^2\theta$; enfin, la substitution $x = a\sec\theta$ transforme $x^2 - a^2$ en $a^2\sec^2\theta - a^2 = a^2\,\mathrm{tg}^2\theta$.

SUITE (p. 268)

Une suite est une fonction $f(n) = a_n$ dont le domaine est l'ensemble des entiers positifs. On représente généralement la suite

$$a_1, a_2, a_3, ..., a_n, ...$$

par son terme général a_n en utilisant la notation $\{a_n\}_{n=1}^{\infty}$, ou mieux encore $\{a_n\}$.

SUITE BORNÉE (p. 273)

Une suite $\{a_n\}$ qui est bornée inférieurement et supérieurement est dite bornée.

SUITE BORNÉE INFÉRIEUREMENT (p. 273)

Une suite $\{a_n\}$ est bornée inférieurement s'il existe un nombre réel b tel que $a_n \geq b$ pour tout $n \geq 1$; le nombre b porte alors le nom de borne inférieure de la suite.

SUITE BORNÉE SUPÉRIEUREMENT (p. 273)

Une suite $\{a_n\}$ est bornée supérieurement s'il existe un nombre réel B tel que $a_n \leq B$ pour tout $n \geq 1$; le nombre B porte alors le nom de borne supérieure de la suite.

SUITE CONVERGENTE (p. 275)

Une suite convergente est une suite $\{a_n\}$ telle qu'il existe un nombre réel L pour lequel $\lim\limits_{n \to \infty} a_n = L$.

SUITE CROISSANTE (p. 273)

Une suite $\{a_n\}$ est croissante si et seulement si $a_{n+1} \geq a_n$ pour tout $n \geq 1$.

SUITE DÉCROISSANTE (p. 273)

Une suite $\{a_n\}$ est décroissante si et seulement si $a_{n+1} \leq a_n$ pour tout $n \geq 1$.

SUITE DÉFINIE PAR RÉCURRENCE (p. 271)

Une suite $\{a_n\}$ définie par la donnée d'un nombre fini de k termes initiaux, $a_1, a_2, a_3, \ldots, a_k$, et par une relation, dite relation de récurrence, exprimant tout autre terme de la suite en fonction des termes qui le précèdent est dite définie par récurrence.

SUITE DES SOMMES PARTIELLES (p. 282)

La suite $\{S_n\}$ des sommes partielles d'une série $\sum\limits_{k=1}^{\infty} a_k$ est la suite dont le terme général est la somme des n premiers termes de la suite $\{a_k\}$, soit $S_n = \sum\limits_{k=1}^{n} a_k$.

SUITE DIVERGENTE (p. 275)

Une suite divergente est une suite $\{a_n\}$ telle qu'il n'existe pas de nombre réel L pour lequel $\lim\limits_{n \to \infty} a_n = L$.

SUITE MONOTONE (p. 274)

Une suite monotone est une suite qui est croissante, strictement croissante, décroissante ou strictement décroissante.

SUITE STRICTEMENT CROISSANTE (p. 273)

Une suite $\{a_n\}$ est strictement croissante si et seulement si $a_{n+1} > a_n$ pour tout $n \geq 1$.

SUITE STRICTEMENT DÉCROISSANTE (p. 273)

Une suite $\{a_n\}$ est strictement décroissante si et seulement si $a_{n+1} < a_n$ pour tout $n \geq 1$.

SURFACE DE RÉVOLUTION (p. 171)

Une surface de révolution est la surface obtenue par la rotation d'une courbe du plan autour d'une droite située dans le même plan que cette courbe.

SURPLUS DES CONSOMMATEURS (p. 143)

Le surplus des consommateurs représente le gain total théorique que les consommateurs réalisent en achetant un bien au prix d'équilibre plutôt qu'au prix supérieur qu'ils auraient été prêts à payer pour ce bien. Le surplus des consommateurs s'interprète géométriquement comme l'aire d'une surface dont la valeur est $\int\limits_{0}^{\overline{q}} [D(q) - \overline{p}]\,dq$, où $D(q)$ représente l'équation de la demande et $(\overline{q}, \overline{p})$ représente le point d'intersection des courbes d'offre et de demande, dont les coordonnées sont respectivement la quantité d'équilibre et le prix d'équilibre.

SURPLUS DES PRODUCTEURS (p. 143)

Le surplus des producteurs représente l'écart entre le revenu que les producteurs ont reçu pour la production et la vente d'un bien et le revenu dont ils se seraient contentés pour produire une quantité donnée de ce bien. Le surplus des producteurs s'interprète géométriquement comme l'aire d'une surface dont la valeur est $\int\limits_{0}^{\overline{q}} [\overline{p} - O(q)]\,dq$, où $O(q)$ représente l'équation de l'offre et $(\overline{q}, \overline{p})$ représente le point d'intersection des courbes d'offre et de demande, dont les coordonnées sont respectivement la quantité d'équilibre et le prix d'équilibre.

TERME GÉNÉRAL D'UNE SÉRIE (p. 281)

Le terme général d'une série $\sum\limits_{n=1}^{\infty} a_n$ est a_n.

TERME GÉNÉRAL D'UNE SUITE (p. 268)

Le terme général d'une suite $\{a_n\}$ est a_n.

THÉORÈME DE LAGRANGE (p. 46)

Le théorème de Lagrange est un théorème d'analyse mathématique généralisant le théorème de Rolle. En vertu du théorème de Lagrange, tout arc de courbe décrit par une fonction dérivable sur un intervalle admet au moins une droite tangente parallèle à la sécante joignant les extrémités de l'arc: si $f(x)$ est une fonction continue sur l'intervalle $[a, b]$ et si $f(x)$ est dérivable pour tout $x \in \,]a, b[$, alors il existe au moins une valeur de $c \in \,]a, b[$ telle que $f'(c) = \dfrac{f(b) - f(a)}{b - a}$.

THÉORÈME DE ROLLE (p. 46)

Le théorème de Rolle est le théorème d'analyse mathématique en vertu duquel la courbe décrite par une fonction continue, dérivable et prenant la même valeur aux extrémités d'un intervalle admet une pente nulle en une valeur c comprise à l'intérieur de cet intervalle: si $f(x)$ est une fonction continue sur l'intervalle $[a, b]$, si $f(x)$ est dérivable pour tout $x \in \,]a, b[$ et si $f(a) = f(b)$, alors il existe au moins une valeur de $c \in \,]a, b[$ telle que $f'(c) = 0$.

THÉORÈME DES VALEURS EXTRÊMES (p. 44)

Le théorème des valeurs extrêmes est le théorème d'analyse mathématique en vertu duquel une fonction continue sur un intervalle fermé atteint nécessairement une valeur maximale et une valeur minimale sur cet intervalle: si $f(x)$ est une fonction continue sur un intervalle $[a, b]$, alors la fonction $f(x)$ atteint sa valeur maximale et sa valeur minimale sur cet intervalle.

THÉORÈME DU SANDWICH (p. 278)

Le théorème du sandwich est le théorème en vertu duquel une suite dont le terme général est compris entre les deux termes généraux de deux autres suites qui convergent vers une même valeur L converge également vers L.

THÉORÈME FONDAMENTAL DU CALCUL INTÉGRAL (p. 36)

Le théorème fondamental du calcul intégral est le théorème qui établit la relation réciproque entre une dérivée et une intégrale. En vertu de ce théorème, si $\int_a^b f(x)dx$ existe et si $F(x)$ est une primitive de $f(x)$, c'est-à-dire si $F'(x) = f(x)$, alors $\int_a^b f(x)dx = F(b) - F(a)$.

TORE (p. 162)

Un tore est un solide de révolution engendré par un disque en rotation autour d'une droite de son plan, droite qui ne touche pas le disque.

TROMPETTE DE TORRICELLI (p. 247)

Voir Cor de Gabriel.

VALEUR ACCUMULÉE D'UN PLACEMENT (p. 239)

La valeur accumulée d'un placement est la valeur de ce placement après un certain temps. Lorsque le taux d'intérêt composé à chaque période est de i, la valeur accumulée S d'un placement A après n périodes complètes est de $S = A(1 + i)^n$.

VALEUR ACTUELLE (p. 251)

La valeur actuelle A d'une quantité monétaire (une somme fixe ou un flux financier) représente la somme d'argent qu'une personne est prête à débourser aujourd'hui pour pouvoir bénéficier de cette valeur lorsque le taux d'intérêt est de i.

VALEUR MOYENNE D'UNE FONCTION (p. 148)

La valeur moyenne d'une fonction continue $f(x)$, sur un intervalle $[a, b]$, est notée $\overline{f}$ et vaut

$$\overline{f} = \frac{1}{b - a}\int_a^b f(x)dx$$

VARIABLE ALÉATOIRE (p. 248)

Une variable aléatoire est une variable numérique qui peut prendre différentes valeurs selon la fonction de densité qui la régit.

VARIABLE MUETTE (p. 9)

Une variable est muette si un changement de nom de la variable ne change pas la valeur de l'expression dans laquelle elle se trouve.

VARIANCE (p. 249)

La variance, notée σ_X^2, d'une variable aléatoire continue, dont la fonction de densité est $f(x)$, est une mesure de la dispersion de cette variable, et son expression est $\sigma_X^2 = \int_{-\infty}^{\infty} (x - \mu_X)^2 f(x)dx$.

BIBLIOGRAPHIE

ANTON, Howard. *Calculus: A New Horizon*, 6e éd., New York, John Wiley & Sons, 1999, 1130 p.

ARMSTRONG, Bill, et Don DAVIS. *College Mathematics: Solving Problems in Finite Mathematics and Calculus*, Upper Saddle River, Prentice Hall, 2003, 1335 p.

AYRES, Frank Jr. *Théorie et applications du calcul différentiel et intégral*, Paris, McGraw-Hill, 1977, 346 p.

AYRES, Frank Jr. *Theory and Problems of Differential Equations*, New York, Schaum's Outline Series, 1952, 296 p.

BALL, W. W. R. *A Short Account of the History of Mathematics*, New York, Dover Publications, 1960, 522 p.

BARDI, Jason Socrates. *The Calculus Wars: Newton, Leibniz, and the Greatest Mathematical Clash of all Times*, New York, Thunder Mouth Press, 2006, 277 p.

BARNETT, Raymond A., et Michael R. ZIEGLER. *Finite Mathematics for Business, Economics, Life Sciences and Social Sciences*, 7e éd., Upper Saddle River, Prentice Hall, 1996, 705 p.

BARUK, Stella. *Dictionnaire de mathématiques élémentaires*, Paris, Seuil, 1995, 1345 p.

BEAUDET, Jean. *Nouvel abrégé d'histoire des mathématiques*, Paris, Vuibert, 2002, 332 p.

BELL, Eric Temple. *Men of Mathematics*, New York, Simon and Schuster, 1965, 590 p.

BERKEY, Dennis D. *Calculus*, 2e éd., New York, Saunders College Publishing, 1988, 1025 p.

BERLINSKI, David. *A Tour of the Calculus*, New York, Pantheon Books, 1995, 331 p.

BERRESFORD, Geoffrey C., et Andrew M. ROCKETT. *AppliedCalculus*, 3e éd., Boston, Houghton Mifflin Company, 2004, 863 p.

BITTINGER, Marvin L. *Calculus*, 6e éd., Reading, Addison-Wesley, 1996, 582 p.

BOROWSKI, E. J., et J. M. BORWEIN. *Collins Dictionary of Mathematics*, 2e éd., Glasgow, Harper Collins Publishers, 2002, 641 p.

BOUVERESSE, Jacques, et coll. *Histoire des mathématiques*, Paris, Larousse, 1977, 255 p.

BOUVIER, Alain, Michel GEORGE et François LE LIONNAIS. *Dictionnaire des mathématiques*, Paris, Quadrige/PUF, 2001, 960 p.

BOWEN, Earl K., et coll. *Mathematics with Applications in Management and Economics*, 6e éd., Homewood, Irwin, 1987, 993 p.

BOYER, Carl B. *The History of the Calculus and its Conceptual Development*, New York, Dover Publications, 1959, 346 p.

BOYER, Carl B., et Uta C. MERZBACH. *A History of Mathematics*, 2e éd., New York, John Wiley & Sons, 1991, 715 p.

BRADLEY, Gerald L., et Karl J. SMITH. *Calcul intégral*, Saint-Laurent, Éditions du Renouveau Pédagogique, 1999, 301 p.

CAJORI, Florian. *A History of Mathematical Notations*, New York, Dover Publications, 1993, 820 p.

Centre de recherches mathématiques de l'Université de Montréal. *Fascinantes et universelles, les mathématiques au quotidien*, Montréal, CRM, mai 2000, 36 p.

CHARRON, Gilles, et Pierre PARENT. *Calcul intégral*, 3e éd., Laval, Beauchemin, 2004, 436 p.

CHIANG, Alpha C. *Fundamental Methods of Mathematical Economics*, 3e éd., New York, McGraw-Hill, 1984, 788 p.

Collectif. *Les mathématiciens*, Paris, Belin, Bibliothèque Pour la science, 1996, 208 p.

COLLETTE, Jean-Paul. *Histoire des mathématiques*, Montréal, Éditions du Renouveau Pédagogique, 1979, 2 vol., 587 p.

COURANT, Richard, et Fritz JOHN. *Introduction to Calculus and Analysis*, vol. 1, New York, Interscience Publishers, 1965, 661 p.

CULLEN, Michael R. *Mathematics for the Biosciences*, Fairfax, TechBooks, 1983, 712 p.

DAHAN-DALMEDICO, Amy, et Jeanne PEIFFER. *Une histoire des mathématiques: Routes et dédales*, Paris, Seuil, 1986, 309 p.

DAVIS, Philip J., et Reuben HERSH. *The Mathematical Experience*, Boston, Houghton Mifflin, 1981, 440 p.

DÉMIDOVITCH, B. (dir.). *Recueil d'exercices et de problèmes d'analyse mathématique*, 8e éd., Moscou, Mir, 1982, 558 p.

DHOMBRES, Jean, et coll. *Mathématiques au fil des âges*, Paris, Gauthier-Villars, 1987, 327 p.

DIEUDONNÉ, Jean. *Abrégé d'histoire des mathématiques – 1700-1900*, Paris, Hermann, 1978, 517 p.

DUVILLIÉ, Bernard. *Sur les traces de l'Homo mathematicus*, Paris, Ellipses, 1999, 461 p.

EDWARDS, Charles Henry. *The Historical Development of the Calculus*, New York, Springer-Verlag, 1979, 351 p.

EDWARDS, Charles Henry, et David E. PENNEY. *Calculus with Analytic Geometry: Early Transcendentals*, 5e éd., Upper Saddle River, Prentice-Hall, 1998, 1022 p.

ELLIS, Robert, et Denny GULLICK. *Calculus with Analytic Geometry*, 5e éd., Forth Worth, Saunders College Publishing, 1994, 1024 p.

ENCYCLOPEDIA UNIVERSALIS. *Dictionnaire des mathématiques, algèbre, analyse, géométrie*, Paris, Albin Michel, 1997, 924 p.

FRALEIGH, John B. *Calcul différentiel et intégral 2*, Montréal, Addison-Wesley, 1990, 320 p.

FREIBERGER, W. F. (dir.). *The International Dictionary of Applied Mathematics*, Princeton, D. Van Nostrand Company, 1960, 1173 p.

GOLDSTEIN, Larry J., David C. LAY et David I. SCHNEIDER. *Brief Calculus and its Applications*, 6e éd., Englewood Cliffs, Prentice-Hall, 1993, 568 p.

GOTTLIEB, Robin J. *Calculus. An Integrated Approach to Functions and their Rates of Change*, éd. préliminaire, Boston, Addison-Wesley, 2002, 1141 p.

GRANVILLE, William Anthony, Percey F. SMITH et William Raymond LONGLEY. *Elements of the Differential and Integral Calculus*, Boston, Ginn and Company, 1934, 556 p.

GREENWELL, Raymond N., Nathan P. RITCHEY et Margaret L. LIAL. *Calculus with Applications for the Life Sciences*, Boston, Addison-Wesley, 2003, 767 p.

GROSSMAN, Stanley I. *Calculus*, 2e éd., New York, Academic Press, 1981, 1020 p.

HAEUSSLER, Ernest F. Jr, et Richard S. PAUL. *Introductory Mathematical Analysis for Business, Economics, and the Life and Social Sciences*, 8e éd., Upper Saddle River, Prentice Hall, 1996, 941 p.

HAHN, Alexander J. *Basic Calculus: From Archimedes to Newton to its Role in Science*, New York, Springer, 1998, 545 p.

HARSHBARGER, Ronald J., et James J. REYNOLDS. *Mathematical Applications for the Management, Life and Social Sciences*, 7e éd., Boston, Houghton Mifflin Company, 2004, 1061 p.

HAUCHECORNE, Bertrand. *Les mots et les maths*, Paris, Ellipses, 2003, 223 p.

HAUCHECORNE, Bertrand, et Adrian SHAW. *Lexique bilingue du vocabulaire mathématique*, Paris, Ellipses, 2000, 176 p.

HAUCHECORNE, Bertrand, et Daniel SURATTEAU. *Des mathématiciens de A à Z*, 2e éd., Paris, Ellipses, 1996, 381 p.

HEGARTY, John C. *Applied Calculus*, New York, John Wiley & Sons, 1990, 608 p.

HELLEMANS, Alexander, et Brian BUNCH. *The Timetables of Science: A Chronology of the Most Important People and Events in the History of Science*, éd. revue et corrigée, New York, Touchtone Book, 1988, 660 p.

HIMONAS, Alex, et Alan HOWARD. *Calculus: Ideas & Applications*, New York, John Wiley & Sons, 2003, 750 p.

HUGHES-HALLETT, Deborah, et coll. *Calcul intégral*, Montréal, Chenelière/McGraw-Hill, 2001, 371 p.

Institut des sciences mathématiques et Association mathématique du Québec. *Mathématiques, an 2000*, Montréal, ISM, mai 2000, 24 p.

IREM. *Histoire de problèmes, histoire des mathématiques*, Paris, Ellipses, 1993, 432 p.

JAMES, Glenn, et Robert C. JAMES. *Mathematics Dictionary*, 4e éd., New York, Van Nostrand Reinhold Company, 1976, 509 p.

JOHNSON, R. E., et F. L. KIOKEMEISTER. *Calculus with Analytic Geometry*, 3e éd., Boston, Allyn and Bacon, 1964, 798 p.

JOHNSTON, Elgin H., et Jerold C. MATHEWS. *Calculus*, Boston, Addison-Wesley, 2002, 1134 p.

KASS-SIMON, G., et Patricia FARNES. *Women of Science: Righting the Record*, Bloomington, Indiana University Press, 1993, 398 p.

KATZ, Victor J. *A History of Mathematics: An Introduction*, 2e éd., Reading, Addison-Wesley, 1998, 862 p.

KLINE, Morris. *Mathematical Thought from Ancient to Modern Times*, New York, Oxford University Press, 1972, 1238 p.

LARSON, Roland E., et Bruce H. EDWARDS. *Calculus: An Applied Approach*, 5e éd., Boston, Houghton Mifflin Company, 1999, 715 p.

LEFEBVRE, Jacques. «Moments et aspects de l'histoire du calcul différentiel et intégral. Première partie: Problématique générale et Antiquité grecque», *Bulletin de l'AMQ*, vol. XXXV, no 4, décembre 1995, p. 43 à 51.

LEFEBVRE, Jacques. «Moments et aspects de l'histoire du calcul différentiel et intégral. Deuxième partie: Moyen Âge et dix-septième siècle avant Newton et Leibniz», *Bulletin de l'AMQ*, vol. XXXVI, no 1, mars 1996, p. 29 à 40.

LEFEBVRE, Jacques. «Moments et aspects de l'histoire du calcul différentiel et intégral. Troisième partie: Newton et Leibniz», *Bulletin de l'AMQ*, vol. XXXVI, no 2, mai 1996, p. 43 à 54.

LE LIONNAIS, François (dir.). *Les grands courants de la pensée mathématique*, Paris, Rivages, 1986, 533 p.

LIAL, Margaret L., et Charles D. MILLER. *Finite Mathematics and Calculus with Applications*, 3e éd., Glenview, Scott, Foresman and Company, 1989, 1020 p.

LIAL, Margaret L., Raymond N. GREENWELL et Nathan P. RITCHEY. *Calculus with Applications*, version abrégée, 8e éd., Boston, Addison-Wesley, 2005, 567 p.

MANKIEWICZ, Richard. *L'histoire des mathématiques*, Paris, Seuil, 2001, 192 p.

MILLAR, David, et coll. *The Cambridge Dictionary of Scientists*, Cambridge, Cambridge University Press, 1996, 387 p.

MIZRAHI, Abe, et Michael SULLIVAN. *Mathematics for Business and Social Sciences*, 4e éd., New York, John Wiley & Sons, 1988, 875 p.

MORITZ, Robert Edouard. *On Mathematics: A Collection of Witty, Profound, Amusing Passages about Mathematics and Mathematicians,* New York, Dover Publications, 1942, 410 p.

MORROW, Charlene, et Teri PERL. *Notable Women in Mathematics: A Biographical Dictionary,* Wesport, Greenwood Press, 1998, 302 p.

MUIR, Hazel (dir.). *Dictionary of Scientists,* Édimbourg, Larousse, 1994, 595 p.

MUIR, Jane. *Of Men and Numbers: The Story of the Great Mathematicians,* New York, Dover Publications, 1996, 249 p.

MUNEM, Mustafa A., et David J. FOULIS. *Calculus with Analytic Geometry,* New York, Worth Publishers, 1978, 1004 p.

NELSON, David (dir.). *The Penguin Dictionary of Mathematics,* 2e éd., London, Penguin Books, 1998, 461 p.

NOWLAN, Robert A. *A Dictionary of Quotations in Mathematics,* Jefferson, McFarland & Company, Publishers, 2002, 314 p.

NEUHAUSER, Claudia. *Calculus for Biology and Medecine,* 2e éd., Upper Saddle River, Prentice-Hall, 2004, 919 p.

OSEN, Lynn M. *Women in Mathematics,* Cambridge, MIT Press, 1974, 185 p.

OUELLET, Gilles. *Calcul 2 : Introduction au calcul intégral,* 3e éd., Sainte-Foy, Le Griffon d'argile, 2000, 419 p.

PAGOULATOS, K. (dir.). *Petite encyclopédie des mathématiques,* Paris, 1980, 828 p.

PAPAS, Theoni. *The Music of Reason: Experience the Beauty of Mathematics Through Quotations,* San Carlos, Wide World Publishing/Tetra, 1995, 138 p.

PASS, Christopher, et coll. *Dictionary of Economics,* New York, Harper Perennial, 1991, 562 p.

PEARCE, David W. (dir.) *The MIT Dictionary of Modern Economics,* Cambridge, MIT Press, 1992, 474 p.

PERL, Teri. *Women and numbers,* San Carlos, Wide World Publishing/Tetra, 1997, 211 p.

PERL, Teri. *Math Equals: Biographies of Women Mathematicians + Related Activities,* Menlo Park, Addison-Wesley, 1978, 249 p.

PIER, Jean-Paul. *Histoire de l'intégration : Vingt-cinq siècles de mathématiques,* Paris, Masson, 1996, 306 p.

PISKOUNOV, N. *Calcul différentiel et intégral,* 7e éd., Moscou, Mir, 1978, 2 vol., 511 p. et 614 p.

PORTER, Roy (dir.). *The Hutchinson Dictionary of Scientific Biography,* Oxford, Helicon, 1994, 891 p.

RAMALEY, William C. *Functional Calculus: Brief Calculus for Management, Life, and Social Sciences,* Dubuque, Wm. C. Brown Publishers, 1995, 686 p.

REBIÈRE, A. *Mathématiques et mathématiciens : Pensées et curiosités,* Paris, Librairie Nony & Cie, 1898, 566 p.

ROGAWSKI, Jon. *Calculus: Early Transcendentals,* New York, W. H. Freeman and Company, 2008, 1050 p.

SALAS, S. L., Einar HILLE et John T. ANDERSON. *Calculus: One and Several Variables with Analytic Geometry,* 5e éd., New York, John Wiley & Sons, 1986, 719 p.

SCHMALZ, Rosemary. *Out of the Mouths of Mathematicians: A Quotation Book for the Philomaths,* Washington, Mathematical Association of America, 1993, 294 p.

SHENK, Al. *Calculus and Analytic Geometry,* Santa Monica, Goodyear Publishing Company, 1977, 893 p.

SIMON, Carl P., et Lawrence BLUME. *Mathématiques pour économistes,* Bruxelles, De Boeck Université, 1998, 980 p.

SMITH, David Eugene. *History of Mathematics,* New York, Dover Publications, 1958, 2 vol., 1299 p.

SPENCER, Donald D. *Dictionary of Mathematical Quotations,* Ormond Beach, Camelot Publishing Company, 1999, 145 p.

SPIEGEL, Murray R. *Formules et tables de mathématiques,* Paris, McGraw-Hill, 1974, 272 p.

SPIEGEL, Murray R., et J. LIU. *Mathematical Handbook of Formulas and Tables,* 2e éd., New York, McGraw-Hill, Schaum's Outline, 1998, 278 p.

STEIN, Sherman K. *Calcul différentiel et intégral 2,* Montréal, McGraw-Hill, 1987, 526 p.

STEWART, James. *Analyse, concepts et contextes,* Paris, DeBoeck, 2001, 2 vol., 991 p.

STRUIK, David. *A Concise History of Mathematics,* New York, Dover Publications, 1967, 195 p.

SWETZ, F. J. (dir.). *From Five Fingers to Infinity: A Journey through the History of Mathematics,* Chicago, Open Court, 1994, 770 p.

SWOKOWSKY, Earl. *Analyse,* Paris, De Boeck, 1993, 1053 p.

TAN, S. T. *Calculus for the Managerial, Life, and Social Sciences,* 3e éd., Boston, PWS Publishing Company, 1994, 537 p.

THOMAS, George B., et coll. *Calcul intégral,* 10e éd., Laval, Beauchemin, 2002, 392 p.

TRIM, Donald. *Calculus for Engineers,* 3e éd., Toronto, Prentice Hall, 2004, 1091 p.

VARBERG Dale, Edwin J. PURCELL et Steven E. RIGDON. *Calculus,* 9e éd., Upper Saddle River, Prentice-Hall, 2007, 774 p.

VODNEV, V., A. NAOUMOVITCH et N. NAOUMOVITCH. *Dictionnaire des mathématiques,* Moscou, Mir, 1993, 544 p.

VYGODSKY, M. *Mathematical Handbook – Higher Mathematics,* Moscou, Mir, 1975, 872 p.

WANER, Stefan, et Steven R. COSTENOBLE. *Finite Mathematics Applied to the Real World,* New York, Harper Collins, 1996, 739 p.

WASHINGTON, Allyn J. *Basic Technical Mathematics with Calculus,* 6e éd., Reading, Addison-Wesley, 1995, 934 p.

WELLS, David. *The Penguin Book of Curious and Interesting Mathematics,* Londres, Penguin Books, 1997, 319 p.

WELLS, David. *The Penguin Dictionary of Curious and Interesting numbers*, Londres, Penguin Books, 1986, 229 p.

WILSON, Robin J. *Stamping through Mathematics*, New York, Springer, 2001, 126 p.

YANDL, André. *Introduction to Mathematical Analysis for Business and Economics*, Pacific Grove, Brooks/Cole, 1991, 1000 p.

YOUNT, Lisa. *A Biographical Dictionary, A to Z of Women in Science and Math*, New York, Facts on File, 1999, 254 p.

SOURCES DES IMAGES

Page couverture: ©EcoPrint/Shutterstock.

CHAPITRE 1

Page 2: ©EcoPrint/Shutterstock. **Pages 4 et 5:** akg-images. **Page 21:** Dennis Sabo/iStockphoto. **Page 51:** Cpimages.ca. **Page 52:** Anne Clark/iStockphoto.

CHAPITRE 2

Pages 58 et 59: akg-images.

CHAPITRE 3

Page 128: Ivan Cholakov/iStockphoto. **Page 130:** akg-images. **Page 132:** akg-images. **Page 154:** Andre Klaassen/iStockphoto. **Page 162:** iStockphoto. **Page 164:** Michael Thompson/iStockphoto. **Page 180:** Maciej Noskowski/iStockphoto. **Page 182 (à gauche):** Bradley Mason/iStockphoto. **Page 185 (à gauche):** Karel Chrien/iStockphoto. **Page 185 (à droite):** Dave White/iStockphoto. **Page 187:** Victor Kapas/iStockphoto. **Page 188:** Wayne Stadler/iStockphoto.

CHAPITRE 4

Page 190: Jim Parkin/iStockphoto. **Pages 192 et 193:** Science Photo Library/Publiphoto. **Page 201:** Christine Gonsalves/iStockphoto. **Page 203:** Brian Kelly/iStockphoto. **Page 205:** Tony Tremblay/iStockphoto. **Page 208:** Ryan Drew/iStockphoto. **Page 211:** Brian Hudson/iStockphoto. **Page 212:** Megan Stevens/iStockphoto. **Page 214 (à gauche):** Justin Horrocks/iStockphoto. **Page 214 (à droite):** Shaun Lowe/iStockphoto. **Page 216:** Martin Strmiska/iStockphoto. **Page 219:** Chris Kridler/iStockphoto.

CHAPITRE 5

Page 222: Thomas Tuchan/iStockphoto. **Pages 224 et 225:** akg-images. **Page 248:** Feng Yu/iStockphoto. **Page 259:** Dave White/iStockphoto. **Page 260 (à gauche):** AP Photo/Chris Gardner/Cpimages.ca. **Page 260 (à droite):** AP Photo/Koji Sasahara/Cpimages.ca. **Page 261:** AP Photo/John Gaps III/Cpimages.ca.

CHAPITRE 6

Page 262: Robert Byron/iStockphoto. **Pages 264 et 265:** Michael Nicholson/Corbis. **Page 323:** Andreas Guskos/iStockphoto. **Page 324 (à gauche):** Frederic Pitchal/Sygma/Corbis. **Page 324 (à droite):** Fred De Bailliencourt/iStockphoto.

INDEX

Formules usuelles

Les formules qui suivent sont tirées de l'Aide-mémoire qui accompagne le manuel.

FORMULES DE DÉRIVATION

Dans les formules suivantes, u et v sont des fonctions dérivables de x ; a et n sont des constantes. Les restrictions habituelles au domaine des fonctions et aux branches principales des fonctions s'appliquent à toutes ces formules.

1. $\dfrac{d}{dx}(a) = 0$

2. $\dfrac{d}{dx}(au) = a\dfrac{du}{dx}$

3. $\dfrac{d}{dx}(u + v) = \dfrac{du}{dx} + \dfrac{dv}{dx}$

4. $\dfrac{d}{dx}(uv) = u\dfrac{dv}{dx} + v\dfrac{du}{dx} = v\dfrac{du}{dx} + u\dfrac{dv}{dx}$

5. $\dfrac{d}{dx}\left(\dfrac{u}{v}\right) = \dfrac{v\dfrac{du}{dx} - u\dfrac{dv}{dx}}{v^2}$

6. $\dfrac{d}{dx}u^n = nu^{n-1}\dfrac{du}{dx}$

7. $\dfrac{d}{dx}e^u = e^u\dfrac{du}{dx}$

8. $\dfrac{d}{dx}a^u = a^u \ln a\dfrac{du}{dx}$

9. $\dfrac{d}{dx}\ln u = \dfrac{1}{u}\dfrac{du}{dx}$

10. $\dfrac{d}{dx}\log_a u = \dfrac{1}{u \ln a}\dfrac{du}{dx}$

11. $\dfrac{d}{dx}\sin u = \cos u\dfrac{du}{dx}$

12. $\dfrac{d}{dx}\cos u = -\sin u\dfrac{du}{dx}$

13. $\dfrac{d}{dx}\operatorname{tg} u = \sec^2 u\dfrac{du}{dx}$

14. $\dfrac{d}{dx}\operatorname{cotg} u = -\operatorname{cosec}^2 u\dfrac{du}{dx}$

15. $\dfrac{d}{dx}\sec u = \sec u \operatorname{tg} u\dfrac{du}{dx}$

16. $\dfrac{d}{dx}\operatorname{cosec} u = -\operatorname{cosec} u \operatorname{cotg} u\dfrac{du}{dx}$

17. $\dfrac{d}{dx}\arcsin u = \dfrac{1}{\sqrt{1 - u^2}}\dfrac{du}{dx}$

18. $\dfrac{d}{dx}\arccos u = \dfrac{-1}{\sqrt{1 - u^2}}\dfrac{du}{dx}$

19. $\dfrac{d}{dx}\operatorname{arctg} u = \dfrac{1}{1 + u^2}\dfrac{du}{dx}$

20. $\dfrac{d}{dx}\operatorname{arccotg} u = \dfrac{-1}{1 + u^2}\dfrac{du}{dx}$

21. $\dfrac{d}{dx}\operatorname{arcsec} u = \dfrac{1}{|u|\sqrt{u^2 - 1}}\dfrac{du}{dx}$

22. $\dfrac{d}{dx}\operatorname{arccosec} u = \dfrac{-1}{|u|\sqrt{u^2 - 1}}\dfrac{du}{dx}$